中国城市规划学会学术成果

共享与韧性：数字技术支撑空间治理

2020年中国城市规划信息化年会论文集

中国城市规划学会城市规划新技术应用学术委员会
广州市规划和自然资源自动化中心 ◎ 编著

广西科学技术出版社

图书在版编目（CIP）数据

共享与韧性：数字技术支撑空间治理：2020年中国城市规划信息化年会论文集 / 中国城市规划学会城市规划新技术应用学术委员会，广州市规划和自然资源自动化中心编著. —南宁：广西科学技术出版社，2020.12

ISBN 978-7-5551-1519-9

Ⅰ. ①共… Ⅱ. ①中… ②广… Ⅲ. ①数字技术—应用—城市规划—中国—文集 Ⅳ. ①TU984.2-53

中国版本图书馆CIP数据核字（2020）第236684号

共享与韧性——数字技术支撑空间治理

2020年中国城市规划信息化年会论文集

中国城市规划学会城市规划新技术应用学术委员会
广州市规划和自然资源自动化中心 编著

策　　划：方振发　　　　　责任编辑：程　思
助理编辑：苏深灿　　　　　责任校对：夏晓雯
封面设计：田　琨　韦宇星　　　　　责任印制：韦文印

出 版 人：卢培钊　　　　　出版发行：广西科学技术出版社
社　　址：广西南宁市青秀区东葛路66号　　　　　邮政编码：530023
网　　址：http://www.gxkjs.com

印　　刷：广西民族印刷包装集团有限公司
地　　址：广西南宁市高新区高新三路1号　　　　　邮政编码：530007
开　　本：889mm×1194mm　1/16
字　　数：850千字　　　　　印　　张：30
版　　次：2020年12月第1版　　　　　印　　次：2020年12月第1次印刷
书　　号：ISBN 978-7-5551-1519-9
定　　价：168.00元

目 录

第一编 信息技术在国土空间规划中的运用

市县级国土空间规划中的数字化分析方法浅析 …… 3

国土空间规划数据资源体系建设研究 …… 10

关于国土空间规划编审系统的研究 …… 18

国土空间生态修复监管系统的设计与实现 …… 33

国土空间规划背景下的广州市全域数字化现状调查回顾与展望 …… 45

深圳国土空间数据治理思路与实践 …… 54

第二编 信息平台与系统的构建及运用

基于社会行为数据的城市认知关键技术研究及系统建设实践 …… 67

城市控规分析应用系统的开发与应用研究 …… 75

面向单元管控的空间规划实施单元管理平台探索实践 …… 82

基于 Cesium 的城市信息模型可视化平台建设探索 …… 90

基于社区大数据微服务技术的疫情防控系统设计与实现 …… 100

在珠海市工程建设项目“一张图”系统建设中探索数据治理 …… 107

杭州市规划和自然资源一体化审批平台建设研究与实践 …… 115

杭州市城乡统筹规划协同管理平台建设与应用 …… 121

杭州市国土空间规划“一张图”的建设与实施监督 …… 131

第三编 智慧城市与韧性城市建设

智慧化韧性城市构建——来自温哥华的经验与启示 …… 143

城市运行指挥中心在新型智慧城市建设中的意义和实现路径探析 …… 148

应对地震的城市适灾韧性评价及提升策略研究 …… 155

韧性规划要求下公共卫生应急管理系统设计 …… 164

韧性视角下的地下轨道交通空间步行路径研究 …… 171

智慧乡村认知误区、运作机理及规划策略探析 …… 181
智慧规划中的数据治理实践与思考 …… 188

第四编　城市公共服务与市政设施规划

面向精细化管理的市政管线规划信息化研究 …… 197
利用项目策划生成助推工程建设项目审批提速 …… 203
基于 GIS 的上海市公共服务设施空间分布特征研究 …… 211
基于评价算法的武汉市市政基础设施承载力智能评估与预警 …… 222
天津市中心城区公共服务设施与生活圈研究 …… 230
宁波市域乡镇污水管网信息化建设研究 …… 238

第五编　信息技术应用实践

大数据支持下的户外广告布设潜力评价及优化策略 …… 249
国外基于街景图像的城市研究进展与热点分析 …… 258
基于 CA 模型的城镇开发边界划定技术研究——以衡阳市衡南县为例 …… 269
基于 POI 与微信的达州市现状日常生活圈结构研究 …… 278
基于光学和 SAR 遥感数据的城市建成区绿地提取——以重庆市璧山区为例 …… 289
基于文献计量学分析的中国水适应性景观研究综述 …… 297
天津市中心城区城市活力时空特征与影响因素研究 …… 304
信息技术在建设“美丽乡村”中的规划应用与思考 …… 314
基于空间数据的不动产融合架构设计与应用 …… 328
基于社交媒体数据的城市公园研究进程与展望 …… 337
基于移动互联网的天津新冠疫情地图系统 …… 345
基于大数据的长江中游城市群人口流动格局研究 …… 351
武汉都市圈有向城市网络结构及影响因素分析——春运人口流动视角 …… 360
基于 GIS 技术下的旧城区公共空间活力度评价 …… 369
基于城市聚集空间驱动的城市增长模拟——以钦州市主城区为例 …… 376
基于多源数据的湖南省 2035 年城镇体系结构模拟 …… 386
基于时空大数据的宁波市房价分析 …… 395

街道脉搏——基于 GPS 数据的街道活力时空特征测度 …… 404
手机信令数据分析在职住通勤特征研究中的应用实践——以长沙市为例 …… 414
乡村振兴背景下土地全生命周期信息化管理的实践与拓展研究 …… 424
自然资源大数据中心模式及应用探讨 …… 432
徽州村落数字保护与管理研究——“数字敦煌”的经验 …… 439
基于 POI 的城市活力空间分布研究——以昆明中心城区为例 …… 447
基于多源数据的街区适老性评价——以上海市为例 …… 456
基于迁徙数据的上海都市圈跨城联系特征研究 …… 465

第一编

信息技术在国土空间规划中的运用

市县级国土空间规划中的数字化分析方法浅析

□曾祥敏

摘要：随着国土空间规划“五级三类四体系”的逐渐实施，我们应从实践中积累经验，把握住编制过程中各个环节的技术方法和相关理论。本文以市县级国土空间总体规划为例，总结了编制阶段所用的分析方法与技术。分析方法主要包括GIS空间分析、大数据分析、人工智能分析、建模分析等；实现技术主要包括城市智能模拟平台、可视化技术、遥感技术等。随着规划体系的不断完善和规划内容的逐步深入，还要引用地理学、生态学、环境科学等理科的分析方法和计算机、软件工程、大数据等工科相关的技术，共同揭示国土空间体系中的空间生态、空间经济、空间社会的发展规律和识别相关问题，模拟预测未来的发展情景，进一步提升国土空间治理水平。

关键词：市县级国土空间总体规划；技术与方法；规划编制；分析方法

1　引言

国土空间规划是对一定的区域国土空间开发在时间和空间上做出的规划设计并且实施相关保护，具体包括总体规划、详细规划和专项规划三类；按等级又分为全国、省级、市级、县级、乡镇国土空间规划五级，即“五级三类”。

市县级国土空间总体规划的主要任务是实施和完善上级国土空间规划的要求。国土空间总体规划不仅是详细规划编制的法定依据，同时也对专项规划具有指导和制约作用。针对国土空间总体规划的相关技术体系和标准还在不断地实践总结中。

国土空间规划技术方法是指在城乡物质空间环境形成过程中的一连串包括规划制定与实施在内的分析方法和保障技术手段。

2　市县级国土空间规划的特征

2.1　市县级国土空间规划的定义和分类

这里的“县”不只是指狭义的县，而是指“县级行政区”。县域是中国政治、社会、经济等功能较为完整的地域单元和地理学研究的重要尺度，包括了一个完整的城乡聚落体系。目前，中国的县级行政区划分为市辖区、县级市、自治县等。《关于建立国土空间规划体系并监督实施的若干意见》中确定市县级国土空间规划应注重其实施性，在完善和实施上级国土空间规划要求的基础上同时做好本行政区域内的开发和保护。市县级国土空间规划体系包括市县级国土空间总体规划和国土空间详细规划及各类专项规划。详细规划是在已获批准的国土空间总体规划基础上进行修改和编制的。专项规划也要按照总体规划的要求，实现编制和评估的“多规合一”。

2.2 市县级国土空间总体规划编制内容

市县级国土空间总体规划的目标是底线管控和战略引领，同时兼顾好区域内经济和社会方面的发展，主要工作是构建市（县）域空间格局，做好“功能分区”和“要素配置”两大环节，核心内涵是实现对全域、全要素、全过程的整体管控。首先做到摸清家底，结合第三次全国国土调查和“双评价”工作识别国土空间综合现状条件，分析城市发展条件；然后确定目标，确定约束性指标；再统筹划定“三区三线”，严守开发边界，管住底线；之后，绘制蓝图，将各类相关专项规划叠加到统一的国土空间基础信息平台上，形成全域“一张图”；最后，搭建底板，规划成果数据库按照统一的国土空间规划数据库标准与规划编制工作同步建设，实现城乡国土空间规划管理全域覆盖、全要素管控。

3 编制过程中的具体方法

3.1 “双评价”识别自然基础情况

“双评价”，即国土空间开发适宜性评价和资源环境承载力评价，是国土空间规划的管控基础。其中资源环境承载力评价包含水资源、土地资源、生态、环境四项基础评价，专项评价包括农产品主产区、重要生态功能区、城市化地区三项，以及资源利用效率变化、污染物排放强度变化、生态质量变化三项过程评价。国土空间开发适宜性评价则是地区经济发展水平、人口集聚、交通优势、区位优势四项基础性评价。此外，还有六项约束性评价。

市县级国土空间总体规划编制的主要技术支撑是“双评价”成果。评价结果可以支撑生态保护红线、城镇开发边界划定，永久基本农田、自然保护地、生态保护修复等专项规划编制。

“双评价”过程主要包括三个步骤，即要素单项评价、集成评价和综合分析。其中，单项要素为水资源、土地资源、环境、气候、灾害及生态等；集成评价首先要确定国土空间内生态保护的重要性等级，然后进行农业生产和城镇建设的承载规模和适宜性等级划分；综合分析首先是识别资源环境存在的问题和风险，其次是评价国土空间保护与开发的潜力（图1）。

除了做好“双评价”，还应划定出“三区三线”。“三区”空间是农业空间、生态空间和城镇空间，“三线”为永久基本农田、生态保护红线和城镇开发边界。

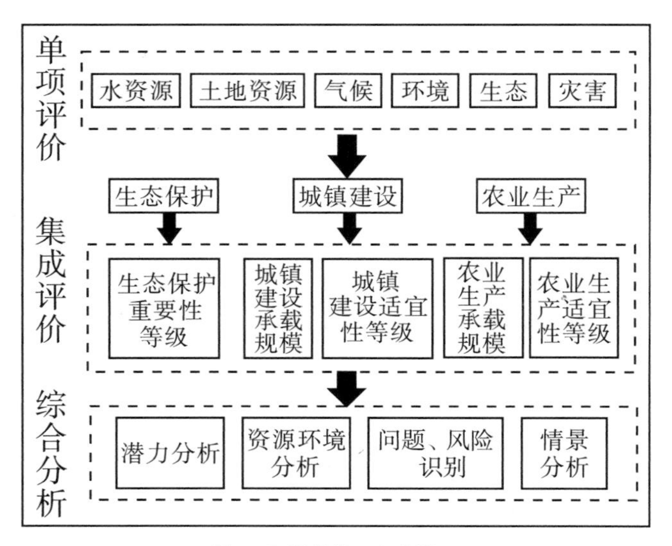

图1 双评价的三个步骤

例如在划定生态保护红线时，首先把县域范围内土地当作空间载体、国土资源现状当作本底、土地利用现状分类当作基础，叠加上生态脆弱区范围线、生态公益林范围线、水源保护区范围线、生态多样性范围线等，通过地理信息系统（GIS）平台进行空间网络分析，将叠加结果网格化，按照评价结果依次划分为不同类型，即生态保护缓冲区、生态保护重点区和生态保护核心区；再依据县域内高速公路、河流、山体、铁路等地物，初步划定出生态保护红线；最后，结合永久基本农田保护红线、退耕还林范围、矿区规划范围等细化生态保护红线。在划定城镇开发边界时，坚持底线思维，在环境承载力评价的基础上，遵循形态调整、总量平衡的原则，运用地理信息系统（ArcGIS）对市县内现状城市与建制镇附近条件较好、具备发展成为城市或建制镇可能且用途尚不明朗的区域进行城镇建设适宜性评价，划分出适宜建设、一般适宜建设和不适宜建设三类。同时，对于影响城市建设的因子如水资源、土地资源等，应计算出不同因子约束下的城镇建设承载力。

划定“三区”空间时，应明确相关概念和定义。城镇空间被城镇开发边界分成城镇开发建设区和城镇开发建设预留区，城镇空间面积通常是城镇开发建设区的1.2～1.4倍。一般农业区中，包括一般农田和乡村居民点。

3.2　市县级国土空间总体规划功能分区环节

功能分区方案的形成，应该是一个由专家主导、多部门协商的过程。一方面，划分各类功能分区应以“双评价”为基础，严格遵守“三线”划分结果，合理地按照功能分区的空间组织规律进行；另一方面，应当注意上级和下级国土空间规划的衔接。因此，编制市县级各类空间规划的设计人员也应当参与到功能分区环节中，国土、规划、建设、农业等部门及各乡镇政府等多部门间应协商合作，形成最终方案。

在功能分区的过程中，应当注意刚性约束和柔性约束是并存的关系，无论是评价结果还是上位规划的要求都会对最终的结果产生影响。因此，在整个过程中，两者都应当充分发挥作用。刚性约束包括两种：①在国土空间综合评价中根据刚性指标确定的国土空间，会被直接划分为某类功能区，或被直接排除在某类功能区之外；②根据空间规划相关法律、法规、规程的要求而划定的国土空间，例如禁止开发区域应严格遵守《省级主体功能区划分技术规程》的规定予以划定。柔性约束则包括各地区人口聚集度、社会经济发展潜力及各镇的具体需求等。具体而言，划分国土功能分区时应充分考虑市县的自然条件和社会经济发展状况，抓住主导因素深入分析相关指标，即制定柔性约束。通常市县级规划是以县域或镇域为研究单元，先划分各类功能分区；然后针对各要素进行综合评价，划分出优先开发区，同时以各类保护区为主体，划分出禁止开发区；最后，结合县域和乡镇这两个划分结果，整合出各类方案。

依照县域范围内各类型土地的自然属性确定相应发展方向。例如，在生态环境较为脆弱的地区不应进行大规模、高强度的城镇化发展或工业化发展。主体功能不同的地区在社会经济和人口集聚方面有所不同，如农业地区及生态地区因为受一定条件的限制，承载高密度人群的能力有限。当然，在一些自然条件好的地区进行城镇化开发时也可以适当发展农业，为当地人民提供安全放心的农产品。在功能划分时应当注意这些方面。

3.3　要素配置环节

要素资源配置是国土空间总体规划的重中之重，应实现国土空间开发保护格局最优化、效率最大化、资源配置“一体化”。根据上位规划，要素配置环节应完善土地市场机制、科学拓展建设用地新空间、探索建立集体土地流转机制、完善耕地保护补偿和土地整治新机制、健全旅游生态产业用地管理。土地资源配置应该遵循“优地优用”的原则，这是基于土地资源价值认知的土地空间资源配置策略。价值导向是指国土空间规划编制环节中涉及的利益相关方基于自身空间而确定的国土空间规划主导价值追求方向，是基于对生态观、社会发展、资源配置等理论的实践总结，以及对国土空间规划的认识而综合形成的认知导向。我们不仅要做到“优地优用”，还应当做到“低效优用”“存量优用”。如在县城发展的过程中，应根据实际有序地修复不适合的县城发展现状，并且充分地考虑居民实际生活需求，创造性、科学性地实现“劣地优用”。在整个要素配置过程中，要充分应用土地综合整治、城乡建设用地规范等相关土地政策。

3.4 规划实施评估环节

传统评估因数据获取难、模型构建困难等问题，多以定性分析为主。随着信息技术的发展，各地区逐渐尝试用定量分析的方式进行评估。国土空间总体规划编制前期评估的目的是分析规划实施中存在的问题和原因，找准规划实施调整方向，为新形势下规划建设提供指引。传统的国土空间总体规划实施评估通常是在总体规划批复实施后5年进行的阶段性反馈，充分考量规划实施情况、反馈实施效果，综合研究改进措施。但在传统城乡规划转型成国土空间规划的今天，实施评估也将从依据和检测目的转向引导和融合功能。首先，在评估技术手段上，可通过GIS空间数据系统等提供直接准确的评估结果，还可在数理统计分析的基础上，把遥感识别工具作为辅助工具展现空间特征，并进行空间分析。其次，建立多层次、多部门联合的评估机制，依托信息化数据平台获取空间数据，完善规划实施评估。最后，通过目标差距对比、层次分析法、时间与空间序列对比等定量方法结合定性方法，得出评估结论和优化建议。

在评估过程中，要对规划初期、近期、远期的动态情况进行比较分析。在评估内容上，强调内容拓展，在实施绩效评估、机制评估中增加发展环境研判和空间适宜性评价等方面内容，以适应国土空间规划编制需求，发挥城乡规划的指引作用。

3.5 规划成果数据入库

国土空间数据库建设是在国土空间规划资料的框架下，根据相关规范要求，对资源环境类数据、基础地理类数据、重大基础设施类数据、社会经济类数据、规划成果类数据、已有综合评价类数据等多种专题数据库的建设，可以为后续专项规划提供土地利用现状查询、城镇地籍查询、生态保护、灾害预测等支持。要高效集成应用和管理核心数据库，做到垂直方向上能相互叠加、平面上无缝拼接，为国土资源各项审批业务、资源监管和数据交换提供统一的数据和技术保障。搭建“多规合一”平台，支撑国土空间规划成果的管理和实施，在土地利用、空间布局等方面为城市管理提供“一张底图”，同时基于工作流引擎实现与多规业务审批系统的对接，支撑项目预审与联合审批、联合验收。数据入库时要检查准确性，可采用软件自动检查、人机交互检查和人工检查三种方式。

4 编制阶段的技术手段

目前，编制阶段的技术手段主要包括GIS空间数据系统、大数据分析、基于人工智能的城市模拟仿真、构建城市智能信息平台、遥感技术、万维网地理信息系统（WebGIS）等。其中，GIS成熟的地理空间分析系统贯穿编制全过程。

4.1 GIS 空间数据系统

在市县级国土空间总体规划编制阶段合理充分地运用 GIS 技术，能够提升规划编制的效率，提高国土空间规划的质量。由于 GIS 的快捷性和稳定性，能够在编制过程中提供大量数据进行动态调整，丰富编制技术手段，如通过对规划区域内经济、自然、环境等多要素的分析，进行地质灾害、经济发展、土地分级等预测；通过对图层的叠加和最佳空间数据自动匹配等设定，实现对规划地区的空间规划，如划分公园、广场、居住区等，这些都是传统国土空间规划方式所不具备的功能。GIS 与传统技术方法相比，最明显的优点是其空间分析的功能。例如，规划师可以利用网络分析、缓冲区分析、邻域分析、地形分析等基本模块及空间句法拓展模块完成复杂的空间分析。

此外，针对“双评价”过程，除了常规的 GIS 空间分析，一些规划研究机构和设计团队研发出的新工具也可达到简化研究过程的效果。清华大学规划团队提出的“文档即系统”（DAS）全新地理计算模式，核心是将地理计算系统、计算说明文档和地形处理结果相结合，构建、维护和运行控制大型地理计算模型，并在此基础上，研发了包括“双评价”所有计算要求的“国土空间规划双评价智能数据处理与分析系统”（DAS2019）。我们通常通过 GIS 系统进行各类空间分析，相比之下，DAS 的优势在于：①易于操作实施；②一体化的数据处理模式；③计算透明；④系统维护便捷。未来，在“双评价”工作中，便捷高效的 DAS 将会为规划人员减轻工作压力。

4.2 大数据分析

海量丰富的大数据可为市县级国土空间总体规划编制打下扎实的基础。当前，与国土空间总体规划相关的大数据包括城镇运行与监测大数据（智能传感器、刷卡数据、监控数据等）、移动终端大数据（GPS、手机 App 数据、手机信令数据等）、互联网大数据［社交网络、主题网站、兴趣点（POI）等］，主要应用在以下两方面。

（1）在城镇体系与区域联系方面。

编制城镇体系规划通常需要清楚区域内的相互联系。如姚凯、钮心毅利用智能手机信令数据，模拟出区域内不同城镇间人群流动状况，继而得出城镇间联系强度数据。大数据的应用为规划师研究区域内相互关系提供了科学理性的依据。

（2）在公共服务设施布局方面。

传统的公共服务设施布局通常利用千人指标或者按照服务半径的情况来设计，但实际情况往往比指标更为复杂，难免出现不适用的情况。如孙宗耀、翟秀娟等人总结了 POI 数据在生活服务设施和其他公用服务设施研究中的利用方向。

4.3 基于人工智能的城市模拟仿真

城市模拟仿真是通过构建模型，描述城市系统中各要素间复杂的相互关系，并结合虚拟现实等技术对城市运行进行动态模拟和可视化。从 20 世纪 90 年代的通过元胞自动机理论（CA）、个体建模等方法探索具体地块的发展变化特征，到 21 世纪尝试使用 CA 理论分析探索地块扩展演变过程中的变化及其特征，关于城市的感知发生了巨大变化。

近年来，人工智能技术逐步出现在规划技术的范畴内。吴志强认为，人工智能主要集中于对城市空间规律和城市生长规律的机器学习（ML）和深度学习（DL）。随着人工智能技术的不断发展，将来的规划将会逐步依靠人工智能感知城市、认知城市，使城市规划逐渐趋于理性。

4.4 构建城市智能信息平台

城市智能信息平台（CIM）是一个集成、包容的管理平台。面对如今各类智能技术大量应用于城市规划的各个环节，各类数据存在相互交织、冗杂的情况，CIM 应运而生。CIM 是三维地理信息系统、建筑信息模型的融合，兼具二者的优势，在存储海量的城市相关信息基础上，还能为云平台提供数据调阅和协作的功能。当然，CIM 还可以与大数据、物联网等充分融合。通过构建城市智能信息平台，综合利用相关数据，可以减少因信息不全、数据难获得等问题造成的不便。

4.5 遥感技术

遥感技术在地理信息技术领域是由多个学科在实际发展和应用过程中所产生的综合性技术，可以提升国土空间规划的效率和准确性。遥感技术包括可视化技术、国土空间资源的监测与图像处理技术等。其中，无人机航空摄影可以让国土规划部门对城市交通线路、地形地貌、信息网及植被等多种因素进行充分了解，进而在最大程度上为后续工作提供参考依据。

5 结语

在国土空间规划时代，数字分析方法与技术已经成为规划必备的支撑，有利于深度挖掘城乡自然、社会、经济发展变化的内在规律，帮助有效判断关键的主要因素，准确识别可控的关键参数，提高规划分析的科学性，提升规划编制的效率，促进国土空间治理能力现代化。除了基于 GIS 空间分析的方法与人工智能技术，随着科技的发展和人们认识水平的提升，以及人类发展的需要，肯定还会有新的方法与技术出现，共同促进国土空间规划的发展和进步。

[基金项目：国家自然科学基金（51778077，51978091）。]

[参考文献]

[1] 甄峰，张姗琪，秦萧，等. 从信息化赋能到综合赋能：智慧国土空间规划思路探索 [J]. 自然资源学报，2019（10）：2060-2072.
[2] 赵广英，李晨. 国土空间规划体系下的详细规划技术改革思路 [J]. 城市规划学刊，2019（4）：37-46.
[3] 顾建波，县市国土空间总体规划技术思路探索 [J]. 小城镇建设，2019（11）：17-25.
[4] 史慧珍. 数字城市规划的技术方法研究 [D]. 北京：清华大学，2004.
[5] 李强，张鲸. 我国空间规划的回顾与反思 [J]. 城市发展研究，2019（1）：7-12.
[6] 武廷海，周文生，卢庆强，等. 国土空间规划体系下的“双评价”研究 [J]. 城市与区域规划研究，2019（2）：5-15.
[7] 毛政. 县（市）域“多规合一”工作中生态保护红线划定研究：以弥勒市生态保护红线划定工作为例 [D]. 昆明：昆明理工大学，2017.
[8] 李艳艳. 县级国土空间规划中生态保护红线的划定方法探讨：以三江侗族自治县为例 [J]. 广西师范学院学报（自然科学版），2019（2）：133-137.
[9] 陶岸君，王兴平. 面向协同规划的县域空间功能分区实践研究：以安徽省郎溪县为例 [J]. 城市

规划，2016（11）：101-112.
[10] 黄淑琳. 基于主体功能区划思想的荆州市国土空间划分研究 [J]. 规划师，2013（8）：92-97.
[11] 程力. 优化国土资源配置分类调控国土空间：解读《广西北部湾经济区国土规划（2014～2030年）》[J]. 南方国土资源，2016（8）：25-27.
[12] 周学红. 县级国土空间总体规划的实践认知与策略研究：以四川省大英县国土空间总体规划为例 [J]. 西部人居环境学刊，2020（1）：25-30.
[13] 连玮. 国土空间规划的城市体检评估机制探索：基于广州的实践探索 [C] //中国城市规划学会. 活力城乡美好人居：2019 中国城市规划年会论文集. 北京：中国建筑工业出版社，2019：9.
[14] 苏世亮，吕再扬，王伟，等. 国土空间规划实施评估：概念框架与指标体系构建 [J]. 地理信息世界，2019（4）：20-23.
[15] 詹美旭，王龙，王建军. 广州市国土空间规划监测评估预警研究 [J]. 规划师，2020（2）：65-70.
[16] 李昕，吴泉源，孙静愚. 省级国土空间规划数据库建库中的质量检查方法探讨 [J]. 测绘与空间地理信息，2014（11）：57-58.
[17] 李军，荆欣，王鹏程，等. 县级国土资源“一张图”数据库建设研究 [J]. 青海国土经略，2018（2）：76-79.
[18] 孔宇，甄峰，李兆中，等. 智能技术辅助的市（县）国土空间规划编制研究 [J]. 自然资源学报，2019（10）：2186-2199.
[19] 甄峰，秦萧. 大数据在智慧城市研究与规划中的应用 [J]. 国际城市规划，2014（6）：44-50.
[20] 姚凯，钮心毅. 手机信令数据分析在城镇体系规划中的应用实践：南昌大都市区的案例 [J]. 上海城市规划，2016（4）：91-97.
[21] 孙宗耀，翟秀娟，孙希华，等. 基于 POI 数据的生活设施空间分布及配套情况研究：以济南市内五区为例 [J]. 地理信息世界，2017（1）：65-70.
[22] 吴志强. 人工智能辅助城市规划 [J]. 时代建筑，2018（1）：6-11.
[23] 曹阳，甄峰. 智慧城市仿真模型组织架构 [J]. 科技导报，2018（18）：47-54.
[24] 包胜，杨淏钦，欧阳笛帆. 基于城市信息模型的新型智慧城市管理平台 [J]. 城市发展研究，2018（11）：50-57.
[25] 祁菲. GIS 技术在国土空间规划公众参与中应用研究 [J]. 中国住宅设施，2019（9）：77-78.
[26] 黄荣. 分析遥感技术在国土空间规划中的应用 [J]. 工程建设与设计，2020（2）：271-272.

[作者简介]

曾祥敏，重庆大学硕士研究生。

国土空间规划数据资源体系建设研究

□于 靖，孙保磊，孟 悦，黄亮东，贾 莉

摘要：为满足国土空间规划体系的构建要求，全面提升国土空间治理能力，支撑各级各类国土空间规划编制，本研究以形成坐标一致、边界吻合、上下贯通的“一张图”为目标，开展数据层面的顶层设计，采用数据资源规划方法，研究国土空间规划现状评估、评价、编制、审批和实施监督全过程所需的各类空间及指标数据建设方案，建立国土空间规划数据资源目录。在此基础上，开展数据标准规范及数据库建设方案研究，为开展数据生产治理、数据管理应用等国土空间规划数据体系的建设工作提供支持。

关键词：国土空间规划；数据资源目录；数据标准规范；数据库

1 引言

2019 年 7 月，自然资源部办公厅发布《关于开展国土空间规划“一张图”建设和现状评估工作的通知》，在其附件《国土空间规划“一张图”建设指南（试行）》指出，整合国土空间规划编制所需的各类空间关联数据，形成坐标一致、边界吻合、上下贯通的一张底图，并在底图的基础上，整合叠加各级各类国土空间规划成果，实现各类空间管控要素精准落地，形成覆盖全国、动态更新、权威统一的全国国土空间规划“一张图”，为统一国土空间用途管制、强化规划实施监督提供法定依据。“一张底图”数据成果于 2020 年底前逐级完成向国家级平台的汇交。在推进国土空间规划编制中，应及时向本级平台入库和国家级平台汇交。

为满足国土空间规划体系的构建要求，全面提升国土空间治理能力，支撑各级各类国土空间规划编制，推动国土空间规划“一张图”实施监督信息系统建设，需要完善的国土空间规划数据体系进行支撑，形成一套数据资源目录体系、一套数据标准规范、一套数据资源库。基于此，本文对国土空间规划数据资源体系的建设进行研究（图 1）。

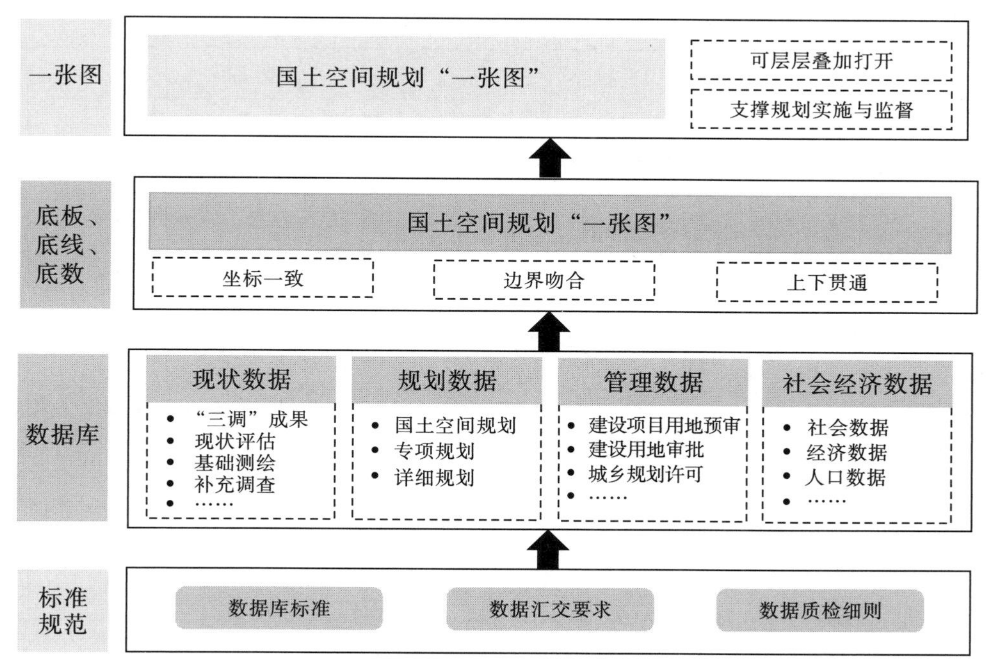

图 1　国土空间规划数据资源体系建设需求

2　数据资源目录研究

国土空间规划业务体系横向涵盖自然资源、发展改革、生态环境、住房和城乡建设、交通、水利、农业等各部门，纵向贯穿国家、省、市、县、乡五级。本文依据《自然资源部信息化建设总体方案》《国土空间规划“一张图”建设指南（试行）》《国土空间规划“一张图”实施监督信息平台建设指南（试行）》《市县级国土空间规划数据库标准（试行）》要求，结合实际国土空间规划项目及各地调研，对国土空间规划现状评估、评价、编制、审批和实施监督全过程所需的各种类型数据进行梳理，分析各类数据间的层次、类别和关系，对国土空间信息的数据资源进行统一规划，制定统一的数据资源分类体系，建立国土空间规划数据资源目录。此外，依据数据业务来源不同，分为现状数据、规划数据、管理数据、社会经济数据等四大类。

现状数据为国土空间开发利用、生态环境状况监测提供数据基础，包含基础测绘、资源调查、地质调查、城乡建设、资源环境、互联网数据及其他数据（表 1）。

表 1　国土空间规划现状数据资源目录

数据类型	数据名称
基础测绘	行政界限
	电子地图
	遥感影像
	地形图
	其他

续表

数据类型	数据名称
资源调查	第三次全国国土调查数据
	地理国情普查
	第二次全国国土调查数据
	土地变更调查
	森林资源调查
	水资源调查
	湿地资源调查
	海洋资源调查
	矿产资源
	其他
地质调查	地质灾害
	地质环境
	其他
城乡建设	现状用地
	现状建筑
	社会公共设施
	交通数据
	市政工程数据
	产业数据
	综合防灾数据
	地下空间
	其他
资源环境	环境监测数据
	其他
互联网数据	大众点评数据
	房价数据
	公交数据
	手机信令数据
	其他
其他数据	其他

规划数据即各级各类国土空间规划数据成果，包含国土空间总体规划、国土空间详细规划、国土空间专项规划数据（表 2）。

表 2　国土空间规划数据资源目录

数据类型		数据名称
国土空间总体规划		国土空间总体规划（包括三条控制线、空间布局体系、国土空间规划分区与用途分类、基础设施体系、城市控制线、国土综合整治和生态修复等数据）
		空间战略规划
		近期建设规划
		城市总体规划
		土地利用总体规划
国土空间详细规划		控制性详细规划
		村庄规划
		城市设计
国土空间专项规划	社会公共设施规划	医疗卫生设施布局规划
		文化设施布局规划
		教育设施布局规划
		体育设施布局规划
		民政服务设施布局规划
		雕塑布局规划
	交通规划	轨道线网规划
		城市道路规划
		铁路枢纽规划
		省级公路网规划
		航道规划
		港口规划
		机场规划
	市政工程规划	给水规划
		排水规划
		燃气规划
		供热规划
		供电规划
		海绵城市规划

续表

数据类型		数据名称
国土空间专项规划	产业规划	工业布局规划
		金融商务设施布局规划
		商业服务设施布局规划
		现代服务业布局规划
		旅游业布局规划
		快递物流园区规划
		物流业布局规划
		工业文化遗产调查与保护规划
	资源和环境保护与利用规划	永久生态保护区规划
		“十三五”造林规划
		绿地系统规划
		河湖水系保护规划
		海岸线综合利用规划
		海洋功能区划
	自然保护地规划	国家公园规划
		自然保护区规划
		风景名胜区规划
		其他
	综合防灾减灾规划	防灾减灾规划
		避难场所规划
	历史文化名城（名镇、名村）保护规划	历史文化街区规划
		历史文化名城规划
	其他专项规划	地下空间规划
		通风廊道规划
		更新改造类专项规划

管理数据为行政审批数据，包含资源管理、规划管理、建设项目管理、不动产管理、测绘管理、地名管理、执法监督及其他等数据（表3）。

表 3　国土空间规划管理数据资源目录

数据类型	数据名称
资源管理	土地供应
	土地出让
	土地整治
	探矿权
	采矿权
	用岛用海审批
	自然资源开发利用
	生态保护修复
规划管理	选址意见书
	建设工程规划许可证
	建设用地规划许可证
	规划条件（建设工程、市政工程）
	建设工程规划验收合格证
	乡村建设规划许可证
	核定用地图
	占补平衡
建设项目管理	建设项目用地预审
	建设用地审批
	其他
不动产管理	不动产登记
	其他
测绘管理	国家基础测绘成果资料
	测量标志
	测绘成果
	地图编制审核
地名管理	地名命名审批
执法监督	执法监督数据
其他	其他

社会经济数据包含社会数据、经济数据、人口数据等，来源于统计年鉴、经济普查、互联网数据挖掘等（表4）。

表4　国土空间规划社会经济数据资源目录

数据类型	数据名称
社会数据	就业
	其他
经济数据	国民经济核算
	经济普查数据
	社会消费品零售总额
	对外贸易
	固定资产投资
	其他
人口数据	常住人口
	户籍人口
	人口普查数据
	其他

3　数据标准规范建设研究

本研究结合自然资源部对省级和市级国土空间规划数据汇交要求、数据质量要求等，以及地方数据特色，统一数据标准、坐标体系，建立一套包含《国土空间规划数据库标准》、《国土空间规划数据汇交标准》及《国土空间规划数据质量检查细则》在内的数据标准规范体系，支撑国土空间规划数据的采集、入库与更新，达到规范数据格式、统一坐标体系的目的，为实现国土空间规划数据规范化管理、共享利用提供基础支撑。

3.1　国土空间规划数据库标准

数据库标准主要包括七个方面的内容。①术语和定义：对专业术语和定义进行明确解释说明。②数据成果格式：对每项数据成果格式的要求，包含文本、图集、说明书和地理信息系统（GIS）数据库。③数据库内容和要素分类编码：数据库所包含的数据及数据编码规则。④数学基础：坐标系、高程基准等。⑤数据库结构定义：数据命名标准、数据空间及属性结构等。⑥数据命名及交换：数据交换文件命名规则、数据交换内容与格式。⑦元数据标准：数据的描述信息。

3.2　国土空间规划数据汇交标准

数据汇交标准统一规定国土空间规划的实施评估成果、编制成果及国土空间规划相关数据的汇交程序为逐级上报。汇交标准包含国土空间总体规划实施评估成果的汇交程序、汇交频率和汇交内容，国土空间总体规划编制成果的汇交程序、汇交内容、成果要求文件和数据质量要求，国土空间总体规划实施情况的汇交程序、汇交频率和汇交内容，以及国土空间总体规划相关现状“一张图”、管理数据、社会经济数据的汇交程序、汇交频率和汇交内容。汇交标准能有效保障各级单位及时将批准的规划成果向本级平台入库，形成可层层打开的国土空间规划“一张图”。

3.3　国土空间规划数据质量检查细则

数据质量检查细则是国土空间规划成果的质量保证，也是数据质检和质量评价的依据。数据库质量检查的内容包含完整性检查、空间数据基本信息检查、空间图形数据拓扑检查、空间属性标准性检查、表格数据检查、图数一致性检查、指标符合性检查等。细则针对数据质量检查的内容，提出对应的质量检查方法。对于质量检查的结果，制定一种数据质量评价方法，对质量检查的结果进行合格性评价。同时，细则还明确数据库质量检查的成果形式为包含错误信息的合格性评价结果的质检报告。

4　数据库建设方案研究

数据库建设是将国土空间规划数据按照一定的逻辑结构和物理结构入库。国土空间规划数据资源包含矢量数据、栅格数据、非空间数据三种类型，每部分的数据库物理设计内容如下。

（1）矢量数据。

国土空间规划“一张图”数据中的基础地理信息数据、规划数据、分析评价数据以空间矢量数据为主，矢量数据按照矢量数据集和要素层进行存储和组织；图形数据在数据库中采用ArcSDE定义的 ST _ Geometry 字段进行物理存储，相应属性按照属性字段进行物理存储。矢量数据存储记录结构由通过质量检查后汇交的数据直接导入并添加必要字段后形成，数据导入过程中在数据库中进行数据逻辑拼接。

（2）栅格数据。

栅格数据在数据库中以栅格数据集格式存储，根据管理需求构建数据集物理存储和组织。栅格数据按照 ArcSDE 定义的 ST _ Raster 字段进行物理存储，存储记录结构由数据直接导入形成。

（3）非空间数据。

国土空间规划“一张图”中的非空间数据指格式为 Word、PDF、Excel、音频、视频等文件大小、结构不规则的数据。非空间数据以文件夹的格式进行存储。

5　结语

为实现国土空间规划“一张图”建设，满足国土空间规划编制要求，本文以形成坐标一致、边界吻合、上下贯通的“一张图”为目标，研究了国土空间总体规划现状评估、评价、编制、审批和实施监督等全过程所需的各类空间及指标数据建设方案，包括数据资源目录梳理、数据标准规范建设、数据库建设等研究内容，以支撑国土空间规划数据资源体系建设，满足国土空间规划编制及国土空间规划“一张图”实施监督系统建设要求。

[作者简介]

于　靖，硕士，工程师，任职于天津市城市规划设计研究院。

孙保磊，硕士，高级工程师，任职于天津市城市规划设计研究院。

孟　悦，硕士，助理工程师，任职于天津市城市规划设计研究院。

黄亮东，硕士，助理工程师，任职于天津市城市规划设计研究院。

贾　莉，硕士，助理工程师，任职于天津市城市规划设计研究院。

关于国土空间规划编审系统的研究

□于　鹏，张　恒，孟　悦

摘要：为落实自然资源部相关政策要求，各地纷纷开展国土空间规划编制与国土空间规划“一张图”实施监督信息系统建设工作，大力推进规划信息化快速发展，以期实现国土空间规划编制和审查的全过程信息化管理。为此，本文提出国土空间规划编审系统建设方案，以信息资源建设及信息系统建设为核心，探索实现规划成果数字化管理和规划编审工作的信息化管理。

关键词：国土空间规划；规划信息化；编审系统

1　引言

随着国家机构改革的完成，自然资源部提出了建立“五级三类”的国土空间规划体系。为了实现“多规合一”及全要素的管控，自然资源部要求各地尽快完成各级国土空间规划编制工作，形成完整的国土空间规划体系，实现空间规划从增量规划到存量规划的转型。编制国土空间规划，首先要“摸清家底”，即全面掌握国土空间利用的时空演变与规划实施情况，其次要有充足的现状、规划数据做支撑，同时开展资源环境承载能力和国土空间开发适宜性评价，以便更好地指导空间规划编制工作，进而逐步形成国土空间规划“一张图”。

在进行国土空间规划编审工作的同时，需要同步完善相关法规政策体系、技术标准体系作为支撑，建立规划编审全程留痕制度，并在信息系统中设置自动强制留痕功能。各地需以自然资源“一张图”为底板，全面启动国土空间规划编制审查和实施管理工作，结合“五级三类”国土空间规划编制，整合各类空间关联数据，搭建国土空间规划编审系统，通过信息化手段支撑规划编制、审查、管理的全过程工作，实现规划编审工作的数字化转型，促进各部门之间的数据共享和信息交互，推进规划管理体系和管理能力现代化。

国土空间规划编审系统作为国土空间规划“一张图”建设的核心系统之一，以数据资源汇聚融合为基础，形成统一标准的国土空间规划“一张图”数据资源体系；以规划编审工作的规范化为目的，实现国土空间规划编制、审查、管理全过程信息化；依托科学的模型算法，为规划分析评价和自动化审查工作提供支撑。本文依据相关政策要求，以国土空间规划编审工作为基础，围绕国土空间规划编审系统的信息资源建设和信息系统功能展开详细介绍。

2 总体设计

2.1 总体框架

国土空间规划编审系统面向规划管理、规划编制及技术审查单位，以各类数据资源全面集成为基础，构建国土空间规划“一张图”数据资源体系，建立分级传导的指标库与灵活配置的模型库，提供国土空间规划“一张图”应用、规划分析评价、成果审查管理、资源模型管理等应用服务，力求实现规划编审全过程的信息化管理（图 1）。

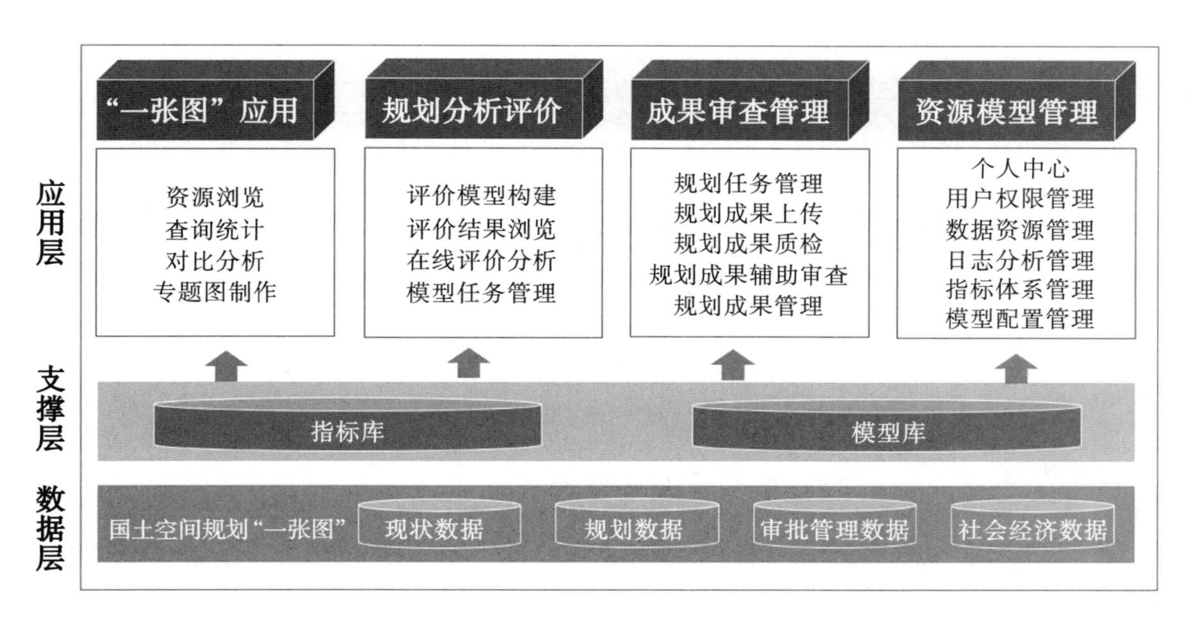

图 1 总体框架

2.2 技术架构

从技术层面对总体框架中的内容进行支撑，描述国土空间规划编审系统在数据管理、功能应用方面涉及的主要技术，具体包括跨应用系统的单点登录技术，多源异构数据提取、分析、融合技术，基于 Spring 的综合服务框架，基于 OAuth2.0 的安全控制技术，基于 Nginx 的反向代理负载均衡技术等。系统采用 B/S 模式六层架构，包括基础设施层、存储层、服务实现层、服务支持层、数据交换层、表现层（图 2）。

3 信息资源建设

建立可持续更新的国土空间规划“一张图”数据资源体系，制定数据汇交标准及更新机制，作为支撑系统运行的基础。汇集现状数据、规划数据、审批管理数据、社会经济数据，建立国土空间规划数据库、指标库与模型库，为系统各功能模块提供支撑。

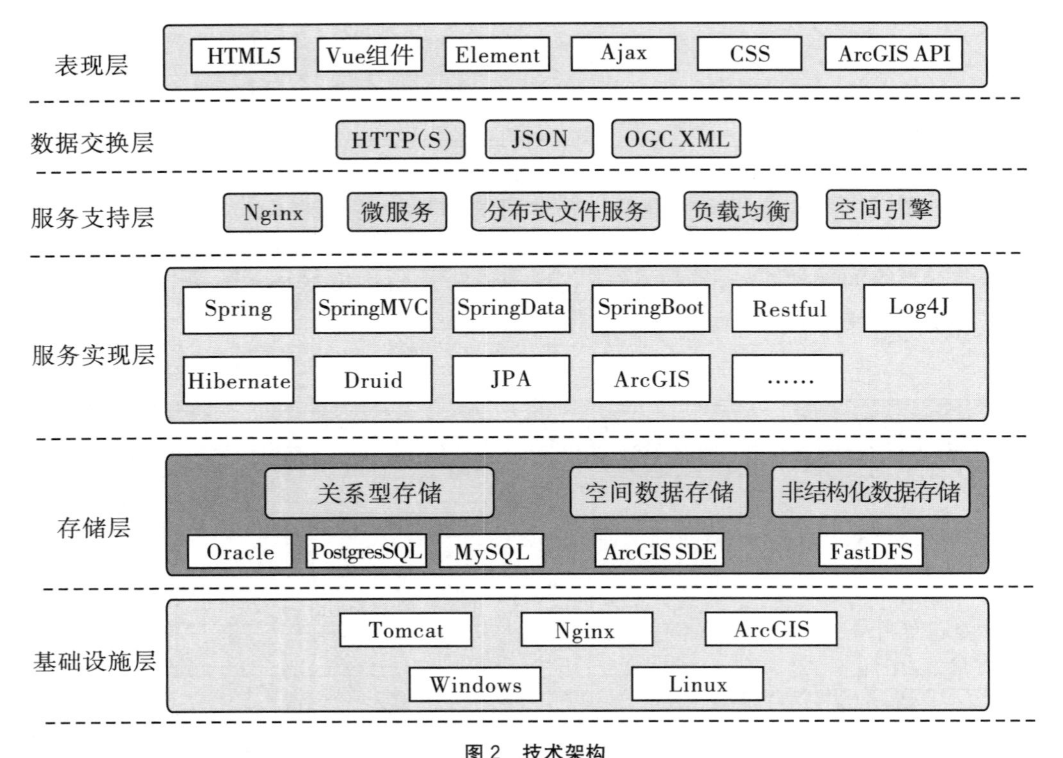

图 2　技术架构

3.1　国土空间规划“一张图”数据资源体系

基于自然资源部发布的《国土空间规划数据库标准》，结合规划管理实际需求，建立国土空间规划“一张图”数据资源体系，包括现状数据、规划数据、审批管理数据、社会经济数据等四大类数据（图 3），具体工作为数据目录体系建设、数据标准规范体系建设、数据库建设三部分。实现与相关部门进行数据对接、数据收集，建立统一数据标准、统一空间坐标的国土空间规划“一张图”地理信息系统（GIS）空间数据库，为系统提供共享开放的数据应用服务。

3.2　国土空间规划指标库

在落实国家政策要求的基础上，根据城市自身发展定位，结合规划管理需求，构建符合本地特色的国土空间规划指标库。

依据指标体系，对指标定义、指标描述信息、指标值等进行统一管理，设计并建设指标标准库体，设计指标的维度模型，创建每个维度的值域规范，将指标值入库并与指标项挂接，形成标准指标库。

依据指标库存储模板规范进行指标手工填报，并通过系统导入指标库，服务于国土空间规划编审工作。

3.3　国土空间规划模型库

借助信息化手段，通过开发模型算法、接入模型数据源、配置模型参数、输出模型结果以实现模型计算，建设国土空间规划模型库。主要分为以规划分析为导向的评价模型和以业务管控

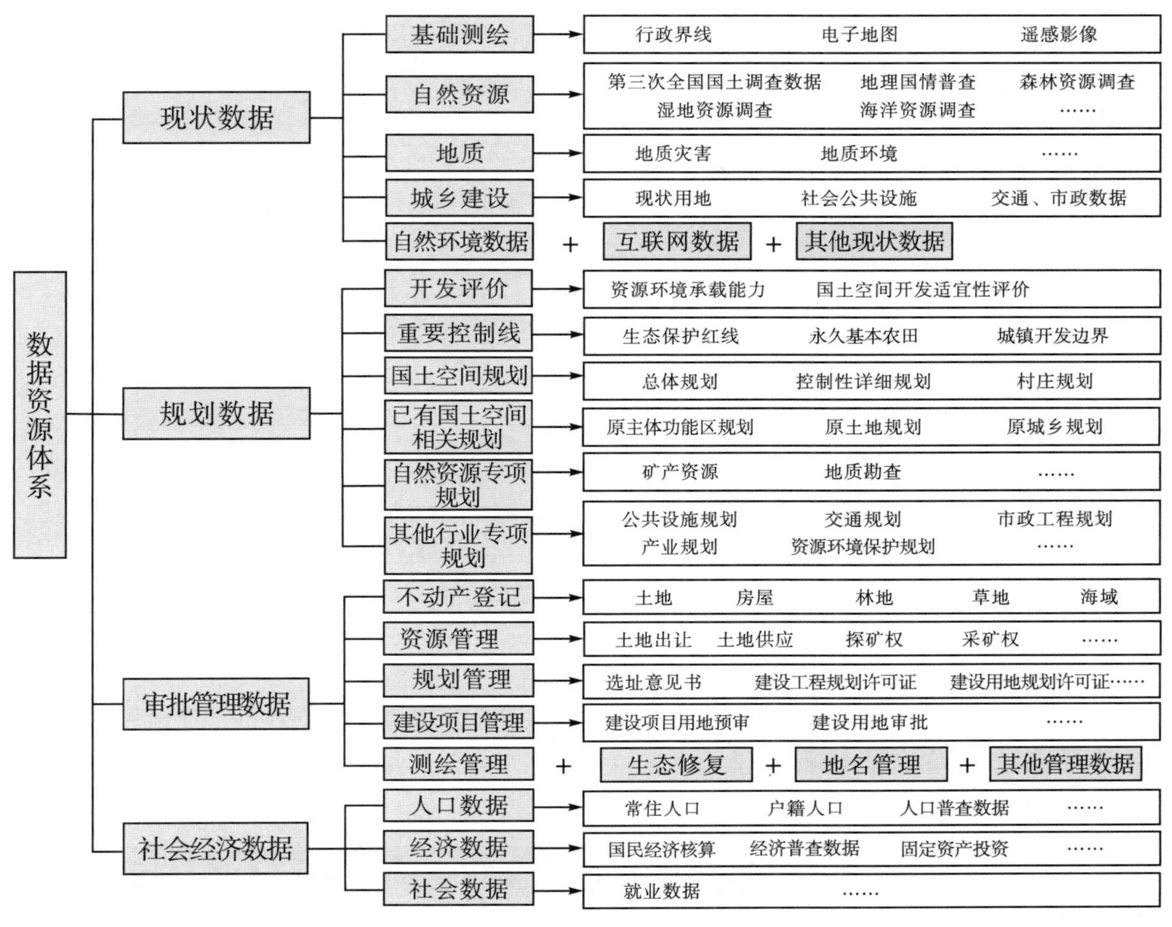

图 3　数据框架

与成果审查为导向的规则模型，支撑国土空间规划的数字化编制与自动化审查工作。

评价模型：建立资源环境承载能力综合评价模型、国土空间开发适宜性综合评价模型，支撑国土空间规划的分析与评价。

规则模型：根据国土空间管控体系和规划审查要点，建立国土空间规划管控模型和“五级三类”规划审查模型，服务于规划成果审查工作。

4　信息系统建设

国土空间规划编审系统在构建统一标准、相互关联、适时更新的国土空间规划“一张图”数据资源体系，形成统一的数据底板的基础上进行应用扩展，实现国土空间规划“一张图”应用、国土空间规划分析评价、国土空间规划成果审查管理、国土空间规划资源模型管理等功能。

4.1　“一张图”应用模块

以国土空间规划“一张图”数据为基础，汇集现状数据、规划数据、审批管理数据、社会经济数据，提供资源浏览、专题图制作、对比分析、查询统计等功能（图 4），服务于国土空间规划编审管理工作，满足用户对多源数据的集成浏览与查询应用要求。

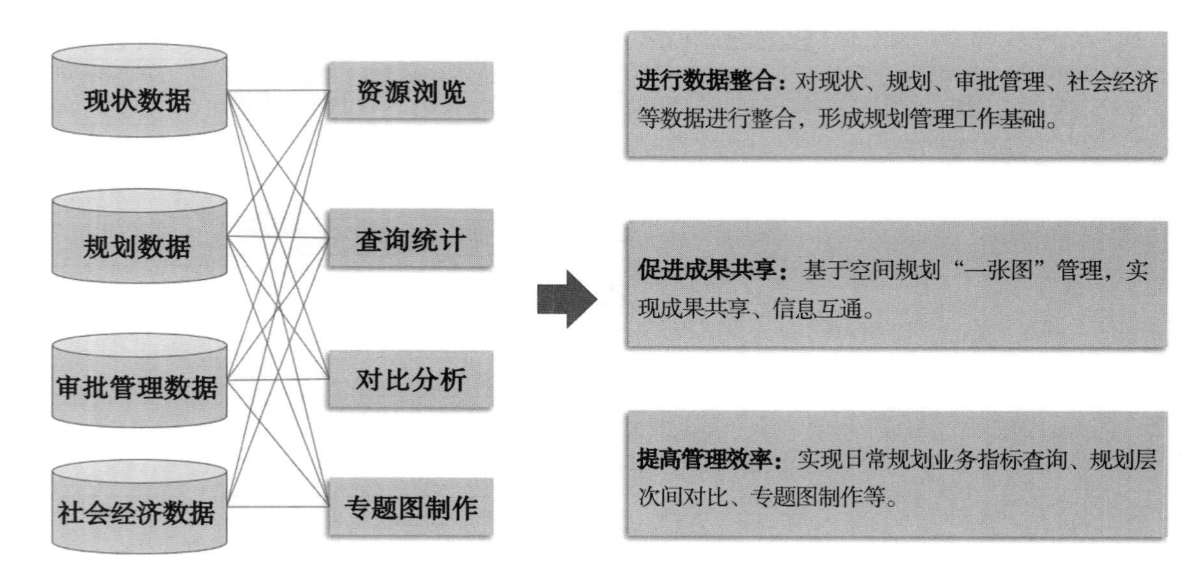

图 4　“一张图”应用模块功能结构

4.1.1　资源浏览

通过国土空间规划数据资源目录和严格数据权限控制，实现对现状数据、规划数据、审批管理数据和社会经济数据的浏览、查询、定位，满足用户对矢量成果、图件表格、文档资料等多类型数据的集成浏览与查询应用需求（图 5）。

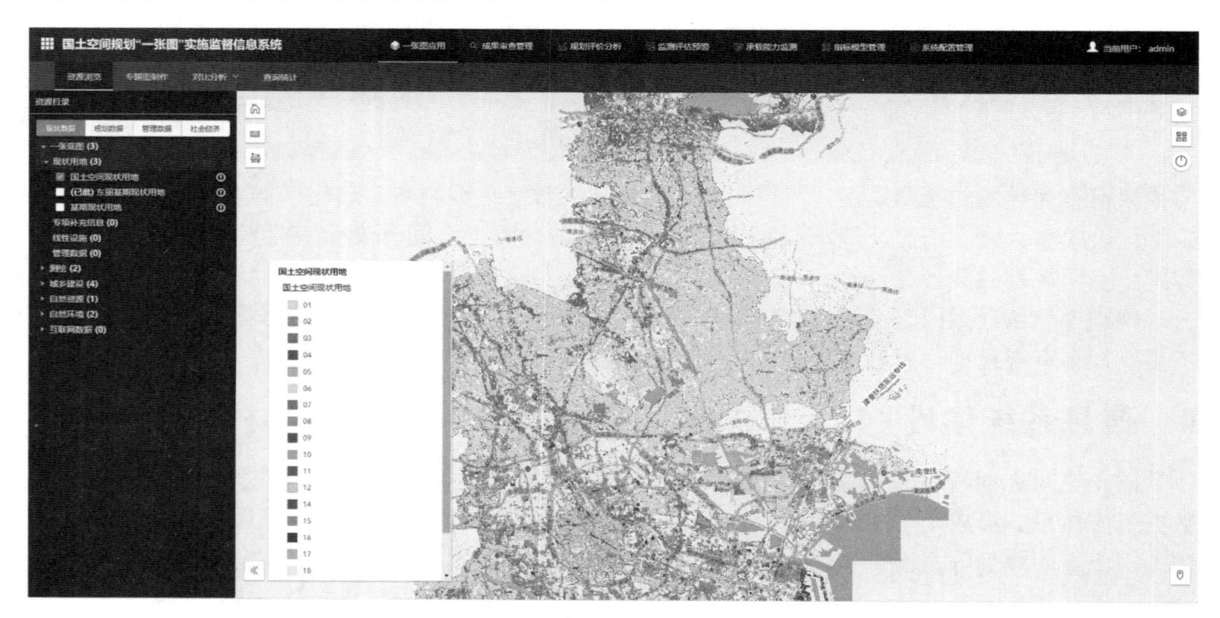

图 5　资源浏览功能界面

4.1.2　专题图制作

以专题应用为导向，通过数据选取、数据组织，根据矢量数据类型，在线对点状图层、线状图层、面状图层等各类要素进行渲染、编辑，并通过预设的布局模板实现最佳专题图打印效果，为用户提供成果的快速可视化表达功能（图 6）。

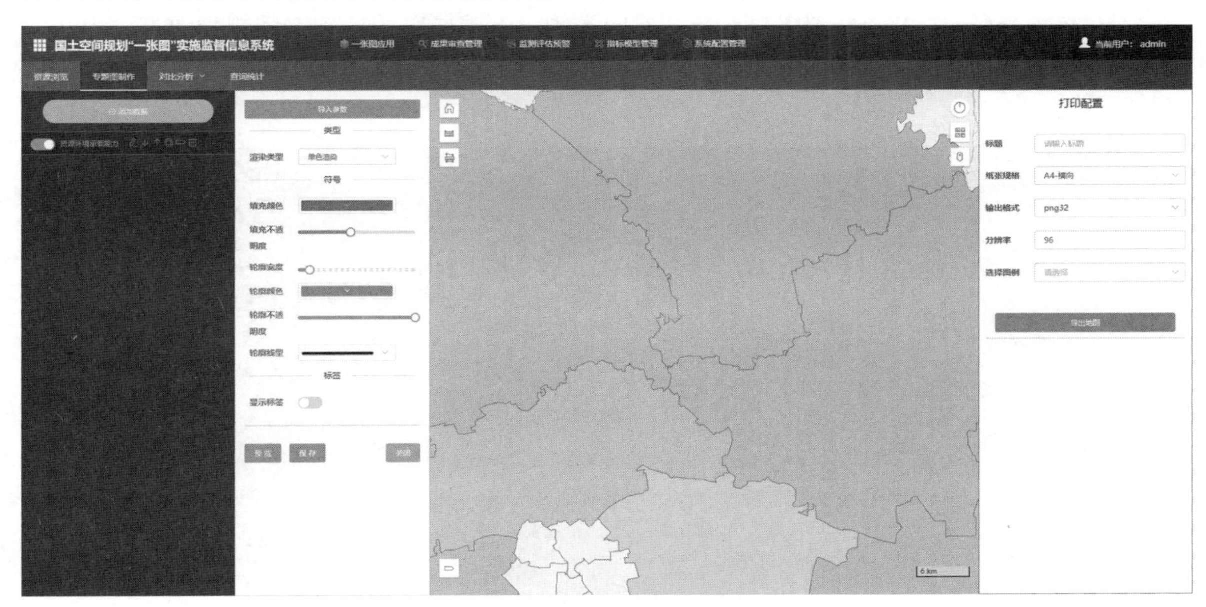

图 6　专题图制作功能界面

4.1.3　查询统计

针对不同类型的规划，对现状数据和规划数据的核心指标及用地指标进行统计，实现按属性筛选、空间筛选和图查数、数查图等查询，获得图数一体的查询结果，并支持查询结果的多维度分类统计和打印输出功能（图 7）。

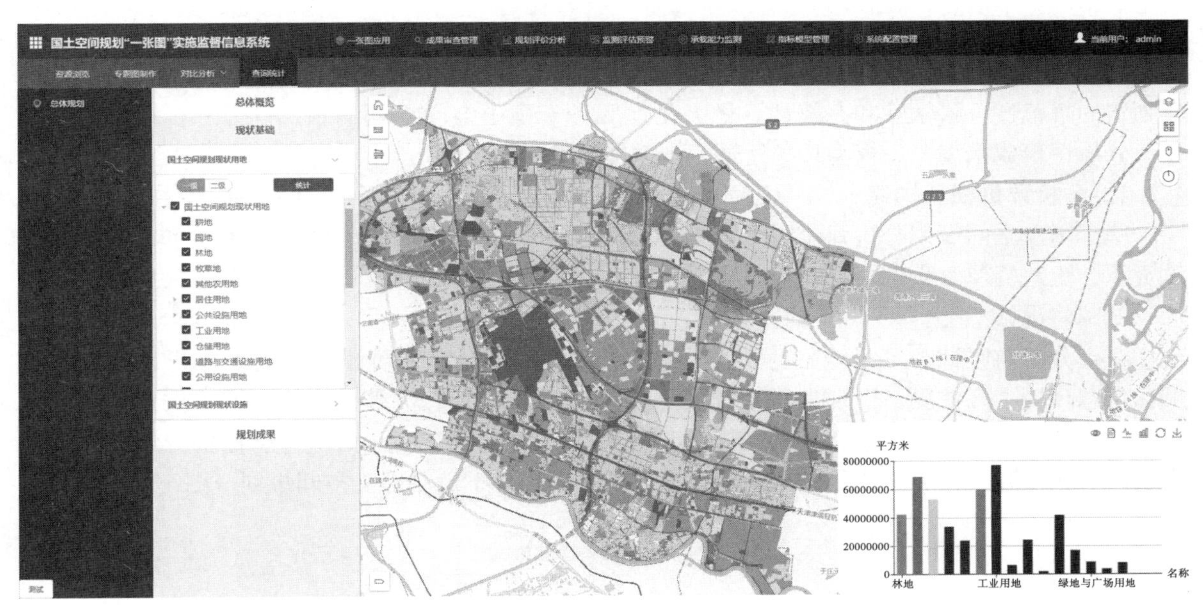

图 7　查询统计功能界面

4.1.4 对比分析

通过叠加分析、对比分析等手段，分析不同类别、不同层级的国土空间规划数据、现状数据和建设项目数据在空间位置、指标分解等方面的情况，支持空间范围上传、多屏联动、属性查看等功能（图 8）。

图 8 对比分析功能界面

4.2 规划分析评价模块

为了分析区域资源环境禀赋条件，研判国土空间开发利用问题和风险，有效地支撑资源环境承载能力评价、国土空间开发适宜性评价，保证生态保护红线、永久基本农田、城镇开发边界划定的规范性、科学性和有效性，最大化地服务于国土空间规划编制，设计分析评价模型构建、分析评价成果浏览、模型任务管理三个功能模块（图 9）。

4.2.1 分析评价模型构建

基于国土空间规划分析评价需求，构建以单项和集成评价为主的模型体系。单项评价包含水资源、土地资源、生态、环境、气候、灾害、区位共七类，集成评价包含生态保护、农业生产、城镇建设共三类。

在充分获取区域、生态、环境等数据的基础上，利用分析评价模型，辅助分析自然资源禀赋和生态环境本底情况，识别生态系统服务功能极重要和生态极敏感空间，明确农业生产、城镇建设的最大合理规模和适宜空间，服务于完善主体功能区布局，划定生态保护红线、永久基本农田、城镇开发边界，优化国土空间开发保护格局，科学编制国土空间规划（图 10）。

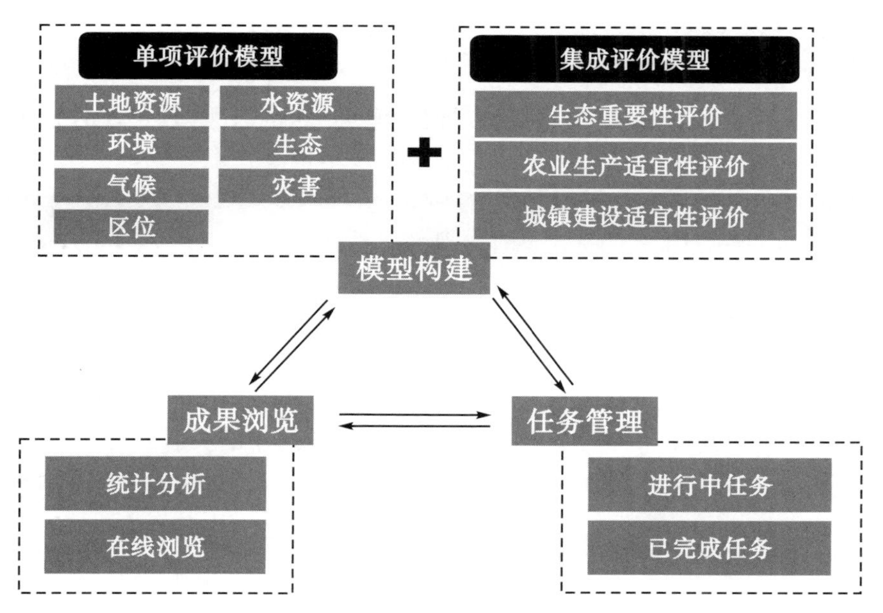

图 9　规划分析评价模块功能结构

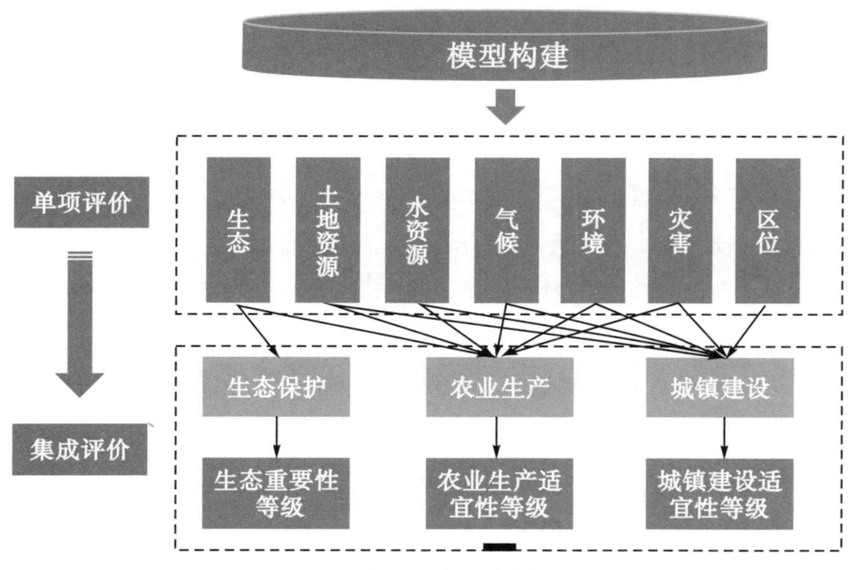

图 10　分析评价模型构建框架

4.2.2　分析评价成果浏览

结合国土空间规划分析评价需求，将分析评价成果以目录体系的方式进行组织，展现生态、农业、城镇三种类型的单项评价和集成评价结果，便于用户对分析评价结果进行在线浏览和统计分析。

4.2.3　模型任务管理

对所有模型处理任务进行统一管理，提供模型运行状态查看，模型评价成果的查看、下载及删除等功能，并按照模型处理的进度划分为进行中任务和已完成任务两种。

4.3 成果审查管理模块

以实现规划编审任务全生命周期的信息化管理和促进规划编制管理工作的业务协同为目标，根据“五级三类”规划的数据标准、质量检查细则、技术审查要点、成果汇交要求及规划编制规程等，建立规划编审任务库，提供规划成果审查与管理服务；通过规划任务管理、成果上传、成果质检、成果辅助审查、成果管理等功能，规范规划成果审查管理系统运转流程，实现规划成果的在线质量检查、规划间指标传导核查、限制要素自动计算功能，保障规划成果质量，提高审查精准性和效率，协助进行规划成果管理（图 11）。

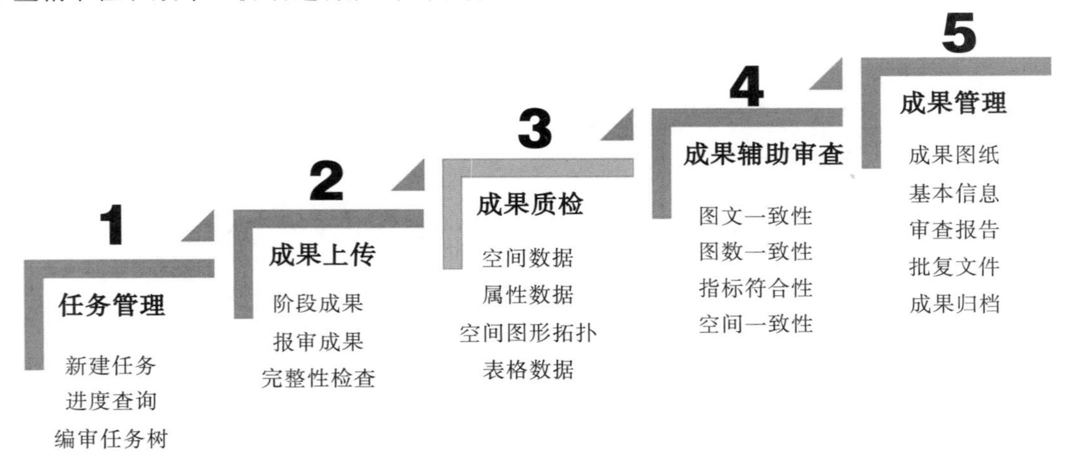

图 11 成果审查管理模块功能结构

4.3.1 任务管理

根据全域“五级三类”规划体系和各部门职责，动态建立规划编审任务“一棵树”，全面集成规划编审任务信息，实时掌握规划编审状态和所处阶段，通过合理的权限设置，提高规划管理的工作效率（图 12）。

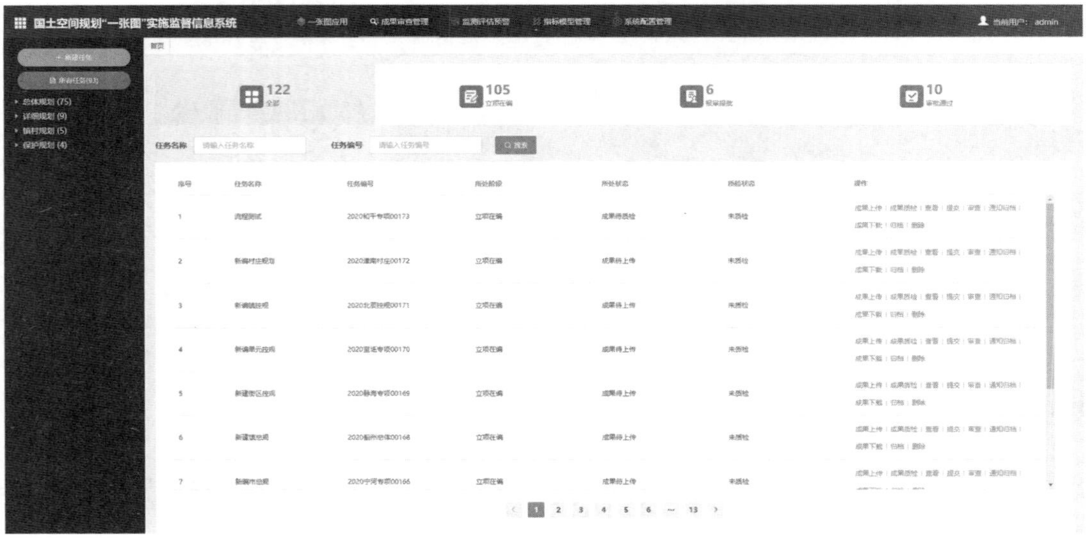

国土空间规划“一张图”实施监督信息系统
一张图应用
成果审查管理
监测评估预警
指标模型管理
系统配置管理
当前用户：admin
总体规划 (75)
详细规划 (9)
村规划 (5)
保护规划 (4)
122
全部
105
立项在编
6
10
任务名称
任务编号
1 2 3 4 5 6 … 13

图 12 规划任务管理功能界面

4.3.2　成果上传

依据各类规划编审操作流程要求，在规划编制阶段，系统采用相对灵活的方式，由用户根据实际情况自主上传阶段成果；在报审报批阶段，系统根据数据汇交要求，强制用户上传全部必选成果，并进行数据完整性检查。以此保证规划编审全周期留痕要求，确保规划管理行为全过程可追溯、可查询（图 13）。

图 13　规划成果上传功能界面

4.3.3　成果质检

为确保各类规划成果质量，系统支持质检规则的自主配置功能，依据不同规划的数据标准，灵活配置出不同的质检规则。在进行规划成果质检时，系统按照预先配置的质检规则进行成果一键质检，并生成质检报告，以保障规划成果的标准化和规范化（图 14）。

图 14　成果质检配置功能界面

4.3.4 成果辅助审查

规划成果辅助审查功能模块依托后台配置的审查规则库，面向各类规划成果制定不同的审查要点，对规划成果自身、逐级传导、上位规划及底线约束要求进行高效审查，确保各类规划纵向满足管控要求、横向协调不冲突，并记录审查意见，形成审查报告，实现规划成果的线上审查，提高规划审查的效率与质量。

4.3.5 成果管理

将各级各类国土空间规划各阶段的规划成果、相关资料、批复文件等数据进行统一存储和分权管理，支持包括成果图纸、文档、表格、矢量数据在内的多种类型成果的在线查询浏览，通过对规划成果进行归档，将审查通过的规划成果数据更新纳入国土空间规划“一张图”应用模块，实现规划“一张图”管理，促进规划数据管理的规范化、便捷化、科学化（图 15）。

图 15　成果管理功能界面

4.4 资源模型管理模块

该模块主要面向系统管理员，通过个人中心、用户权限管理、数据资源管理、日志分析管理、指标体系管理、模型配置管理等功能，实现系统、数据、指标、模型等的综合管理，支撑系统运行维护，满足业务调整的需求。

4.4.1 个人中心

个人中心主要实现用户个人信息管理及快速获取待办任务和通知信息的功能，以便用户快速跳转至相应页面进行业务办理，达到提高规划管理效率的目的（图 16）。

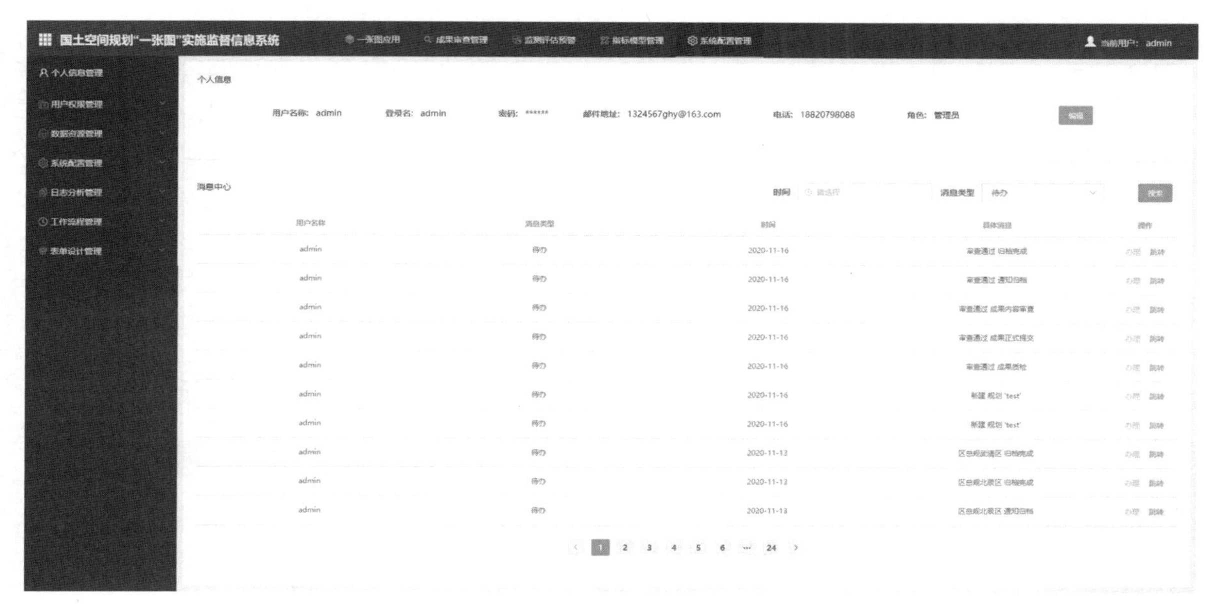

图 16　个人中心功能界面

4.4.2　用户权限管理

通过灵活的权限管理功能，根据管理需要将系统各模块、菜单、按钮等进行合理配置，服务于系统的不同角色和用户（图 17）。

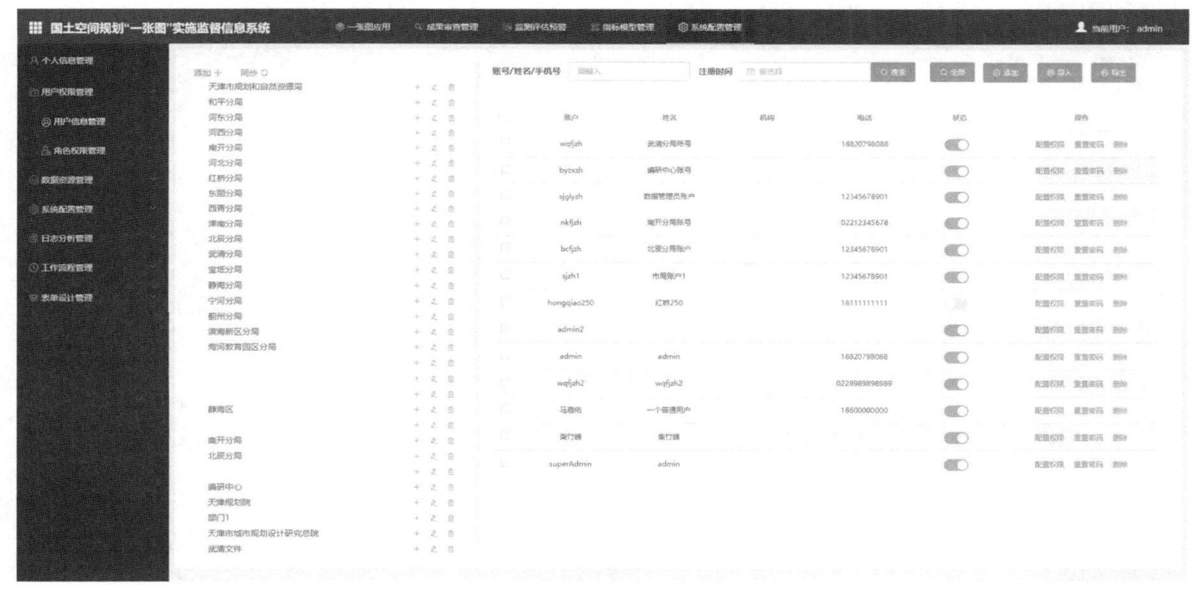

图 17　用户权限管理功能界面

4.4.3　数据资源管理

通过数据资源注册，编录元数据信息，形成数据资源的信息列表；按照统一的数据资源编码与分类标准，建立数据目录体系；根据不同层级自然资源管理部门对数据资源的使用需求，配置相应的数据权限，实现对规划任务、空间数据、文档、表格等数据资源及权限的统一管理（图 18）。

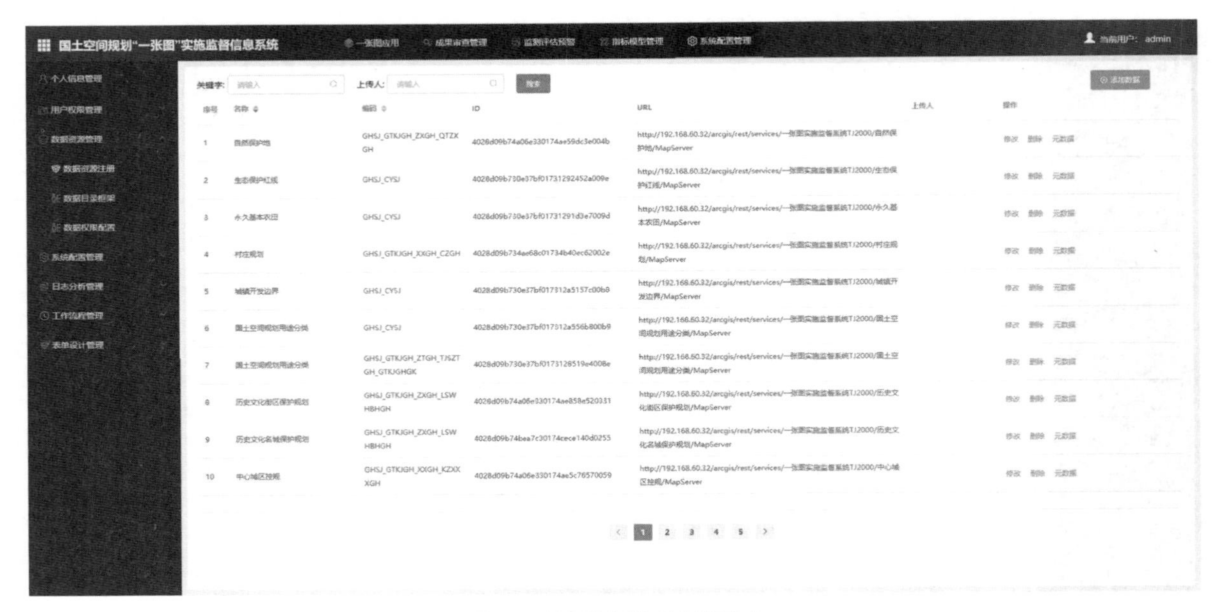

图 18　数据资源管理功能界面

4.4.4　日志分析管理

通过日志采集、日志查询和日志分析，监控系统的使用情况，实现业务处理过程的管理和跟踪；依据系统使用过程中记录的信息，分析系统存在的问题，达到追踪管理、系统留痕的目的（图 19）。

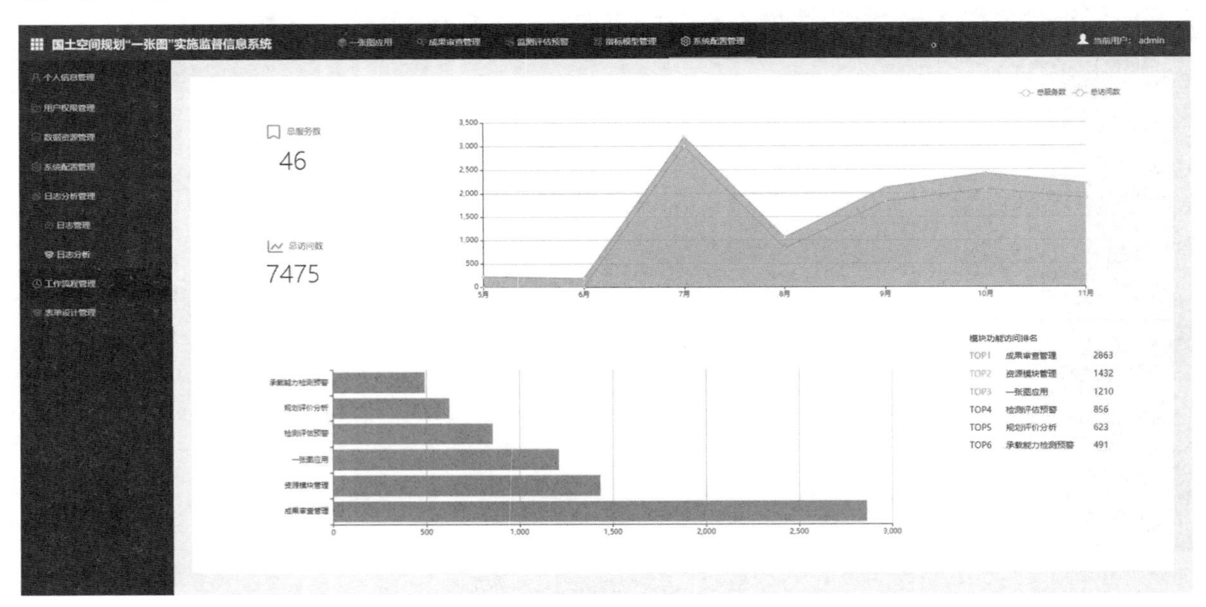

图 19　日志分析管理功能界面

4.4.5　指标体系管理

通过指标项管理、指标计算配置、指标值管理、指标详情展示及数据字典管理等功能，实现对国土空间规划编制审查指标的信息化管理，支持指标库的快速操作、更新维护及指标的动态调整（图 20）。

图 20　指标体系管理功能界面

4.4.6　模型配置管理

模型配置管理的核心是通过对规则、算法的拆解与组合，构建相应的评价模型和规则模型，以支撑规划分析评价、成果质检、成果审查等功能，实现参数可配置、规则可复用、运行可监控的模型管理模式（图 21）。

图 21　模型配置管理功能界面

5 总结

本文从分析国内相关政策和国土空间规划编审工作特点入手，提出了国土空间规划编审系统的总体架构，即构建国土空间规划“一张图”数据资源体系，建立国土空间规划指标库和模型库，研发“一张图”应用、规划分析评价、成果审查管理、资源模型管理等系统功能。随后分别从信息资源建设和信息系统建设两方面，对国土空间规划编审系统进行了详细介绍。

国土空间规划编审工作涉及众多环节，只有在信息技术的强大支持、相关机制的强力保障及各个部门的共同努力下，才可能实现国土空间规划编审工作的精细化管理。

［参考文献］

［1］蔡亚芳，张鸿辉，洪良．“双改革”背景下市县级国土空间规划“一张图”实施监督信息系统建设［C］//中国城市规划学会城市规划新技术应用学术委员会，广州市城市规划自动化中心，深圳市规划国土房产信息中心．智慧规划・生态人居・品质空间：2019年中国城市规划信息化年会论文集．南宁：广西科学技术出版社，2019．

［2］田丽亚，王文杰．GIS在国土空间规划中的应用［J］．科技创新与应用，2020（21）：175-176．

［3］黄厚．基于GIS的上海市控制性详细规划编制与审查管理系统的设计与建设［J］．测绘与空间地理信息，2013（1）：146-147．

［4］朱敏．大数据背景下的国土空间规划［J］．居舍，2020（16）：15-16．

［5］潘海霞，赵民．国土空间规划体系构建历程、基本内涵及主要特点［J］．城乡规划，2019（5）：4-10．

［作者简介］

于　鹏，工程师，任职于天津市城市规划设计研究院。

张　恒，高级工程师，任职于天津市城市规划设计研究院。

孟　悦，初级工程师，任职于天津市城市规划设计研究院。

国土空间生态修复监管系统的设计与实现

□施陈敬，张鸿辉，吴本佳，付　浩，刘东敢

摘要：国土空间生态修复监管系统是自然资源应用体系的重要组成部分，其采用信息化手段对国土空间生态修复项目进行全生命周期精细化管理，实现对生态修复项目的科学管理、精细整治，提升国土空间治理体系和治理能力的现代化水平。本文通过分析目前国土空间生态修复现状，并结合国土空间生态修复工作的痛点、难点，对构建国土空间生态修复监管系统的主要思路及实践过程进行阐述。系统主要包括“三大体系、七大功能”，为进行国土空间生态修复全业务、全过程管控，统筹实施生态保护修复和效果评估，开展山水林田湖草综合治理、信息化治理提供重要支撑。

关键词：国土空间生态修复；监管系统；自然资源应用体系；信息化治理

1　引言

人与自然是生命共同体，人类必须尊重自然、顺应自然、保护自然。目前，国土空间生态修复数据资源在准确性、时效性、系统性等方面存在不足，数据共享和社会化服务能力还有待提高，信息化建设水平尚需提升，难以适应自然资源管理的新形势、新要求。2019 年 11 月，自然资源部发布《自然资源部信息化建设总体方案》，提出开展国土空间生态修复信息化建设，统筹山水林田湖草整体保护、系统修复、综合治理，通过重大工程实施、制度体系建设，塑造绿色生态空间，增强生态服务功能，提升全国国土空间生态保护修复治理能力。本文在充分利用 3S（遥感技术、地理信息系统、全球定位系统）、云计算、物联网等信息技术的基础上，构建国土空间生态修复监管系统。该系统是我国自然资源管理的重要组成部分，可以极大提升国土空间生态修复管理效能，满足我国目前生态文明建设的要求，履行“统一行使生态保护修复职责”，为生态修复管理提供重要支撑。

2　国土空间生态修复概况

2.1　国土空间生态修复的内涵

党的十八大首次将“生态文明建设”列入中国特色社会主义建设，并且将“生态文明”写进了宪法，生态文明建设已成为国家发展战略的重要组成部分。因此，基于新时期生态文明建设的需求开展国土空间生态修复工作，是一项极其重要、紧迫的工作。国土空间生态修复以新时代生态文明理念为指导思想，强调提升国土空间品质，关注国土空间全要素，以空间结构调

整优化国土空间功能，以资源高效利用提升国土空间质量，以生态系统修复打造美丽生态国土，以整治修复制度体系建设筑牢美丽国土根基；按照“山水林田湖草生命共同体”理念，对因受到高强度开发建设或自然灾害等影响形成的生态系统破坏、生态产品供给功能损坏的生态区域，按照生态系统的整体性、系统性及其内在规律，统筹考虑自然生态各要素，如山上山下、地上地下、陆地海洋及流域上下游，进行“整体保护、系统修复与综合治理”，以增强生态系统循环能力，维护生态平衡。国土空间生态修复全生命周期见图 1。

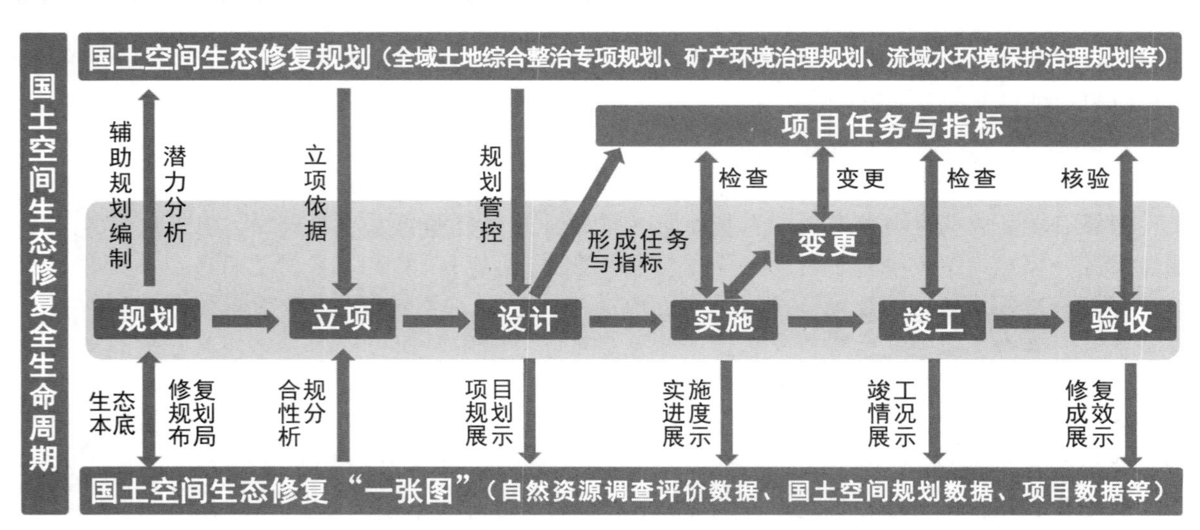

图 1　国土空间生态修复全生命周期

2.2　国土空间生态修复的痛点、难点

自然资源部“两统一”职责的确立，代表着我国国土空间生态修复工作由局部分散开展阶段向全要素、全覆盖发展阶段转变。同传统土地整治相比，国土空间生态修复工作的修复目标与对象更加多元化、修复路径更加系统化、修复手段更加复杂化；再加上长期以来我国在履行生态修复工作相应职责时，各个生态要素由不同部门机构进行管理，以致存在管理体制不健全、全社会共同监督机制不完善、生态监测监控网络不统一、生态大数据集成应用未建立等突出问题。本文总结了在开展国土空间生态修复时存在的四个痛点、难点。

（1）数据类型多样，整合难度较大。

国土空间生态修复项目涉及面较广，包含国土、规划、矿产、农业、环保等诸多领域，项目所需数据类型繁杂且难以获取，同时存在数据格式不统一、缺少统一的数据获取与信息监管手段等问题。

（2）现有系统单一，业务支撑不足。

目前，部分省市已建设有国土空间基础信息平台、土地整治监管监测系统及矿务管理系统等信息化平台，但平台所支持的项目类型较少，信息系统间彼此孤立，无法联动，未形成统一的常态化管理应用系统，难以支撑国土空间生态修复业务。

（3）业务关联分散，信息监管不足。

由于缺乏相应的项目信息管理系统对国土空间生态修复项目进行全流程管理，项目建设的各项审核工作分散在不同部门之间，缺乏协同共享机制，各职能部门对项目全流程管理监管不足，难以对项目进行统一管理。

（4）信息化水平低，管理效率低。

由于国土空间生态修复项目的管理尚未实现自动化、信息化，各相关职能部门之间、与专家组之间、与社会公众之间缺乏相应的联动机制手段和有效的信息沟通交流，导致各方意见及资料难以及时反馈，管理效率低下。

因此，亟须构建国土空间生态修复监管系统以解决上述痛点、难点，且拟建设监管系统需满足以下三个方面的需求。一是系统能够对国土空间生态修复工程进行全生命周期的精细化管理；二是系统可以对国土空间生态修复所需的各类历史数据、监测数据、地理数据、政策沿革与科研成果进行全方面地整合分析，并依托大数据、人工智能等手段，准确识别生态破坏病因，把握生态破坏的风险与成因，实现国土空间生态修复的精准施策；三是监管系统能够针对不同地区的生态特点解决信息交流媒介缺失问题，为各地生态修复治理提供辅助决策信息，以此来实现跨部门、多学科的数据共享与信息互通，提升信息化治理能力，为“数字化”政府的建设增砖添瓦。

3 国土空间生态修复监管系统的建设实践

3.1 建设思路

根据国土空间生态修复的痛点、难点，充分利用现有信息化基础，结合 3S 技术、物联网和计算机技术、大数据和人工智能技术，综合山水林田湖草监测的各类数据和生态修复项目业务管理数据，建设包括数据、指标及模型三大体系，可提供生态修复“一张图”、潜力分析、规划管理、项目管理、监测预警、统计分析及绩效评估七大功能的国土空间生态修复监管系统，实现对整治修复项目从规划、立项、规划设计、项目实施与变更、项目竣工验收的全生命周期精细化管理与监管监控一体化，让管理者对生态保护修复治理全过程了然于胸，为统筹实施生态保护修复和效果评估、开展山水林田湖草综合治理提供信息化支撑。系统建设思路见图 2。

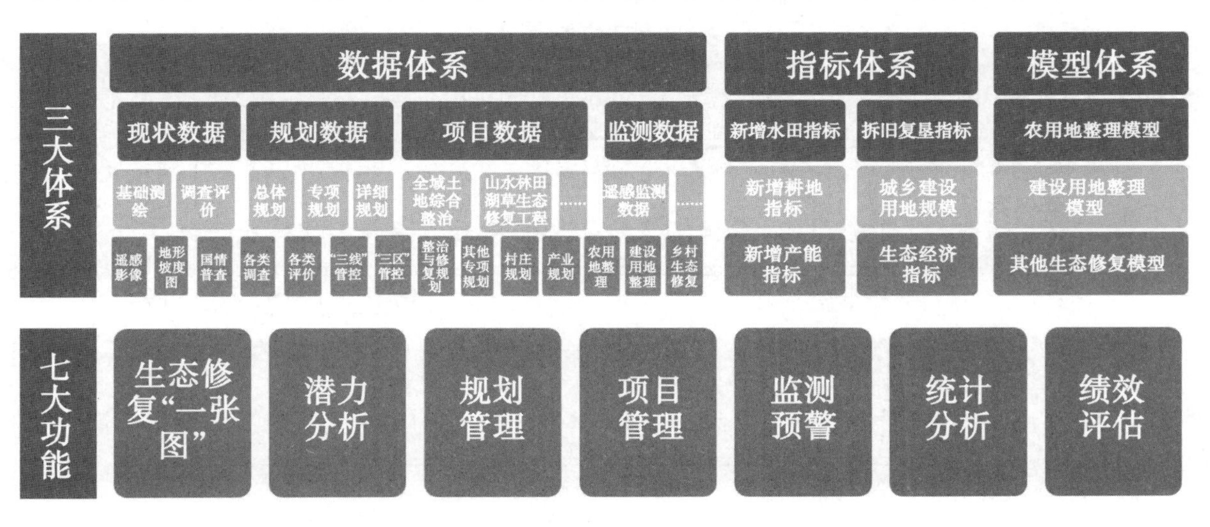

图 2 国土空间生态修复监管系统建设思路

3.2 系统设计

3.2.1 系统架构设计

国土空间生态修复监管系统通过建立土地整治与生态修复“一个库、一本账、一张图”，厘清家底、明晰格局，对生态修复项目从立项、规划设计与预算、实施、竣工验收和后期管理进行全生命周期精细化管理、监管监控及信息共享。

首先，系统保障与国土空间生态修复相关的现状数据、规划数据、项目数据、监测数据等信息在各环节流通，破除长期存在的信息壁垒和数据孤岛问题，以数据来引导业务前后的衔接过程，通过数据共享的方式来增进业务之间的逻辑关联。其次，系统将打破国土空间生态修复的部门间隔、空间间隔、公众间隔及不同层级政府的等级间隔，最大限度地统筹政府部门、事业单位、科研机构和社会公众等治理主体，充分发挥不同治理主体的作用，在推进信息共享的同时推动多元主体共同参与国土空间生态修复工作，按照“山水林田湖草生命共同体”理念，构建全区域、全要素底板数据，为科学有效地进行国土空间生态修复工作奠定良好的数据基础。最后，系统对国土空间基础信息平台提供集成和调用接口，实现数据的动态接入，实现项目相关数据的实时共享、动态监测与实时动态监管；通过系统自动获取、保存的动态监测数据，对国土空间生态修复情况进行定期评价及发展预测，提高部门间、各层级政府间的协同治理效率，推动数字化政府的建设。国土空间生态修复监管系统框架设计见图3。

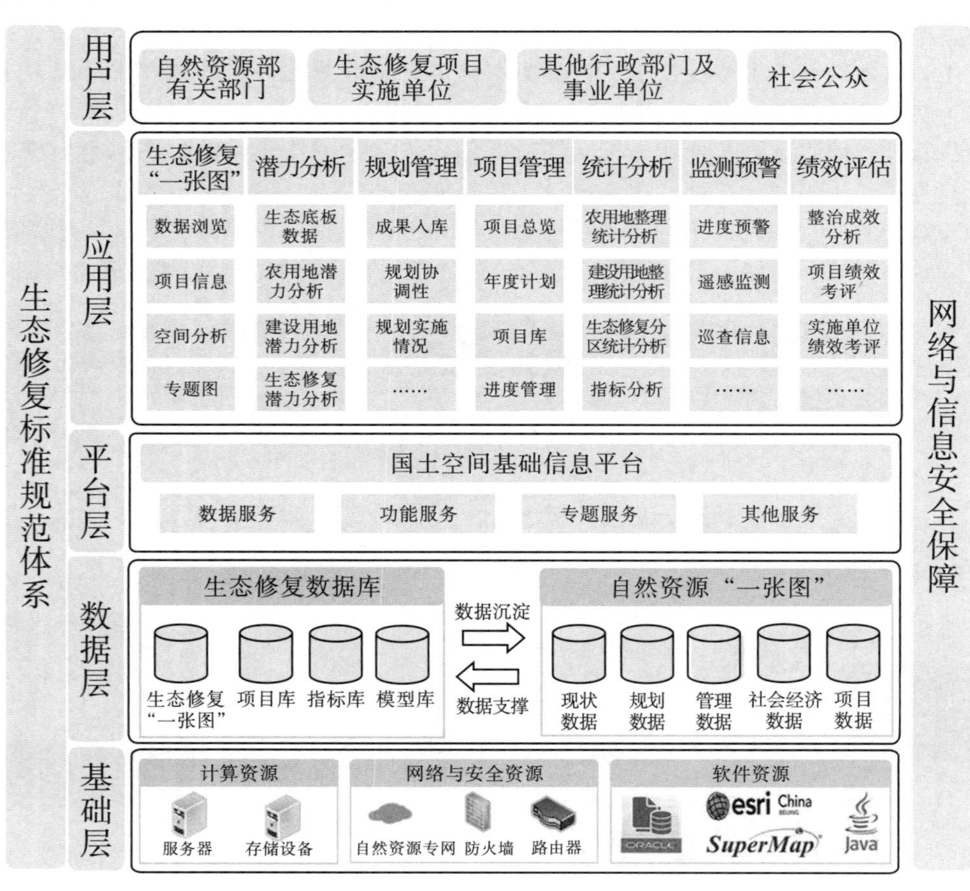

图3　国土空间生态修复监管系统框架

（1）基础层由计算资源、软件资源和网络与安全资源等部分组成，为监管系统的正常运行提供基本保障。

（2）数据层是平台系统的基础，整治与修复数据库涉及现状数据、规划数据、管理数据、社会经济数据及项目数据。根据实际情况和需要，采用集中式的方式实现数据资源的整合和存储。

（3）平台层由国土空间基础信息平台构成，提供数据服务、功能服务、专题服务、数据管理、运维管理等，为国土空间生态修复监管系统提供基础支撑。

（4）应用层分为B/S端和C/S端两个部分。B/S端主要包括浏览、规划管理、项目管理、监测预警、统计分析、综合评价、移动巡查、信息共享等功能模块，C/S端主要包括数据整理、质检、入库等功能模块。

（5）用户层包括政府部门、事业单位、科研机构和社会公众。根据不同用户需求和信息安全保密要求，开放不同等级的数据和功能。

3.2.2　数据体系设计

整合与国土空间生态修复相关的现状数据、规划数据和项目数据，形成生态修复“一张图”数据分级分类目录；基于统一的数据库标准，对多源异构数据进行采集汇总，经过数据清洗、处理、质检，按照物理分布、逻辑统一的技术路线和自然资源数据目录规范进行存储，构建整治与修复数据库，包括数据采集、数据建库与管理及数据共享三个方面。系统“一张图”数据目录及数据整合思路见图4、图5。

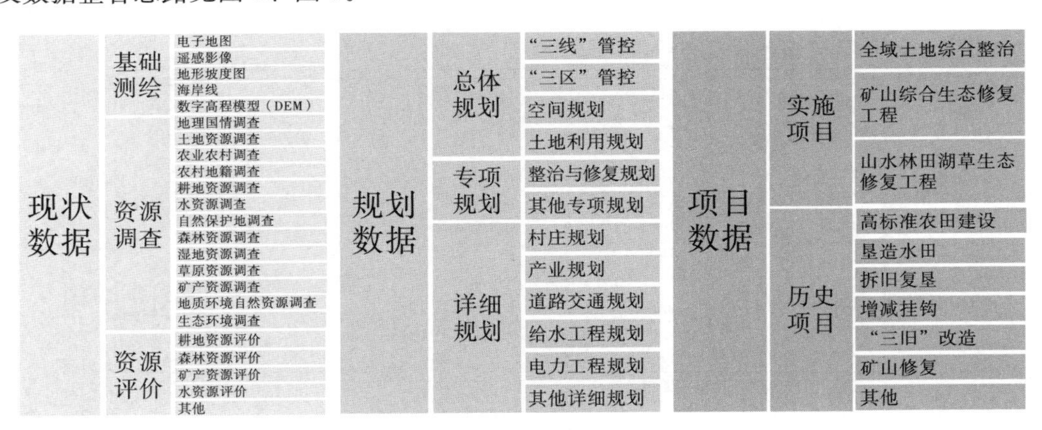

图4　“一张图”数据目录

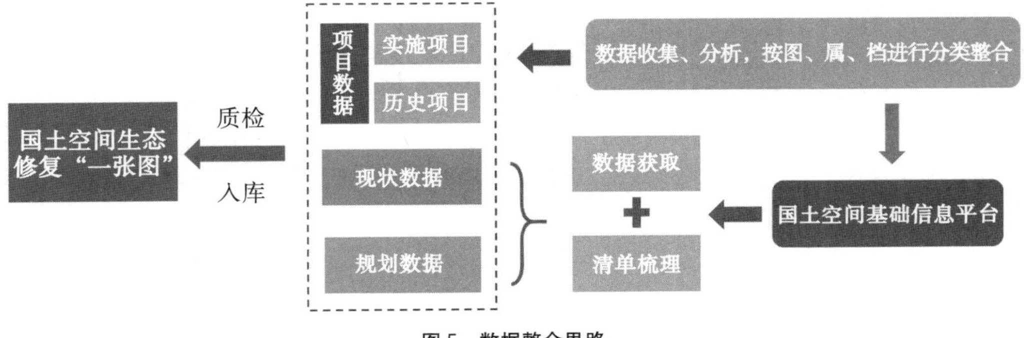

图5　数据整合思路

3.2.3 指标体系设计

在系统指标体系设计方面，将国土空间生态修复项目的相关指标分为指标规划值、指标监测值和指标填报值三个部分，规划值即为项目设计中的指标要求，监测值则是项目区域内新增此类型地类图斑监测数据，填报值来源于项目验收填报数据，根据上述指标对修复项目的质量进行实时监管。

3.2.4 模型体系设计

在系统模型体系建设方面，以各种生态修复潜力分析、指标监测值分析为目标，通过相关算法构建包括分析模型和指标模型在内的可视化模型体系。基于此模型体系，系统可以自动实现数据分析以及指标计算，并快速获取相应的分析结果和指标监测值。

3.3 功能实现

3.3.1 生态修复“一张图”功能

生态修复“一张图”功能模块通过收集、汇总与生态修复相关的现状数据、规划数据和项目数据等，从空间上展示生态本底、规划布局、项目实施进度和整治修复成效，还可为项目立项提供合规性分析，实现数据资源、项目全景、空间分析、图件输出、查询统计五个功能。生态修复“一张图”功能界面见图 6。

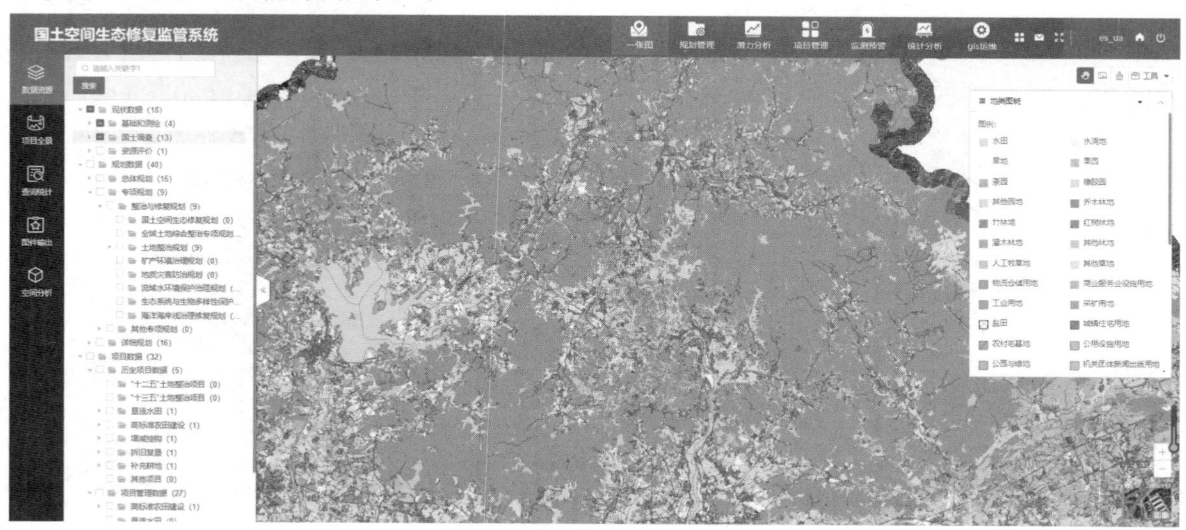

图 6　生态修复“一张图”功能界面

3.3.2 潜力分析功能

潜力分析功能模块通过采用可视化模型构建工具，结合各种生态修复潜力分析算法，构建相应的模型，提供农用地潜力分析、建设用地潜力分析等功能，以达到辅助国土空间生态修复规划编制的目的。潜力分析功能界面见图 7。

图 7　潜力分析功能界面

3.3.3　规划管理功能

规划管理功能模块面向土地整治规划、矿产资源规划、水资源环境规划、生物多样性保护规划等相关生态修复的规划编制项目，对其进行全过程管理及成果管理。针对规划成果数据进行管理，如通过建立国土空间生态修复项目标准，对下级规划或同级规划进行快速准确的在线审查工作；提供生态修复整治规划与城市规划、村庄规划、耕地保护等相关专项规划或详细规划之间的符合性分析，判断其是否符合相关专项规划或详细规划；展示关联项目实施情况，实时掌握规划要求的项目任务与各类指标完成情况。规划管理功能界面见图 8。

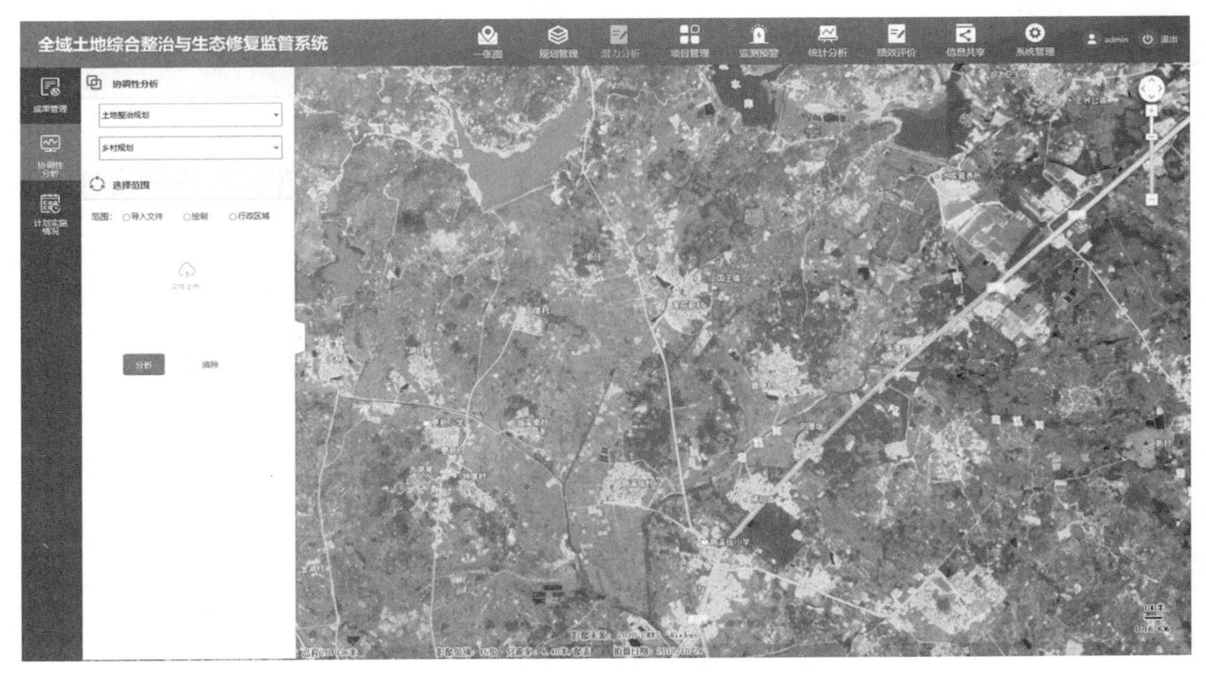

图 8　规划管理功能界面

3.3.4 项目管理功能

项目管理功能模块根据《全国国土规划纲要（2016—2030 年）》《全国土地整治规划（2016—2020 年）》《矿山地质环境保护规定》《山水林田湖草生态保护修复工程指南（试行）》等相关要求，以当前国土空间生态修复的实际需求为导向，面向土地整治与土壤修复利用工程、矿山环境治理恢复工程、生态系统和生物多样性保护工程和流域水环境保护及治理工程等生态修复工程项目，研发包含项目总览、年度计划、进度管理等功能，以信息化手段实现相关生态修复工程从项目计划、申报、审批、实施、验收的全过程信息化管控，提升项目管理及协调能力。项目管理功能界面见图 9。

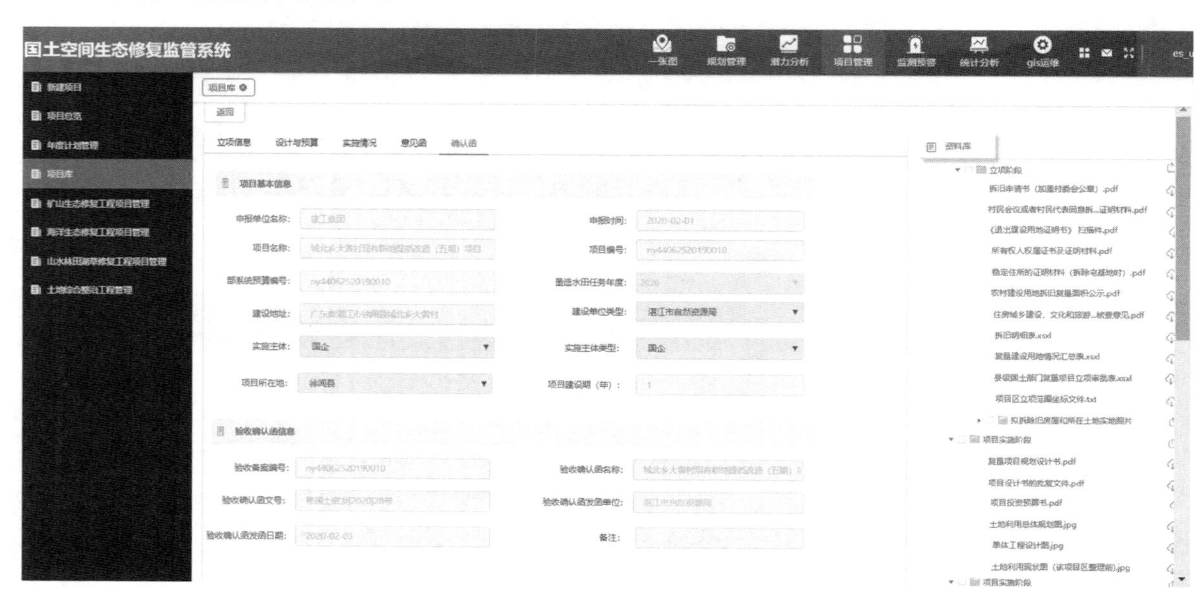

图 9　项目管理功能界面

3.3.5 监测预警功能

监测预警功能模块从宏观、中观、微观三个层次对生态修复规划布局、规模、数据与实施情况进行监管，对项目进度进行把控，对生态保护违法事件进行巡查预警。该功能模块基于实时接入的遥感数据和土壤、水质、矿山、气象等监测样点数据、视频监控数据，以重点监测的污染农用地、矿山、水源及林地为核心，建立大气、土壤、水质三维立体的动态监测指标体系，并突出展示生态修复项目前、施工期及竣工验收后的生态环境动态监测指标情况，以动态图表与大屏显示等可视化方式展示实时的监测指标数据，并根据监测指标模型实现预警。同时，针对工程项目监管的需要，实时接入工程项目计划、实施、资金及绩效评估等各类信息，实现对工程项目的全过程监测预警。监测预警功能界面见图 10。

3.3.6 统计分析功能

统计分析功能模块针对农用地整理、建设用地整理、乡村生态修复、招投标统计、分区统计提供区域项目数量、规模、投资及进度等多方面的统计信息，并从年份、区域、项目类型等多个维度进行统计分析，使政府及各相关职能部门能便捷快速地从多个维度了解各区域项目总体情况和实施进度等信息。统计分析功能界面见图 11。

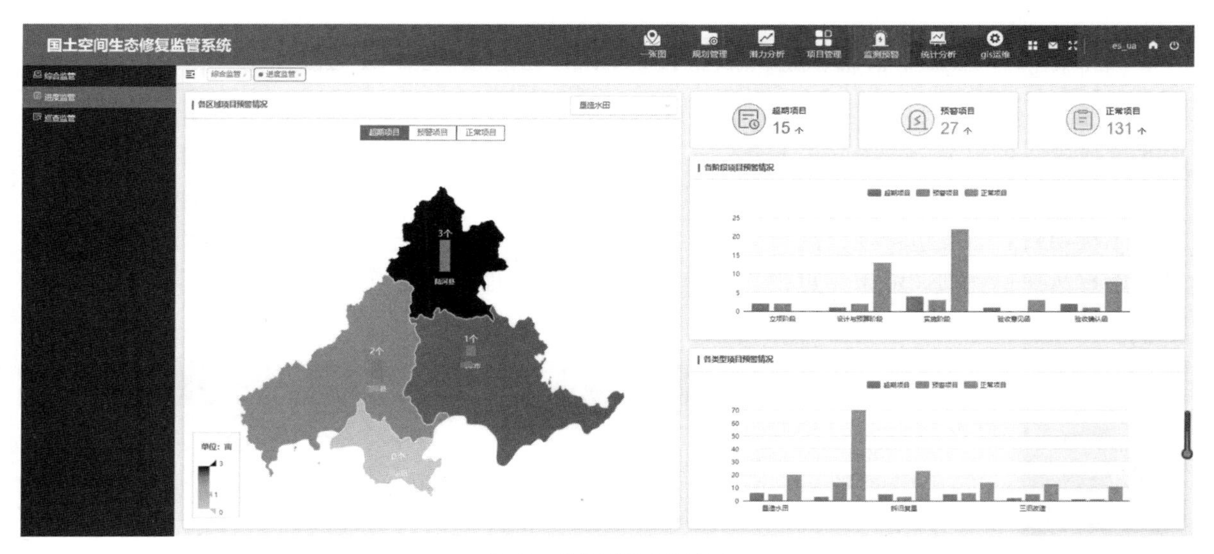

图 10　监测预警功能界面

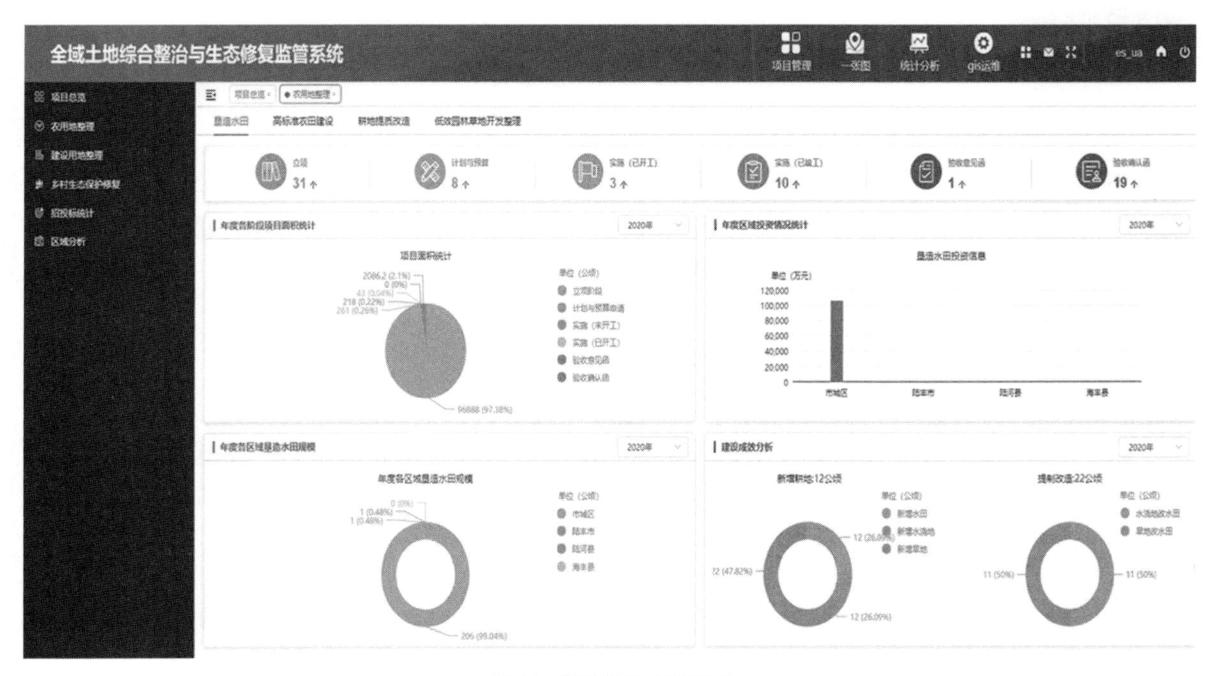

图 11　统计分析功能界面

3.3.7　绩效评估功能

绩效评估功能模块根据国土空间综合整治与生态修复项目实施前与项目验收后的现实需求，建立可行性分析和整治成效综合分析两大功能应用。在项目实施前进行可行性分析，筛选最适宜生态修复的项目点；在项目验收后对监测指标数据进行多方位对比分析，实现整治成效分析、项目绩效考评、实施单位绩效考评。绩效评估功能界面见图 12。

图 12　绩效评估功能界面

3.4　建设成效

国土空间生态修复监管系统“数据治理”模式是结合目前我国改革发展、信息技术发展趋势，总结各地国土空间生态修复经验进行的创新尝试，预期可以达到三个方面的效果，具体如下。

3.4.1　生态本底与修复规划数字化

系统通过汇集与生态修复相关现状数据、规划数据、管理数据等，形成动态、鲜明的国土空间生态修复“一张图”，从空间上展示生态本底、规划布局、项目实施进度和整治修复成效，还可为项目立项提供合规性分析，为国土空间生态修复管理工作提供“全、准、活”的数据支撑。生态整治修复数据支撑预期成效见图 13。

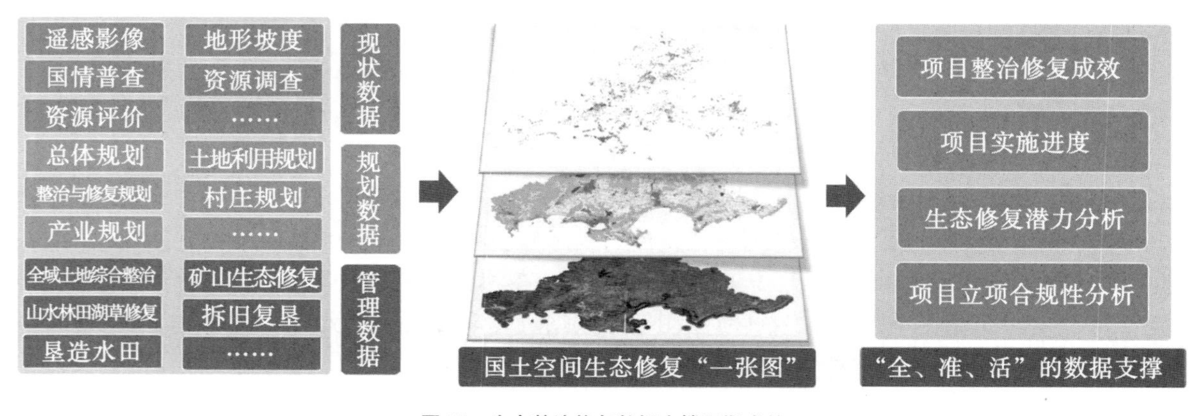

图 13　生态整治修复数据支撑预期成效

3.4.2　全生命周期精细化

系统提供生态修复“一张图”应用、潜力分析、规划管理、项目管理、统计分析、监测预警和绩效评估等应用，对整治修复项目从规划、立项、规划设计、实施与变更、竣工验收进行全生命周期精细化管理与监管监控，将各项目的管理流程在系统上进行直观展示。管理者能够全盘掌握生态修复治理的全过程，并对项目各管理流程进行实时监督，增强项目全流程管理的监管执行力。生态整治修复管理预期成效见图 14。

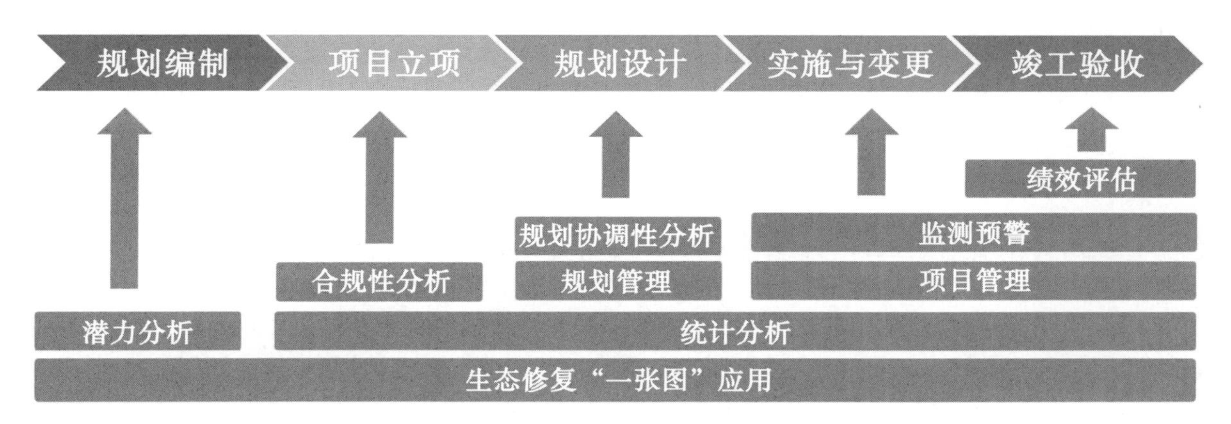

图 14　生态整治修复管理预期成效

3.4.3　整治修复成效可视化

系统对整治修复项目任务、指标完成情况进行数字化展示，对矿山、水域等整治修复成果，采用整治前后图像对比和 360°全景技术进行立体、直观地展示，方便政府、事业单位及其他单位对整治成效进行了解。生态整治修复成果展示预期成效见图 15。

（1）指标与项目情况数字化　　（2）整治前后图像对比　　（3）360°全景

图 15　生态整治修复成果展示预期成效

4　结语

国土空间生态修复的传统管理模式已无法适应当前自然资源管理的新形势、新要求，因此为保证国土空间生态修复项目各个环节的高效性及规范性，需要充分利用现代化信息技术对项目进行全过程管理，提升项目工作的效率及治理能力。本文在现代化信息及大数据技术的基础上，研究构建以数据为核心的国土空间生态修复监管平台，以此掌握生态本底、明晰生态修复格局项目，对生态修复项目进行全生命周期精细化管理，同时将整治修复成效进行数字化、可视化展示，实现对生态修复项目的科学管理、精细整治，助力国土空间生态修复体系的现代化建设。

［参考文献］

［1］李少帅，高世昌，李红举．国土空间生态修复智慧平台的实现路径［J］．中国土地，2019（12）：38-40．

［2］陈美球，洪土林．国土空间生态修复内涵剖析［J］．中国土地，2020（6）：23-25．

［3］彭建，李冰，董建权，等．论国土空间生态修复基本逻辑［J］．中国土地科学，2020（5）：18-26．

［4］张建军，郭义强，饶永恒，等．论国土空间生态修复的哲学思想［J］．中国土地科学，2020（5）：27-32．

［5］王志芳，高世昌，苗利梅，等．国土空间生态保护修复范式研究［J］．中国土地科学，2020（3）：1-8．

［6］高世昌，苗利梅，肖文．国土空间生态修复工程的技术创新问题［J］．中国土地，2018（8）：32-34．

［7］崔海波，曾山山，陈光辉，等．“数据治理”的转型：长沙市“一张图”实施监督信息系统建设的实践探索［J］．规划师，2020（4）：78-84．

［8］喻文承，李晓烨，高娜，等．北京国土空间规划“一张图”建设实践［J］．规划师，2020（2）：59-64．

［9］易峥，冷炳荣，王芳，等．人本规划视角下对城市总体规划实施监测数据的思考［J］．规划师，2018（2）：55-60．

［10］王鹏，袁晓辉，李苗裔．面向城市规划编制的大数据类型及应用方式研究［J］．规划师，2014（8）：25-31．

［作者简介］

施陈敬，广东国地资源与环境研究院研究员。

张鸿辉，教授级高级工程师，广东国地规划科技股份有限公司副总裁。

吴本佳，广东国地规划科技股份有限公司大数据中心技术总监。

付　浩，工程师，广东国地规划科技股份有限公司土地整治事业部副总经理。

刘东敢，信息系统项目管理师，广东国地规划科技股份有限公司新型智慧城市事业部群研发经理。

国土空间规划背景下的广州市全域数字化现状调查回顾与展望

□鄢金明，王建军，唐　勇，周小天

摘要：为适应规划编制、管理信息化的需要，广州市在全国率先开展了全域用地、公共服务设施和交通、枢纽场站等现状调查工作，总结出一条超大城市开展全域现状调查工作的技术路径，形成全域全要素的数字化现状图，有力支撑了广州市规划编制、管理及实施评估等工作。在新时期国土空间规划背景下，重新梳理总结数字化现状图工作思路及特点，有助于推动数字化现状图的迭代升级，找到“多规合一”的国土空间规划体系下数字化现状图的转型之路。

关键词：数字化现状图；规划编制；规划管理；“多规合一”

1　引言

城乡用地和设施现状是实施城乡规划建设管理的依据，是编制城乡规划、土地利用总体规划和其他专项规划的重要基础。伴随着城市规划编制和管理工作的信息化、数字化、智能化需求，建设覆盖全域城乡用地、交通、设施的数字化现状图显得尤为必要。但是，面对全域面积广阔、要素类型复杂、数量庞大的情况，如何充分利用现有基础现状数据高效开展现状调查、如何管理与应用成果、后期如何维护更新等都是开展现状工作必须要面对并解决的关键问题。2017 年，广州市借助城市总体规划编制改革试点的契机，在国内率先探索出一条超大城市开展城市用地现状调查和更新的可复制、可推广的技术路径。

2　全域数字化现状图的由来

为贯彻落实习近平总书记对城市规划工作的相关指示要求和中央城镇化工作会议、中央城市工作会议精神，2017 年住房和城乡建设部在全国包括广州在内的 15 个城市开展城市总体规划编制改革试点工作。统筹梳理制作全市域数字化现状图是本轮总体规划改革试点工作的重要工作内容。广州市过去在城市规划方面缺乏一张覆盖全域的用地现状图，土地利用变更调查虽然覆盖全域，但是在用地类型、地类深度等方面难以满足城市规划编制和管理的需要。结合总体规划编制和实施管理需求，2017 年广州在全市开展了数字化现状调查工作，形成全域数字化现状图，并在后续年份中进行了动态更新。

广州市全域数字化现状图是以广州市行政区域为工作范围，以城乡用地现状调查成果为基础，通过叠加基础地理信息、规划国土信息、部门专项和行业信息、社会经济信息和其他要素现状信息，并以电子数据的形式进行存储、交换，实现可定位、可计算、可分析、可评估、可考核的覆盖城乡全域的“多规合一”数字化现状“一张图”。广州市全域数字化现状图是基础地理信息、规划国土信息、部门专项和行业信息、社会经济信息及其他要素的现状信息集成。

2.1 国外相关调查

英国是世界上最早成立地质调查局（British Geological Survey）的国家，地质调查局致力为政府提供公益性科学服务，形成了包含能源、环境化学、地质、地球物理、土建监测、地下水、灾害、海洋、矿产、三维模型等方面的海量数据产品资源。其中，住房方面调查与评估主要基于现状和需求开展严格的经济评估以提高居住环境水平及居住质量；交通方面自1922年开始交通量调查，1933年以后每隔3年进行一次较大规模的交通量调查；土地资源方面主要开展土地资源调查和土地分类评价工作；公共服务设施方面一般成立专门的调查委员会以开展调查研究，如教育领域的以哈多爵士为主席的教育调查委员会等。

新加坡土地管理局（SLA）是法律部下属的法定委员会，其使命是优化土地资源，促进新加坡的经济和社会发展。在维护国家土地调查制度方面，SLA负责管理国家土地调查系统，该系统提供有关新加坡土地的基本信息。SLA建立并维护大地测量参考系统和基础设施，以支持所有土地调查和地理空间活动。

美国没有统一制定全国国土利用总体规划，各州一般也没有具体详细的国土利用规划。联邦政府主要通过制定相关的法律法规、政策来约束、引导、影响地方的土地使用及资源规划管理，通过实施分类用途管制，加强对农用地的保护。

日本土地利用现状调查由国土交通省负责，根据都市计划法第6条规定“大约每5年实施一次”，以辅助城市政策的规划、立案及城市计划的运用，对土地利用状况、建筑现状、城市设施布局、市区建设状况等进行调查，并掌握城市的现状及动向。

2.2 国内其他城市工作经验

广州市在开展全域数字化现状图更新与动态维护中，主动调研学习了国内其他城市相关工作经验并总结提升，为广州市开展本项工作提供智力支持。

北京主要开展了三种形式的现状调查与动态更新工作，分别是北京市规划和自然资源委员会开展的土地年度变更调查和地理国情普查，以及北京市城市规划设计研究院开展的土地使用现状调查工作。

厦门市紧密围绕构建全市域现状“一张图”的重点，制定数据标准，优化完善计划，进行了各类现状资源信息的调研、采集、协调、处理工作，形成以城乡用地现状成果为基础，纳入人口、土地、建筑、社会经济、环境资源等全要素的多维度全域数字化现状“一张图”。建设内容主要包含空间类现状数据、非空间类调查统计数据和大数据三大类，涉及全市23个部门15个专题51个图层数据。

南京市从2005年就着手开展全域用地现状调查工作，至今已经历了三个提升阶段（表1），具备扎实的基础和丰富的工作经验。南京用地现状主管部门（编研中心）融合了规划、信息和测绘三个专业，技术力量全面，工作开展便利。

表 1 南京市用地调查的三个提升阶段

工作阶段	工作时间	工作特点
第一阶段	2005—2010 年	基于 CAD 用地现状；控制性详细规划深度
第二阶段	2011—2014 年	基于 GIS 用地现状；全域覆盖； 基于规划审批的现状更新工作机制
第三阶段	2015 年至今	全信息、多属性的现状“多规合一”

武汉市数字化现状图最早形成于 2010 年总体规划编制时期，之后将每年的动态更新列入财政预算项目，持续动态维护全市现状“一张图”。2015 年结合新一轮总体规划编制，按照新的用地分类标准对现状图进行了一次全面、深入、细致地更新。现状成果内容主要包括用地现状、交通现状和部分市政设施现状，其中用地现状属性主要包括实际用地性质、实际兼容性质、审批性质、审批兼容性质、批复证件和用地面积。

本文总结国内外开展用地及基础设施现状调查工作经验，发现主要有以下几个突出特点：①全域全要素。调查范围覆盖行政区全域建设及非建设用地，调查要素涉及用地、交通、公共服务设施等。②多属性管理。现状信息涵盖了调查要素的基本信息、规划信息、变更信息及数据管理记录等。③动态化更新。保持年度或半年度更新频率，最大限度保证了现状成果的高度现势性。④平台化管理。数字化现状成果一般纳入部门或城市主要信息平台，实现信息的平台化共享、可视化表达及定量化分析。

3 全域数字化现状图的构成及应用

3.1 全域数字化现状图的构成

广州市全域数字化现状图包括城乡用地现状、公共服务设施，以及道路设施、交通枢纽场站设施，具体构成如下。

3.1.1 城乡用地现状

以 2016 年土地利用现状变更调查成果为基础，结合各专项规划成果和现状资料，按照《城市用地分类与规划建设用地标准》(GB 50137－2011) 的分类要求，核实确认全域范围内各类土地利用现状，包括市域内的城乡建设、交通水利、其他等建设用地，耕地、园地、林地、牧草地、其他等农用地，水域、自然保留地等其他土地分布和空间界线。

在以上工作的基础上，重点对城市（镇）建设用地的细分情况进行判断，包括居住用地、公共管理与公共服务用地、商业服务业设施用地、工业用地、物流仓储用地、道路与交通设施用地、公用设施用地、绿地与广场用地等。对每一类城市（镇）建设用地性质和范围的调查，原则上应具有控制性详细规划编制管理的深度。

城乡用地现状图覆盖广州全域，全面记录用地属性信息。属性信息包括用地坐落、城乡用地性质情况、土地利用变更调查性质情况、用地批用情况、城市总体规划和土地利用总体规划衔接情况及数据入库、后续更新信息。城乡用地性质情况参考《城市用地分类与规划建设用地标准》(GB 50137－2011)，其中，建设用地性质达到中、小类深度。城乡用地现状数据属性见表 2。

表 2　城乡用地现状数据属性表

序号	字段名称	别名	字段类型	字段长度
1	YDBM	用地编码	Text	20
2	QM	区名	Text	20
3	ZJM	镇/街名	Text	20
4	CSM	村/社名	Text	20
5	XZQHDM	行政区划代码	Text	20
6	CXYDDM	城乡用地代码	Text	20
7	CXYDMC	城乡用地名称	Text	100
8	XFYDDM	细分用地代码	Text	20
7	XFYDMC	细分用地名称	Text	100
8	YPWJQK	已批未建情况	Text	100
9	PYXX	批用信息	Text	100
10	GTBGDM	国土变更代码	Text	20
11	GTBGMC	国土变更名称	Text	100
12	XJQK	衔接情况	Text	100
13	YDMJ	用地面积	Double	—
14	RKSJ	入库时间	Date	—
15	RKRY	入库人员	Text	100
16	GXSJ	更新时间	Date	—
17	GXRY	更新人员	Text	100
18	GXYJ	更新依据	Text	255
19	BZ	备注	Text	255

3.1.2　公共服务设施现状

摸查广州市域各类公共服务设施现状，包括文化设施、教育设施、体育设施、医疗设施、养老设施五大类主要公共服务设施现状情况。设施数据属性包括设施名称、分布、规模、等级及数据入库、更新等详细信息。设施调查等级涵盖全市街道级、区级、市级、省级及以上级别公共服务设施。公共服务设施现状数据属性见表 3。

表 3　公共服务设施现状数据属性表

序号	字段名称	别名	字段类型	字段长度
1	QM	区名	Text	20
2	ZJM	镇/街名	Text	20
3	CSM	村/社区名	Text	20
4	XZQHDM	行政区划代码	Text	20
5	SSLBDM	设施类别代码	Text	100
6	SSLBMC	设施类别名称	Text	100

续表

序号	字段名称	别名	字段类型	字段长度
7	SSMC	设施名称	Text	255
8	SSBM	设施编码	Text	100
9	SSDJ	设施等级	Text	50
10	SSRL	设施容量	Text	255
11	XXDZ	详细地址	Text	255
12	YDMJ	用地面积	Double	—
13	JZMJ	建筑面积	Double	—
14	RKSJ	入库时间	Date	—
15	RKRY	入库人员	Text	100
16	GXSJ	更新时间	Date	—
17	GXRY	更新人员	Text	100
18	GXYJ	更新依据	Text	255
19	BZ	备注	Text	255

3.1.3　道路设施、交通枢纽场站设施现状

摸查广州市道路设施和交通枢纽站场的分布情况，明确道路设施等级等信息。其中，道路设施重点调查了高速公路、国道、省道、快速路、主干道、次干道、支路、街巷、乡村路等九个等级道路的坐落、路名、类型、等级、车道数、人行道，以及入库、更新人员和依据等。交通枢纽场站设施调查对象包括码头设施、航道设施、机场设施、轨道设施、加油气站（充电站桩）、客货运站、公交站场、公共停车场等八类设施，包括名称、类别、等级、容量、地址及数据入库、后续更新等信息。

3.2　全域数字化现状图的应用

全域数字化现状图作为重要城市基础数据纳入广州市“多规合一”管理平台和一体化信息平台，在规划编制、评估、审批管理等方面发挥重要支撑作用。

3.2.1　规划编制和研究的支撑

全域数字化现状图能够清晰呈现当前全市土地利用状况，提供真实准确的土地利用数据和公共服务设施供给情况，有利于完善广州城市规划体系，为总体规划、控制性详细规划、专项规划等各层面规划编制和专题研究提供数据支撑。

3.2.2　规划评估和考核的基础

全域城乡现状是城市统筹战略目标和发展指标的量化基础，是城市各级行业部门管控的“家底”，是规划引导实施的现实参照。完善的城乡现状调查和动态更新维护有利于动态监测城市建设和运行情况，并作为开展规划实施和监督考核的基本依据，为规划评估和考核提供量化的基础，支撑年度规划评估和城市体检。

3.2.3　规划管理的重要依据

广州城乡用地现状图作为反映城市建设现状的重要资源，是广州市、区规划管理部门开展规划管理工作的重要依据，能够为审批规划和项目提供重要的参考信息。

4 全域数字化现状图构建思路

4.1 基础底图和工作机制构建

贯彻“一数一源、集中统一共享、分层分级管理”的数据治理理念，按照“横向到边、纵向到底”的工作原则，充分整合利用全市各级各部门信息资源，建立“市指导、区负责，多部门协同、工作到镇（街）”的工作机制，统筹兼顾，上下联动，条块结合，协同推进总体规划现状数据收集及全域数字化现状图的编制工作。根据全市工作安排，现状数据收集与调查将结合平台建设工作开展。

经过 2017 年全市动员、市区协作，形成覆盖全域、多要素、多属性的全域数字化现状“一张图”，作为后续年份开展动态更新维护的基础。经过总结 2017 年全市调查经验，广州市制定了《广州市城乡规划现状调查规程》，并于 2018 年经市国土资源和规划委员会通过、试行，使全域数字化现状图更新、维护工作有章可循。广州市全域数字化现状图技术路线见图 1。

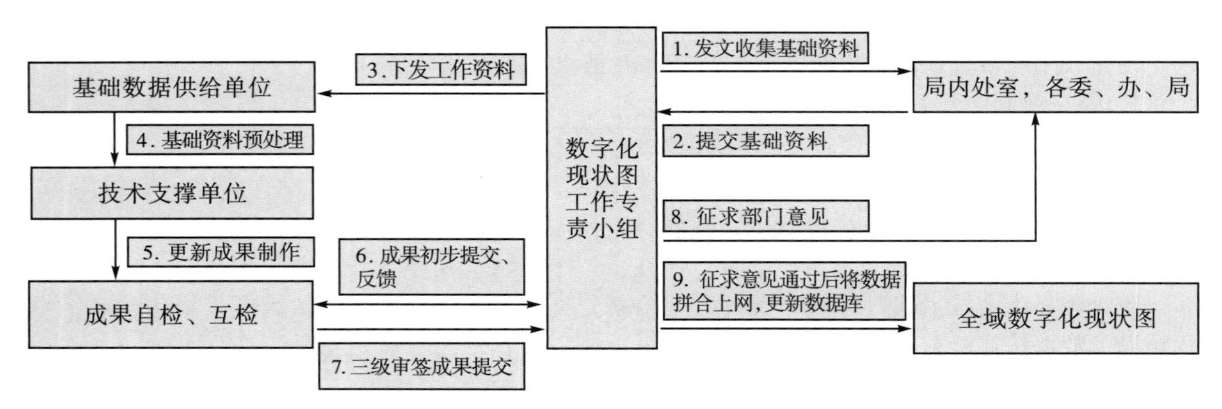

图 1 广州市全域数字化现状图技术路线

4.2 更新工作

城乡用地和设施现状动态更新维护工作包括实时更新、年度变更和阶段普查三类。实时更新、年度变更和阶段普查成果技术基础一致，均采用广州 2000 坐标系，调查深度至少为控制性详细规划深度（二级类），比例尺为 1∶1000。

4.2.1 实时更新

实时更新是根据发生变更行为的用地及设施要素及时进行数据更新，保障城乡用地和设施现状图的现势性。更新内容为各区城乡规划主管部门日常管理工作中涉及用地和设施变更行为及开展规划编制工作收集的现状信息，包括用地审批、规划报建、竣工验收、村庄搬迁、行政区划调整等情况产生的用地和设施现状信息的变化和控制性详细规划编制现状成果等。各区国土和规划管理部门要在用地审批、规划报建、竣工验收、村庄搬迁、行政区划调整等工作中涉及用地和设施现状信息变化的情况推送至相关责任部门以开展实时更新工作，并完成数据上网和更新备忘录工作。

4.2.2　年度变更

年度变更是指根据各专项部门年度总结、评估等工作成果，结合高分辨率卫星影像图、年度土地变更调查等数据对全市各区用地和设施变更情况进行核查和确认，形成各区城乡用地和设施现状年度变更成果，并汇总更新全市城乡规划现状图。

年度变更的工作基础为上年度城乡用地和设施现状图。年度变更内容包括本年度实时更新图斑的汇总及因自然因素造成地物灭失、迁移等现状变更行为，并对各类变更图斑进行合法性和合规性的核查评估。年度变更成果包括各类人为及自然因素导致的变更图斑汇总数据库、更新后城乡用地和设施现状数据库及年度变更情况说明报告。

4.2.3　阶段普查

阶段普查是指一定阶段内（一般为 5 年）由市规划管理部门组织各区人民政府形成市—区两级工作组，由市统筹、区负责，对全市城乡用地和设施现状进行全面深入地调查更新。

4.3　年度变更实施

年度变更工作通过政府采购选定技术支撑单位，对全市用地及设施变更情况进行汇总、核查，并完成现状调查和动态更新维护工作。

4.3.1　基础资料收集

由规划主管部门收集、梳理各项规划编制成果、审批信息、项目竣工验收信息、土地利用变更调查、“多规合一”项目进展、总体规划年度实施评估、专项部门总结报告等数据和成果。年度变更、阶段普查工作均以上一年度 12 月 31 日作为基础资料收集截止日期。

4.3.2　更新数据预处理

资料收集后由技术部门对基础资料进行数据分类和标准化处理，包括数据矢量化、数据格式转换、数据拓扑检查等。

4.3.3　更新成果制作

将完成预处理的现状更新基础数据提供给技术支撑单位，由技术支撑单位负责现状成果的动态更新成果制作。更新成果制作主要包括城乡用地和设施现状核查、编写更新报告等。

4.3.4　成果审核与行政确认

由市规划主管部门组织工作会议对技术支撑单位提交的更新成果开展更新内容和数据质量审查工作，并将更新成果（图、表、库）发回基础数据提交部门以协助审查。

4.3.5　更新入库与上网

经市规划主管部门确认并汇总的数据由广州市城市规划自动化中心入库更新全市用地和设施现状数据库，并完成数据上网工作，做好数据更新备忘录。每年须对上一年度城乡用地和设施现状更新维护情况进行总结并形成总结报告。

4.4　阶段普查实施

阶段普查内容根据市规划管理部门制定、下发工作方案确定，包括但不限于全市城乡用地现状调查、道路交通设施现状调查、各类公共服务设施现状调查、社会经济现状调查等。

阶段普查原则上每 5 年开展一次，各区政府与市规划管理部门通力合作，积极做好各区城乡现状普查工作，保证全市城乡现状调查工作的顺利开展。

5 工作特点及展望

5.1 工作特点

广州市域数字化现状图工作开展以来，逐步形成了组织统一、底图统一、标准统一、验收统一、规土合一、信息技术和大数据支持（“五统一、一支持”）的工作特点。

5.1.1 组织统一

全域数字化现状图工作构建了“市—区”两级工作组，市级为市国土规划委牵头成立的数字化现状图工作专责小组，区级则由11个区人民政府及空港委组成的片区责任小组。

5.1.2 底图统一

全域数字化现状图工作专责小组为各区统一下发了包括行政区划界线、地形图、卫星影像、土地变更调查、地理国情普查及各类规划和审批数据共20余项数据。

5.1.3 标准统一

制定了《广州市城乡规划现状调查规程》（试行）及其配套的《广州市全域数字化现状图用地与设施现状调查成果检测软件用户操作手册》等一系列指引和办法，对现状数据从采集、建库、属性录入、制图表达全过程提出了明确的要求。

5.1.4 验收统一

制定了《广州市全域数字化现状图工作各区用地和设施调查成果验收办法》，提出了对现状成果自检、预检、抽检的验收程序，并向技术单位和各区下发了成果检测程序和程序用户操作手册，实现智能化、信息化成果质量把控。

5.1.5 规土合一

广州市全域数字化现状图工作还充分对接国土与城规用地分类体系，实现在一张图上城市总体规划用地属性与土地利用总体规划用地属性并存，即“一图两用”。

5.1.6 信息技术和大数据支持

将全域数字化现状图与数字化平台、自动化检测等信息技术和手机信令数据、兴趣点等大数据结合，为量化分析、规划决策和实施评估等工作的开展提供技术支撑和科学依据。

5.2 新时期数字化现状图工作展望

2018年国务院机构改革推动了城乡规划、土地利用总体规划、主体功能区规划等“多规合一”，重构国土空间规划体系。新的空间规划体系对全域现状调查等提出了更高的要求，要求全面细化和完善土地利用基础数据，掌握翔实准确的土地利用现状和土地资源变化情况。在新时期，广州市全域数字化现状图也面临着新的要求和挑战，要确保全域数字化现状图适应新的规划要求，使成果更有用、更好用，更可持续的使用。

一方面，加强与第三次全国国土调查的衔接。与数字化现状图相比，第三次全国国土调查的突出优势在于非建设用地方面地类更加细化，更符合全域全要素资源管理的要求。数字化现状图应取长补短，提高在非建设用地上的调查深度，将第三次全国国土调查的特点有机整合，实现成果的迭代升级。另一方面，发挥数字化现状图在城镇村内部的优势其在城镇村内部具有调查精度高、地类划分细、符合详细规划编制管理要求等特点。下一步应加强与国土空间规划体系下控制性详细规划的衔接，与时俱进，更好地服务于城市精细化管理工作。

[参考文献]

[1] 苏建忠，罗裕霖．城市规划现状调查的新方式：剖析深圳市法定图则现状调查方式变革［J］．城市规划学刊，2009（6）：79-83.

[2] 彭冲，王朝晖，孙翔，等．“数字总规”目标下广州土地利用现状调查与思考［J］．城市规划，2011（3）：46-53.

[3] 余磊，陈佳，方可．基于GIS数据库的用地现状调查与成果应用探索［C］//中国城市规划学会．城乡治理与规划改革：2014中国城市规划年会论文集．北京：中国建筑工业出版社，2014.

[4] 潘聪，肖江．“两图合一”的一张图式管理机制建设探索：以武汉市规划管理用图为例［C］//中国城市规划学会．新常态：传承与变革：2015中国城市规划年会论文集．北京：中国建筑工业出版社，2015.

[5] 郑晓华，杨纯顺，陶德凯．基于数字城市的城市土地利用现状调查数字化实践：以南京市城市总体规划为例［J］．国际城市规划，2010（2）：43-47.

[6] 何子张，刘旸，张蓉．全域空间现状一张图的构建与运用研究：厦门总体规划改革的实践与思考［C］//中国城市规划学会．共享与品质：2018中国城市规划年会论文集．北京：中国建筑工业出版社，2015.

[作者简介]

鄢金明，工程师，任职于广州市城市规划勘测设计研究院。

王建军，教授级高级工程师，任职于广州市城市规划勘测设计研究院。

唐　勇，高级工程师，任职于广州市城市规划勘测设计研究院。

周小天，助理工程师，任职于广州市城市规划勘测设计研究院。

深圳国土空间数据治理思路与实践

□王　玲，李春阳，陈美云

摘要：数据利用是深圳国土空间管理部门实现空间治理能力提升的重要手段，而数据问题是影响数据利用的最大障碍，数据治理势在必行。数据治理是一项系统工程，只有精准甄别问题源头并进行总体设计，提供可落地的措施，才能确保数据治理实现既定目标。本文以深圳国土空间管理部门的数据治理实践活动为案例，详细阐述开展数据治理的总体思路、重要原则、策略和具体治理措施，以期为政府部门进行数据治理理论研究与工程实施等工作提供经验参考。

关键词：数据治理；信息化；数据体检

1　引言

当前，深圳在“五位一体”“四个全面”统筹推进的时代背景下，坚持新发展理念，践行高质量发展要求，抢抓粤港澳大湾区和先行示范区“双区驱动”重大历史机遇，严格履行“两统一”职责，加快构建国土空间规划和自然资源管理新体系，促进城市治理体系和治理能力现代化。其中，以“大平台、大数据、大系统、大服务”为代表的信息化建设，是助推深圳国土空间管理部门空间治理体系及治理能力现代化水平大幅提升的重要引擎。数据是信息化的“血液”，数据质量的好坏对能否顺利实现政府深化服务、高效履职、精准施策和科学研究等目标具有直接和深远影响。但是，由于各种原因造成的数据不完整、不可信、冲突打架等质量问题，一直是数据共享与应用的拦路虎。为此，业务主管部门与信息化技术支撑部门在不同时期组织开展了多种形式的数据清理项目或工程，虽起到一定作用，但由于没有从源头、根本和机制上解决问题，出现数据清完就乱或边清边乱的现象，投入大量人力物力财力进行的地毯式、运动式的反复清理造成资源的极大浪费。这些经验教训促人反思。要破解数据“乱”象，不但要清理数据，更要进行数据治理！而“治”包含了多方面的含义，治什么，怎么治，从哪里开始，要求和关键又是什么？目前，国内外数据治理领域虽然也有一些理论研究成果，但较成熟和可供实施参考的资料经验还不多。在这么多年的信息化建设过程中，我们虽已充分认识到数据问题的复杂性，知道数据治理必须久久为功、持续投入，不可贪一时之快，但另一方面，业务部门对“用”数据的急迫要求又在倒逼数据治理尽快找准突破口，边治边用，以用促治。在这样的形势下，深圳国土空间管理部门于2019年成立数据工作专班，组织骨干力量对数据治理的方法和实施路径展开摸索，初步形成了以“一单（数据治理清单）＋一库（业务规则库）”为核心的数据治理框架；基于该框架，通过选取“临时用地土地使用权出让合同”数据治理作为试点，通过在实操层面的归纳、提炼、设计与验证，初步形成了标准化的可在全部门推行的数据治理模板，包含数据体检和业务规则模板，这对指引和规范各业务主管部门开展具体工作发挥了重要的指导作用，也是量化与评估数据治理成效的标准尺度。目前，深圳国土空间管理部门正计划基于该模板全面展开数据治理。本文从数据治理的总体思路、治理原则、治理方法、案例说明等几个方面阐述与总结深圳国土空间数据治理的具体做法，其中的共性和代表性也许能为其他政府部门开展数据治理提供一些经验和参考。

2　总体思路

数据治理的对象虽然是数据，但数据从产生到应用都植根于一个丰富的上下环境之中，受多种因素影响。开展数据治理必须同时考虑环境因素，不能孤立地就数据论数据。数据至少与四个因素密切相关：第一个是组织，即管理和使用数据的人，这其中的关键是职责边界必须清晰；第二个是制度，即与数据有关的重要管控规定；第三个是流程，数据永远动态变化，且业务流与数据流同步交织；第四个是技术，信息系统与数据处理等工作也会直接影响数据。

我们要从以上四个因素整体开展梳理和分析，同时也要进一步把握数据治理的本质和核心。因为数据源于业务、归于业务，开展数据治理不仅是要实现数据可信可用，其本质还是促进业务与信息化的深度融合。数据与业务是一对共生的有机体，必须运用信息化思维完善业务管理机制，清晰和细化数据的规则和规定，再通过信息系统进行监管，数据质量才能得到持久保障。反过来，用以支撑业务共享应用的一定是信息化形态下的电子化数据，通过治理以树立电子化数据的权威性和效用，使电子数据与纸质归档数据具有同等效力，且电子数据优先，只有这样，才能倒逼电子化数据不敢错、不能错、不会错。

3　目标与策略

因为数据问题的复杂性，所以不能指望一次性解决所有问题，必须合理制定目标。以深圳市国土空间管理部门为例，我们制定目标时先以数据利用为导向，再锁定最突出的问题。经过梳理，发现目前存在两大突出问题，一是数据不准确，二是数据不全面、不丰富，第一个问题尤其突出。深圳市国土空间管理部门大部分业务职能均围绕工程建设项目审批这根主线开展用地、用海、用林审批，因此以电子证照为核心的业务审批数据是关键（表1）。

表1　治理对象——以电子证照为核心的审批数据

序号	证照名称
1	深圳市建设工程规划许可证（市政类）
2	深圳市建设工程规划许可证（建筑类）
3	深圳市建设用地规划许可证（市政类）
4	深圳市建设用地规划许可证（建筑类）
5	深圳市建设工程规划验收合格证（建筑）
6	深圳市建设工程规划验收合格证（市政）
7	深圳市市政工程报建审批意见书（方案设计）
8	深圳市市政工程报建审批意见书（初步设计）

续表

序号	证照名称
9	深圳市建筑物命名批复书
10	深圳市建筑物更名批复书
11	施工图修改备案证明书（建筑类）
12	施工图修改备案证明书（市政类）
13	深圳市土地使用权出让合同书补充协议书
14	深圳市土地使用权出让合同书
15	付清地价款证明
16	深圳市专业设施名称备案凭证
17	深圳市公共设施名称核准意见书
18	深圳市建设项目选址意见书
19	深圳市建设工程桩基础报建证明书
20	深圳市建设工程方案设计核查意见书
21	拟上市企业无违法违规证明
22	关于建设项目用地是否压覆矿床审查意见的函
23	关于国有企业改制（重组）土地资产处置方案审核的批复
24	关于出具法定图则修改核查意见的复函
25	关于建设工程方案设计招标备案的复函
26	关于测绘资质核准的初审意见
27	地图审核通知书
28	深圳市临时建设工程规划许可证（市政）
29	深圳市林业局行政许可决定书
30	广东省林业局委托事项准予行政许可决定书

根据国家、省、市的政府数据共享要求，电子数据与纸质归档数据具有同等效力，优先使用电子数据是今后的一个必然趋势。因此，治理对象首先聚焦以电子证照为核心的电子化审批数据，主要解决电子数据不准确问题。要实现的最终效果是基于电子签章的电子化证照作为业务最终办理结果，确立其权威性，而纸质归档数据是通过其打印产生的。在传统模式下，业务部门重视纸质盖章档案数据，不重视电子数据的准确性，故电子数据不准不全、和纸质数据不一致的问题无法根除。新模式则要求先产生电子数据，且效力等同纸质数据，以及必须在线上使用电子数据。

治理的策略同样关键。数据永远处于一个动态变化的过程中，因此要对新数据和老数据区分施策。首先要保证新数据的准确性。这是一个大前提，避免数据边治边乱，确保从源头上揪住“牛鼻子”。这个主要是对制度、标准和系统建设进行完善，保证产生的电子数据达标。对于老数据，也要区分情况，一部分可以通过快速清洗整理的，先初步清理，然后在使用中逐步完善；同时要视应用的轻重缓急来制订清理计划，不搞全覆盖、运动式地清理，且要做好充足的准备，确保只清一次。

在技术支撑层面上，还需针对数据治理进行数据分区管理。经过治理的新、老数据应从原始业务生产区迁移至数据成果区，通过数据成果区对内对外提供数据共享服务。这种分离化的设计，为数据治理成果的维护管理提供了一个全封闭式的受控环境。

图1是对数字治理关键策略的形象化阐述。待治理的现状“数据湖”中，纯净和有杂质的“水”并存，如果用这个“数据湖”直接给用户提供服务，则会因为杂质的干扰影响整体数据的可信性。治理后的模式是开辟一个“直饮水池”，新汇入的“水”，是老“数据湖”经过治理后符合“纯净水源”标准的“水”；而已在“数据湖”中存在的“水”，通过清洗、转换等工作实现“水”质达标，而后分批汇入“直饮水池”。因为这个“直饮水池”是受质量标准体系管控的，所以质量可度量、可保障，统一用“直饮水池”为用户提供数据服务。

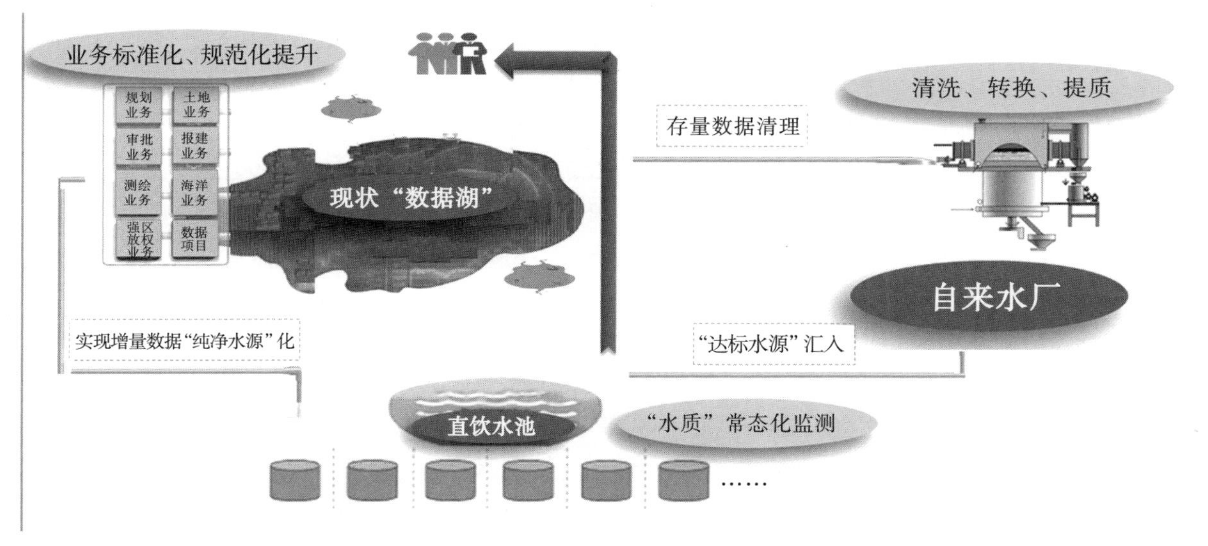

图1　数据治理关键策略

4　治理方法

数据治理方法归纳为“一单＋一库”。“一单”是数据治理清单，“一库”是业务规则库。“一单”是数据治理的起点，入单的数据必须治理，圈定了数据治理的范围、责任主体、时间表和路线图。“一库”是治理后要达到的最终效果，即通过数据治理，将影响数据生产、更新、应用等方面的重要业务规则提取出来，形成业务规则库，嵌入信息系统中，用机器管，用标准管，规范相关业务活动，进一步保障数据质量。

4.1 “一单”：数据治理清单

主要按以下原则确定进入数据治理清单的数据：

①以用促治——如果各类用户使用该数据的需求很迫切，该数据就必须纳入治理。

②急用先治——先集中力量解决急迫要用的数据。

③边治边用——不是等治理最终完成才使用数据，而是在用数据的过程中暴露诸多问题，通过不断解决这些问题来实现精准、快速治理。

④有治理意愿的先治理——主管部门有数据治理意愿且积极性高的，这类数据可先治理。

4.2 “一库”：业务规则库

在方法设计上，主要运用标准化模板的思想来推进数据治理。由于深圳市国土空间管理部门下设业务板块众多，各自数据的问题不相同，主管部门对数据治理的理解也不相同，导致各部门行动各异、各自摸索，一数一治，而且衡量数据治理成效的标准也不统一，这种局面不利于总体统筹。数据问题事实上存在不少共性，应先对治理方法进行统一和明确，保证在分头开展过程中做到有据可依、有序开展。鉴于此，有必要设计一套数据治理实务模板。它主要由数据体检表和“五表一图”组成。数据体检表是筛子，通过列出核心数据体检项，快速扫描要治理的数据，识别需重点治理的环节，不存在问题的环节和方面可以先不治。“五表一图”是全息图谱，系统化地梳理出一整套与数据相关的业务流程、表单和规则，指引业务管理向全面化、规范化、精细化方向完善优化，为数据质量持续向好营造内生环境。

数据体检有 10 个关键设计要点，具体见图 2。

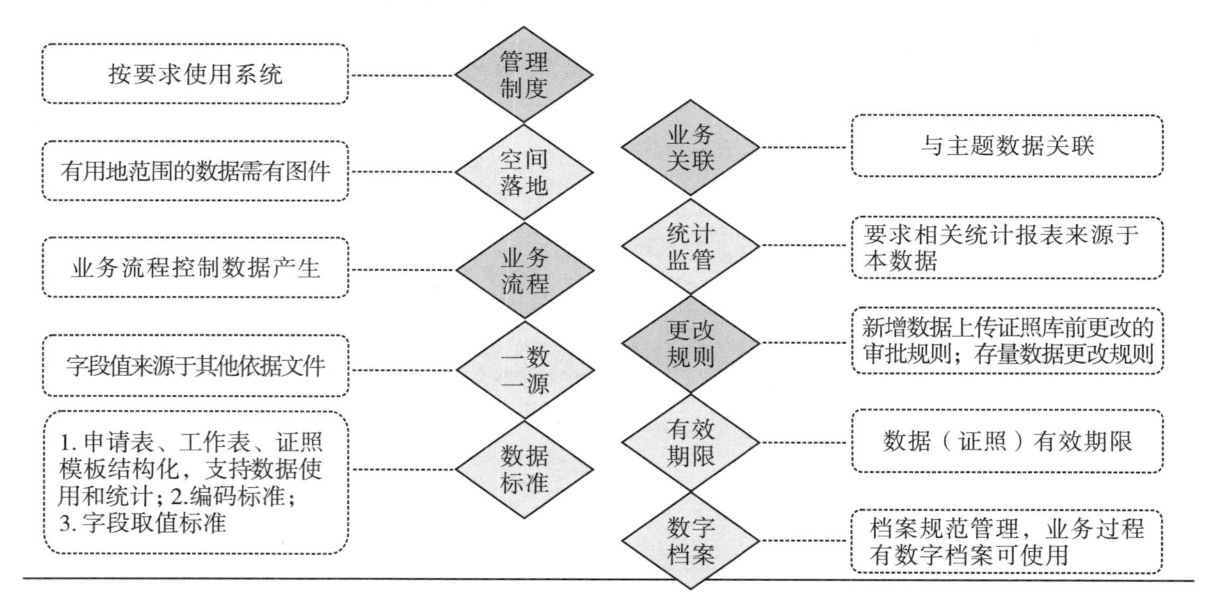

图 2　数据体检要点

这 10 个要点，正是以数据使用为导向，提炼与归纳出可能影响数据质量的重要维度。

①管理制度：强调行政管理制度必须捆绑信息系统，必须通过信息系统来落实这些制度。

②空间落地：突出国土空间管理数据的“图”特征，确保落图是一个重要要求。

③业务流程：数据从流程中产生，杜绝线下人工产生数据。

④一数一源：如果数据内容包含了对其他数据的引用，必须保证与该数据源一致。

⑤数据标准：与数据有关的各种标准要同步完善。

⑥业务关联：保证相关数据之间的关联、一致性。

⑦统计监管：数据的设计和内容要足以支撑统计应用需要。

⑧更改规则：完善数据更改管理。

⑨有效期限：强调数据的效力。

⑩数字档案：电子化数据与档案数据实现关联互查后，可通过调出档案信息检查数据的准确性。

围绕以上要点设计数据体检表模板（图 3），对照该模板的体检项逐项检查，以便发现问题点，再基于问题点有针对性地制定治理方案。

6	成果库									
	成果库名称	存储地址	建设部门	责任人	工作要点及要求	现状简述	检查分析	整改要求	整改责任部门	技术支持部门
					1. 编制数据库字典 2. 建库 3. 满足电子证照 4. 用证需求 5. 满足统计需要 6. 与档案建立关联关系					
7	数据共享									
	共享方式				工作要点及要求	现状简述	检查分析	整改要求	整改责任部门	技术支持部门
					1. 数据公开程度分级 2. 共享权限设定					
8	目录及元数据									
	数据名称		注册时间		工作要点及要求	现状简述	检查分析	整改要求	整改责任部门	技术支持部门
					1. 目录注册 2. 元数据信息登记及更新 3. 标准规范纳入数据中心知识库					
9	档案									
	档案名称	归档部门	档案管理部门	档案管理人员	工作要点及要求	现状简述	检查分析	整改要求	整改责任部门	技术支持部门
					1. 统一归档 2. 档案扫描 3. 纸质档案与档案扫描件关联 4. 电子档案					

图 3　深圳市规划和自然资源局数据治理体检表部分截图

数据源于业务，“五表一图”业务规则模板是站在业务角度梳理出的一套能较完整反映数据规则的通用模板，将数据上下环境对应表达为由一张业务流程图（数据流）加业务属性表、申请表、环节表、处理表和结果表等五张结构化表单组成的规则模板。完整地梳理出“五表一图”需要非常细致地分析，工作量大，但结合重点排查突破则能更加精准高效。数据体检的 10 个要点均能对应到“五表一图”的不同部分，治理者可进一步完善问题对应的流程环节与规则，以点带面，查漏补缺（图 4）。

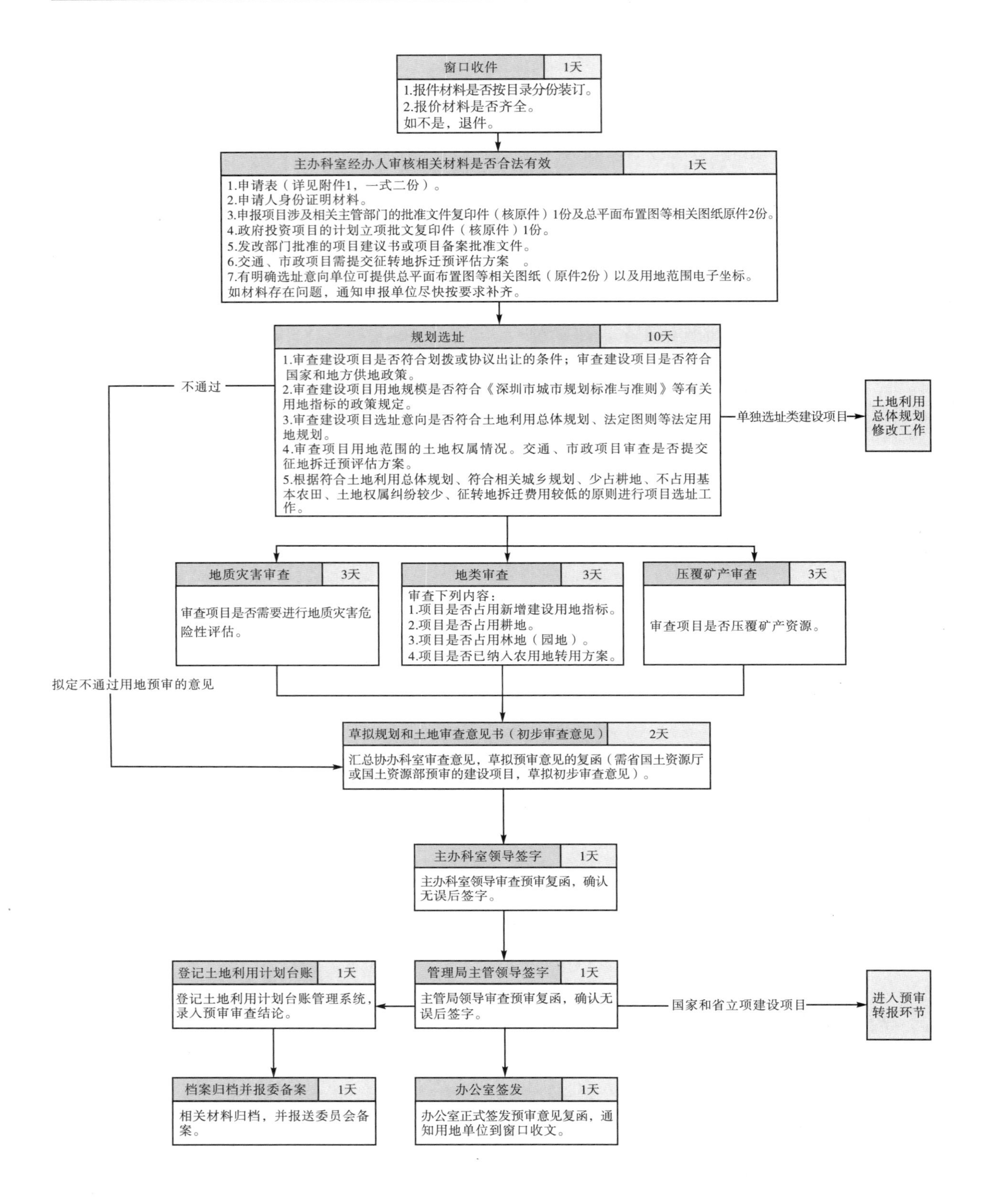

窗口收件
1天
1.报件材料是否按目录分份装订。
2.报价材料是否齐全。
如不是，退件。
主办科室经办人审核相关材料是否合法有效
1天
1.申请表（详见附件1，一式二份）。
2.申请人身份证明材料。
3.申报项目涉及相关主管部门的批准文件复印件（核原件）1份及总平面布置图等相关图纸原件2份。
4.政府投资项目的计划立项批文复印件（核原件）1份。
5.发改部门批准的项目建议书或项目备案批准文件。
6.交通、市政项目需提交征转地拆迁预评估方案 。
7.有明确选址意向单位可提供总平面布置图等相关图纸（原件2份）以及用地范围电子坐标。
如材料存在问题，通知申报单位尽快按要求补齐。
规划选址
10天
1.审查建设项目是否符合划拨或协议出让的条件；审查建设项目是否符合国家和地方供地政策。
2.审查建设项目用地规模是否符合《深圳市城市规划标准与准则》等有关用地指标的政策规定。
3.审查建设项目选址意向是否符合土地利用总体规划、法定图则等法定用地规划。
4.审查项目用地范围的土地权属情况。交通、市政项目审查是否提交征地拆迁预评估方案。
5.根据符合土地利用总体规划、符合相关城乡规划、少占耕地、不占用基本农田、土地权属纠纷较少、征转地拆迁费用较低的原则进行项目选址工作。
不通过
单独选址类建设项目
土地利用总体规划修改工作
地质灾害审查
3天
审查项目是否需要进行地质灾害危险性评估。
地类审查
3天
审查下列内容：
1.项目是否占用新增建设用地指标。
2.项目是否占用耕地。
3.项目是否占用林地（园地）。
4.项目是否已纳入农用地转用方案。
压覆矿产审查
3天
审查项目是否压覆矿产资源。
拟定不通过用地预审的意见
草拟规划和土地审查意见书（初步审查意见）
2天
汇总协办科室审查意见，草拟预审意见的复函（需省国土资源厅或国土资源部预审的建设项目，草拟初步审查意见）。
主办科室领导签字
1天
主办科室领导审查预审复函，确认无误后签字。
登记土地利用计划台账
1天
登记土地利用计划台账管理系统，录入预审审查结论。
管理局主管领导签字
1天
主管局领导审查预审复函，确认无误后签字。
国家和省立项建设项目
进入预审转报环节
档案归档并报委备案
1天
相关材料归档，并报送委员会备案。
办公室签发
1天
办公室正式签发预审意见复函，通知用地单位到窗口收文。

图4 “五表一图”业务流程

4.3　案例说明

以临时用地土地使用权出让数据作为案例，试点开展数据治理。

首先区分新数据和老数据。对老数据，通过开展临时用地合同清理工作来解决；对新数据，按数据治理方法模板首先对其进行数据体检。在制度层面上，该数据隶属的业务部门已制定临时用地管理办法，并在该办法中将与数据有关的规定，如何使用系统、通过系统流程化产生和更新数据等内容进行了明确规定，且已建设了相应的业务系统，因此在制度和系统方面的体检结果较好（图 5 至图 7）。

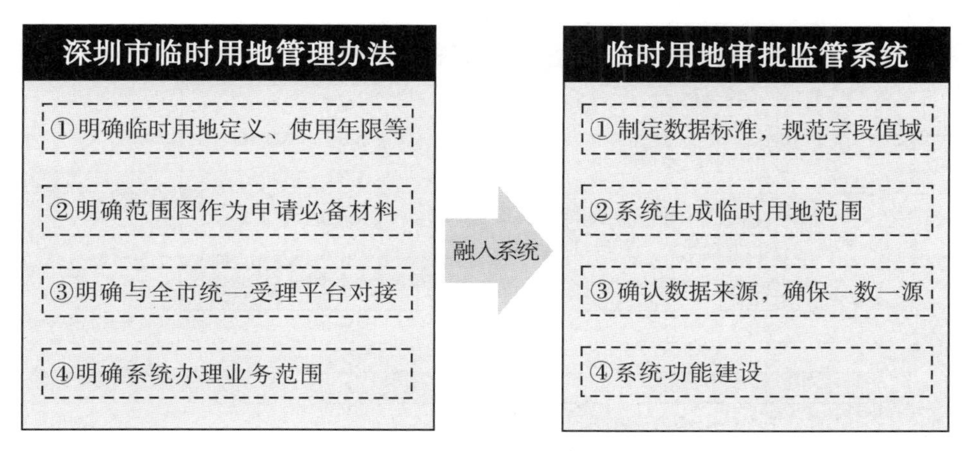

图 5　临时用地治理案例机制

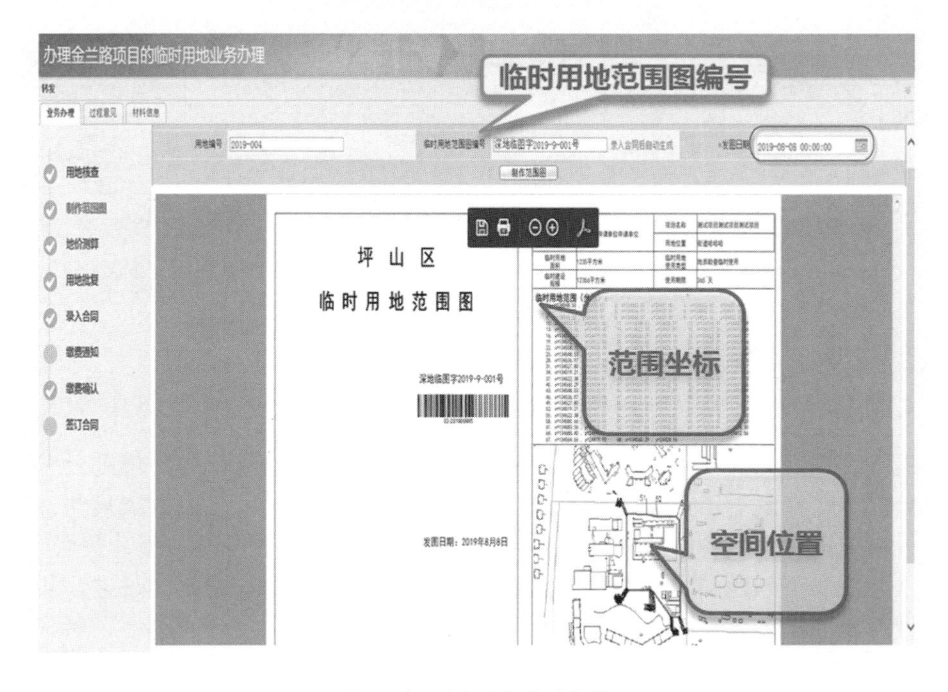

图 6　治理案例空间落地体检

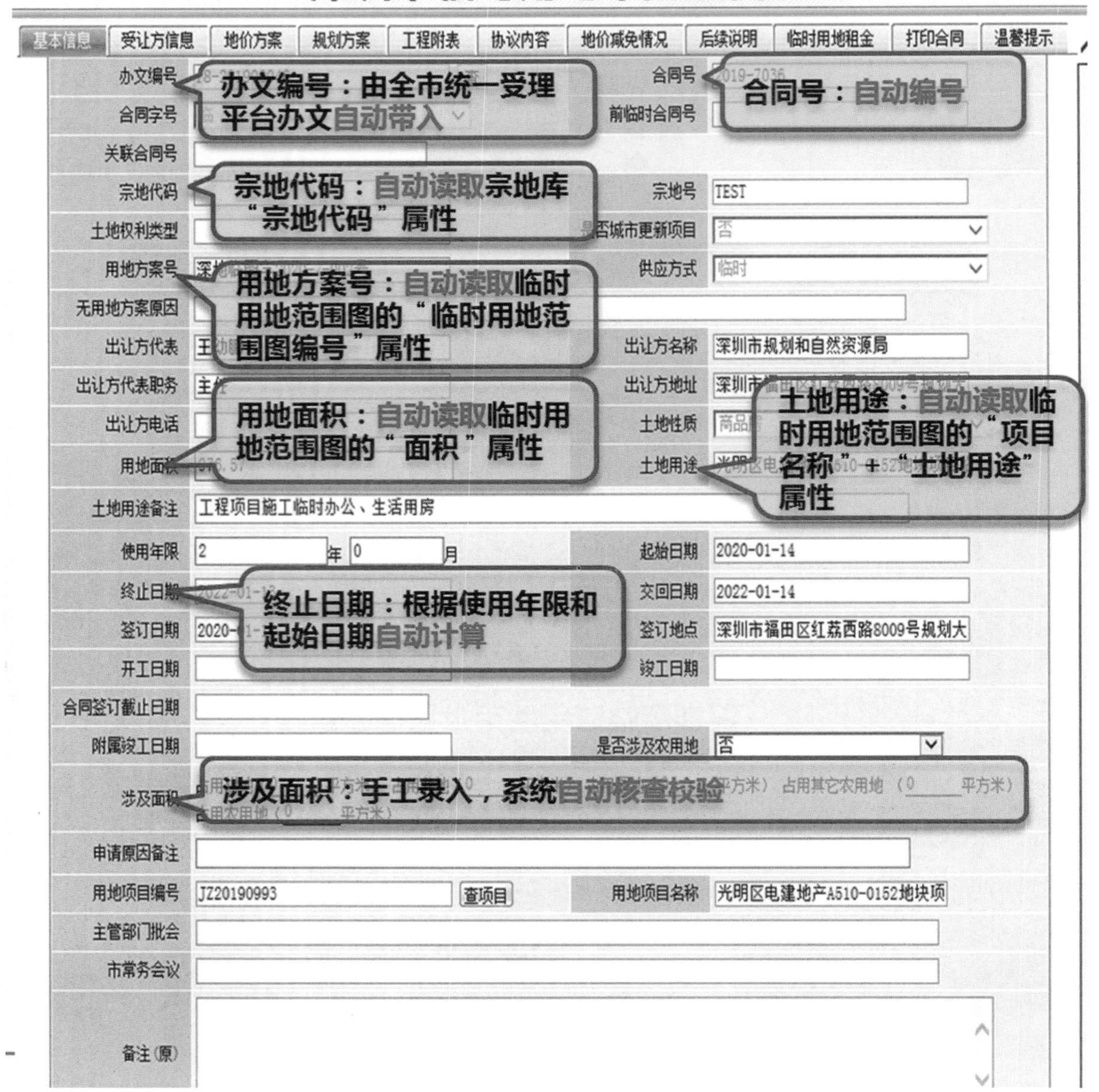

图 7　临时用地系统自动校验

通过体检能够客观评估数据管理情况。从该案例来看，与数据相关的规则已基本能通过系统予以自动校验，这样就能最大化减少业务人员的人工录入错误，保障数据质量。通过形成规则库，还能极大地提高系统的智能化，开展自动读取、计算和关联分析，提升数据应用效能。

通过数据体检发现问题后，可通过完善制度、流程、系统等方式加以改进，从而形成具体可实施的治理措施（图 8）。

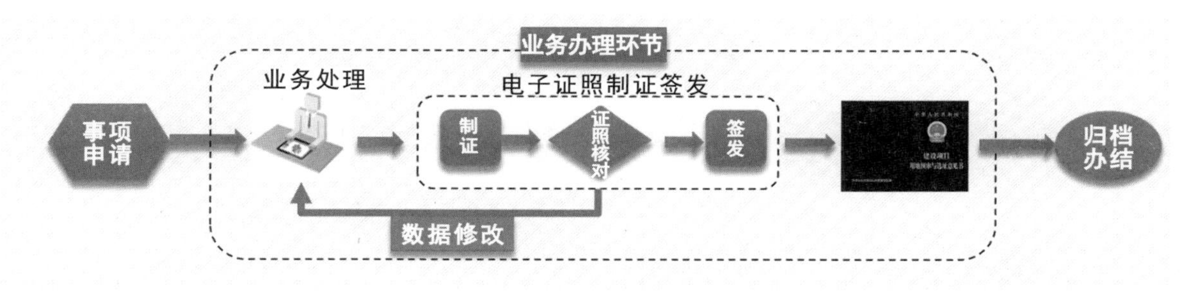

图8　治理案例系统完善措施

针对纸质签发证照与电子化证照内容不一致的问题，在系统中把制证签发环节显性化、突出化，增加数据比对、修改环节，以“系统＋人工”的方式消除可能发生的数据问题。

通过引入日常数据质量监控、数据纠错等机制，实现治理的日常化和持续化。

5　结语

本文结合深圳国土空间管理部门当前正在开展的数据治理实践，阐述了数据治理的总体思路、策略和具体方法。该方法已完成试点，将面向整个部门全面推广，可发挥重要的实操指引作用，同时可为其他政府部门提供一定的经验借鉴。数据治理是一项系统性工程，要有长期作战的思想准备，做好总体设计，在人力、经费保障方面持续投入充足的资源。数据治理的本质是业务与信息化的融合，故一定要在观念、思维方式与工作模式上转变并不断深化完善，力争取得较好成效。

［作者简介］
王　玲，高级工程师，深圳市规划国土房产信息中心系统分析师。
李春阳，高级工程师，深圳市规划国土房产信息中心数据总监。
陈美云，高级工程师，深圳市规划国土房产信息中心部长。

第二编

信息平台与系统的构建及运用

基于社会行为数据的城市认知关键技术研究及系统建设实践

□谢　盼，彭　达，李　栋，王静远

摘要：社会行为数据（互联网定位、手机信令、交通运行、舆情数据等）可用于表征城市个体或群体活动，是人们理解城市运行规律的重要数据类型。本研究针对我国智慧城市建设发展的实际需求，以多源社会行为数据支撑城市精细化治理与智慧决策为研究目标，实现社会行为数据的“数据处理—认知建模—系统研发—示范应用”全链条技术突破，构建了社会行为数据智能处理关键技术体系和认知建模关键技术体系，提出了基于社会行为数据的城市认知系统建设框架，并在北京市通州区中心开展示范应用，为城市规划、交通管理和政府评估等智慧城市应用提供支撑。

关键词：智慧城市；社会行为数据；城市认知；城市规划管理

1　研究背景

智慧城市是新一代信息技术创新应用与城市转型发展深度融合的产物，是推动政府职能转变、社会管理变革的创新手段和方法。我国正处于从城市信息系统建设向智慧城市建设的转型阶段，前者主要以提高政府运行和管理效率为目标，通过业务信息化和信息基础设施建设，利用视频、传感器等设备积累了大量的交通、能源、人口、经济、环境等各领域的城市大数据；而如何汇集这些城市大数据，并对其进行理解与应用，反作用于城市规律认知，实现城市规划与管理的优化，是现阶段智慧城市建设的重要内容。

城市大数据可以分为“物”（传感器等嵌入式设备获取的数据，如温湿度、噪声、大气环境数据等）、“机”（高分辨率遥感、倾斜摄影、地面测绘数据等）、“人”（记录人的位置变化和行为的数据）三类，分别用于表征物理世界、信息空间和社会行为。社会行为数据是指以城市场景中市民或群体为主体，反映其活动轨迹与行为的多源异构时空大数据，例如手机信令、公交一卡通、出租车轨迹、共享单车轨迹、社交媒体等数据。社会行为数据具备高时效性、强随机性、多源异构性等特征，在“物—机—人”城市大数据系统中，是来源最为复杂、认知理解最为困难的大数据类型。

理解和认识城市中的市民社会活动规律，对城市规划、交通管理、政策制定等城市管理工作来说至关重要。在传统的城市社会行为分析工作方面，如人口普查、交通调查、政策评估等，一般采用问卷调查与社会普查等方式进行，受到数据精度与覆盖范围的限制，难以对大规模人口进行全方位、细粒度的城市社会活动分析。近年来，在大数据浪潮的推动下，社会行为数据开始被运用于城市研究，例如使用手机信令数据刻画城市中人口分布的动态变化、度量长周期的市民出行规律、分析城市空间中个体位置与社交强度之间的联系等；使用出租车、浮动车的轨迹数据分析机动车出行的OD（起止点）需求、捕捉短途机动车出行的路由特征；使用城市公交系统的刷卡数据来研究城市早晚通勤模式、特定人群的出行规律，以及城市中市民的相遇模式等。同时，“城市大脑”等系统平台从信息领域进行了城市应用的探索，但已有的系统和平台更多地关注于交通管理等短周期运营领域，对于长周期的城市仿真、政策与规划评估等工作，尚缺乏有效的监控、评估以及相关分析技术与平台的支撑。

可以看到，在城市规划、交通管理等城市科学领域，社会行为数据越来越多地受到人们的关注。但是，目前社会行为大数据应用往往是以有限的数据（例如一周的手机信令数据等）支撑单点的研究为主，在技术方法论上缺乏通用的社会行为数据处理技术体系及通用的城市认知模型技术体系，在城市系统应用层面缺乏长周期、无间断、大范围的城市监测系统和平台构建技术及应用实践。

本文结合我国智慧城市发展需求，以多源社会行为数据支撑城市精细化管理和智慧决策为目标，研究基于社会行为大数据的城市数据处理通用关键技术和认知建模通用关键技术，建立基于社会行为数据的城市认知系统，并在北京市通州区中心开展示范应用，为城市规划、交通管理、政策评估等智慧城市应用提供支撑。

2 基于社会行为数据的城市认知关键技术

2.1 社会行为数据智能处理与融合画像技术

针对社会行为数据一般面临处理计算复杂程度高、数据融合难度大等问题，本研究提出多源社会行为数据智能处理与融合画像技术，具体包括数据流式处理技术、数据融合与信息提取技术、人口—地域联合画像技术。该技术能实现线上线下完备的社会行为数据和活动轨迹收集，实现面向海量社会行为数据的实时流式处理融合及人口—地域联合画像。

（1）社会行为数据流式处理技术。多源社会行为数据在应用前需要进行清洗和处理。社会行为数据流式处理技术支持多源社会行为数据采集、信息存储、流式计算、结果存储等功能，实现对位置、轨迹等海量社会行为数据的实时接入与处理，实现数据在毫秒级别的多端、多源打通与统一集成，使得数据计算具有一致性与可行性。

（2）社会行为数据融合与信息提取技术。由于城市社会行为与轨迹数据具有多源、异构、高维的特点，同时也具备一定的时空相关性约束，需要对其进行一致性融合，提取有效信息。社会行为数据融合与信息提取技术包括多源数据校准、修复、补齐与检索等，通过数据驱动与模型驱动方法相结合，实现对不同来源数据的动态校准；针对数据缺失（例如骑行轨迹不连续等）问题，通过多源数据关联融合进行修复与填补；对融合后的数据进行加载与维度补齐，通过多维度并行混合式索引进行高效检索（图1）。

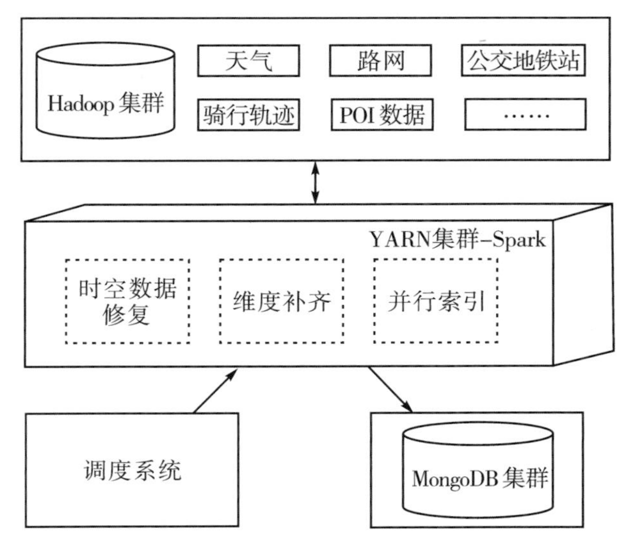

图1 社会行为数据融合与信息提取技术框架

（3）人口—地域联合画像技术。针对现有城市画像标签结构单一、维度不丰富、表达不充分等现状问题，构建城市人口与地域联合时空维度标签体系。通过多源异构数据画像表达技术，实现个体、群体、地域等城市要素的综合画像。结合骑行轨迹数据、用户行为数据、天气数据、兴趣点（POI）数据等多源社会行为数据流式处理结果，通过标签计算，得到单一维度的用户标签和城市标签。在用户标签和城市标签的基础上，引入K-means聚类及Logistic回归方法，将人口、时空、城市等单一维度标签进行交叉融合，生成用户出行意愿、位置偏好、时间偏好等预测画像标签，组合形成可解释、多维度的人口—地域联合画像标签体系。最终，对画像标签进行量化分析与描述，提高标签的可读性和利用价值（图2）。

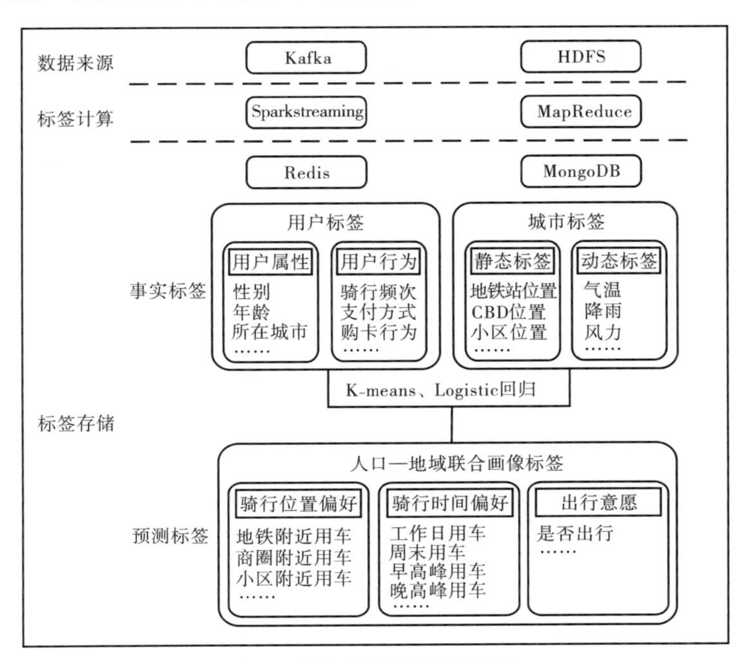

图2 画像标签生成技术构架

2.2 社会行为数据认知建模技术

认知是指通过信息加工获得知识或应用知识的过程，认知的发展按照“计算智能—感知智能—认知智能—情感智能”的路径进行。所谓认知智能，是指在计算智能（智能的存储与计算）与感知智能（传感器识别信息并智能处理）的基础上具备能理解、会思考的能力。而情感智能是指具备价值观、审美的能力，并做出相应的反应。城市认知是指基于多源的城市社会行为数据，通过相应的数据处理、信息加工，实现对城市的理解、判断甚至推演，其关键在于智能模型的搭建。城市社会行为数据具有多元主体、多时空维度、复杂关联的特征。首先，社会行为数据根据的主体不同，包括个体行为数据（例如自驾、骑行轨迹等）和群体行为数据（例如区域之间的通勤、出行等）；其次，社会行为数据涉及不同时空维度，具备高强度的空间位置移动性和历史、现状、未来等多时间维度；最后，社会行为数据与周围物理空间、信息空间及其他社会行为数据之间会存在相互关联。基于社会行为数据以上特征，本研究从个体、群体、横向、纵向四个方面构建社会行为数据的认知建模关键技术框架，提出针对城市多源社会行为数据的个体行为轨迹建模、群体动态分析、横向数据关联挖掘和纵向行为时间序列预测四类认知建模通用方法。

（1）个体行为轨迹建模技术。提出“基于 A＊搜索和深度学习的个性化路线推荐方法”的关键技术，通过该模型对出租车轨迹进行预测。该模型技术比传统的标准卡尔曼滤波方法精度高 40%以上。该技术可推广应用于交通规划、出行推荐等领域。

（2）群体动态分析聚类模型。提出“邻域正则化上下文感知的非负张量分解模型”的关键技术。该技术基于交通小区内出租车轨迹的经度、纬度和时间的三阶聚类，将北京市五环内 651 个交通小区根据出租车出行时空流量特征聚类成 17 个特定功能分区。该技术可被应用于城市规划、交通规划等领域研究中。

（3）横向数据关联挖掘分析模型。提出“因果网络风险模式挖掘模型技术”。该模型支撑了手机信令数据、机动车轨迹数据、人口普查数据的关联挖掘，识别出危险品运输风险模式。该技术可为危险品运输管理、交通规划等领域提供重要决策支撑。

（4）纵向行为时间序列预测模型。提出“多级小波分解神经网络模型”关键技术。该模型成功对所选路段的未来路况进行预测，预测精度比传统自回归积分滑动平均模型（ARIMA 模型）高 40%以上。该技术可以推广应用于用户出行服务、拥堵查询、地图服务等领域。

3 基于社会行为数据的城市认知系统

3.1 系统整体构架

基于社会行为数据的城市认知系统包括多源社会行为数据库、城市画像子系统、城市行为认知子系统和城市智慧管理决策子系统四个部分（图 3）。

（1）多源社会行为数据库。包括社会行为数据库、地理信息数据库等，实现多源数据的接入和存储。其中，社会行为数据包括互联网定位数据、企业法人投资数据、手机信令数据、出租车轨迹数据、货车轨迹数据、公交一卡通数据、共享单车轨迹数据等。地理信息数据包括道路网数据、遥感影像数据、POI 数据、路况数据、行政边界数据等。其他非空间数据包括政府统计数据、规划图纸数据等。

（2）城市画像子系统。通过流式处理技术实现多源数据清洗，通过数据融合与信息提取技术实现多源数据融合关联，通过人口—地域联合画像技术，实现多维度画像表达。城市画像子系统包括画像标签管理、标签统计、标签挖掘、自定义标签等功能。其中，将单维度的人群画像、地域画像标签，通过数据驱动和模型驱动的多维标签生成功能，创建人群地域综合标签。

(3) 城市行为认知子系统。包括个体行为轨迹建模、群体动态分析聚类、横向数据关联挖掘、纵向行为时间序列预测四个功能模块，实现城市个体行为轨迹预测、区域功能聚类分析、关联模式识别、路况预测等认知功能。

(4) 城市智慧管理决策子系统。打通城市管理决策“指标体系—功能模块—业务场景”链路，构建一套基于多源社会行为数据的多维城市指标体系；在交互可视化支撑环境基础上，实现区域联系、人口分布、职住特征、交通特征、地块功能等五个领域，监测、评价、预测三项流程的功能模块；实现城市规划、交通管理、政策评估等智慧城市具体业务场景。

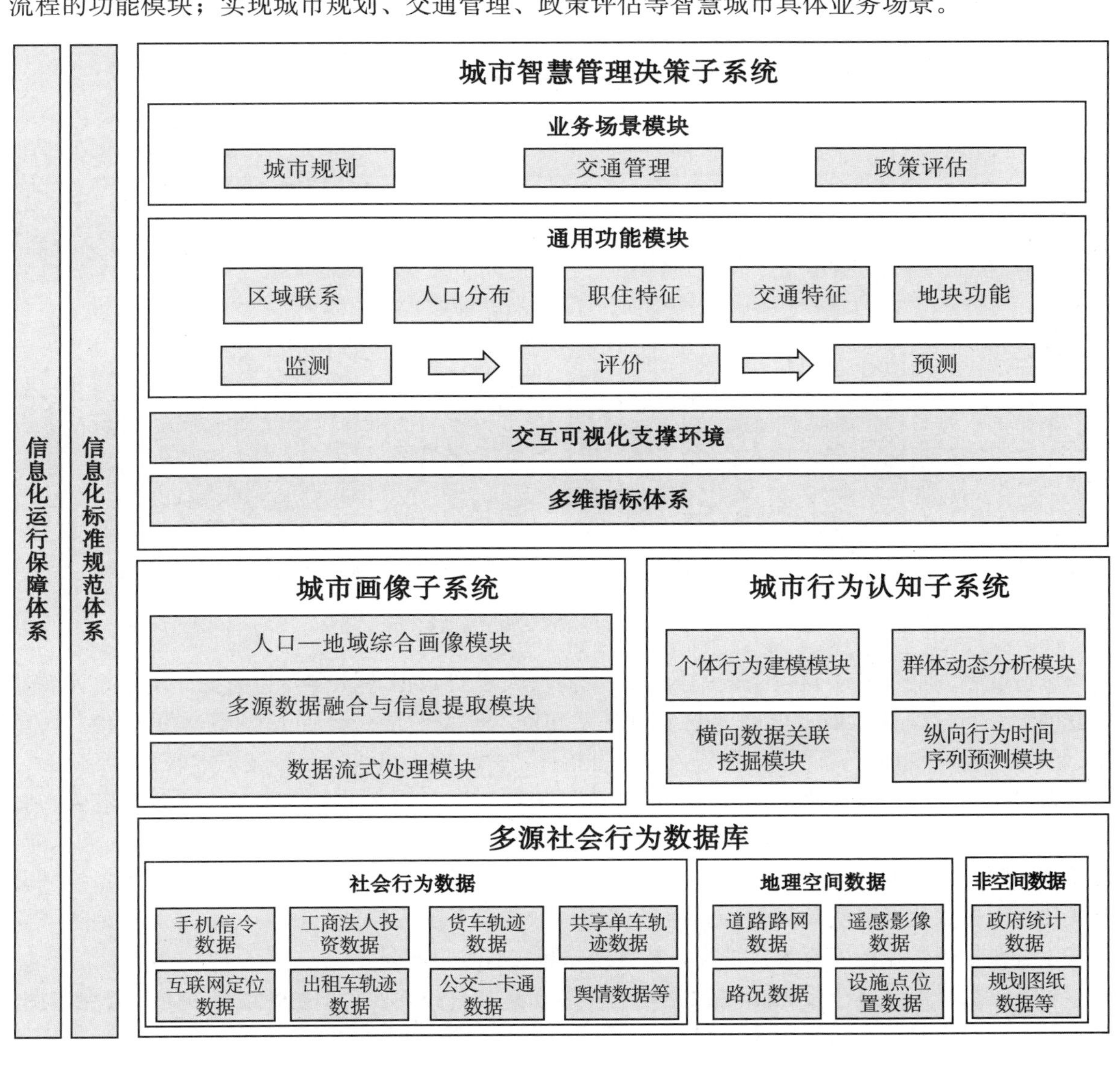

图3　基于社会行为数据的城市认知系统整体构架

3.2 北京市通州区示范应用

（1）系统建设目标。

接入通州区手机信令数据、出租车轨迹数据、公交一卡通数据、共享单车轨迹数据等多源社会行为数据，内嵌“个体—群体—横向—纵向”认知模型，实现通州区人口、产业、交通等领域的监测、评估、预测，定量支撑通州区北京城市副中心政策实施效果综合评估。

（2）系统主要功能。

系统功能上主要包括区域联系、人口分布、职住特征、交通特征、地块功能五大子系统。包括时间选择、空间选择、指标选择、地图栏、图标栏等功能，涵盖散点图、填色图、飞线图、热力图等多种地图表达形式，以及饼状图、柱状图、折线图、玫瑰图、树枝图等多种图表表达形式（图 4）。

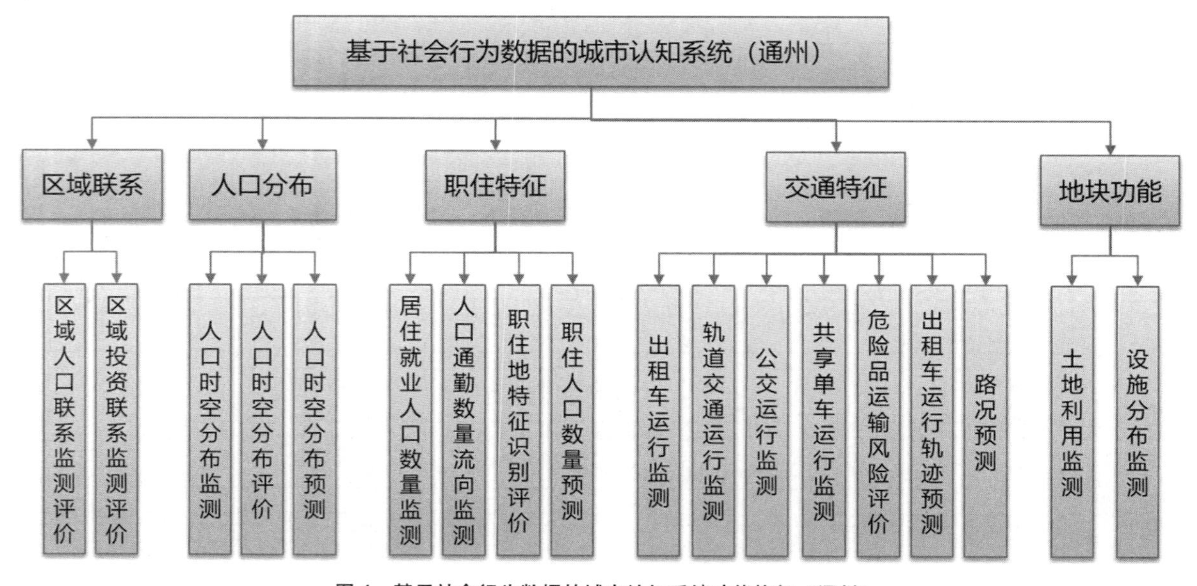

图 4　基于社会行为数据的城市认知系统功能构架（通州）

区域联系功能。基于互联网定位数据、工商法人投资数据等社会行为数据，实现京津冀城市群内部及与全国其他城市群之间的人口联系和资本联系监测。设置人口/资本关联度、贡献度，以及网络演变指数、网络结构指数等关键指标，对区域人口流动和区域资本联系进行评价。

人口分布功能。基于手机信令数据，实现通州区人口多属性监测和评价，实现实有人口扩样。对不同时间、空间的通州区活动人口数量、密度、年龄构成等进行监测；对不同时间（年/月/日/小时）粒度通州区人口变化进行监测。通过贝叶斯时空层次模型，实现活动人口空间分布变化、时序变化及时空布局评价。通过扩样系数法、基准人口法、市场份额法等多种方式实现基于手机信令数据的实有人口扩样，核算通州区实有人口数量。

职住特征功能。基于手机信令数据，实现通州区居住/就业人口时空监测、通勤路径监测；基于贝叶斯时空算法，实现居住/就业人口预测。通过职住地识别算法，判别手机用户稳定居住地和就业地位置，对区域居住人口、就业人口数量及时空分布特征、年龄段属性进行监测。对跨区/区内通勤人数、通勤出发/到达人数、通勤路径等进行监测。结合预测模型，实现月/日居住人口预测。

交通特征功能。基于机动车轨迹数据、公交一卡通数据、共享单车轨迹数据等，对出租车、地铁、公交、共享单车等多种交通形式进行监测，包括出发/到达地监测、运行路径监测、运行轨迹监测等。通过个体行为轨迹建模技术进行个体运动轨迹（已脱敏）预测，通过纵向行为时间序列预测模型进行道路路况预测。

地块功能。基于遥感影像数据，实现不同空间、时间，不同土地利用类型面积及构成变化监测，判别城市扩张规模与趋势。基于设施点 POI 数据，实现不同空间、不同设施类型数量变化监测。

4　结语

本研究将信息领域的数据处理和模型技术运用在城市科学领域中，实现了跨学科的模式创新。研究突破了多源社会行为数据智能处理与融合画像技术，突破了多源社会行为数据个体、群体、横向、纵向认知建模技术，构建了基于社会行为数据的城市认知系统，并在北京市通州区中心进行了示范应用。

社会行为数据对于城市规划与管理的支撑，未来将会在数据融合应用和认知模型研究方面进一步深入。从数据融合应用上来说，研究重点将会从单独研究社会行为数据规律转移到社会行为数据与政府部门业务数据的打通与融合应用。例如将自然资源部门的土地资源数据与人口流和投资流等数据进行关联分析，研判“人地房产”的驱动机理；将统计部门的人口数据与手机信令数据的人口进行校核分析，推演扩样区域真实人口数量；将城市管理部门的网格化管理数据与居住/就业和人口流动进行关联分析，识别“城市病”影响驱动因子；等等。从认知模型研究来看，本研究提出的“个体—群体—横向—纵向”建模技术，主要关注评估分析、关联分析、预测分析等层面，未来将进一步聚焦结合多影响因子的情景模拟模型，结合机器学习、人工智能等手段，提供模拟分析、方案必选等复杂认知功能。

［参考文献］

［1］李德仁，姚远，邵振峰. 智慧城市中的大数据［J］. 武汉大学学报（信息科学版），2014（6）：631-640.

［2］甄峰，秦萧. 大数据在智慧城市研究与规划中的应用［J］. 国际城市规划，2014（6）：44-50.

［3］卢新海，何保国. 基于 GIS 的数字城市规划多源异构数据特征分析［J］. 地理空间信息，2005（4）：9-11.

［4］郭鹏，林祥枝，黄艺，等. 共享单车：互联网技术与公共服务中的协同治理［J］. 公共管理学报，2017（3）：1-10.

［5］郑宇. 城市计算概述［J］. 武汉大学学报（信息科学版），2015（1）：1-13.

［6］刘耀林，方飞国，王一恒. 基于手机数据的城市内部就业人口流动特征及形成机制分析：以武汉市为例［J］. 武汉大学学报（信息科学版），2018（12）：2212-2224.

［7］方家，刘颂，王德，等. 基于手机信令数据的上海城市公园供需服务分析［J］. 风景园林，2017（11）：35-40.

［8］钮心毅，王垚，丁亮. 利用手机信令数据测度城镇体系的等级结构［J］. 规划师，2017（1）：50-56.

［9］鞠炜奇，杨家文，林雄斌. 城市出租车空载率时空特征及其影响因素研究：以深圳市为例［J］. 规划师，2015（S2）：257-262.

[10] 刘依敏. 基于出租车 GPS 数据的大型居民区活动特性研究：以深圳市为例 [C] //中国城市规划学会城市交通规划学术委员会. 品质交通与协同共治：2019 年中国城市交通规划年会论文集. 北京：中国建筑工业出版社，2019.

[11] 林娜，郑亚男. 基于出租车轨迹数据的路径规划方法 [J]. 计算机应用与软件，2016 (1)：68-72.

[12] 许园园，塔娜，李响. 基于地铁刷卡数据的城市通勤与就业中心吸引范围研究 [J]. 人文地理，2017 (3)：93-101.

[13] 刘耀林，陈龙，安子豪，等. 基于公交刷卡数据的武汉市职住通勤特征研究 [J]. 经济地理，2019 (2)：93-102.

[14] 钟少颖，岳未祯，张耘. 基于公交刷卡数据和兴趣点数据的城市街区功能类型识别研究：以北京市朝阳区为例 [J]. 城市与环境研究，2016 (3)：67-85.

[15] 赵美英，李圣权，何江. 杭州市"智慧城管"新探索 [C] //倪江波. 数字城市理论与实践：中国数字城市建设技术研讨会. 北京：住房和城乡建设部信息中心，2011.

[16] 徐振强，刘禹圻. 基于"城市大脑"思维的智慧城市发展研究 [J]. 区域经济评论，2017 (1)：102-106.

[17] WU N, WANG J Y, ZHAO X E, et al. Learning to effectively estimate the travel time for fastest route recommendation [C] // ZHU W W, TAO D C, CHENG X Q. Proceedings of the 28th ACM International Conference on Information and Knowledge Management. New York: Association for Computing Machinery, 2019.

[18] WANG J Y, WU N, ZHAO X W, et al. Empowering A * search algorithms with neural networks for personalized route recommendation [C] // TEREDESAI A, KUMAR V. Proceedings of in the 25th ACM SIGKDD conference on knowledge discovery and data mining. New York: Association for Computing Machinery, 2019: 539-547.

[19] 申悦，柴彦威. 基于 GPS 数据的北京市郊区巨型社区居民日常活动空间 [J]. 地理学报，2013 (4)：506-516.

[20] WANG J Y, WU J J, WANG Z, et al. Understanding urban dynamics via context—aware tensor factorization with neighboring regularization [J]. IEEE Transactions on Knowledge and Data Engineering, 2019.

[21] WANG J Y, WU N, LU X X, et al. Deep trajectory recovery with fine—grained calibration using kalman filter [J]. IEEE Transactions on Knowledge and Data Engineering, 2019 (99): 1.

[作者简介]

谢　盼，硕士，工程师，北京清华同衡规划设计研究院有限公司项目经理。

彭　达，硕士研究生，中国人民解放军战略支援部队航天工程大学航天信息学院。

李　栋，博士，高级工程师，北京清华同衡规划设计研究院有限公司技术创新中心常务副主任。

王静远，博士，北京航空航天大学计算机学院教授。

城市控规分析应用系统的开发与应用研究

□宁德怀，车　勇，张莉婷，周　昱，陈云波

摘要：本文以昆明市控规分析应用系统的开发建设和分析应用为例，从空间数据库设计、系统搭建和空间分析三个方面进行阐述，并利用昆明市控规分析应用系统进行控制性详细规划成果的展示、分析和应用。DBMS存储的城市规划空间数据可研究各类规划用地的分布状况、空间位置关系和分布规律，评估规划的合理性；空间分析挖掘的新信息能辅助城市国土空间规划建设的管理和决策。

关键词：控规数据；DBMS；数据共享；空间分析；管理决策

1　引言

地理信息系统（GIS）分析已呈现社会化的普及应用，集专业化、标准化、网络化、智能化、集成化等于一体，成为国土空间规划必备的支撑技术。国土空间规划数据的客观性、可传输性和共享性，决定了规划数据能被系统统计、分析和挖掘出更深层次的新信息，并将其作为管理和决策的依据。

2　空间数据库设计

数据库技术是城市国土空间规划数据管理和应用的最有效手段，它能有效存储城市空间规划数据，高效保持规划地块数据的整体性、完整性和共享性，以满足日常审批、信息查询和辅助决策需求。数据库作为控规分析应用系统的核心和基础，唯有对其进行合理的逻辑设计和有效的物理设计，才能从应用系统中展现、分析和提取出准确的信息。数据库建设是技术、管理和软硬件的结合，其设计亦应与应用系统设计相结合，最好是数据库设计和应用设计同时进行。数据库设计的好坏直接影响系统中各个处理过程的性能和质量。

2.1　需求分析

需求分析主要根据各用户的应用要求，将数据方面和功能处理方面的需求抽象形成需求报告，明晰数据库中存储的数据类型、数据处理分析方式及系统的完整安全性。如果把数据库建设想象成建筑工程建设，那么需求分析就相当于建筑基坑的挖掘和监测，需求分析的基底建设是构建控制性详细规划（以下简称“控规”）空间数据库的起点和基础，决定了数据库建筑的质量和进度。若需求分析不当，可能会导致概念模型、逻辑模型和物理模型不实用或设计结果不合理，造成控规数据管理困难、应用系统处理结果不满足要求等问题，更甚者可能导致数据

库设计返工，重新构建数据库。当然，需求分析也要考虑系统的扩展性和冗余性。在需求分析阶段，用数据流图表达数据和处理的关系，而对系统中数据的描述则形成数据字典。从实质上看，数据字典就是元数据。

2.2 概念结构设计

概念结构设计的目的是形成一个独立于各数据库管理系统之外的概念模式，常用 E—R 图表示概念模型。

2.3 逻辑结构设计

逻辑结构设计是根据一定的转换规则，将 E—R 概念模型转换为具体某个数据库管理系统所支持的逻辑模型。数据库中的数据模型有层次、网状、关系、面向对象和对象关系模型几种，目前常用的是关系模型。关系模型数据库有专门的 SQL 查询，对于数据的操作查询、集成应用十分方便。在这个阶段，一般要形成二维关系基本表，将控规文档、图形数据进行分层分类设计，约定各数据类型、长度、元数据等，形成规范的字段名和设计约定（表 1）。对应于应用系统，这个阶段已形成系统功能模块的结构图，故将系统的基本工具、查询定位、空间分析功能进行设计和布局。

表 1　规划地块图层数据逻辑结构设计

序号	字段名称	字段别名	字段类型	字段长度
1	LSBM	历史编码	文本	20
2	DKBH	地块编号	文本	20
3	YDXZ	用地性质	文本	20
4	YDMJ	用地面积	浮点	100
5	RJL	容积率	文本	20
6	JZMD	建筑密度	文本	20
7	JZGD	建筑高度	文本	20
8	LDL	绿地率	文本	20
9	PTSSDM	配套设施代码	文本	20
10	PTSSGM	配套设施规模	文本	20
11	DXKJJZMJ	地下空间建筑面积	文本	20
12	TCW	停车位	文本	20
13	JZRK	居住人口	文本	20
14	BZ	备注	文本	20
15	XMBH	项目编号	文本	20
16	DYBH	单元编号	双精度	100
17	JFBH	街坊编号	双精度	100

2.4 物理结构设计

物理结构设计主要是为逻辑模型选取一个最优的物理模型，对存储进行安排并对存取路径和方法进行选择，同时也对展示应用系统的输入、输出和数据处理模块进行设计。这个阶段已建立索引，将外模式映象为数据库内模式。

2.5 数据库实施及运行管理

数据库实施阶段主要是构建实质的控规数据库，在应用程序编制完成并经测试后，可将城市各片区控规数据成果入库，开展试运行。在试运行期间经不断优化完善后，最终正式上线运行，并进行相应的数据更新、统计分析等应用和维护工作。

控规数据库系统是控规数据集合、软件和用户的统一，所谓的软件即 DBMS。控规数据库能集中控制和管理数据，即便物理设备不一样，也能保持数据的一致性、独立性和可维护性，实现不同用户同时交互使用系统中的数据，减少冗余度。同时，也能通过接口对接打通各系统间的壁垒，将控规分析应用系统中的数据共享至多个系统或平台。

3 系统的搭建

搭建控规分析应用系统时，服务器端安装 Windows server 2012 R2,.NET Framework 3.5 或 4.0，Oracle 11g，ArcGIS Desktop10.2，ArcGIS Server10.2 是软件环境最低要求。

3.1 软件安装

安装 Windows server 2012 R2 时，需要安装 Internet information server（IIS）。在选择角色服务时，由于服务器需要用到 SQL Server，必须勾选 asp. net 和.net 扩展性。64 位的服务器类 Oracle 11g 共计 19 步即可完成企业版高级安装。创建和配置数据库时，配置类型选择“一般用途/事务处理”，配置选项使用“字符集”下的“使用 Unicode（AL32UTF8）”，鉴于控规数据的重要性，最好启用自动备份，同时记住设置的密码，保存好数据库配置清单并配置本地网络服务。安装完 ArcGIS Desktop10. 2 后，需要利用 ArcMap/ArcCatalog Toolbox 数据管理工具中地理数据管理下的创建地理数据库进行企业级数据库的创建，平台选择 Oracle，路径为 localhost/orcl，输入 oracle 的系统登录名和密码，地理数据库名必须是 sde，密码、表空间名最好也设为 sde，设置完点击确定即可。接着安装和配置 ArcGIS Server，完成用户权限设置。

3.2 控规分析应用系统搭建

进入 plsql，新建数据库表空间、用户名和密码。打开 IIS 管理器进入 IIS 控制台，选中“应用程序池”右键“添加应用程序池”，新建“昆明市控规分析应用系统”网站，部署 ArcGIS API 并配置数据库连接参数后，测试无误即可登录 B/S 控规分析应用系统。

3.3 控规分析应用系统介绍

城市控规分析应用系统属于存储、管理和分析矢栅混合数据的区域性、专题性、多维性应用型地理信息系统，是专门为自然资源和规划部门开发应用的。控规分析应用系统处理、分析和加工的对象是城市国土空间控制性详细规划数据，不但图形和属性统一，而且匹配丰富的符号库；数据源有遥感影像、地名库、矢量地图、控规数据等，数据来源不同，数据结构亦不一，这就突显控规分析应用系统的优势，能依据 GeoDatabase 存储大数据级的多源异构数据，并进行复杂的地理空间处理分析，最终表现和输出数字地图。

昆明市控规分析应用系统在原有基础上进行改造升级，系统界面更加人性化，操作舒适度大大提高，分析功能更加完善、全面。整个成果展示界面的常用工具，包括资源目录、图层控制、查询、卷帘对比、多图对比、书签、数据加载、地图打印、测量、图例、清除、全屏等常用功能。昆明主城区所有控规编制成果均按照相应规则由 CAD、Excel 图属分离的数据转换为图属合一的 GIS 数据。在分析应用系统中，可根据需要加载规划地块、道路中线、道路红线、规划控制线、公共服务设施等专题图层，方便用户进行分析使用。资源目录涵盖地表和地下空间所有控制性详细规划编制成果、最新影像底图、矢量底图、行政区划线、1∶500 比例尺接图表，并将常用的诸如属性查询、地图打印等功能竖排于左侧，方便调用（图 1）。

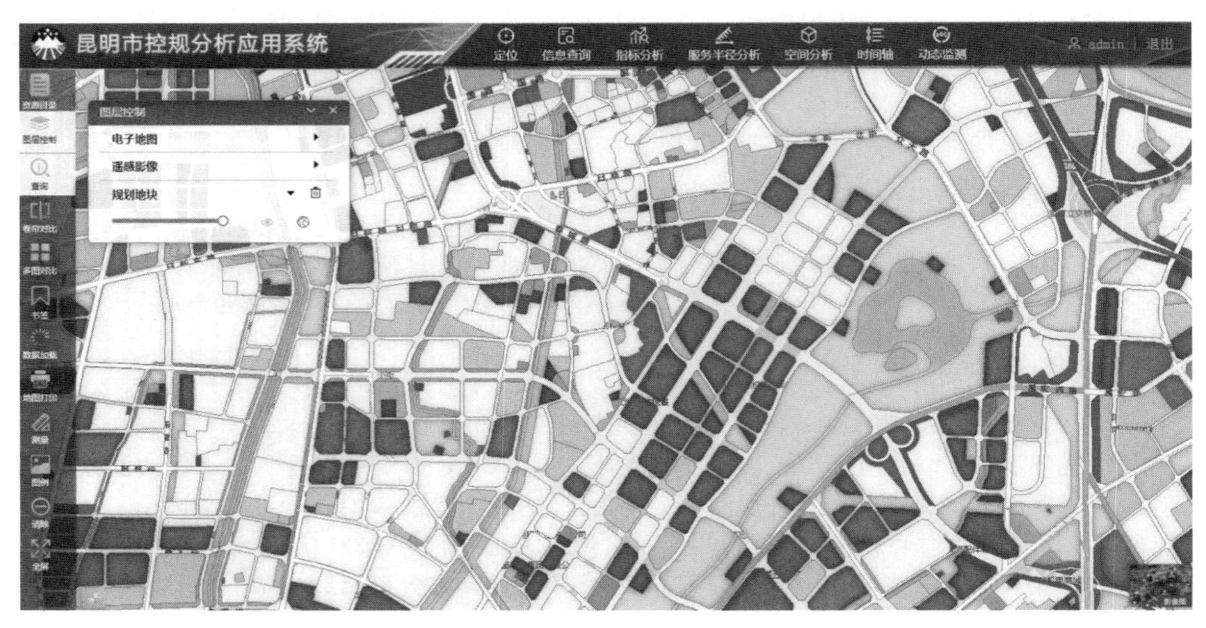

图 1　系统界面

4　空间分析

常用的控规分析功能包括定位、信息查询、指标分析、服务半径分析和空间分析。城市规划空间数据以一定的逻辑结构存放于空间数据库中，虽然不同结构的数据对应不同的编码方法，但都是为了准确定位数据并正确表达空间实体属性信息和实体间的拓扑关系，以便能更好地进行数据管理和分析应用。控规数据包含大量的几何目标信息，每个规划地块都有特定坐标系的空间位置和属性信息，地块、道路、公共设施间也有对应的空间关系，这种关系称为拓扑关系。如某个界址点和规划地块边界具有关联性，相邻规划地块常具有邻接共用边，一个地块包含于环形绿地内等。如果出现配套服务设施点位于道路中、两规划地块有重叠或间隙区域、地表道路中线压盖规划地块等情况，则控规数据质量没有得到控制，发生了逻辑不一致错误。因此，拓扑关系反映了规划对象之间的逻辑关系，拓扑关系的正确性是空间分析的基础和前提。

4.1　定位和信息查询

定位有细分地块编码查询定位、分图幅号查询定位、平面坐标输入查询定位和地名库调用地名定位四种方式。信息查询有用地规划信息查询、资源查询和自定义查询三种，其中用地规划信息查询专用于规划地块信息提取，资源查询根据点、直线、曲线或闭合多段线与细分地块界线、道路中线、道路红线等的相交原理，分别通过点选、线选、矩形选、圆选、多边形选和自由曲线选的方式来查询与目标相交的对象信息。自定义查询可通过 SQL 语句查询某图层符合条件的要素。例如，依据规划地块图层，执行"SELECT * FROM SDE. A _ GHDK _ PL WHERE YDMJ ＞3000"即可统计出用地面积大于3000 m^2的规划地块（图 2、图 3）。

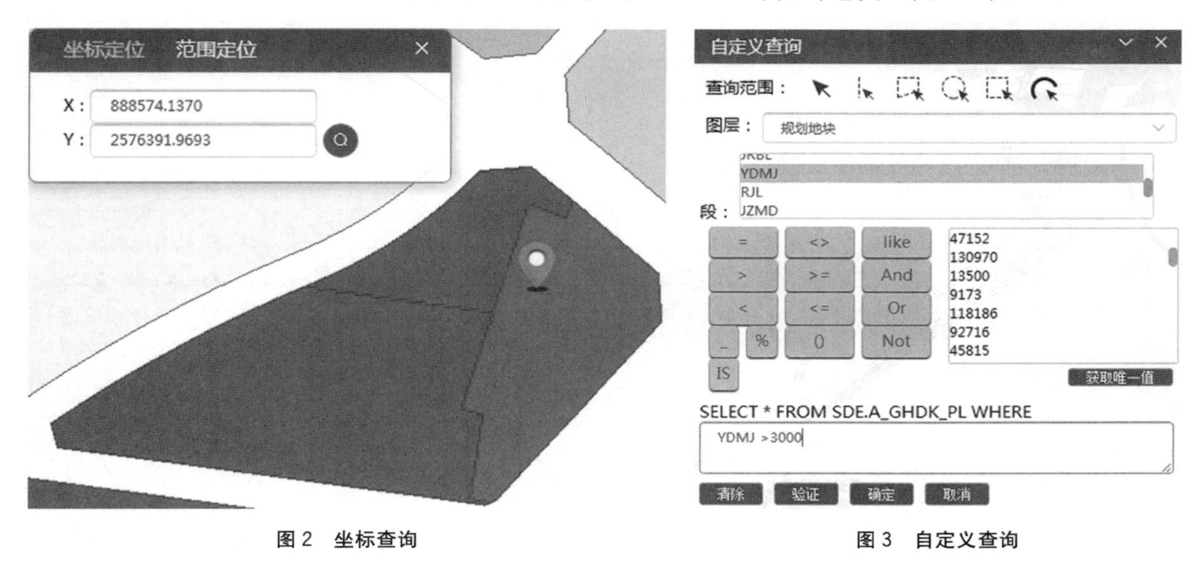

图 2　坐标查询　　　　图 3　自定义查询

4.2　用地指标分析

指标分析有地块综合信息分析、用地动态平衡分析和用地分析三种。地块综合信息分析可依据相应目标图层按照对应的统计类型，将统计范围内的用地总面积、总建筑基底面积、总建筑面积、总绿地面积、公园绿地面积，以及容积率、绿地率和建筑密度的最大、最小、平均值自动统计并输出图表结果。用地动态平衡分析和用地分析能依据行政区划或自定义区域，分别按大类、中类、小类统计规划地块的用地性质、颜色、面积、规划比例等（表 2，图 4）。

表 2　某区规划用地统计表（小类）

序号	用地名称	用地性质	RGB 色	面积（m^2）	规划比例（%）
1	水域	E1	(127，191，255)	212817.77	0.90
2	商业	B1	(255，0，63)	1320366.55	5.61
3	公园绿地	G1	(0，255，63)	5865078.04	24.90
4	二类居住	R2	(255，255，0)	4132010.75	17.54
⋮	⋮	⋮	⋮	⋮	⋮

续表

序号	用地名称	用地性质	RGB 色	面积（m^2）	规划比例（%）
26	环境设施	U2	（0，153，204）	18449.06	0.08
27	一类工业	M1	（204，153，102）	38092.30	0.16

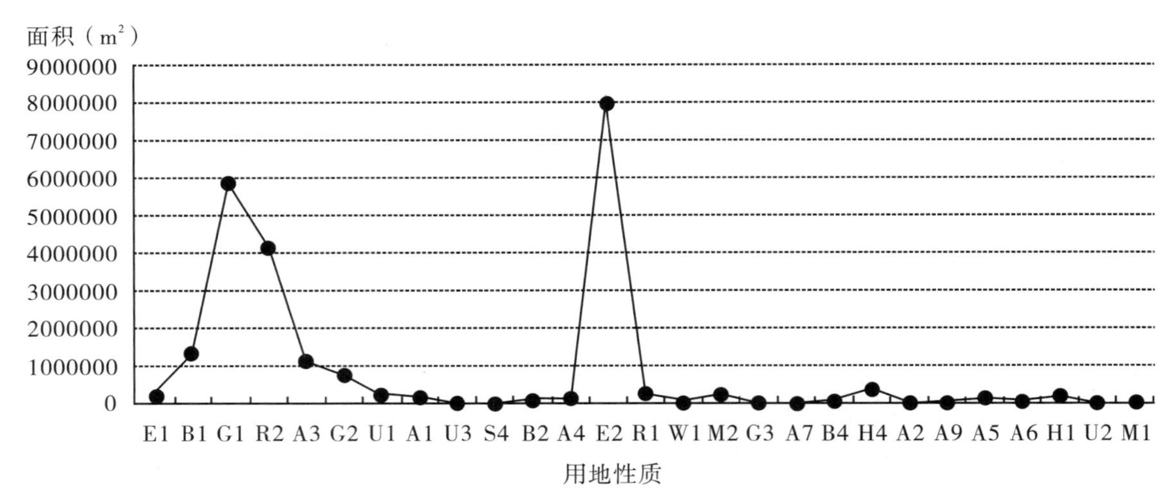

图 4　某区规划用地面积统计图（小类）

4.3　空间分析及专题图制作

控规最常用的空间分析是缓冲区分析和叠加分析。缓冲区分析能利用行政区划或自定义区域根据分析图层和分析半径输出分析结果，用于分析学校、菜市场等的服务区域。叠加分析能进行多图层视觉叠加，以及点点、点面、线面等叠加分析。多图层视觉叠加可将规划地块、道路中线、规划控制线等图层有选择性地进行叠加，分析城市国土空间规划的合理性及道路、配套设施的分布规律。点点叠加可对教育、医疗、商场等点状符号配套设施进行分析，点面叠加可统计目标区域内的配套设施情况，线面叠加可分析河流经过的行政区、某片区内的规划道路长度等。

例如，可以将高清遥感影像图作为专题底图，配以水域、农林用地、商业商务、居住用地、工业用地等专题图层制作专题图，甚至可细化至河流湖泊、一类二类居住用地、中小学用地等，快速制作出清晰易读、层次结构清晰、统一协调的专题图。不论专题地图的表示方法是点、线、面，还是动态呈现的数据，都能附以图框、图例、比例尺、统计图、表格等，极大程度地表现专题地图的科学性、艺术性及确保数据的完备性、一致性，使空间数据能得到直观的信息传递。专题图以影像底图或矢量底图为基础，表现与主题有关的诸如小学、菜市场、公共厕所、水域分布、居住用地、绿地等规划内容，其表现的主题内容广泛、方法多样，图面配置也比较灵活。由于遥感影像图信息量丰富，数据现势性、综合性强，使得专题图能突出显示主题内容与遥感影像地理环境之间的关系，提取和挖掘潜在信息，直观传递主题内容的分布状况和分布规律。

5　结语

控规数据由CAD矢量数据和表格数据组成，图形松散且不能制作专题图，但将其入库后转为GIS数据，能基于地理空间数据库存储、关联大数据级别的图形和属性数据与应用程序实现数据共享，实现图形属性互查互用，并通过复杂的空间分析以提取信息，辅助城市国土空间规划建设的管理和决策。下一步，控规分析应用系统将通过接口对接共享至昆明市国土空间规划智慧审批服务平台，供日常审批使用；通过接口对接，系统还能在昆明市国土空间基础信息平台中调用有关数据，并能利用昆明市国土空间规划“一张图”进行监测管理，辅助实现“一张图”的“多规合一”应用。

[参考文献]

[1] 萨师煊，王珊. 数据库系统概论 [M]. 3版. 北京：高等教育出版社，2000.
[2] 陆守一，唐小明，王国胜. 地理信息系统实用教程 [M]. 北京：中国林业出版社，1998.
[3] 乔相飞，周宏伟，刘文新. 城市规划中的GIS应用分析 [J]. 测绘工程，2005 (4)：69-70.
[4] 郝惠. 浅谈GIS技术在城市规划信息化工作中的开发应用 [J]. 城市发展研究，2013 (6)：18-19.
[5] 吴千里，马小龙. 面向城市规划信息化的GIS与CAD集成技术探讨 [J]. 测绘通报，2010 (2)：52-55.

[作者简介]

宁德怀，硕士，工程师，任职于昆明市规划编制与信息中心。
车　勇，硕士，工程师，任职于昆明市规划编制与信息中心。
张莉婷，硕士，工程师，任职于昆明市规划编制与信息中心。
周　昱，硕士，高级工程师，任职于昆明市规划编制与信息中心。
陈云波，硕士，正高级工程师，任职于昆明市规划编制与信息中心。

面向单元管控的空间规划实施单元管理平台探索实践

□黎云飞，黄雪莲，黄　宇，孙超俊

摘要：从“多规合一”试点探索到国土空间规划职能部门的整合，表明国家正在积极构建国土空间规划体系，推动国土空间治理体系和治理能力现代化。本文在当前国土空间规划体系改革背景下，聚焦地方自然资源管理部门面临的规划管控传导与反馈失衡等问题，通过优化规划单元、强化规划传导实施，构建规则模型，推进规划实施评估，基于面向单元的规划编制与实施全周期管控技术、规则模型库的智能审查与评估预警等关键技术，构建面向单元管控的空间规划实施单元管理平台，以期探索提升地方国土空间规划实施单元管理体系的智能化水平。

关键词：单元管控；空间规划；规则模型；管理平台

1　引言

2019 年 5 月，《中共中央　国务院关于建立国土空间规划体系并监督实施的若干意见》（中发〔2019〕18 号）提出，要分级分类建立国土空间规划，健全规划实施传导机制，加强不同规划间的协调和传导。随着国土空间规划改革的不断深入和精细化管理的不断完善，如何落实国土空间规划“五级三类四体系”间的规划传导与管控，确保规划能用、管用、好用，是自然资源管理部门在规划实施管理中面临的主要问题。同时，随着社会经济的发展，城镇化进程不断加快，土地资源紧约束的瓶颈越来越严峻，城市规模增长与空间效能提升的矛盾越来越突出，在国家自上而下强化空间管控的背景下，地方需要在保持市场活力的同时增强政府空间管理效能，结合信息化技术创新实现面向单元管控的规划编制、实施、监测、评估全周期管控，提升国土空间治理能力现代化水平。

2　建设方法

2.1　优化规划单元，强化规划传导实施

构建面向单元的规划控制要素反馈体系，需综合考虑河流、道路等可见地物及权属、行政管辖范围等不可见界线，优化单元划定，搭建与事权主体和利益主体相匹配的单元体系，作为编制范围的基本单位。以不同层级的规划单元为媒介，全面对接上位规划和各部门发展设想，将人口、开发强度、交通、设施、绿地和管控线等管控要求分解至各个单元，形成自下而上的承接上位规划管控要求的平台和机制，强化规划纵向传导实施。

2.2　构建规则模型，建立动态评估体系

面向规划精细化管理的需求，依托信息化手段，构建涵盖规划管理及实施监测的规划动态监测“一本账”。通过融合国土调查、规划编制成果、现状和业务等多源数据，综合采用多学科评估方法和信息科技前沿分析技术，结合地方管理实际设计有针对性的指标体系，从编前、编中、编后和实施等不同的时间段统计分析城市要素，了解规划编制情况、监督规划实施、掌握城市空间动向，兼顾引导市场理性决策和公共利益提升，全面建立规划管理和实施动态评估体系。通过及时评估规划编制成效、实施动态，为规划管理决策提供实时依据，推动存量建设模式下的利益协调方式由信息不对称的封装式博弈升级为信息透明的公开博弈，以期在精准识别空间、精准判断问题的基础上达到空间资源配置效用的最大化。

2.3　总体设计

平台总体架构包括基础设施层、数据层、平台层和应用层（图 1）。基础设施层以项目单位基础设施为基础，建立安全稳定、弹性可用、按需分配的基础设施环境。数据层基于统一的数据标准，按照物理分散、逻辑集中原则，以各类规划数据为核心，建立包含基础地理、核心管控、专题数据和新型数据在内的规划一体化数据库，提供应用系统运行所需的各类数据支撑。平台层提供统一的服务管理、数据管理、规则模型管理、用户管理、权限管理和日志管理，为系统应用提供运维支持。应用层面向规划编制、实施、评估预警业务管理需求，为自然资源主管部门、其他部门及相关单位提供辅助编制、成果审查、综合应用及评估预警等应用服务。

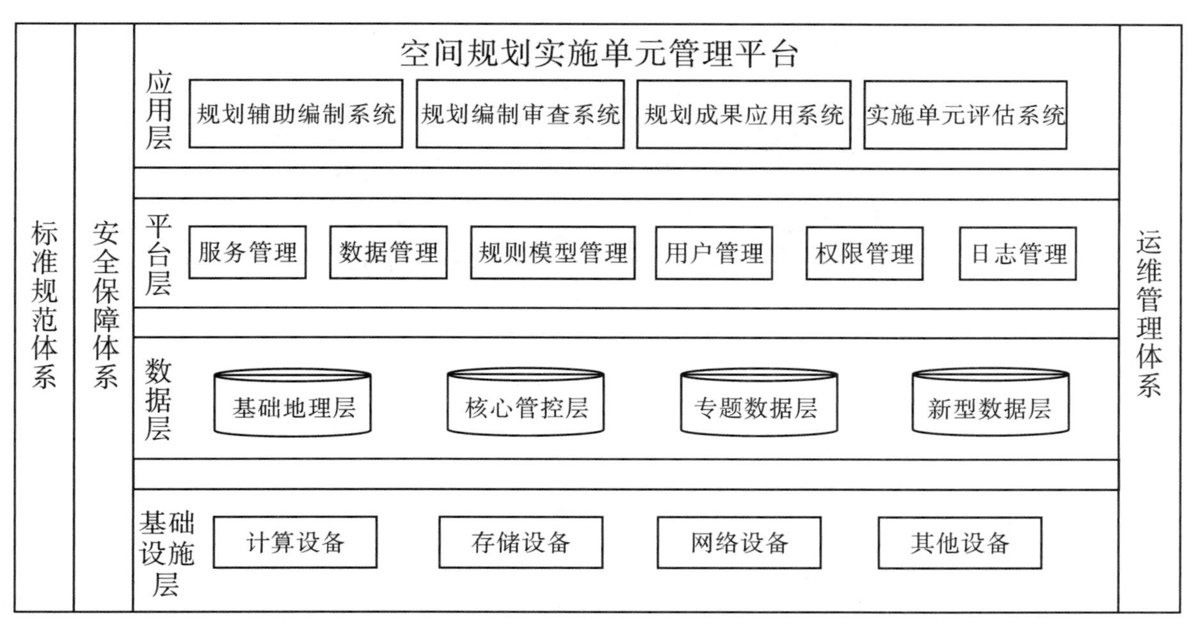

图 1　平台总体架构

3 关键技术

3.1 面向单元的规划编制与全周期管控技术

以规划单元及其划分方法为基础，建立市域“行政区—分区—功能区—编制单元—街坊”地域划分体系。基于规划单元，建立关联管理、经济、生态和空间的规划编制模型；利用信息化技术，整合多源数据资源、开发量化评估功能，增强空间规划编制、审查、监测、评估等空间规划全周期管控能力。该技术的主要特点有以下两点。

（1）多层级的地域单元划分方法。规划单元是空间规划管理中的基本单元，也是上位规划中非图斑类管控要求向控制性详细规划传导的基本途径，具体包含编制单元和街坊两条界线。与传统的图斑单元不同，此处将图斑的空间特性、经济社会特性和管理特性结合起来，以厘清市区事权边界、政府和市场权力分界为重点，为建立用地、容量、人口、控制线、设施五大类管控要素的纵向传导路径，完善配套与市场经济相适应的“分层编制、分类控制、分级管理、动态维护”制度奠定理论基础。以此为基础，依据权责主体划分单元边界，以街坊为地块开发细则编制的基本单元，建立市域“行政区—分区—功能区—编制单元—街坊”地域划分体系（图 2）。

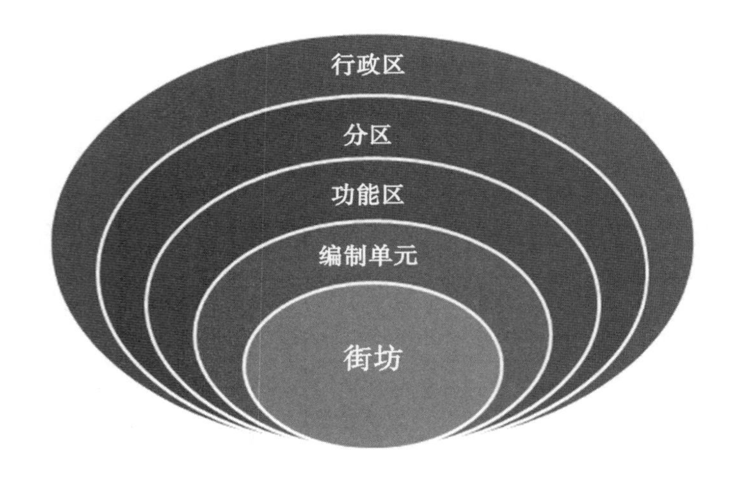

图 2　规划单元划分

（2）面向规划单元，建立规划编制、实施、监测、评估全周期管控体系。以单元及其划分方法为基础，建立关联管理、经济、生态和空间的规划编制模型，强化空间规划末端单元的能动性，开发各项规划编制、实施、监测和评估功能，并利用城市大数据技术，增强空间规划编制、实施、监测、评估全周期管控能力，提升空间规划管理和实施效率。

规划编前阶段，施行以单元为基本范围的数据提取机制，建立信息化平台，面向不同类型的规划编制项目提供“默认式＋自选式”的底图数据，在经相应在线审批手续后提供至规划编制单位。保证编前充分共享数据，有效保障上位规划管控要求能及时、准确地传达。

规划批前审查阶段，信息化平台提供控制性详细规划对上位规划落实情况等的审查功能。落实方式分为按图斑落实和按数量落实两大类。按图斑落实是指上下位规划间用地布局不一致情况；按数量落实包括用地、容量、人口、设施和控制线等五个维度，对控制性详细规划不要求布局严格一致，在一定服务范围内满足数量要求即可。

规划监测和评估阶段，将现状数据与规划数据、传统数据与大数据等进行对比分析，实时监测规划实施进度和方向，及时对规划管理和宏观决策提出反馈。与审查要求一致，非图斑类传导的内容均以单元为单位进行分析，体现范围内用地、容量、人口、设施和控制线等五个维度的差异。

3.2　基于规则模型库的智能审查与评估预警技术

规则模型库是建立空间规划模型所涉及的规则、数据存取方式及运算所需要的运行程序，可以视为相互协同工作的规则集合。其中每个规则都会提供特定的功能，执行特定的操作，并且以标准形式输出执行结果，以便其他规则了解和调用。通过将规则模型中每一条规则与实际的成果数据和参数变量相结合，使其从一个抽象的规则模型对象演变成具备实际业务逻辑关系的模型实体对象，从而形成一套基于规则库的空间规划模型定量分析与协调的技术方案。

具体技术方案实现则依据规划编制技术规范和数据成果标准，通过客观分析方法、科学管控评估手段和实际工作需求相结合，不断地总结、归纳与提炼，构建一套基于空间规划模型的规则库；基于规则库，结合实际业务需求与成果数据，通过可视化界面构建具备实际业务逻辑关系的空间规划模型实体对象，然后将该实体模型对象以服务接口的形式提供给各个端的软件系统进行调用，用户则通过可视化的界面对其相关的变量参数进行设置或者修改并执行对应的实体模型对象，从而完成空间规划模型的定量分析与协调（图 3）。

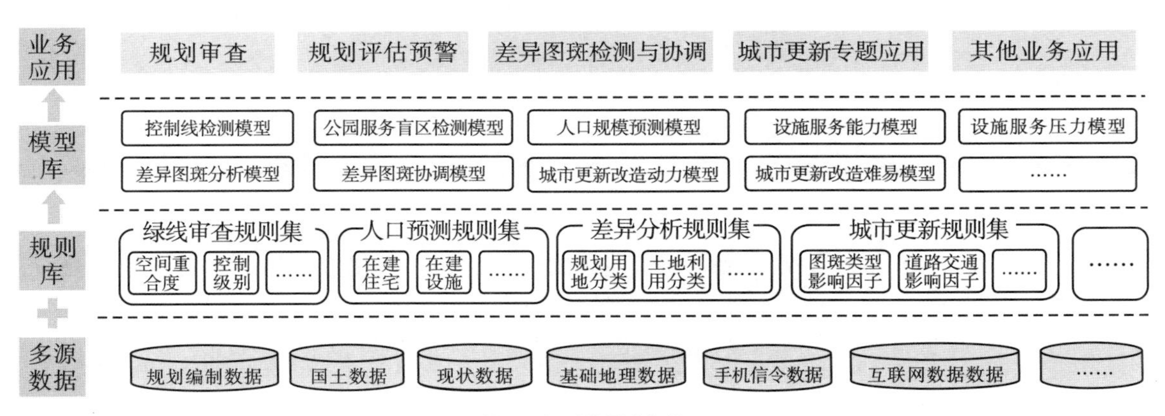

图 3　规则模型库架构

通过该技术构建各类规划和现状的多状态、多环节和多类型的评估模型，捕捉城市用地发展的动态性，分析各类规划的用地差异。同时，结合人口、用地、设施、控制线等控制指标进行综合分析，针对现状、规划设施资源的可承载压力、服务范围和覆盖情况进行预判，评估资源配置是否均衡。通过设施覆盖情况的实时监测和及时预警，科学分析设施资源承载力，精准配置资源要素，实现城市空间更加精细化的城市体检和预警预测，提高居民的满意度和城市生活品质，促进城市发展由增量发展向减量发展、由粗放型发展向高质量发展转变。

4　平台功能

根据规划编制、成果审查和实施评估需要的不同的应用场景，平台整体上划分为规划辅助编制系统、规划编制审查系统、规划成果应用系统和实施单元评估系统四个应用。

4.1 规划辅助编制系统

系统服务于空间规划编制研究工作，提供基本地图、差异分析、成果统计、综合制图和成果提取等功能。其中，差异分析包括数据质检、标准配置、冲突分析、规划协调、图件出图功能；成果统计提供差异图斑、重点项目、规划调整等统计信息，支持自定义统计和模板统计；综合制图提供通用制图和专题制图功能；成果提取提供按自定义范围提取、对数据资源目录中各类成果进行提取功能（图 4）。

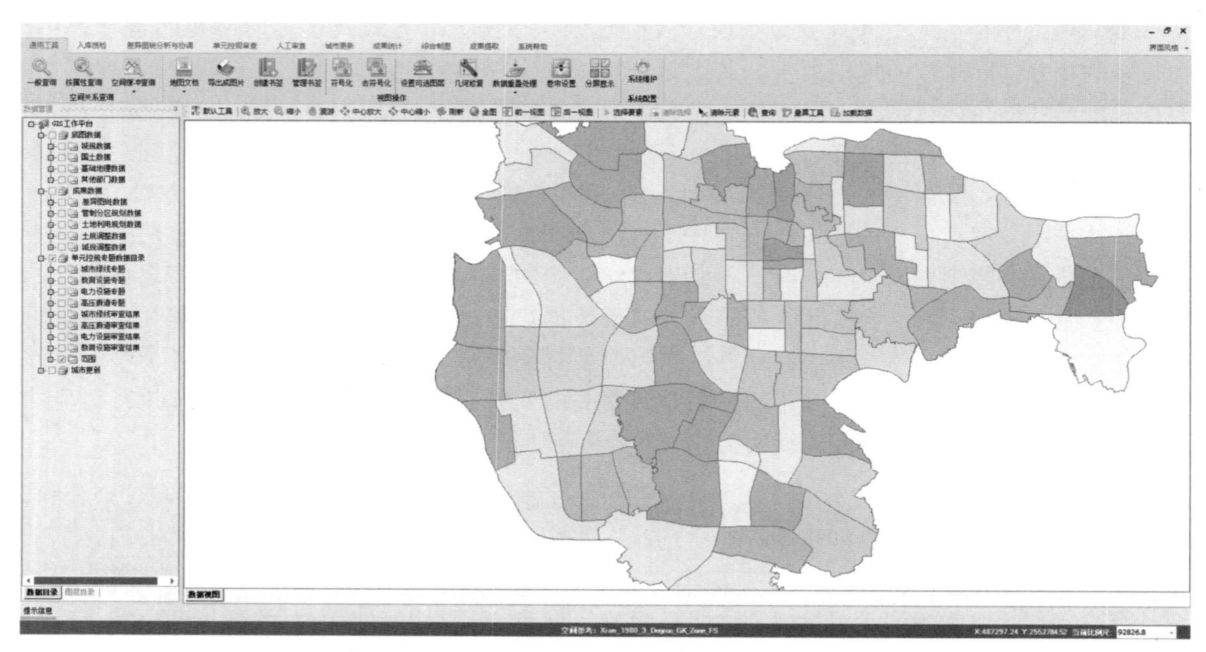

图 4　规划辅助编制系统界面

基于成果建库标准和编制技术规范，提供数据质检功能，强化数据监管；通过建立规划差异分析和协调模型，提供协同、高效、自动化的冲突分析、辅助协调和规划成果调整功能。深化数据处理和质检功能，如几何修复、数据重叠处理等，优化数据标准方案配置。

4.2 规划编制审查系统

系统服务于单元控制性详细规划与总体规划、专项规划等上下位规划之间的规划审查工作，依据审查技术要点，构建审查规则模型库，实现智能化审查。系统提供单元控规编制中的人口规模、建设用地面积、城市绿地、高压廊道、教育设施、电力设施审查，并按照审查要点和技术要求进行冲突对比与统计。同时提供图文一体化展示，如冲突要素与冲突台账查看，支持按审查要素分类对图层、字段和审查要点等方面进行自定义配置（图 5）。

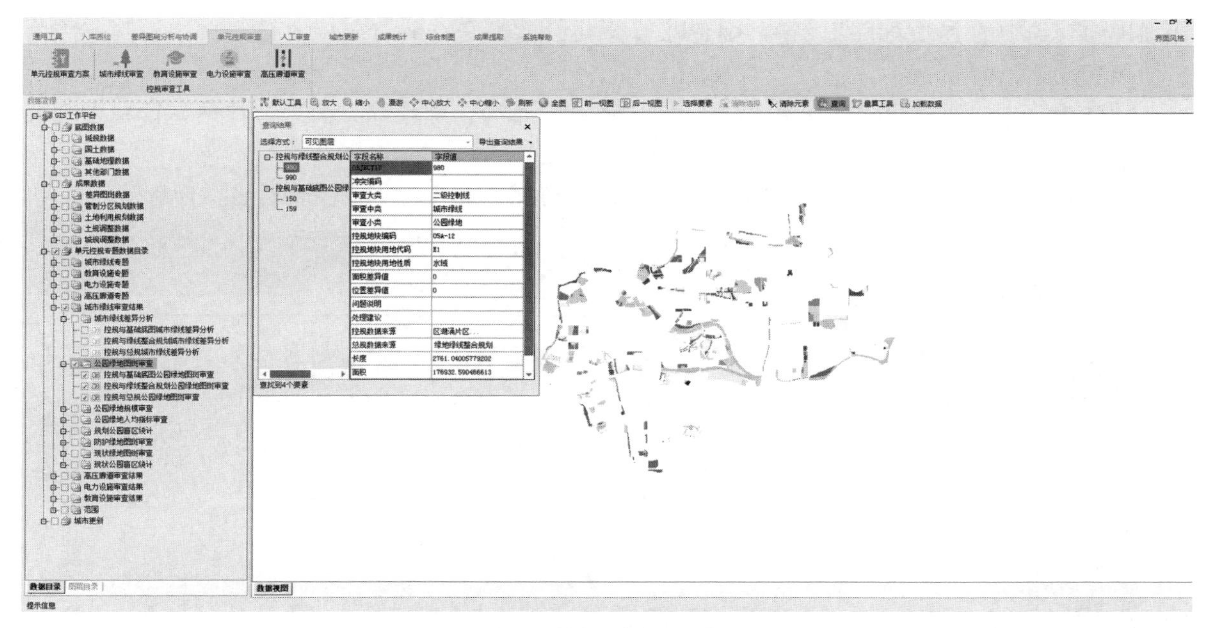

图 5　规划编制审查系统界面

4.3　规划成果应用系统

系统服务于规划成果综合管理与共享应用，通过叠加各类基础数据、规划成果和管理信息，形成“规划一张图”、“项目一张图”和“现状一张图”，实现规划编制与规划管理的有机结合。系统提供空间数据组织、编目管理、综合展示、查询浏览、数据提取、专题制图、多屏对比、统计汇总（包括空间规划、用地规划、服务设施、城市交通、市政设施、编制管理）和决策分析（包括城镇体系、城市人口、通勤分析）等功能，多层次、多方位地满足数据成果的使用需求。

4.4　实施单元评估系统

系统服务于规划实施监测评估工作，以规划单元为基础，通过对控制性详细规划的用地、人口、容量、设施、控制线五大要素进行综合分析，分别从现状、实施（在建/待建）和规划三种状态进行评估，形成动态监测“一本账”，为规划人员提供高效辅助决策和评估参考。系统提供数据中心综合展示功能，以及用地账、人口账、容量账、设施账和控制线账等统计分析功能（图 6、图 7）。

“用地账”主要是对用地规划的合理性、合规性和使用效率等进行评估。规划管理中最重要的内容就是赋予土地具体用地性质，指导具体开发。对不同尺度空间的用地规划进行实时监测、比对，有利于及早发现问题、提高科学决策水平，促进土地集约节约高效利用。

“人口账”主要是对比现状人口、设施服务人口、规划人口等各项指标，从人口角度评估城市规划管理是否合理有序。

“容量账”主要是对住宅的容量合理性、开发进度等进行评估。控制性详细规划改革中的核心思路是通过住宅容量的调控，使得房地产开发与公共设施配套相匹配。在控制性详细规划改革系列工作中，通过专项研究，结合公共设施的配套情况，自上而下分解住宅容量。如控制性详细规划和细则中突破了下达容量，则意味着公共设施配套有缺口出现，必须在该编制范围内追加配套设施。

“设施账”主要是对各类设施从数量、实施进度、布局合理性等方面进行评估，旨在发现公共设施配置方面的问题，及时指导设施规划和建设。

“控制线账”主要是全面、实时掌握控制线总体情况，及其与实施性规划的吻合情况。

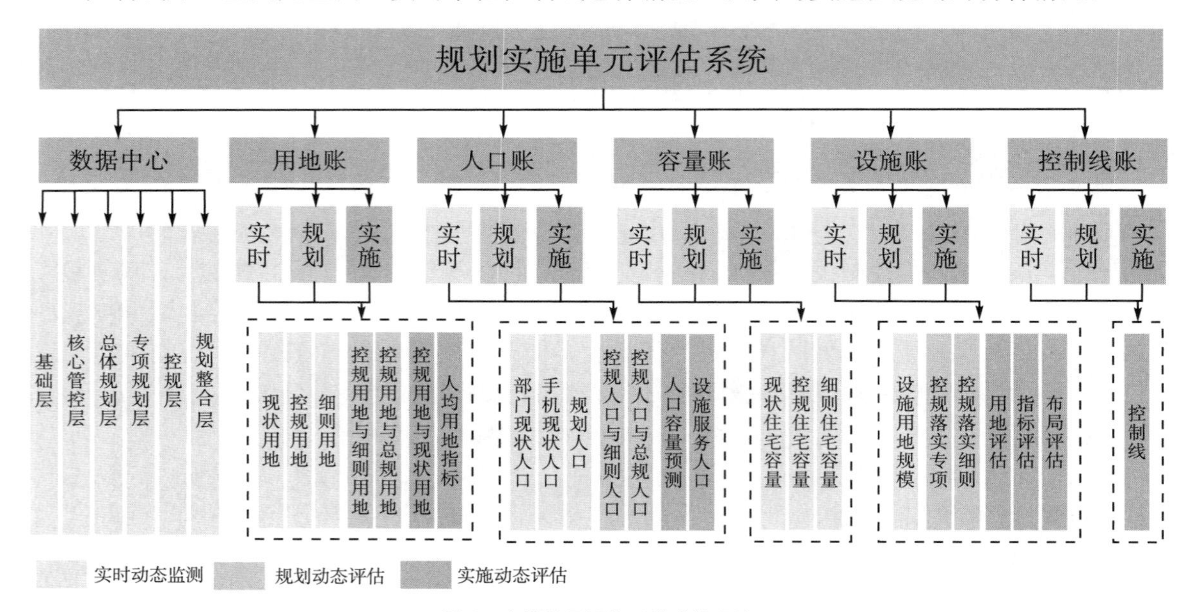

图 6　实施单元评估系统功能设计

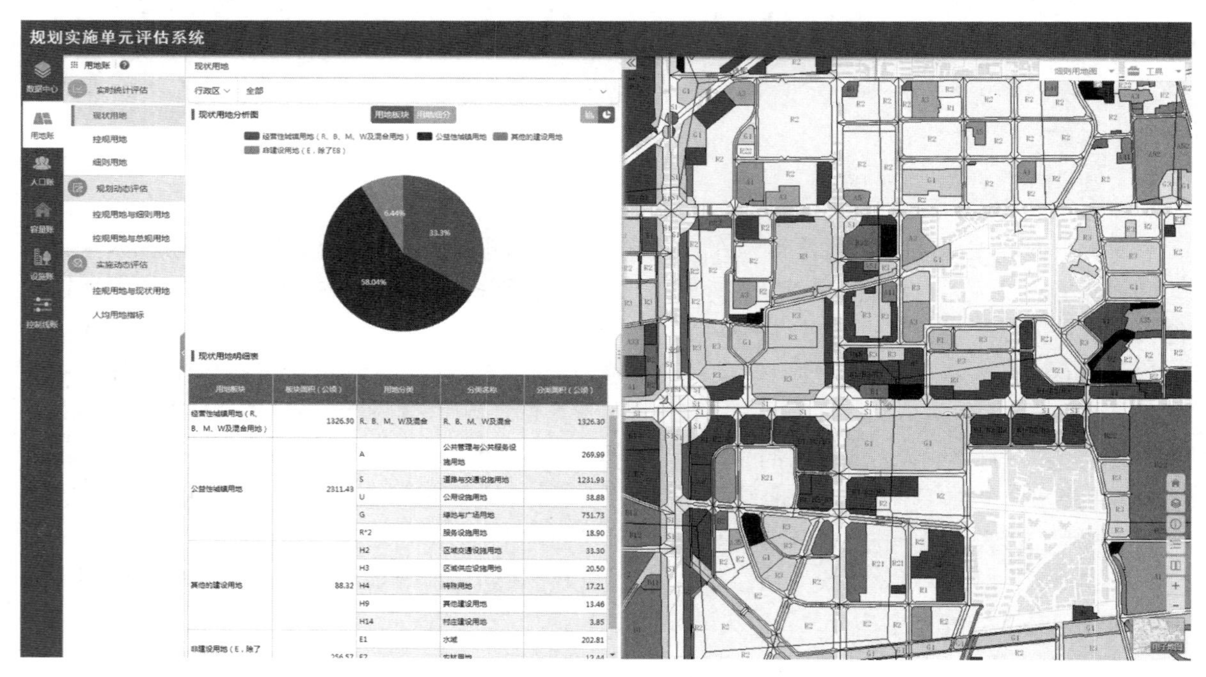

图 7　实施单元评估系统界面

5 应用实践

佛山市作为广东省控制性详细规划制度改革和创新的试点城市，于 2017 年开展了控制性详细规划制度改革和创新研究工作。目前，针对佛山市城市规划设计研究院的业务需求，搭建空间规划实施单元管理平台，先后开发了规划编制辅助工具、单元控规审查工具、GIS 综合展示系统、规划实施监测评估系统等应用，实现了以信息化驱动规划编制的精准化，与实施的精细化，强化精明决策推进现代信息技术和城市规划相融合的精准规划。平台已在院内和相关部门部署并正常运行，有效辅助规划编制与规划实施管控应用，同时为地方城市空间规划数据资源共享提供了数据资源服务。

目前平台已整合 5 大类、26 中类、31 小类要素，覆盖了 327 项控制性详细规划、22 项专项规划成果，并对整合过程中存在的冲突提出了分类处理建议。依托平台快速高效的一键审查和分析功能，实现了新编控制性详细规划的智能审查，使得规划管理人员能够在短时间内掌握控制性详细规划方案与上位规划和专项规划等控制要素之间的对接情况，评估控制性详细规划方案的合理程度，维护城市规划的科学性、严肃性，提高规划审查工作效率，为规划调整与完善提供了科学指导作用，有效提升各级政府的服务能力，促进形成更高的公信力。

6 结语

在“五级三类四体系”的国土空间规划总体框架下，推动实现国土空间规划“定量化、坐标化、可监管、可传导、可反馈”任重而道远。空间规划实施单元管理平台以促进新时期国土空间规划体系改革下的规划精准衔接与传导为目标，是保证规划管理内容的连续性、规划与建设管理有效衔接的重要抓手，是空间规划数字化转型的典型探索。

[参考文献]

[1] 张建荣，翟翎. 探索“分层、分类、分级”的控规制度改革与创新：以广东省控规改革试点佛山市为例 [J]. 城市规划学刊，2018 (3)：71-76.

[2] 彭雪. 基于“规划一张图”的规划审查应用开发要点：佛山市禅城区、顺德“规划一张图”建设实践 [J]. 低碳世界，2016 (10)：144-146.

[3] 何继红，彭雪. 存量规划背景下空间管控体系重构的探索：以佛山实践为例 [C] //中国城市科学研究会. 2018 城市发展与规划论文集. 北京：中国城市出版社，2018.

[作者简介]

黎云飞，工程师，武大吉奥信息技术有限公司自然资源与规划行业副总监。

黄雪莲，高级工程师，佛山市城市规划设计研究院信息所所长。

黄　宇，高级工程师，武大吉奥信息技术有限公司自然资源与规划行业总监。

孙超俊，工程师，武大吉奥信息技术有限公司自然资源与规划行业售前经理。

基于Cesium的城市信息模型可视化平台建设探索

□赵自力，许亚峰

摘要：当前我国城市建设进入加速发展阶段，急需一种精细化、一体化管理手段加以管控。CIM作为新型的管理数据模型为城市的运行管理提供了技术理论基础，但其作为前沿理论尚未形成统一的认知，仍存在众多技术挑战。本文通过深入研究Cesium开源三维引擎和CIM理论，探索出一套基于Cesium的城市信息模型建设方案，实现了基于“BIM+GIS”技术的异构空间数据集成管理、动态可视化及数据应用，为城市信息模型建设及城市管理决策提供科学支撑。

关键词：Cesium；CIM；BIM轻量化；三维GIS

1 引言

伴随着我国城市建设进入加速发展阶段，传统手段无法完全解决城市一体化中存在的诸多问题，需要“三维地理信息系统+建筑信息模型”（“GIS+BIM”）技术来实现对城市立体空间的全面感知和管理。各地空间信息云平台的建设及BIM技术的推广应用，积累了丰富的城市地理空间数据，为城市空间的宏观与微观展示、现状环境浏览、城市规划管理与决策提供了全面准确的数据基础，但仍缺少可以承载海量多源异构数据的平台，城市信息模型（CIM）应运而生。CIM是反映整个城市规划、建设、发展、运行的数字模型，集成了极其丰富的三维空间信息，可辅助制定城市级大场景的三维可视化技术方案，直观立体地展示城市模型信息，满足数据展示、管理、分析需求。

目前对于CIM的研究尚未成熟，还没有形成系统的理论认知。目前可用于承接CIM的技术载体包括商用软件Skyline，SuperMap，开源三维引擎如Cesium，Three. js，三维游戏引擎Unity3D等。Cesium凭借其开源、面向真实三维地理空间场景、3D Tiles高速加载瓦片等优势，越来越多地被应用于CIM平台建设研究。朱栩逸、李俊金等人在分析WebGIS技术体系的基础上研究了基于Cesium的三维WebGIS开发流程和数字城市的建模方法；江华、孙晓鹏等人基于Cesium研究地图影像服务、地形服务和倾斜摄影数据的场景构建流程，但均未从地理空间信息整合、CIM平台功能实现方面做深入研究。本文从多源数据融合、展示及应用出发，基于开源三维引擎Cesium，从底层实现了城市信息模型可视化平台建设，为探索城市信息模型理论体系提供了技术方案。

2　三维引擎 Cesium 研究

2.1　特性及优势

Cesium 是基于 JavaScript 的开源三维虚拟地球引擎，采用 WebGL 技术进行硬件加速渲染，在浏览器端展示三维地球。Cesium 支持开放地理空间信息联盟（OGC）标准下的 WMS，WMTS，WFS 等数据服务规范和海量地理信息数据加载。

Cesium 提供了三维虚拟地球（3D）、二维平面地图（2D）、哥伦布视图（2.5D）三种视图模式及地理坐标系、平面投影坐标系，可在数据浏览过程中实时切换视图，满足多种业务需求（图 1）。Cesium 同时兼容 ArcGIS 地图服务、谷歌地球服务、必应地图服务、Mapbox 地图服务，以及 WMS，WMTS，OSM 地图服务和多种高精度地形服务，是当前兼容性最好的三维渲染引擎。Cesium 的开源三维数据格式 3D Tiles 能极大提高海量异构数据的渲染速度及效果。Cesium 最突出的特性是支持时态数据，能够表达地理空间要素随时间变化而产生的动态结果，且内置了大量针对地理运算的高精度计算函数。

（1）3D

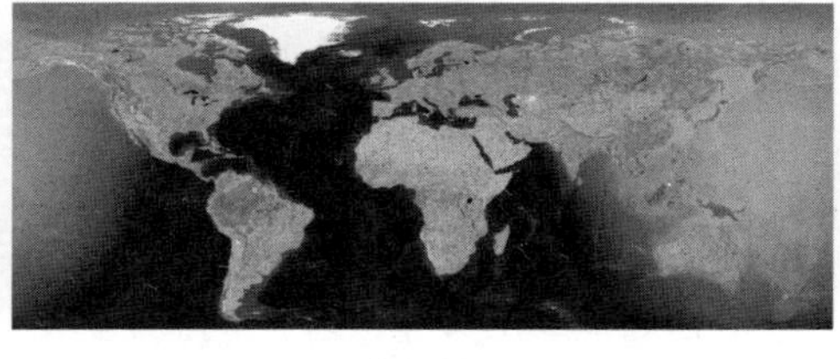

（2）2D

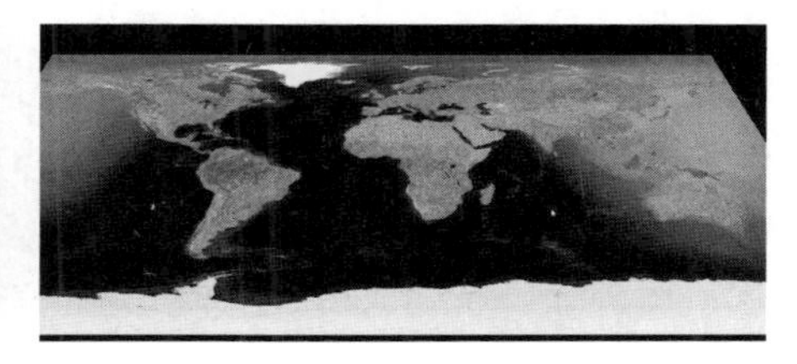

（3）2.5D

图 1　Cesium 三种视图模式

2.2　Cesium 架构体系

Cesium 引擎的开源架构体系包括 Core，Renderer，Scene 和 Dynamic Scene 四部分，分别为核心层、渲染层、场景层与动态场景层（图 2）。架构中的每一层均依赖于下层的接口，完成对下层功能的封装，提供更接近业务的接口。

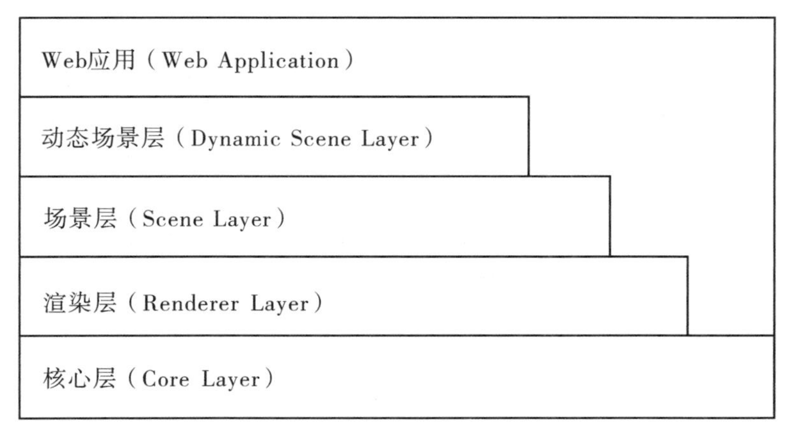

图 2　Cesium 体系架构

核心层提供了包括矩阵运算、坐标转换、地图投影等复杂底层算法；渲染层对 WebGL 的接口进行重新封装，可以更灵活简洁地获取修改纹理贴图、渲染状态及调用着色器；场景层是三维场景的管理者，控制场景要素、动画及相机高度、视角；动态场景层作为 Cesium 架构的最顶层，提供了最为丰富且适合开发者调用的函数，包含地图调用服务功能、模型编辑绘制功能及空间要素的动态可视化功能。

2.3 Cesium 核心类

在 Cesium 体系中最为核心的类是 Cesium. Viewer，它是用于构建应用程序的最基本组件，集成了 Cesium 提供的控件集和大部分功能接口。在使用该类的函数前需实例化出该类的对象 Viewer，并把它和 DIV 对象绑定，即创建一个虚拟地球。虚拟地球支持堆叠二维图层和三维模型，且支持动态调整图层、模型属性，ImageryLayerCollection 和 PrimitiveCollection 分别是用于管理二维图层集与三维模型集的类，类中分别实现了 Add（Primitive，Index），Remove（Primitive），Contains（Primitive）等接口高效管理平台资源。此外，Cesium. Viewer 还提供了 CesiumTerrainProvider，ArcGISTiledElevationTerrainProvider，CreateWorldTerrain，Terrain-Provider 等接口，用于请求在线和私有地形服务。

Cesium 中相机状态决定了视图中的场景内容，操作相机可以实现旋转、平移、缩放场景。Cesium. Camera 通过 Heading，Pitch，Roll 描述场景的相机状态，并且 Cesium 实现了默认的鼠标事件处理函数，通过这些函数可以实现鼠标与相机间的交互。

此外，Cesium 支持多种形状和立体图形的绘制，如长方体、椭圆、多边形、多段线等。开发者可以通过 PrimitiveAPI 和 EntityAPI 来创建要素的几何结构对象 Geometry、几何样式对象 Appearance，将两者实例化为几何要素对象 Primitive，传入 PrimitiveCollection 实现要素渲染。

3 关键技术

3.1 三维地理空间异构数据融合

CIM 作为城市级的虚拟模型，容纳了城市从宏观到微观的所有空间信息。空间数据融合的难点集中在坐标系统与数据格式两方面，这些问题导致数据融合过程极其复杂。由于数据来源不同，坐标系可能包括地理坐标系、各种投影（墨卡托投影、高斯投影）坐标系及城市本地坐标系；三维数据包括倾斜摄影模型、城市建筑矢量模型、三维仿真模型、BIM、点云及三维地形等类型，这些数据涉及的格式有 OSGB，SHP，OBJ，DAE，RVT，IFC，LAS，DEM 等，格式不统一。

由于 CIM 平台以三维虚拟地球为基础，不同坐标系及投影的数据最终统一为 WGS84 地理坐标系。若在坐标转换的过程中已知七参数，则直接从投影坐标系或本地坐标系准确转换为地理坐标系。在七参数未知的情况下，则需采集控制点，先将本地坐标系转换到投影坐标系，然后通过开源坐标系转换工具将投影坐标系转换到 WGS84 地理坐标系。

Cesium 提供了一种开源数据格式 3D Tiles，这是海量异构三维数据集的开放规范，可通过自主研发数据格式转换工具或使用 CesiumLab 等商用软件将数据结构统一为 3D Tiles。在数据转换过程中，为了保证信息的完整性、准确性，要根据需求确定数据存储类型、压缩算法及是否光照、双面渲染等参数。

3.2　基于 FME 的 BIM 数据轻量化处理

目前工程中应用的 BIM 数据大多数以 RVT，IFC 等格式存储。BIM 一般将几何与模型的颜色、线宽、符号、透明度等属性存储于同一文件，由于数据元素的基本单元有点、单元、线、面、体等，尤其是在三维表达上，可以用各种体来表达复杂的三维实体，如旋转体、带倒角的体、参数实体等，导致 BIM 数据信息量庞大，对计算机空间和资源要求较高。在 GIS 平台，为了保证运行效率，同时控制数据转换损失及数据量，三维元素统一以 Mesh 来表达，因此要实现专业的 BIM 数据轻量化处理。

FME 提供了可视化的数据读写与处理功能，包括 IFC 的数据读取接口、3D Tiles 的写出接口及数据投影、矩阵运算函数，可以实现本地 BIM 数据到 WGS84 地理坐标系下的 3D Tiles 模型转换，具体流程见图 3。FME 中所需用到的转换器包括 Reader，Affiner，Coordinate System Setter，Reprojector，Writer 等，其中 BIM 数据轻量化处理集成在 Writer 转换器中。

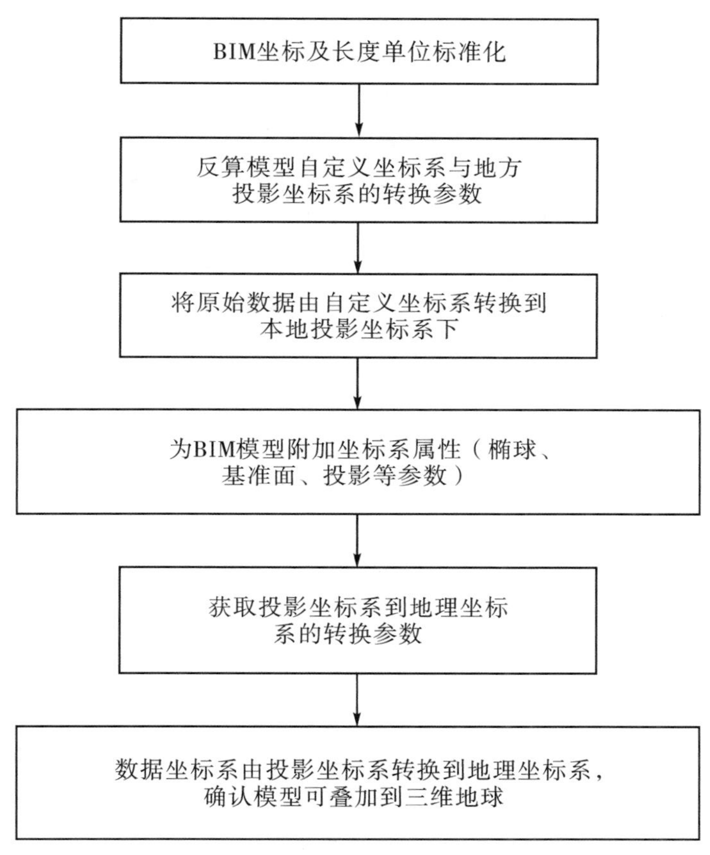

图 3　BIM 数据到 GIS 数据的转换流程

3.3　“OOC＋LOD”的动态场景快速加载

浏览器渲染三维虚拟场景对实时性要求较高，CIM 平台采用 OOC（Out of Core）算法和 LOD（Levels of Detail）算法相结合的动态场景加载方式。

OOC 算法是指在场景浏览时，内存中仅需加载当前场景需要的瓦片数据。在系统内存有限的前提下，为了提高显示效率，平台的瓦片加载策略为优先加载最近使用最多的瓦片，移除最近较少使用的瓦片，预取策略为预先加载当前可视范围周边的瓦片。

虚拟场景是由不同级别的瓦片根据一定规则的组织方式生成的，显示级别不同，每一级的瓦片数量也不同。随着显示级别提高，瓦片数量指数级增加，因此场景展示更加清晰。瓦片按不同级别组织在一起，成金字塔状，即瓦片金字塔（图 4）。

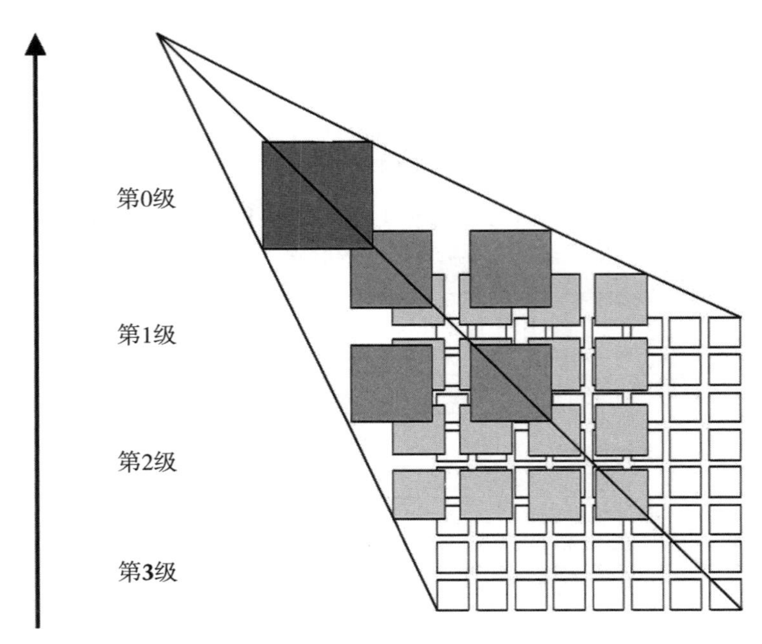

图 4　瓦片金字塔

LOD 算法是指在场景中实体的几何精度取决于显示需求，当用户对模型精度要求较高时，所需数据量大，加载时间增加；当用户对模型展示精度要求较低时，数据量变小，渲染时间缩短，但是模型较为粗糙。该算法可显著提高复杂场景的可视化速度和交互的实时性。LOD 算法的目的是在场景能够实时渲染的前提下，最大程度优化显示效果。

4　平台设计与功能实现

4.1　平台架构及数据库设计

城市信息模型可视化平台整合基础地理信息数据、异构三维模型、BIM 数据、专题数据等资源，建设基于“BIM+GIS”技术的城市信息模型可视化平台，为城市规划管理和决策提供查询、辅助分析。平台采用云端部署方式，基于 B/S 软件架构，结合实际应用，充分考虑功能可用性、用户友好性、可扩展性。架构设计见图 5。

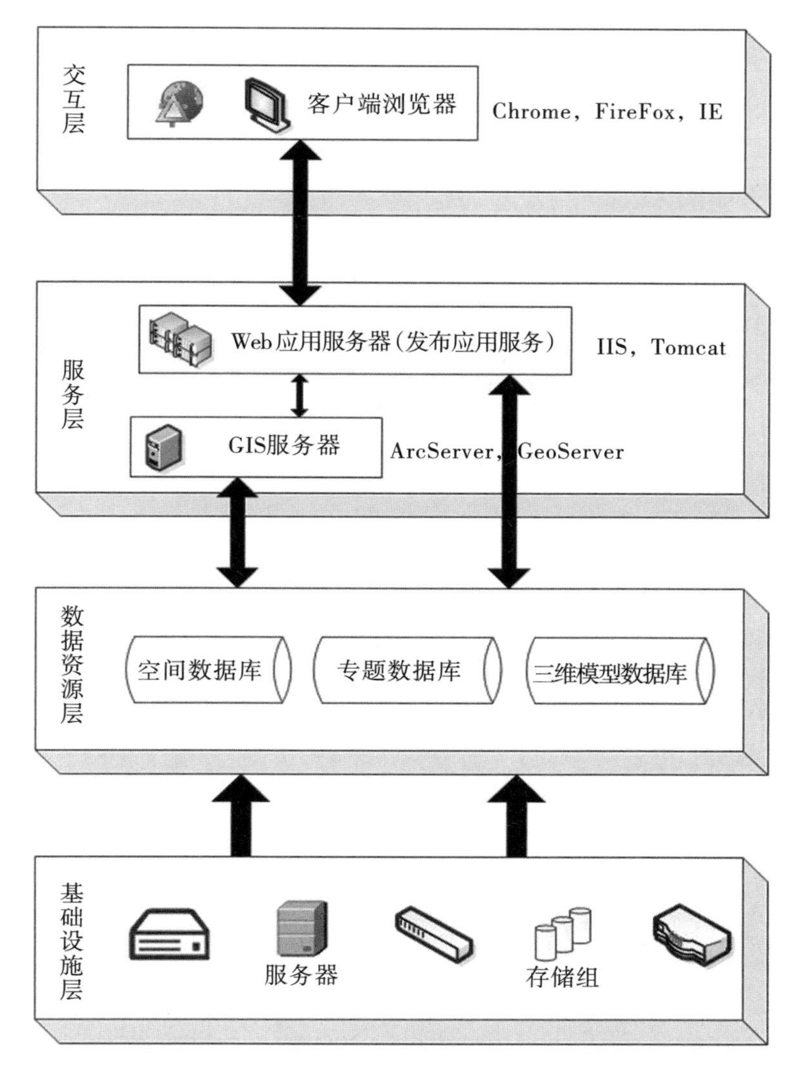

图5　系统架构

基础设施层：包括平台运行所依托的存储计算资源、通信与网络安全设施，以及相应的操作系统、数据发布服务器、数据库软件等基础软硬件设施。

数据资源层：用于存储、管理数据，为应用提供数据读写通道。由基础地理信息空间数据库、三维模型数据库、专题数据库组成。

服务层：连接数据资源和客户端的纽带，提供多源数据的调度服务，将数据以服务的方式发布，根据客户端需求进行I/O操作。主要涉及空间数据服务、在线地图服务、应用发布服务等。服务器包括GIS服务器、三维数据发布服务器、Web应用服务器等。

交互层：即客户端浏览器。地理空间数据的可视化表达，依托前沿技术构建“零插件”的空间数据集成应用，实现数据的跨平台、轻量化应用。应用功能包括交互式可视化、基础测量标绘、资源管理器与信息检索、日照分析、三维漫游、区域专题分析、对比分析等。

数据库由基础地理信息空间数据库（影像、电子地图、地形）、三维模型数据库（BIM、倾斜摄影模型、三维仿真模型等）、专题数据库（规划、交通路网、行政边界、水系水域、兴趣

点）组成（图6）。

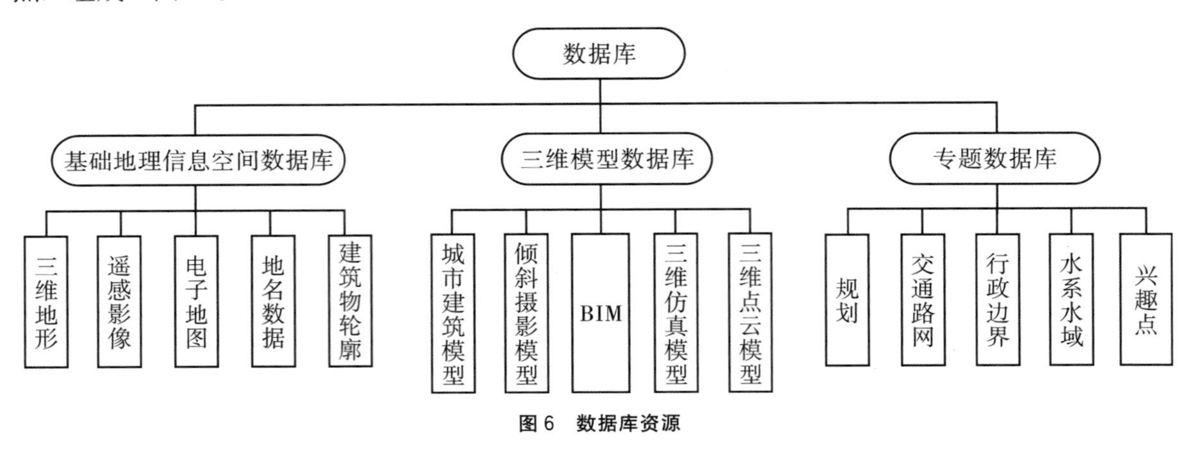

图6　数据库资源

4.2　三维资源管理器实现

数据资源管理模块是平台的基础模块，将空间三维数据集成统一管理。平台资源以目录树的形式组织，采用jQuery的树控件zTree，通过函数zTree.init（obj，zSetting，zNodes）初始化目录树结构。函数中的三个参数分别代表容器、初始参数和初始节点数据。加载三维资源调用自定义函数load3DTilesModel，该函数传入模型ID、模型请求URL、初始化是否显示、模型旋转矩阵、最大屏幕空间错误、内存最大数量六个参数，与模型显示状态直接相关。加载三维模型参数信息如下：

```
{
    id：320
    pId：3，
    name："环岛南路"，
    modelurl:"http：//127.0.0.1：8008/isLandSouthRoad_BIM_3DTiles/tileset.json"，
    modelid:"isLandSouthRoad_BIM_3DTiles"，
    checked：false，
    isShow：true，
    maximumScreenSpaceError：2，
    maximumMemoryUsage：512
}，
```

场景层的primitives类中实现了模型的增加删除和属性查询接口，平台通过封装primitives的成员函数实现三维模型的管理功能。

4.3　市级高精度三维地形生产与发布

为了服务三维GIS分析功能，提高用户对于地形的直观体验，基于CAD高程点数据生产了珠海市高精度三维地形数据并在平台内加载。三维地形数据生产的关键步骤为：①梳理CAD中的高程数据图层，基于CAD二次开发实现高程点与对应注记相匹配，将注记挂接到高程点属性中；②将 CAD 数据导入 ArcGIS 中，用提取分析工具将带有属性的高程点进行筛选并提取到 GDB 中；③利用创建 TIN 工具依据高程点生成不规则三角网；④TIN 转为栅格数据，为了保证数据精度且防止数据量过大，采样距离设为 5 m；⑤将高程栅格数据转换为 3D Tiles 格式，并通过数据服务器发布；⑥平台通过实例化 Cesium. CesiumTerrainProvider 类，传入三维地形服务 URL 和参数，实现三维数据加载。高精度三维地形见图 7。

图 7　高精度三维地形示例

4.4　模型检索

该功能便于用户在平台中查看要素属性并进行分析。模型检索模块的实现主要分为三步：首先要监听鼠标左键点击事件，判断点击位置是否存在三维模型，若存在模型则保存经纬度信息及所选要素；然后判断模型类型，通过 Cesium3DTileFeature. getPropertyNames（）获取当前模型的所有属性字段；最后将所需字段属性值用 pickedFeature. getProperty（field）取出并显示到前端页面。信息检索结果见图 8。

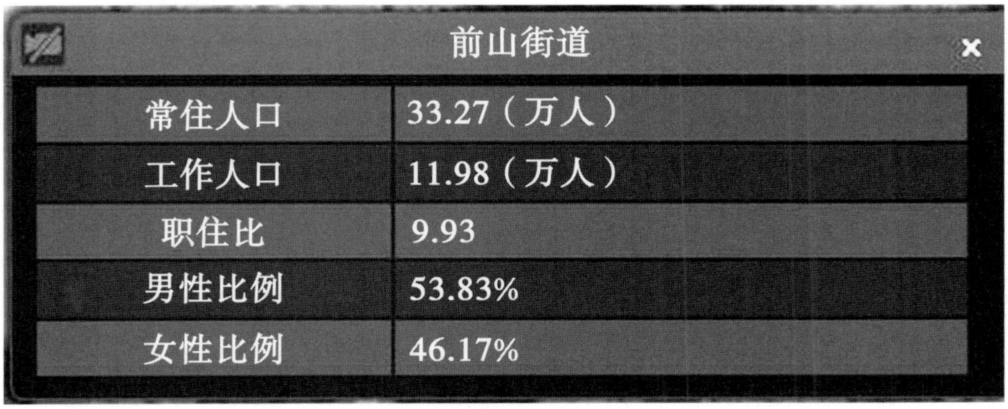

前山街道

常住人口	33.27（万人）
工作人口	11.98（万人）
职住比	9.93
男性比例	53.83%
女性比例	46.17%

图 8　模型信息检索结果

4.5 三维漫游

三维漫游是将 BIM 或规划方案叠加到真实环境场景中，从不同视角观察分析规划设计的合理性，用以评价并决策。三维漫游实现的核心是控制相机的位置、方向、俯仰角，Camera. setView（{destination，orientation}）函数传入两个参数，destination 指代三维坐标，表示相机在三维空间的位置；orientation 传入一个含有 Heading，Pitch，Roll 属性的对象，表示相机前进方向、倾角、俯仰角。通过 Clock 类控制漫游的起止、移动速度等。三维漫游示例见图 9。

图 9　三维漫游示例

5　结语

本文在研究当前三维 GIS 解决方案及城市信息模型理论的基础上分析了开源三维引擎 Cesium搭建 CIM 平台的优势，实现了基于 Cesium 的城市信息模型可视化平台，提出了地理信息三维空间异构数据的数据融合方案与 BIM 轻量化方法。城市信息模型可视化平台以基础地理信息数据与专题数据做支撑，为城市规划、建设、管理过程中的决策与审批提供数据支撑。BIM 和 GIS 的结合是城市信息化发展的必由之路，但现有城市信息模型平台在通过 BIM 模型实现建设项目的精细化管理、全生命周期运维等方面应用不足，后续应针对上述方向做进一步研究。

［参考文献］

[1] 张平. 2D GIS 和 3D GIS 的城市规划辅助决策系统 [J]. 测绘通报，2018 (9)：130-134.
[2] 彭明. 从 BIM 到 CIM：迎接中国城市建设、管理及运营模式变革 [J]. 中国经贸导刊，2018 (27)：45-46.
[3] 郑志煌，章欣欣，何原荣. 基于开源 Cesium 的三维 WebGIS 场景实现 [J]. 城市建筑，2019 (19)：95-97.
[4] 耿丹. 基于城市信息模型 (CIM) 的智慧园区综合管理平台研究与设计 [D]. 北京：北京建筑大学，2017.
[5] 朱栩逸，苗放. 基于 Cesium 的三维 WebGIS 研究及开发 [J]. 科技创新导报，2015 (34)：9-11.
[6] 李俊金. 基于 3D GIS Cesium 的数字城市建模技术 [J]. 信息与电脑（理论版），2016 (19)：45-46.

[7] 江华，季芳，龙荣. 基于 Cesium 的倾斜摄影三维模型 Web 加载与应用研究 [J]. 中国高新科技，2017 (6)：3-4.
[8] 孙晓鹏，张芳，应国伟，等. 基于 Cesium. js 和天地图的三维场景构建方法 [J]. 地理空间信息，2018 (1)：65-67.
[9] 宗维康. WebGIS 二三维一体化展示关键技术的研究与实现 [D]. 西安：西安电子科技大学，2017.
[10] KANG X J，LI J，FAN X T . Spatial - temporal visualization and analysis of earth data under cesium digital earth engine [C]. Anon. Proceedings of the 2018 2nd International Conference on Big Data and Internet of Things. New York：ACM，2018.
[11] 李俊金. 基于 Cesium 的三维实景可视化技术研究 [D]. 郑州：解放军信息工程大学，2017.
[12] 赵杏英，陈沉，杨礼国. BIM 与 GIS 数据融合关键技术研究 [J]. 大坝与安全，2019 (2)：7-10.
[13] 高云成. 基于 Cesium 的 WebGIS 三维客户端实现技术研究 [D]. 西安：西安电子科技大学，2014.

[作者简介]
赵自力，硕士，高级工程师，珠海市规划设计研究院信息中心主任。
许亚峰，硕士，工程师，珠海市规划设计研究院信息中心数据工程师。

基于社区大数据微服务技术的疫情防控系统设计与实现

□高　旭，王慧云，马嘉佑，秦　坤，刘　茂，李　刚

摘要：自新冠肺炎疫情发生以来，天津市及时启动一级响应机制，以最高等级、最严密措施，全力维护人民生命安全和身体健康。在这场全民疫情防控战中，如何利用大数据和信息化技术防治疫情，防输入、防扩散，成为必须解决的重要课题。本文从建设思路、系统架构和技术实现三个方面对天津市新冠疫情防控系统的建设实践进行梳理总结，提供一种通过信息化辅助支撑疫情防控工作系统的方案。

关键词：疫情防控；大数据；微服务；城市治理

1　引言

新冠肺炎疫情暴发后，各级政府在以习近平同志为核心的党中央领导下，采取了积极有效的防疫措施，阻止了疫情的蔓延。随着疫情的发展，中国乃至全球都被深刻地影响着。天津市及时启动一级响应机制，以最高等级、最严密措施，全力维护人民生命安全和身体健康。

在这场阻断疫情蔓延扩散的战役中，大数据在疫情态势研判、保障个人信息数据安全、企业复工复产、中小微企业支持、精准防控及后续治理中发挥了至关重要的作用。本文提出基于大数据微服务技术的疫情防控系统构建，结合科学模型、大数据可视化、系统研发、防疫部门报告、微信小程序等方法，全方位支持防疫决策与实施，为天津新冠疫情防控工作提供了有力的支撑和良好的保障，也为基于大数据的疫情防控信息化方案提供参考。

2　建设思路

天津市新冠疫情防控系统充分利用大数据为公众或疫情防控单位提供快速直观查询本市疫情空间演变、人口流动迁移、医疗设施空间分布、周边疫情动态以及消毒方案推荐等功能，促进科学防疫，减少公众恐慌。同时采用地理空间、移动互联、交互式展示等技术，直观展示疫情动态域。

（1）提供面向不同类型用户的小程序，推进疫情防控信息从被动摸排向自动采集的转变，有效提高疫情防控工作效率，降低风险隐患。

在疫情防控过程中，涉疫人员的发现多源于基层网格员、交通疫情防控卡口人员、公安等疫情防控排查人员的摸排走访，发现涉疫人员后进行信息采集、上报，同时有少数来源于公众、企业等群体的主动上报，此种方式使疫情防控处于被动感知的状态，容易因漏查、误查埋下隐患。此外，基层管理人员的摸排走访也带来了交叉感染的风险。小程序的推广使用，实现了人

流动向数据信息的线上采集、居民每日健康情况的线上统计及企业复工复产申请的线上审批，在不见面、不接触的情况下实现了对各项数据更加精准、便捷的掌控。

（2）基于大数据时空分析技术，发挥大数据在追踪溯源、动态监测、指挥调度方面的作用，支撑疫情防控精准决策。

基于大数据时空分析技术，对平台汇聚的海量疫情防控数据的时空属性进行深入挖掘，发挥其在疫情溯源、追踪和监测方面的作用，对确诊人员等重点涉疫人员的行动轨迹进行时空上的精准锁定，快速追踪密切接触人员和疑似人员，并监测人员的动态流动情况；对涉疫人员的健康状况进行实时监测和智能判别，一旦人员健康状态出现异常自动预警，同时联动街道指挥中心进行应急处置；运用大数据对疫情传播规律及影响因素进行关联分析，得出疫情高发预测区域及高发时间预测值及两者潜在联系等，从而分析疫情防控人力配置是否合理、资源调度是否合理、人员流动监控是否到位、隔离监管时间配置是否准确等，以便更有针对性地进行精准防控。

（3）基于地图数据智能可视化技术，实现多维空间可视化与分析图表互动，直观、全面、快速获取疫情防控信息，高效服务疫情防控工作。

在大数据挖掘、爬取、分析的基础上，采用自主知识产权地图引擎，创建满足本地疫情防控需求的各式图表；同时，可根据数据指标的趋势、范围等构建可视化图谱，改变繁杂数据利用图表呈现的单一方式，以贴合人的认知顺序与叙事习惯的方式，方便人员快速读取疫情信息，识别最新趋势，提高决策效率。

3　系统架构

疫情防控系统技术架构分为六个层次，总体采用前后端分离 B/S 结构，后台采用 Spring 微服务架构，前台采用基于 Html5 与 JavaScript ES6 的 Vue 组件框架，实现后台服务的高内聚低耦合与高可用性。前台功能采用页面路由组织管理，在切分功能的同时减少不必要的资源请求，同时充分使用异步处理机制提升页面操作体验，使系统界面能承载更多功能，且界面简洁（图 1）。

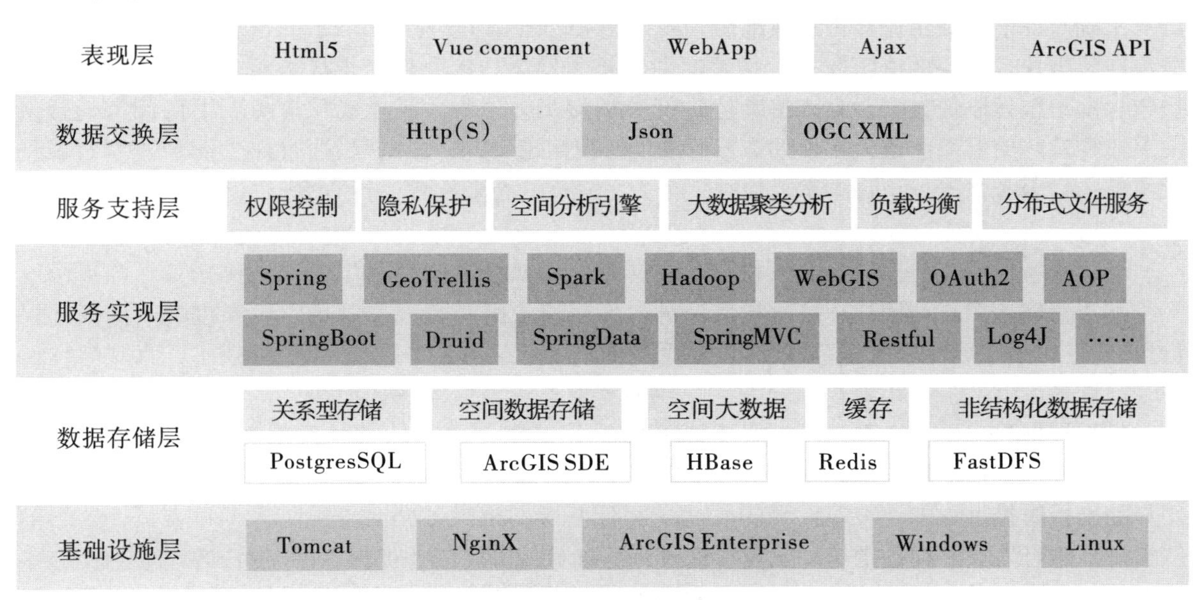

图 1　天津市新冠疫情防控系统技术架构

（1）基础设施层：运行在天津市政务网 IaaS 资源池，以服务化的方式提供可满足各类需求的虚拟主机，基于 IaaS 基础设施池，配备基于 Window 系统和 Linux 系统的功能模板主机，搭建疫情防控 NginX 负载均衡与转发引擎、Tomcat 服务器集群、ArcGIS EnterPrise 空间数据服务器集群、分布式文件服务器等，为系统运行提供高性能的基础设施支撑。

（2）数据存储层：提供五类存储服务，关系型数据采用 PostgresSQL 数据库集群存储，空间数据采用 ArcGIS SDE 空间引擎存储，疫情空间大数据采用 HBase 集群存储，用户 Toke 等进程信息采用 Redis 缓存存储，文本图片等文件采用 FastDFS 分布式文件存储，实现业务分割，提高响应性能，同时采用定期备份、集群热备技术，提升存储服务的高可用性与安全性。

（3）服务实现层：建立在存储服务之上，基于 Spring 技术框架整合 OAuth2 权限认证技术体系、用户隐私加密保护技术、空间计算与分析技术体系、空间大数据聚类分析技术、Driud 数据库连接池技术、日志切面服务技术等多种技术，为各类系统功能提供支撑。

（4）服务支持层：在后台服务与前台界面之间，为各类服务提供标准化的集成调用方式，采用统一的机制整合权限控制机制、分布式文件服务、空间引擎服务、日志服务等，提升系统的可扩展性与灵活性。

（5）数据交换层：在验证 OAuth2 Token 安全性的基础上，针对敏感业务采用基于 Https 的安全传输协议，进一步提升系统的安全性。在业务数据传输方面，主要采用传输效率高的 Json 格式；在空间数据服务方面，主要采用 OGC 标准的 XML 格式，满足空间数据的在线服务。

（6）表现层：是处理用户交互、调用后台服务、渲染处理任务结果的门户，主要采用基于 Html5 与 JavaScript ES6 的 Vue 组件技术实现功能切分，基于 Promise 模式的 Ajax 处理技术实现长任务的异步处理机制，基于 ArcGIS API 实现空间数据的渲染与离线计算，为系统提供流畅美观的操作体验。

4 系统实现

系统对外信息展示可分为疫情地图、疫情趋势、传染关系、人口动态、消毒方案五个部分。疫情地图模块包含各区疫情数据、患者空间轨迹、发热门诊及疫情小区地理位置。疫情趋势模块包含动态统计疫情数据，对疫情趋势进行分析展示。传染关系模块包含患者两两间密切接触关系，构建传染关系图谱。人口动态模块则是调用百度人口大数据，通过热力图形式实时查询天津市人口分布情况。消毒方案模块是为个人、家庭、企业推荐消毒方案。

4.1 疫情地图

基于百度地图，利用地理信息技术，对各区疫情、患者轨迹、发热门诊和疫情小区情况进行空间可视化，结合空间定位功能，用户可查询到附近疫情分布情况（图 2）。

（1）各区疫情：采用聚合图的方式，在地图上显示各区域的实时确诊人数，显示天津市新冠肺炎累计确诊、疑似、死亡、治愈及新增情况。

（2）附近疫情：用户可以快速查询周边 2 km 范围内发生过疫情的场所分布情况，便于指导用户的出行安排。

（3）患者轨迹：在地图上加载官方公布的全部患者的活动轨迹；支持按行政区划和患者编号查询，高亮显示目标区域或患者的活动轨迹，获取疫情场所位置及活动时间等信息。

（4）发热门诊：在地图上标注出天津市指定发热门诊位置，可获取医院名称、地址、电话、当前候诊人数等信息。

（5）疫情小区：在地图上标注出官方公布的患者居住地，辅助用户查询疫情小区的名称、位置、感染人数等信息。

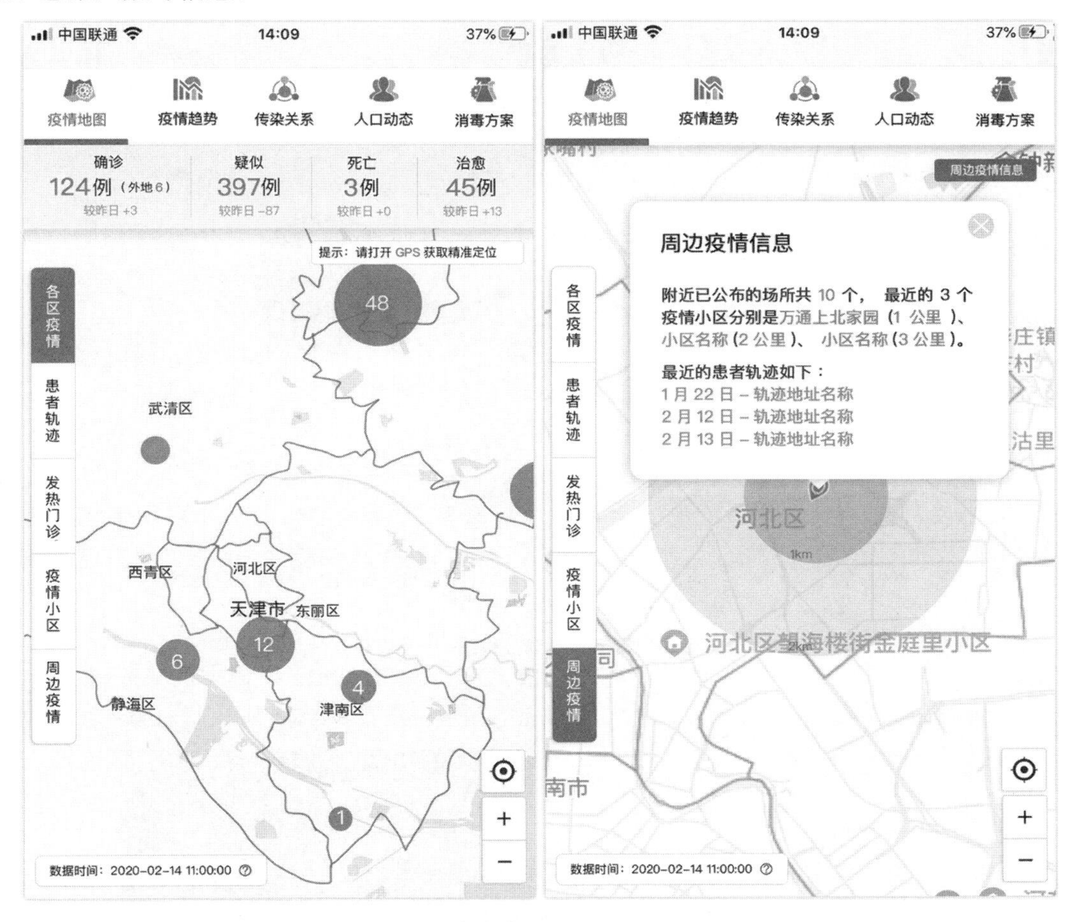

图 2　天津市新冠疫情防控系统——疫情地图

4.2　疫情趋势

基于天津市新冠疫情数据库，动态统计疫情数据，并对疫情趋势进行分析，包括疫情新增趋势、累计确诊趋势、治愈出院趋势、患者类型趋势等；从患者性别、年龄、所在区域构建患者画像，并以可视化图表的形式进行展示，将信息直观便捷地展示给用户（图 3）。

4.3　传染关系

分析每位患者之间的密切接触关系，形成以患者为节点，以相互之间的关系为边的传染关系图谱。其中，相互关系包括亲属、同事、熟人、陌生人等（图 4）。

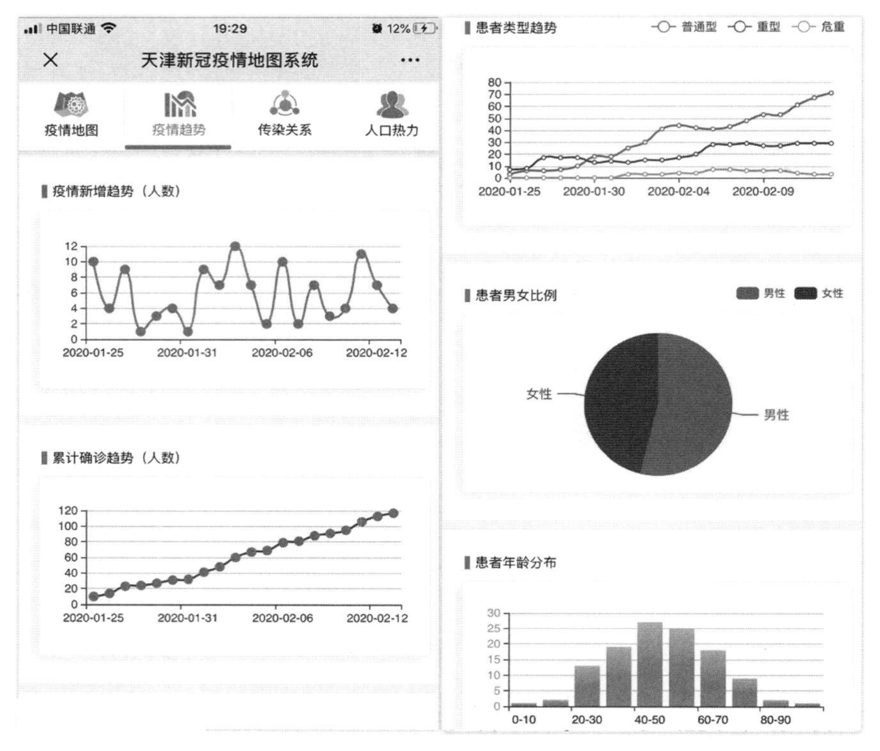

图 3　天津市新冠疫情防控系统——疫情趋势

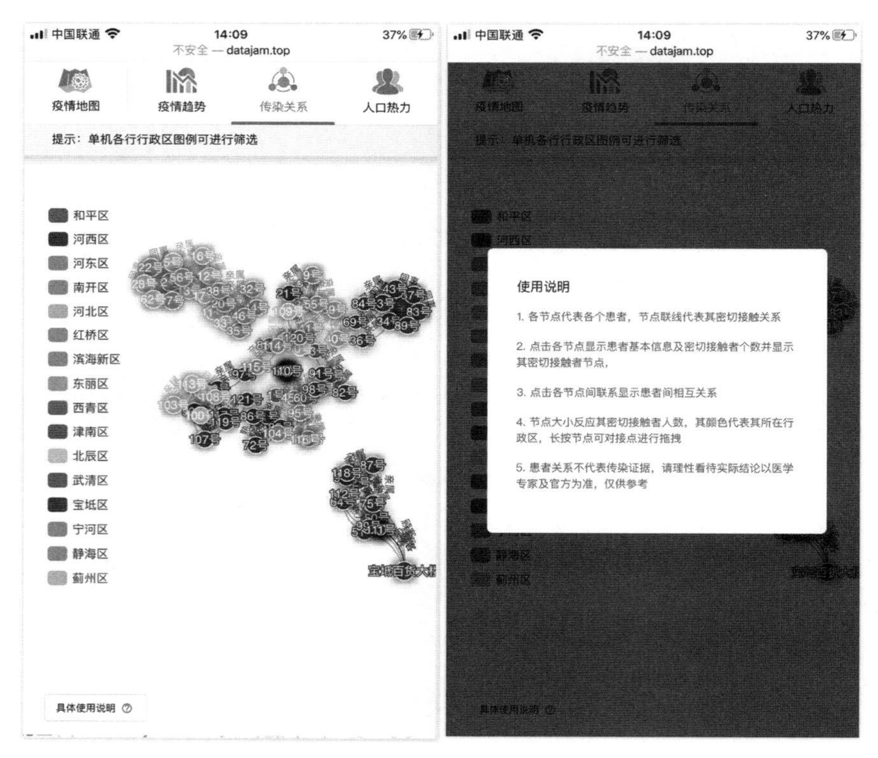

图 4　天津市新冠疫情防控系统——传染关系

4.4　人口动态

调用百度人口大数据进行人口空间分析，展示天津市人口热度和人员流动情况，便于相关部门开展疫情防治等工作。

（1）人口迁徙：统计迁入和迁出天津市的人员流动情况，采用人口迁徙地图和统计表格两种方式展示，充分挖掘人口动态。

（2）人口热力：以人口热力图的形式展示天津市人口分布情况，分析人口密集区变化。

4.5　消毒方案

结合学校、家庭、社区等场所的消毒需求，编制并展示各类场所的疫情防控消毒解决方案，普及消毒知识；绘制消毒产品销售网点分布地图，便于居民就近购买。

5　结语

本文首先介绍了天津市新冠疫情防控系统建设工作的背景和意义，然后从建设思路、系统框架和系统实现三个方面对天津市新冠疫情防控系统开展的工作实践进行了梳理，提出了一个数据中心、一套应用系统和一套保障制度的建设思路，设计了基于前后端微服务架构和组件式前端的六层系统总体框架，有效整合了 OAuth2、工作流等关键技术模块，研发了包含疫情地图、疫情趋势、传染关系、人口动态、消毒方案等功能的疫情防控系统，初步实现了疫情动态"一张图"上统筹、疫情结构趋势图表联动直观获取、周边疫情与消杀方案随手可得，有效助力了疫情防控工作。目前系统运行状态良好，自 2020 年 2 月 18 日上线以来，累计访问量达 200 万余次，在居民周边疫情查询、病患轨迹预警、病患结构与趋势分析、支撑科学复工复产等方面发挥了重要作用，同时也为下一步在政府管理和城市规划领域提升城市卫生安全政策设计和建设规划水平提供了基础。

［参考文献］

［1］JACOBI A，CHUNG M，BERNHEIM A，et al. Portable chest X-ray in coronavirus disease-19 (COVID-19)：a pictorial review［J］. Clinical Imaging，2020：35-42.

［2］王晶晶，邹远强，彭友松，等. 基于百度指数的登革热疫情预测研究［J］. 计算机应用与软件，2016（7）：42-46.

［3］刘宝立，董荣胜，蔡国永. H7N9 疫情背景下的微博信息传播特性研究［J］. 计算机应用与软件，2016（6）：314-319.

［4］周成虎，裴韬，杜云艳，等. 新冠肺炎疫情大数据分析与区域防控政策建议［J］. 中国科学院院刊，2020（2）：200-203.

［5］高旭，桂志鹏，隆玺，等. KDSG－DBSCAN：一种基于 K－D Tree 和 Spark GraphX 的高性能 DBSCAN 算法［J］. 地理与地理信息科学，2017（6）：1-7.

［6］王伟明，周华云，刘耀宝，等. 江苏省疟疾疫情预警系统的建立Ⅴ输入性恶性疟防控体系的构建［J］. 中国血吸虫病防治杂志，2015（4）：359-361.

［7］曾哲淳，赵冬，李岩，等. 应用系统动力学模型对 SARS 疫情传播及主要防控措施效果的计算机模拟仿真研究［J］. 中华流行病学杂志，2005（3）：11-15.

[作者简介]
高　旭，天津市城市规划设计研究院工程师。
王慧云，天津市城市规划设计研究院工程师。
马嘉佑，天津市城市规划设计研究院工程师。
秦　坤，天津市城市规划设计研究院工程师。
刘　茂，天津市城市规划设计研究院工程师。
李　刚，天津市城市规划设计研究院数字规划技术研究中心主任。

在珠海市工程建设项目“一张图”系统建设中探索数据治理

□刘纪东，赵自力，许明生，张志翱

摘要：结合工作实际，以工程建设项目“一张图”系统为抓手，在空间全域数字化基础上，以数据治理的核心问题为导向，基于大数据、GIS、倾斜摄影等信息化手段，建设覆盖规划、实施、监管全过程的信息系统，形成一个以智能编制、精准实施、长期监测、定期评估、及时预警为骨架的贯穿工程建设项目全生命周期的横向生态闭环，以及“上接市自然资源局，下达区内其他政府部门”的一体化纵向轴线。

关键词：工程建设项目监管；数据治理；“一张图”系统；生态闭环

1　引言

2019年3月，国务院办公厅印发的《关于全面开展工程建设项目审批制度改革的实施意见》指出，要以推进政府治理体系和治理能力现代化为目标，搭建工程建设项目审批制度框架和信息数据平台，实现与相关系统平台互联互通和数据的实时共享，在统一审批管理体系建设中，整合各类规划，构建“多规合一”的“一张蓝图”，统筹项目实施。工程建设项目“一张图”系统，既可为工程建设项目的前期策划统筹协调、业务审批和项目建设全过程监管等提供底图、底板，又可以提升空间治理和数据应用的现代化管控水平。

2017年2月15日，珠海市委、市政府印发《珠海市西部生态新城起步区五年建设计划（2017—2021年）》，要求高起点规划、高标准建设、高效率推进西部生态新城起步区建设。作为西部生态新城建设工作领导小组办公室责任单位，珠海市西部城区开发建设局承担着大量的统筹协调和督导服务工作，对提高规划建设信息获取的效率、信息应用的深度和广度有较为迫切的需求。因此，本文以珠海市为例，通过构建工程建设项目“一张图”系统，将现有分散的规划、建设数据规整建库，并综合使用大数据、无人机航空摄影、倾斜摄影建模、三维全景技术等信息化手段，为规划统筹和项目督导督查提供一站式管理和信息化技术支撑。

2 建设思路

2.1 以目标、问题和治理为导向，精准构建管控体系

当前大多规划建设局仍然用办公自动化（OA）系统收发文，业务科室工作的信息化程度不高。以珠海市西部生态新城为例，规划管理过程中主要存在如下四个问题：

一是规划统筹缺乏数据和平台支撑。业务科室通过 OA 系统定期报送规划编制情况，尚不能实现图文关联，不能准确判断规划编制对年度项目建设的影响。另外，审批过程中经常需要查询重点项目相关指标（如开发强度、建筑高度等），但缺少与市局“多规合一”平台对接的信息系统，查询较为费时费力。

二是数据杂乱，缺乏关联整合和智能推送。对于上级部门对新城建设的要求、相关单位提供的新区发展指标、重大项目和重点工作进展情况等，目前都是通过 OA 系统传输，但 OA 系统功能单一，日积月累，导致重要信息提取、整合难度渐大，需要用信息化工具梳理汇总，以更好地支撑秘书处日常工作。

三是规划数据应用不足。目前已编制的新区发展总体规划、西部中心城区总体规划、各类专项规划等规划编制项目 30 余项，但因内容量大、类型多样且仅作归档处理，未按照统一的数字标准建库，客观上存在数据孤立、查询不便、利用率不高等问题。

四是建设项目督导缺乏信息化手段。在制定建设计划（征集—统筹—上报）过程中，增、删、改等变动频繁，各项统计靠人工核算，容易出错。开展项目督导工作时，拍照、制表、编写月报均为人工操作，工作效率不高。照片质量参差不齐，难以对集中建设区、重点建设项目大事件进行系统跟踪记录。

工程建设项目“一张图”系统的建设就是以目标、问题和治理为导向，将规划建设工作从原来以工业化为主导的规划理念和思维方式转到数字化的生态文明思维，推进行政服务效能和城市治理能力现代化。

2.2 以数据链为驱动，推进“一张蓝图管到底”

数据是规划的生态基础，要摸清全域国土空间资源的数量、质量、类型及变化情况，建立全域空间资源“一本账”，充分挖掘各类数据之间的联系，形成国土空间规划数据链路，通过建设覆盖现状评价、规划统筹、项目督导、监测预警、实施评估全流程的信息系统（图 1），推进“一张蓝图管到底”和提高空间治理能力现代化水平。

（1）规划编制阶段。基于全域数字化的底图，以及传统数据、互联网等多源数据融合与集成应用，量化支撑规划目标的制定和空间格局的确定，为编制国土空间规划提供底数、底板、底线支撑，为智能规划编制奠定基础。

（2）规划统筹阶段。通过叠加现状数据、规划数据及在建重点项目相关指标，统筹考虑规划编制对年度项目建设的影响，使规划审批决策更加科学、合理。

（3）建设项目督导督查阶段。将分散的建设项目数据规整建库，形成“建设项目一张图”，当上报实际投资额超出计划时，系统自动生成矛盾预警；当月度统计报表显示项目未完成时，系统自动生成项目进度红灯提示。

（4）实施评估阶段。运用无人机航空摄影、倾斜摄影技术对重点项目进行动态监管，通过无人机定期巡检，实时校核项目形象、进度。

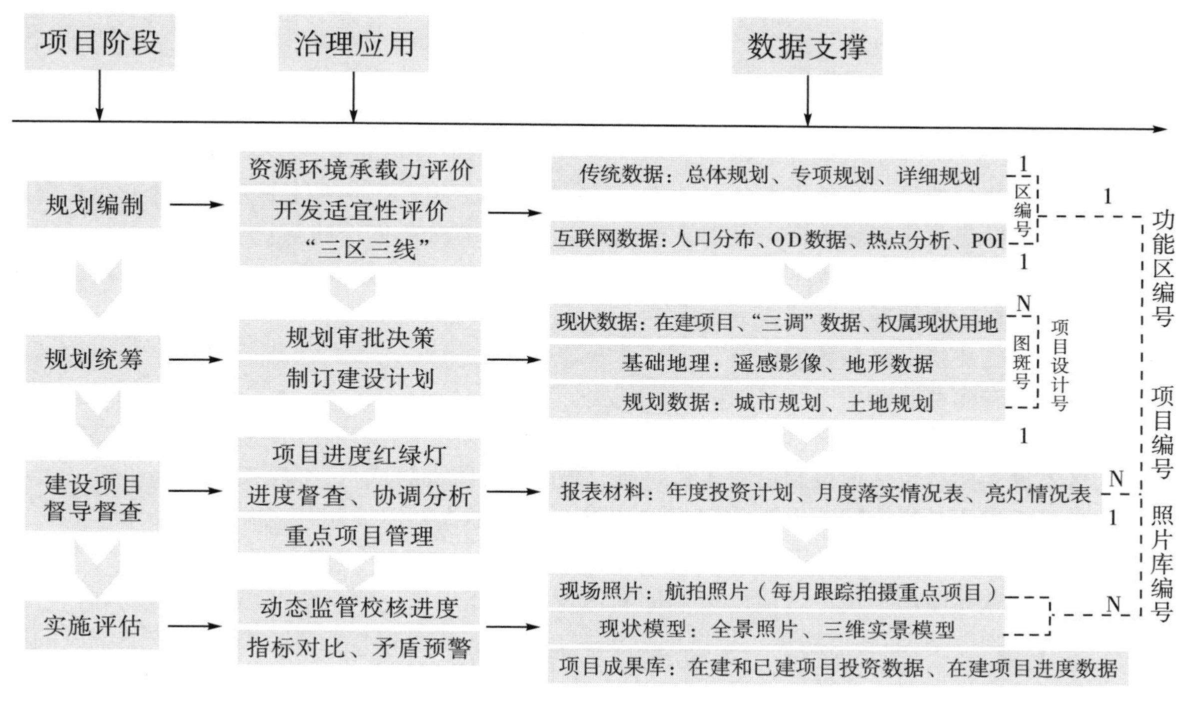

图1　“现状—规划—建设—评估”数据链路

2.3　纵横联通，开放共享

城市规划建设工作要转变思维方式。未来的国土空间规划管理应该是一个可感知、能学习、善治理和自适应的智慧型工作，需要建立跨部门、跨层级、跨维度的空间信息集成与融合的制度，即空间治理的“一张网”。

根据工程建设项目“一张图”系统的目标定位，需要完整的数据资源支撑各业务的科学决策，因此需要建立“上接市自然资源局，下达区内其他政府部门”的一体化资源共享体系。其数据信息资源共享体系包括内部数据与外部数据的共享交换机制，其中内部数据指本单位的各类规划类和非规划类数据（项目建设数据），外部数据主要指来自于市自然资源局规划编制管理信息库、“多规合一”平台的数据资源。

（1）标准统一的内部数据共享与交换机制。

内部数据共享与交换机制的核心是解决本单位内部各种不同应用系统间的数据共享与交换问题。运行在单位内部的各种应用系统必须遵循统一的数据标准与访问接口，以实现相互之间的数据共享与交换。通过建立有效的信息访问、共享与交换制度，保证相关数据的现势性、完整性和一致性。

（2）共建共享的外部数据共享与交换机制。

外部数据共享与交换机制是指市自然资源局和本单位基础数据资源的共建共享机制。单位内部所需要的规划编制管理信息、“多规合一”等数据分别来源于市自然资源局相关部门，单位则负责向区内其他政府部门提供各类规划类和非规划类数据（项目建设数据）。

外部数据共享与交换机制所依托的数据交换网络可采用政务专网实现，在网络条件不可用的情况下，可以采用光盘介质等中间数据媒体实现数据的交换。外部数据共享与交换机制的建立还需要软环境的保障，这些软环境包括保障基础信息资源数据共建共享标准、政策、法规等，如地理要素分类系统和编码标准、数据格式标准、空间数据坐标标准等。

通过对各类业务信息资源的整合，实现空间数据与非空间数据的关联、转换、集成，生成统一的资源视图，统一应用系统接入和获取信息入口，在地理信息服务共享平台进行整合、展示，提高信息共享和综合利用水平。系统建设完成后，用户可以在系统中查询到如下数据信息：

①在建和已建项目空间数据；

②在建和已建项目投资数据；

③在建项目进度数据；

④在建和已建项目资料数据；

⑤影像数据库；

⑥地形图；

⑦规划成果库（包括在编控制性详细规划、城市设计规委会成果、批复成果）；

⑧现状成果库（包括权属用地、“三调”图斑、路网数据）；

⑨航拍照片数据、倾斜摄影模型库；

⑩大数据资源库。

2.4 长期监测、定期评估，工程建设与信息化建设同步

在国土空间政策施行和规划实施、项目建设过程中，需要对国土空间开发利用和资源保护情况进行长期监测、定期评估和及时预警，并依此对承担国土空间政策执行和规划实施的责任主体进行绩效考核。

系统运用倾斜摄影技术对重点项目进行动态监管，通过无人机定期巡检，从同一位置不同时期拍摄项目进展情况，实时校核项目形象、进度。系统提供的“矛盾预警”功能，可根据动态更新的项目建设进度信息自动生成年度计划和实际投资的不符项，并在地图上高亮显示项目本月进度红绿灯情况。另外，系统提供的“指标对比统计分析”功能，可以从所属片区、项目类型、建设阶段、亮灯情况、项目建设计划下达情况等多维度多指标对比统计项目建设进展，相关业务管理部门可以一目了然地掌握当前实施情况，并及时调整。

3 建设框架

以信息化规划为行动指南，着力开展架构管控体系建设，按照“业务驱动、统一规划、统一标准、分层分步实施、互联共享、迭代更新、自主可控”的信息化发展原则，实现信息化发展的落地。

业务系统基于政府云平台部署。政府云平台提供了统一、安全、按需使用的基础设施环境及技术支撑服务，能够合理配置相关资源，统筹部署网络环境，具有促进政务信息资源集聚、共享和应用的重要作用。

业务系统技术架构见图2，技术架构思想见图3。技术架构特点包括以下五点：

①一套平台，同时支持个人计算机（PC）和移动端使用；

②采用面向领域驱动的设计模式和面向对象的编程模型；

③通过与基础WebGIS配置开发平台的结合，可以快速搭建出复杂的业务应用；

④产品既支持自主平台集成，又可与其他系统进行集成；

⑤支持多层次的二次开发。

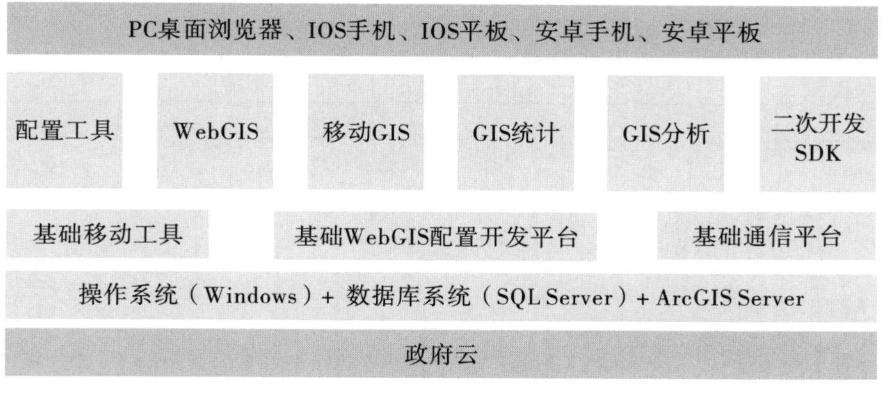

图2　系统技术架构

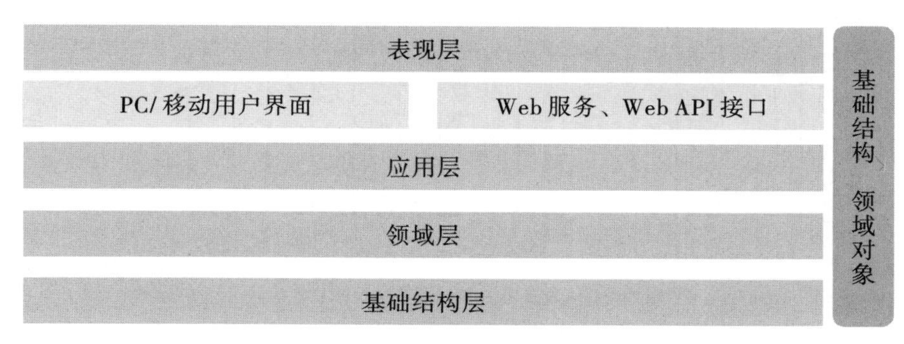

图3　技术架构思想

4　功能与特色

4.1　系统功能

针对规划管理的流程化、协同化和决策科学化的具体需求，建立符合本单位实际工作流程的信息化流程标准，保证数据流、信息流和业务流的高效统一，实现管理信息系统（MIS）、地理信息系统（GIS）、计算机辅助设计（CAD）和OA的集成应用，为相关工作提供图、文、表、属一体化的信息支撑服务，为各项决策提供准确可靠的数据统计与分析决策支持。

工程建设项目“一张图”系统功能模块服务于项目建设的规划统筹、建设督导工作，主要包括规划统筹子系统、建设督导子系统和文本应用子系统（图4）。

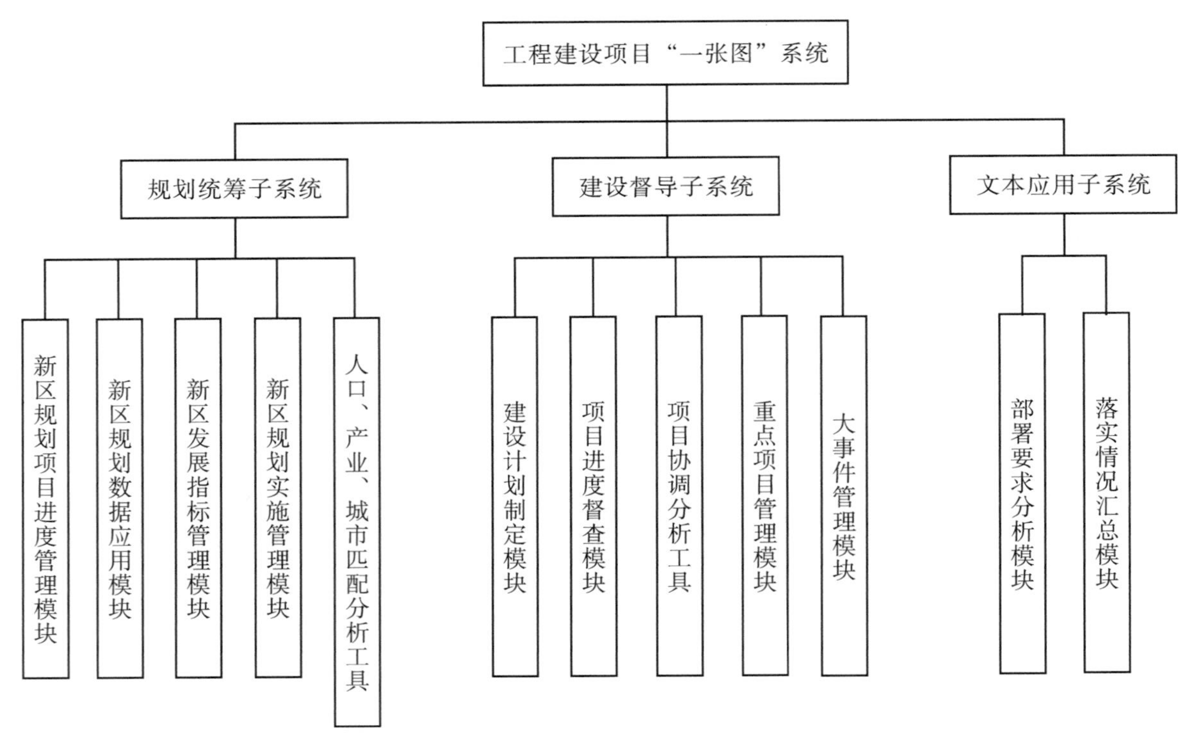

图 4　工程建设项目“一张图”系统功能设计

4.2　系统特色

珠海市工程建设项目“一张图”系统建设以目标、问题和治理为导向，具有以下三个方面的特色：

（1）全周期管控中探索数据治理模式。根据系统建设全面支撑规划、实施、监管全过程生态闭环的数字化需求，探索数据治理模式，建立全域空间资源“一本账”，充分挖掘各类数据之间的联系，形成国土空间规划数据链路，通过建设贯穿现状评价、规划统筹、项目督导督查、监测预警、实施评估全流程的信息系统，推进“一张蓝图管到底”和提高空间治理能力现代化水平。

（2）基于倾斜摄影技术对单个重点项目进行动态监测。本次研究对单个项目的监测采用“二维照片（无人机定期巡检）为主、三维模型（倾斜摄影三维现状模型）为辅”的方式进行。基于无人机航空摄影技术定期巡检建设项目，采用从同一角度不同阶段持续拍摄的方式动态监测项目进展情况，记录单个建设项目的“生长历程”（图 5）。运用倾斜摄影建模技术构建三维现状模型（图 6），相比二维航拍照片，其具有更加精细和灵活的展示效果。通过建设不同阶段的三维模型，基于 Cesim 三维引擎技术开发的卷帘功能实现模型的同步联动，可以更直观地对比原始形态、设计方案效果和现阶段施工进度，更清楚地判断项目建设施工前后项目区的变化情况，及时监督施工过程。另外，基于多源数据融合的高精度实景三维模型还支持面积实测、高度量测、日照分析、模拟填挖土方量等功能应用。

图 5　无人机定期巡检实现同位图对比

图 6　倾斜摄影技术在单个项目监管中的应用

（3）全景技术在集中建设区现场调查中的应用。与二维照片和三维模型相比，全景图具有真实感和沉浸感强、交互性好、传输方便、制作周期短、成本低等特点。应用三维全景技术进行集中建设区（片区和组团）的全景数据采集和制作，包括外业规划、数据采集、图像处理、全景拼接、场景发布等流程。通过三维全景图展示，可以动态查看片区或组团的最新建设情况，支持从不同角度查看片区内所有建设项目的整体情况。全景图拼接成果见图 7。

图 7　全景图拼接成果

5 结语

珠海市工程建设项目“一张图”系统综合运用大数据、GIS、无人机航拍摄影、倾斜摄影建模技术、三维全景技术等信息化手段，建立了一套覆盖规划编制、规划统筹、实施监测、评估预警全流程的信息系统。系统以数据链为驱动，以数据治理的核心问题为导向，充分挖掘各类数据之间的联系，通过数据融合、业务融合和系统集成来推进“一张蓝图管到底”和提高空间治理能力现代化水平，为规划统筹和项目督导督查提供了一站式管理工具，为科学合理制定开发时序、解决项目推进中的具体问题提供了决策支持。

［参考文献］

［1］田鸽，韩磊，赵永华．多源数据融合的实景三维建模在土地整治中的应用［J］．生态学杂志，2019（07）：2236-2242.
［2］刘杰．建设“一张图”实施监督系统的实践与探索：以鹤壁市为例［J］．资源导刊，2019（9）：23.
［3］孙杰，王玲，董琦．基于WebGIS的建设项目一张图管理系统的实践研究［J］．建筑技术开发，2019（19）：66-67.
［4］侯磊．建设项目管理GIS系统实践研究［D］．上海：华东师范大学，2017.
［5］方毅．倾斜摄影测量在市政交通工程中的应用思考［J］．城市道桥与防洪，2019（8）：263-266.
［6］邵恒，袁静．全景技术在“数字盐城”建设中的研究与应用［J］．现代测绘，2015（1）：54-55.
［7］胡健波，刘长兵．全景技术在环境现场调查中的应用［J］．环境影响评价，2015（4）：61-63.
［8］朱东烽，邓皓匀，陈祺荣，等．无人机技术在建筑工程的应用与研究［J］．广东土木与建筑，2019（9）：21-25.
［9］崔海波，曾山山，陈光辉，等．“数据治理”的转型：长沙市“一张图”实施监督信息系统建设的实践探索［J］．规划师，2020（4）：78-84.
［10］王伟．国土空间整体性治理与智慧规划建构路径［J］．城乡规划，2019（6）：11-17.

［作者简介］

刘纪东，硕士，珠海市规划设计研究院数据工程师。
赵自力，硕士，高级工程师，注册测绘师，珠海市规划设计研究院信息中心主任。
许明生，珠海市规划设计研究院数据工程师。
张志翱，硕士，珠海市规划设计研究院数据工程师。

杭州市规划和自然资源一体化审批平台建设研究与实践

□林杭军，朱旭燕，胥朝芸

摘要：随着自然资源机构改革的不断推进，为了保障国土空间规划健康发展、全面提升国土空间治理能力，实现国土空间治理体系和治理能力现代化，进一步发挥数字化在机构改革后的新优势，需要建设一套满足国土空间规划审批事项且进一步融合业务需求的一体化审批平台。本文通过对国土规划原有审批系统应用过程中发现的问题进行分析，结合杭州市规划和自然资源一体化审批平台建设实践，对建立一套实现全事项覆盖、全过程审批和全流程服务，支撑项目高效审批、资源高效配置、空间高效统筹的市域一体化审批平台提出一些思路和建议。

关键词：一体化审批；自然资源；业务融合

1　引言

党的十八大以来，党中央、国务院把转变政府职能作为深化行政体制改革的核心，把“放管服”改革作为重要内容，要求进一步简政放权、放管结合及优化服务改革，提出了取消和调整行政审批项目、积极推进行政审批规范化建设、进一步健全行政审批服务体系和推行“互联网+”政务等一系列具体措施。

2018 年 3 月 13 日，第十三届全国人民代表大会第一次会议审议国务院机构改革方案，整合原国土等 8 个部、委、局的规划编制和资源管理职能，组建自然资源部。随着机构改革的不断部署和推进，2019 年 1 月 9 日下午，杭州市规划和自然资源局召开干部大会并举行挂牌仪式，宣告正式成立。杭州市规划和自然资源局遵循中央和省、市领导决策及精神，结合杭州市工程建设项目审批制度改革实际需要，在原杭州市规划局建设的“多规合一”业务协同平台和规划业务协同审批系统的基础上，根据“多审合一、多证合一、智能审查、智慧服务”的要求，以“一类事项一个部门统筹、一个阶段同类事项整合”的原则，整合建设用地审批和城乡规划许可事项，构建市域一体化审批平台。平台实现全事项办理、全过程闭环、全流程监管和全空间覆盖，形成一套项目高效审批、资源高效配置、空间高效统筹的市域一体化审批信息化应用体系。

2　原审批系统现状及存在的问题

2.1　国土规划系统多样，系统承载网络各异

原国土局和原规划局在信息化建设过程中，以相互独立的方式建设信息化系统，系统应用的技术路线各异、功能重复，系统之间缺少联动机制，割裂了业务的连续性，形成了系统间的

“信息孤岛”。更由于国土业务自上而下垂直的管理模式及业务数据的涉密性质，系统大多搭建在完全封闭的网络环境中，这给信息之间的共享互通造成阻碍。

2.2 系统覆盖范围不一致

国土和规划的审批系统在杭州市域内的覆盖范围存在较大差异，截至 2019 年底，原规划业务协同审批系统完成对杭州市域十区范围的覆盖，并向下延伸至基层，形成“市级、区级、乡镇办事处”三个审批层级的立体审批业务体系。原国土行政审批管理系统由于审批业务管理模式的特性，仅在杭州主城区及临安区进行部署和使用，部分区县没有信息化系统或直接使用省建系统进行业务办理。

2.3 系统数据管理及规则存在差异

当前自然资源管理数据在分类标准、编码体系、存储格式、更新周期、共享应用模式等方面存在较大差异，甚至有些数据由各部门分散管理，同一类型数据存在多个不同版本，这为国土空间规划编制和自然资源所有者权益统一行使造成了不便，为自然资源管理工作埋下了安全隐患。同时国土和规划部门在一些用地性质的分类上存在一定差异，需要业务部门进行梳理，按照统一原则制定相应的标准和规范。

2.4 业务体系需要重构

机构融合后，业务处室立即对国土、规划原有审批系统涵盖业务数量进行了统计，原规划审批系统承载业务事项共计 56 个（其中包含审批业务 34 个），原国土行政审批系统承载业务事项为 26 个（其中包含审批事项 20 个）。通过业务梳理，发现原国土和规划很多业务在办理时序上其实是连贯的，但在机构改革前分属不同部门，所以需要建设单位去两个部门窗口分别办理。现在经过改革，机构进行了融合，以前需要在两个部门办理的业务现在都在同一个窗口受理。对于办理时序相连或者相近的业务，采取合并办理的方式一次受理，同时出证，减少建设单位申报次数，并结合业务部门对审批事项申报材料的精简和业务流程的优化，减少建设单位申报材料数量及审批时间，提高审批效率。

3 系统建设思路

3.1 建立审批一体化平台

杭州市规划和自然资源局结合实际情况，将国土行政审批管理系统与规划业务协同审批系统进行融合，将原国土行政审批系统的业务通过迁移的方式逐步过渡到规划业务协同审批系统中，并以业务协同审批系统、国土行政审批管理系统、不动产登记系统等信息化系统成果数据为基础，建立一体化审批系统数据仓，构建面向自然资源和规划管理全项业务的监管监测与辅助决策一体化信息管理平台。

一体化审批平台以“一张网、一套标准、一张图、一个平台”作为系统的总体建设目标。其中：

“一张网”——对平台建设网络进行整合，以“平稳过渡和易于改造”为原则，选择合适的网络承载“多审合一”业务平台。

“一套标准”——进行业务体系重构时，由业务部门制定业务的各项审批标准，编制标准化操作手册，规范各审批环节的审批流程。

“一张图”——整合两局业务数据，在一个图文一体化平台内进行数据审查，辅助经办人进行业务审批。

“一个平台”——规划和自然资源局所有审批事项在一个平台内进行业务审批，一套系统满足全局范围的全事项审批需求。

3.2　全事项办理、全空间覆盖

一体化审批平台将规划、国土全生命周期审批业务事项都纳入进来，结合“多规合一”系统、不动产登记系统，实现土地资源从项目生成、土地供应、用地审批、工程建设、项目验收、不动产登记到监管的全生命周期把控（图1）。

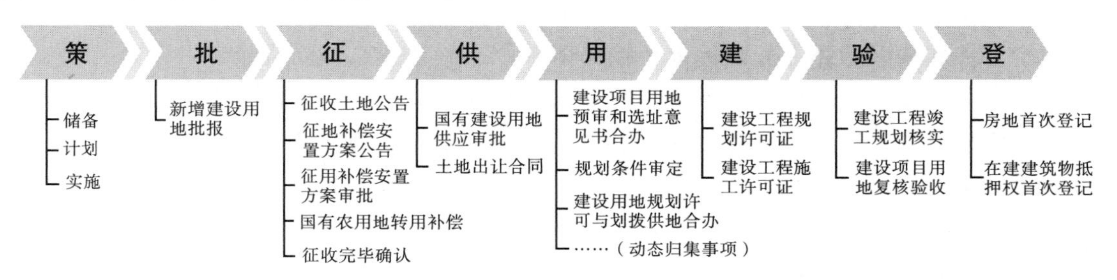

图1　系统的全生命周期把控

系统在原规划业务协同审批系统覆盖市域十区范围的基础上，继续向市域范围内三县（市）进行延伸，完成杭州市域范围的全覆盖，构建“市级、区级、乡镇办事处”三个审批层级的审批业务体系，真正完成“横向到边、纵向到底”的立体审批体系的构建。

3.3　整合数据资源

一体化审批平台将现有规划、国土各自使用的“一张图”系统数据进行整合，通过数据差异化分析、数据清洗等技术手段，形成结构与标准统一、内容完整的自然资源集中式的“数据仓库”。同时为了迎合业务审批工作的需要，优先对涉及审批的土地利用现状数据、压覆矿产资源分析数据、地质灾害分析数据、规划控规数据等数据进行整合，实现对项目红线与土地利用现状、土地规划、压覆矿产资源、地质灾害等要素图层图斑的压盖、裂缝、冲突计算，分析地块范围内现有的城镇村及工矿用地面积、农田面积、压覆盖矿产的面积和矿产名称、地质灾害易发区的名称和面积，并自动生成分析结果报告，对智能化审批提供技术支撑（图2）。

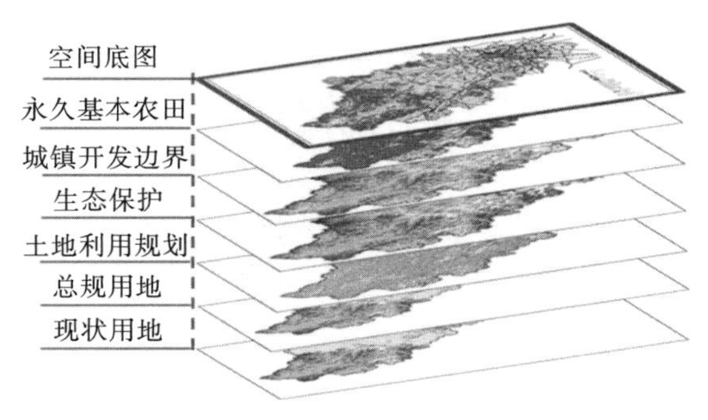

图2　整合数据资源

3.4 优化业务体系

机构整合后，由行政审批处牵头，由各业务指导处室针对需要优化的48个规划国土审批事项进行重新梳理，经过业务指导处室及各分局一线经办人员的多轮细致研究讨论，编制了新的作业指导书，以法律法规政策为依据，对业务的受理范围、受理条件、申请材料、办理时限、业务表单、办件流程进行标准化、规范化设计。一体化审批平台依据重新编制的业务作业指导书对业务进行修订，优化全局的业务体系。

3.5 通过技术手段实现局内、局外间的数据共享

依据一体化审批系统建设要求，对现有建设用地审批和城乡规划许可的办事指南、申请表单和申报材料清单进行精简，进一步简化申报材料。对于可以通过技术手段实现共享调用的数据无须申报者额外提供，减少申报者的申报材料。

对外与各省市网上申报平台系统及数据共享平台进行衔接，实现网上申报项目信息和附件在审批系统内的自动转入，减少工作人员信息录入、材料上传等工作。对内加快信息化建设，实现建设用地审批和城乡规划许可的信息共享，对建设单位或者个人前期已提供且无变化的、能够通过信息共享的材料，不再要求重复提交。减少建设单位申报材料项30%以上。

3.6 建立动态监察监管系统

依托信息化技术，实现空间立体可视化监管、大数据集成化监管、风险预警化监管、智能分类化监管，提高事中事后监管的智能化、精细化水平。建立规划国土廉政风险信息库，形成集业务预警条件、预警级别、预警模型、防控措施等一体的智能化预警防控体系，对本级审批和分局审批情况进行覆盖审批全过程全方位的实时监管监控，实现效能监察、动态提醒、预警纠察等事中监管，以及绩效评估、整改反馈等事后监管功能，增强廉政风险防控的时效性和准确性（表1）。

表1　动态监察监管系统风险表

风险编号	风险名称	风险等级	风险类别	风险描述
20160022	法定要件不齐予以受理	中	强制	因他人说情等原因，对法定要件不齐、不符合规定项目予以受理，存在谋取不正当利益的风险
20160023	不按要求踏勘现场	高	强制	不按规划管理现场踏勘的法定要求开展现场踏勘检查
20160024	不予许可	中	提醒	对符合要求的进件审批项目，审批人员以各种不当理由，故意采取退件等方式拖延审批时间，使项目不能正常通过审批
20160025	随意暂停	中	提醒	对符合要求的进件审批项目，审批人员以各种不当理由，故意采取暂停办理等方式拖延审批时间，使项目不能正常通过审批
20160026	时限异常	高	提醒	对符合要求的进件审批项目，审批人员无正当理由，未在规定时间内审核并提出处理意见，致使审批超期

续表

风险编号	风险名称	风险等级	风险类别	风险描述
20160027	项目批后修改频繁	高	提醒	对已审批并核发规划许可证的项目，因各种原因，服务对象提出对批后项目规划条件、指标等进行修改要求，审批人员不按规定程序要求，擅自满足服务对象申请要求，违规私下为服务对象的批后项目修改相关条件、指标等，甚至同一批后项目多次予以修改

控制性详细规划指标强制比对，突破控制性详细规划指标规定的项目无法继续审批；线性工程或控制性详细规划未覆盖地区项目审批无法进行指标比对的需说明原因，信息同步反馈监察模块，实时预警。

项目红线数据实时动态更新，形成全年批地、供地、项目建设的空间图斑数据，作为违法用地、违法建设、“存量三块地”信息化督查的基础数据，助力精准监管。

4　建设研究成果

4.1　一体化审批平台业务整合成果

在一体化审批平台建设过程中，逐步将国土行政审批管理系统中的审批事项有计划、稳步迁移到一体化审批平台中。截至2020年6月底，原国土行政审批管理系统中的18项审批业务已完成迁移工作，原国土经办人员在完成机构人员融合后，逐步在一体化审批平台中进行业务的审批操作。

4.2　“多审合一”“多证合一”工作成果

为落实党中央、国务院推进政府职能转变、深化“放管服”改革和优化营商环境的要求，响应自然资源部2019年4月17日起草的《关于推进建设用地审批和城乡规划许可“多审合一”改革的通知》及2019年9月17日正式发布的《关于以“多规合一”为基础推进规划用地　“多审合一、多证合一”改革的通知书》的文件精神，杭州市规划和自然资源局积极推进“多审合一”“多证合一”的改革工作，将建设项目选址意见书、建设项目用地预审意见合并为“两书合一”，将国有建设用地划拨供地和用地规划许可证联办为“书证合办”。自2019年6月“多审合一”业务上线以来，共计办理“两书合一”业务1086件次，办理“书证合办”业务363件次，通过业务系统重构、优化审批流程，“多审合一”事项审批时间较之前缩短40%以上。

4.3　竣工规划核实和土地复核验收业务合办

竣工规划核实和土地复核验收在机构改革前分属规划和国土部门，分别对工程建设情况和土地利用情况进行检查核实。机构改革后，杭州市规划和自然资源局研究探讨是否能将竣工规划核实和土地复核验收合并为“核验合一”进行办理。凭借浙江省“多测合一”工作的不断推进，将项目竣工验收阶段的竣工规划核实测量、用地复核验收测量、产权房产测绘、地籍测绘整合成一个综合性联合测量，以综合测绘成果为基础，结合不动产测算成果，形成测绘成果数据库，“核验合一”通过调取数据库中的测绘成果数据对审批提供数据支持，从而为“核验合一”的实现提供支撑。

5 结语

通过对建设用地审批和城乡规划许可审批事项不断地深入分析与融合，结合一体化审批平台在建设过程中遇到的业务体系复杂、技术要求高、数据资源广、应用程度深等特点，如何建立一套完善的一体化审批平台，实现对自然资源的高效利用及管理是我们接下来的思考方向。

［参考文献］

［1］郑文裕，许大为，王时光，等. 机构改革背景下的规划信息化［J］. 城乡建设，2019（21）：14-17.

［2］尹鹏程，陆建波，喻存国，等. 市级自然资源信息化建设探讨［J］. 国土资源信息化，2019（5）：10-15.

［3］洪武扬，王伟玺，苏墨. 全域全要素自然资源现状数据建设思路［J］. 中国土地，2019（5）：47-49.

［作者简介］

林杭军，助理工程师，任职于杭州市规划和自然资源调查监测中心。

朱旭燕，助理工程师，任职于杭州市规划和自然资源调查监测中心。

胥朝芸，高级工程师，任职于杭州市规划和自然资源调查监测中心。

杭州市城乡统筹规划协同管理平台建设与应用

□朱旭燕，林杭军，胥朝芸

摘要：随着国家对城乡智慧化发展的高度重视，党的十八大提出要推动城乡发展一体化，走新型城镇化发展道路，通过加快完善城乡发展一体化体制机制，着力在城乡规划、基础设施、公共服务等方面推进一体化，促进城乡要素平等交换和公共资源均衡配置，形成以工促农、以城带乡、工农互惠、城乡一体的新型工农、城乡关系。围绕“互联网+政务服务”、信息整合、新一代人工智能等多个领域，国家相继出台了多项政策措施，同时随着新技术创新突飞猛进，为城乡统筹规划智慧化发展提供了良好的政策环境和技术支持。杭州是极具创新力的智慧城市杰出代表，“智慧杭州”的建设同时也极大地推动了城乡统筹规划的快速发展。其中，作为“智慧杭州”重要基础的《“数字杭州”（“新型智慧杭州”一期）发展规划》是杭州市“十三五”期间信息化建设指导性文件，着力建成基础信息资源有效共享、政府工作协同高效、城市管理精细智能、产业经济高效低碳的新格局，为城乡规划统筹打下基础。

关键词：城乡统筹；规划协同管理；BPM；应用前景

1　引言

城乡统筹协同管理是城乡统筹发展的重要保障，而城乡统筹规划协同管理关键技术及平台建设无疑至关重要。杭州作为极具创新力的智慧城市杰出代表，通过利用快速发展的以移动互联、物联网、云计算、大数据、深度学习、区块链、虚拟现实/增强现实/混合现实（VR/AR/MR）为代表的新一代信息技术，打造“智慧杭州”，同时也极大地推动了城乡统筹规划的快速发展。

杭州市城乡统筹规划协同管理平台以基础地理信息为基础，从时间和空间的角度，全方位整合现有的规划编制成果、规划审批成果、地理信息数据，为科学规划、科学决策提供支持，为杭州市十区三县（市）的规划空间数据提供统一的“一张图”统筹应用。

2　建设思路

杭州市城乡统筹规划协同管理平台创新城乡规划管理模式，从过去简单的电子化管理逐步走向当前的流程化管理、图文一体化管理、智能化管理，实现统一登录、数据互动，实现企业级数据管理，并具备跨组织、跨行业的数据整合和集成共享及其应用。同时，平台建设实现规划编制管理、审批和监督全过程的动态跟踪和实时监控；以城市总体规划为基础搭建全市“一张图”的城市规划管理信息平台，将空间布局和空间管控要素纳入“一张图”进行管理；以“一张图、一张表”为核心，加强对城市总体规划实施情况的监督检查，推进规划建设监管相统一；在统一的数据标准体系下，建立规划成果数据库，规范成果数据管理，促进数据共享。平台遵循面向服务架构（SOA）的思想和架构模式，以及应用系统集成的总线架构模式，提出系统逻辑架构（图 1）。

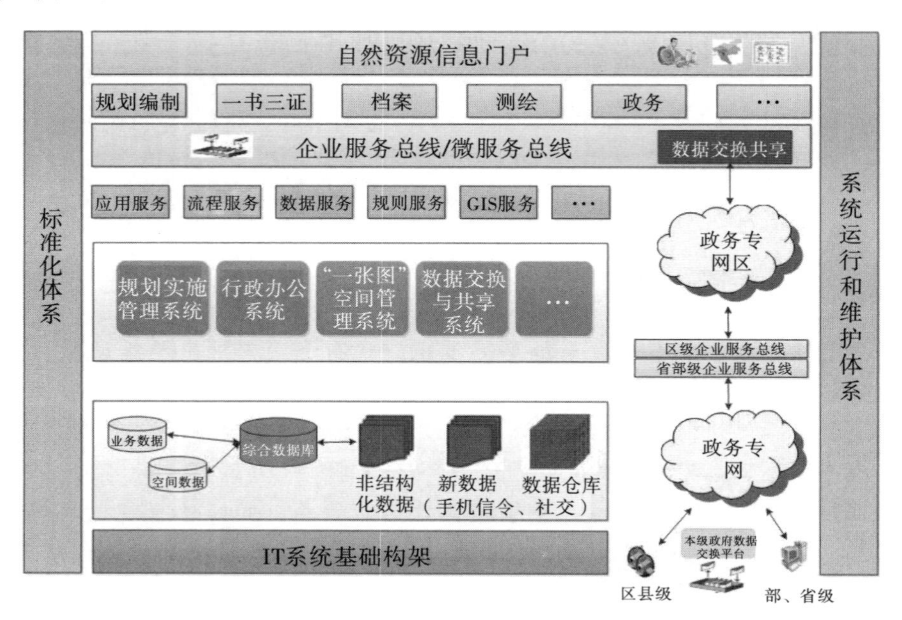

图 1　系统逻辑架构

3　系统架构

杭州市城乡统筹规划协同平台在信息化总体逻辑架构基础之上，结合杭州规划业务需求实际，形成系统技术架构。该架构采用分层架构模式（本平台分成七层架构），其核心是应用支撑平台中的业务总线（ESB），通过 ESB 将门户、应用系统、业务流程连接起来，形成一个逻辑整体，支持规划业务一体化的业务管理（图 2）。

基础设施层：提供统一的信息基础设施环境，包含网络、服务器、存储和应用集群，为各类应用系统的运行提供适用、稳定的环境。

综合数据层：将整个数据资源整合成一个大数据仓库，包括局内所有的基础测绘业务数据和调查评价数据、规划编制成果数据，机构合并后的国土空间基础数据，以及将来可能纳入进来的手机信令、微信微博等新数据。在该层设置数据成果区，用于存放从各种数据源抽取获得的高价值密度的数据资产，以更好地满足数据汇总、分析统计和决策支持需求。

应用系统层：对现有已建成的应用系统，尽可能通过企业服务总线进行接入，使得现有应用资产得到充分利用。对于新建的业务系统，改变过去竖井式建设模式，以服务为中心，将业务功能转化为业务服务，形成业务服务资产池，以更好地适应将来不断变化的业务需求。

应用支撑平台层：是系统的核心支撑层。融合业务基础平台、空间数据管理平台，为各类应用系统的开发提供底层支撑，同时也接管由各个应用系统实现的业务功能服务，通过企业服务总线发布，用于支撑各种业务流程的快速搭建和部署运行。

业务管理层：在提供的各类服务资源池和面向服务运行环境的支持下，根据各类业务信息化需求，使用业务流程管理（BPM）技术，实现端到端的流程交付。本次流程建设主要包含业

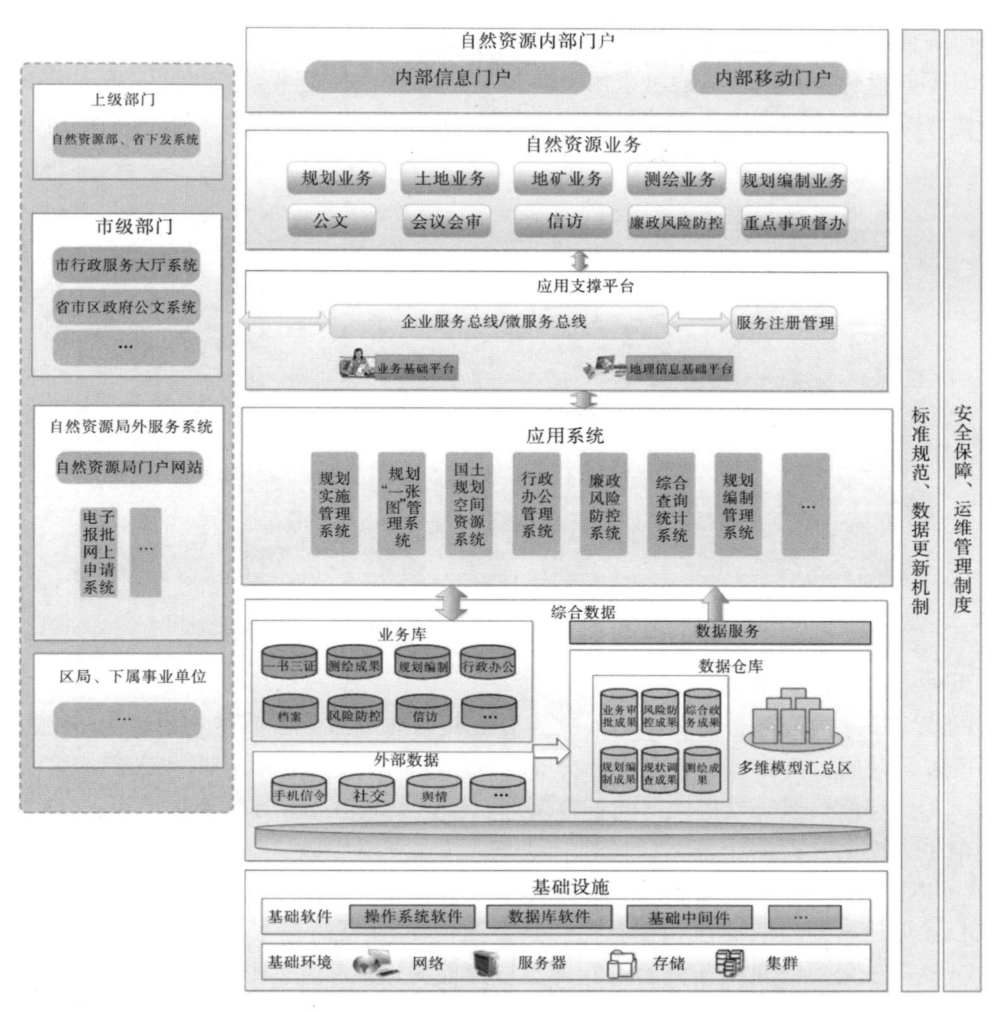

图 2　系统架构

务办理流程、政务处理流程，以及在流程中衔接风险管控、监督监管等管控要求，最终实现市级、分局流程贯穿。

内网门户层：提供统一信息门户作为所有应用系统的入口，实现单点登录和统一身份认证。根据使用场景和接入方式的不同，可分为桌面门户和移动门户。

接口层：为上下级、同级部门提供数据和服务接口，实现数据的互联互通、业务协调和应用服务功能相互调用。

4　系统实现

4.1　技术要点

（1）面向服务架构（SOA）。

基于现有的平台架构，将 SOA 体系进一步扩展延伸，建立起具有松耦合特征的开放平台，全面支持云计算、无缝衔接大数据，支持跨域资源整合和移动互联应用等诉求。以服务为基础来实现的 IT 系统更灵活、更易于使用，能更好地应对变化。通过对规划业务流程的梳理分析，借助业务服务实现跨规划业务流程贯通。通过内嵌的业务监控服务，实现对业务流程绩效和状态的监管，不断优化业务流程。通过采用面向服务的架构，促使业务功能组件化、组件服务化、服务资产化，为业务流程的快速构建、重构、再造和优化提供坚实的信息技术支撑（图 3）。

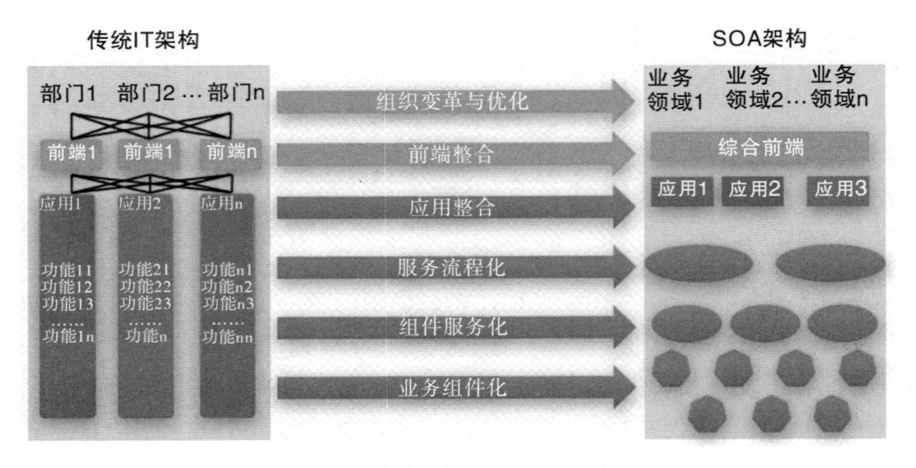

图 3　由传统 IT 架构转向 SOA 架构

（2）可伸缩的运行架构。

现有的规划市域协同平台是在杭州市政务云上部署应用服务中间件集群、BPM 集群、ArcGIS 服务集群，采用云存储和云数据库。具备高可用性，单节点故障不影响正常使用。高负载的集群环境，实现均衡负载。支持横向的扩容模式，根据负载情况，方便追加节点。

（3）全生命周期管理。

BPM 可以实现业务流程的全生命周期管理，对业务流程进行定义、设计、执行、评估、优化，其核心优势是业务的敏捷性和创新力。一方面，BPM 支持多渠道协作传递，实现多部门、多用户的纵横业务交叉处理，有利于提升人员协作能力，增强组织内外部协作的能力，满足政务改革工作的要求。另一方面，采用 BPM 可实时传递可信的管理信息，提高业务流程的可见性，降低业务风险，为业务优化进行协调，更为重要的是还可支持已有业务组合出新业务，并可实时监控业务绩效指标，从而支撑业务模式或流程的创新（图 4）。

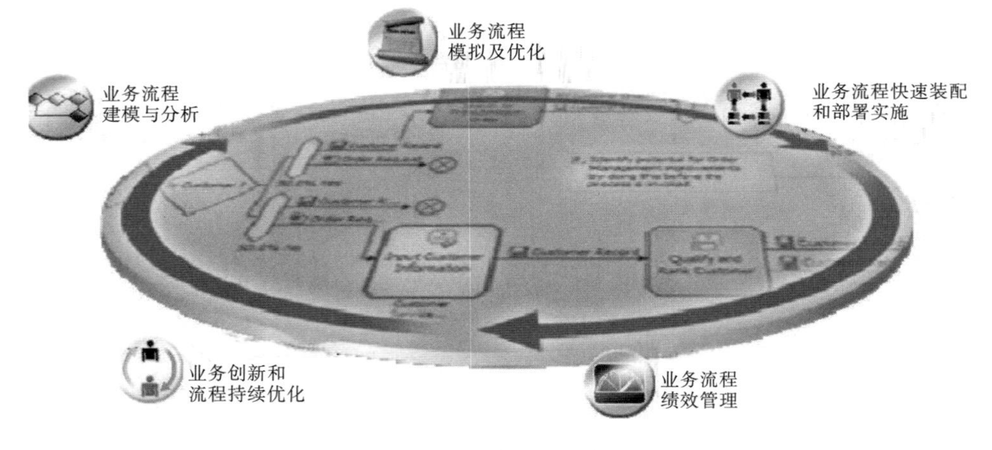

图 4　业务流程管理生命周期

(4) 基于 UML 实现面向对象的分析和设计（OOAD)。

利用统一建模语言（UML）为面向对象设计中的需求、行为、体系结构和实现提供一套综合的表示法。

(5) 采用 NoSQL 技术支持海量非结构化数据存储。

相对于结构化数据而言，非结构化数据管理与大数据、业务分析洞察（BAO）的结合愈加紧密。本平台采用 NoSQL 海量存储技术，可以处理大量非结构化数据和归档数据。整个数据是大规模分布式存储的，可以根据数据量进行水平扩展。数据和元数据分离，集群部署，保证数据读取高效；文件分片存储，支持条带存储；数据带缓存读写，满足大数据量并发访问的高性能的要求。

(6) 全市域统一坐标与 CDC 数据同步技术实现。

针对各区坐标不统一、跨坐标带的情况，平台采用办审分离模式。各区经办人在办理红线绘制、出图业务时仍保持各自的坐标体系；平台采用坐标实时转换技术，统一转化为 2000 坐标系，实现不同坐标数据统一“一张图”展现，以便领导在统筹“一张图”上审核。

利用 CDC（Change Data Capture）数据同步技术，将杭州市十区三县（市）各规划部门积累的大量的业务和空间数据，且呈现出数据存储空间离散化的源数据库的增量变化同步到目标数据库，保持源数据库和目标数据库的一致性。CDC 融合了数据库增量技术、空间数据读取及 ETL 技术。首先，利用数据库增量技术捕获数据库的变化内容，然后通过 ETL 与空间数据读取技术的结合，进行增量数据的抽取并同步到目标数据库。具体工作流程见图 5。

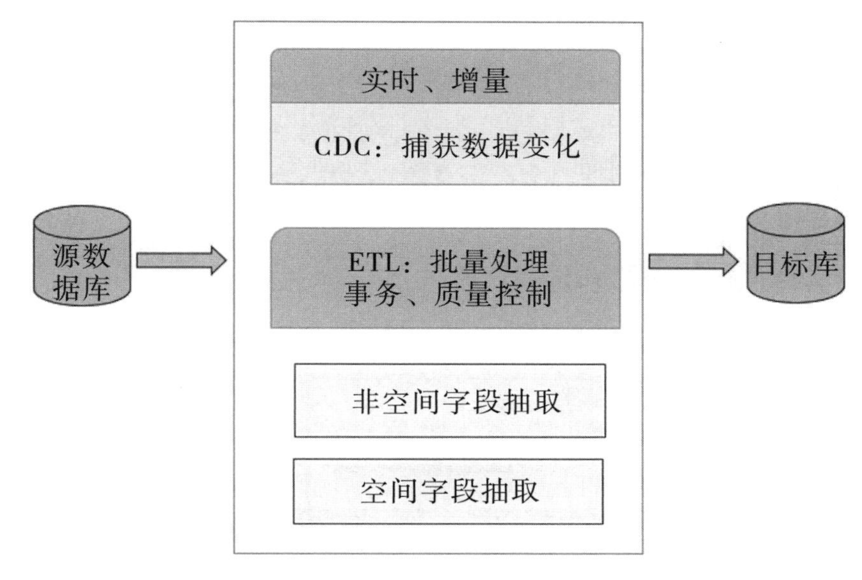

图 5 CDC 工作流程

(7)“Html5＋WebGIS”技术。

平台通过采用前端开发主流 Html5 技术，充分利用其强大的 Web 网页表现性能增强前端用户交互体验，并结合采用 WebGIS 技术设计和实现前端、后端成果，将其作为一个整体纳入整个城乡统筹规划协同管理平台中，实现业务图文一体化协同办公。除了服务于现在的规划业务审批，将来也可以服务于业务和图形结合下更高级的监控和分析应用。

（8）电子签章。

电子签章技术的应用大大提高了业务审批办理的效率，并逐步建立起局电子证照库，为落实“最多跑一次”改革数据共享要求，满足电子证照数据在“一证通办”中的应用提供基础。此外，还可节省大量纸张。

4.2 核心模块

（1）基于政务云。

平台建设基于政务云，采用“互联网＋”技术体系，全面采用SOA设计搭建基础框架，引入BPM、ESB等中间件，结合云存储、多网段交互、集群技术、地理信息系统图形技术、多坐标系统一、海量非结构化文件存储、电子签章等技术，形成开放、可扩展、敏捷的统一平台，为规划业务管理提供技术支撑，为浙江省“最多跑一次”“放管服”等改革助力，促进其落地实践。

（2）智联动态的“规划一张图”。

“规划一张图”遵循规划业务全生命周期闭合循环的思想，以用地地块为对象，以杭州市地理空间框架平台中的基础地形数据、遥感影像数据为基础，从空间约束、规划层次、空间维度、时间维度四个方面，建立包含总体规划、分区规划、控制性详细规划等规划编制成果的“规划一张图”，建立包含各类规划业务审批红线的“实施一张图”和“现状一张图”的关联关系，形成循环用地动态“一张图”综合数据库，解决传统地形数据、规划编制数据、审批数据各自存在、分散保存的问题，实现多源信息的实时关联。

（3）“一棵树”项目管理模式。

采用“一棵树”的项目管理模式，动态关联全生命周期资源。以项目为主线，贯穿规划选址、方案设计、工程规划、批后跟踪、规划核实等过程，实现各规划业务全生命周期信息的一体化集成。实现规划业务全生命周期的全程高效管理，为业务管理工作提供项目所有阶段的详细信息，以辅助当前审批管理工作的快速执行（图6）。

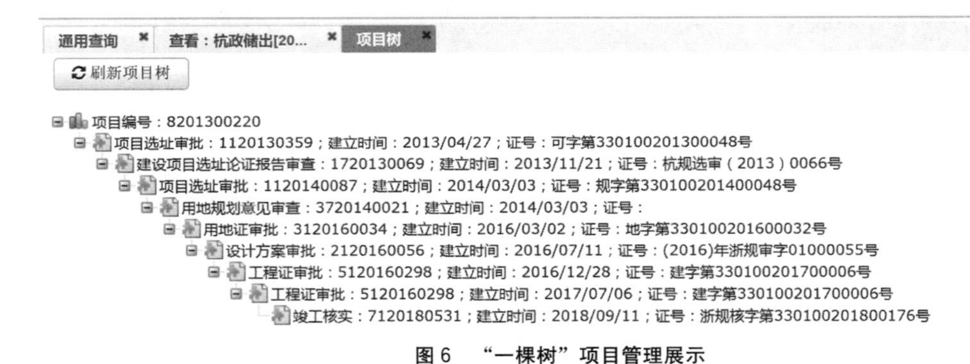

图6　“一棵树”项目管理展示

（4）多视角辅助审批功能。

将各种类型的业务、公文、会议、信访建立关联关系，在进行项目审批时，能够准确获取全方位信息以辅助审批（图7）。

（5）充分利用成果数据。

充分利用已有的数据成果，提高办件效率和数据准确性，避免经办人员重复录入数据，确保数据“一数一源”（图8）。

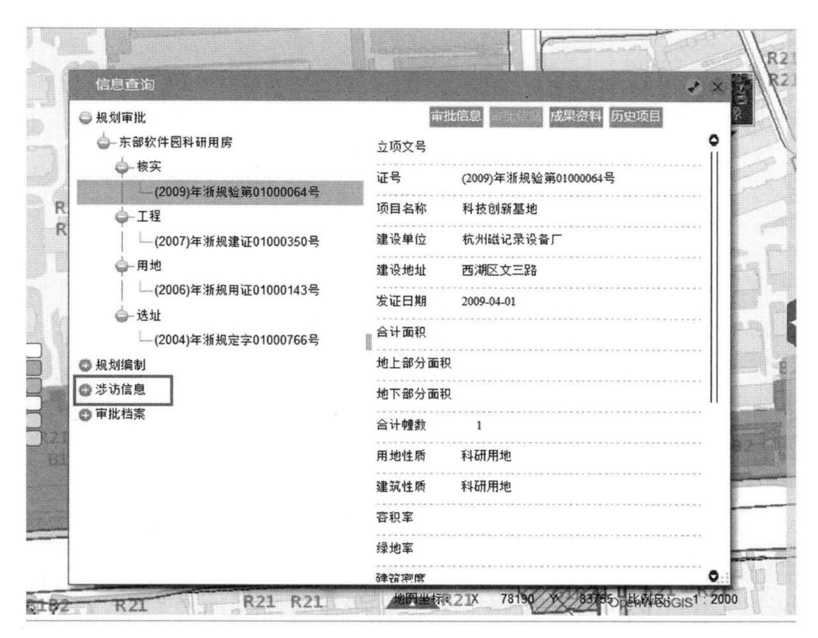

图 7　多视角辅助审批功能

指标比对结果

指标名称	所属地块	控规指标值	审批指标值	检测结果
用地性质	SC0201-R21-30	R21	R21	符合
建筑密度	SC0201-R21-30	42	40	符合
绿地率	SC0201-R21-30	15	15	符合
建筑高度	SC0201-R21-30	22	30	不符合
容积率	SC0201-R21-30	2.62	2.6	符合

图 8　指标比对功能

(6) 表单灵活展示、历史版本控制。

表单上与当前环节不相关的内容都默认收起，减少用户滚动鼠标次数。控制流程或表单的历史版本，确保业务系统调整时有据可查。

(7)“所见即所得”展现方式。

将表单构建成与需要输出打印的报表相同的样式，对重要数据一目了然，其他数据依然使用传统的报表记录（图 9）。

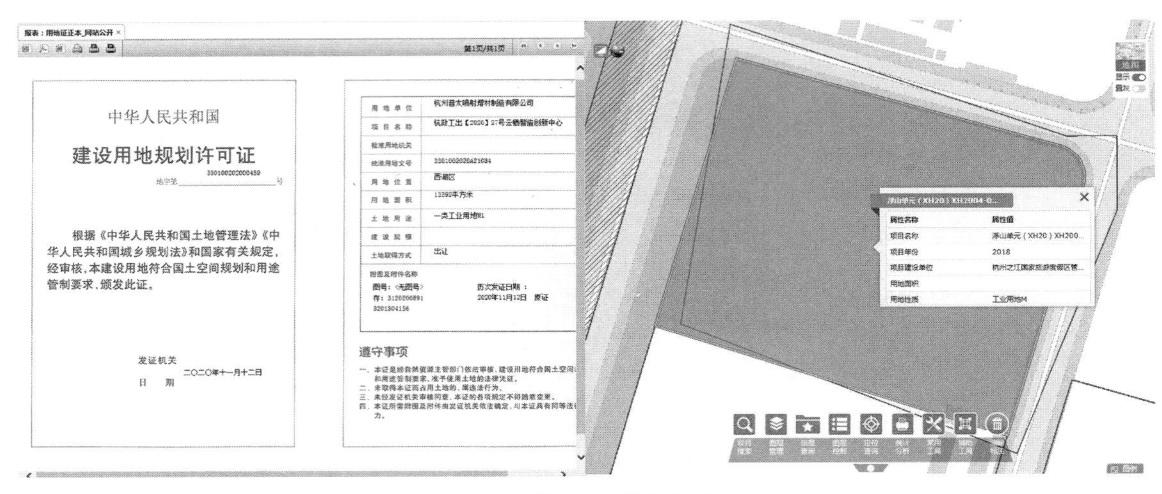

图 9　“所见即所得”界面

（8）图文一体化。

CAD 辅助审批系统中绘制的项目红线，可以直接在审批系统的右侧“图形浏览”中直接查看项目红线位置。将审批流程、信息管理和图形这几项技术有机地结合起来，综合运用(图 10)。

图 10　图文一体化界面

（9）对地形图的保密。

通过使用外部参照方式加载，一方面对切割过的地形图做保密措施，另一方面在上传附图的时候加快速度。服务窗口提供项目上（一定范围内）的地形图，经办人审批项目时，可以一键加载（服务窗口）切割过的地形图。

5　成果创新和应用前景

5.1　成果创新

实现规划协同管理技术创新，优化规划数据集成管理与共享服务技术，研发规划业务规则与业务流程剥离技术，为全局应用体系提供统一的应用基础服务，重塑全新的应用体系，实现应用轻量化、基础服务共用化。

实现了规划协同管理模式创新，提出了业务建模规范，构建了区县城乡统筹的规划管理模式，创建了规划智能服务的政务服务模式，通过建立基于智能数据分析和智能终端接入的政务公众服务平台（互联网＋），把握和预测公众办事需求，提供智能化、个性化服务，变被动服务为主动服务。在此基础上，为“政务公开、协同审批、责任追溯、智慧决策”的智慧型、服务型政府提供信息化支撑。

实现了规划协同管理机制创新，创立了跨云的规划云资源共享和数据交换机制。结合阿里云的管理模式，构建了规划“数字监察＋廉洁风险防控”体系，在平台中嵌入可量化防控的21个权力运行风险点，连通规划业务系统与预警系统，将项目选址审批、用地证审批等10个业务的7个权力事项纳入风险管控，实现廉政风险的实时监控，实时对规划审批人员事前、事中、事后效能和廉洁风险情况进行监管，推动“最多跑一次”改革得以规范落实。

5.2　应用前景

（1）领航“最多跑一次”。

2016年，中央提出了“放管服”改革，简政放权、放管结合、优化服务，提高政府效能。同年12月，浙江省提出要以“最多跑一次”的理念和目标深化政府自身改革，实现群众和企业到政府办事“最多跑一次”，这是浙江省在“放管服”改革中的一次探索。2017年3月，杭州市提出要以当好排头兵的姿态全力推进“放管服”和“最多跑一次”改革，把杭州打造成审批事项最少、办事效率最高、服务质量最好、投资环境最优的城市。该平台为“最多跑一次”服务的内容包含了网上收件、业务协同、电子签章、智能复用、智能归档等功能。

（2）支撑新型国土空间规划管理。

国土空间规划的改革为城乡统筹、城市管理带来了挑战，也带来了机遇。未来，支撑新型国土空间规划管理、助力国土空间规划改革是既有信息化平台的重要应用前景，助力空间资源管理，突出资源资产化，加快横向、纵向业务协同与管理协同，提升城乡统筹规划协同管理能力，精准把握城市动态，强化城市治理能力。

（3）助力杭州“城市大脑”应用发展。

“城市大脑”是智慧杭州城市信息化、智能化建设的重要工作之一。助力杭州“城市大脑”建设，是平台的重要应用前景。城市基础数据库是“城市大脑”的重要信息来源，“城市大脑”的运行依赖于可靠、高效、全面的城市数据。既有平台可以对杭州经济社会发展指标进行综合监测和统计分析，反映杭州市各类地理环境要素、人文经济要素的分布与关系，为“城市大脑”的有效开展提供有力保障，助力“城市大脑”分析决策，支撑“城市大脑”延伸实践。平台为城市发展提供了有效的决策应用支持，同时基于分析结论制定的规划决策有赖于城乡统筹规划协同管理平台的进一步实施。

6 结语

杭州市城乡统筹规划管理平台探索建立“横向到边、纵向到底”的统筹城乡、上下联动的规划编制和实施管理体系，实现杭州市市域一体化的规划管理。平台通过审查要点、指标对比等模块让“放”更放心，通过廉洁防控模块让“管”更可靠。同时，此平台为市县一体化提出新思路，在大杭州一体化标准化前提下，兼顾区县管理特色个性化，实现标准化与个性化的有效结合，为后续整个大杭州的市县一体化树立了标杆。通过平台建设，建设了在线咨询、网上办理、快递送达等办事渠道，真正做到打通基层政务服务“最后一公里”，实现人民群众及企事业单位办事“最多跑一次”，为率先在省内落地“最多跑一次”的改革奠定了扎实的基础；此外，为业务审批提供全方位、多角度的智能提醒，从而简化审批流程，缩短审批时间，提高审批效率，减少审批出错概率。

[参考文献]

[1] 魏那，段凯. 基础地理信息数据整合研究 [J]. 测绘与空间地理信息，2010（2）：163-164.
[2] 张好贤. 关于GIS技术在城市规划信息化工作中的开发应用分析 [J]. 大科技，2019（7）：264.

[作者简介]

朱旭燕，助理工程师，任职于杭州市规划和自然资源调查监测中心。
林杭军，助理工程师，任职于杭州市规划和自然资源调查监测中心。
胥朝芸，高级工程师，任职于杭州市规划和自然资源调查监测中心。

杭州市国土空间规划“一张图”的建设与实施监督

□范圆圆，范芹芹，王　闻

摘要：国土空间规划是国家空间发展的指南，是可持续发展的空间蓝图，是各类开发保护建设活动的基本依据。“一张图”是国土空间规划编制的数据基础，包含现状数据、规划数据、管理数据和社会经济数据，数据来源权威、格式统一、更新及时。根据国土空间规划“一张图”建设指南和实际工作需要，杭州市先是制定了国土空间管理的指标体系，包含现状评估指标、规划指标、年度计划指标、监测指标等。再根据管理数据和空间数据之间的相互验证关系，建立系列计算模型，包含规划评价、规划实施监测、规划成果审查等。最后通过各类模型计算将规划实施管理、评估、预警的结果通过“一张图”直观显示，可进行各类别各区域专题分析及查询统计，为国土空间规划编制、管理、监督提供有效的数据服务支撑。

关键词：国土空间规划；“一张图”；指标；计算模型；监测预警

1　引言

为了促进国土空间的合理利用和有效保护，建立全国统一、责权清晰、科学高效的国土空间规划体系，形成可持续性发展的国土空间开发保护“一张图”，中共中央、国务院、自然资源部先后印发《关于建立国土空间规划体系并监督实施的若干意见》《关于全面开展国土空间规划工作的通知》《关于开展国土空间规划“一张图”建设和现状评估工作的通知》等文件，从顶层设计全国国土空间规划的体系架构，强调国土空间规划“一张图”在国土空间规划编制和国土空间用途管制中的基础作用。

在新时期国土空间规划体系背景下，不仅需要对国土空间规划“一张图”的数据内容、数据标准等方面进行研究，还需要充分利用国土空间规划“一张图”，为国土空间用途管制、建设项目规划许可、规划监督实施提供依据和支撑。

在此背景下，杭州市整合现有数据资源和数据更新模式，建成国土空间规划“一张图”，构建国土空间基础平台。同时，在已有行政审批系统和“多规合一”平台的信息化基础上，建设国土空间规划“一张图”实施监督信息系统，在国土空间规划动态监测、评估预警、实施监督等方面进行了应用探索。

2　数据资源及更新

新时期下，国土空间规划“一张图”不仅包含基础地理信息类的现状数据、规划数据，还包括国土空间管理数据和社会经济数据，数据资源丰富、来源权威统一。利用现有技术手段在最新管理要求下对数据进行及时的动态更新，保证了数据的现势性，使其具有持久生命力。

现状数据：以第三次全国国土调查成果为基础，集成遥感影像、地理空间框架、矿产资源、地质灾害、水资源、森林资源等空间数据形成现状底图。通过年度变更调查和地理国情普查数据实现更新。

管理数据：在现状数据的基础上，叠合“三区”“三线”等空间管控数据和土地管理计划、规划许可审批、执法监督等管理数据，同时将资源利用计划和许可审批结果等结果数据一并纳入“一张图”。管理数据根据计划批复和行政审批结果实时更新，为后期的实施监督提供数据基础和依据。

社会经济数据：将人口、教育、养老、地名地址、经济普查等社会经济数据纳入国土空间规划数据体系，将其作为规划编制的重要数据来源。其中，人口、地名地址数据通过数据共享方式实现，从公安、政法委等部门的信息化系统中实时获取更新数据，其他数据依据地理国情普查的成果进行更新。

规划数据：在现状数据、管理数据、社会经济数据的基础上，纳入各类规划成果，包括城乡总体规划、土地利用总体规划、控制性详细规划及各类专业专项规划，形成可层层叠加、显示的全市国土空间规划“一张图”。规划数据根据规划编制批复和调整结果，经过质量检查后及时入库更新，保持良好的现势性和权威性。

结合自然资源部、浙江省和杭州市国土空间基础信息平台的数据分类组织方式，现有数据资源目录如下（表1）。

表1　数据资源目录

<table>
<tr><th>一级目录</th><th>二级目录</th><th>三级目录</th></tr>
<tr><td rowspan="21">规划数据</td><td rowspan="4">国土空间总体规划</td><td>省级</td></tr>
<tr><td>市级</td></tr>
<tr><td>县级</td></tr>
<tr><td>乡镇级</td></tr>
<tr><td rowspan="15">专项规划</td><td>国土空间生态修复规划</td></tr>
<tr><td>矿产资源规划</td></tr>
<tr><td>地质灾害防治规划</td></tr>
<tr><td>历史文化保护规划</td></tr>
<tr><td>市政规划</td></tr>
<tr><td>土地整治规划</td></tr>
<tr><td>村庄布局规划</td></tr>
<tr><td>环境功能区划</td></tr>
<tr><td>水环境功能区</td></tr>
<tr><td>生态公益林规划</td></tr>
<tr><td>森林公园规划</td></tr>
<tr><td>自然保护区规划</td></tr>
<tr><td>古树名木保护目录</td></tr>
<tr><td>综合交通规划</td></tr>
<tr><td>……</td></tr>
<tr><td colspan="2">控制性详细规划</td></tr>
<tr><td colspan="2">村庄规划</td></tr>
</table>

续表

<table>
<tr><th>一级目录</th><th>二级目录</th><th>三级目录</th></tr>
<tr><td rowspan="17">现状数据</td><td colspan="2">遥感影像</td></tr>
<tr><td colspan="2">地理空间框架</td></tr>
<tr><td colspan="2">第三次全国国土调查</td></tr>
<tr><td colspan="2">年度变更调查</td></tr>
<tr><td rowspan="6">地理国情普查年度监测</td><td>建成区现状</td></tr>
<tr><td>绿化现状</td></tr>
<tr><td>绿化覆盖率</td></tr>
<tr><td>文教体卫</td></tr>
<tr><td>市政设施</td></tr>
<tr><td>……</td></tr>
<tr><td colspan="2">矿产资源</td></tr>
<tr><td colspan="2">地质灾害</td></tr>
<tr><td colspan="2">水资源</td></tr>
<tr><td colspan="2">森林资源</td></tr>
<tr><td colspan="2">湿地资源</td></tr>
<tr><td colspan="2">地下空间</td></tr>
<tr><td colspan="2">……</td></tr>
<tr><td rowspan="24">管理数据</td><td rowspan="3">“三区”</td><td>生态空间</td></tr>
<tr><td>农业空间</td></tr>
<tr><td>城镇空间</td></tr>
<tr><td rowspan="3">“三线”</td><td>生态保护红线</td></tr>
<tr><td>永久基本农田</td></tr>
<tr><td>城镇开发边界</td></tr>
<tr><td rowspan="9">计划管理</td><td>新增建设用地计划</td></tr>
<tr><td>国有建设用地供应计划</td></tr>
<tr><td>盘活存量土地计划</td></tr>
<tr><td>闲置土地消化计划</td></tr>
<tr><td>批而未供消化计划</td></tr>
<tr><td>土地储备计划</td></tr>
<tr><td>补充耕地计划</td></tr>
<tr><td>生态修复计划</td></tr>
<tr><td>地质灾害修复计划</td></tr>
<tr><td rowspan="9">开发利用</td><td>建设项目规划选址和用地预审</td></tr>
<tr><td>建设用地规划许可证和用地批准</td></tr>
<tr><td>建设工程规划许可证</td></tr>
<tr><td>乡村建设规划许可证</td></tr>
<tr><td>城市分批次建设用地审批</td></tr>
<tr><td>单独选址建设用地审批</td></tr>
<tr><td>城乡建设用地增减挂钩项目审批</td></tr>
<tr><td>土地储备</td></tr>
<tr><td>土地征收</td></tr>
</table>

续表

一级目录	二级目录	三级目录
管理数据	开发利用	土地交易
		土地供应
		土地利用
		低效用地再开发
		采矿权
		探矿权
	保护修复	全域土地综合整治
		生态修复工程
	确权登记	不动产确权登记
		自然资源确权登记
	执法监察	违法项目
社会经济数据	人口	实时人口数据
	POI	地名地址
	养老	千人养老床位数
	经济普查	精品农家乐
		副食品店
	……	……

3　指标体系建立

以自然资源部和浙江省的指标体系为基础，结合杭州市的实际管理需求，通过信息化手段建立符合杭州特色的指标体系，形成现状评估指标库、规划指标库、年度计划指标库、资源环境承载监测指标库等，以支撑开发利用现状评估、规划审查、规划实施等工作。从监测值、规划值、评估值中动态获取数据，根据应用范围、监测周期、计算方式等因素定义指标项，由问题、目标、实施等导向因素确定指标体系（图 1）。

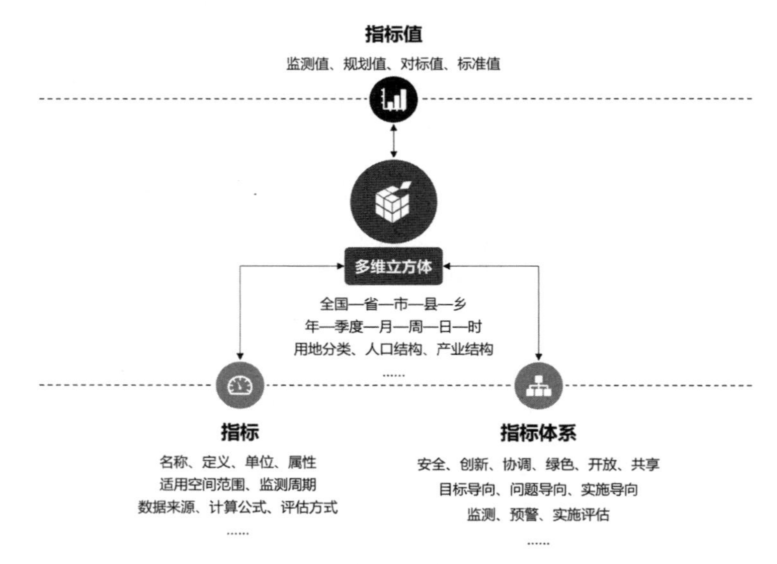

图 1　指标与指标体系

以市县国土空间开发保护现状评估指标为例，现状评估分为基本指标和推荐指标两部分内容，其中基本指标部分包含底线管控、结构效率、生活品质 3 个一级分类共 28 个指标；推荐指标部分以底线安全和五大发展理念为支撑，构建了包含安全、创新、协调、绿色、开发、共享 6 个一级分类 18 个二级分类共 60 个指标的体系（图 2）。部分指标项内容见表 2。

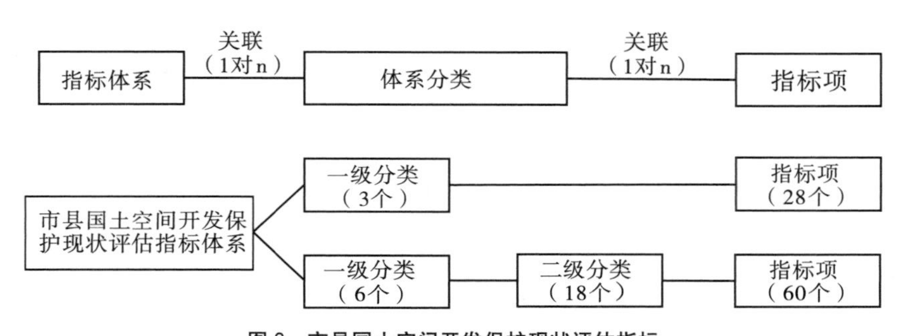

图 2 市县国土空间开发保护现状评估指标

表 2 部分指标

编号	指标项	市级	县级
A—02	永久基本农田保护面积（km^2）	√	√
A—03	耕地保有量（km^2）	√	√
A—04	城乡建设用地面积（km^2）	√	√
A—05	森林覆盖率（%）	√	√
A—06	湿地面积（km^2）	√	√
A—07	河湖水面率（%）	√	√
A—08	水资源开发利用率（%）	√	√
A—10	重要江河湖泊水功能区水质达标率（%）	√	√
A—12	人均应急避难场所面积（m^2）	√	√
A—13	道路网密度（km/km^2）	√	√
A—14	人均城镇建设用地（m^2）	√	√
A—15	人均农村居民点用地（m^2）	√	√
A—16	存量土地供应比例（%）	√	√
A—17	每万元 GDP 地耗（m^2）	√	√
A—18	森林步行 15 分钟覆盖率（%）	√	√

4 模型构建

围绕国土空间规划分析评价、规划审查、规划实施及规划评估业务的开展，建设国土空间规划模型库，包含规划评价模型、规划审查模型、规划管控模型、规划监测模型，以支撑国土空间规划的数字化编制、现状评估及实施监督。

规划模型库建设如下：

①评价模型：资源环境承载能力和国土空间开发适宜性评价的应用模型。

②管控模型：根据杭州市国土空间管控体系，以及各层面的管控要素、管控重点与管控要

求，建立国土空间规划管控模型，主要包括规划实施管控规则。

③审查模型：依据杭州市分级分类规划审查办法，构建“三级三类”规划审查的模型。

④监测模型：根据杭州市国土空间监测指标体系，构建监测指标、管控边界等监测模型。

以规划管控模型为例，管控模型即针对规划实施的各业务环节，包括建设项目选址、建设项目用地预审、建设项目土地供应、建设项目规划条件核实、矿业权审批等，在业务办理过程中提供合规性分析，保证依规实施。根据现状调研情况，梳理出需要构建的19个规划管控模型（表3）。

表3 部分管控模型

序号	合规性审查	审查规则
1	侵占生态保护红线分析	相交
2	侵占永久基本农田保护线分析	相交
3	突破城镇开发边界分析	相交
4	压覆重要矿产资源分析	相交
5	压覆地质灾害易发区分析	相交
6	符合矿产资源规划分析	相交
7	符合规划分区分析	相交
8	符合规划用途分类分析	相交
9	压覆土地整治要素分析	相交
10	压覆重点建设项目分析	相交
11	侵占城市蓝线分析	相交
12	侵占城市绿线分析	相交
13	侵占城市黄线分析	相交
14	侵占城市紫线分析	相交
15	侵占城市橙线分析	相交
16	侵占道路红线分析	相交
17	侵占拟保线分析	相交
18	突破城市设计限高要求分析	上限控制
19	符合控规指标分析	指标比对

5 规划实施监督

根据不同用户需求制定不同应用场景，满足行政审批部门、规划编制部门、数据提交部门的个性化需求。

5.1 合规性分析

根据《关于全面开展国土空间规划工作的通知》，在形成国土空间规划编制成果之前，要做好过渡期内现有空间规划的衔接协同，在现行“三区”、“三线”、土地利用总体规划、城市（镇）总体规划、控制性详细规划的管制空间内对建设项目进行合规性审批。

在前期“多规合一”体系梳理中，根据现行管制要素和现行规划成果之间的矛盾，杭州市建立了一套符合本地国土空间管制要求的项目策划标准。

充分利用“多规合一”的数据基础和信息化基础。国土空间规划“一张图”在建设项目生成过程中，通过在项目拟选的空间位置上叠加控制性详细规划、城市开发边界实施规划、城市总体规划、土地利用总体规划、永久基本农田、生态保护红线、城市控制线、建设用地管制区、环境功能区划、风景名胜区等空间管制要素，进行空间压盖分析，分析项目合规性，并生成分析报告（图 3、图 4）。同时，还可以叠加用地现状图、矿产资源分布图、公共设施分布图等现状图层，了解项目拟选位置内的地类情况、矿产分布情况、设施分布情况等。在项目立项之前，要求对拟选位置的规划和现状进行综合分析。

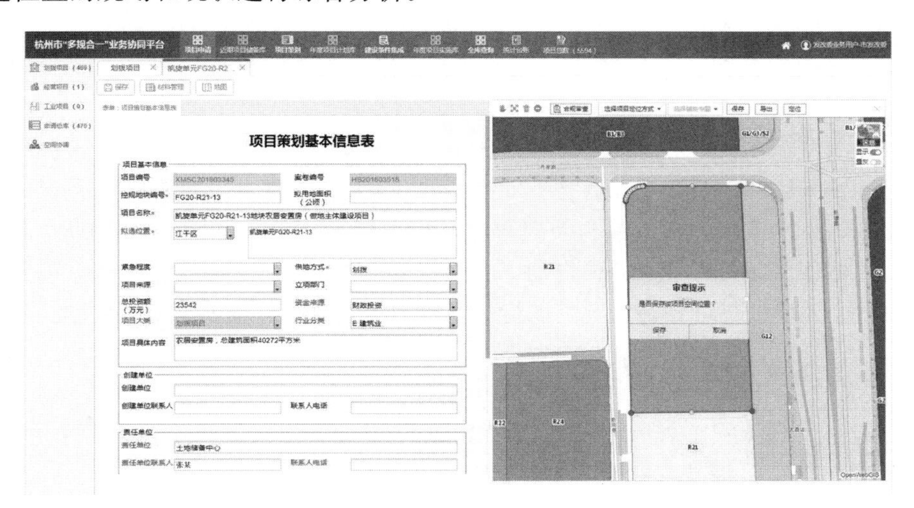

图 3　项目合规性审查

凯旋单元 FG20-R21-13 地块农居安置房（做地主体建设项目）合规性审查报告

一、　项目基本信息

凯旋单元 FG20-R21-13 地块农居安置房（做地主体建设项目），项目编号 XMSC201803345，项目类别划拨项目，用地面积是 9900.29 平方米。

二、　项目区位情况

1:1389 区位图

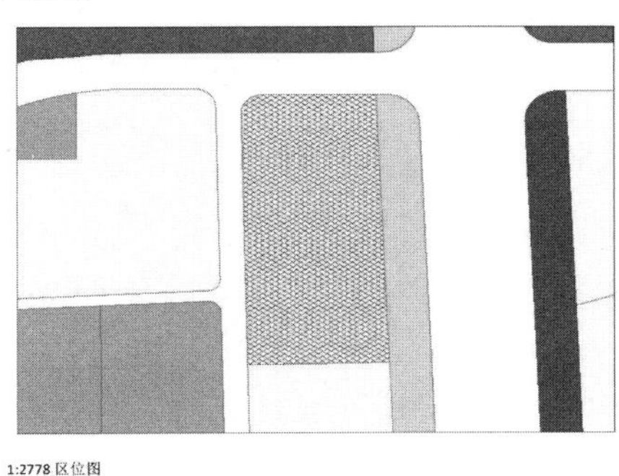

1:2778 区位图

三、　合规性检查分析

1. 总规用地规划图

经审查该项目与与总规用地规划图分析结果如下表所示：

总规用地规划图分析结果				
序号	指标	地块个数	占地面积(㎡)	占地百分比（%）
1	R	1	9899.595	99.99
2	S	1	0.695	0.01

具体的位置情况如下图所示：

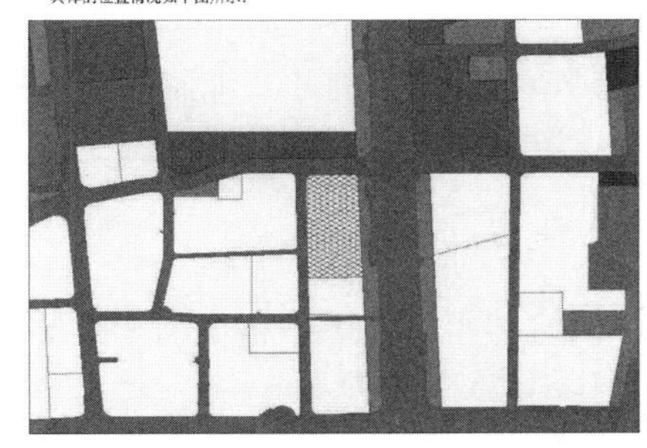

2. 控制性详细规划

经审查该项目与与控制性详细规划分析结果如下表所示：

控制性详细规划分析结果				
序号	指标	地块个数	占地面积(㎡)	占地百分比（%）
1	R21	1	9900.282	100

具体的位置情况如下图所示：

图 4　合规性审查报告

5.2 管理指标监督

为了合理开发利用，有效保护自然资源，根据规划和自然资源主管部门的管理目标，设置耕地保护面积、永久基本农田保护面积、重要湿地保护面积、建设用地总规模、城乡建设用地规模、新增建设用地规模等土地管理规划指标。根据年度管理计划，设置新增建设用地计划、国有建设用地供应计划、盘活存量土地计划、闲置土地消化计划、批而未供消化计划等管理计划指标。

根据杭州市规划和自然资源管理的规划指标和计划指标，基于国土空间规划"一张图"建立指标监管体系。将数据指标量化显示在"一张图"上，以耕地保护面积为例，检测到实际耕地面积小于规划面积的区域显示红色，实际耕地面积大于规划面积的区域显示绿色，未设置耕地面积指标的区域显示灰色，通过颜色变化来展示指标的落实和推进情况。

5.3 规划编制监督预警

依据指标预警等级和阈值，获取各类空间控制线和管控边界数据，对违反开发保护边界及保护要求，或有突破约束性指标的情况进行及时预警，以空间地图渲染和图表联动的方式展示预警详情，支持导出预警清单，并可根据模板自动生成预警报告。提供图文结合的预警总览界面，以目录树的形式汇总重点关注的指标预警情况，以行政区划为单元统计汇总预警指标数量。

5.4 规划审查与管理

面向规划业务管理人员、技术审查人员、数据管理人员提供国土空间规划新编和调整修改成果的审查管理、辅助开展技术审查、规划成果的更新入库功能。

成果完整性检查：辅助检查文本、图纸、数据库、基础资料是否齐全、完整等。进入审查任务之前，系统提供包括文件夹结构、文件类型及相关空间成果的自动检测，确保成果符合规范要求，对不通过部分生成完整性审查报告，并反馈至成果上报单位。

空间协调性审查：检查上报规划与平行相关规划是否冲突，按照冲突规则进行检测，对冲突位置进行高亮标识。

6 结语

国土空间规划"一张图"包含了丰富的现状数据、规划数据、管理数据、社会经济数据等空间数据，是规划编制、实施监督、分析评价的数据基础，也是规划成果的展示"一张图"。杭州市在规划实施监督、规划编制审查等方面都有着比较成熟的应用，但是在违法监测等方面，还需要进一步探索。

［参考文献］

［1］喻文承，李晓烨，高娜，等．北京国土空间规划"一张图"建设实践［J］．规划师，2020（2）：59-64．

［2］张恒，于鹏，李刚，等．空间规划信息资源共享下的"一张图"建设探讨［J］．规划师，2019（21）：11-15．

［3］蔡亚芳，张鸿辉，洪良．"双改革"背景下市县级国土空间规划"一张图"实施监督信息系统建设［C］//中国城市规划学会城市规划新技术应用学术委员会，广州市城市规划自动化中心，深圳市规划国土房产信息中心．智慧规划・生态人居・品质空间：2019年中国城市规划信息化年会

论文集. 南宁：广西科学技术出版社，2019.
[4] 崔海波，曾山山，陈光辉，等. "数据治理"的转型：长沙市"一张图"实施监督信息系统建设的实践探索 [J]. 规划师，2020 (4)：78-84.
[5] 孟悦，张恒，于鹏，等. "一张图"实施监督信息化解决方案研究：以天津市为例 [C] //中国城市规划学会城市规划新技术应用学术委员会，广州市城市规划自动化中心，深圳市规划国土房产信息中心. 智慧规划·生态人居·品质空间：2019年中国城市规划信息化年会论文集. 南宁：广西科学技术出版社，2019.
[6] 李东峰，沈川，胡茂伟. 杭州余杭区多层次规划一张图与数据更新的实践 [J]. 规划师，2016 (11)：39-44.
[7] 杨勇，赵蕾，苏玲. 南京"一张图"控制性详细规划更新体系构建 [J]. 规划师，2013，29 (9)：67-70.
[8] 韦艳萍，程传录，张鹏. 地理国情监测与地形数据库更新数据共享可行性探讨 [J]. 测绘与空间地理信息，2019 (6)：136-138.
[9] 李志平. "多规合一"信息平台服务于城市建设项目全程管理 [J]. 城市勘测，2020 (1)：25-30.
[10] 荆玉平. "多规合一"空间规划冲突检测方法与冲突协调规则 [J]. 城市勘测，2020 (3)：24-26.

[作者简介]

范圆圆，工程师，任职于杭州市规划和自然资源调查监测中心（杭州市地理信息中心）。
范芹芹，工程师，任职于杭州市规划和自然资源调查监测中心（杭州市地理信息中心）。
王　闻，工程师，任职于杭州市规划和自然资源调查监测中心（杭州市地理信息中心）。

第三编

智慧城市与韧性城市建设

智慧化韧性城市构建

——来自温哥华的经验与启示

□康　阔，万　融，梁　玥

摘要：自然灾害、气候变化、流行疾病等不确定因素正在威胁城市的可持续发展，高灾害脆弱性和低危机响应能力成为城市治理的核心问题。伴随大数据、物联网、人工智能等新兴技术的发展，促进了数据获取、信息交流，也将促进管理人员更方便精准地制定以数据为依托的新型灾难应急方案。本文首先概述了大数据背景下智慧化韧性城市的概念和意义；再以温哥华为例，从风险识别、状态评估、规划响应和灾后恢复四个方面阐述其在面对地震灾害时如何运用大数据降低财产损失，并概述其灾难管理体系；最后，提出温哥华对我国智慧化韧性城市构建的启示。

关键词：智慧化；韧性城市；温哥华

1　引言

根据2020年政府工作报告，我国常住人口城镇化率超过60%。伴随城镇化进程的推进和我国城市巨系统的发展，在气候变化和生态环境等城市外部性影响逐渐深化对城市肌体影响的背景下，城市灾害对城市的韧性构成严峻挑战，韧性城市不断成为城市建设领域的研究热点。例如，邵亦文、徐江认为城市韧性是建立在传统规划理论上的指导现代城市可持续发展的全新途径；李彤玥指出目前韧性城市研究主要内容集中在韧性城市演化机理、韧性城市评价、韧性城市规划等方面。在韧性城市构建过程中，不少学者指出现有的弊端，如获取实证数据困难、公共管理效能亟须提高等。伴等随大数据时代的到来，信息抓取、软件分析、数据整合的便捷准确，给韧性城市的发展带来了新的机遇。因此，有必要探讨大数据背景下如何构建智能化韧性城市。鉴于此，温哥华的经验或许可以给我们带来不少启示，共作为生态宜居城市的典范，很早就开始了韧性城市的相关研究。因此，本文首先介绍大数据时代下韧性城市的定义，再以地震灾害为主题，介绍温哥华的智能化韧性城市系统，最后提出其对我国的借鉴意义。

2　韧性城市的智慧化理念

智慧城市是建立在数字城市的基础框架上，通过无所不在的传感网将它与现实城市关联起来，将海量数据存储、计算、分析和决策交由云计算平台处理，并按照分析决策结果对各种设施进行自动化控制。智慧化韧性城市就是在韧性城市中融入智慧城市概念，通过云计算、无线城市、大数据等信息技术，将各类分布的基础设施、微建筑、交通设施和韧性城市风险识别、状态评估、规划响应与策略制定相结合，从而使韧性城市的建设和管理更加高效和智慧。智慧化韧性城市的优势是使原本难以获取的监测数据和难以决策的控制参数变得容易实现。

3 风险识别与状态评估

温哥华市政府同加拿大自然资源部、不列颠哥伦比亚大学和 GEM 组织① 合作，模拟了震源位于温哥华以西约30 km，深度为5～10 km的 7．3 级地震，并以此为基础，整合历史地震信息数据、历史建筑物损害数据和现有建筑物构造数据，绘制了地震模拟灾害地图，显示了此地震对建筑物造成的潜在破坏影响和灾害程度。

随后，政府在官网发布了评估报告：许多商业建筑，包括社区零售、市中心办公室和工业建筑将受到严重影响；单户住宅损坏程度较低，但修理和重建的费用较高；市区中有超过 10000 栋建筑物将长时间无法使用，4000 多栋建筑物可能需要拆除，超过 150 栋建筑物可能倒塌；市中心、西区和东区的大部分区域将受到严重破坏，需要封锁警戒数月甚至更长的时间；将近一半的市民流离失所超过一个月，其中近 15 万人流离失所超过三个月；可能有超过 11500 人受伤，其中有 1100 多人可能受到重伤或死亡；仅建筑物损坏造成的经济损失估计至少 80 亿加元。此评估报告仅考虑建筑物的损坏情况，并不反映基础设施风险等问题。在温哥华，市民可以通过手机或 App 直接登录官网查看详细的房屋损害情况，而如此翔实的数据一方面得益于全面、广泛的数据抓取，另一方面亦得益于精准的软件分析。以受灾风险评估为基础，温哥华制定了一系列规划措施以应对未来面对的灾害风险。

4 规划响应和灾后恢复

4.1 灾害响应路线

在面对重大灾害时，为了尽快转移物资和紧急服务设备，以交通部车流量数据为基础，结合社区辐射范围和主要基础设施信息，温哥华制定了灾害响应路线（DRR），主要包括大温哥华地区和温哥华市区。灾害响应路线的作用包括运输和治疗患病与受伤的人、维护法律和社会秩序、营救被困人员及恢复基本生活配套服务。

为了细化灾后救援方式，根据灾害的破坏程度，灾害响应路线分为三类：短期路线，主要为紧急救援人员和救援资源提供者使用；中期路线，将通过使用交通控制设备和管理机制来限制市民进入道路，市民仅可使用一个行驶方向或特定路线；长期路线，经市议会批准后，限制普通大众进入。同时，灾害响应路线还可以协助应急响应人员指导市民选择最佳路线远离灾害，以防止交通堵塞或防止市民误入更危险的境地。

4.2 灾害支援中心

灾害支援中心是市政府规定的指定场所，在平常主要运用于灾难科普，灾后志愿者在该场所为市民提供便民服务。灾害支援中心位置的选取，由人口密度、地区辐射范围、地震影响程度等因素确定。在地震发生后的最初几个小时和几天之内，灾害支援中心的活动将由社区主导，作为应急疏散用地主要有与家人和邻居见面、共享应急包中的资源和物资、分享资讯等功能。地震发生后的几天到几周，灾害支援中心员工和志愿者将提供灾后恢复服务，如团体住宿和庇护所，食物、水和物资的分配，讯息分享和家庭团聚。

4.3　智能基础设施网络

为保障灾后重建和城市的可持续性恢复，市民基础设施的完整性和系统性至关重要。市政府评估和绘制抗震基础设施优先分布网络的可行性（图 1），包括优先扩建道路、桥梁、下水道系统及洪水管理基础设施等。基于物联网等新兴技术，可接入紧急基础服务设施并向难以到达的区域提供资源供给服务。具有多数据信息的韧性图书馆作为社区的主要公共空间，可为社区提供精准而全面的信息服务。而灾害支援中心作为辐射面较广的安全中心，在灾后将为市民提供交流、会议场所。这些城市灾后基础设施的布局建设得益于大数据、物联网和网络平台的数据供给和信息分析。

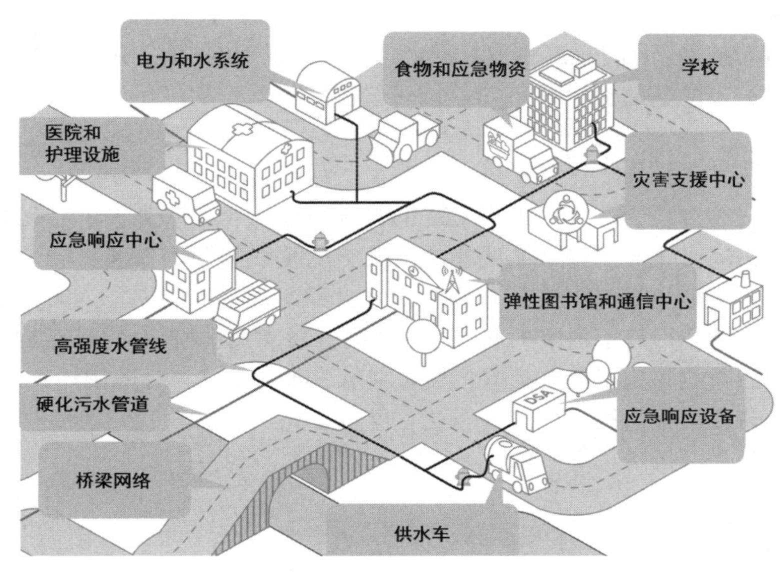

图 1　智能基础设施网络

4.4　智能应急管理体系

单靠一个人或一个组织无法建立起邻里社区间的韧性。灾后城市的恢复需要拥有不同技能和知识的人的合作。建立一个韧性城市团队是连接和协调跨部门与组织的优先事项，这将协同促进解决问题，提高灾后恢复能力。为此，市政府鼓励各社区在当地政府的协助下，通过各类数据分析平台，成立社区抗灾团队，通过 GIS 等软件绘制具有当地社区特色、符合社区民众的韧性抗灾地图。同时，通过智能设备将各类救援和灾后重建信息转译可视化，并将其传至各类特殊人群。

5　对我国智慧化韧性城市构建的启示

由于我国特有的国情体制与制度背景，我国大规模城市建设活动中所经历的快速、集中式增长模式与西方社会的城市渐进式增长模式和社会背景条件截然不同，其经验并不能完全适应我国城市大规模、快速发展的需要，亦不同于在此阶段下的韧性城市构建。事实上，在大数据背景下，对于智慧化韧性城市的引入，各国都有一个结合自身政治体制、经济发展水平、文化背景、规划制度等各种条件修正和完善的过程，从而转化为本土化的发展经验并逐步推广应用。

因此，笔者从以下三个方面来探讨温哥华的经验对我国智慧化韧性城市构建的启示。

5.1 单元数据收集

自然灾害防御系统的基础工作是数据采集。在温哥华的案例中，我们不难发现历史数据、社交媒体数据、监控数据将整合形成灾害评估分析的基础。不同于传统的灾害评估，在信息城市与数字城市的建设过程中，城市的信息基础设施在提供信息服务功能的同时，也积累了海量的城市动态数据，如地图与兴趣点数据、全球定位系统数据、客流数据、手机数据、位置服务数据、视频监控数据、环境和气候数据、社会活动数据等，这些都是通过云存储平台进行高效存储的。大数据平台可借助关系引擎、数据挖掘引擎、流处理引擎、搜索引擎、视频分析引擎、音频分析引擎和文本分析引擎对数据进行全面分析，在信息的监测、收集、整合、分析、模拟、优化等方面有着传统技术不可比拟的优势。因此，加强政府和各企业之间的数据信息共享，将有利于智慧化韧性城市的基础构建。

5.2 规划智能化

在温哥华地震规划过程中，我们不难发现灾害响应路线、灾害支援中心和智能基础设施网络等层次清晰、多维度灾难规划体系的构建离不开大数据、物联网等新型智慧平台的协助。借助互联网、云计算、大数据等先进技术，通过实时自学习、自适应能力，大大提升城市的抗灾能力。在充分考虑当地建成环境的基础上，通过数据分析和灾情模拟，制定专业指挥调度方案。建立大数据平台，由数据采集、数据分析和数据应用三部分组成实时反馈环，通过对恢复情况、伤亡人数、舆情、现场救援情况、应急资源配置情况的适时评判，自然灾害恢复系统可不断更新救援恢复方案，直到完成预期灾后重建。

5.3 管理智慧化

灾害管理是一个重要的全球性问题和挑战，尤其是在影响多个国家、多个地区的大规模灾害的情况下。随着数据的爆炸式增长，管理者可以更好地利用灾难性的信息来分析灾难发生时的情况，从而提高自身的应变能力。面对灾情，传统的管理模式主要由当地政府主导，且是被动地提出抗灾方案，历时较长，导致救灾效果不够显著。然而，大数据平台可以通过持续的数据采集和数据分析，帮助政府有效减轻自身救灾压力，同时更好地促进城市整体抗灾能力的提升。温哥华的经验告诉我们，从评估、预防、保护、恢复的角度来看，大数据平台作为人类的有力帮手，将持续有力地促进韧性城市的建设。

[注释]

①GEM（Global Earthquake Model）基金会是一种非营利性的公私合营伙伴关系。GEM的目标是成为世界上最完整的风险资源来源之一，以及全球公认的地震风险评估标准。

[参考文献]

[1] 邵亦文，徐江. 城市韧性：基于国际文献综述的概念解析 [J]. 国际城市规划，2015，（2）：48-54.
[2] 李彤玥. 韧性城市研究新进展 [J]. 国际城市规划，2017（5）：15-25.
[3] 周利敏. 韧性城市：风险治理及指标建构：兼论国际案例 [J]. 北京行政学院学报，2016（2）：

13-20.
[4] 陈玉梅，李康晨. 国外公共管理视角下韧性城市研究进展与实践探析 [J]. 中国行政管理，2017 (1)：137-143.
[5] 尤达，刘群阅，艾嘉蓓，等. 宜居和可持续："温哥华主义"的绿色基础设施译介 [J]. 装饰，2018 (11)：104-107.
[6] 李德仁，姚远，邵振峰. 智慧城市中的大数据 [J]. 武汉大学学报（信息科学版），2014 (6)：631-640.
[7] 王静远，李超，熊璋，等. 以数据为中心的智慧城市研究综述 [J]. 计算机研究与发展，2014 (2)：239-259.

[作者简介]

康　阔，重庆大学建筑城规学院硕士研究生。
万　融，重庆大学建筑城规学院博士研究生。
梁　玥，重庆大学城市科技学院建筑学院。

城市运行指挥中心在新型智慧城市建设中的意义和实现路径探析

□闫　伟，陶　路

摘要：城市运行指挥中心是新型智慧城市建设和发展的必然产物。新型智慧城市建设的关键在于“融合”，城市运行指挥中心就是将城市看作一个可以融合的整体，将政府分散的部门信息资源及社会资源进行融合，打造整个城市运行的数据大脑、神经网络、指挥中枢，实现“全时空、全要素、全过程、可视化、智慧化、持续化”的城市运行管理，提升政府管理效能，服务资本市场，丰富市民体验感知。本文通过对全国先建城市的对比分析，探讨适合未来省会城市建设和发展智慧城市的城市运行指挥中心建设思路。

关键词：新型智慧城市；城市运行；数据治理

1　引言

2020 年 3 月 31 日，习总书记在调研杭州“城市大脑”时，提出“运用大数据、云计算、区块链、人工智能等前沿技术推动城市管理手段、管理模式、管理理念，从数字化到智能化再到智慧化，让城市更聪明一些、更智慧一些”，推动城市治理体系和治理能力现代化。近年来，长沙市智慧城市建设虽取得一定成效，但在推进城市治理体系和治理能力现代化方面，尚缺乏市级层面统筹融汇的载体，主要表现在：①城市管理业务分散，部门协同不够，制约城市综合运行的阻力较大；②城市各领域形成的大量信息碎片，难以发挥信息融合的价值；③城市决策者缺乏对整个城市运行的全景数据支撑，指挥决策缺乏信息依据；④社会公众和企业对城市运行数据不敏感，对智慧城市建设体验不足；等等。

2　建设背景及国内现状分析

2015 年底，第二届世界互联网大会上提出“新型智慧城市”四个建设重点之一就是“城市运行指挥中心”。在中央网信办、国家发展改革委等多部委主导下，国内众多城市的“指挥中心”探索建设如火如荼地开展。我们选取了与长沙同体量级的深圳、成都、杭州、上海、济南等城市的“指挥中心”建设情况进行对比分析（表 1）。

表1　国内几种“城市运行指挥中心”的建设对比

项目名称	建设单位	功能定位	建设重点	建设规模	建设模式
杭州“城市大脑”运营指挥中心	杭州数据资源管理局、大数据管理服务中心（阿里云）	运营指挥中心承担杭州“城市大脑”中枢系统研发和杭州“城市大脑”日常运营、成果展示体验功能，同时搭建“城市大脑”研发开放平台，构建由“城市大脑”志愿者、政府部门专班人员、创业团队组成的“城市大脑”研发生态	“中枢系统＋部门［区（县市）］平台＋数字驾驶舱＋应用场景”的“城市大脑”核心架构，城市大脑的后台感知窗口承担杭州城市数字化治理的分析、决策、调度、监管，输出基于“城市大脑”数据计算分析的城市治理解决方案，实现人机协同，支撑政府数字化转型有效推进，全面支持“最多跑一次”改革撬动各领域改革深化，是“数字驾驶舱”技术总后方，是智慧亚运、智慧城市的核心	①总面积逾8000 m²。②构建了纵向到区（县市），横向到各部门的组织架构，纵向延伸到15个区县“平台”，横向扩展到50余个系统；建成148个数字驾驶舱、48个应用场景	政企合作
上海市浦东新区城市运行综合管理中心	城市运行综合管理中心（中国信通院华东分院）	相关部门人员集中办公，每天一位指挥长在现场综合协调，增加研判定策功能，将统筹规划、预警监控、联勤联动、监督考核、数据融通合为一体	城市运行综合管理的统筹协调机构，也是推动社会治理体系和治理能力现代化的重要平台	中心二期投入规模达2773万元	政府建设

续表

项目名称	建设单位	功能定位	建设重点	建设规模	建设模式
济南智慧泉城运行管理中心	工信局、智慧办（浪潮集团）	集城市运行管理、政务参观体验、部门协调联动、城市预测仿真、现场应急指挥和重大活动保障等功能于一体的、平战结合的物理平台，是城市运行管理的大脑；服务政府管理职能，带动物联网和智能制造产业发展	汇聚城市数据信息资源和智慧泉城建设成果，有效提高城市管理精细化、智能化水平，取得良好的应用效果；接入政务大数据；实时采集路灯杆、井盖、停车场等城市经济生态数据	①总面积1997 m^2，包括长廊通道（220 m^2）、指挥管理区（960 m^2）、综合展示区（817 m^{2}在建）。其中，指挥管理区包括1个指挥大厅、1个决策会议室、2个会商室、1个办公室、1个机房。中心配备了国内领先的LED小间距大屏幕（87.4 m^2）；建设了60台操控座席、大屏中控，融合通信设备、专线电话、信息发布等软硬件系统。②智慧中心接入48个部门，共计107个网站、68个业务系统	政企合作
成都智慧治理中心	大数据中心（南京莱斯信息技术股份有限公司）	建设治理中心、应急中心和服务中心。实现全天候全时段在线监测、分析预测、应急指挥的总体目标，提升城市智慧治理水平	“1+2+6+N+X”的体系框架： 1：支撑体系 2：综合决策+应急指挥 6：主要围绕城市经济运行、社会管理、市场监管、环境保护、公共服务、社会诉求6大智慧专题应用 N：对接连通58个单位、235个系统，展示业务界面、视频监控及建设成果 X：若干重大专题数据分析	总面积7344.36 m^2，其中地上计容面积3837.9 m^2，地下建筑面积3506.46 m^2，地上3层，地下2层，整体建筑呈圆形平面布局	政企合作

续表

项目名称	建设单位	功能定位	建设重点	建设规模	建设模式
深圳市政府管理服务指挥中心	政务服务数据管理局、国土自然局、应急局（华为）	深圳市政府管理服务指挥中心是集城市大数据运营、城市规划、综合管理、应急协同指挥等功能于一体，技术、业务、数据高度融合的跨层级、跨区域、跨系统、跨部门、跨业务的综合协同管理和服务平台，是城市运行管理的“大脑”和“中枢”。中心将建设城市大数据支撑平台、日常综合管理平台和应急协同指挥平台，汇聚政府和社会数据资源，实现对城市运行状态的全面感知、态势预测、事件预警和决策支持，提高跨部门跨领域的协同指挥能力，形成“平战结合”的运行管理新模式，实现政府治理体系和治理能力现代化	数字孪生建设；集技术、业务、数据高度融合的综合协同管理和服务平台；城市运行管理“中枢”、视频会议指挥、城市体验中心	①地址为中心书城南区的城市数字资源中心一楼多功能大厅，总面积为512.4 m²，作为“数字政府”运行和指挥中枢，屏幕显示包括大厅100 m²全彩小间距LED超大主屏。②2018年11月完成立项，2019年3月8日中标，目前软件平台还在建设中	政企合作

从表1中可以发现，全国各地建设类似功能的“指挥中心”时，建设单位、功能定位、建设重点、推进模式等都各有千秋，但也呈现出在特定能力和方向上聚焦的趋势，例如综合展示能力、监测预警能力、协同指挥能力、规划决策能力等，以及建设内涵从以往单纯的服务政府管理向服务社会、增强市民智慧体验等内容拓展，建设模式也从以往单纯由政府投资和运维逐步向政企合作转变，吸引社会力量参与到城市的治理和运营中。

3 对地级城市建设指挥中心的启示

3.1 指挥中心的顶层定位

指挥中心并不是简单的大屏或者可以感知城市的立体图，而是通过数字建模把城市多个维度的数据进行统筹分析，具备城市运行体征与态势监测分析、综合事件管理协同、联动指挥调度、辅助领导决策功能，支撑城市运行的高效治理。指挥中心建设不是一朝一夕的事，而是长期的、发展的、生长的过程（图 1）。

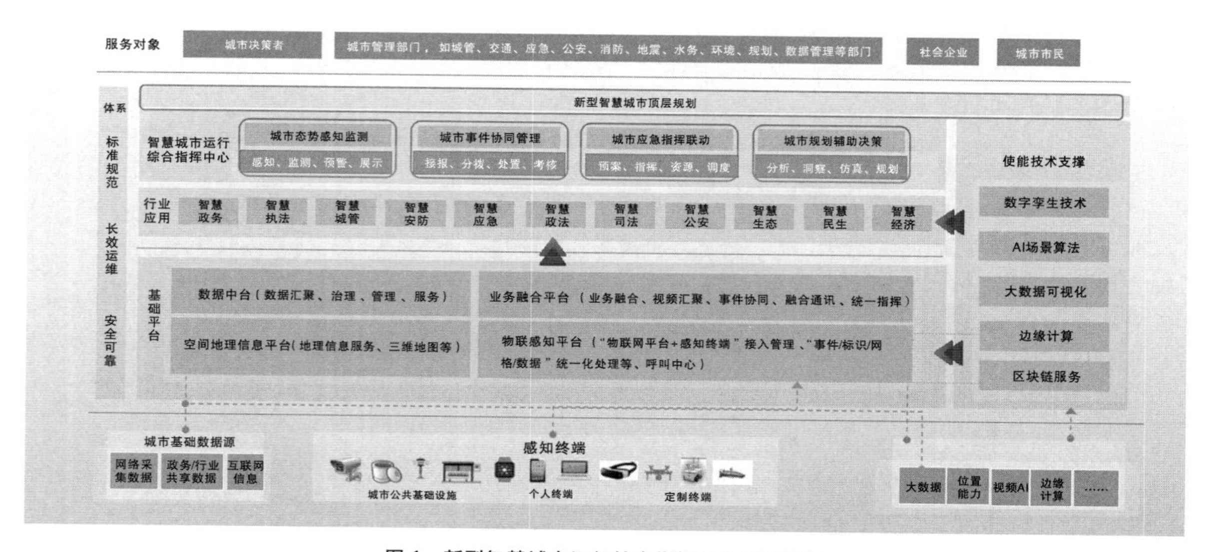

图 1 新型智慧城市运行综合指挥中心顶层框架

因此，省会城市指挥中心建设应以感知、协同、指挥、决策为核心建设内容和目标，结合省会城市实际需求，围绕城市治理能力、治理体系现代化，以数据汇集、数据治理、数据分析、数据共享、数据展示等为抓手：一是通过物联感知与数据感知实时采集数据并汇集分析，构建分析模型，全方位、无死角地展示和监测经济发展、社会稳定、安全生产等城市运行重点领域，第一时间发现、控制、化解风险，推动防控体系由事中事后处置向事前预测预警转变，此为城市“感知中枢”；二是通过城市事件协同联动处理平台接入 12345 热线和各委办局、区县园区监测到的或主动上报的事件信息，进行统一受理、统一分拨、协同调度、过程监督和考核评价，构建全面覆盖、反应灵敏、协调有序、联动高效的市、区、街道、社区协同体系，实现一级巡查、二级办理、三级分拨的城市运行协同指挥体系，全面提升城市协同治理过程中快速响应、分析研判、动态管控、联动处置和事后评估能力，此为城市“协同中枢”；三是通过接入公安、城管、应急、交通、水务、环保等业务指挥系统，突破部门间的信息壁垒，实施综合指挥调度机制，减层级、简流程、平战结合，实现日常管理的效率提升、应急指挥的统一联动和社会治理方式的优化，此为城市“控制中枢”；四是以数据分析治理为基础，利用大数据可视化技术为手段，客观展现全市重点中心工作领域的运行现状，针对经济、民生、社会治理等业务领域，提供全方位的数据服务和全过程的分析研判，为领导科学决策提供数据支撑，此为城市“决策中枢”。

3.2　指挥中心的架构设计

指挥中心是新型智慧城市建设和管理的顶层应用，通过建立“1+M+N”的分级指挥中心架构，实现覆盖一个市级指挥中心、M个区县园区分中心，以及公安局、应急办、城管局、交通局等N个职能部门分中心的多层级、立体化的指挥中心。其中，市级平台要抓全局感知、综合展示、决策分析，提供统一规范和标准，完善全市性重大事项现场指挥处置功能和跨部门综合事件的协同处置机制；区级平台要发挥支撑功能，强化本区域个性化应用的开发和叠加能力，为区级和街道、网格实战应用提供更多有力保障；部门平台要抓处置、强实战，对本部门专项城市治理具体问题进行及时妥善处置，对重点难点问题开展联勤联动。坚持分层分类分级处置，促进各类事件处置、风险应对更主动、更及时、更高效，实现覆盖全市范围的统筹、管理、指挥、调度，避免条块分割，提高城市科学化、精细化、智能化管理水平，实现市级综合指挥中心与各级分中心的双向交互。

3.3　指挥中心的功能定位

3.3.1　综合展示

利用大数据可视化工具，结合二维、三维、卫星地图等图形化手段，将政府和社会大数据进行汇聚整合、分析，全面显示城市运行指标和状态，构建可理解、可感知的城市运行关键体征指标（PKI）和展示专题，以“一张图”的形式向城市决策者、管理部门、社会民众分权分级地展示看得懂、用得着的城市运行全景。

3.3.2　感知预警

通过城市运行关键体征指标与阈值比对，实现自动预测报警，监测城市运行状态异常情况，并通过可视化手段在城市运行“一张图”上直观展示告警，将以往的被动处置转变为主动发现，减少人工参与量，节约成本，在源头阻断危害，最大程度降低损失，更好地服务城市运行管理。

3.3.3　协同管理

融合城市级综合网格化指挥中心、安全监测中心、政务云运维中心、12345市民服务热线、市长信箱等业务职能，纳入统一管理，承担城市运行各类事件的受理接报、分级分拨、跟踪处置、监督考核的闭环管理。各相关业务职能部门派驻行政、技术人员在指挥中心值守，甚至是合署办公或合并建设，以提高指挥中心使用率和利用率。

3.3.4　指挥联动

通过融合通信、事件管理、指挥联动等内容建设，搭建市级综合指挥调度平台，接入视频会议，汇聚相关业务系统资源和能力，提供专题数据分析和可视化展示功能，实现可视、可听、可对话、可指挥、可调度并有相关预案，更好地应对各类综合事件的情报受理、分析研判、指挥调度、协同联动等。作为承上启下、联系左右、协调各方、服务全局的参谋助手，为城市治理提供高效协同的联动指挥，构建平战结合的指挥中心，实现领导在哪里，哪里就是指挥中心的目标。

3.3.5　规划决策

结合数字孪生城市建设，通过模拟、推演、展示、专题分析，精准施策，预测和辅助城市规划，并依托数据中台的数据分析服务、AI中台的专业算法服务、视频交换平台的视频分析和搜索服务等，根据管理者的关注点和特定需求进行定向分析报告或定期报送综合分析报告和建议，对未来的发展趋势进行预测，为城市管理的精准施政提供决策分析支撑，让城市管理者能准确把握未来发展的趋势，及时采取相应措施。

4 对地级城市建设指挥中心的建议

4.1 充分认识指挥中心建设的意义及其对省会城市建设新型智慧城市的重要价值

指挥中心以数据融合、技术融合、功能融合为理念，对城市运行各个领域的业务、流程、技术进行汇聚、分类、重组、分析等一系列智慧化操作，通过整合分析跨系统、跨行业、跨部门的海量数据形成多组知识视图，将特定的知识视图应用于特定的行业和特定的解决方案，更好地支撑整个城市的社会、经济、民生的发展，提升城市治理体系和治理能力的现代化水平。因此，抢抓中心建设，就是抢抓新型智慧城市建设的先机，有助于省会城市打造新型智慧城市示范城市。

4.2 遵循“整体设计一步到位、应用实施分步推进”的建设思路

指挥中心的建设是一个随着社会发展和技术进步而持续演进的过程。要着眼夯基垒台、立柱架梁需要，整体设计、搭稳框架，突出系统性、领先性、安全性。统筹协同技术系统建设与工作职能整合，进行业务流程重塑、体制机制优化、人员队伍建设等。梳理分步实现思路，逐步将中心打造为城市的数据集成中心、运行展示中心、感知预警中心、指挥协同中心、规划决策中心，并为未来适度预留发展空间。

4.3 汲取多方经验教训，彰显后发优势

充分吸收外地城市先进经验，高起点规划，按照城市运行的内在逻辑和关系重新构建城市管理的体系、架构、流程，建立起真正协同高效的城市管理智慧体系。避免出现建成后使用效率不高等问题，应重点考虑融合建设和提格并建的意义和方式，避免建成后沦为参观景点。

4.4 指挥中心建设涉及政府现有治理模式和协同机制的变革

指挥中心建设的实质是要通过信息化和数据化融合的手段，对政府综合治理和指挥能力进行一次大提升，涉及部门间指挥协同的联动和数据壁垒的打破，对现有城市运行管理机制也会带来一定的冲击，因此需要统筹优化配套的运行机制，实现跨层级、跨部门、跨业务的管理机制和协作机制，建立动态感知、智能预警、协同治理、应急联动、综合评价的一套指挥中心运行管理机制，实现指挥中心的常态化运行与应急运行，为政府管理、公共服务、城市发展提供支撑，提高省会城市政府运行管理水平和精准化施政能力。

[作者简介]
闫　伟，高级工程师，任职于长沙市大数据中心。
陶　路，高级工程师，任职于长沙市大数据中心。

应对地震的城市适灾韧性评价及提升策略研究

□王　峤，李含嫣，焦　娇

摘要：快速城镇化背景下，城市在面对灾害时呈现出极强的脆弱性并有可能造成严重后果。传统的防灾减灾方法存在一定局限性，适灾韧性理念已逐渐成为应对灾害的重要思想。在国内外城市韧性既有研究的基础上，本文结合城市韧性的内在作用机理，确定了7项应对地震的城市适灾韧性因子，并运用层次分析法构建了应对地震的城市韧性评价体系；以天津市中心城区为研究对象，通过Open Street Map、World Pop、Depthmap等软件获取数据并处理，基于ArcGIS平台完成应对地震的适灾韧性因子耦合模拟，生成天津市中心城区应对地震的适灾韧性分布图，并从优化具有韧性的建筑空间布局和设计、完善具有韧性的避难空间规划体系、增强具有韧性的应急道路交通网络三方面提出相应的适灾韧性提升策略，为进一步的研究提供参考依据。

关键词：地震；适灾韧性；评价体系；提升策略；天津

1　引言

21世纪以来，世界范围内各类自然灾害频发，近几年来灾害形势尤为严峻。地震是我国最主要的自然灾害之一，具有频度高、强度大和分布范围广的特点，极易造成巨大的人员伤亡和经济损失。据统计，近年来我国地震灾害频发，2008—2019年大陆范围内发生5级以上地震415次（图1），仅2014年我国地震灾害就造成310.6万人次受灾，736人死亡或失踪，直接经济损失达408亿元。中心城区是城市政治、经济、文化等公共活动高度集中的区域，承载着最为丰富的城市活动和最为复杂的空间环境，并且随着社会经济发展、城镇化进程不断加快，其普遍呈现出复杂、多样、密集的发展趋势。当地震灾害发生时，城市呈现出极强的脆弱性，有可能造成严重的人员伤亡和财产损失。

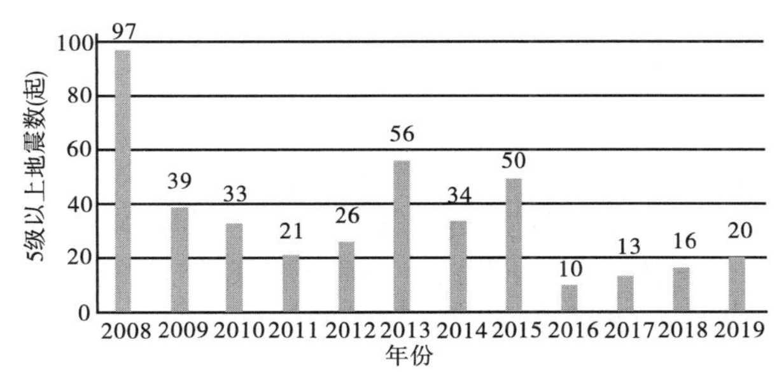

图1　2008—2019年中国大陆5级以上地震频次图

传统的防灾减灾研究关注点集中于灾害本身，忽略了城市系统与灾害之间的互动关系，方法较为被动且效果不佳。在此背景下，城市适灾韧性理念被逐渐认同并成为防灾减灾领域重要的指导思想。该理念将城市整体系统作为研究对象，以城市与灾害的相互作用关系作为切入点，其核心观点是增强城市在遭遇灾害时保持自身功能的能力，使城市避免瞬间陷入混乱或遭到永久性的损害。因此，基于韧性理念的城市适灾研究能够适应不断变化的灾害形势，并且提供一种更为有效和易操作的方式。

2 国内外相关研究综述

2.1 国外相关研究综述

“韧性”一词最初出于物理学概念，用来描述物体受到外力作用时，产生形变而不易折断的性质。1973 年，加拿大生态学家 Holling 首次将韧性理念引入生态学领域，此后众多学者开展了有关城市韧性的属性、作用机理、框架制定、韧性模型等理论和实践方面的研究。如 Leichenko 按照研究领域将城市韧性划分为生态韧性、适灾韧性、经济韧性、管理韧性四类，其中城市适灾韧性研究是四类中最庞大的一个分支。2013 年，美国洛克菲勒基金会创立了“全球 100 韧性城市”项目，并建立了韧性城市框架，提出韧性城市的 4 个基本维度和 12 个驱动程序；2015 年，第三届世界减灾大会通过的《2015—2030 仙台减灾框架》指出：“提高韧性是未来 15 年联合国的四个优先领域之一”。

除了对韧性概念及规划框架的探索，国外一些学者基于较为宏观的层面提出城市韧性评价的指标体系。如 Cutter 等人提出了地方灾害韧性（DROP）模型，并总结了相关文献中提出的影响社区韧性的指标；Bruneau 针对地震灾害提出衡量地震韧性的评价指标体系，此后，Stephanie E. Chang 等人在其理论基础上继续细化，并在田纳西州孟菲斯市的基础设施系统地震改造中进行了验证。

目前，国外对城市地震韧性的相关理论研究已经具备了一定的基础，对城市韧性的概念特征、框架制定、评价指标等内容也已经形成了一定的认识和解读。

2.2 国内相关研究综述

国内对城市韧性的研究起步较晚，最初的研究主要以城市韧性发展总结为主。费璇、温家洪等人对国外城市韧性的研究背景、概念发展和最新进展进行了论述，总结了城市韧性的九项特征和五种主要评价方法；邵亦文、徐江比较了工程韧性、生态韧性、演进韧性三种韧性认知角度的区别，阐述了国外城市韧性研究的内容框架。随着近年来研究的深化，我国学者逐渐建立起新的城市韧性概念框架和评价体系，为该领域的进一步研究提供了方法借鉴，如黄晓军、黄馨从脆弱性、不确定性、城市管制和弹性行动策略四个维度构建了韧性城市规划的概念框架等。

综上所述，目前城市适灾韧性的研究已经从最初的理论理解、概念辨析，发展到具体的评价框架和指标体系建立。然而，已有研究提出的适灾韧性指标体系与灾害作用机制联系较弱，系统性和实效性尚待提高，尤其是已有研究尚未提出与城市空间环境相结合的适灾韧性策略，抽象理念与具象的物质环境之间仍未形成关联。基于以上认识，本文以建立应对地震灾害的适灾韧性和城市空间环境之间的联系作为切入点，旨在探索具有实践性、操作性的城市适灾韧性评价指标体系及提升方法。

3　应对地震的城市适灾韧性评价

根据既有研究分析影响城市适灾韧性的空间环境要素，将发挥适灾韧性作用的空间环境要素确定为适灾韧性因子，并通过层次分析法（AHP）对适灾韧性因子进行排序，建立应对地震的城市适灾韧性评价体系，并基于ArcGIS平台按照相应权重将各适灾韧性因子的作用在空间上进行可视化，为科学有效地提出增强城市适灾韧性的方法提供支撑。

3.1　概念界定及研究对象分析

城市韧性是指城市在承受灾害或外来干扰时保持其自身结构和功能不受破坏的能力。韧性发挥的作用包括抵抗力和恢复力两部分，而城市韧性包括坚固性、冗余性、资源可调配性、快速性等四个属性，其中抵抗力通过坚固性和冗余性起作用，恢复力主要通过资源可调配性和快速性起作用。因此，应对地震的适灾韧性是指城市在面对地震扰动时，维持其原有状态或形成新的稳定状态下所能承受灾害的能力和自组织能力，以及在灾害经验中学习和提高适应性的能力。另外，基于韧性发挥作用的时间阶段，又可大致将抵抗力作为灾前、灾中时段韧性发挥的作用力，将恢复力作为灾后时段韧性发挥的作用力进行研究。

京津冀地区在中国地震震中分布图上属于大地震设防区。根据《京津冀协同发展防震减灾"十三五"专项规划》，京津冀地区分布有华北平原、山西和张家口—渤海3个地震带，是我国大陆东部地区地震活动最强烈、灾害最严重的地区。京津冀三地所处的地震构造位置和历史背景，决定了京津冀地区未来始终存在发生强烈地震的危险。天津为京津冀区域重要一极，开展应对地震的韧性评价及提升方法的研究对于维护城市安全有着重要意义。

本文以天津市中心城区为研究范围。现有的土地利用现状中，中心城区建设用地比例极高，建筑密度较大，且大部分地区容积率相对较高。与此同时，开放空间用地占比较小，自然水体和绿地不足且面临不断被开发建设侵占的趋势。根据对天津中心城区空间环境的现状特征分析发现，中心城区内的一些高密度地区的避难空间和避难道路未形成连续系统；街区的绿化植被种类、形式及层次均较为单一，难以形成阻隔地震衍生灾害的绿垣系统；大部分地区基础设施配置普遍存在标准较低的问题，很难满足灾害发生时基础设施备用功能替代单元的需求。

3.2　应对地震的城市适灾韧性评价体系构建

3.2.1　适灾韧性因子遴选

根据既有研究，城市适灾韧性主要通过抵抗力和恢复力发挥作用，以抵抗力和恢复力为准则层确定各类影响因子，构建适灾韧性评价体系。本文基于城市物质空间环境的角度，通过城市韧性相关文献和专家咨询结果，确定了7项要素作为应对地震灾害的城市适灾韧性因子。其中，地质安全性、建设开发强度、建筑抗震性能3个因子作为抵抗力发挥作用，避难空间密度、避难空间可达性、交通网络通达度、医疗设施密度4个因子作为恢复力发挥作用（表1）。

表1　应对地震的城市适灾韧性因子及其说明

作用力	韧性因子	因子说明
抵抗力	地质安全性	地震可能性和危害程度
	建设开发强度	建设开发强度
	建筑抗震性能	建筑应对地震时易倒塌/损坏/坠物等的危险性

续表

作用力	韧性因子	因子说明
恢复力	避难空间密度	行政区划内的避难空间分布密度
	避难空间可达性	受灾人员到达地震避难空间的容易程度
	交通网络通达度	交通道路通畅便捷程度
	医疗设施密度	行政区划内的定点医院分布密度

3.2.2 层次结构模型建立

对适灾韧性评价体系建立层次结构模型，一级评价指标为应对地震的城市适灾韧性因子，二级评价指标包括抵抗力和恢复力，三级评价指标包含 7 项具体因子指标。根据该结构模型设置专家问卷，对问卷结果进行分析计算及一致性检验，最终得出应对地震的适灾韧性评价体系层次结构模型及因子权重排序（表 2）。

表 2　适灾韧性评价体系的层次结构模型及因子权重排序

目标层	准则层	因子层	权重	排序
应对地震的城市适灾韧性因子（A）	抵抗力（S）	地质安全性（S1）	0.4224	1
		建设开发强度（S2）	0.1243	3
		建筑抗震性能（S3）	0.1616	2
	恢复力（R）	避难空间密度（R1）	0.0947	4
		避难空间可达性（R2）	0.0819	6
		交通网络通达度（R3）	0.0864	5
		医疗设施密度（R4）	0.0286	7

3.3　应对地震的城市适灾韧性因子耦合模拟

将适灾韧性评价体系中各因子进行数据量化处理，基于 ArcGIS 平台进行模拟，建立应对地震的城市适灾韧性分布图。

3.3.1　数据采集及模拟处理分析

数据的采集是建立应对地震的城市适灾韧性分布图的基础。获取规划、社会、遥感等多方面的数据，将传统数据和开源数据相结合，基于多源数据在 ArcGIS 平台中测度天津市中心城区应对地震的适灾韧性（表 3）。

表 3　数据来源及描述

数据名称	数据来源	数据描述
地质安全性	地震台网	震级、坐标
建设开发强度	土地利用现状图	容积率、建筑密度、建筑高度及绿地率
建筑抗震性能	互联网地图	建筑年代及建筑抗震等级
避难空间密度	互联网地图	应急避难场所数量、坐标
避难空间可达性	互联网地图	应急避难场所坐标、服务半径
交通网络通达度	互联网地图	道路通达程度
医疗设施密度	统计资料	定点医院数量

将采集的数据通过 ArcGIS 平台进行识别、分析、处理，具体为：

（1）地质安全性。地震发生的频率及震级强度直接关系到地震带来的损坏程度。利用地震台网的历史地震数据，提取研究区内地震震级、坐标，并利用 ArcGIS 中的空间网络分析功能，使用克里金插值法得到震级分布图，反映研究区的地质安全性。按照震级大小分为五级，震级越高的地区对应地质安全性越弱。

（2）建设开发强度。包括容积率、建筑密度、建筑高度、绿地率几项主要指标。以天津市土地利用现状图为基础，综合考虑研究区内各项指标，按照低、中低、中、中高、高五类层级对各行政区开发强度进行划分。

（3）建筑抗震性能。包括建筑抗震等级及建筑年代。建筑抗震等级直接与建筑抵抗地震灾害的能力关联，是建筑抗震性能中最重要的量化指标；年代久远的建筑一般质量较差，在地震灾害中更易受到影响。利用开源地图（OSM）数据获取研究区内建筑抗震等级及建筑年代数据，利用 ArcGIS 中栅格计算器工具将两个数据图层进行等权重叠加，生成建筑抗震性能地图，并分为低、较低、中、较高、高五类层级。

（4）避难空间密度。应急避难空间是为了人们能在灾害发生时和灾害发生后，及时躲避由灾害带来的直接或间接伤害，并能保障基本生活需求而事先划分的带有一定功能设施的场地。按照天津市行政区划统计各区面积内Ⅰ类地震应急避难场所数量计算避难空间密度，同时由低到高划分为Ⅰ、Ⅱ、Ⅲ、Ⅳ、Ⅴ五个层级，并在 ArcGIS 平台中完成各行政区避难空间数量的可视化。

（5）避难空间可达性。地震灾害发生后，避难空间的可达性直接与疏散救援速度相关。以上述避难场所统计数据为基础，绘制各行政区避难场所范围图，并以各避难场所为中心，分别以100 m、300 m、500 m、800 m为半径生成避难空间缓冲区，描述不同程度的避难空间可达性。

（6）交通网络通达度。表征地区交通网络的通畅及可达程度，与地震发生后的疏散及灾后救援工作都有极为重要的联系。通达度越高，则疏散和救援速度更快，有效性也会越高，是衡量地震韧性的重要量化指标。研究通过 OSM 获取研究区内道路数据，基于 Depthmap 空间句法软件建立轴线模型，进一步验证轴线模型的正确性，最终通过计算得到中心城区道路通达度地图。

（7）医疗设施密度。表征应急医疗救援设施是否充足配置和合理布局，是保证灾后救治的有效性和及时性，促进震后恢复的关键因素之一。研究收集 2018 年天津市基本医疗定点医院统计数据，按照行政区划统计各区面积内的定点医院数量，计算医疗设施密度，同时由低到高划分为Ⅰ、Ⅱ、Ⅲ、Ⅳ、Ⅴ五个层级，并进一步在 ArcGIS 平台中利用字段设置完成数据的可视化。

根据以上空间可视化的数据结果（图 2），发现天津市中心城区地质安全性整体趋势为西南部大于东北部，避难空间数量严重不足，且避难空间和医疗设施分布严重不均，呈现东北部的避难及医疗资源严重缺失的情况。由于开发强度从东北部到西南部整体呈逐渐增加的趋势，故西南部及中部地区的风险要稍高于其他地区，但建筑抗震性能分布呈现出中部及南部地区性能较好的情况；中部及西部地区的路网密度更加丰富，道路通达度较好。

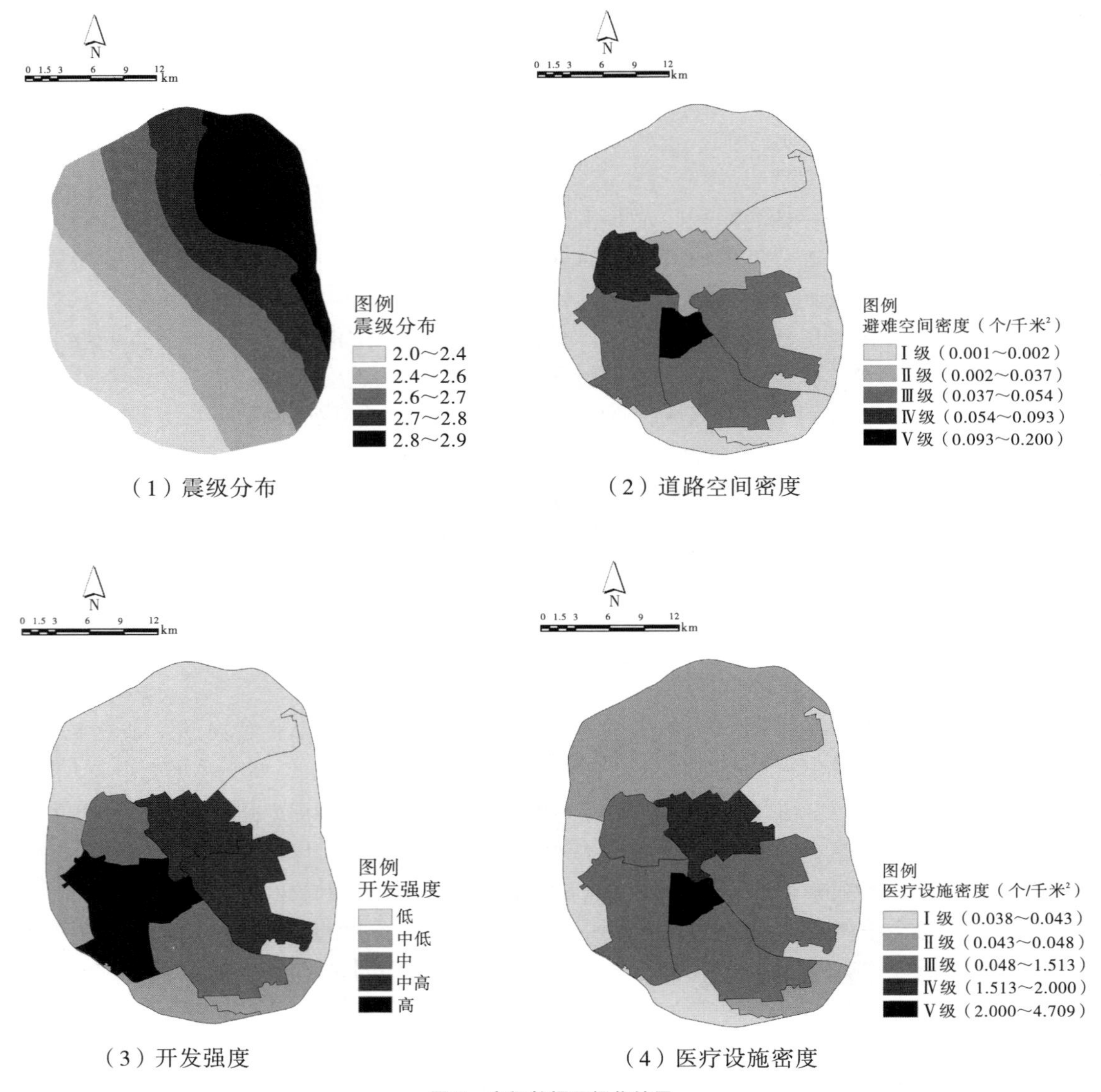

（1）震级分布　（2）道路空间密度

（3）开发强度　（4）医疗设施密度

图 2　空间数据可视化结果

3.3.2　应对地震的城市适灾韧性分布图

应对地震的城市适灾韧性分布图可以较为直观地识别城市应对地震灾害的水平，由此指导制定、采取更有效的适灾韧性提升策略，保障城市安全有序发展。将地质安全性、避难空间密度等上述数据进行处理，对处理后的数据进行重新分类，按照低、较低、中、较高、高五类韧性评价进行分级，使用 ArcGIS 空间分析中的地图代数工具对各栅格数据进行计算，结合层次分析法得到的权重叠加后调整相关数据分类方法，得到天津市中心城区应对地震的适灾韧性分布图（图 3）。根据适灾韧性分布图可知低适灾韧性区域主要集中在中心城区北部和东部，西北部少量地区也存在低适灾韧性区域，西南部与中部适灾韧性较高。

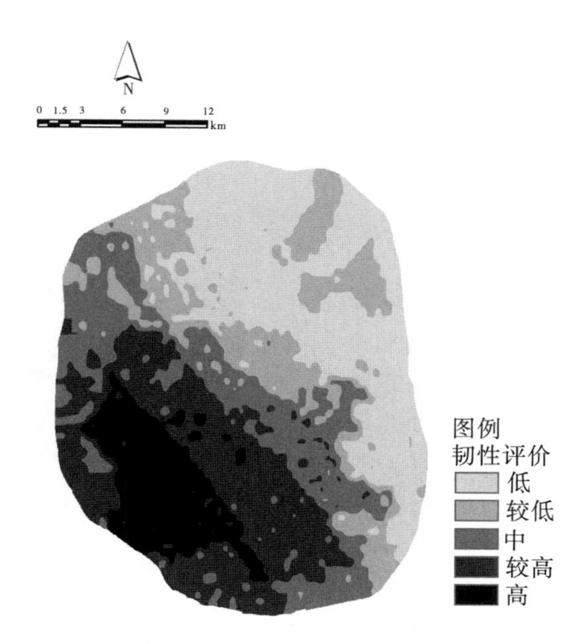

图 3　天津市中心城区应对地震的适灾韧性分布示意图

4　应对地震的城市适灾韧性提升策略

4.1　优化具有韧性的建筑空间布局和设计

根据天津中心城区应对地震的适灾韧性分布图，在低韧性区域应该更谨慎进行建设用地选址，提升建设用地地质条件，优化建筑布局并提升建筑抗震性能。在具体的城市建设过程中，对于居住、商业等建筑选址则首先需要考虑其所在地区的地质安全性及区位条件，避开可能因地震产生火灾、爆炸等严重二次灾害的区域。而在地震风险等级较高地区，为了便于地震发生后的快速疏散及救援，应限制开发强度，整体建筑布局尽量相对分散，以便于规划避难空间、避难通道，从而分散风险，提高避难空间可达性，增加逃生救援概率，避免产生次生灾害，防范严重的公共安全事件。而局部的建筑布局应严格控制疏散安全间距，在满足缓冲空间和防火绿化等设施设置要求的同时，可以采用适当集中的方式营造小型避难空间，提高避难空间可达性。

建筑设计中应采用有利于防震的建筑接地方式和建筑结构，如规则的平面布局形态和钢筋混凝土框架、框架—剪力墙结构，都具有较好的抗震性能；滑动体基础和弹簧地基也能够有效吸收地震波对建筑的冲击，同时应在地震发生风险较高的地区适当提高建筑设防烈度。在选用建筑材料时尽量选择具备防火、抗震等能力的材料，避免产生次生灾害而扩大灾害影响，同时也要兼顾建筑材料的环保性，避免产生污染问题。此外，高层建筑设计中应利用自然条件和现代技术手段优化高层建筑的采光、通风等内部环境，避免公共卫生灾害的发生和蔓延；保证避难层的建设及使用，并确保各类防灾设施和设备的合理布局和正常运转；禁止户外广告、招牌等外部悬挂物在高层建筑的使用，减少坠物风险，确保逃生疏散救援的安全性。

4.2　完善具有韧性的避难空间规划体系

避难空间是在灾害发生后或其他应急状态下，供居民紧急疏散、临时避难和生活的安全场所，其必要特征是地势平缓、有大面积空地或绿化用地，经科学规划、建设与规范化管理，其配套设施和设备在灾时能够发挥作用。应急避难场所以防灾公园的形式为主，也包括广场、体育场、操场、停车场、学校、寺庙、开阔空地等。灾害发生时，各级避难场所将随着灾害发生时序发挥作用，逐步将灾民由分散的、小规模的、临近的紧急避难场所引导到固定避难场所和中心避难场所等，故其分级应当合理清晰。可在已公布的应急避难场所基础上，增设不同等级的紧急、固定和中心避难场所，同时还可增加社区层级的公共开放空间用于临时集合，作为向紧急避难场所转移前的中转站。

针对避难空间数量严重不足和分布不均的问题，新建避难空间的选址应根据不同等级选取合理区位，采取系统的网络化布局，保证不同级别的避难空间合理设置，并具有高度通达性。规划中应灵活运用功能置换、地块合并等手段，增加中心城区东北部的避难空间数量及扩大规模，完善整体的避难空间规划体系。如北辰区对原有公园进行升级改造，并结合永定新河建设郊野公园，逐步完善中心城区东北部的避难空间数量和体系。在避难空间设计中，应尽量设置多个出入口，每个出入口均可通向避难路径，或将其边界完全对外开放；场地内尽量避免高差和复杂景观设计，其内部可采用多功能避难设施，实现平灾结合。避难空间平时可疏解城市密集实体空间，改善生态环境，为人们提供休闲娱乐的场所，还可以作为防灾宣传教育和演习的场所。

4.3 增强具有韧性的应急道路交通网络

应急避难道路是联系应急避难空间的线形防灾要素，是灾时居民逃生疏散的避难路径，也是到达避难空间的快速通道。此外，道路系统在灾时还承担着灾害发生后的运输功能。增加不同等级的交通网络，保证其通达度，是完善适灾韧性的重要环节。

基于中心城区东北部地区道路网密度较小，交通网络通达度较弱，规划应优化道路交通网络的布局，采用窄路密网模式，形成适宜尺度的开放式街区，其高连接度和短通行距离能够提高灾时疏散及灾后救援的效率。同时加强城市支路和社区道路的建设，提升道路系统冗余度，有利于形成稳定的街区结构以应对潜在的灾害。此外，在重要的应急避难道路设计中加入适灾韧性规划，严格控制建筑退线，提出弹性街道空间并设置防灾设施，同时加强疏散方向的可识别性及空间引导性，提高灾害发生时的逃生疏散效率。

5 结语

城市适灾韧性体系的建设是一个复杂的、长期性的工作，由于城市在不同发展阶段的认知不同，从传统防灾规划到新时期韧性城市的研究也经历了漫长的周期。城市适灾韧性的研究还处于初级阶段，需要在理论和实践研究过程中不断地吸收传统防灾经验，并结合新时代的技术手段和创新思想。本文以天津市中心城区为研究对象，初步构建了应对地震的城市适灾韧性评价体系，基于适灾韧性因子的耦合模拟，绘制了天津市中心城区应对地震的城市适灾韧性分布图，并总结了相应的适灾韧性提升策略。由于数据获取、部分因子无法量化等因素限制，本次研究的广度和深度仍存在不足之处，后续研究将选取典型街区进行量化模拟，进一步提高因子的科学性，以期为完善我国韧性城市规划的体系建设提供理论支持。

［基金项目：天津市自然科学基金（18JCQNJC07700），住房和城乡建设部科学计划（2018-K2-026）。］

［参考文献］

［1］马宗晋，赵阿兴. 中国的地震灾害概况和减灾对策建议［J］. 中国地震，1991（1）：89-94.
［2］HOLLING C S. Resilience and stability of ecological systems［J］. Annual Review of Ecology and Systematics，1973：1-23.
［3］LEICHENKOR. Climate change and urban resilience［J］. Current Opinion in Environmental Sustainability，2011（3）：164-168.
［4］SILVA J D，MORERA B. City resilience framework［R］. The Rockefeller Foundation，ARUP，2014.
［5］CUTTER S L，BARNES L，BERRY M，et al. A place-based model for understanding community resilience to natural disasters［J］. Global Environmental Change，2008（4）：598-606.
［6］BRUNEAU，M，CHANG，S E，EGUCHI，R T，et al. A framework to quantitatively assess and enhance the seismic resilience of communities［J］. Earthquake Spectra，2003（4）：733-752.
［7］CHANG S E，SHINOZUKA M. Measuring improvements in the disaster resilience of communities［J］. Earthquake Spectra，2004（3）：739-755.
［8］费璇，温家洪，杜士强，等. 自然灾害恢复力研究进展［J］. 自然灾害学报，2014（6）：19-31.
［9］邵亦文，徐江. 城市韧性：基于国际文献综述的概念解析［J］. 国际城市规划，2015（2）：48-54.
［10］黄晓军，黄馨. 弹性城市及其规划框架初探［J］. 城市规划，2015（2）：50-56.

［作者简介］

王　峤，副高级工程师，天津大学副教授。
李含嫣，天津大学硕士研究生。
焦　娇，天津大学硕士研究生。

韧性规划要求下公共卫生应急管理系统设计

□吴赛男，张鸿辉，洪　良，崔学森，巫文迪

摘要： 公共卫生应急管理是衡量城市韧性的一个重要标尺。面对新冠肺炎疫情，我国的公共应急管理体系受到了巨大的冲击，也暴露了卫生应急管理方面的许多问题。本文对国家与地方的公共卫生应急管理现状进行了探讨，并对大数据等先进信息技术在疫情防控中起到的作用和存在的问题进行了分析，在此基础上提出公共卫生应急管理系统设计思路，以期为健全公共卫生管理体系、提高公共卫生管理的信息化支撑水平提供借鉴。

关键词： 公共卫生应急管理；新冠肺炎疫情；大数据；社区防控；城市韧性

1　引言

2020 年 1 月，新冠肺炎疫情暴发，并快速波及全国各地，全国多个省、市、自治区陆续启动“重大突发公共卫生事件Ⅰ级响应”，世界卫生组织也将其列为“国际关注的突发公共卫生事件”。截至 2020 年 7 月 6 日，全国已经累计确诊新冠肺炎病例 85320 例，海外也已累计确诊一千多万人。新冠肺炎疫情这场重大卫生公共事件的发生，由于其不可预测性和破坏性，我国社会遭受了重大的生命财产和经济财产损失，同时也暴露出国家在公共卫生应急治理体系和治理能力方面仍存在一些短板和不足。应对突发公共卫生事件是韧性城市规划的任务之一，而智慧性是浙江大学韧性城市研究中心对韧性城市规划进行总结的五个特点之一，即能够在有限的救灾资源储备下，优化决策，最大化资源效益，实现资源的合理调配。在韧性规划智慧性的要求下，如何提高城市公共卫生应急能力，是经历了本轮“大考”的我们有必要深思的问题。在 2020 年 2 月召开的中央全面深化改革委员会第十二次会议上，习近平强调：“要鼓励运用大数据、人工智能、云计算等数字技术，在疫情监控分析、病毒溯源、防控救治、资源调配等方面更好发挥支撑作用。”其中，公共卫生应急管理能力的加强，是增强城市韧性的重要举措。在韧性规划智慧性特点的要求下，公共卫生应急管理效率作为衡量城市韧性的重要指标，公共卫生应急管理系统的建设应是现代社会的当务之急。

2　发展与困境

2.1　发展概况

进入 21 世纪后，人类先后遭遇三次冠状病毒的侵袭，即“非典”、中东呼吸综合征和新冠肺炎疫情。2003 年的“非典”催生了中国的应急管理体制，2020 年的新冠肺炎疫情检验了中国

的应急管理体制，也暴露出我国突发公共卫生事件预案与预警机制还不完善。首先，由于突发公共卫生事件的不确定性和动态化发展，应急管理体制对疫情的及时识别和预警能力仍显滞后和不足；其次，鉴于公共卫生事件的突发性和预警决策的迫切性，信息公开存在缺陷和不足；最后，在预警后的快速反应和管理方面，动态综合的管理体制有待提升。为此，国家出台了一系列政策文件对疫情防控信息化建设进行引导。《关于加强应急基础信息管理的通知》明确了应急管理部规划和建设全国应急管理大数据应用平台，规定了各类应急基础信息的获取途径，要求深化应急基础信息的分析和应用。《新冠肺炎疫情社区防控工作信息化建设和应用指引》（民办发〔2020〕5号）要求发挥互联网、大数据、人工智能等信息技术优势，依托各类现有信息平台特别是社区信息平台，有效支撑社区疫情监测、信息报送、宣传教育、环境整治、困难帮扶等防控任务。《关于加强信息化支撑新型冠状病毒感染的肺炎疫情防控工作的通知》（国卫办规划函〔2020〕100号）要求各地积极运用“互联网＋”、大数据等信息技术助力疫情阻击战，强化数据采集分析应用，充分发挥信息化在辅助疫情研判的支撑作用，对疫情发展进行高效跟踪、筛查、预测，为科学防治、精准施策、便民服务提供有力支撑。

为了响应国家社区防控信息化的要求，各地政府也陆续颁布了相关的要求和办法。广东省加快建设公共卫生服务领域现代化、信息化，并构建公共卫生云平台及疾病控制业务应用系统；上海市依托“一网通办”“一网统管”，推动公共卫生领域健康大数据应用；湖南省颁布了《湖南省突发公共卫生事件应急预案》；内蒙古在疫情暴发后利用“大数据＋网格化”技术为阻击疫情提供了强力的支持；除此之外，各地方政府也为推动地方卫生应急管理的信息化、智慧化做出了不同程度的探索。

2.2　现实困境

大数据等新兴技术在新冠防疫管控中起到了重要的作用，但在大数据与网格化管理的深度融合、实施精准管控、满足管控防疫等方面，国内卫生应急管理体制也暴露出了一些比较突出的问题。如不同部门和公司推出了大量的疫情地图，相关数据在疫情防控中起到了关键的作用，但由于缺乏有效的统筹管理技术平台，一些已有的数据不能传递到其他有需要使用的部门，降低了工作效率；大量的数据以分散的形式分布在各层级部门和不同的公司里，数据的方法和形式没有统一的标准，给数据的统计和应用造成困扰，也就对大数据应用的功能挖掘造成了困难；疫情防控中的数据没有统一的储存平台和标准的数据接口，个人信息数据在流通利用的过程中得不到有效保护，一些个人信息被恶意公开、违法使用，给当事人造成不必要的伤害，降低了公众对大数据技术利用的信任度，给大数据等信息技术的发展带来了阻碍。

因此，急需建设一个既能打破部门数据壁垒，又能提高疫情精准防控的公共卫生应急管理系统。

3　业务场景分析

3.1　社区防控

社区是疫情防控的前沿阵地，社区网格化管理是大数据等信息技术在公共应急管理中的一种应用，通过互联网和数据库，对每一个网格实施动态化、精细化和全方位的管理，高效地满足社区治理和居民的需要。通过搭建公共卫生应急管理系统，与各网格进行有效连接，网格员直接通过系统报告网格内的疫情情况，在系统上按照统一的标准进行数据整合，方便需要的部门调用、分析，然后做出更加科学严谨的抗疫决策。

3.2 监测预警

新冠疫情暴露出了疫情监测预警能力不足和风险识别、信息公开滞后等问题。通过公共卫生应急管理系统整合城市公共监测资源、公共服务设施、人口流动等海量数据，针对公共卫生安全事件发生的高危地区和高危人群进行可视化监测，对可能出现的公共卫生安全事件进行监测预警，并对其风险进行分析、识别和评估，为前瞻性开展公共卫生安全应急和防控提供科学决策支撑。

3.3 应急指挥

预警后的及时有效处置需要完善的应急指挥系统，需要完善平时卫生应急储备和一般事件应急响应机制，实行统一领导、分级负责、条块结合、属地管理。基于应急指挥系统，运用网格化的精准社区防控管理和汇聚多源时空大数据的监测预警仪表盘，通过分析疫情数据、感染源时空分布、人口流动情况、应急物资储备信息等做出快速响应，做到统一平台、统一通信、统一部署、统一指挥、统一调度。

3.4 公众服务

系统收集专业领域、一线亲历者的声音和意见，直观展示疫情的更新和发展，给公众提供一个官方消息通知获取渠道，减少群众不必要的恐慌紧张情绪。借助大数据、人工智能等手段，对社会和公众需求、公共资源进行深入挖掘分析、评估、预测，从而合理配置和布局各类用地和公共设施，以满足公共卫生安全事件发生时公众对应急管理服务的多层次、均等化需求。

4 目标与思路

4.1 建设目标

为健全公共卫生应急管理体系和实现公共卫生应急管理系统的智能化，应充分发挥大数据等信息技术在新冠肺炎疫情防控工作中的重要作用。系统的建设包括以下建设目标。

（1）疫情防控更精准。

充分利用通用信息模型（CIM）、大数据、人工智能、物联网等先进技术，实时汇集城市各种时空数据，嵌入城市地理信息模型，提高应急管理的科技赋能，实现社区网格化管理。把城市的街道和社区按照一定标准细化分成若干“格”以实现分条块管理，强化大数据挖掘分析和评估使用，健全公共卫生安全事件风险预警、预报机制，实现公共卫生应急管理即时感知、响应及处置，提高城市疫情防控精细化、专业化水平。

（2）风险评估更智能。

通过大数据挖掘筛选、专家调研访谈和历史事件回溯等方法，从疫情特征、人口流动、应急储备、舆情应对能力、复工复产等多个维度出发，建立风险评估模型，展开全方位的分析评估；梳理疫情相关信息，对其进行科学预测、分析，按照事件的性质、严重程度、可控性和影响范围等因素进行风险评级，归纳出潜在疫情风险，实现分级分区精准防控。

（3）应急响应更迅速。

应急管理的过程分为事前、事中、事后，应做到快速反应、统一指挥、高效协作，有效应对瞬息万变的状况。充分运用大数据、人工智能、建筑信息模型（BIM）、地理信息系统（GIS）等新一代信息技术，通过疫情实时监测、流动人口精准分析、应急物资储备等手段，综合研判多部门、多源大数据信息，构建政府统筹调度、大众资源接入的应急响应机制，有效支持决策部署防控工作。

(4) 信息公开更透明。

相关信息的公开透明是疫情防控的重要一环，信息公开关乎公众的知情权、监督权和生命健康权。通过公共卫生应急管理系统，依法做好疫情报告和发布工作，按照法定内容、程序、方式、时限即时准确报告疫情信息，充分尊重老百姓的知情权，让老百姓知道疫情的发展和防护措施，避免因信息不对称引发恐慌。

4.2　建设思路

系统秉承“立足当前，着眼长远”“平战结合，精准施策”“联防联控，群防群控”“省市统筹，上下衔接”的原则，按“以业务为导向，以数据为核心，以技术为抓手，以集成为重点”的思路进行建设。主要分三步走：

一是数据汇聚。汇聚基础地理信息数据、规划数据、管理数据、社会大数据等，打破数据壁垒、信息孤岛，形成多维整合、多部门联动的数据熔炉，建成绝对保密、随时更新的数据库，实现数据资源共享。

二是智慧分析。利用大数据等先进的信息技术，实现数据整合后可视化应用，并为各机构部门提供更多的数据查询和统计分析服务，提供更多实时的、准确的辅助决策依据。

三是立体管理。依托天空地一体化连通的感知网络与多手段融合的通信网络，围绕公共应急突发事件事前、事中和事后的全过程实现全生命周期管理，形成实时接入、全维感知、高效通信、可视指挥、智能协同的公共应急综合管理系统。

5　总体架构

系统主体架构划分为五个层次，依次分别为基础设施层、数据资源层、分析服务层、业务应用层和用户对象层，还包括统一标准规范体系及安全与运维保障体系（图 1）。

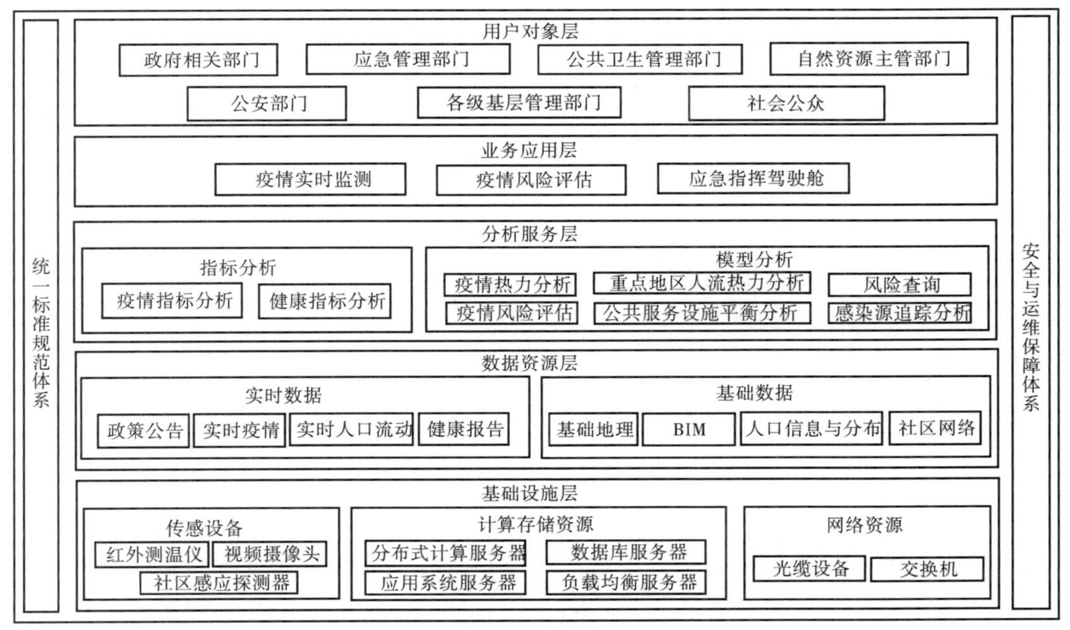

图 1　总体架构

基础设施层：主要是硬件设施、软件环境、网络环境、储存设施等。

数据资源层：系统的核心层，包括了实时数据和基础数据两个部分，其中实时数据是动态更新的数据，主要包括实时人口流动、健康报告等数据；基础数据包括基础地理、人口信息与分布等较为稳定的数据。

分析服务层：主要提供各类分析服务，基于系统支撑环境提供统一的数据标准，可以有效地利用数据进行疫情指标分析、健康指标分析等，还可建立相应的模型进行疫情热力分析、疫情风险评估等。

业务应用层：主要包括疫情数据的实时监测、疫情风险评估、应急指挥驾驶舱等。

用户对象层：系统面向政府相关部门、应急管理部门、公众等用户群体。

6 关键技术

6.1 模型支撑技术

核心算法模型基于多源大数据、等时圈分析模型（Python）、S 分析、Matlat 工具、LstOpt 等多种支撑技术实现。

通过航空和铁路的客运班次分析不同城市之间的人流联系情况、手机信令数据分析人口分布情况等方法，为风险评估模型的搭建提供了更加精细化的数据基础；使用 Python 编写高德开放平台的应用程序接口（API）采集脚本，计算感染者到其他地方的耗时，划分不同耗时阈值分析，从而实现感染者的实际活动范围分析；用 SPSS 软件进行疫情时空分布与航空、铁路客运班次之间的相关性分析，针对性地对疫情防控做法进行研究；根据连续时间的疫情情况与感染者数量，利用 LstOpt 工具估计 SEIR 微分方程组的参数，并利用 Matlab 拟合 SEIR 曲线，预测若干时间后的疫情变化趋势，对未来的情景进行假设模拟（图 2、图 3）。

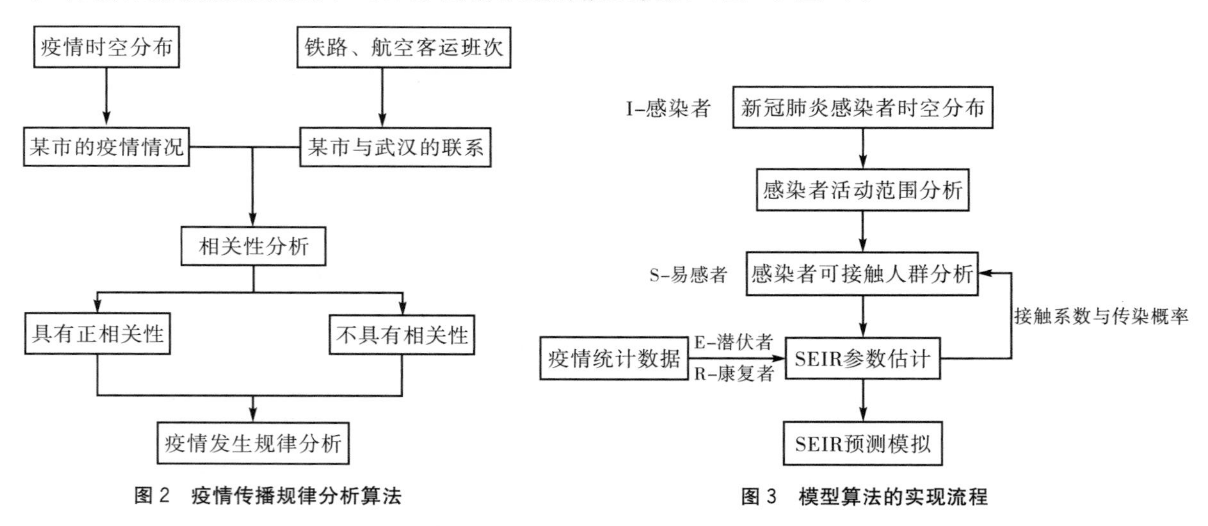

图 2　疫情传播规律分析算法　　　图 3　模型算法的实现流程

6.2 物联网技术

物联网是在互联网基础上的延伸和拓展，其用户端延伸和扩展到任何物体与物体之间。通过各种信息传感器、射频识别技术、全球定位系统、红外感应器、激光扫描器等各种装置与技术，能迅速精确地收集地区的人流情况、人员体温情况等多种与疫情防控密切相关的数据，准确定位疫情发生点并采取相应的应急措施；除此之外，还可以通过应急卫生物资数据的自动采集、识别、定位、跟踪及数据的传输与共享，实现指挥机关对各级应急卫生物资的统一调度与分配。

6.3　“BIM＋GIS”技术

通过结合BIM和GIS技术，对内部建筑和外部场景进行数字化表达，实现室内室外、人和场景的数据信息一体化，形成“BIM＋GIS”的三维底图。将通过物联网技术采集到的数据信息在三维底图上进行叠加，相关部门能在三维底图上从微观到宏观实现对区域公共卫生应急的精细化管理，并能及时做出相应的高效指挥决策。

7　系统建设

公共卫生应急管理系统主要包括三个功能模块，即监测预警功能模块、风险评估功能模块、应急指挥功能模块，模块间既有基于数据层面的统一性，又有基于业务层面的独立性。

7.1　监测预警功能模块

本模块提供通知公告、实时播报、疫情指标统计、疫情热力分析和重点地区人流热力分布等多个功能应用，以公告、统计图、定位热度图等方式进行信息公布和数据可视化，及时公布国家、省有关通知和文件信息。公众可以在系统中及时查询相关的疫情信息以避免恐慌，管理者可以借助相关的数据做出高效的决策以应对疫情。

7.2　风险评估功能模块

本模块提供疫情时空分析、总体风险评估、公共服务设施供需平衡分析和风险查询等功能，为公众、管理部门及决策者提供相关服务。根据现状公共应急事件点（疫情发生点）位置、交通网络数据、手机信令人口分布数据，以街道（乡镇）为单元综合评估疫情风险等级，为有关部门及公众提供查询、参考。除进行疫情风险评估外，还能重点结合区域医疗卫生设施分布、规模、床位数及区域内病人数量，分析供需状况，力图做到物资的统筹平衡。

7.3　应急指挥功能模块

本模块主要面向管理部门，提供健康排查一览表、异常报告查询、定点测温查询管理、感染源追踪和信息反馈等多个功能，对红外测温仪、入户调查、定点测温上报、人脸识别视频探头等信息进行综合管理和查询，并在“BIM＋GIS”的底图上进行叠加，为管理部门应急决策提供参考。宣传部、公安厅、公共卫生厅等相关部门也能通过该模块及时进行信息反馈与指挥。

8　结语

本文面向社区防控、监测预警、应急指挥、公众服务等管理需求设计公共卫生应急管理系统，实现了疫情防控更精准、风险评估更智能、应急响应更迅速、信息公开更透明的建设目标，通过详细的思路构建和系统功能设计，实现疫情数据的实时监测，通过模型构建对疫情风险等级进行科学评估和统一智慧系统的建设强化公共卫生应急状态下的数据采集能力，为管理者的应急指挥提供信息化支撑，实现应急联动高效化，推动城市韧性智慧化。

［参考文献］

［1］全鑫，崔连伟．大数据在公共卫生应急管理中的应用：以内蒙古自治区为例［J］．信息安全与通信保密，2020（5）：92-101．

［2］高岩，苏东艳．“新冠”疫情下科学数据统筹管理与开放共享的思考［J］．江苏科技信息，2020（10）：8-11．

［3］秦树泽．突发公共卫生事件中城市应急管理系统建设研究［C］//澳门城市大学，澳门教育基金会，国际工程技术协会．2020城市建设与展望：第三届粤港澳大湾区研究生论坛论文集．武汉：武汉万城云文化传媒有限公司，2020：304-309．

［4］杨开峰．统筹施策疫情之后的公共卫生之治［M］．北京：中国人民大学出版社，2020：54-67．

［作者简介］

吴赛男，硕士，广东国地规划科技股份有限公司大数据工程师。

张鸿辉，博士，正高级工程师，广东国地规划科技股份有限公司副总裁。

洪　良，高级工程师，广东国地规划科技股份有限公司大数据中心总监。

崔学森，硕士，助理工程师，广东国地规划科技股份有限公司大数据工程师。

巫文迪，广东国地科技股份有限公司大数据工程师。

韧性视角下的地下轨道交通空间步行路径研究

□向姮玲，孙　傲

摘要：从城市韧性视角出发，探讨影响地下轨交空间步行路径通行能力的规划与设计要素。本文采用现场观测、实地采访和文献查阅的实验方法，对重庆临江门地下轨交站点的步行路径进行实测调研，获得地下轨交站点使用人群的行为特征及各设计要素（空间尺度、环境要素）；分析实测设计要素与使用人群行为之间的关系，建立地下步行路径设计要素与使用人群行为特征的评价体系，得到影响城市地下轨交站点步行路径通行能力的重要因素。得到结论：临江门地下轨交空间的步行路径具有不同层级，利于分级规划管理，且各层级的功能定位会影响地下轨交空间的通行能力；步行路径连通地下商业空间，在一定程度上能疏解地下通道中的人流，提升地下轨交空间的总体通行能力；但能够从地面进入临江门地下轨交站点的路径较少，部分位置的地面与地下空间衔接、规划设计不合理，不利于人流的通行疏散，降低了地下轨交空间步行路径的通行能力，进而影响城市的韧性。

关键词：城市韧性；地下轨交空间；步行路径；通行能力

1　引言

“韧性”一词最早起源于物理学，再逐渐发展到城市的经济、社会、生态与基础设施等各个方面。近年来我国城镇化进程迅速，但是由此引发的一系列灾害也随之增多，尤其是各大型城市均面临人口密度加大、环境恶化、交通压力剧增的问题。类似 2015 年元旦前夕上海外滩踩踏事件等的发生，更引发了对于城市基础通行能力的韧性思考。2017 年，北京首次将加强基础设施建设、提升城市韧性的要求纳入总体规划当中。可见，“韧性”的理念已逐步深入我国城市的规划发展当中。许多学者针对韧性城市理论与实践进行了相关的探索，如闫水玉指出韧性城市的实施途径及适用性根据不同的研究范式其策略构建是有差异的。因此，需有有针对性地将韧性城市的理论与实践落实到更为具体细化的内容之中。

地下空间长期以来作为城市空间资源的重要补充，缓解了城市空间资源匮乏及人居环境恶化等现实问题。邹昕争、孙立在利用地下空间提升城市韧性相关研究的回顾与展望中，已明确了合理利用地下空间对于提升城市韧性来说是有意义的，并指出未来应以现有的地下空间规划设计理论方法为基础，以韧性城市为研究视角，以地下空间的各级规划设计方法、管理体系和建设标准体系等为议题进行研究，完善地下空间规划设计理论方法体系。而后邹昕争又在城市防灾韧性的理念下研究了地下空间总体规划布局的方法，从防灾韧性角度出发对地下空间规划布局提出了相应的策略。另外，许多城市核心地区已开始将公共交通导向型发展（TOD）模式作为综合地下轨道交通（以下简称“轨交”）站点的规划设计理念。但是，以“韧性”作为研究视角，目前相应的规划设计理论方法并不完善，特别是针对已建成的地下空间路径的研究和回顾则更少。

因此，本文针对连通地下轨道交通站点、地下商业综合体与地面出入口（简称“地下轨交空间”）的步行路径，从提升城市韧性的角度，研究如何通过规划与设计来提升地下轨交空间步行路径的通行能力，探讨影响地下轨交空间步行路径通行能力的空间环境要素，以提升城市的基础通行能力，从而提升城市的韧性。

2 研究区域现状

2.1 研究内容与方法

韧性城市的建设涉及诸多现实性问题。本文选择重庆市渝中区解放碑商圈的临江门地下轨交空间作为调研区域（图 1），通过现场观察、实地采访与文献查阅三种方式收集数据并进行具体分析，总结临江门地下轨交空间步行路径的分布与实际人流通行情况，以及影响临江门地下轨交空间步行路径通行能力的空间要素环境，旨在为更多城市及地区的地下轨交空间综合开发与优化提供理论参考和开发依据。

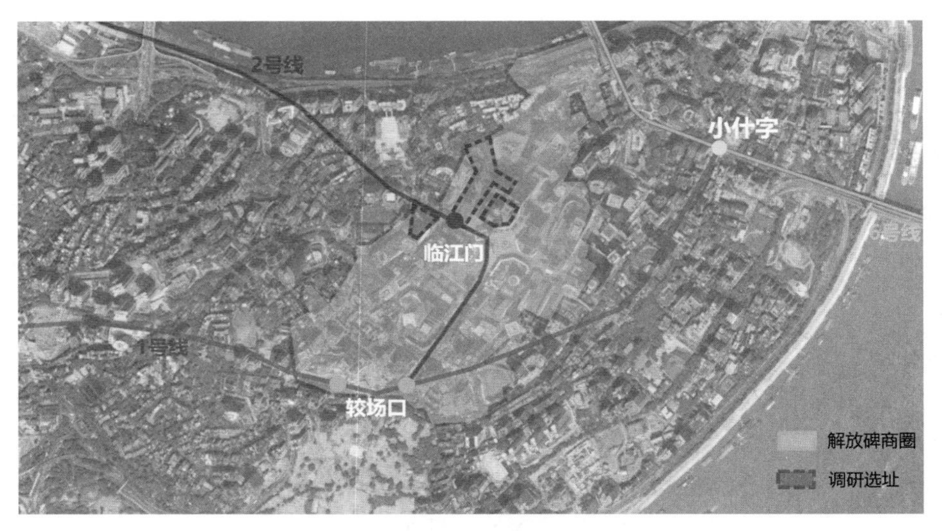

图 1　调研区域

2.2 临江门地下轨交站点概况

重庆临江门地下轨交站点是典型的整合式地下轨道交通站点，是重庆轨道交通 2 号线上一座车站，编号是 202，无线路进行换乘，位于重庆市渝中区临江路，于 2006 年建设并投入使用。临江门地下轨交站点在解放碑商圈范围内，并直接连通地上重要的商业综合体（国泰广场和时代广场购物中心），是去往解放碑广场最便利的地下轨交站点。因此，临江门地下轨交站点兼具了城市公共空间、商业综合体、地下通道和轨道交通四种功能（图 2）。

临江门地下轨交站点现有开放的三大出入口：A 出口连接了重庆百货、重庆大世界酒店、临江路等；B 出口连接了轻轨名店城、重庆牙科医院、重百超市、重庆商社大厦、新世纪百货等；D出口则连接了大型商业综合体，包括重庆时代广场与重庆国泰广场。此外，临江门地下轨交站点与地面相连的各细分出入口都有标志性建筑，与周边的广场、商业中心联系十分密切（图3）。

临江门地下轨交站点作为重庆核心区域的地下轨道交通站点，虽然没有与其他的轨道交通线路换乘，但是其功能非常复杂，并且连通了解放碑核心商圈，人流量十分庞大，特别是在节假日，临江门地下轨交站点的通行压力极大（图4）。参照2015年元旦前夕上海外滩发生的踩踏事件，重庆临江门地下轨交站点区域有发生类似城市灾害的隐患。

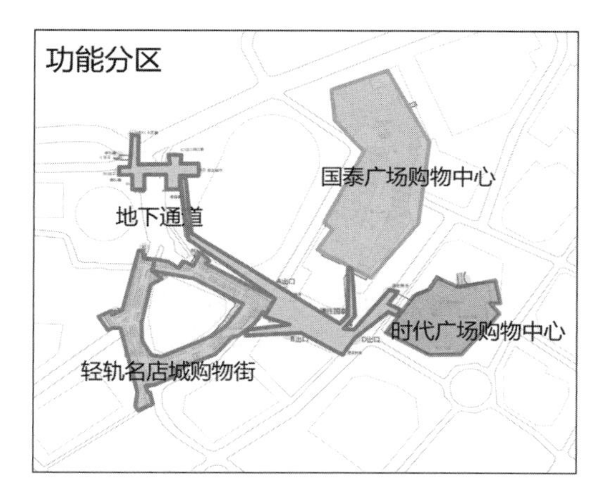

图2　临江地下轨交空间功能分区

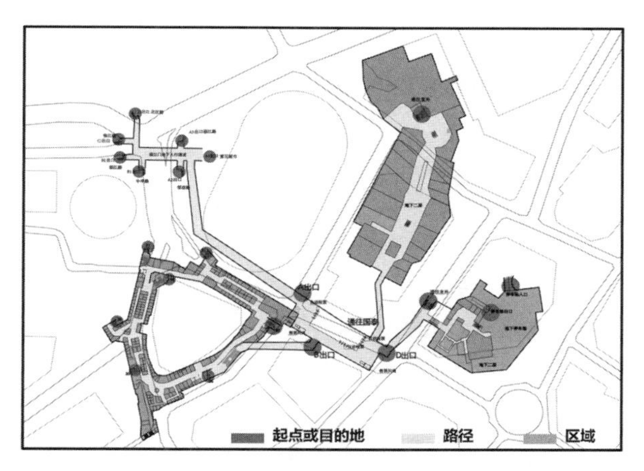

图3　临江门地下轨交空间出入口分布

图4　节假日解放碑人流量

2.3　路径类型

在临江门地下轨交空间中，步行的路径类型主要包括地下通道、商业空间路径（通往小型商场路径与商业综合体路径）、自动扶梯或者其他立体步行系统（图5），它们主要以线的形式存在于地下空间中，对步行起到了基础的承载作用，对地下轨交空间步行路径的通行能力有较大影响。

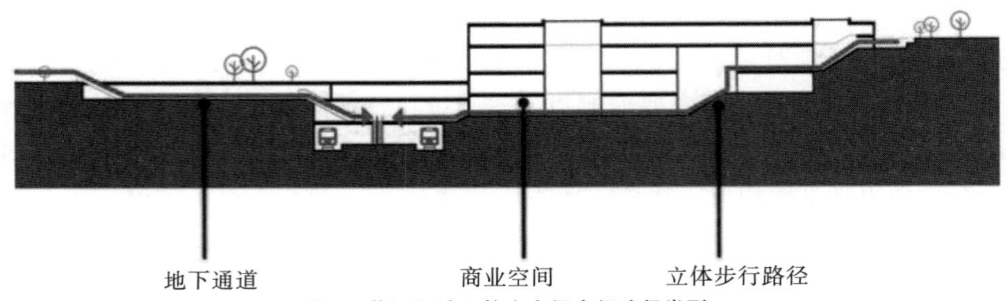

图5　临江门地下轨交空间步行路径类型

3　通行能力分析

3.1　人流路径分析

3.1.1　人流路径强度分布

人流路径强度指的是人流对地下轨交空间步行路径的空间行为强度，即使用频率。使用频率在一定程度上可以反映通行路径的通行压力，通行压力越大，在前期规划或是后期优化设计时需考虑的路径通行能力就会越大。

临江门地下轨交空间步行路径的使用人流大致分为三类，包括通向临江门地下轨交站点内的人流、通向重庆国泰广场、重庆时代广场等大型商业综合体的人流，以及通向小型商业建筑轻轨名店城的人流（图6）。其中，往来地下轨交站点的人流强度最大，而通向轻轨名店城的人流强度最小。由此可见，在临江门地下轨交站点中，人群对地下轨交空间的步行路径使用频率强度为：地铁人流＞商场人流＞走道人流。

根据人流强度的调研结果可知，临江门地下轨交空间的步行路径存在多个层级，有利于分级规划管理。同时由于各层级的步行路径功能侧重有所不同，承担的人流量与人流目的也有所不同，利于分流疏散及避免不同目的的人流过分交叉以致发生混乱。因此，建议可对地下轨交空间步行路径进行分级规划设计与管理，以地铁人流为主的步行路径通行能力要大于以商场人流为主的步行路径通行能力，且要大于以走道人流为主的步行路径通行能力。各人流线避免过分交叉，且在必要时，人流量小的路径要有分担人流量大的路径的人流的能力。

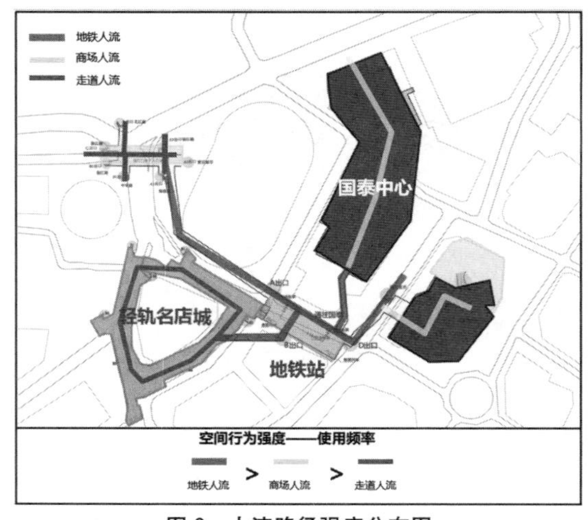

图6　人流路径强度分布图

3.1.2 出站人流路径分析

实地问卷调研中，有大部分人表示出站不会有困难，而且37%的人表示出站后会进入商业综合体（图7）。我们研究了临江门地下轨交站点闸机口到达商业综合体的两种步行流线，发现通过地下路径进入商业综合体的人流明显比通过地面路径进入商业综合体的多，而且从地下直接进入商业综合体更加高效快捷。

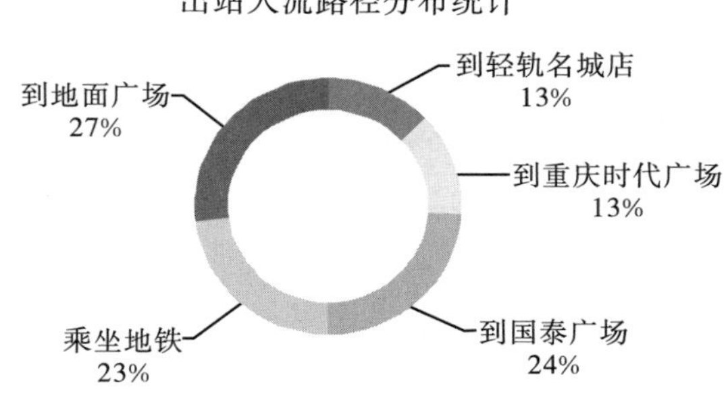

图7　出站人流路径分布统计图

由此可知，通过地下轨交空间步行路径进入商业综合体的效率相比于地面更高，而且地下商业空间的步行路径在一定程度上降低了以通行功能为主的步行路径的通行压力，提升了城市的基础通行能力。地下商业空间的步行路径在疏解地下轨交出站人流的同时，也为自己带来了人气，提高了自身商业价值，也有利于城市的经济发展。

3.1.3 进站人流路径分析

首先，通过调研问卷得知，大多数人表示出站流线较为明确，而进站却有一定难度。因此，我们将进站的步行路径作为研究的重点，通过人流路径的统计分析，选取了地面到达地下轨交点的16条常用步行路径（图8）。直接路径表示该步行路径直接把地面与地下轨交站点联系起来，间接路径表示必须穿过地下商业空间到达地下轨交站点。将路径对比后发现，直接路径（纯通道形式）

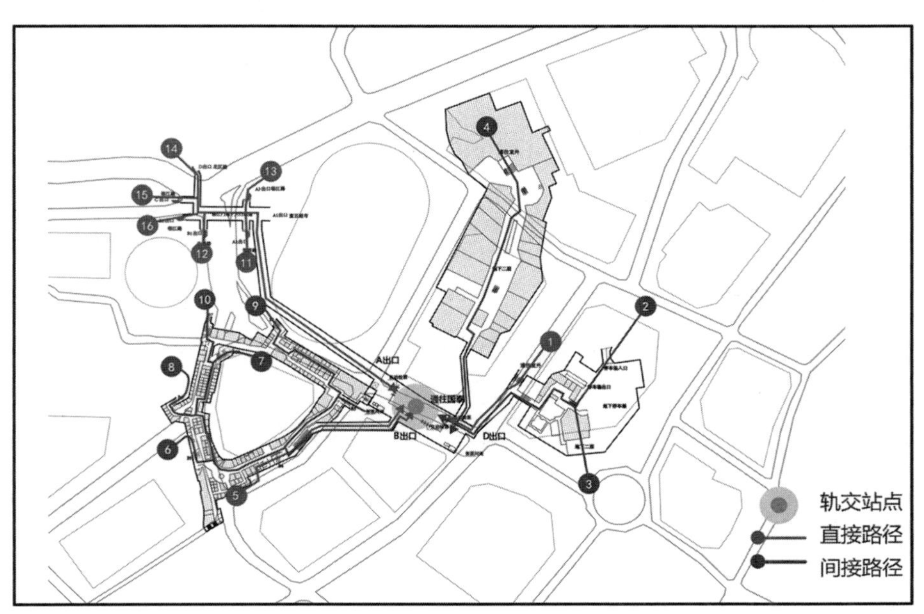

图8　进站步行路径分布

转折较少，空间单一，导向性较强，人流步行站速度较快，目的性明确，路径的通行能力较强；而间接路径由于需要穿过地下商业空间，路线呈树枝状，岔道较多，导向性较弱，人流在步行路径中的目的繁多，进站人流容易受周边人流影响，从而产生迷途感。因此，我们发现深色路径可以较为快捷地到达地下轨交站点，浅色路径则容易产生迷途感。

其次，通过对比人流路径统计分析图与人流路径强度分布图，发现两者十分契合。人流路径强度分布图中最主要的地铁人流路径与人流路径统计分析图中的直接路径相一致，人流路径强度分布图中的商场人流与走道人流路径与人流路径统计分析图中的间接路径一致，由此可再次证实临江门地下轨交空间的步行路径存在多个层级。进站的直接路径主要承担地铁人流，同时兼具容纳商场与走道人流，间接路径则主要承担商场与走道人流。

最后，再结合热力图分析，将不同时段的热力图叠加后（图 9）发现，在人流密度较大的区域，仅有 1 号、11 号、12 号三条深色路径，在地标解放碑附近（人流密度最高地区）甚至只有 1 号路径是较为容易进入地下轨交站点的。由此可见，临江门地下轨交站点从地面进入地下空间较为困难。地面人流过大时，向地下空间疏散人流存在困难，疏散点过于集中，即使地下轨交空间的步行路径满足疏解人流量的需求，部分路径也难以实现高效使用，其通行能力无法体现，弱化了城市基础通行的韧性能力。

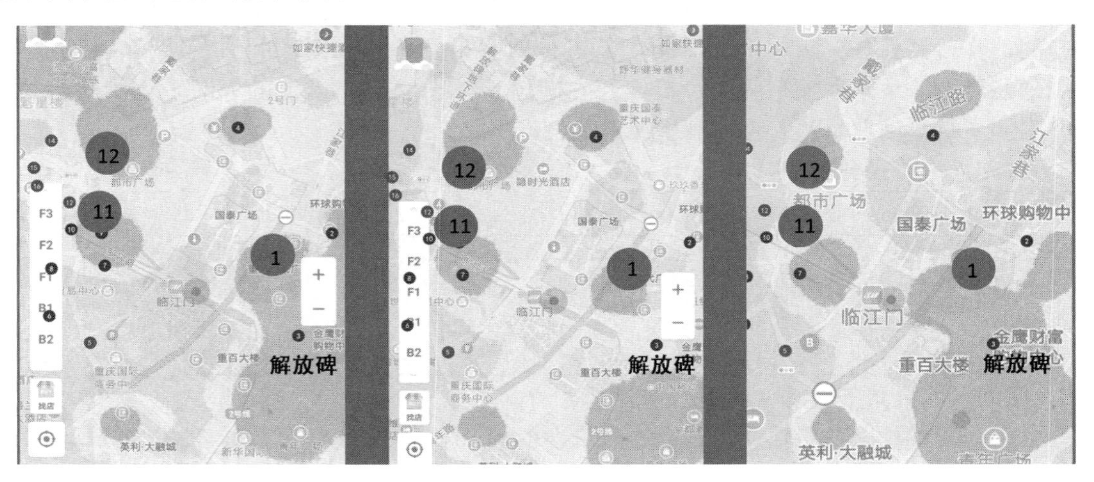

图 9　临江门地下轨交空间热力分布图

因此建议对进站步行路径的线形进行优化，结合人流路径强度分布对步行路径进行分级规划管理，避免直接路径与间接路径严重交叉或重叠，强化直接路径与间接路径的衔接方式。同时也应保证间接路径的基础通行需求，以避免出现进站人流无法通过间接路径进入地下轨交站点的情况。

3.2　影响通行能力的空间环境要素分析

3.2.1　空间尺度感影响

尺度感是路径的重要物理属性。不同类型的路径所对应的形式是有所不同的，而且同种类型的路径由于存在细分，其对应的细分形式也存在不同。此处着重分析了三种形式的步行路径尺度感对通行能力的影响（表 1）。

表 1　三种不同形式的路径尺度感

路径形式	纯通道类型	小型商业路径尺度	综合商业路径尺度
图示			
路径宽度	4～6 m	3～4 m	5～10 m
路径尺度	尺度介于三种形式之间	尺度最小	尺度最大
路径特征	两侧均为实墙，墙壁上有连续性广告招牌，空间氛围较为单一。因为直达地面出入口，该空间的目的性明确，导向性也最强，人在通行时的步行速度较快且基本无停留	通道两边设有开放式小型商铺，横向视野较宽，人群的选择增多	该路径的空间灵活多变，包含了餐饮、服装、娱乐等多种商业类型和公共空间，人群在其中的选择更为多样
路径实例	地下通道	轻轨名店城	国泰广场及时代广场
通行能力	强	一般	弱

由此可见，空间尺度的大小与通行能力之间的关系并不是正相关的，还与路径的设计形式有着密切的联系。针对不同路径的需求，在满足人流量这个必要条件时，设计合理的地下轨交空间步行路径形式有助于提升地下轨交空间步行路径的通行能力。

3.2.2　空间环境要素的影响

地下空间的步行路径与地面的步行路径在人流通行上来说具有相同的作用。我们将解放碑地面步行路径与地下步行路径进行对比（图 10），发现地下空间的步行路径在可视范围内是非常局限的，且不能以标识作为行走的指引，因此容易引发地下街的迷途感。根据调查问卷结果（图 11）可知，人们在迷路后大多会选择寻找标志物，从而确定自己的方位，标志物的缺失是地下空间产生迷途感的主要原因。

（1）解放碑地面城市的视线——丰富开阔

（2）时代广场地下空间视线——单调封闭

图 10　地面步行路径与地下步行路径对比

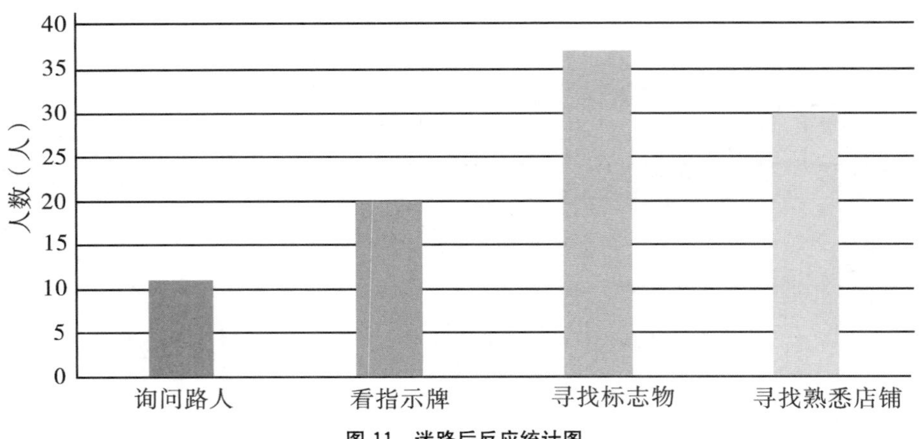

图 11　迷路后反应统计图

以轻轨名店城地下步行空间为例，其基本路径结构大致与地面路径相符合，呈三角形形态，但其地下步行路径视线范围局促，缺少标志物或节点空间来判断自己所处的位置，且内部道路分叉过多，易使人产生迷途感。因此，可以将地下路径与地面路径对应（图 12），在三角形三个角部加入节点空间或者标志物来强化路径转折感，提高路径可识别度和通行能力。

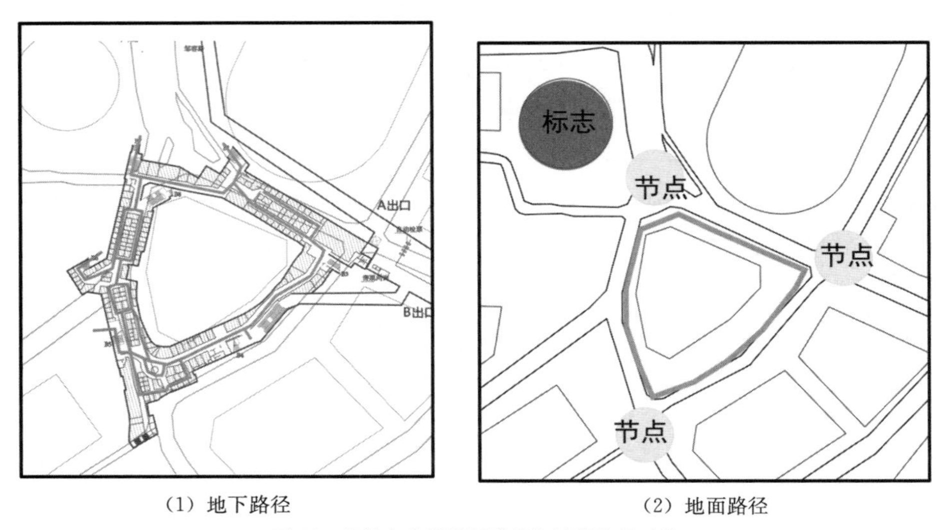

（1）地下路径　　（2）地面路径

图 12　轻轨名店城地下路径与地面路径对比

地下商业综合体在一定程度上属于地下轨交站点和地面街道之间的过渡空间，因此两者应该有较为明确的路径联系。我们选取了地面街道到地下轨交站点之间的路径作为研究对象。研究发现，虽然有地下轨交站点引导标识，但连续性差，过渡空间的作用没有体现出来，商业内部路径自成系统，没有考虑地下轨交站点与地面街道的系统连接，而且局部出现路径中断的情况，这会严重影响通行能力（图 13）。相比之下，国泰广场地下商业空间通过地下中庭的置入，使上下路径产生空间联系，在一定程度上可以减弱迷途感，提升路径的通行能力（图 14）。

图 13　地面街道与地下轨交站点的连接情况

图 14　地下中庭的置入

4　结语

路径的通行能力可以在很大程度上影响城市流量能力的上限。特别是针对城市人流量巨大的商业核心区域，通行能力的强弱直接影响疏散人流的能力，进而影响着城市的韧性。

临江门地下轨交空间步行路径结合了地下商业、地下通道布置，融合了城市公共空间、商业综合体、地下通道和轨道交通四种功能，所有步行路径具有不同的功能侧重方向，即存在多个层级，有利于人流的疏散及分级规划管理。

临江门地下轨交空间步行路径将地下商业空间与地下站点相连接，在一定程度上对疏解地下通道路径中的人流、提升城市基础设施韧性是有帮助的。但在临江门区域从地面进入地下空间较为困难，能够从地面进入地下轨交站点的路径较少，部分地面与地下空间衔接不合理，局部位置规划设计不合理，不利于人流的通行疏散，影响了地下轨交空间步行路径的通行能力，从而降低城市的韧性。

由于韧性城市基础设施规划设计与建设中有许多现实性问题，因此有必要通过实地的调研加以佐证。本文研究城市地下轨交空间步行路径的通行能力，旨在探索提升城市的基础通行能力韧性的方法，完善城市基础设施韧性规划设计的理论方法体系。

[参考文献]

[1] 陈利，朱喜钢，孙洁．韧性城市的基本理念、作用机制及规划愿景 [J]．现代城市研究，2017 (9)：18-24.

[2] 臧鑫宇，王峤．城市韧性的概念演进、研究内容与发展趋势 [J]．科技导报，2019 (22)：94-104.

[3] 闫水玉，唐俊．韧性城市理论与实践研究进展 [J]．西部人居环境学刊，2020 (2)：111-118.

[4] 邵亦文，徐江．城市韧性：基于国际文献综述的概念解析 [J]．国际城市规划，2015 (2)：48-54.

[5] 黄弘，李瑞奇，于富才，等．安全韧性城市构建的若干问题探讨 [J]．武汉理工大学学报（信息与管理工程版），2020 (2)：93-97.

[6] 邹昕争，孙立．利用地下空间提升城市韧性相关研究的回顾与展望 [J]．北京规划建设，2020 (2)：40-43.

[7] 邵继中. 城市地下空间设计 [M]. 江苏：东南大学出版社，2016.
[8] 邹昕争. 防灾韧性城市理念下地下空间总体规划布局方法研究：以张家口市主城区为例 [D]. 北京：北京建筑大学，2020.
[9] 朱良成，路姗，束昱. 基于 TOD 核心理念的城市地下空间规划模式探讨 [J]. 城乡规划，2011 (2)：75-82.

[作者简介]

向姮玲，硕士研究生，重庆大学建筑城规学院。
孙　傲，硕士研究生，重庆大学建筑城规学院。

智慧乡村认知误区、运作机理及规划策略探析

□谭　林，陈　岚

摘要：我国城乡二元结构长期存在，乡村发展落后于城市。在新时代背景下，数字经济为乡村振兴目标的实现提供了技术媒介，乡村的智慧式成长可作为城乡融合的重要战略选择，依靠智慧式发展理念实现乡村经济、人文、社会等多维空间的重构优化既是必然趋势，也是一项复杂的巨系统工程。另一方面，各地进行大量实践，但也不乏模糊智慧城市与智慧乡村概念的做法。基于此，本文在剖析二者的内在定义和梳理常见认知误区的基础上将“技术—经济—权力”系统作为智慧乡村规划运作机理的具体表现，同时确立了智慧乡村建设中“现实评估—理念植入—成果验证”的规划思路，最后提出基于人才振兴的乡村智库建设、立足产业融合的结构转型升级和政府基层之间的有机衔接互动三大整体规划策略，以期为我国乡村振兴实施及智慧乡村建设提供不同思路。

关键词：智慧乡村；乡村振兴；产业融合；技术驱动；认识误区

1　引言

推动城乡之间发展要素良好互动，最终形成乡村经济重组是乡村振兴的重要内容。数字经济时代的到来为此提供了契机，国家发布的《乡村振兴战略规划（2018—2022年）》和近几年的中央一号文件皆明确表示“数字乡村战略”是实现乡村全面振兴的关键抓手，类似政策进一步健全了乡村规划的制度建设，确立了规范化、标准化的发展路径。通过新技术、大数据等现代科技同乡村建设的有机结合，实现生产生活智慧化、智能化，是我国乡村实现永续发展的必经之路。

2　智慧乡村与智慧城市辨析

无论是智慧乡村抑或是智慧城市，都应首先聚焦于“智慧”语义。关于智慧理念，最早可追溯至2008年国际商业机器公司（IBM）提出的“智慧的地球”，其核心内涵是基于创新信息资源的掌握，加速同其余生产要素之间的流动交换，推动经济的升级发展。

智慧乡村作为新事物引发了学界、业界的广泛关注，各地也进行了不同程度的试点，理论与实践成果不断丰富。但受到不同利益群体、不同思想维度及其他不确定因素的内在影响，在具体操作过程中也一直存在误区。一个极为明显的误区是将智慧乡村与智慧城市趋于一致，在建设过程中照搬智慧城市的做法。本质上看，二者皆为智慧理念的实践表现，有一定共性，但更多的是强调各自的个性界定。

自智慧理念提出后，关于智慧城市的建设掀起了世界性热潮，不少学者也对此进行了大量研究。李德仁、邵振峰等人认为智慧城市应该通过超级计算机、云计算的整合，实现资源、数据和城市系统的有机融合及智慧管理。也有学者指出，智慧城市建设的核心是将信息技术融入城市社会经济、人文生态等不同领域。此后，巫细波、杨再高重点从城市管理、城市产业、城市技术创新和居民生活方式四个层次探讨了智慧城市对未来城市发展的重要影响。此外，陈铭、王乾晨等人结合实践案例，通过“智慧南京”建设，从基础设施、城市智慧服务、智慧人文和智慧产业四大层次构建了关于智慧城市的评价指标体系。事实上，智慧城市是城市发展到一定阶段、具有较高层次特征的时代产物，其形成与发展主要围绕技术、资本展开，在复杂庞大的城市系统中，通过价值的再创造与再创新，实现生产生活方式的深层次变革。

相对智慧城市来说，智慧乡村的发展和研究较为滞后。通过文献梳理发现，有学者提出可通过人工智能提升乡村规划建设和管理服务的智能化水平，从融资和信息基础设施提出了建设智慧乡村的建议。李先军在借鉴发达国家经验基础上提出分步实施、有序推进的策略。徐长安以农村生活现代化、科技化和农民生活价值体系智能化为主要视角，揭示了智慧乡村的构成要素。杨蜜、赵小冬以重庆为例，认为各地应根据本土农业特色和地理背景，将现代技术和传统智慧紧密结合，创新智慧乡村发展模式。总体来看，本文认为智慧乡村的形成是乡村空间内部各要素之间基于现代科技进行物质信息交换的结果，以数字化、信息化、智慧化为显著特征，最终引导生产生活方式实现显著改变。

显然，智慧城市与智慧乡村之间存在整体耦合而相对独立的对立统一关系。一方面，二者都以智慧理念为依托，强调大数据和智能技术的运用，其根本目的相似；另一方面，二者都具备鲜明的自身特征，需要以具体问题具体分析的方法论进行探讨。因此，研究智慧乡村应厘清技术性和实际性的相关关系。具体来看，在建设智慧乡村过程中，首先应立足于乡情，依据因地制宜原则制定实用性的乡村规划。乡村地区与城市空间特征截然不同，智慧城市的技术性指导不一定完全适用于乡村地域。以乡村产业为例，片面理解产业振兴概念，认为实现乡村产业升级即放弃原有产业发展模式，转而向高端产业迈进，不顾地区实际情况盲目引进城市先进高新技术企业，可能导致本底特色丧失、产业结构失衡、本土居民失业等系列严重的社会经济问题。此外，还存在误将“城乡一体的信息建设”理解为乡村信息设施建设复制城市标准的现象，导致在宽带接入的空间布局上过大而全，且接入能力等同于城市中心区，未曾考虑空心村的影响，使得大量网络维护资源浪费。实际上，乡村在空间分布上呈现出分散式特点，无论是宅基地规模还是片区村庄规模都与城市表现出极大的差异，其规划布局应充分考虑乡村市场需求，科学规划。

从某种程度上说，衡量一个乡村实现真正智慧式发展一个极为重要的尺度即为民生问题的实际解决，而非智慧城市内涵的简单外延及其方式的粗略实践。换言之，智慧乡村建设应立足于农村环境、农民生活、农业发展，运用现代科技解决广大乡村地区面临的困境，实现乡村生产、生活、生态等不同空间系统的重构与优化，使得农民生活满意度大幅提升。

3　智慧乡村的三重运作机理

乡村本身是一个复杂的系统，智慧乡村的整体运作体系同样庞杂，涉及政府、基层、村民等不同维度的价值取向和乡村问题，同时折射出不同主体具备的多元诉求。在这样的系统结构中，“技术—经济—权力”成为影响智慧乡村规划运作的主要机理（图 1）。

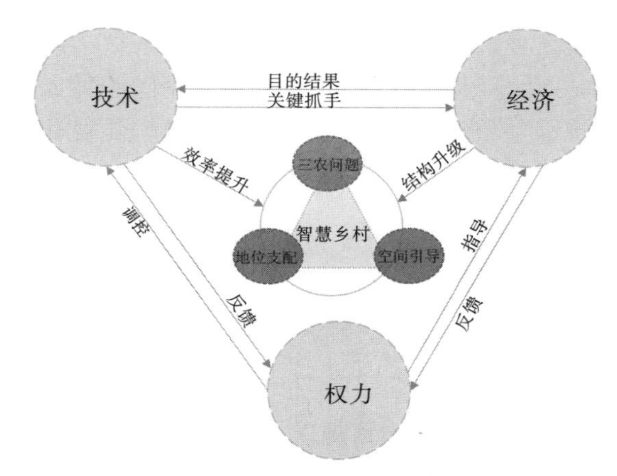

图1　智慧乡村的三重运作逻辑

3.1　技术驱动：数据嵌入的技术机理

乡村的发展可视为一个处于不断动态更新中的变化系统，可以预见的趋势是依靠劳动力的传统粗放式发展逐渐会被依托科技驱动的精细化运作所替代，集中体现在物质层面和人文层面。从前文所述智慧乡村的内涵来看，技术驱动发展主要表现为精准农业、基础设施、公共服务等方面。

首先，小农经济在我国农业经营群体中一直占据主导地位。生产效率较低、资源损耗大、无法满足市场需求期长等问题，是农业乃至乡村发展的桎梏。先进农业技术的出现成为突破该困境的重要工具，一方面，小农户需要微型农机具以满足农业机械化生产要求，提高劳动效率；另一方面，基于土地空间信息管理和变异分析的农业操作系统，对土壤环境、作物投入等进行实时定位、观察与诊断，最大限度实现高产、优质目标，推动精准农业的进一步发展。另外，农户可通过市场综合信息的及时掌握而及时调整供需方向，调控农业生产布局，促进农业供给侧结构性改革。

其次，乡村网络接入、智慧交通引入等基础设施建设成为智慧乡村的必要组成部分。合理的网络设施布局有助于村民共享信息时代的发展成果，尤其是独居老人可借助互联网技术通过网络与子女视频聊天以排解孤单愁绪，同时收看健康养生节目、战争历史纪录片等，丰富乡村老人的精神文化生活。此外，基于大数据技术，针对乡村不同路段特征建立完备的智能化交通管理体系，特别针对偏远山区特殊的地形条件，需要建设实时监控和交通信号控制系统，规避安全事故。

最后，随着互联网影响的日益扩大，乡村公共服务能力逐渐提升，以智慧生长为增长极，以技术嵌入乡村各内部空间成为新常态，“智慧＋养老”“智慧＋教育”“智慧＋医疗”等系列模式的分工运作进一步完善了智慧乡村体系，有利于加速城乡公共资源的流动共享和各子系统的技术化运行。

3.2　产业联动：业态多元的产业机理

乡村振兴重点在于产业兴旺，信息时代重在通过技术成果夯实综合生产力。乡村产业一定程度上的聚集为智慧乡村发挥规模经济效应提供媒介，一方面，区域优势产业资源、土地、人才等要素的整合集聚，促进了产出效益的最大化，同时特色产业的横向发展也使其体系更为壮大。另一方面，互联网同传统产业的有机结合激发了不同要素活力，在此基础上以市场信息为参照，创新管理运营模式，不断进行自身产业体系的自我调整优化，最大程度适应市场规律，培育新业态、新产业，实现产业空间重构，以此推动产业结构的优化转型，实现农业同其他产业的联动发展，构建多产融合的现代化产业体系（图 2）。

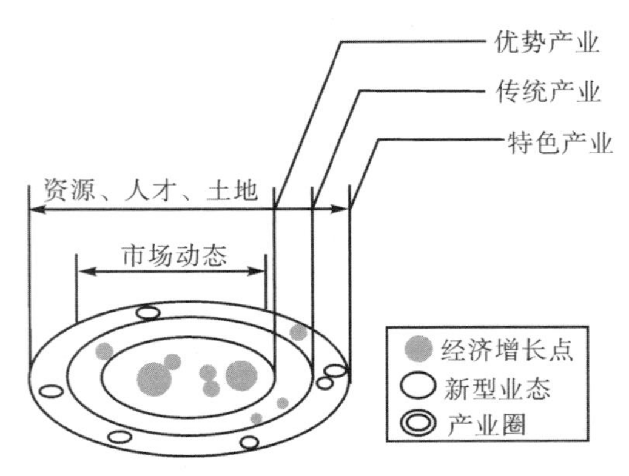

图 2　智慧乡村的产业联动力

3.3　上下互动：主导支配的权力机理

智慧乡村网络中的政治保障即为各级政府之间的权力构成、互馈作用及由此衍生出的权力监督与被监督关系，总体来看主要分为顶层制度与基层治理两个层面，体现为国家意志和不同位序政府之间、基层管理与乡村单元之间的多重复杂关系。不同权力关系之间呈现出互动和博弈的常态化特点，首先顶层设计思路层层传递，最终落实至乡村社会基层，在此过程中，处于主要利害关系方的政府在政策细则的指示、制定、执行和检验等不同阶段都处于主导地位，而位于权力末端的基层执行部门则将不同的声音汇集传达至上层，实现上下良性互动。正如 Michael Mann 所描述的那样：中国是十分典型的“科层制”国家。不难发现，权力网络贯穿于智慧乡村实施过程的各个环节，决策者和执行者相互影响、交互作用，共同推进智慧乡村建设（图 3）。

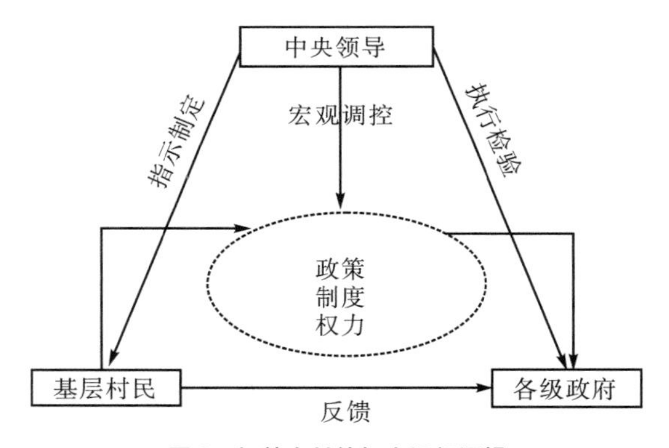

图 3　智慧乡村的权力运行逻辑

4　推行智慧乡村的规划策略与路径探究

智慧乡村在我国的发展起步较晚，但最近几年各地依据实际条件也形成了丰富的建设模式，如北京、海南等（图 4）。随着乡村振兴战略的进一步推进，智慧乡村的内涵特征也不断扩容，积极探索新时代背景下智慧乡村的规划路径十分必要。由于我国地理国情差异显著，在制定具体策略中应秉承因地制宜原则，确立“现实评估—理念植入—成果验证”的规划思路，基于智慧乡村的三重运作机理，建立以人才为动力、以产业为基础、以治理为保障的整体规划技术路线。

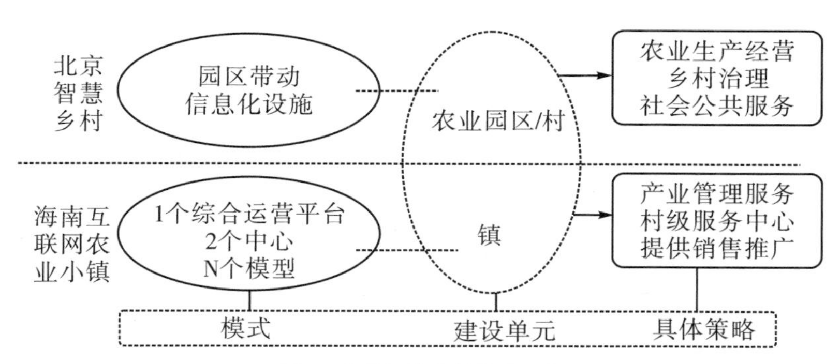

图 4 典型智慧乡村发展思路

4.1 基于人才振兴的智库建设策略

乡村振兴需要关注“人”的问题，主要有两重含义，一是指以人为本，着眼于“三农”问题，通过惠民政策的实施切实解决农民需求。此外即为人才引入问题，智慧乡村建设的关键在于智慧理念介入，以“智慧+模式”提升村民生活品质。从源头上看，人是智慧的创新主体，实现乡村智慧式发展首要解决的问题是乡村人才要素的聚集，大致可分为乡贤精英、新型农民、专业人士、科研院所、创客、大学生等不同类型。应以不同要素为载体，针对不同类别人才形成个性化培养体系，进一步提高人才总体素质，优化人才队伍建设，通过扶持政策、激励机制等措施留住人才，提升乡村空间软实力，打造乡村智库（图 5）。

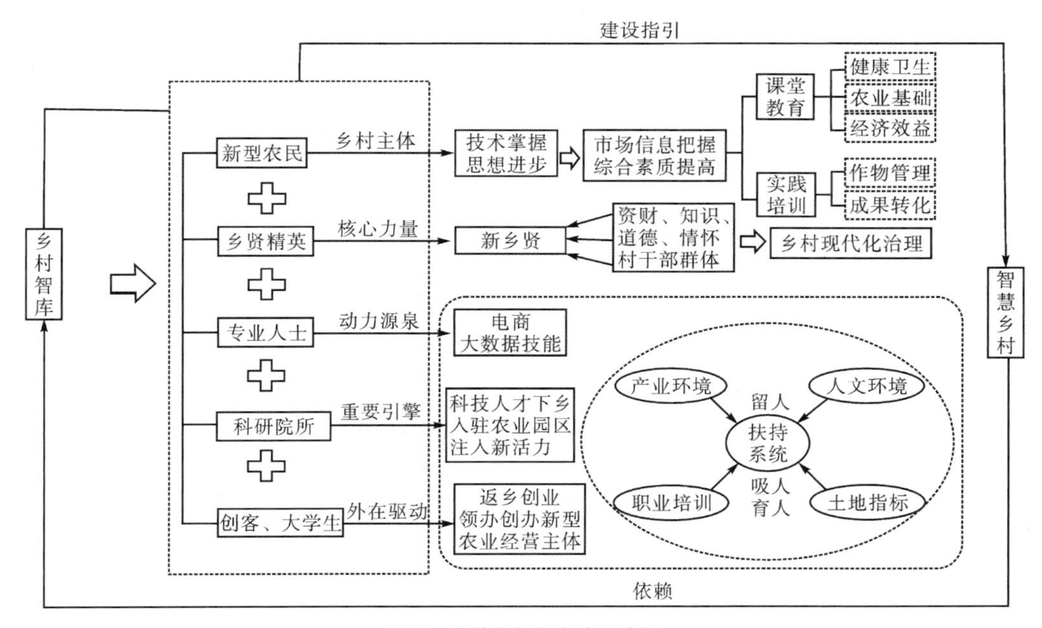

图 5 智慧乡村智库建设路径

4.2 立足产业融合的转型升级策略

乡村产业兴旺的重要路径在于推动农业同其他产业的有机融合，实现乡村产业链和价值链的重构，为智慧乡村的建设提供新的动力。当下乡村地区出现较多新的经济增长点，应把握“乡村振兴”这一宏观背景，形成“农业＋科技”“农业＋教育”“农业＋文化”“农业＋旅游”等产业发展模式，引导农业科技研发和现代农业、休闲农业等复合型业态的空间重组，培育新型业态。发挥高端产业增长极带动作用，增强特色产业吸引力，强化主导产业地位，同时挖掘传统产业发展内核，以现代化技术手段转变传统产业发展方式，创新管理模式，进一步促进其发展转型。值得注意的是，在进行产业空间布局时，首先应立足区域视角，统筹规划产业片区，将产业群分布于不同空间位置，依托各地特色形成错位发展格局，并通过产业发展空间轴线加强各组团间的经济联系（图 6）。

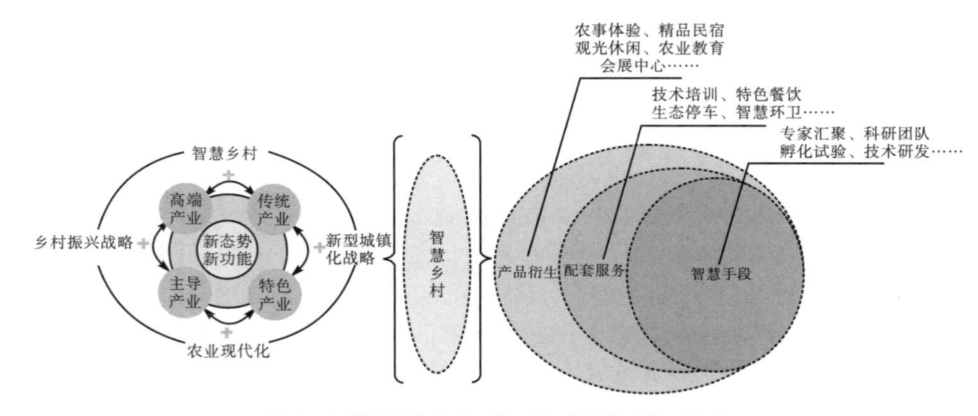

图 6　智慧乡村产业交互关系与功能业态体系构建

4.3 政府基层有机衔接的互动策略

大数据时代搭建了资源共享的平台，政府部门、基层人群等不同背景的工作人员皆可打破地域空间限制，通过对数据的收集、处理、可视化，实现线上合作互动。一方面，强调顶层设计的战略性思维，以数字化、智能化理念作为重要发展思路，在各级政府的具体实践中，应实时监测跟踪、分析所在区域内乡村经济发展现状及数字化建设概况，依据各地优势资源禀赋，建立健全的数字经济发展政策，尤其注意与村委会、村民的及时沟通，把握其内在需求，适当放宽权力的运行力度，给予村民更多的自主权。另一方面，强化村民主体地位，不同利益主体积极客观表达现实诉求，掌握相关现代化农业技术，提升信息获取与处理能力，同时加大公共参与度，寻求自上而下与自下而上有机结合的良好互动治理模式，避免“政府错位、基层越位、村民失位”的现象出现（图 7）。

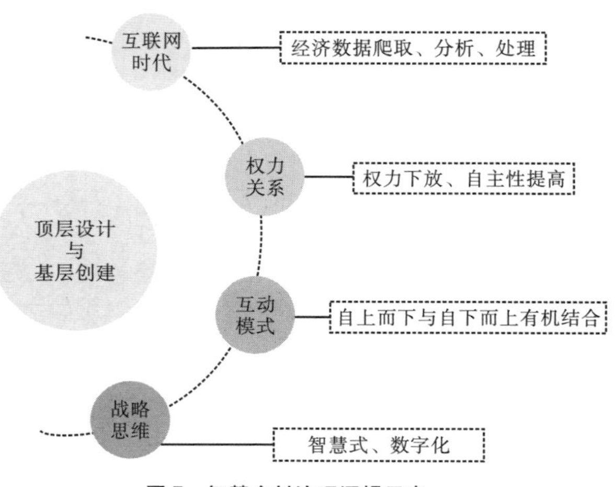

图 7　智慧乡村治理逻辑示意

5　结语

当前我国乡村发展进入新的历史转型期，需要经过转变发展模式进一步激发乡村发展活力。智慧乡村规划与建设是“三农”问题解决和乡村振兴战略实施的重要手段，其路径是加速乡村空间要素的流动与融合。在此过程中，文章提出首先注重技术成果的转化利用，建立完善的人才体系，在此基础上立足于乡情实际，通过农业与相关产业的融合发展推动智慧乡村产业体系优化升级，同时注重上层政府与基层、村民之间的良性互动，以更好地实现乡村智慧式治理。

从长远来看，我国的乡村发展道路必然是多元化、复合化的，伴随城镇化水平提高、消费观念改变和乡村发展空间重构，在未来还需继续挖掘新发展理念、探索更多发展模式，共同促进乡村振兴宏伟目标的实现。

［参考文献］

[1] 李德仁，邵振峰，杨小敏. 从数字城市到智慧城市的理论与实践 [J]. 地理空间信息，2011 (6)：1-5.

[2] HOLLANDS R G. Will the real smart city please stand up? [J]. City，2008 (3)：303-320.

[3] 巫细波，杨再高. 智慧城市理念与未来城市发展 [J]. 城市发展研究，2010 (11)：56-60.

[4] 陈铭，王乾晨，张晓海，等.“智慧城市”评价指标体系研究：以“智慧南京”建设为例 [J]. 城市发展研究，2011 (5)：84-89.

[5] 周广竹. 城乡一体化背景下“智慧农村”建设 [J]. 智慧中国，2016 (6)：87-89.

[6] 李先军. 智慧农村：新时期中国农村发展的重要战略选择 [J]. 经济问题探索，2017 (6)：53-58.

[7] 徐长安. 建设智慧农村 [J]. 中国建设信息，2014 (15)：53-55.

[8] 杨蜜，赵小冬. 重庆市智慧农村发展研究 [J]. 农村经济与科技，2018 (23)：190.

[9] 郭庆海. 小农户：属性、类型、经营状态及其与现代农业衔接 [J]. 农业经济问题，2018 (6)：25-37.

[10] 肖若晨. 大数据助推乡村振兴的内在机理与实践策略 [J]. 中州学刊，2019 (12)：48-53.

[11] 王甜. 智慧乡村的规划构想 [J]. 小城镇建设，2014 (10)：88-90.

[12] 黄巨臣. 农村教育扶贫“项目制”：运作逻辑、执行困境及应对策略 [J]. 宁夏社会科学，2018 (2)：108-114.

[13] 彭超. 数字乡村战略推进的逻辑 [J]. 人民论坛，2019 (33)：72-73.

[14] MANN M. The autonomous power of the state：its origins，mechanisms and results [J]. European JournaL of Sociology，1984 (2)：185-213.

[15] 谭林，陈岚. 新形势下传统乡村聚落现代功能植入的有效路径探究 [J]. 工业建筑，2020 (4)：1-5.

［作者简介］

谭　林，四川大学建筑与环境学院硕士研究生。

陈　岚，博士，四川大学建筑与环境学院副教授。

智慧规划中的数据治理实践与思考

□王　磊，刘金榜，唐　梅

摘要：智慧规划背景下，监测、评估、预警都离不开数据，但是数据建设的重点已经从获取数据转为用好数据，从“量”的建设转为“质”的建设，数据管理开始提升为数据治理。武汉规划院在智慧规划应用研究中，通过大量实践和规划人员的需求反馈，不断调整对数据治理的认知，从标准化、空间化、可视化和可计算化等方面持续开展数据质量提升工作，通过数据资源梳理、数据标准化处理、指标库建设和数据深化细化等数据治理路径，努力实现多源数据的融合和时空关联，深度挖掘数据的价值，支撑规划分析工具和算法模型的应用。本文从具体实践的角度对数据治理的原则、标准和实施路径进行了总结。

关键词：智慧规划；数据治理；数据标准；数据指标

1　引言

“可感知、能学习、善治理、自适应”的智慧国土空间规划最重要的基础就是全面、准确、动态的数据支撑体系，而作为空间规划编制单位的规划院来说，对数据的理解也正在经历从数据资源向数据资产、数据管理向数据治理的转变，用数据为规划赋能不仅是为了适应当前国土空间规划编制业务的需求，也是规划院自身发展转型的需求。

索雷斯《大数据治理》一书中指出，从大数据的顶层设计到“落地”，治理是基础，技术是承载，应用是最终的目的。武汉规划院近年来开展基于多源数据融合的智慧规划研究，本文结合其工作过程中关于数据治理的实践，从智慧规划对新时期数据的需求和数据治理的实施路径两个角度为其他规划机构开展智慧规划的数据治理提供经验借鉴。

2　数据资源的现状

规划机构越来越重视传统数据的积累和新来源大数据的引进，但是数据壁垒、数据烟囱的现象依然存在，尤其是不同部门、不同业务系统之间的数据依然存在共享难题。但从总体来说，共享的大趋势及新来源数据的接入使得规划机构数据来源不一的问题得到了很大的改善。由于来自不同行业、不同部门的数据本身在数据标准方面存在很大差异，导致大量数据的接入与数据的直接应用之间存在较大差距，所以从“有数据”到“用数据”、数据从“能用”到“好用”是新形势下数据工作面临的新问题，即数据治理问题。当数据的数量不再是主要矛盾时，数据的质量提升成为支撑智慧规划的关键。

不同来源、版本的数据质量参差不齐，无论是格式、名称、精度、数据类型都不统一，造成许多可读性差或者无法直接使用等问题。典型问题：①缺乏空间属性。除了自然资源部门，政府其他部门的数据大多没有空间属性，而且在名称、地址等方面存在不少错漏。②坐标系不统一。新来源大数据多采用互联网坐标系，由于坐标转换参数涉密，因此向本地2000坐标转换时需手工操作，无法实现自动化操作。③数据的精度和深度不够。许多原始数据如统计数据口径是按行政区统计的，如人口数据只有数量却没有年龄、收入等信息，医疗设施数据只有建筑面积而缺少床位数、医生数量等信息。诸如此类的数据质量问题成为更精确、更智慧的规划编制和决策的瓶颈。

3　智慧规划对数据的需求

智慧规划是基于国土空间全域数字化的基础，通过建立空间算法模型，运用人工智能等信息技术开展数据挖掘，从而支撑规划科学编制、智能审批、动态监测、评估预警等全流程的应用。因此，对于数据质量的要求较之以往有了明显的提高，主要体现在以下几个方面。

（1）准确性：数据的准确性是一切分析、预测、决策的基石，只有权威可信的数据才能确保规划的科学性，因此权威的传统数据更应该得到重视，这也凸显出政府各部门数据共享的重要性和迫切性。

（2）完整性：信息的完整才能支撑更深度、更多维的数据分析，如人口数据中的常住人口数量只是基础信息，年龄、学历、消费等更丰富的人群画像信息才能支撑以人为本的规划编制。为提高信息的完整性，多源数据的融合是必然之选。

（3）连续性：按照“一年一体检、五年一评估”的常态化规划体检评估机制要求，城市运行和规划实施数据必须持续性更新。作为地方规划院来说，对所在城市进行长期持续的跟踪研究，其积累的数据资源和建设的数据渠道是难以复制的优势，这一点尤其能体现数据作为资产的理念。

（4）关联性：数据通过时间、空间或专题进行彼此关联，从而发现城市的时空演变规律，或者发现不同要素间在空间、产业、资金方面的联系规律。国土空间数据在空间范围上的关联性最强，因此基础数据在生产和整理时应带上空间标签，便于后期的关联分析。

（5）可读性：数据的名称、内容应能被清晰理解并准确应用。规划人员是智慧规划的工具和模型的使用者，数据的可读性会直接影响用户对于新技术的接受程度。同时，对于模型开发和平台建设者来说，在字段名和别名之间切换也会额外增加代码的复杂度。

针对智慧规划的数据需求，简单的数据建库已无法满足目前需求，必须上升到数据治理的层面，系统性地进行数据质量管理，从数据价值挖掘和业务应用需求来评估和制定数据治理的标准。数据治理本身不是目的，只是提升数据质量的手段。关于数据库的要求，有如下几点。

（1）标准化：标准化的含义很广泛，包括规范的命名、规范统一的取值、统一的坐标系、统一或者可互相转换的数据格式、统一的比例尺、统一的数据访问接口等。标准化的目的在于数据的可访问、可互通、可比较。

（2）可视化：无论是空间数据的专题图制作还是统计数据的图表化，数据的可视化有助于信息的直接表达，广泛应用于指标监测等工作中。

（3）空间化：教育、医疗、交通等其他政府部门的数据及新来源大数据经常出现无空间信息或坐标系不统一的问题，因此都需要进行空间化处理，才能满足空间规划数据叠加分析的需要。

（4）可计算化：数据不只是传达特定的信息，而且要支撑更多的运算，包括基本的统计、分析和模型运算，因此可计算化是数据治理的重要内容，需要将参与计算的数据内容提取出来。

4 数据治理的实施路径

4.1 数据资源梳理

数据资源梳理是数据治理的第一步，即首先要摸清家底。按照国土空间规划数据体系，规划的数据资源可分为现状数据、规划数据、管理数据和社会经济数据四种类型。这种分类源自国土空间规划的顶层设计，也将成为国土空间规划信息平台的统一分类，有利于数据资源目录的标准化建设。现状数据包括反映城市空间现状特征的信息，如基础测绘成果、人口、用地、建筑及设施数据、资源调查数据（如第三次全国国土调查）。规划数据包括各级国土空间规划、专项规划、详细规划及“三区三线”等管控类数据，对于地方规划院来说目前更加关注的还是控制性详细规划成果，也就是传统的“一张图”内容。管理数据则来自自然资源管理部门（自然资源和规划局）的行政审批数据，包括一书两证，土地储备、供应和交易信息，不动产登记等。社会经济数据则是反映城市运行、经济活动及人群活动等领域的信息，一方面来自于政府其他部门如发改、招商、民政、统计等，这些数据在国土空间规划时代的重要性比以前更加凸显，是体现国土空间规划综合性的保证，也是开展国土空间规划实施预警评估和城市体检工作的基础；另一方面，新来源大数据在城市运行趋势研判、人群活动特征分析、经济产业联系研究等方面较之传统数据具有显著的优势，因此新来源大数据也是社会经济数据的重要来源。传统数据和新来源大数据概念上主要是来源、数据量、精度、格式上的区别，对于规划编制工作来说还是应以应用为分类标准，这更符合规划人员的思维逻辑，而不是信息技术（IT）的思维逻辑。

4.2 数据标准化

数据治理的标准化不需要像《国土空间总体规划数据库标准》那样从头制定一种特定规划成果的标准，毕竟绝大多数数据的来源和生产方式都不是规划编制机构能决定的，编制机构要做的就是对原始数据进行必要的修订，通过标准化、可视化、空间化和可计算化处理实现数据资源的集成和应用。常见的标准化处理手段包括以下四种。

（1）命名处理：中文规范全称或简称，在表达准确的前提下，尽量简略，既保证可读性，也保证信息平台设计和使用中具有较好的用户交互体验。命名标准还体现在数据字段名的设置上，传统的 shape 文件中由于字段名长度的限制，经常出现不规范的中英文字段名“混搭”的现象，或者采用拼音首字母缩写作为字段名称，用户从字段名称上有时无法直观地判断数据内容。目前字段名长度限制已经不是技术问题，制定规范、直观的字段名是提升数据质量的必要措施。

（2）数据类型和内容处理：重点是规范数值型字段，要保证所有可能参加运算的字段必须为数值型，即实现可计算化。这类处理也包含必要的数据清洗，清除无效值、缺失值及错误表达的属性信息。

以工商企业数据为例，企业的注册资本信息以带有数字信息的文本字段存储，“＊＊＊万”“＊＊＊万元”“＊＊＊万元人民币”各种表述各不相同，数据完全无法统计。为实现数据的可计算化，通过编制脚本工具排除缺失值、分割文本字符、将注册资本提取为数字类型的字段，从而支撑产业类数据的分析和模型的计算。与此类似的情况还有规划设计条件中关于商住比、配套学校规模等信息，为了便于后期准确的数据统计，也必须对原始数据进行字段的拆解和数值信息的提取（图 1）。

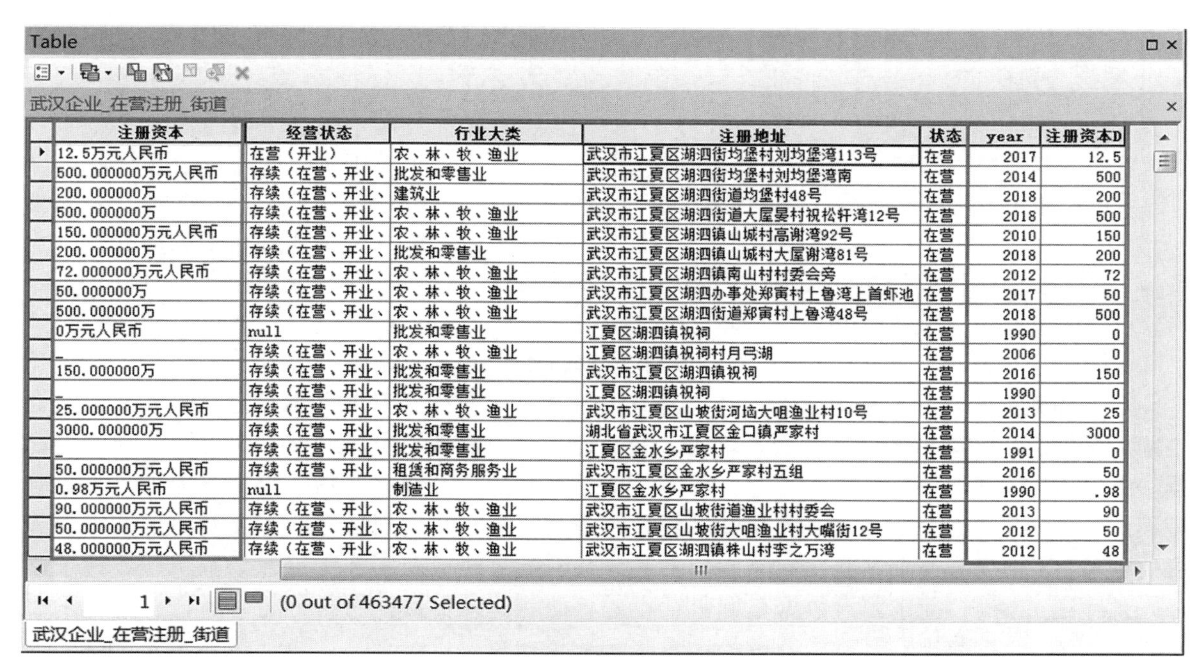

Table

武汉企业_在营注册_街道

注册资本	经营状态	行业大类	注册地址	状态	year	注册资本D
12.5万元人民币	在营（开业）	农、林、牧、渔业	武汉市江夏区湖泗街均堡村刘均堡湾113号	在营	2017	12.5
500.000000万元人民币	存续（在营、开业、	批发和零售业	武汉市江夏区湖泗街均堡村刘均堡湾南	在营	2014	500
200.000000万	存续（在营、开业、	建筑业	武汉市江夏区湖泗街道均堡村48号	在营	2018	200
500.000000万	存续（在营、开业、	农、林、牧、渔业	武汉市江夏区湖泗街道大屋晏村祝松轩湾12号	在营	2018	500
150.000000万元人民币	存续（在营、开业、	农、林、牧、渔业	武汉市江夏区湖泗镇山城村高谢湾92号	在营	2010	150
200.000000万	存续（在营、开业、	批发和零售业	武汉市江夏区湖泗镇山城村大屋谢湾81号	在营	2018	200
72.000000万元人民币	存续（在营、开业、	农、林、牧、渔业	武汉市江夏区湖泗镇南山村村委会旁	在营	2012	72
50.000000万	存续（在营、开业、	农、林、牧、渔业	武汉市江夏区湖泗办事处郑寅村上鲁湾上首虾池	在营	2017	50
500.000000万	存续（在营、开业、	农、林、牧、渔业	武汉市江夏区湖泗街道郑寅村上鲁湾48号	在营	2018	500
0万元人民币	null	批发和零售业	江夏区湖泗镇祝祠	在营	1990	0
_	存续（在营、开业、	农、林、牧、渔业	江夏区湖泗镇祝祠村月弓湖	在营	2006	0
150.000000万	存续（在营、开业、	批发和零售业	武汉市江夏区湖泗镇祝祠	在营	2016	150
_	存续（在营、开业、	批发和零售业	江夏区湖泗镇祝祠	在营	1990	0
25.000000万元人民币	存续（在营、开业、	农、林、牧、渔业	武汉市江夏区山坡街河垴大咀渔业村10号	在营	2013	25
3000.000000万	存续（在营、开业、	批发和零售业	湖北省武汉市江夏区金口镇严家村	在营	2014	3000
_	存续（在营、开业、	批发和零售业	江夏区金水乡严家村	在营	1991	0
50.000000万元人民币	存续（在营、开业、	租赁和商务服务业	武汉市江夏区金水乡严家村五组	在营	2016	50
0.98万元人民币	null	制造业	江夏区金水乡严家村	在营	1990	.98
90.000000万元人民币	存续（在营、开业、	农、林、牧、渔业	武汉市江夏区山坡街道渔业村村委会	在营	2013	90
50.000000万元人民币	存续（在营、开业、	农、林、牧、渔业	武汉市江夏区山坡街大咀渔业村大嘴街12号	在营	2012	50
48.000000万元人民币	存续（在营、开业、	农、林、牧、渔业	武汉市江夏区湖泗镇株山村李之万湾	在营	2012	48

(0 out of 463477 Selected)

武汉企业_在营注册_街道

图 1　数据内容处理示例

除数据可计算化的处理外，一些细节也需要规范，例如规范小数点的位数，避免查询和运算结果不合常理。考虑到数据的不同计量单位，相关数据的字段设计中应专门设置字段予以说明（图 2）。

#	名称 文本	规模 小数	单位 文本
1	纸坊污水厂		万吨/日
2	金口污水厂		万吨/日
3	纱帽污水厂		万吨/日
4	黄陵污水厂		万吨/日
5	军山污水厂		万吨/日

#	名称 文本	规模 小数	单位 文本
1	法泗水厂		万立方米/日
2	水洪口水厂		万立方米/日
3	纱帽水厂		万立方米/日
4	山坡水厂		万立方米/日
5	舒安水厂		万立方米/日

图 2　数据字段标准化示例

（3）空间化处理：空间化处理包括空间数据的坐标转换和非空间数据的空间化。有些政务数据采用经纬度表示空间位置，互联网数据如兴趣点（POI）、房价等基本上都是 GCJ-02 坐标转换，而武汉规划系统统一采用 WH2000 坐标系。坐标转换成为必备数据处理工作。武汉规划院利用 Arcpy 编写了一套互联网坐标相互转换工具，将 BD09 坐标系、中国国家测绘局 GCJ-02 坐标系数据统一转换为 WGS84 坐标系数据；WGS84 到 WH2000 坐标系的转换则采用测绘部门的专用工具，形成互联网数据坐标转换的闭环（图 3）。

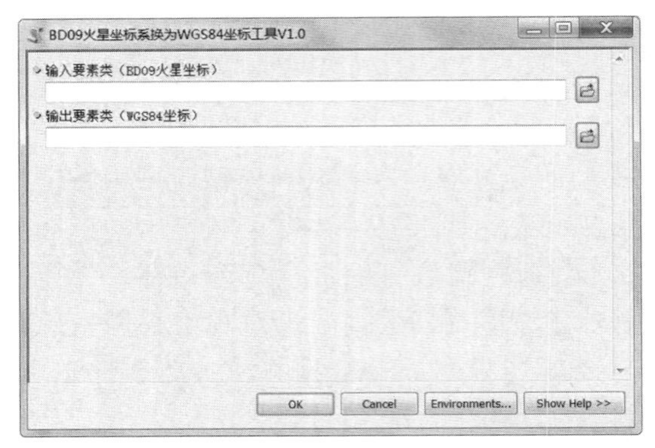

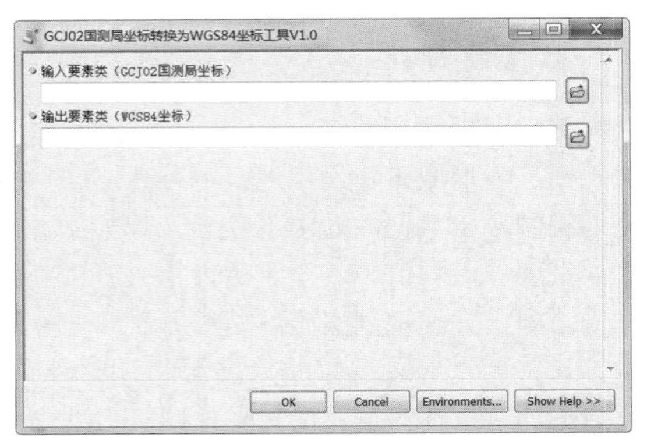

图 3　互联网坐标相互转换工具

非空间数据的空间划分为两类，一类是有通用地址信息而无空间位置信息的数据，一类是空间位置信息以文本形式保存的数据。第一类以政府部门数据为代表，如工商企业、学校等数据一般只有“＊街＊号”的地址信息，没有空间位置信息，武汉规划院一般采用基于互联网地理编码服务实现地址信息数据的空间化，但是政府官方数据中时常出现地址不详或者更新不及时的现象，这也算是一种需要进行空间校正的常态工作（图 4）。

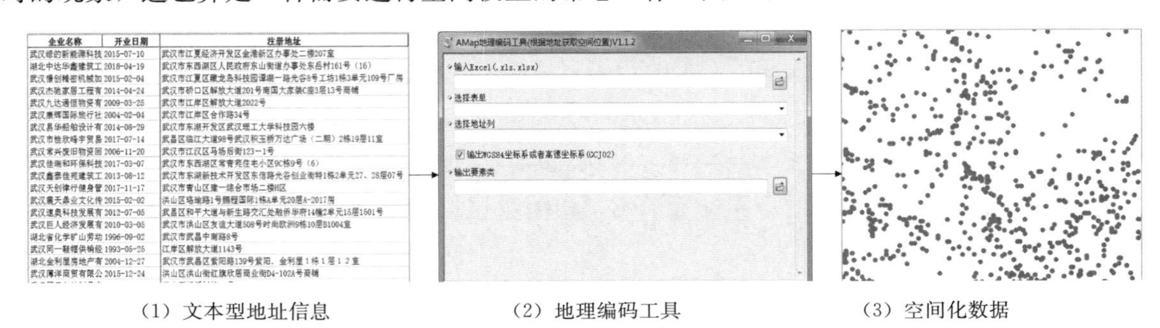

（1）文本型地址信息　　（2）地理编码工具　　（3）空间化数据

图 4　地理编码逻辑流程

源自互联网的新来源大数据则存在第二种情形，其空间位置采用文本形式存储经纬度信息。武汉规划院基于 FME 开发了数据解析及处理工具，将文本形式存储的空间位置信息利用相关的转换器对空间位置信息进行读取解析，对应转换成空间数据（图 5）。

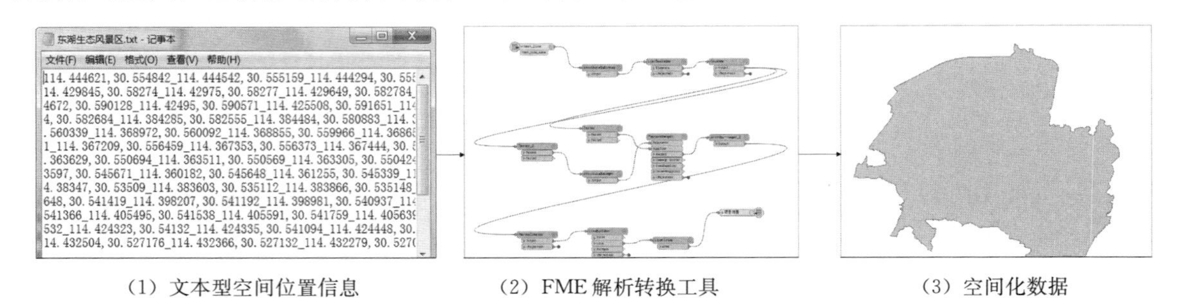

（1）文本型空间位置信息　　（2）FME 解析转换工具　　（3）空间化数据

图 5　文本型空间数据处理流程

（4）可视化处理：ArcGIS 空间数据的专题图制作对于普通规划人员来说具有一定技术门槛。武汉规划院采用专业化制作与轻量级 GIS 应用相结合的方式，将基础数据的可视化交由 IT 工程师进行处理，同时通过轻量级 GIS 信息平台的建设，为规划人员提供便捷易用的在线制图工具。常用的热力图、分段专题图等表达方式均可由规划人员自己定制，规划人员对于可视化方法的掌握进一步促进了数据价值的挖掘。

4.3　数据指标化

国土空间规划在编制、监测、评估过程涉及大量的数据指标，如常住人口数量、城乡建设用地规模、人均城镇建设用地、每万元GDP地耗模型的运算等。以算法和模型应用为特征的智慧规划编制对于数据的需求不仅涉及原始数据，更多还涉及基于原始数据运算得出的扩展性指标，如密度、人均值，甚至于活力指数、创新指数、舒适度指数等综合计算型指标。为支撑城市体检、国土空间规划实施评估等各类规划信息平台建设应用，数据治理过程中采用指标库建设的方式，事先定义指标的数据源和计算逻辑，让每个指标与原始数据有机关联、动态更新，保证数据的时效性和运算的效率，减轻后期系统和数据运维的压力。

以人均城镇建设用地指标为例，基础数据分别来自常住人口和用地现状数据，最新的人口数量和城乡建设用地规模数据完成数据建设后，通过后端配置工具，将数据路径对应配置，就可以自动计算生成人均建设用地规模指标，并在前端进行显示（图6）。通过这种指标配置方法，只要人口和用地数据持续更新，指标的计算通过简单的配置即可实现动态更新。

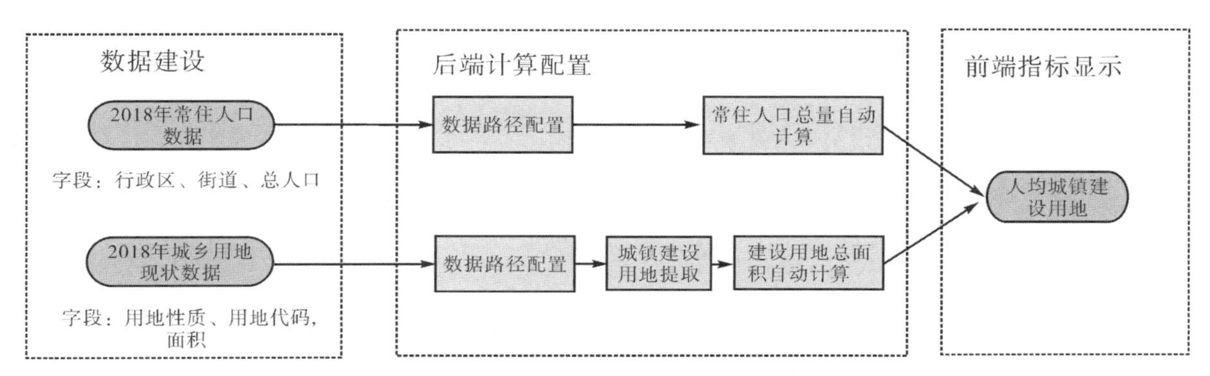

图6　人均城镇建设用地规模指标配置

4.4　数据深化细化

随着各类规划模型的应用，各种计算因子的选取对于数据的要求越来越细，许多传统的建库数据虽然已经实现了空间化，但是依然无法满足模型计算的需求。以市政专业类模型为例，传统的路网数据是CAD图形转换而来的GIS线文件Polyline，但是交通模型中还需要道路级别、交叉口信息等。路网的线文件虽然可以支撑道路可达性分析、等时圈分析等，但是排水模型的运算不仅需要对道路重新构面Polygon，而且还需要下垫面的信息。以公共卫生设施规划分析为例，为提升疫情应对能力，规划人员对医疗设施数据的需求也更加细化，不仅包括医护人员数量、床位数，还全面采集各机构救护车的数量配给信息。可见，随着智慧规划工具和方法的不断引进，对于数据深化、细化的需求会是一个动态调整的过程。

5　总结与思考

在传统的工作思路里，规划师只是用户，数据治理是IT工程师的任务，而IT工程师通常只会原汁原味地呈现数据信息，因此规划师看到的数据是来自于不同业务系统的原始数据。这对于以信息查询为目的的应用来说并没有太大影响，但是随着智慧规划理念的不断实践和推广，规划人员越来越多地承担分析、计算工作（自助式应用），各种专业模型的应用对数据质量的要求也越来越高。因此，有效的数据治理必须与应用实践紧密结合，只有在规划人员自主地应用数据时才能真正反馈数据各方面的需求。智慧规划方法必须由规划人员与IT人员一起总结提炼，如果规划人员缺乏基本的数据知识，连CAD图形与GIS数据的区别都不清楚，很难将规划的业务逻辑转化为算法逻辑；如果IT人员无法理解规划业务的需求，则无法将算法逻辑转化为工具和模型。总之，数据治理是智慧规划体系中一个系统性的工程，需要规划人员和IT人员一道不断探索。

疫情期间大家对于武汉“智慧城市”未能展示出预期的效果颇为失望，这其中的原因可能有很多，根据笔者在社区下沉3个月的直接感受来说，基层的采集更新机制失灵应该是直接的因素之一。缺乏数据直接导致原本技术先进的市级信息平台空转，关键时刻只能依赖人海战术进行排查，这也促使我们反思：对于数据的采集、更新、处理、共享这些很基础性的工作无论给予怎样的重视都不为过，只有高质量和高可靠性的数据体系才能支撑智慧国土空间规划。

[参考文献]

[1] 索雷斯. 大数据治理 [M]. 匡斌，译. 北京：清华大学出版社，2014.

[作者简介]

王　磊，高级规划师，任职于武汉市规划研究院。
刘金榜，工程师，任职于武汉市规划研究院。
唐　梅，工程师，任职于武汉市规划研究院。

第四编

城市公共服务与市政设施规划

面向精细化管理的市政管线规划信息化研究

□程志萍，张志翱，张浩彬

摘要：随着城市的发展，其粗放式的管理已经捉襟见肘，需要迈向更加专业和细致的精细化管理。地下管线是保障城市运行的重要因素，管线信息化建设不仅是地下管线管理的需要，也是城市规划建设、精细化管理的一项基本工作，其目标是实现管线信息的应用与共享。管线信息化建设需要从源头抓起，市政管线规划信息化建设是其中重要的一环。在市政管线规划中渗透信息化的理念，有助于改善传统市政管线规划的不足，促进管线规划建设迈向规范化、信息化和精细化。本文结合珠海市规划设计院市政管线规划信息化建设经验，对市政管线规划数据标准建设、市政管线规划数据库建设、市政管线规划信息化平台建设等环节的关键技术进行了研究，探究市政管线规划设计过程中的信息化建设途径，以期对提高市政管线规划设计效率和管线规划资源的共享利用提供参考。

关键词：市政管线规划；标准建设；数据库建设；信息化平台建设

1　引言

地下管线担负着城市的信息传递、能源输送、排涝减灾及废物排弃等功能，是城市的生命线，是保障城市运行和市民生产生活的重要基础设施。但是，近年来在城镇化进程中，“马路拉链”、管线事故、城市内涝等问题频发，致使人民的生命财产安全遭受了严重损失。在此背景下，地下管线的科学规划设计、建设，以及精细化、信息化、智能化管理成为当前研究的热点。

近年来，国家对管线信息化建设的重视力度逐步加大，先后颁布了《国务院关于加强城市基础设施建设的意见》《国务院办公厅关于加强城市地下管线管理的指导意见》《中共中央国务院关于进一步加强城市规划建设管理工作的指导意见》等多个文件，均对管线信息化建设做出了重要指示。住房和城乡建设部在《国家智慧城市试点指标体系》中明确规定地下管线与空间综合管理指标：实现城市地下管网数字化综合管理、监控，并利用三维可视化等技术手段提升管理水平。管线信息化建设是管线管理和应用的基础，市政管线规划信息化建设是其中的重要环节。

珠海市规划设计院在不同时期和层面编制了大量的市政管线规划成果，但是这些成果以项目为单元进行简单堆砌，存在数据众多、成果分散、矛盾突出、应用缺乏、表现单一和共享障碍等问题，数据之间缺乏有效整合，极大地限制了规划编制者和管理者的使用。

然而，现阶段各城市的管线信息化建设主要集中在现状管线普查、数据建库和信息系统建设，对市政管线规划信息化建设的系统性研究较少。深圳市开展了面向精明管理的深圳市市政管线“一张图”规划整合，为国内首例市政管线规划数据整合工作。该项目的建设实施在规划管理、规划编制、辅助决策和机制完善等方面均创造了显著效益，但是主要侧重研究市政管线规划数据的整合，未能系统探究市政管线规划过程中的信息化建设方法和途径。

因此，本次研究综合运用设计入库一体化、管线二三维联动集成、地上地下三维模型一体化等技术手段，整合设计院市政管线规划数据资源，构建统一的市政管线规划信息共享数据库和共享平台，积极探究市政管线规划信息化建设途径，为管线全生命周期应用和管理、实施城市精细化管理奠定基础。

2　建设目标和总体思路

以“顶层设计、整体规划、分期建设、整合资源、共建共享”为原则，通过制定技术标准体系、系统整合各类数据资源、搭建信息化平台等工作，实现市政管线规划的标准化设计，建成统一标准、跨部门共享的市政管线规划数据库体系，进而实现管线规划信息化及多元化应用，便于设计人员快速掌握管线现状情况，实现管线设计周期的大量缩减、管线设计成果的规范统一，利于设计数据的畅通流转，并能在城市规划、建设、管理、防灾、减灾、避险工作中发挥积极作用（图 1）。

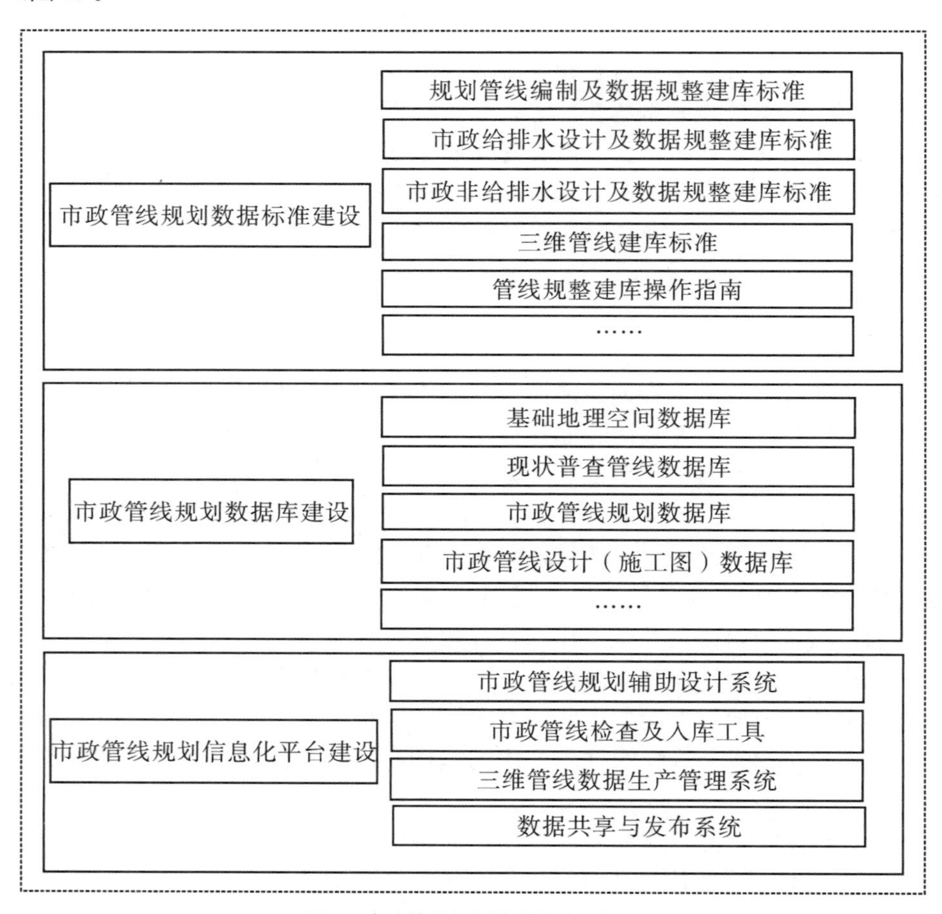

图 1　市政管线规划信息化建设框架

3　市政管线规划数据标准建设

统一的数据标准是信息共享与交换的基础。研究通过调研先进城市管线信息化建设经验，结合市政管线规划各阶段各类管线具体的数据情况，同时兼顾管线数据的生产制作、监理、转换、入库、应用、更新、交换全生命周期的执行规范及数据组织存储方式，制定适用的、开放的、先进的标准体系。主要包括《规划管线编制及数据规整建库标准》《市政给排水设计及数据规整建库标准》《市政非给排水（缆线管廊、电力通信）设计及数据规整建库标准》《三维管线建库标准》《管线规整建库操作指南》等，明确了市政管线规划设计文件的内容格式、制图要求、图层标准、管线及管点属性、三维建库要求等。这些标准规范的制定使相关的管线规划设计、建库、系统开发等工作有据可依，不仅能够促进市政管线规划数据编制的标准化，提高规划设计效率，而且可以降低数据处理、建库的劳动强度，对于促进传统的 CAD 制图方式向地理信息系统（GIS）三维数据的转变具有重要的意义。

4　市政管线规划数据库建设

在数据库设计上，采用 Oracle 大型数据库管理系统结合 ArcSDE 来存储和管理地下管线、地形及影像等信息数据，主要包括数据处理、规整建库及数据质量控制等工作，任务是完成市政管线、地形、遥感影像等数据资料的成果建库。根据前期研究，需要架构基础数据库、现状普查管线数据库、市政管线规划数据库、市政管线设计（施工图）数据库，并预留了与竣工管线（规划核实）数据库的衔接机制，为市政管线的全生命周期管理奠定基础。

（1）基础数据库：主要存放地理空间数据、遥感影像、数字高程模型（DEM）、现状三维模型及规划批复成果等数据。通过数据清理、分层、分类、转换，从基础数据中提取行政区划、水系、地名地址等；下载获取珠海市最新遥感影像、DEM，并进行校正、裁剪；通过无人机航拍、倾斜摄影建模技术获取研究区现状三维模型；从控制性详细规划成果数据中提取用地、道路中心线及道路红线等信息，同时进行更新入库。

（2）现状普查管线数据库：存放市政管线普查数据。搜集保税区、跨境区、横琴新区等区域的管线普查数据，参照《三维管线建库标准》，通过属性结构调整、三维驱动等手段，完成管线普查数据的二三维建库。

（3）市政管线规划数据库：存放控制性详细规划市政管线规划建库数据。搜集已批复的管线规划数据，参照《规划管线编制及数据规整建库标准》，经过数据规整、拓扑关系检查与处理、属性完整性检查与处理、格式转换、拼接等不同的过程，完成管线规划数据的二维建库。

（4）市政管线设计（施工图）数据库：存放市政管线设计（施工图）建库数据。搜集横琴新区近年来的市政项目，从中筛选出涉及市政管线设计的项目，参照《市政给排水设计及数据规整建库标准》《市政非给排水（缆线管廊、电力通信）设计及数据规整建库标准》《三维管线建库标准》，经过信息完善、检查、转换、三维驱动等数据处理过程，完成市政管线设计（施工图）数据的二三维建库。

5　市政管线规划信息化平台建设

为了提高各类型数据的积累、共享与利用水平，在统一的技术标准框架下，通过市政管线规划辅助设计系统、市政管线检查及入库系统、三维管线数据生产管理系统、数据共享与发布系统等的建设，初步形成市政管线规划信息化平台体系。该系列平台的搭建，可以实现市政管线规划数据的一体化入库、管线二三维联动集成、地上地下三维模型一体化展示、跨平台跨部门的数据交互等功能。

5.1 市政管线规划辅助设计系统

参照《规划管线编制及数据规整建库标准》，根据市政管线规划设计入库要求，结合管线规划设计人员的实际工作需求，研发“市政管线规划辅助设计系统”。该系统集成了制图和建库标准，建成以后的系统能够进行管线绘制、管线打断、管井插入、属性录入、数据规范性检查、数据交换等功能。该系统能够在满足制图标准的前提下，提高设计人员的工作效率，同时建立规范的数据结构，使设计人员在规划设计的过程中保证规划成果图满足 GIS 数据库要求，加强数据标准化、规范化管理，最终实现管线规划数据资源整合及共享服务能力的提升（图 2）。

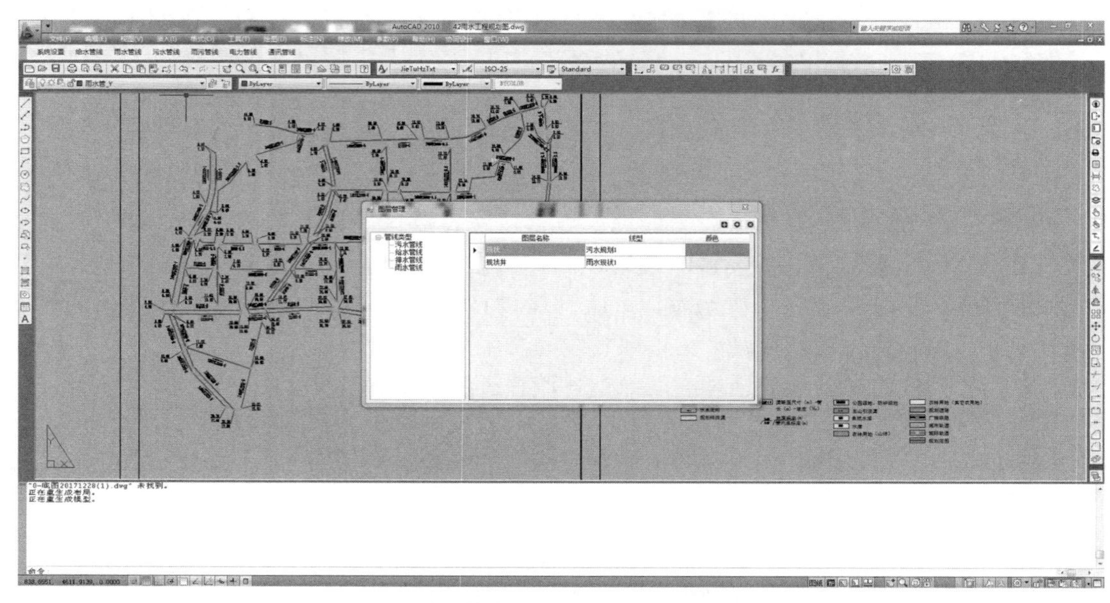

图 2　市政管线规划辅助设计系统操作界面

5.2 市政管线检查及入库系统

针对市政管线规划数据与三维管线数据生产管理平台之间数据标准、数据格式不统一问题，研发市政管线检查及入库系统。通过该系统，可将市政管线规划数据直接转换为三维管线数据生产管理平台可入库的标准数据。具体功能包括数据导入功能、数据检查功能、数据导出功能等。

5.3 三维管线数据生产管理系统

按照上述管线建库情况，在三维管线数据生产管理系统中叠加城市现状三维模型、地形影像、行政区界等基础图层。该系统可实现二三维管线数据的浏览查询、管线扯旗、距离量算、流向分析、工程开挖等功能，为实施管线可视化管理和辅助决策提供保障（图 3）。

图 3　三维管线数据生产管理系统操作界面

5.4　数据共享与发布系统

通过数据共享与发布系统发布管线数据，管线设计人员和管理人员可通过该系统查看，基本实现市政管线规划数据共享。具体发布的数据包括基础地理空间数据、现状普查管线数据、规划管线数据、市政管线（施工图）数据等（图 4）。

图 4　数据共享与发布系统操作界面

6　结语

管线信息共享不到位，管线规划、建设、管理统筹协调机制不健全，直接制约了管线的精细化管理。为进一步加强城市地下管线建设管理，保障地下管线运营安全，改善城市人居环境，急需开展管线信息化建设，而市政管线规划信息化建设是其中的重要任务。本次研究通过制定统一的标准体系，搭建基础地理空间数据库、现状普查管线数据库、市政管线规划数据库、市政管线设计（施工图）数据库，在此基础上初步形成市政管线规划信息化平台体系，力求从源头上规范市政管线规划设计与管理，实现市政管线规划数据的共享与应用。

今后，还希望在现有的市政管线规划信息化建设的基础上，进一步融合云计算、物联网、智能监控等信息技术，实现管网从设计端到运维端的感知化、物联化和智慧化，为管线的规划、设计、建设、管理等工作提供基础，促进城市市政管线的精细化管理和应用。

限于笔者在理论和实践能力上的不足，难以在有限的时间内开展更加深入的研究工作，后续将进一步加强学习和思考，积极探究市政管线规划信息化的建设与应用。

［参考文献］

［1］梁均军，程宇翔．“智慧两江”综合管网信息系统设计与建设［J］．地理空间信息，2016（4）：19-23.

［2］欧阳松南，陈明辉，黎海波．东莞市地下综合管线信息化建设和管理［J］．测绘地理信息，2016（1）：91-94.

［3］陈丽慧．漳州市地下管线普查与信息化建设的研究与应用［J］．城建档案，2017（3）：42-45.

［4］杨伯钢，陈廷武，顾娟，等．北京市地下管线基础信息普查及信息化建设关键技术研究［J］．北京测绘，2017（6）：33-37.

［5］张畅．株洲市地下管线野外数据采集及建库一体化系统的设计与实现［J］．测绘与空间地理信息，2017（6）：75-76.

［6］张鹏程，丘广新，张秀英，等．广州市城市地下管线管理平台建设思路及探讨［J］．城市勘测，2014（6）：100-104.

［7］李文柱．韶关市地下管线建设与管理［J］．城市勘测，2013（5）：150-151.

［8］刘江涛，傅晓东．面向智慧管理的市政管线规划整合方法研究及应用：以深圳市为例［J］．测绘通报，2016（S1）：1-4.

［作者简介］

程志萍，硕士，工程师，珠海市规划设计研究院地理信息数据工程师。
张志翱，硕士，工程师，珠海市规划设计研究院系统研发工程师。
张浩彬，硕士，工程师，珠海市规划设计研究院地理信息数据工程师。

利用项目策划生成助推工程建设项目审批提速

□戴　义，张　宇，孙　萍，黎　倩，马敏娴

摘要：工程建设项目审批制度改革是转变政府职能、深化行政体制改革的重要手段和突破口，中央要求各级政府采取措施将企业开办时间和工程建设项目审批时间压减一半以上，进一步优化营商环境。项目审批制度改革中，项目策划生成是项目审批全流程再造的首要环节，项目策划生成的效果决定着后续审批环节和监管环节的实施效果，为响应国务院办公厅印发的《关于开展工程建设项目审批制度改革试点的通知》，贵阳市作为试点城市之一，积极落实试点改革要求，建立项目的前期管理，从项目的前期策划着手，为项目后续审批压缩审批时限奠定基础，实现项目快速精准落地，切实优化营商环境，对工程建设项目审批起到了很好的提速作用。本文主要围绕项目策划生成，从项目策划生成缘源、体系建立、实施措施及应用实效四个方面进行简要分析和叙述，介绍如何利用项目策划生成助推工程建设项目审批提速。

关键词：项目策划生成；工程建设项目审批；提速

1　引言

根据中共中央办公厅、国务院办公厅《关于深入推进审批服务便民化的指导意见》《国务院办公厅关于开展工程建设项目审批制度改革试点的通知》的要求，贵阳市作为工程建设项目审批制度改革的试点城市之一，印发《贵阳市人民政府工程建设项目审批制度改革试点工作实施方案》，积极落实改革试点要求，助力行政审批效能提升，构建良好的营商环境。贵阳对如何利用“项目策划生成”更好地提高项目审批效率、提升规划决策水平，进而助推工程建设项目审批提速等方面进行了一些探索。

2　项目策划生成缘源

2.1　传统审批模式存在的问题

（1）传统审批是单部门办理，不能满足跨部门办理的需求，企业必须逐个部门逐个事项申报。

（2）传统审批系统仅有单部门信息，不能满足信息共享的需求，企业必须反复提交共性材料和其他部门证照证明。

（3）传统审批系统仅产生项目某阶段个别审批事项信息，难以形成项目审批全生命周期大数据，不能更好地为政府管理和企业投资决策提供数据支撑。

（4）传统审批系统是部门封闭性内部系统，难以支持上级和效能督查部门对审批过程和结

果的实时监控。

（5）土地生地熟挂的方法，致使项目前期条件不成熟、规划冲突、评价评估前置、征地拆迁交地慢等问题。

2.2 审批改革设计方案

根据国家标准事项清单，结合贵阳市实际情况，采用“减、放、并、转、调、告知承诺”对省、市审批事项进行全面梳理，将审批事项由118项减至90项。

（1）精减审批事项。

取消不合法、不合理、不必要的审批事项和前置条件，共精减了28个事项。

（2）下放审批权限。

扩大下放或委托下级机关审批的事项范围，并确保下级机关接得住、管得好，共下放了7个事项。

（3）合并审批事项。

由同一部门实施的管理内容相近或属于同一办理阶段的多个审批事项，应整合为一个审批事项，共合并了8个事项。

（4）转变管理方式。

凡是能够用征求相关部门意见方式替代的审批事项，转变为政府内部协作事项，共转变了22个事项。

（5）调整审批时序。

完善相应制度设计，让审批时序更加符合工作实际，共调整了11个事项。

（6）推行告知承诺制。

对通过事中事后监管能够纠正且不会产生严重后果的审批事项，实行告知承诺制，共20个事项实行告知承诺制。

2.3 建设项目全生命周期

建设项目全生命周期可划分为前期策划、审批管理、使用管理三大阶段。从这三大阶段可知，建设项目的前期策划是项目审批的前提，前期项目策划的成熟度对项目审批效率起着决定性作用，因此建设项目的前期策划至关重要。

2.4 项目策划生成的作用地位

项目审批制度改革中，项目策划生成是项目审批全流程再造的首要环节，项目策划生成的效果决定着后续审批环节和监管环节的实施效果。项目策划生成指的是在“一张蓝图”基础上掌握项目空间信息，建立以发展改革、自然资源、生态环境等部门为主，多部门协同的协调机制，统筹需求、空间、能力三要素，推进策划生成的项目可决策、可落地、可实施，为项目后续审批压缩审批时限奠定基础，实现项目快速精准落地，切实优化营商环境。

3 项目策划生成体系建立

项目的前期管理需要建立在一个成熟的体系之上，成熟的体系不仅能加快项目的策划生成速度，还能带动审批效率的高效提升。项目策划生成体系建立包括以下几大方面。

3.1　项目策划生成业务逻辑设计

细致梳理项目策划生成流程，通过结合区县实际有效地辅助项目在前期策划的进行，进而有效地支持工程建设项目审批制度改革，有效缩短行政审批时限（图 1）。

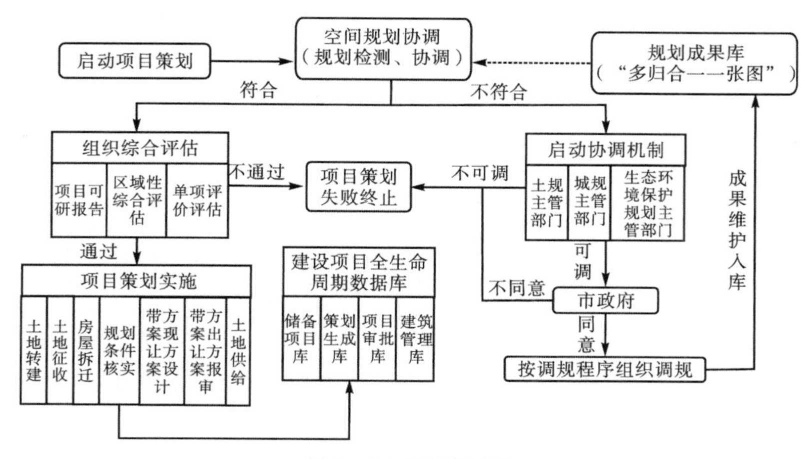

图 1　业务逻辑设计图

3.2　业务架构体系建设

项目前期策划形成的是“345”业务架构体系，在这个架构体系中，首先要明确在整个项目策划生成工作中总的责任主体是属地政府。“3”指的是三大库：项目储备库、项目策划库、项目生成库。“4”指的是四大角色主体：项目创建单位、项目策划组织总牵头单位、项目阶段工作开展责任单位、项目策划事项办理单位。“5”指的是五大阶段：项目创建阶段、基础工作阶段、规划协调阶段、综合评估阶段、策划实施阶段。业务架构体系见图 2。

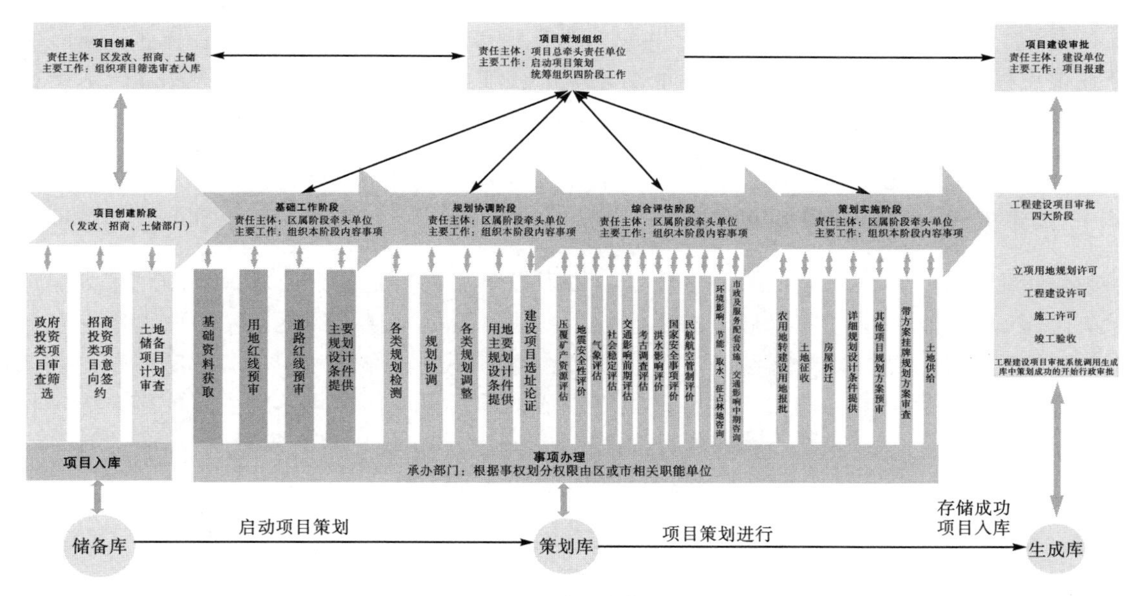

图 2　业务架构体系

3.3 业务支撑体系建设

项目前期策划业务支撑体系建设主要是针对项目前期策划生成系统而言，系统基于综合基础地理信息、“多规合一”成果、项目审批等数据，绘制“一张图”底图，实现与其他部门相关审批系统的无缝融合接驳，打造成一个跨部门、跨层级、跨网络、纵横衔接，实现集项目生成、数据共享、查询统计、分析评估、辅助选址、冲突检测等功能于一体的信息共享与业务审批协同平台，辅助项目快速生成、并联审批、顺利落地，助推建设项目行政审批高效协同。同时，通过建立系统不间断维护和规划调整成果的动态更新机制，保持系统应用的适时性、持续性。业务支撑体系见图 3。

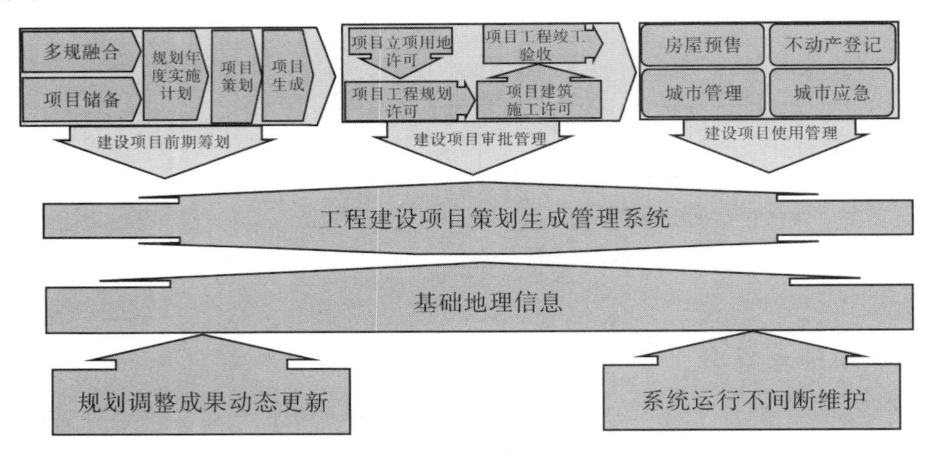

图 3　业务支撑体系

3.4 平台体系建设

“多规合一”项目策划生成系统与空间规划“一张图”管理系统、空间规划“多规合一”服务支持系统、贵阳规划一张图移动 APP 共同构成贵阳市“多规合一”信息平台体系，多系统的配合在很大程度上缩短了项目审批的办理时间，提升了审批效率。平台体系见图 4。

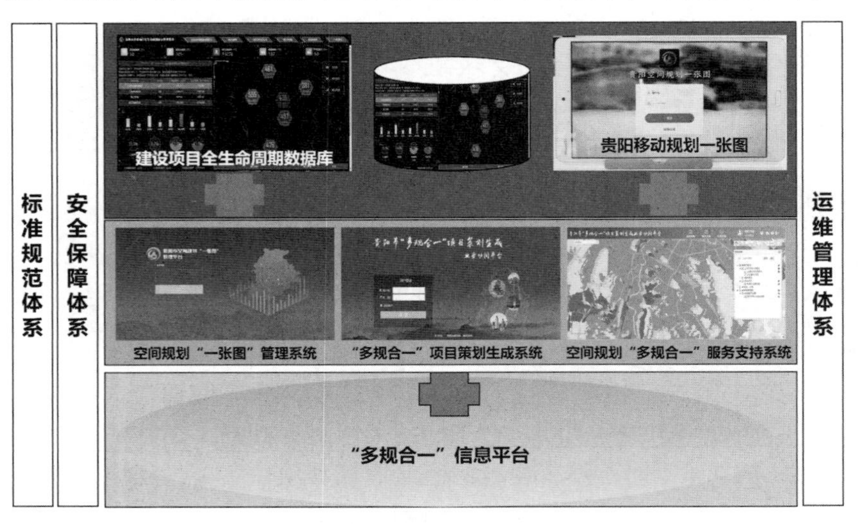

图 4　平台体系

3.5 技术架构建设

“多规合一”信息平台已形成了“1+1+3+N”技术架构体系（图5），整个平台分为五层：

1个私有云平台：内、外两套网络架构，微软云存储中心，多个云终端。

1个城建块数据资源中心：汇聚基础地理信息数据，形成“多规合一”的“一张图”，汇集项目策划、项目生成、项目实施、项目验收全生命周期审批管理数据，构建全市唯一的“建设项目管理库”。

1个集成平台：基于SOA架构的统一集成平台，集成了管理信息平台（MIS）、空间信息平台（GIS）、三维辅助平台（VR）等。

N个应用系统：建设项目全生命周期网上报建系统、项目策划生成管理系统、空间规划“多规合一”服务支持系统、空间规划“一张图”、规划一站式服务平台。

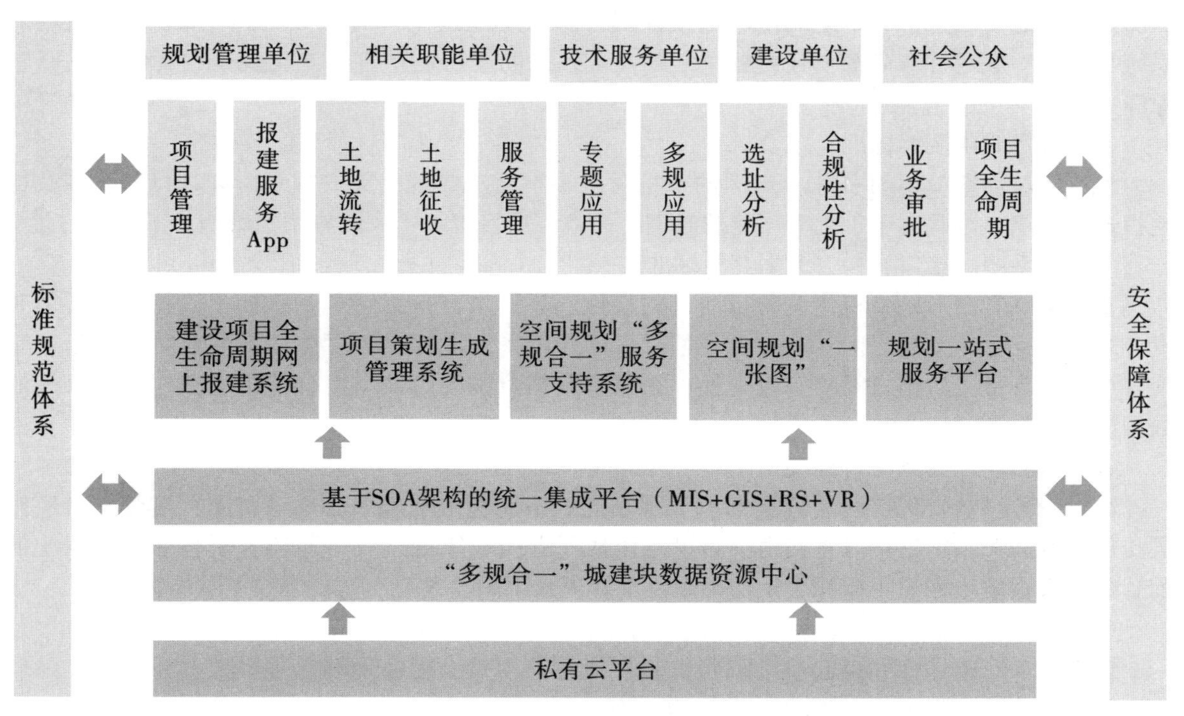

图5 技术架构体系

4 项目策划生成实施措施

4.1 项目策划生成对工程建设项目的影响

由于工程项目涉及政策调控、市场竞争、施工工期、建设环节、资金调配等方面，外界制约因素多且复杂多变，存在较多的不确定性因素和较高的风险。在面对这些未知风险时，需要在项目开发前期进行全方位的统筹兼顾，对未知的风险进行管控，完善的前期策划可为后续工作的开展保驾护航。前期策划对于整个项目的生命周期和项目实施过程中管理上突发情况的处理都有着重要的作用，同时有效的前期策划还对项目的上层系统有着重要的影响。因此，做好项目开发前期的策划工作对整个项目的成功起着至关重要的作用。

4.2 项目策划生成解决的主要问题

项目策划生成主要解决基础资料获取、规划综合协调、区域综合评估、征地拆迁、组织土地出让等问题，其中后三个阶段是重点，即在规划协调阶段主要解决规划冲突、规划调整、规划设计条件提供问题；区域综合评估阶段主要解决地质灾害、压覆矿产等18类事项的评价和咨询，把区域综合评估结果纳入“多规合一一张图”进行实时动态更新，并可以作为审批依据，在审批过程中不再要求建设单位提供；项目策划阶段主要是解决征地、拆迁、组织土地供给及带方案挂牌的方案审查等工作。

4.3 项目策划生成标准的建立

（1）全程无纸化标准。

如果不能实现全程电子无纸化，“一网通办”就无从谈起，“纸质＋电子”双轨运行机制的系统平台，一般运行寿命都十分短暂。因此，全系统的支持电子签章是实现全程无纸化的基本保障。

（2）审批时限压缩标准。

没有经过前期策划的项目，80天的审批时限根本无法实现相关的规划协调、综合评估及征地拆迁等事项，因此对于审批事项能按时完工而言，项目策划生成的应用辅助是必不可少的。

（3）多系统的接口异构、数据交换标准。

空间关系和图形是工程建设项目固有的特性，建设项目审批管理系统如不支持，就必须有专业系统来支撑。系统之间异构融合，可以保证部门系统在持续运行条件下形成统一的信息交换环境，实现部门数据之间的有效交换；在共享数据范围内，根据信息共享的主体形成统一的数据语义。

（4）项目空间关系支持标准。

审批管理系统缺失空间定位和图形呈现功能，不能直接与部、厅“一张图”监管平台实时同步项目空间关系，这可以直接由项目策划生成子系统在审批过程中与监管平台通过数据交换前置的方式去解决。项目空间关系支持是审批管理系统的关键。

（5）项目赋码机制标准。

现行无项目整体性约束的项目赋码机制将使建设项目全生命周期管理模式难以实现，赋码机制是实现建设项目全生命管理的关键。

（6）“一张图”生命力标准。

“一张图”的唯一性、统一性、持续性、权威性是其生命力的保障，其生命力是信息平台不间断运行的关键，必须要有高度的组织领导统筹、体制机制、不间断的运行维护做保障。

4.4 项目策划生成对应政策法规的制定

根据《国务院办公厅关于开展工程建设项目审批制度改革试点的通知》等相关法规、政策，贵阳市结合实际，为了确保项目策划生成工作的顺利推动，在制定印发《贵阳市空间规划“多规合一”与“项目策划生成”管理办法（试行）》等相关配套规章的基础上，市住建局牵头制定了《贵阳市区域综合性评估实施细则（试行）》并发布实施，各区（县、市）也结合本区域实际制定了项目策划生成实施方案或细则，为项目策划生成提供支撑。

4.5　项目策划生成管理方法的发布

为加强城乡规划统筹，促进城乡各类空间资源合理配置和协调利用，保障城乡规划建设有序、高效、可持续性发展，根据《国务院办公厅关于开展工程建设项目审批制度改革试点的通知》等相关法规、政策，贵阳市结合本市实际，制定了《贵阳市空间规划“多规合一”与“项目策划生成”管理方法（试行）》。本办法的发布，明确了项目策划生成的四个阶段——空间规划年度实施计划编制、项目发起、项目策划实施、项目生成，整体覆盖了贵阳市范围内所有新建、改建、扩建房屋建设项目。

本办法所称“项目策划生成”，是指以“多规合一”“一张图”为依据，建设项目进行的前期多规协调、可行性研究、环境与地质灾害等综合性评估、土地及房屋征收、土地供给、项目生成赋码等筹划、策划、组织、实施过程，是推动建设项目高效审批与顺利实施的重要基础性工作。

5　项目策划生成应用实效

（1）提前谋划。

通过建立项目生成的管理办法及系统平台，提前主动参与项目，尽早预判项目建设条件是否可行，促使项目在正式审批时能够一路畅通，提升审批效率。

（2）“机制＋一张图”。

建立一个政府部门之间的联合工作机制，依托“多规合一”的“一张图”，消除项目落地过程中可能产生的部门间的冲突和矛盾，实现审批过程“最多跑一次”。

（3）流水线预加工。

借鉴现代工业流水线的生产模式，对储备库中的项目进行“预加工”，使得项目进入审批环节后能够实现快速组装，提升生产效率。

（4）审批提速。

2018 年，试点地区审批时间由平均 200 多个工作日压减至 120 个工作日；2019 年上半年，全国实现这一目标；2020 年基本建成全国统一的工程建设项目审批和管理体系，项目前期策划进一步压缩办理时间，由 99 个工作日压减至 80 个工作日，规划“一书三证”审批时限由 75 个工作日压缩到 52 个工作日（带方案挂牌的项目 30 个工作日）。

（5）适应机构改革适时审批事项。

国家机构改革以后，自然资源部按职能、职责所在，在 2019 年 9 月发布《关于以“多规合一”为基础推进规划用地“多审合一、多证合一”改革的通知》，要求将用地预审与选址意见书、建设用地批准书和划拨决定书与建设用地规划许可证合并办理。通过对审批系统的迅速调整，贵阳市于 2019 年 9 月 25 日率先在全省核发了第一个新版的建设用地规划许可证。

（6）监督管理工作具象化。

在责任部门进行策划推进的过程中，如遇到某一环节办理时间过长、项目难以推进的情况，相关领导和责任部门可从系统中查看流转过程卡滞的原因。项目流转的信息可具体至相关的部门和部门的耗时等重要信息，责任部门和分管领导的监督可促进政府单位消除懒政、关系办事等现象。除此之外，系统可对已审批的环节的具体意见和材料进行规范化管理，协助监督管理工作的具体化。

6 结语

项目前期管理的顺利实施标志着工程建设项目审批制度改革取得了巨大突破。从整个机制的落实可以清楚看到，通过工程建设项目策划生成流程的再造和统一，为整体的项目策划生成审批提速创造了条件。对内实现了规划相关部门之间的有机结合，实现了主要责任部门和检测评估部门之间的信息关联；对外横向实现了与原有审批系统、发展改革部门系统等之间的数据交互与共享，纵向实现了各区（县、市）的数据互联互通，为规划相关部门最终实现协同办公提供数据和系统支撑。

项目策划生成要求各审批部门在规定的时限内反馈意见，审批部门为了按时反馈，必须在接到相关部门传输的审批信息后，在规定的时间内出具相关意见，将服务前移，改变政府形象，增强政府部门服务意识，打造高效的投资营商环境。其中，将评估策划阶段所需的必要审批提前统筹办理，避免项目在建设时夭折，从而导致时间和财产的浪费；在业务协同审批管理机制领域的创新方面得到突破，有效解决行政审批效率低问题，通过不断改进系统，逐步形成高效透明的行政审批管理流程；在系统的运转过程中公众可全程参与监督，推动管理模式从部门管理向综合管理转变，推动政府职能从管理型向服务型转变。与此同时，可避免时间上的冲突，进而能让项目高效有序地推行。

[参考文献]

[1] 杨洪海. 大型工程建设项目前期策划阶段协同管理研究 [D]. 天津：天津大学，2018.

[2] 本刊. 优化营商环境工程建设审批提速 [J]. 建筑，2018 (10)：10-11.

[3] 黄艳. 推进工程建设项目审批提速 [J]. 建筑，2019 (7)：20-21.

[4] 佚名. 浙江 14 举措促工程建设项目审批改革再提速 [J]. 中国招标，2019 (34)：8-11.

[5] 刘建军. 建设项目工程总承包的前期策划工作探讨 [J]. 煤炭工程，2019 (10)：1-6.

[6] 曾山山，尹长林，陈光辉，等. 新时期国土空间规划体系重构下的项目策划生成机制探索 [C] //中国城市规划学会城市规划新技术应用学术委员会，广州市城市规划自动化中心，深圳市规划国土房产中心. 智慧规划・生态人居・品质空间：2019 年中国城市规划信息化年会论文集. 南宁：广西科学技术出版社，2019：146-156.

[作者简介]

戴　义，数据分析师，贵阳市自然资源和规划局综合处处长。

张　宇，初级工程师，贵阳市地理信息大数据中心副主任。

孙　萍，中级工程师，贵阳市地理信息大数据中心应用研发部负责人。

黎　倩，初级工程师，贵阳市地理信息大数据中心信息三部负责人。

马敏娴，贵阳市地理信息大数据中心信息三部技术员。

基于GIS的上海市公共服务设施空间分布特征研究

□谢汪容，胡培滨

摘要：公共服务是城市的基本职能之一，在城市空间内部进行公共服务资源的合理配置，对实现公共服务设施均等化极为重要。本文以上海市不同类型的公共服务设施POI数据为研究对象，利用ArcGIS中的空间分析方法，分析公共服务设施在城市空间中的分布特征，并结合CRITIC法对全区公共服务设施的配置情况进行评估。研究表明：第一，研究区域公共服务设施在空间上的整体分布呈现单核扩散模式，并呈现出由市中心向周边发展的态势，各类公共服务设施高度聚集在中心城区，自中心向外围呈梯度迅速递减；第二，各类公共服务设施的空间分布在方位上基本一致，均沿“东北—西南”走向展布，但在设施覆盖范围上存在明显的差异；第三，各类服务设施之间，文化体育与市政公用设施间的相关性最强，教育与金融保险设施间的相关性最弱；第四，研究区域公共服务设施多样性随着与市中心距离的增大而减小；第五，各类公共服务设施的配置状况整体较好，商业服务设施在整体服务设施配套中权重最大，教育设施权重最小；第六，研究区域公交站点与公共服务设施网点的相关性最高，GDP数据与各类公共服务设施分布呈现显著性正相关，教育、行政管理及市政公用与人口的相关性最显著。

关键词：公共服务设施；空间分布；GIS；上海市

1　引言

我国经济发展正处于高速增长方式转向高质量发展方式阶段，同时也处在优化经济结构、转换增长动力的攻关期。在此时期，作为人口、产业发展重要载体的公共服务设施，其空间格局及配置情况不仅关系到城市公共服务资源是否公平、高效地配置，还直接影响着城市居民享有公共服务的数量和质量。目前国内已有不少学者对公共服务设施在空间的布局展开研究。张旭、徐逸伦以上海市为研究区，通过对比分析、ArcGIS空间分析等方法，发现餐饮设施的发展在区域上很不均衡，总体数量由市中心向外递减，呈现圈层式发展；李倩、甘巧林等人对广州市中心城区的公共文化设施分布进行研究，发现该类设施在空间分布上以旧城为中心，并围绕新城边缘展开；何丹、张景秋等人以北京市为例，通过统计设施的类型与数量来研究文化设施的空间分布，发现文化设施具有沿环线由内向外呈现递减分布的规律；伍芳羽以上海市五类公共服务设施业态为研究对象，分析其在空间的分布规律，总结出多心等级扩散、同心圆扩散及均匀布局三种模式。这些研究虽取得一定的成果，但均是基于传统统计手段对城市公共服务设施在空间的布局进行单一的研究，各类设施间的相关性分析有所忽略。

近年来，随着上海建设2040全球卓越城市目标的确立，深入研究当前上海内部经济复杂性及服务功能的差异性成为建设卓越城市的重要前提。公共服务设施作为城市各种资本流动的重要载体、城市服务能力的重要体现，是研究中较有可行性的分析对象。基于此背景，本研究以上海市为研究区域，以上海市2018年不同类型的公共服务设施兴趣点（POI）数据为研究对象，利用ArcGIS的核密度、标准椭圆和质心分布、相关性及辛普森指数等分析方法，对教育、医疗卫生、文化体育、商业服务、金融保险、市政公用、行政管理及其他等七类公共服务设施在空间上的分布特征进行研究；利用CRITIC方法，评估研究区域公共服务设施的配置情况，并对服务设施与社会经济发展间的关系进行探讨。

2 研究区域概况及数据来源

2.1 研究区域概况

上海市位于长江三角洲冲积平原，是国际经济、金融、贸易、航运、科技创新中心，人口密度大，服务设施健全，能全面反映中国一线城市服务行业的空间分布特征。本文以上海市整个市域为研究区，范围包含16个市辖区，中心城以外环线为界，范围面积约664 km^2。主城区包括中心城和虹桥、川沙、宝山、闵行4个主城片区，范围面积约1161 km^2。

2.2 数据来源

本研究的原始数据主要爬取于高德地图POI数据库，遵循代表性和准确性原则，选择与居民生活息息相关且在一定程度上能体现城市发展的公共服务设施，行政边界数据主要来源于Open Streent Map（OSM，开源地图）。以2018年6月为时间点，按照《城市居住区规划设施规范（2016版）》，将获得的各类公共服务设施POI数据再分类为七类（表1），分别为教育、医疗卫生、文化体育、商业服务、金融保险、市政公用、行政管理及其他。

表1 各类POI数据再分类

用地类型	POI数据分类
教育	科教文化服务
医疗卫生	医疗保健服务
文化体育	体育休闲服务、风景名胜
商业服务	餐饮服务、住宿服务、生活服务、购物服务
金融保险	金融保险服务
市政公用	公共设施、公交设施服务
行政管理及其他	政府机构及社会团体

3 研究方法

3.1 核密度分析

本研究主要利用ArcGIS中的核密度分析工具来分析各类公共服务设施在空间中的分布情况，探讨服务设施分布的热点区域。核密度分析主要是以某一要素为中心，在指定的范围内通过距离衰减形成连续不断的空间密度曲面，而核密度值就是由不同的密度曲面叠加而成，具体计算方法如下：

$$D(x_i, y_i)=\frac{1}{ur}\sum_{i=1}^{u}k\left(\frac{d}{r}\right) \tag{1}$$

式中，$D(x_i, y_i)$为空间位置(x_i, y_i)处的核密度值；r 为距离衰减值；u 为与位置(x_i, y_i)的距离$\leqslant r$ 的要素点数；k 函数则表示空间权重函数；d 表示当前要素点与(x_i, y_i)两点之间的欧几里得距离。

3.2　标准差椭圆与质心分布

为了量化各类公共服务设施在研究区域的布局规模，本研究利用 ArcGIS 中的标准差椭圆分析工具来分析各类公共服务设施在空间上的覆盖范围及其拓展方向。质心是要素点集在 x 和 y 方向上平均组成的点，由该点到达各个公共服务设施点间的距离最短。具体计算公式如下：

$$\tan\theta=\left[\sum_{i}^{n}(x_i-\overline{x})^2-\sum_{i=1}^{n}(y_i-\overline{y})^2+\sqrt{\sum_{i}^{n}(x_i-\overline{x})^2-\sum_{i=1}^{n}(y_i-\overline{y})^2+4\left[\sum_{i=1}^{n}(x_i-\overline{x})\sum_{i=1}^{n}(y_i-\overline{y})^2\right]}\right] / \left[2\sum_{i=1}^{n}\sum_{i=1}^{n}(x_i-\overline{x})^2\sum_{i=1}^{n}(y_i-\overline{y})\right] \tag{2}$$

$$\delta_x=\sqrt{\sum_{i=1}^{n}\frac{\left[(x_i-\overline{x})\cos\theta-(y_i-\overline{y})\sin\theta\right]^2}{n}} \tag{3}$$

$$\delta_y=\sqrt{\sum_{i=1}^{n}\frac{\left[(x_i-\overline{x})\cos\theta-(y_i-\overline{y})\cos\theta\right]^2}{n}} \tag{4}$$

式中，θ 为旋转方向角；n 为要素点数量；(x_i, y_i)为质心坐标；δ_x为椭圆长轴长度；δ_y为椭圆短轴长度。

3.3　相关性分析

充分了解各类公共服务设施的基本布局后，需要明确各类设施间的空间联系。本研究利用相关性分析探讨各类设施间的空间关系，建立相关性系数矩阵。具体公式如下：

$$V_k=\frac{V_k-V_{\min}}{V_{\max}-V_{\min}}\times 255 \tag{5}$$

$$Cov_{pq}=\frac{\sum_{K=1}^{N}(V_{pk}-\overline{V}_p)(V_{qk}-\overline{V}_q)}{N-1}\times 255 \tag{6}$$

$$Corr_{pq}=\frac{Cov_{pq}}{\delta_p\delta_q} \tag{7}$$

式中，V_k表示第 k 个像元的密度值，V_k表示归一化后图像像元值；Cov_{pq}表示 p 图层和 q 图层像元值的协方差；$Corr_{pq}$表示 p 图层和 q 图层的相关系数；V_{pk}和 V_{qk}分别表示 p 图层和 q 图层第 k 个像元的像元值；$\overline{V}_p$和 $\overline{V}_q$分别表示 p 图层和 q 图层的平均值；N 是像元的数量；k 表示特定像元；δ_p和 δ_q分别表示 p 图层和 q 图层像元值的标准差。

3.4　辛普森指数

辛普森指数又称辛普森多样性指数，常用于生物学领域中群落物种多样性的判断。不少学者将生物学中的研究概念与方法引入城市研究领域，笔者也利用辛普森指数对城市服务业多样性进行定量计算和分析。公式为：

$$D = 1 - \sum_{i=0}^{n} \left(\frac{N_i}{N}\right)^2 \tag{8}$$

式中，D 表示公共服务设施多样性，N_i 表示研究区域中第 i 种服务设施类型的数量，N 表示研究区域中所有服务设施类型的总数量，n 表示研究区域中服务设施类型总数。D 的取值范围为 (0，1)，D 的值越大，表示研究区域服务设施多样性越高，反之则越低。

3.5 公共服务设施综合评价

本研究采用一种改进的 CRITIC 方法对各类公共服务设施进行权衡分析，利用平均数和相关系数计算各类设施的权重。平均数表示各类设施在研究区内密度的分布情况，相关系数用来衡量各类设施间的关联性。具体公式如下：

$$W_q = \frac{M_q \sum_{p=1}^{p} corr_{pq}}{\sum_{q=1}^{p} (M_q \sum_{p=1}^{p} corr_{pq})} \tag{9}$$

式中，M_q 表示第 q 个设施的平均像元值，W_q 为第 q 个设施的权重。

公共服务设施配置综合评估的计算公式如下：

$$S_k = \sum_{q=1}^{p} (V_{qk} \times W_q) \tag{10}$$

式中，S_k 是第 k 个像元综合评价值。

4 结果分析

4.1 上海市公共服务设施空间热点分析

分别利用 ArcGIS 中的核密度分析工具对上海市公共服务设施 POI 整体的核密度及各类公共服务设施的核密度进行计算，并制成相应的空间分布图。

4.1.1 上海市公共服务设施整体分布

上海市公共服务设施整体核密度最大的区域与传统的城市中心相重叠，反映出中心城区商业与居住密集混杂的特点，由此带来公共服务设施网点的高度集中（图 1）。围绕市中心的次高核密度水平呈圈层结构向外逐步递减，主要涵盖上海中环以内地区，以浦西老城区为主，浦东发展明显受到后发城市规划对建筑密度的限制。中环以外各个方向的核密度锐减，唯有沿主要交通线路呈链形热点，表明中环之外的城市发展主要依托交通便捷性带来的辐射效应。在郊区同样存在部分区域相对周边区域较高的热点，说明在这些区域内公共服务设施一定程度上呈现集聚特征，这是因为在此类区域中存在诸如旅游景点、大学城等吸引公共服务设施聚集的要素。总而言之，上海市公共服务设施在空间上的整体分布呈现单核扩散模式，并呈现出由市中心向周边发展的态势；在上海郊区区域，公共服务设施总体热点在空间上可以进行“新城”识别。

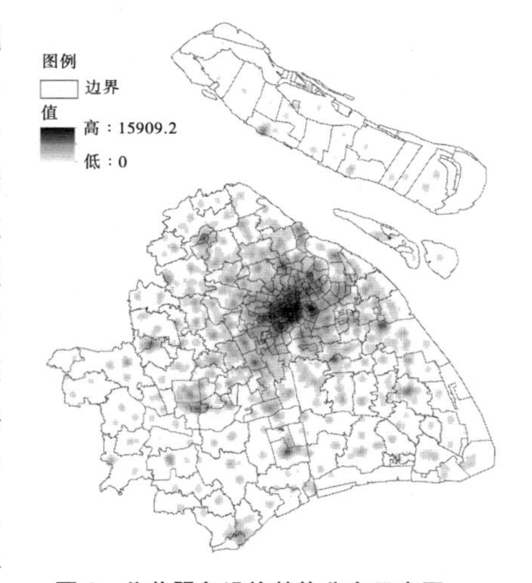

图 1　公共服务设施整体分布示意图

4.1.2 上海市各类公共服务设施分布

运用核密度分析法对上海市各类公共服务设施的分布模式和分布密度进行分析，得出不同类型服务设施在空间中的分布特征。总体而言，上海市各类公共服务设施的密度自中心向外围呈梯度快速递减，这些设施的高密度分布区与城市的中心体系紧密联系，呈现出以下四种特征：①围绕城市各级中心，公共服务设施在空间中的密度分布呈现明显的递减性聚集趋势；②主城区内，中心城区范围公共服务设施的密度分布明显高于周边副城；③中心城区内，不同类型的公共服务设施分别与不同性质的城市中心结合布局；④各类公共服务设施沿着地铁线路由中心城区往外延伸。教育、文化体育、金融保险、市政公用这几类设施以单核形式进行布局；医疗卫生、商业服务、行政管理及其他这几类公共服务设施则以多核形式进行表现，其主核面积大，成团块状分布在中心城区，周边有分散的次核，即“大聚集＋小分散”的空间布局。各类公共服务设施在崇明区的分布情况较为类似，分布密度均很小，这与上海的发展定位密不可分：将崇明区定位为世界级生态岛，不大开大建，发展主要立足于生态环保。

具体而言，教育设施高度聚集在中心城区，以单核形式进行布局，该单核进一步细分为三个相连的集核，除中心城外的主城区内该类设施在空间中的分布密度不大且较为均匀，但由主城区往外分布则迅速减少，在整个研究区的布局不均衡（图 2）。医疗卫生设施有很明显的主次核地带之分，主核分布在中心城区，该聚集中心明显呈现出与人口密度正相关的设施分布空间规律，次核则以小组团状分布在研究区的其他空间中（图 3）。文化体育设施的聚集点同样呈现出与城镇中心重合的空间布局特征，中心城区分布最为密集，并由此处往外迅速减少，在研究区的南北两端设施不足（图 4）。商业服务设施是引导全区发展的重要基础服务设施，与其他设施一样，主核分布在中心城区，除崇明区外，在全区各地有明显的次核产生，说明该区的商业服务公共设施配备较为完善（图 5）。金融保险设施 POI 分布点的密度明显少于其他类别的公共服务设施，该类设施空间布局遵循级差地租分异规律，从中心城区到边缘设施的密度和规模逐渐减小，呈现典型的等级圈层结构（图 6）。市政公用设施是人们日常生活的基础性设施，其 POI 分布点的分布范围最广，总体上覆盖了整个上海市，但在崇明区的覆盖不足，这与其发展定位紧密相关（图 7）。行政管理及其他设施主要聚集在中心城区，由中心城区至主城区分布密度迅速减少，在主城区外有明显的次核产生，主要为各区的行政办公处（图 8）。

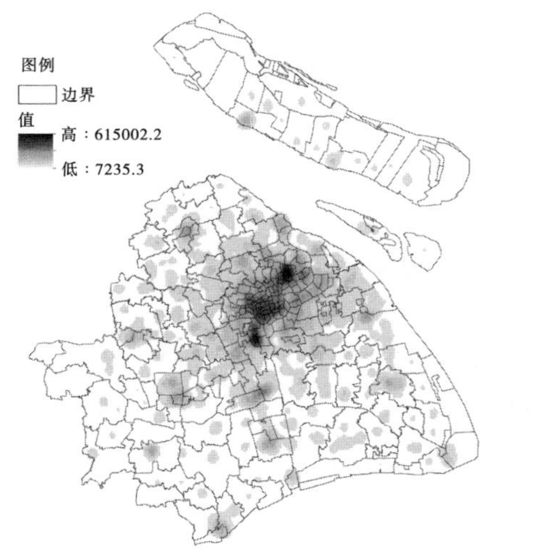

图 2　上海市教育设施分布示意图

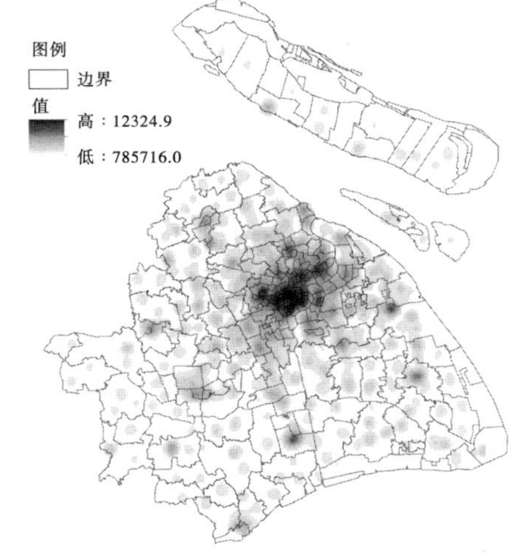

图 3　上海市医疗卫生设施分布示意图

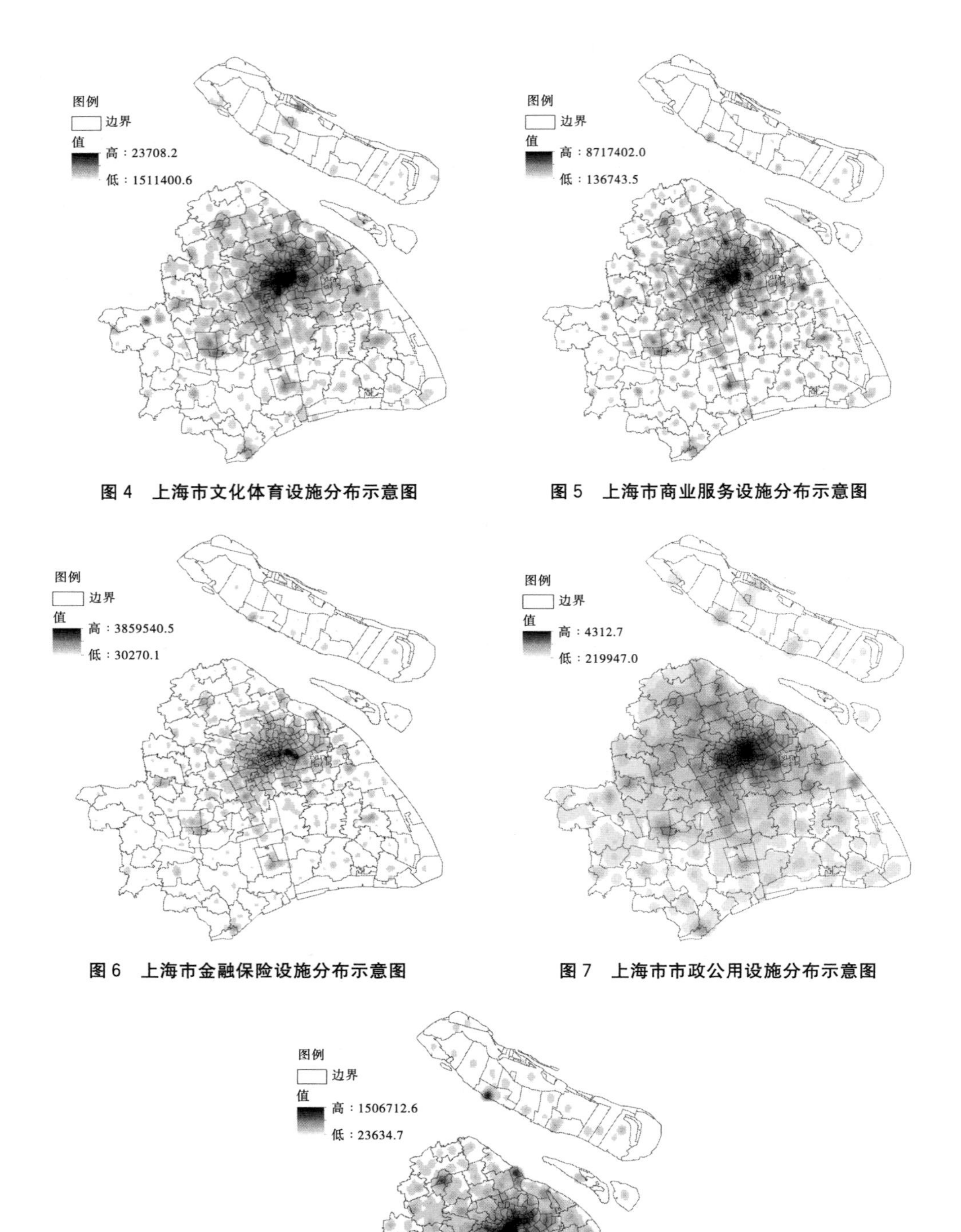

图 4　上海市文化体育设施分布示意图

图 5　上海市商业服务设施分布示意图

图 6　上海市金融保险设施分布示意图

图 7　上海市市政公用设施分布示意图

图 8　上海市行政管理及其他设施分布示意图

4.2　上海市公共服务设施布局规模分析

为充分了解各类公共服务设施在研究区的覆盖情况，本研究利用 ArcGIS 中的标准差椭圆分析工具对 POI 数据进行研究，并根据这些数据计算各类公共服务设施的质心。研究发现，2018 年上海市七类公共服务设施分布点均沿“东北—西南”走向展布。其中，行政管理及其他设施的椭圆面积最大，分布较为分散，服务范围最广，这可能与各级行政单元的分布密切相关，而金融保险设施的分布最为集中，教育、医疗卫生、文化体育、商业服务、市政公用这几类公共服务设施集聚走向较前两者更趋一致。进一步对比质心位置发现，各类公共服务设施的质心位置基本一致，即各类公共服务设施的最佳服务地点一致，说明全区各类服务资源较为集中，特别是中心城区，其服务资源分布最为密集且整体上布局较为合理。

4.3　上海市公共服务设施相关性分析

单一的公共服务设施布局分析仅能反映其基本的空间分布特征，而各类设施间也存在着重要的空间联系。为进一步研究各类设施间的相互关系，本研究结合上述核密度分析结果，并利用 ArcGIS 中的空间相关性分析工具，得到各类设施间的相关系数矩阵（表 2）。

表 2　2018 年上海市七类服务设施相关系数矩阵

	教育	医疗卫生	文化体育	商业服务	金融保险	市政公用	行政管理及其他
教育	1.0000						
医疗卫生	0.8426	1.0000					
文化体育	0.8427	0.9400	1.0000				
商业服务	0.8017	0.9222	0.9389	1.0000			
金融保险	0.6622	0.7649	0.8049	0.7991	1.0000		
市政公用	0.8335	0.9247	0.9486	0.9258	0.8559	1.0000	
行政管理及其他	0.8561	0.9353	0.9272	0.9012	0.7897	0.9328	1.0000

在各类公共服务设施间的相关系数中，文化体育与市政公用这两类设施间的相关性最强，相关系数达到 0.9486，说明文化体育与市政公用服务设施在空间上的依赖性是所有设施中最强、联系最紧密的。而教育与金融保险这两类设施间的相关性最弱，相关系数为 0.6622，即它们之间的空间关联性在所有设施间最弱，配套建设可能性较低。从某一类公共服务设施与其他设施间的相关性角度来看，医疗卫生、文化体育、商业服务、市政公用、行政管理及其他这五类公共服务设施与其他设施间的相关性较强，50％的相关系数都在 0.9 以上，这是由于这几类公共服务设施服务的人群范围更广，公共性较强。而教育、金融保险这两类公共服务设施与其他设施间的相关性较弱，相关系数都在 0.9 以下，这是由于这两类公共服务设施服务于特定的人群，如教育设施主要服务于学生，它们对外公共性较弱，因此与其他设施配套建设的可能性相对较低。

4.4　上海市公共服务设施多样性分析

在上海市 2 km×2 km 网格数据的基础上，根据辛普森指数，并基于 ArcGIS 中的自然断裂法将上海市公共服务设施多样性分为五大类，得出相应的多样性分布图。可以发现，整体上上海市公共服务设施多样性随着与市中心距离的增大而减小。研究中还加入上海市乡政府所在地点数据，发现少量混合度较高的区域集中在边缘乡镇行政中心，呈现出离散的空间形态，表明政府所在地有利于增加该区域的公共服务设施多样性。人民广场、外滩、陆家嘴等中心城区一带有多条地铁线路交会，交通便利，是上海市最繁华的商圈，该地带集购物、餐饮、娱乐、金融等服务于一体，是上海市公共服务设施多样性最好的区域。

4.5 上海市公共服务设施配套综合评估

本研究将结合前面各类空间分析，对全区公共服务设施的配置情况进行评估。首先，根据CRITIC方法，得到各类公共服务设施的权重（表3）。对比七类设施的权重可知，商业服务设施所占的权重最大，市政公用中等，而教育、医疗卫生、金融保险设施所占权重较小，其中教育设施最小，可见研究区整体的教育设施配置不足。其次，根据公共服务设施配置情况的综合评估算式，结合ArcGIS中栅格计算工具，经重分类得到结果（图9）。结果显示，全区公共服务设施最完善的地方为中心城区，该处设施高度聚集，其外围的主城区内公共服务设施配备较好，且沿着地铁线路由中心城区往外围延伸，说明公共交通对公共服务设施的布局影响较大。此外，崇明区的公共服务设施配置情况很差，这是由于其特殊的发展定位。对比上海市地铁线路，可以发现中心城区外围聚集点均分布在地铁沿线，表明轨道交通对公共服务设施的布局有较大影响（图10）。整体上，全区的公共服务设施发展较为平衡，总体的公共服务设施配置情况较好，设施的服务半径大体可覆盖全区，但在局部地区，如边缘地带应增加公共服务设施资源的配置。

表3　各类服务设施的权重

服务设施	教育	医疗卫生	文化体育	商业服务	金融保险	市政公用	行政管理及其他
权重	0.0236	0.0596	0.0938	0.4337	0.0563	0.2280	0.1050

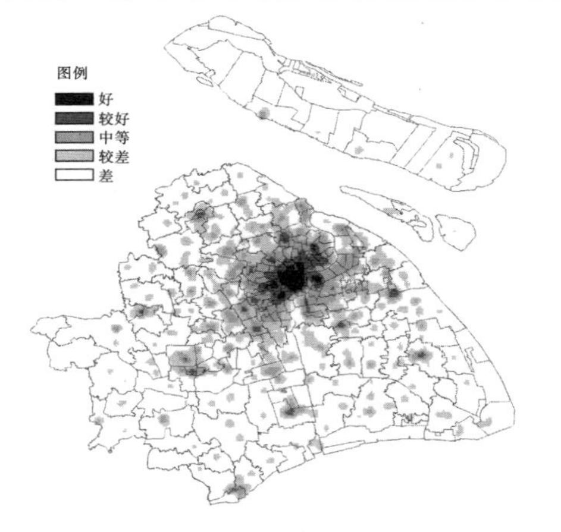

图9　上海市整体公共服务配设施置情况综合评价示意图

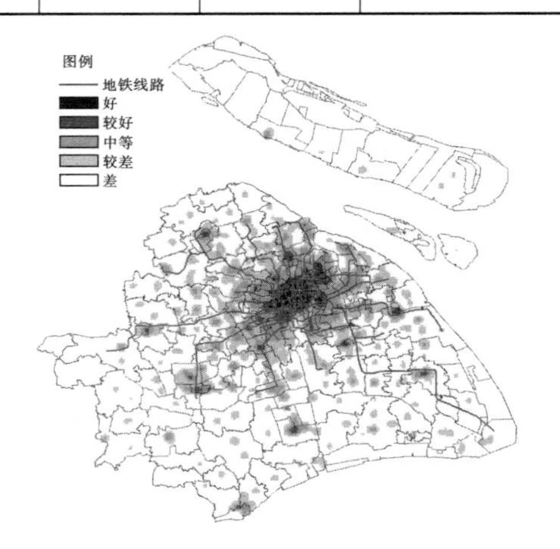

图10　上海市整体公共服务设施配置情况与地铁线路关系示意图

4.6 上海市公共服务设施与社会经济发展

本研究获取了上海市人口、GDP数据和公共交通数据，公共交通（公交、地铁）是城市交通的主力军，公交站点、地铁站点在空间上的分布一定程度上能够刻画出上海市交通便捷程度；

GDP 数据能较为准确地反映出上海市的经济发展水平。因此，将人口、GDP 和公共交通作为反映上海市社会经济发展的部分指标（图 11，表 4）。（由于数据获取的局限性，人口数据与 GDP 数据均为 2015 年，而其他 POI 数据为 2018 年，不可避免地存在误差。）

表 4　公共服务设施与社会经济发展相关性分析

类别	人口	公交站点	地铁站点	GDP
教育	0.8638	0.8386	0.8320	0.6551
医疗卫生	0.7926	0.9218	0.8905	0.7373
文化体育	0.7994	0.9585	0.9084	0.7669
商业服务	0.7758	0.9272	0.8620	0.7219
金融保险	0.6134	0.8561	0.7786	0.8370
市政公用	0.8384	0.8593	0.8481	0.7098
行政管理及其他	0.8022	0.9340	0.9116	0.7763
综合类	0.8135	0.9452	0.8785	0.7946

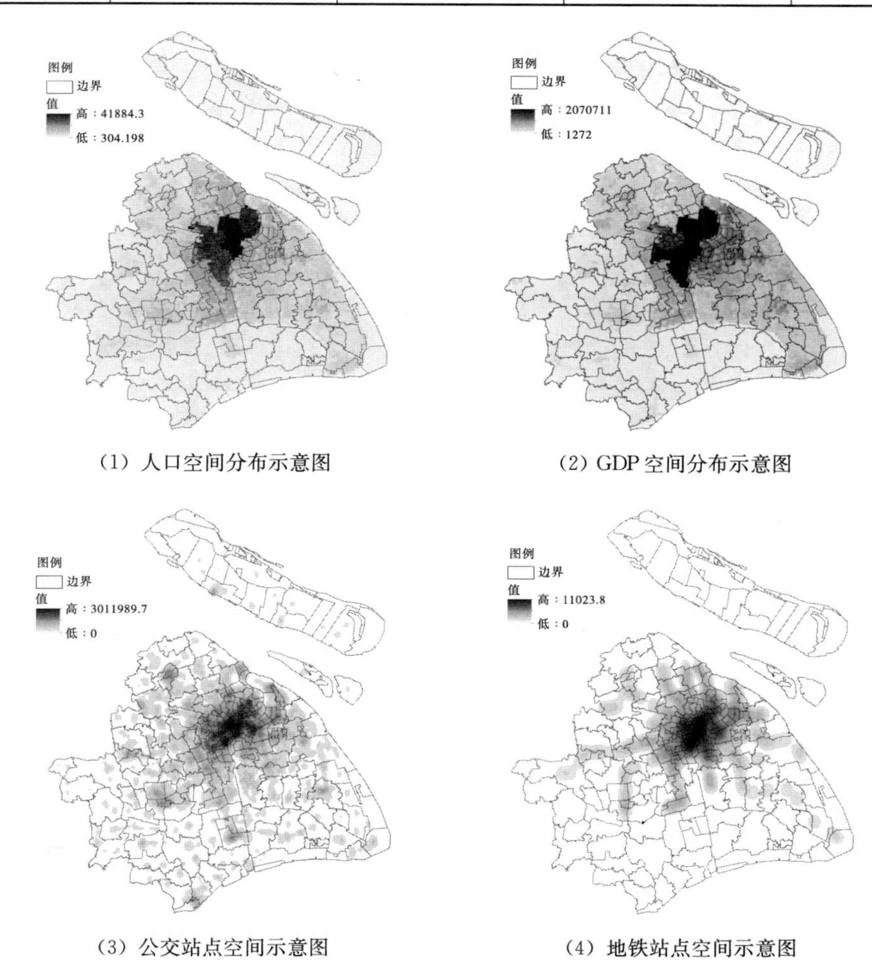

（1）人口空间分布示意图　（2）GDP 空间分布示意图

（3）公交站点空间示意图　（4）地铁站点空间示意图

图 11　社会经济发展部分指标

（1）城市公交站点与公共服务设施网点的相关程度最高，其次是地铁站点与人口，而 GDP 数据与公共服务设施的相关度最低。公交站点与各类公共服务设施网点的相关系数均超过 0.8，其可达性与各类公共服务设施网点空间分布布局最为密切，尤其是文化体育类（与公交站点的关系系数超过 0.95）。

（2）GDP 数据与各类公共服务设施分布呈现显著性正相关，其中金融与 GDP 相关性最高，其次是文化体育与医疗卫生。GDP 反映城市的社会经济活动，GDP 值越高则经济活动强度越强。金融、行政、文化体育类服务网点是城市经济活跃的主体，因而与 GDP 相关性较高。

（3）教育、行政管理及其他和市政公用与人口的相关性最显著。城市人口可能更倾向于聚集在教育资源丰富、资源配套齐全的地区（这里由于数据年份不一致，因此结果存在误差）。

5　结论与建议

本研究将获取的上海市部分公共服务设施 POI 数据分为七类，结合 ArcGIS 的空间分析方法，探讨上海市公共服务设施在空间上的分布情况，并利用相关性分析及 CRITIC 方法，对七类公共服务设施的配置进行综合评估，结论如下。

由于社会经济、交通区位、自然环境、历史遗存等综合因素的作用，上海市七类公共服务设施在空间上的布局存在显著的共性和差异性。共性主要表现为上海市公共服务设施在空间上的整体分布呈现单核扩散模式，并呈现出由市中心向周边发展的态势，各类公共服务设施高度聚集在中心城区，自中心向外围呈梯度迅速递减，以及各类公共服务设施的方向分布均沿“东北—西南”走向展布；差异性则体现在不同公共服务设施具体的分布模式、方向分布、相关性及权重。其中分布模式表现为教育、文化体育、金融保险、市政公用以单核形式进行布局，医疗卫生、商业服务、行政管理及其他这几类公共服务设施以多核的形式进行布局，由于其主核面积大，而成团块状分布在中心城区，周边有分散的小核，即“大聚集＋小分散”的空间布局。

各类设施分布的方向走位虽基本一致，但在设施覆盖的范围上存在明显的差异，行政管理及其他设施的覆盖范围最大，金融保险设施的最小。各类公共服务设施之间，文化体育与市政公用设施间的相关性最强，教育与金融保险设施间的相关性最弱。公共服务设施整体的多样性随着与市中心距离的增大而减小。此外，各类公共服务设施的配置状况整体较好，商业服务设施在整体服务设施配套中权重最大，教育设施最小，因此应在主城区以外的城市空间适当增加教育设施资源的配置。在公共服务设施与社会经济发展的分析中，城市公交站点与公共服务设施网点的相关性最高，GDP 数据与各类公共服务设施分布呈现显著性正相关，教育、行政管理及其他和市政公用与人口的相关性最显著。

由以上结论可知上海市各类公共服务设施集聚在主城区，而在其他空间，特别是边缘地带的设施配置不足。本文对于该问题有以下几点建议。

（1）交通是支撑城市发展的骨架，特别是大运量轨道交通，对引导城市空间布局有重要作用。市域现状中主城区的轨道路网最为密集，南部的路网明显不足，后期发展应增加主城区以外城市空间的轨道路网密度，从而突出交通骨架引领作用，引导公共服务设施空间布局，提升空间组织效能。

（2）除主城区公共活动中心外，构建由新城中心、新城地区中心及社区中心构成的郊区公共活动中心体系，共同完善市域公共活动中心体系。将城市主中心作为城市核心功能的重要承载区，如金融服务功能，同时强化城市副中心的综合服务与特定功能，如文化、科技创新等核心功能。

（3）崇明区由于其世界级生态岛的发展定位，今后公共服务设施的发展应在现有基础上适当增加市政公用设施，提高居民至目的地的可达性。

本研究仅利用 POI 数据进行分析，存在一定的局限性，比如 POI 数据只有点位、数量等信息，缺乏具体的规模信息，服务设施点与服务对象也难以进行关联分析，但 POI 数据代表城市内部详细而真实的空间要素数据，在某种程度上能够揭示公共服务设施在空间中的集聚与扩散状态，可作为评估规划是否达到预期目标的一种手段，为大城市的机构和功能优化提供支撑。

［参考文献］

［1］孙德芳，秦萧，沈山．城市公共服务设施配置研究进展与展望［J］．现代城市研究，2013（3）：90-97.

［2］张旭，徐逸伦．上海市餐饮设施空间分布及其影响因素研究［J］．热带地，2009（4）：362-367.

［3］李倩，甘巧林，刘润萍，等．广州市中心城区公共文化设施空间分布研究［J］．中南林业科技大学学报（社会科学版），2012（2）：145-148.

［4］何丹，张景秋，孟斌．北京市中心城区公共文化设施空间分布研究［J］．资源开发与市场，2014（1）：55-58.

［5］伍芳羽．基于 POI 大数据的南京公共服务业态空间布局均等化研究［J］．建筑与文化，2017（6）：43-45.

［6］WANG J F，LI X H，CHRISTAKOS G，et al. Geographical detectors-based health risk assessment and its application in the neural tube defects study of the Heshun region，China［J］. International Journal of Geographical Information Science，2010（1）：107-127.

［7］李莉，姚秀燕．我国公共图书馆发展与经济增长关系研究［J］．惠州学院学报，2015（5）：94-98.

［8］刘承良，薛帅君．上海市主城区公共服务设施网点分布的空间异质性［J］．人文地理，2019（1）：122-130.

［9］陈映雪．基于 Webmap 的多中心城市空间发展评估方法：以上海主城区为例［J］．上海城市规划，2017（6）：96-102.

［10］崔真真，黄晓春，何莲娜，等．基于 POI 数据的城市生活便利度指数研究［J］，地理信息世界，2016（3）：27-33.

［11］MO W B，WANG Y，ZHANG Y X，et al. Impacts of road network expansion on landscape ecological risk in a megacity，China：a case study of Beijing［J］. Science of the Total Environment，2017：1000-1011.

［12］施益强，王坚，张枝萍，等．厦门市空气污染的空间分布及其与影响因素空间相关性分析［J］．环境工程学报，2014（12）：5406-5412.

［作者简介］

谢汪容，同济大学硕士研究生。

胡培滨，贵州大学硕士研究生。

基于评价算法的武汉市市政基础设施承载力智能评估与预警

□周　勃，刘金榜，严　飞，吴　思

摘要：随着社会经济水平日益提高、城市规模不断增加，市政基础设施的承载力、安全性和规划实施的合理性等，都需要开展系统、科学的评估，尤其在国土空间规划改革和大数据技术高速发展的时代背景下，开展市政基础设施承载力的系统综合性评估已成为城市社会经济发展的迫切需求。本文首先对武汉市全口径的市政专项数据进行了梳理，包括现状设施点位和已批的规划设施点位；其次结合市政设施的运行机制，对不同类型的市政基础设施拟定评价算法，并对评估结果制定评价等级；最后将市政专项数据代入评价算法中进行计算评估。评估内容分为现状评估和规划预警：现状评估用于评估各类市政设施的现状服务水平，识别出现状的供给缺口；规划预警可将单个或多个规划地块开发项目的建设规模转化为市政设施需求，评估开发项目建设后对评价区域内现状市政设施服务水平的影响程度，并在必要时给予预警提醒，以此辅助项目审批决策及开展市政设施建设计划安排。通过对武汉市各类市政基础设施制定相应的评价算法，最终提高市政项目规划合理性、管理科学性、审批高效性。

关键词：评价算法；市政设施；智能评估；城市承载力；规划预警

1　研究背景及目的

现代城市规划作为一项公共政策，当前正经历着从“目标规划”向“过程规划”的转变，同时更加关注规划的可实施性。在国土空间规划改革和大数据技术高速发展的时代背景下，规划评估的价值日益凸显，甚至已成为相关法律法规、政策文件的明确要求，是当下城市规划学术界的研究热点。目前国内已经开展了一系列关于城市总体规划评估方法、国土空间规划评估模式的研究，但对于市政基础设施评估体系的研究相对较少。随着国家对市政基础设施的日益重视，以及社会对市政系统相关问题，如排水内涝问题、危险设施安全问题等的强烈关注，对市政基础设施开展综合性评估已成为城市社会经济发展的迫切需求。

当前武汉市市政基础设施存在发展滞后、总量不足、实施困难等问题，对城市居民生活影响较大，对城市软实力提升具有消极影响。为全面监测武汉市市政设施供给情况，跟踪解决城市建设发展中市政基础设施建设配套脱节的问题，有效指导市政设施落地，本研究拟构建一套完整的市政基础设施评估和预警体系，以达到科学规划和智慧决策的目的。

2　研究对象及技术路线

2.1　本次研究对象

本次研究范围以武汉市主城区为主，后期将根据项目推进逐步拓展至全市域。

本次研究的评估对象为全口径的市政专项，包括电力、环卫、消防、给水、污水、雨水、燃气、通信与邮政及其他设施，重点关注与市民生活直接相关的民生性及邻避型设施。此外，考虑到配套性设施主要服务于街道范围（区域性设施服务于若干个区级行政区），其对于地块开发影响的敏感程度更高，因此本研究重点对 110 kV 变电站、垃圾转运站、消防站、加压站、污水泵站五类配套性设施建立基于用地地块的评价模型。本次市政基础设施承载力评估对象如表 1 所示。

表 1　市政基础设施承载力评估对象分析表

	专项	评估对象	
		区域性设施	配套性设施
市政基础设施承载力评估	电力	500 kV 变电站	220 kV、110 kV 变电站
	环卫	垃圾处理厂、环卫车辆停保场	垃圾转运站、公厕
	消防		消防站
	给水	水厂	加压站
	污水	污水处理厂	污水泵站
	雨水	雨水泵站	
	燃气	门站（城区外围）	调压站
	通信与邮政	通信机楼、邮件处理中心	移动基站、邮政局所（附设式）
	其他	热力、海绵、抗震防灾、5G……	

2.2　本次研究技术路线

本次研究的技术路线主要分为三个阶段：首先是数据梳理，对武汉市全口径的市政专项数据进行梳理，包括现状设施点位和已批的规划设施点位。其次是拟定评价算法和评估等级，结合市政设施的运行机制，对不同类型的市政基础设施拟定评价算法，并对评估结果制定评价等级。最后将市政专项数据代入评价算法中进行计算评估。评估内容分为现状评估和规划预警：现状评估用于评估各类市政设施的现状服务水平，识别出现状的供给缺口；规划预警可将单个或多个规划地块开发项目的建设规模转化为市政设施需求，评估开发项目建设后对评价区域内现状市政设施服务水平的影响程度，并在必要时给予预警提醒，以此辅助项目审批决策及开展市政设施建设计划安排。

3　数据梳理

本次研究须对武汉市全市域、全口径的市政专项设施进行全面梳理。根据本次研究的评估对象，所有市政设施按照服务范围可分为区域性设施和配套性设施两大类，按照建设状态分为现状设施和规划设施两大类，按照专项类别可分为电力、环卫、消防、给水、污水、雨水、燃气、通信与邮政、其他共九大类。所有数据应按照统一的字段要求完成数据建库。

3.1 现状数据

所有现状数据均应包含设施点位、设施名称等基本信息，对于本次重点研究的配套性设施，还须获取设施的建设规模、设施等级、当前服务能力等信息。具体如下：

（1）110 kV 变电站：电压等级、主变容量、负载率。

（2）垃圾转运站：设施规模。

（3）加压站：设施规模。

（4）污水泵站：抽排能力。

（5）消防站：服务范围。

3.2 规划数据

所有规划数据均应包含设施点位信息，有条件的还须补充规划规模、设施等级、规划服务能力等信息。

4 评价算法和评估等级的制定

本次研究主要针对市政配套性设施，即对 110 kV 变电站、垃圾转运站、消防站、加压站、污水泵站制定了评价算法和评估等级。

4.1 变电站负载率评估

依据相关的行业标准和日常经验，不同建筑类型的单位面积用电指标如表 2 所示。

表 2 单位建筑量用电需求

建筑类型	单位用电指标［W/（m^2·d）］
居住	15
公服	60
商业	80
工业	40

依据表 2 开展变电站负载率的评估步骤如下：

（1）以地块为单元，计算地块内各类建筑的建筑量之和，乘以单位建筑量的用电指标，即可得到该地块的用电需求 A。

（2）默认每个地块仅接受距离最近的变电站的供电。

（3）确定每个变电站所覆盖的地块，即该变电站的服务地块。

（4）计算每个变电站服务地块的用电需求总量$\sum A$。

（5）将$\sum A$除该变电站的主变容量，即可得到该变电站的负载率。

依据行业标准，将变电站的负载状态分为三个等级：负载率大于 75%的变电站为重载，该变电站的服务地块即为供电缺口地区；负载率在 50%～75%之间的为正常负荷，该变电站的服务地块即为供电平衡区；负载率低于 50%的变电站为轻载，该变电站的服务地块即为供电富余区。

4.2　垃圾转运站负载率评估

依据相关的行业标准和日常经验，不同建筑类型的单位面积垃圾产生量如表 3 所示。

表 3　单位建筑量垃圾产生量

建筑类型	单位垃圾产生量［kg/（m²·d）］
居住	0.022013686
公服	0.071220119
商业	0.032658913
绿地	0.009523336

依据表 3 开展垃圾转运站负载率的评估步骤如下：

（1）以地块为单元，计算地块内各类建筑的建筑量之和，乘以单位建筑量的垃圾产生量，即可得到该地块的垃圾产生量 A。

（2）默认每个地块的垃圾均将转送至距离最近的垃圾转运站。

（3）确定每个垃圾转运站所覆盖的地块，即该垃圾转运站的服务地块。

（4）计算每个垃圾转运站服务地块的垃圾产生总量$\sum$A。

（5）将$\sum$A 除该垃圾转运站的规模，即可得到该垃圾转运站的负载率。

依据行业标准，将垃圾转运站的负载状态分为三个等级：负载率大于 100％的垃圾转运站为重载，该垃圾转运站的服务地块即为供给缺口区；负载率在 80％～100％之间的为正常负载，该垃圾转运站的服务地块即为供给平衡区；负载率低于 80％的垃圾转运站为轻载，该垃圾转运站的服务地块即为供给富余区。

4.3　消防站达标率评估

由于每一个消防站都已经分配了责任片区，因此评估消防站的主要工作是判断其是否达标。依据相关的行业标准，消防站是否达标的判断依据如表 4 所示。

表 4　消防站达标要求

风险等级	高风险区	中风险区	一般风险区	低风险区
辖区服务面积	≤5 km²	≤7 km²	≤10 km²	≤15 km²

表中所述的高风险区、中风险区、一般风险区、低风险区是依据武汉市的地质地貌特征，将武汉市的都市发展区范围划分为了四类区域。

依据行业标准，将消防站的达标情况分为三个等级：因中、高风险区面积超标而未达标的消防站定为高风险消防站，该消防站的服务辖区为高风险区域；因一般、低风险区面积超标而未达标的消防站定为中风险消防站，该消防站的服务辖区为中风险区域；达标的消防站为低风险消防站，该消防站的服务辖区为低风险区域。

4.4　加压站负载率评估

依据相关的行业标准和日常经验，不同用地类型的单位面积用水量如表 5 所示。

表 5 单位面积用水量

建筑类型	单位用水量 [m^3/（hm^2·d）]
教育、医疗、酒店	90
行政、商贸、体育文化	50
一类工业	40
二类工业	100
三类工业	180
市政交通	30
特殊（部队）	50
仓储	15
绿地	15

注：居住用地的用水量为 200 升/（人·天）。

依据表 5 开展加压站负载率的评估步骤如下：

（1）以地块为单元，根据用地性质计算该地块的用水需求量 A，其中居住地块按实际居住人口进行计算。

（2）根据给水管网划定每个加压站的服务地块。

（3）计算每个加压站服务地块的用水需求总量∑A。

（4）将∑A 除该加压站的规模，即可得到该垃圾转运站的负载率。

依据行业标准，将加压站的负载状态分为三个等级：负载率大于 100％的加压站为重载，该加压站的服务地块即为供给缺口区；负载率在 60％～100％之间的为正常负载，该加压站的服务地块即为供给平衡区；负载率低于 60％的加压站为轻载，该加压站的服务地块即为供给富余区。

4.5 污水泵站负载率评估

依据相关的行业标准和日常经验，不同用地类型的单位面积污水产生量如表 6 所示。

表 6 单位面积污水产生量

建筑类型	单位污水产量 [m^3/（hm^2·d）]
教育、医疗、酒店	90
行政、商贸、体育文化	50
一类工业	40
二类工业	120
三类工业	200
市政交通	30
特殊（部队）用地	50
仓储	15

注：居住用地污水生产量为 220 升/（人·天）。

依据表 6 开展污水泵站负载率的评估步骤如下：

（1）以地块为单元，根据用地性质计算该地块的污水产量 A，其中居住地块按实际居住人口进行计算。

（2）根据污水管网划定每个污水泵站的服务地块。

（3）计算每个污水泵站服务地块产生的污水总量$\sum A$。

（4）将$\sum A$除该污水泵站的规模，即可得到该污水泵站的负载率。

依据行业标准，将污水泵站的负载状态分为三个等级：负载率大于 100%的污水泵站为重载，该污水泵站的服务地块即为供给缺口区；负载率低于 100%的污水泵站为轻载，该污水泵站的服务地块即为供给富余区；负载率为 0 的区域为污水泵站缺失区域，表明该区域的污水泵站未按规划要求实施建设。

5　现状评估与规划预警

将上述数据代入评价算法中，即可开展现状评估与规划预警工作。

5.1　现状评估

本次研究以主城区为评估范围，结合各类市政基础设施系统服务分区，划定市政承载力评价分区，对评价分区内市政设施规划用地指标和数量指标的实施情况进行分析，并结合分区内用地布局、人口规模、建设强度等因素进一步评估各类市政设施的现状服务水平，识别出现状供给缺口。

5.2　规划预警

根据开发项目技术经济指标中的人口、用地、建筑量等指标，依据评价算法将单个或多个规划地块开发项目的建设规模转化为市政需求，评估开发项目建设后对评价区域内现状市政设施服务水平的影响程度，并以此辅助项目审批决策及开展市政设施建设计划安排。预警过程见图 1、图 2。

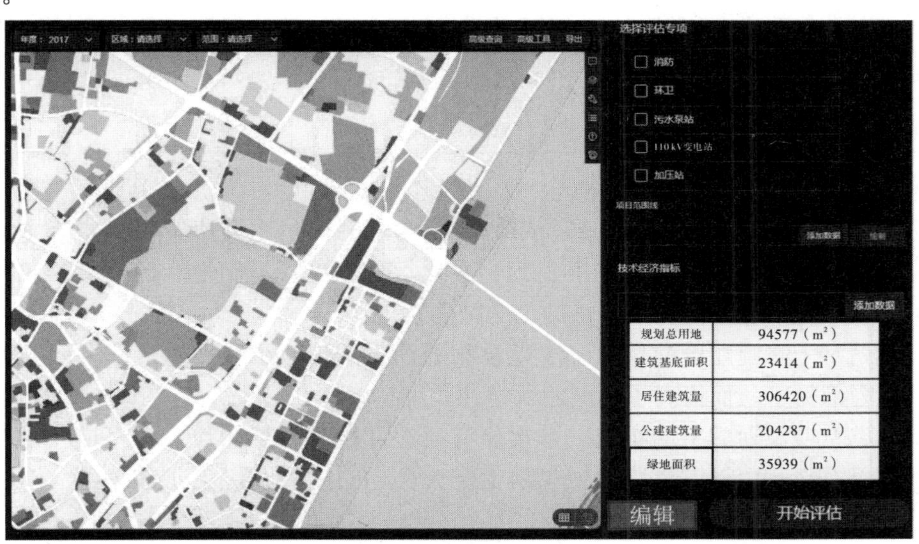

图 1　将技术经济指标录入平台

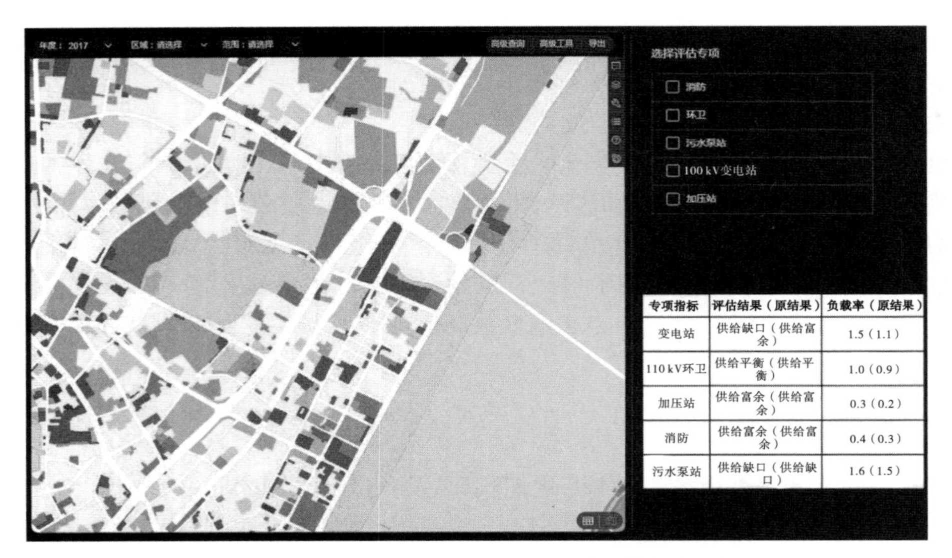

专项指标	评估结果（原结果）	负载率（原结果）
变电站	供给缺口（供给富余）	1.5（1.1）
110 kV环卫	供给平衡（供给平衡）	1.0（0.9）
加压站	供给富余（供给富余）	0.3（0.2）
消防	供给富余（供给富余）	0.4（0.3）
污水泵站	供给缺口（供给缺口）	1.6（1.5）

图 2　根据技术经济指标评估对市政设施承载力的影响

如图 2 所示，如果实施该建设项目，则原有市政设施的负载率均会增加，其中变电站和污水泵站的负载率将超过 1，导致该片区域成为设施供给缺口地区。平台将根据计算结果给出预警提示，辅助该项目及相关市政基础设施的审批决策。

6　结语

本次研究是市政规划团队、数据分析团队及软件研发团队的一次深入结合，在研究过程中，各团队从各自的专业领域充分发挥了自身专业特长。其中，市政规划团队提出了各类市政专项设施的评价算法，制定了评估等级；数据分析团队对各类专项数据进行了统一标准的建模入库；软件研发团队则基于数据和算法逻辑开发软件功能，最终形成了武汉市市政基础设施承载力的智能评估与预警平台。该平台目前已实现基本的数据入库和操作模块，并在实际运用中不断更新完善。

6.1　本次研究创新点

本次研究主要有三个方面的创新点。

首先是规划评估的量化。长期以来，市政专项的规划评估主要以定性分析为主，过于粗放的评估结论常常导致规划设施无法精准落地，本次评估以人口、用地、建筑量为单元，将各项评估指标量化，最大限度地保证了评估结论的精确性。

其次是规划对于实施建设的指导。通过量化的评估结论，给项目的落地及配套性市政设施的建设提供规划依据，从而提高了规划的科学性和可实施性。

最后是各类专项规划成果的集成。本次研究通过软件平台的建设，将全口径、全市域的市政专项规划成果在平台中得以集成，为规划编制人员和管理人员提供了数据的统一入口，最大限度地满足了数据的可靠性和可用性。

6.2　本次研究有待改进之处

针对上述三个方面的创新点，本次研究由于各方面条件的限制，也存在有待改进之处。

首先是评价算法的准确性。由于本次各专项评价算法的制定均来源于行业标准和规划师的主观判断，并不能完全适用于武汉市的特殊环境，个别参数的设置有待进一步考虑，这对结果的准确性造成了一定的影响。

其次是数据来源的准确性。由于本次研究所获取的数据均为理论数据，并未考虑设施本身的老损和特殊状况，事实上武汉市有相当一部分市政设施由于年老失修，并不能完全发挥效用，数据的准确性也会对评价算法造成一定的影响。

最后是软件平台的功能研发。由于各类开发项目的技术经济指标形式各异，没有统一的格式标准，导致平台对规划影响的评估并非完全准确，更多时候还是需要依靠人工判断，这一点将在今后的研究中继续完善。

［参考文献］

［1］黄婷，喻乐军．市政规划评估体系的构建研究：以深圳市市政规划评估为例［C］//中国城市规划学会．活力城乡美好人居：中国城市规划学会会议论文集．北京：中国建筑工业出版社，2019：282-292.

［作者简介］

周　勃，工程师，任职于武汉市规划研究院。
刘金榜，工程师，任职于武汉市规划研究院。
严　飞，主任工程师，任职于武汉市规划研究院。
吴　思，高级工程师，任职于武汉市规划研究院。

天津市中心城区公共服务设施与生活圈研究

□韩朗逸，俞　斌，马　山

摘要：2020 年初的疫情，一方面让大众普遍意识到基层生活单元公共服务设施的多样性和完备性对于应对突发公共安全事件具有重要作用，另一方面也暴露出部分社区在公共服务和治理能力方面的不足。本文以天津市中心六城区为研究范围，关注居民从小区出发步行或驾车 10 分钟可达的生活圈范围，并以这一范围作为基本空间单元评估各类服务设施的完备性和差异性。通过对政府主导类设施和新兴市场主导类设施两大类公共服务设施的分析，引入生活便利度指数和设施可触及率指数，量化生成不同行政区划级、街道级和小区级的生活便利度，进而评价不同空间单元之间的生活便利度差异；通过设施可触及率指标，可以对小区周边的公共服务设施进行缺位分析，为公共服务设施专项规划提供参考依据。

关键词：天津中心六区；POI；生活便利度指数；设施可触及率指数

1　研究背景

随着城镇化不断推进、市民消费水平不断升级，城市居民的生活便利度不再仅受传统公共服务设施（教育、医疗、养老、文化、体育等）影响，同时也越来越多地受到由市场主导的新兴服务设施影响。评价城市公共服务设施水平的方法逐渐从总量供给转向布局的合理性。越来越多的城市政府部门及专家学者开始关注市民从家出发步行 15 分钟可达的生活圈范围，并以这一范围作为基本空间单元评估各类服务设施的布局合理性问题。如孙道胜、柴彦威采用“提出假设—实证验证”的方法，基于城市社区的“自足性”“共享性”概念及居民出行能力制约等因素，从理论上提出社区生活圈体系的三圈层结构；夏巍、郑彩云等结合武汉市新一轮总体规划，以“人本主义”为出发点，从人口特征、服务需求和社区治理三个视角分析社区发展的新趋势，探讨社区 15 分钟生活圈的精细化分类路径，并结合“动静分区”思路提出以邻里中心为核心的生活圈构建模式及规划实施导引；崔真真、黄晓春等基于兴趣点（POI）数据进行城市生活便利度指标评价体系建设和城市生活便利度指数计算，为实施城市公共服务设施专项规划提供实际参考依据；厉奇宇利用石家庄、郑州、太原的住区抽样调查数据，通过分类比较分析建成环境对居民出行的影响，归纳出七类 15 分钟生活圈的特点。

2　研究范围及研究方法概述

本研究范围是天津市中心城区，市内六区共 173 km^2，涵盖和平区、河北区、河东区、河西区、南开区和红桥区。所用数据主要涉及三大类：居住小区数据、精准生活圈可达范围边界数据、公共服务设施点数据。居住小区数据代表了市民居住活动的最小空间单元，在研究中作为生活圈可达范围的起点参与可达性计算。本研究获取了 1981 个居住小区的空间边界和名称。基于百度地图的路径规划应用程序接口（API），研究对 1981 个居住小区的生活圈可达范围进行计算，精准模拟居民从居住小区出发，步行 5 分钟、步行 10 分钟、步行 15 分钟及驾车 10 分钟的可达范围，得出通勤时间越长可达范围的越大结论，用于评估不同类型设施的布局现状。本文涉及的公共服务设施点数据来源于 2018 年的高德地图，涉及 8 个大类、35 个小类，共有 65 万多条数据。其中，包括主要的政府主导类设施（公共体育、公共文化、公共交通、公共教育、公共卫生等），以及新兴市场主导类设施（如便利店、咖啡厅、电影院、健身中心等）。这些设施参与"生活便利度"的量化计算中，每一类设施因其服务人群、重要程度、可替代性不同而被赋予不同的计算权重，也因受众的访问频次、单个设施服务量和受众群体可移动性的差异，被赋予不同的计算统计圈层（表 1）。

表 1　公共服务设施便利度计算涉及的设施分类框架

大类	大类权重	单类设施	政府/市场	子类	单类权重	步行时间	驾车时间
教育	1	幼儿园	政府		2.6	5	—
		小学	政府		2.6	10	—
		中学	政府		2.6	15	—
		兴趣培训	市场		1.0	—	10
		学龄教育	市场		1.0	—	10
医疗	1	社区卫生	政府	社区卫生中心	2.2	15	—
			政府	社区卫生服务站/卫生室	2.5	5	—
		综合医院	政府		3	—	10
		口腔医院	市场		0.6	—	10
养老	0.5	养老设施	政府		2.2	15	—
文化	1	文化设施	政府		1.4	15	—
		书店	市场		0.6	—	10
体育	1	体育场馆	政府		1.4	15	—
		公园广场	政府		1.8	10	—
		健身中心	市场		1.8	15	—
		游泳馆	市场		1.4	—	10
生活便民	1	超市便利店	市场		2.2	5	—
		菜市场	政府		1.8	10	—
		电信营业厅	政府		1.4	10	—
		邮局	政府		0.6	10	—
		美容美发	市场		1.8	10	—
		金融服务	政府		1.4	10	—
		药店	市场		1.4	15	—

续表

大类	大类权重	单类设施	政府/市场	子类	单类权重	步行时间	驾车时间
生活便民	1	末端配送	市场		1.0	10	—
		公共厕所	政府		0. 6	5	—
交通出行	1	公交站点	政府		2.2	10	—
		地铁站点	政府		2.2	15	—
		加油站	市场		1.4	—	10
		停车场	政府		1.8	10	—
餐饮娱乐	1	综合商场	市场		1.8	—	10
		餐厅	市场		1.8	10	—
		电影院	市场		1.4	—	10
		咖啡厅	市场		1.0	10	—
		KTV	市场		1.0	—	10
		棋牌室	市场		0.6	—	10

3　基于大数据的生活便利度的总体量化评估

基于POI数据和小区生活圈可达范围，针对每个小区生活圈范围统计三类指标：①设施的有无，即居民可达范围内某类设施是否存在，如果没有该类设施，即为“缺位不达标”；②设施的个数，即在居民可达范围内，某类型设施个数越多，则居民的可选择度越高；③设施的最短距离，即某类设施离居住小区的最短直线距离，距离越短，设施的可达便利程度越高。将这三类统计值最终整合为两个核心量化指标：

第一是总体便利度指数。运用GIS计算出居住小区生活圈内各类设施的数量及居民触及各类设施的最短距离，再将两组数据做归一化处理，根据加权生成针对每个居住小区的设施便利度指数。依照不同空间单元中统计出的各居住小区平均便利度指数，再量化生成各区域、各街道的生活便利度，进而观察不同空间单元之间的生活便利度差异。

第二是设施可触及率指数。通过计算该区域内居住小区的生活圈范围内拥有各类设施的比例而得出，着重关注设施缺位的小区及其生活圈范围。该指数适用于设施间的设施便利度对比分析。

3.1　天津市中心城区设施总体便利度分析

3.1.1　天津市中心城区区级设施总体便利度分析

天津市六个中心城区的设施便利度是通过计算六个区域内的各小区公共服务设施总体便利度的平均数得出的。和平区作为历史悠久的中心城区，在六个中心城区中设施总体便利度最高，为0.818；其次是河西区（0.625）、南开区（0.618）、河北区（0.604）、红桥区（0.582）、河东区（0.564）。和平区的设施总体便利程度显著地高于其他五个区，体现出该区各类公共服务设施总体配套建设较为完善，居民使用较为便利；而河东区的公共服务设施的配置情况总体上较差，还有很大的提升改造空间。

3.1.2　天津市中心城区街区级设施总体便利度分析

天津市中心城区街区级设施总体便利度较好的街道主要位于以和平区为中心的核心区域，

而中心城区边缘区域的便利度相对较低。中心区域以较完善的教育、医疗、生活便民等设施为当地居民提供了便捷的公共服务。其中，排名前十位的街道（表2）有6个在和平区，2个在南开区，1个在河西区，1个在河北区。前三位分别是劝业场街道，便利度得分最高为0.910，其次为南市街道的0.889、大营门街道的0.836，这些街区不仅公共服务设施配套较完善，同时也是天津市主要的商圈旅游热门地区，集聚效应较大。排名后十位的街道（表3）有3个在河北区，3个在河东区，2个在南开区，1个在红桥区，1个在河西区。后三位分别是新开河街道（0.431）、富民路街道（0.340）、鲁山道街道（0.247），这些街道都分布在中心城区外围地区，受中心城区集聚效应影响较弱，公共服务设施配套情况较差。

表2　便利度排名前十位的街道

街道名称	小区数量	得分
劝业场街道	58	0.910
南市街道	22	0.889
大营门街道	20	0.836
兴南街道	30	0.834
小白楼街道	15	0.812
南营门街道	35	0.811
望海楼街道	35	0.791
广开街道	35	0.782
新兴街道	52	0.779
体育馆街道	84	0.764

表3　便利度排名后十位的街道

街道名称	小区数量	得分
体育中心街道	31	0.486
月牙河街道	32	0.470
西沽街道	20	0.465
儿里台街道	42	0.464
上杭路街道	18	0.454
建昌道街道	48	0.433
陈塘庄街道	29	0.432
新开河街道	39	0.431
富民路街道	21	0.340
鲁山道街道	2	0.247

3.1.3　天津市中心城区居住小区级设施总体便利度分析

通过对天津市中心城区居住小区级设施总体便利度进行对比，发现各设施覆盖程度好的小区主要集中在和平区、河西区的北部、南开区的北部、河北区的南部、河东区的西部和红桥区的中部。在中心城区的外围也有部分小区的便利度较高，社区内部的公共服务设施配套较完善，比如河东区冠云里、倚虹里一带的社区，河北区宜春园附近的社区，以及河西区华山里地铁站周边的社区等。排名第一的金发里小区、排名第二的滨府里小区和排名第三的耕余里小区都位于和平区，其便利度由高到低分别为 0.996，0.966，0.964。三个小区相距不远，同属于劝业场街道，可以共享小区周边的鞍山道小学、第十九中学、儿童公园及社区菜市场等配套服务设施。而河东区的金月湾小区、雅仕兰庭小区等，由于西北侧临昆仑快速路、东南侧有月牙河道的阻隔，造成居民使用公共服务设施不方便；河东区的太阳城金旭园、橙翠园等小区附近组成一片新建大型居住社区，公共服务设施配套建设方面尚不如老旧社区完善，同样存在小区居民使用不便利的情况。

3.2 天津市中心城区设施总体可触及率分析

设施总体可触及率表示一定区域内居民可使用到某类公共服务设施的小区占到该区域内全部小区的比例，反映该小区配备某项服务设施的有无，即居民可达范围内想使用的某类设施是否存在。图 1 展示了六个中心区域的 35 类公共服务设施在天津市中心城区的可触及率，计算得出中心城区设施平均可触及率为 87.03%。可以看出，KTV、棋牌室、兴趣培训、口腔医院和综合医院的设施配备完善，可触及率为 100%，实现了区域的全覆盖。而低于平均可触及率的公共服务设施有电影院、体育场馆、文化设施、中学、地铁站点、社区卫生中心、小学、养老设施、公共厕所、美容美发、幼儿园、公园广场、咖啡厅、社区卫生服务站/卫生室，尤其是社区卫生服务站/卫生室，其可触及率仅为 31.348%。可触及率低于均值的大部分为政府主导类公共服务设施。这次新冠肺炎疫情的暴发，改变了大众的工作生活模式和社交活动范围，社区需要往更加多元化和混合型的模式方向转变。同时，也暴露出社区级公共服务设施建设的不足及高级别公共资源分配不均衡的现状，尤其是社区卫生中心、社区卫生服务站和菜市场等对于大众日常生活最为密切的服务设施，在发生紧急公共卫生情况时，现状无法有效地提供社区就近服务。

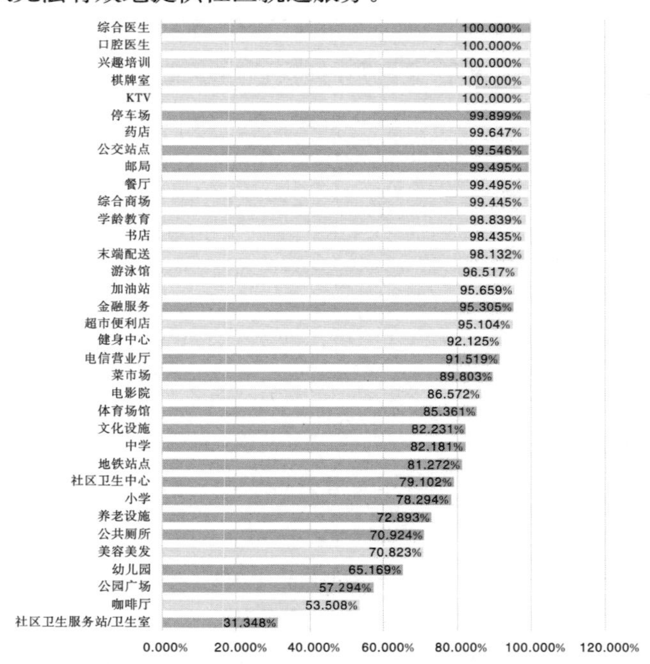

图 1　天津市中心城区各项设施总体可触及率柱状图

将政府主导类和市场主导类的服务设施分开来分析，得出市场主导类的平均设施可触及率为93.194%，要比政府主导类的设施平均可触及率（81.202%）高11.992%（表4、表5）。5个实现区域全覆盖（可触及率为100%）的服务设施中，包括综合医院、口腔医院、兴趣培训、棋牌室和KTV，后四个均为市场主导类设施。而排名后四位的，可触及率在66%以下的分别为幼儿园、公园广场、咖啡厅和社区卫生服务站/卫生室，其中有三类设施为政府主导类设施。幼儿园设施可触及率低的小区大多小而分散，基本各行政区都有配置不完善的小区，和平区也同样存在这种情况。由于有些小区是新建社区，还没有及时配备幼儿园，其可触及率将来会有所提高。公园广场可触及率低的区域分布较为集中，大多是靠近中心区边缘的居住社区，如红桥区北部、南开区西部、河西区南部及河东区北部等区域，政府应该尽量在这些区域规划建设公园绿地等服务设施，方便居民的出行使用。咖啡厅可触及率低的区域大部分出现在河东区，而和平区基本实现了全覆盖，也侧面反映了和平区商业化程度较高，南京路商业街、劝业场步行街、小白楼商业街、第五大道商业街和环球金融中心都位于和平区，反映出工作、商务出行及购物休闲类出行对咖啡厅的需求较高。社区卫生服务站/卫生室的可触及率最低，市内六区普遍存在该类设施严重缺位的情况，也是政府未来在居民生活圈规划方面发展建设的重点。尤其是在这次疫情之后，政府需要考虑以社区生活圈为基本单元，提高社区生活圈的服务能力和应对突发情况的弹性应对能力，既能在平时状态下满足居民对健康医疗的需求，也能在紧急突发状态下提供事先预防、事中响应、灾后修复的韧性社区生活圈环境。

表4 政府主导类设施可触及率排名

排名	设施种类	可触及率
1	综合医院	100.000%
2	停车场	99.899%
3	公交站点	99.546%
4	邮局	99.495%
5	金融服务	95.305%
6	电信营业厅	91.519%
7	菜市场	89.803%
8	体育场馆	85.361%
9	文化设施	82.231%
10	中学	82.181%
11	地铁站点	81.272%
12	社区卫生中心	79.102%
13	小学	78.294%
14	养老设施	72.893%
15	公共厕所	70.924%
16	幼儿园	65.169%

续表

排名	设施种类	可触及率
17	公园广场	57.294%
18	社区卫生服务	31.348%
平均值	81.202%	

表 5　市场主导类设施可触及率排名

排名	设施种类	可触及率
1	KTV	100.000%
2	棋牌室	100.000%
3	兴趣培训	100.000%
4	口腔医院	100.000%
5	药店	99.647%
6	餐厅	99.495%
7	综合商场	99.445%
8	学龄教育	98.839%
9	书店	98.435%
10	末端配送	98.132%
11	游泳馆	96.517%
12	加油站	95.659%
13	超市便利店	95.104%
14	健身中心	92.125%
15	电影院	86.572%
16	美容美发	70.823%
平均值	93.194%	

4　结论及展望

本次研究基于对天津市六个中心城区，总共1981个居住小区、47000多个政府类和市场类公共服务设施的服务水平进行分析，发现和平区的总体便利度较高，这和其所属区位、区域经济发展水平是分不开的，其中劝业场街道、南市街道等公共服务设施配置最为完善；而河东区的便利度较低，小区居民在对公共服务设施使用的体验上不如其他区域便捷，应是政府未来组织配套设施建设的重点地区。从公共服务设施的覆盖率角度分析，市场主导类要比政府主导类服务设施覆盖率高，而设施缺位较严重的也更多的是政府主导类设施，如社区卫生服务站/卫生室、公园广场、幼儿园、公厕等的覆盖率与居民需求之间的矛盾较大，供给缺位情况较为突出。同时，如养老设施、社区卫生中心、文化设施、体育场馆等设施存在城区化差异，未来需要根据各区不同的缺位情况进行统筹综合配置。另外，社区级卫生服务设施、超市、菜市场、药店、快递配送站点、防灾避难绿地、公共厕所等基层设施的灵活有效配置，在非紧急状态时高覆盖率的生活圈能极大方便居民日常生活，而在紧急状态时也可以减小居民跨区流动范围，增强社区和城市抗击风险能力，是提高社区自身韧性水平的有力保障。

目前，天津市政府已经发布《天津市规划用地兼容性管理暂行规定实施细则》，指出为提升城市活力、构建窄路密网城市格局，增加城市配套设施建设而给予不纳入容积率计算、额外增加建设规模的鼓励政策。这项措施将调动建设单位对新建、在建和已建改造项目建设的积极性，引入市场资本，弥补政府主导类配套项目建设资金缺口，进一步提高天津市社区公益性设施、公共设施及停车泊位的建设水平。天津市还下发《天津市社区便民行政超市规划设计要求》，要求为方便居民群众办事及日常生活而集中设置的5分钟生活圈居住区公共服务用房，主要包括居委会（含居委会办公、文化活动、社区服务）、物业管理、警务室、公厕、商业服务网点（早点铺、便利店等）五项内容，在法规上将社区生活圈概念落地实施，通过制定规范进一步挖掘城市社区发展潜力，完善社区功能结构，营造方便快捷的社区生活，以此增进社区居民之间共享交互的关系。

［参考文献］

［1］孙道胜，柴彦威．城市社区生活圈体系及公共服务设施空间优化：以北京市青河街道为例［J］．城市发展研究，2017（9）：7-14.

［2］夏巍，郑彩云，成钢，等．人本主义视角下的武汉社区生活圈规划研究［J］．城市规划，2018（z2）：91-96.

［3］崔真真，黄晓春，何莲娜，等．基于POI数据的城市生活便利度指数研究［J］．地理信息世界，2016（3）：27-33.

［4］厉奇宇．基于家庭非通勤出行的15 min生活圈建成环境研究［J］．城市住宅，2018（9）：74-77.

［5］宋志英，李淑敏，胡智英．天津市居住区公共服务设施指标体系研究［J］．城市，2008（1）：55-58.

［6］赵彦云，张波，周芳．基于POI的北京市“15分钟社区生活圈”空间测度研究［J］．调研世界，2018（5）：17-24.

［7］刘佳燕，沈毓颖．面向风险治理的社区韧性研究［J］．城市发展研究，2017（12）：83-91.

［8］杨敏行，黄波，崔翀，等．基于韧性城市理论的灾害防治研究回顾与展望［J］．城市规划学刊，2016（1）：48-55.

［9］白宇．居住区公共服务设施配置标准比较研究［J］．城市，2017（11）：40-47.

［作者简介］

韩朗逸，硕士，工程师，任职于天津市规划和自然资源局综合服务中心。

俞　斌，高级工程师，天津市规划和自然资源局综合服务中心副主任。

马　山，硕士，工程师，任职于天津市城市规划设计研究院。

宁波市域乡镇污水管网信息化建设研究

□蔡赞吉，李　宇，王　震，卢学兵，欧阳思婷，朱　林

摘要：本文基于宁波市域现状管线普查和管线相关规划资料，建立宁波市域乡镇污水管网数据库，通过信息化手段直观展示、分析和监测宁波市域乡镇污水管网的现状、建设和规划进展，辅助污水管线建设管理决策科学化和智慧化。

关键词：污水管网；信息化；平台；乡镇

1　研究背景

污水管网是政府投资的公益性项目，守护着城市的运转效率和公共安全，在很大程度上代表了群众的生活水平和城市形象，有着较高的造价、较高的复杂性和众多参与人数的特征，对污水管网项目管理造成很大的影响。在城市管理过程中，要想加大创新力度，提高规划和建设管理水平，就需要在污水工程项目中采用信息化管理手段，以此来固化管理流程，实现快速收集、自动传递，提高信息利用率和管理效率。

随着宁波城市规模的快速扩张，随之产生了海量、复杂的管网数据，乡镇传统的粗放型管理方式已无法满足现今管理的需求，部分乡镇污水管网建设滞后，缺少相关基础性资料和指导性规划，管网漏接和破损等情况时有发生，由此产生的上下游管网衔接不畅问题也较为突出。而宁波市域当前乡镇污水管线建设工作还是以传统的电子报表形式开展，无法准确掌握全市污水管网现状底数、空间位置和未来建设量，因此也无法估算未来的资金量投入，无法满足当前乡镇污水管网的管理和后续相关任务的合理安排。因此，急需对管网进行信息化建设研究。

2　研究目的

通过宁波市域乡镇污水管网信息化建设，一方面可以全面了解宁波市域现状污水管网的规模及设施分布情况，为“十四五”规划奠定前期研究基础；另一方面对所涉及的污水规划进行整合梳理，对近期污水管网的建设计划和未来市政相关的规划编制、用地开发和规划管理具有重要作用和意义。通过数据入库和信息化平台的智能展示，可以更加直观地展示宁波市域各乡镇的现状和规划情况，实现管理的现代化和行政决策的科学化。

3　研究对象

本次研究以宁波市域为研究范围，共包含 83 个乡镇，总陆域面积约 6830 km^2，包括污水管网、沿线的污水处理厂和污水提升泵站。为保证管网的延续性，本次研究的管网含城区 800 管

径及以上等级污水主干管道和各乡镇300管径及以上等级管道，泵站为上述管网沿线的污水泵站。

4　研究思路

为有序、合理地推进宁波市域污水管网工程设施建设，本次研究的基本思路如下：

现状调研——通过现状普查资料收集、部门座谈等调研手段，收集与现状和规划相关的污水管网工程建设情况，重点对乡镇污水管网工程情况进行调研。

数据入库——按照实际建设情况，梳理叠合与污水管网工程相关的现状和规划资料，结合各乡镇自身的发展需求，列出近五年的建设计划指引。制定本次数据入库标准，对现状和规划的污水管网和污水处理设施进行逐一的属性录入。

平台搭建——充分利用现有的软硬件配置及网络环境资源，减少投入，有针对性地解决目前相关部门在污水管网项目管理上的问题；从信息化建设的长远目标出发，以先进成熟的信息化技术为主要手段，搭建一个智能化的污水管网信息平台，提供数据查询、统计分析、智能展示和监测预警等服务。

5　研究内容

5.1　基础资料收集

5.1.1　各区县应提供的数据资料

（1）各区县排水管线普查脱密数据（格式为GDB格式或者CAD格式，坐标系为国家2000）。

（2）各区县污水、排水等市政专项规划成果数据（格式包括规划文本、规划图纸、与污水工程规划相关的CAD数据）。

（3）各区县的总体规划成果数据（格式包括规划文本、规划图纸、与污水工程规划相关的CAD数据）。

5.1.2　各乡镇应提供的数据资料

（1）乡镇行政区范围内的现状管线普查和管线道路施工图数据（格式包括文本、图纸、与污水工程规划相关的CAD数据）。

（2）乡镇行政区范围内的控制性详细规划成果数据（格式包括规划文本、规划图纸、与污水工程规划相关的CAD数据）。

（3）乡镇的总体规划成果数据（格式包括规划文本、规划图纸、与污水工程规划相关的CAD数据）。

（4）乡镇行政区范围内的村庄规划成果数据（格式包括规划文本、规划图纸、与污水工程规划相关的CAD数据）。

（5）乡镇行政区范围内的污水、排水等市政专项规划成果数据（格式包括规划文本、规划图纸、与污水工程规划相关的CAD数据）。

（6）乡镇未来5年内排污工程建设和改造计划（格式为excel表格）。

具体实例可参见图1。

- XX区县
  - XX区县各乡镇数据资料
    - 01XX乡镇数据资料
      - 村庄规划
      - 建设项目计划表
      - 控制性详细规划数据
        - XX乡镇XX地块控制性详细规划
      - 乡镇总体规划
      - 专项规划
        - XX乡镇给排水工程专项规划
        - XX乡镇排污工程专项规划
        - XX乡镇市政专项规划
    - 02XX乡镇数据资料
  - XX区县数据资料
    - 各乡镇联系人和联系方式
    - 排水管线普查数据
    - 专项规划数据
      - XX区县给排水工程专项规划
      - XX区县排污工程专项规划
      - XX区县市政专项规划
    - 总规规划数据

图 1　各区县、乡镇提供的数据汇交目录格式

5.2　数据入库

5.2.1　数据库标准制定

本次空间数据采用 ArcGIS GDB 格式，坐标系采用国家 2000 坐标系，空间要素在数据库中按照专题分类组织、分数据集、分层管理，同一专题数据按实体类型（点、线、注记）严格分开。

全市域乡镇级污水管网的数据结构见表 1、表 2。

表 1　污水管线属性表

序号	字段名称	别名	数据类型	字段长度	约束条件	说明
1	GXMC	管线名称	Text	50	M	
2	TYPE	类型	Text	50	M	如“污水工程”
3	GHZT	规划建设动态	Text	50	M	如“在建”“规划”“现状”
4	LB	类别	Text	50	M	
5	GJ	管径	Double	50	M	
6	GXCD	管线长度	Double	50	M	
7	QM	区县名	Text	50	M	
8	ZM	乡镇名	Text	50	M	
9	JSNX	建设起止年限	Date	50	O	
10	XMTZ	项目投资	Double	50	O	
11	WSCLC	管网接入污水处理厂	Text	50	O	
12	BZ	备注	Text	50	O	

表 2　污水设施属性表

序号	字段名称	别名	数据类型	字段长度	约束条件	说明
1	SSMC	设施名称	Text	50	M	
2	SSLB	设施类别	Text	50	M	如“污水处理厂”“污水泵站”
3	GHZT	规划建设动态	Text	50	M	如“在建”“规划”“现状”
4	YDMJ	用地面积	Double	50	O	
5	SSGM	设施规模	Double	50	O	
6	QM	区县名	Text	50	M	
7	ZM	乡镇名	Text	50	M	
8	ZDXS	占地形式	Text	50	O	
9	BZ	备注	Text	50	O	

其中，对空间要素图层属性表的字段命名进行统一、规范，如字段类型，Text 为字符型，Double 为双精度数值型；约束条件，M 为“必选”，O 为“可选”。

5.2.2　数据绘制和属性录入

从现状污水管网普查数据、规划污水管网数据等资料中梳理出 300 管径及以上的管线数据，对照现状污水管网普查数据、规划污水管网数据及各类污水、排水、市政等专项规划数据，进行全市域乡镇污水现状、规划管线绘制工作，将各类管线矢量化，赋予各类属性信息。

5.2.3　数据入库存在的问题及解决办法

（1）部分矢量数据无坐标。

针对此类矢量数据无坐标的问题，通过叠加路网、行政区划、卫星影像等数据，通过坐标偏移使得坐标准确，从而入库此类无坐标的污水管网数据。

（2）部分仅有图纸文件。

针对此类仅有图纸的问题，通过叠加路网、行政区划、卫星影像等数据，经多种参考综合，尽量准确地绘制入库此类污水管网数据。

（3）部分乡镇现状和规划管线无区分。

针对此类现状和规划无区分的问题，通过叠加路网、结合道路中心线，将已建成道路铺设管线按现状管网处理，尽量准确地绘制入库此类污水管网数据。

5.2.4　数据质量检查

入库时建立严格的数据检查机制，通过个人自检和组内互检保证数据的正确性与完整性，确保入库数据与原始档案数据一致。具体为：

（1）数据正确性和完整性检查，保证管线数据与相关 CAD 和图纸吻合。采用组内互检、组间交叉检查方式，图形数据与属性数据分组检查。

（2）数据一致性检查，保证图形数据与指标数据匹配。为排除作业人员在实际作业过程中的人为失误，对数据逐一排查。

5.2.5　数据库建设成果

建设了一套科学、规范的数据库。宁波市域辖 73 个镇、10 个乡，根据现有数据库统计显示，宁波市域各个乡镇现状管线长度共计 1409 km，规划管线长度共计 1117 km。

5.3 平台搭建

5.3.1 建设目标

本次信息平台的建设目标明确，集图形展示、表单汇总、行政管理于一体，实现办公信息化、流程规范化、图文流转电子化、数据展示形象化的目标，利用当前主流平台开发技术，结合互联网地理信息技术、地图技术，打造市本级与各乡镇上下打通的宁波市域乡镇污水管网信息化、平台化工作流通机制，消除信息孤岛、提高工作效率，以信息化手段支撑建立全市乡镇污水管网统一工作机制，通过数据入库和信息化平台的智能展示，更加直观地展示宁波市域乡镇污水管网的现状和规划进展，从而更加高效地推进宁波市域乡镇污水管网相关建设管理工作。

5.3.2 平台架构

具体的平台架构见图 2。

图 2 平台架构

5.3.3 建设内容

建设一套污水管网信息化平台，包含“一张图”管理、数字大屏、建设计划上报、动态监测预警等主要功能。

(1)“一张图”管理系统。

基于空间数据库的综合管理和应用系统，实现对基础地理数据、管线数据和其他专题数据的管理，可进行图文互访、双向查询，能方便、快速、准确地检索各类数据和相关属性。系统可以通过点选的方式查询污水管网和污水设施的详细属性，同时也可以根据项目名称、区县位置等进行单条件或组合多条件查询。支持不同的区域查询，并生成不同类型的污水管线统计图表等（图 3、图 4）。

图 3　属性查询示意

图 4　统计分析示意

（2）数字大屏系统。

采用 B/S 框架模式，对地图和相关统计数据进行定制化展示，实现可视化分析专题大屏，以数字大屏的方式将管线的数据信息根据各种数据图表进行艺术化、形象化展示，在主界面展示领导最关注的指标信息，在下级页面可将主要指标值、分指标值进行拓宽展示，从而多维度、整体性地展示宁波市域各个乡镇管网数据信息，助力管理决策科学化。

（3）建设计划上报系统。

梳理宁波各区县、乡镇相关污水管线建设计划上报流程，实现用户在线矢量数据上报污水配套管网建设和改造计划，统一相关数据标准。平台管理员审批成功后，通过接口上报至浙江省智慧城建污水处理平台中，并同时上传详细数据和审批日志，实现两个系统之间的互联互通（图 5、图 6）。

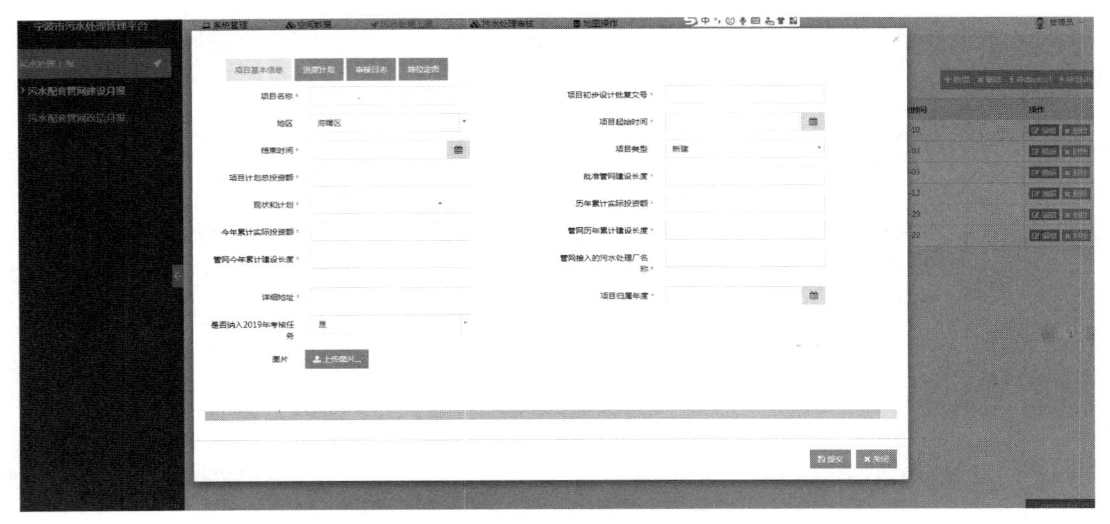

图 5　管网建设计划填报示意

图 6　矢量数据绘制上报示意

（4）动态监测预警系统。

通过实时接入各区县上报管线建设计划和后续更新入库的现状与规划管线数据，构建针对重要指标和重点区域的监测预警模型，对市域乡镇污水管网进行实时动态评估、监测、预警，指导市域乡镇污水管网日常管理与后续养护和改造，通过信息化手段实现全域乡镇覆盖的实时监测、监管、预警支撑体系，实现全域乡镇管网管理精细化，力求做到“降本、提质、增效”。

5.3.4　特色亮点

（1）统一集成数字看板。

传统管线建设与管理模式主要基于纸质文档管理和线下联系交流，各类过程信息缺乏有效记录，没有统一的平台在管线项目建设阶段进行信息管理、披露、记录、传递和汇集。本系统通过统一门户思维构建数据看板，汇集全域乡镇污水管网数据，展示各项数据、指标及统计、分析结果，支持自定义配置方式配出覆盖市、县、乡镇各级用户的数据看板，并支持链接、二维码等方式分享给指定用户，实现数据沉淀、盘活，为责任部门管理市域乡镇污水管网提供有力支撑。

（2）定制化评价分析。

乡镇污水管网关乎普通老百姓切身利益，且在乡镇污水管网的规划、施工、验收、管理等环节均需分析管线、污水设施等的合理合规性，相关评价分析也需结合各类规划进行综合分析，且对分析要求较高，不是一次性分析，因此需要实现对市域乡镇污水管网的自由定制分析。本案例设计信息平台，通过后台建模引擎与内置算法、模型，从组件库中选择图表、模具、空间、边框和图形控件，将控件拖拽至屏幕，并将组件绑定数据源，利用拖拽方式配置数据、指标，实现定制分析。

6　取得成效

（1）整理完成全市乡镇污水管线数据，建立了宁波市域乡镇污水管网建设管理一本信息底账，可通过信息系统智能展示分析和动态监测宁波市域乡镇污水管网现状、建设和规划进展，为相关部门进行污水建设管理智慧化奠定坚实数字基础。

（2）通过污水管线信息化、平台化管理，提供管线数据汇集的统一平台，解决乡镇管线管理部门数据采集不全、无法整体管理的问题。

（3）通过污水管线信息平台，使管线数据落到空间位置，可以直观看出哪个地方已经建设管线，哪个位置需要新建管线，避免重复建设造成资源浪费。

（4）地下污水管线的信息化，为乡镇污水管网管理责任部门审批、施工、建设、监管全生命周期提供支撑。

7　结语

研究在市域乡镇污水管网信息化建设开展之初，着眼于建立乡镇污水管网长效信息管理与应用机制，提出在乡镇污水管线建设管理中实现信息化目标和具体思路，研发市域乡镇污水管网信息系统。目前系统已经在责任部门具体管理中应用，建立起了管线建设单位、施工单位和管理单位在乡镇污水管网建设不同阶段的联系机制和行政管理模式，减少了建设过程中的重复建设、无空间位置随意建设等弊端，减少了资源浪费和国有资产流失，初步实现建设过程中的业务协同和信息共享，为类似管线信息建设与管理提供借鉴和经验。

［参考文献］

［1］李海涛．智慧城市建设中测绘地理信息的应用分析［J］．智能建筑与智慧城市，2019（8）：31-33.

［2］骆帝骧．农村土地承包经营权数据结构及其建库方法［J］．测绘，2019（1）：31-35.

［作者简介］

蔡赞吉，高级工程师，任职于宁波市规划设计研究院。

李　宇，助理工程师，任职于宁波市规划设计研究院。

王　震，工程师，任职于宁波市规划设计研究院。

卢学兵，助理工程师，任职于宁波市规划设计研究院。

欧阳思婷，工程师，任职于宁波市规划设计研究院。

朱　林，助理工程师，任职于宁波市规划设计研究院。

第五编

信息技术应用实践

大数据支持下的户外广告布设潜力评价及优化策略

□陈秋晓，胡沾沾，张戈元

摘要：在新型城镇化背景下，作为城市公共资源和重要景观要素的户外广告向精致集约型、高品质发展转变。在当前的户外广告规划中，急需一套综合、高效的评价方法来评估户外广告的规划布局，以协助规划导控更精准。基于宜出行和POI的大数据分析，为户外广告布设潜力评价提供了新的思路。本文基于户外广告布设的影响要素分析，采用层次分析法分别建立公益广告和商业广告的评价指标体系，通过宜出行和POI数据确定各评价因子，构建了宏观层面的城市户外广告布设潜力评价指标体系，并以绍兴市越城区为例开展了相应的评价工作，根据评价结果提出了强化次级潜力地区布设引导、构建户外公益广告规划等级结构体系、促进两类广告适当融合互补的导控策略，相关成果可为当地广告专项规划编制提供参考。

关键词：户外广告规划；POI数据；宜出行数据；评价体系；绍兴市越城区

1　引言

在新型城镇化背景下，我国城市发展由粗放型向高品质、精细型转变。户外广告作为城市的公共资源和重要景观要素，对于塑造城市品牌形象、彰显城市文化内涵具有重要意义，其布局也需要从粗放型、数量扩张向精致集约型、高品质发展转变。传统的城市户外广告规划根据城市用地性质、功能结构、建设现状等因素，提出户外广告布局方法，但参考的用地性质、建设现状等静态信息在一定程度上造成了现有户外广告规划的滞后性与不适应性；且仅仅根据用地性质等静态信息进行规划，无法体现地块内部空间的异质性和人的时空间行为特征，广告布设的精细化程度不足。精准规划布局户外广告是提质减量的关键，加强对户外广告规划布设的精确化评价和管理具有重要的理论与现实意义。

在大数据和人工智能快速发展的时代，海量的数据样本为评价户外广告布设、直接客观辅助户外广告规划决策实施提供了全新的视角与手段。本文借助高德兴趣点（POI）及腾讯宜出行两类新兴数据，从户外广告布设的影响要素分析出发，针对公益广告和商业广告的特征分别提出规划布局的影响因子，在此基础上采用层次分析法（AHP）建立评价指标体系，并进一步明确评价的方法和流程，构建了宏观层面城市户外广告布设潜力评价指标体系。接着，以绍兴市越城区作为案例进行评价，并针对评价结果为户外广告的规划优化提供建议。

2　户外广告布设潜力评价方法

2.1　户外广告布设潜力影响因子

户外广告是城市形象建设、城市文化、城市环境的重要组成部分，户外广告的规划需结合其诉求对象和自身的公共性与经济性进行统筹考虑。现将户外广告布设潜力影响因子按照特征与大致划分为关注度与经济性因子、功能性因子、历史文化因子、环境景观因子、发展因子五大类（表1）。

表1　户外广告布设潜力影响因子及其内涵

影响因子	因子内涵
关注度与经济性因子	考虑广告的传播效果和经济效益
功能性因子	城市的用地布局、功能分区等对广告布局的影响
历史文化因子	关注广告对城市文化品位的塑造及其与历史风貌的协调
环境景观因子	突出广告对城市景观形象的营造，并避免对自然环境造成破坏
发展因子	需适应未来城市发展趋势

2.1.1　户外公益广告布设潜力影响因子

公益广告致力实现社会效益、文化效益和环境效益的统一。因此在构建评价指标时基于上述分析的基础做了部分调整，对“功能性因子”进行了细分。首先，由于公益广告的重要作用是塑造城市品牌形象，有学者从心理学角度提出两类适宜的功能区：一是首要印象区，即交通门户等；二是光环效应区，即能使社会公众留下深刻印象的区域，包括城市中央商务区等。其次，公益广告需要考虑广告与空间场所的文化表达、整体环境氛围的适宜性，例如城市教育科研、文化用地适宜布置公益广告。因此，户外公益广告“功能性因子”细分为“商业功能”“商务功能”“公共服务功能”“交通门户功能”4个子因子。

2.1.2　户外商业广告布设潜力影响因子

户外商业广告注重经济效益，其功能性因子与公益广告有较大差异。根据资源聚散理论，功能片区对商业广告的集散分布会产生重要影响。商业综合体、专业市场对广告的需求量较大，应集中展示户外广告；商务区、交通节点、大型文体设施、工业园区则出于辐射效应、宣传需要等考虑可适当设置商业广告。因此，户外商业广告“功能性因子”细分为“商业功能”“商务功能”“文体服务功能”“生产功能”“交通门户功能”5个子因子。

2.2　户外广告布设潜力评价指标体系构建

根据前文对户外广告布设潜力影响因子的分析，分别构建户外公益和商业广告的布设潜力评价因子体系，并通过人口热力密度、POI集聚度等对指标进行量化。在此基础上，采用层次分析法确定指标权重。选取城市规划领域的专家对各层级指标进行打分，根据专家打分结果，通过一致性检验后，计算得到各指标权重（表2、表3）。

表 2　户外公益广告布设潜力评价指标体系

评价因子		量化指标	指标权重
关注度与经济性因子		人口热力密度	0.281
功能性因子	商业功能	商业 POI 集聚度	0.037
	商务功能	商务 POI 集聚度	0.079
	公共服务功能	公共服务 POI 集聚度	0.211
	交通门户功能	交通门户 POI 邻近度	0.155
历史文化因子		历史文化 POI 集聚度	0.068
环境景观因子		环境景观 POI 集聚度	0.033
发展因子		区域发展潜力值	0.136

表 3　户外商业广告布设潜力评价指标体系

评价因子		量化指标	指标权重
关注度与经济性因子		人口热力密度	0.304
功能性因子	商业功能	商业 POI 集聚度	0.208
	商务功能	商务 POI 集聚度	0.089
	文体服务功能	文体服务 POI 集聚度	0.068
	生产功能	工业 POI 集聚度	0.061
	交通门户功能	交通门户 POI 邻近度	0.087
历史文化因子		历史文化 POI 集聚度	0.064
发展因子		区域发展潜力值	0.119

2.3　户外广告布设潜力评价技术路线

评价步骤包含数据收集、数据处理、各因子评价、多因子叠加、结果分析和针对性导控策略六方面内容（图 1）。

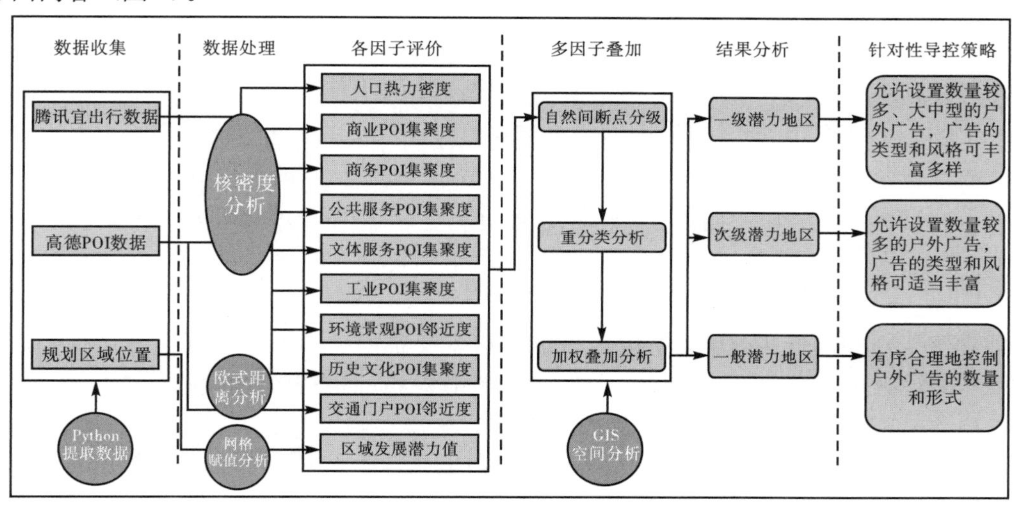

图 1　户外广告布设潜力评价技术路线

2.3.1 单因子数据处理

关注度与经济性因子采用腾讯宜出行数据测度，通过间隔固定时间连续抓取一星期的热力数据，得到不同时间段人口分布的数据，再通过核密度分析得到人口热力密度分布图。

功能性因子、历史文化因子、环境景观因子采用高德 POI 数据测度，对各功能类别 POI 数据进行筛选后采用核密度分析，得到 POI 密度分布图，识别出各类功能中心所在地。其中，交通门户子因子由于重要交通节点的 POI 数量较少，采用欧几里得度量分析进行测度。

发展因子基于城市总体规划图进行地理信息系统（GIS）定位，采用渔网分析并对重点发展区域所在网格进行赋值。

2.3.2 多因子数据叠加分析

在单因子数据处理完成后，将各因子的核密度图按自然间断点分级法分为 10 类，然后通过重分类分析得到各因子按 1～10 等级划分的核密度分布图。再结合各因子的权重大小进行加权叠加分析，得出户外广告布设潜力评价图。

2.3.3 结果分析与针对性导控策略

根据评价结果得到一级潜力地区、次级潜力地区和一般潜力地区三类户外广告布设区域，针对不同区域在广告的数量、强度、形式上提出差异化的导控策略。

3 实证研究

3.1 研究区概况

越城区位于浙江省绍兴市，在过去的十年间其经济快速发展，户外广告业欣欣向荣，但同时也出现了广告布局混乱、数量过多的问题，原有的户外广告规划与城市未来发展、古城历史保护等的不适应性也日益突出。本文将运用上述评价体系对越城区户外广告布设的潜力进行评价，并与现状对比提出改进建议。

3.2 广告布设潜力评价

3.2.1 单一因子评价

（1）宜出行测度。

对宜出行数据进行核密度分析，结果显示越城区的人口集聚呈现“一主四副”的体系结构（图 2）。古城区块与迪荡新城凭借完善的服务设施与商务设施，成为人口最为密集的主中心。正大装饰商城是越城区最为知名的专业市场，为人口聚集副中心。镜湖核心区块依托内部的高教园区形成了人口集聚副中心。袍江区块内则存在世纪广场及浙江农业商贸职业学院两处人口高峰区。

（2）区域发展潜力值测算。

根据越城区总体规划及区政府的相关政策，分析得到 5 处区域发展潜力值较高的区域（图 3），分别是迪荡新城、镜湖新区中心区、袍江中心商住区、皋埠街道中心区及城西青甸湖区块。

（3）POI 测度。

不同功能设施的 POI 密度分布空间差异显著，但整体上呈现空间集聚特征（图 4）。商业、公共服务与环境景观呈现出明显的单中心分布模式，商务设施、大型文体设施、交通枢纽、历史文化空间、产业中心呈现出多中心模式。

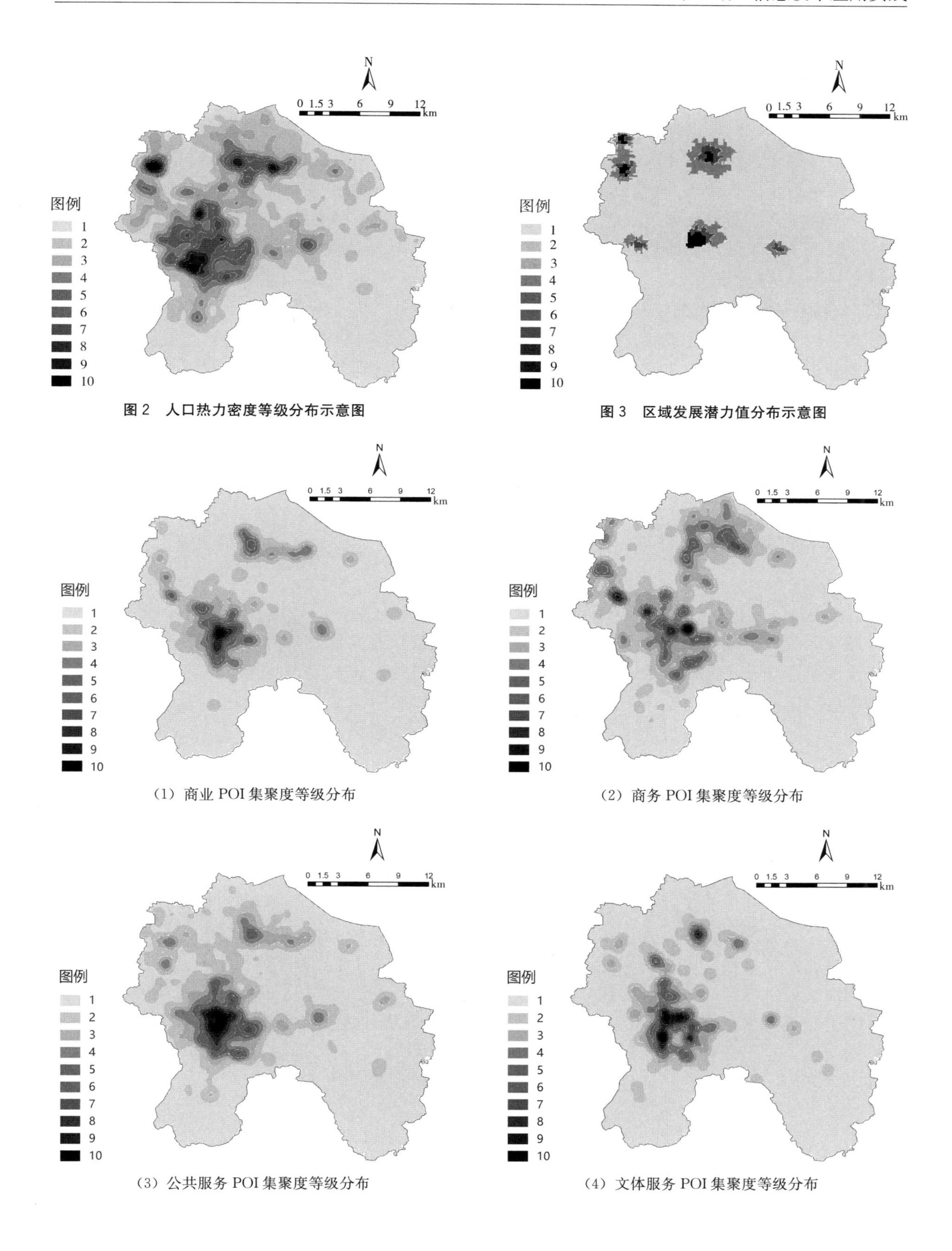

图2　人口热力密度等级分布示意图

图3　区域发展潜力值分布示意图

（1）商业 POI 集聚度等级分布

（2）商务 POI 集聚度等级分布

（3）公共服务 POI 集聚度等级分布

（4）文体服务 POI 集聚度等级分布

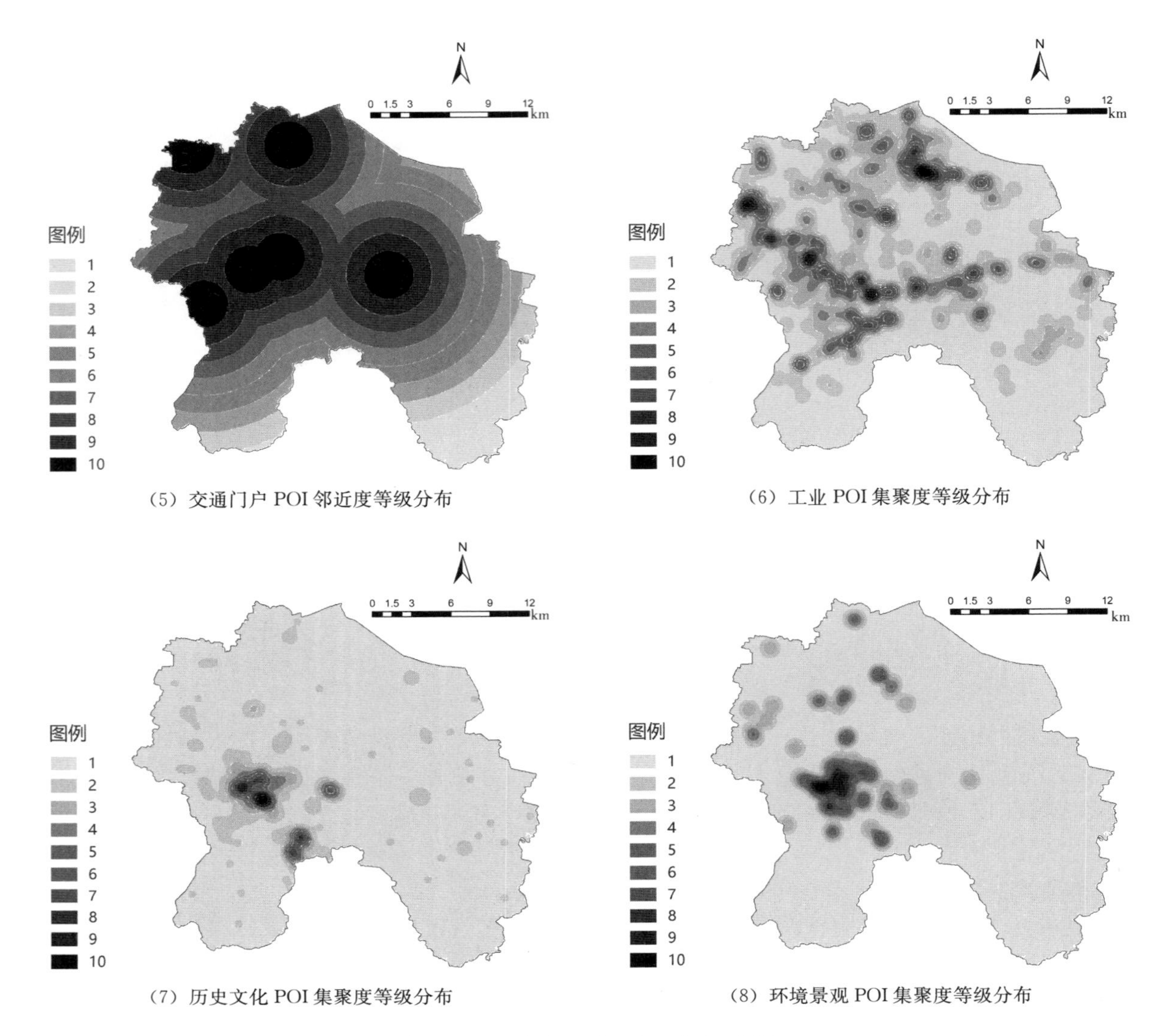

（5）交通门户 POI 邻近度等级分布

（6）工业 POI 集聚度等级分布

（7）历史文化 POI 集聚度等级分布

（8）环境景观 POI 集聚度等级分布

图 4　POI 集聚度、邻近度等级分布示意图

3.2.2　公益广告布设潜力评价及现状对比分析

由户外公益广告的多因子加权分析得到其布设潜力综合评价图。越城区内的公益广告布设潜力呈现“一主四副”的等级结构体系：主中心位于古城区块和迪荡新城；四个次中心分别位于镜湖高教园区、袍江中心商住区、浙江农业商贸职业学院附近及皋埠街道中心区（图 5）。

相比于评价得到的多中心结构，越城区的现状公益广告分布呈现扁平状、散点式布局，无明显的中心集聚区域，且数量上存在明显不足。古城区块作为公共服务中心、历史文化中心，布设适当的公益广告有益于凸显绍兴市的历史底蕴，但现状公益广告数量较少且形式较为单一。此外，镜湖片区将承接老城区公共服务功能转移，区位优势逐步显现，但现状缺乏公益广告的布设。

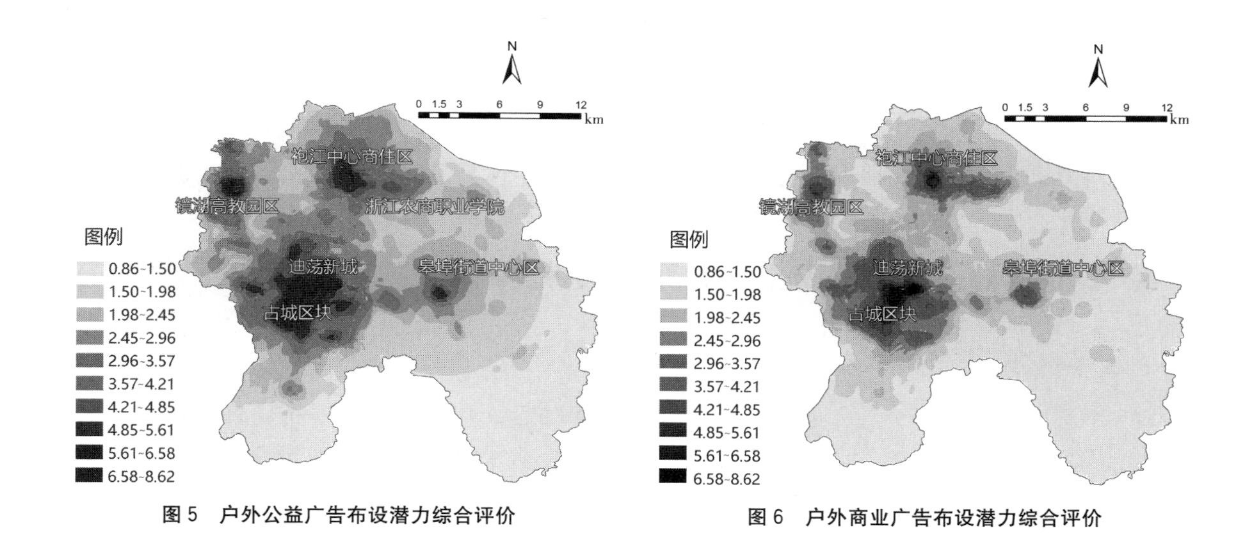

图 5　户外公益广告布设潜力综合评价　　**图 6　户外商业广告布设潜力综合评价**

3.2.3　商业广告布设潜力评价及现状对比分析

由户外商业广告的多因子加权分析得到其布设潜力综合评价图。越城区的户外商业广告布设潜力呈现“一主三副”的等级结构体系：迪荡新城与古城区块共同构成了越城区的商业广告主中心；镜湖高教园区、袍江中心商住区及皋埠街道中心区是越城区三处商业广告次中心（图 6）。

与布设潜力评价结果相比，现阶段越城区的户外商业广告布设呈现明显的古城区块单中心结构，部分高潜力地区在商业广告的数量、质量等方面存在较大不足。迪荡新城作为绍兴市中央商务区（CBD），具有最大的商业广告布设价值，但现有商业广告数量较少，在形式上以文字为主，缺乏吸引力。三个副中心受到开发时序影响，商业广告布局缺乏重点，小型广告过多，形式单调。古城区块商业广告布设较为完善，与评价结果一致，但受到历史文化保护的制约，大中型商业广告主要集中在世贸广场等商业综合体内，其数量已趋于饱和，未来在形式上可以更多体现绍兴市的历史特色。

3.2.4　公益广告与商业广告布设关系分析

公益广告与商业广告部分高潜力布设地区重合，两者的一级潜力地区均为迪荡新城及古城中兴路周边地区，镜湖高教园区、袍江中心商住区两个次级潜力地区也基本重合，且各重点地区均呈现出向外密度递减的圈层布局模式。

根据评价结果，公益广告高潜力布设地区在数量、覆盖面积上均大于商业广告，户外广告公益性加强是大势所趋。但现状调研得到，中兴路周边及迪荡湖周边商业广告的占比接近 70%，鲁迅故居周边商业广告占比超过 50%，袍江中心商住区等次级潜力地区的商业广告数量远超公益广告，公益广告的比重亟须提升。

3.2.5　越城区户外广告现状问题总结

（1）次级潜力地区中心效应弱。

现阶段越城区的户外广告治理仍聚焦于古城区块，对次级潜力地区缺乏重视。镜湖高教园区等区块具有较大的户外广告发展潜力，若不及时进行干预引导，易引发广告量多质差、形式杂乱等问题。

（2）公益广告布局扁平化、数量不足。

由于现状公益广告主要依附公交车站、公共自行车租赁点、路灯等公共设施进行设置，整体布设数量不足，空间分布呈现扁平化、重点不突出的问题，对于交通门户绍兴北站等首要印象区和公共服务中心、历史文化中心古城区块、迪荡新城等光环效应区的布设重视程度不足。

（3）两类广告规划协作不足。

布设潜力评价结果中商业广告与公益广告的等级结构体系具有较大的相似性，但现阶段越城区户外商业广告与公益广告的布设缺乏协调，导致户外商业广告的过度布置与资源浪费。

4　绍兴市越城区户外广告规划布局优化策略

4.1　强化次级潜力地区的管理和引导

袍江中心商住区等次级潜力地区正处于快速发展阶段，其设施、广告布局具有一定的动态性，这给规划管理带来了难点。通过建立 POI 与户外广告的数据库，实现新增设施、户外广告的实时更新，作为未来规划与管理整治的基础。此外，针对皋埠街道中心区等地区户外广告量多质差、形式杂乱的问题，应对地区内的重要设施如商业综合体等进行重点投放，其他区块进行严格控制，在形式上应与一级潜力地区古城区块统一考虑，共同构建越城区历史悠久、文化底蕴深厚、经济繁荣的城市形象。

4.2　构建户外公益广告规划等级结构体系

改变以往户外公益广告扁平化、散点式、重点不突出的布局方式，采用等级结构体系对户外公益广告进行针对性管控。作为一级潜力地区，古城区块和迪荡新城应优先布局户外公益广告，在与古城风貌相协调的前提下适当增加公益广告的数量并丰富形式，发挥其人流量大、设施集中的优势，以户外公益广告来塑造绍兴市的历史文化名城形象、构筑其“识别”名片；在镜湖高教园区等四个次级潜力地区，可适当采用大中型广告，提高公益广告的布设强度；在一般潜力地区应严格控制户外公益广告的数量，于现状基础上优化广告的形式，提升公益广告的品质。

4.3　促进两类广告适当融合与功能互补

公益广告与商业广告的布设应统筹考虑，通过两者的适当融合，在精简广告数量的同时提高其丰富性。对于像古城片区这类户外广告效能巨大但是受到历史文化保护制约的地区，可以推动其商业广告公益化，既达到商品宣传的目的，又能营造良好的城市形象。此外，可以运用投影、增强现实（AR）等新技术，实现公益广告与商业广告的切换，有效控制户外广告的数量。

5　结语

本文尝试借助 POI 及宜出行两类新兴数据，聚焦户外广告布设潜力的最大化，分析得到影响户外广告布设的五大因子，分别构建了户外公益广告与商业广告布设潜力评价指标体系。此外，本文将上述评价方法应用到绍兴市越城区户外广告布设的评价中，分析得到其户外公益广告和商业广告的布设潜力等级结构体系，并针对现状问题提出越城区户外广告规划布局的优化策略。与传统规划方法相比，宜出行数据能够精确地识别不同时空的人口集聚情况，具有动态、海量的优点；POI 数据囊括了不同类型的城市兴趣点，能代表城市中不同实体对象的空间位置和属性；运用 GIS 进行处理，能有效地反映城市要素的空间结构特征，基于此提出的户外广告布设潜力评价体系具有精确度高、时效性强与可操作性强的优势。

本次研究仍有一定不足。在数据分析方面，由于POI数据不具有面积、规模、等级、使用情况等信息，评价结果有一定局限性。在未来研究中可以加入类型更为丰富的城市大数据以进一步补充和完善，提升研究数据和方法的科学性，为提质减量、精准布局导向的户外广告规划实践提供支撑。

[参考文献]

[1] 刘生军，江雪梅．城市新区户外广告空间总体布局及其导控：以哈尔滨市群力新区户外广告规划设计为例［J］．规划师，2014（6）：70-77.

[2] 秦贻．户外公益广告与城市对外形象塑造：以武汉城市圈为例［J］．经济研究导刊，2012（4）：173-174.

[3] 段亚明，刘勇，刘秀华，等．基于宜出行大数据的多中心空间结构分析：以重庆主城区为例［J］．地理科学进展，2019（12）：1957-1967.

[4] 邓海萍，李筠筠，孟谦，等．广州与深圳城市户外广告规划与管理体系研究［J］．规划师，2017（10）：44-50.

[作者简介]

陈秋晓，博士，副教授，浙江大学区域与城市规划系副主任。

胡沾沾，浙江大学本科生。

张戈元，浙江大学本科生。

国外基于街景图像的城市研究进展与热点分析

□司　睿，林姚宇，肖作鹏

摘要：街景数据作为新兴数据源，近年来在城市建成环境评估与定量分析中成为热点，而国外研究一直以来都是我国城市规划学科发展的重要借鉴来源。虽然已有以街景图像或计算机视觉在城市中的应用为主题的综述，但仍然缺乏对该领域结构和演变过程的定量化、可视化研究。文章首先介绍研究方法和数据来源，对2010—2020年十年间所发表的317篇基于街景数据的城市研究进行研究机构合作网络分析、高引期刊与文献分析、研究热点分析及演变过程分析，然后依据CiteSpace所做出的浅语义聚类分析出七个核心研究子课题。在内容上，国外的研究热点可总的概括为体力活动、公共卫生和社会公平三个方面；在方法上，计算机视觉技术被广泛运用于街景图像分析。大规模样本通过深度学习和众包模式可以快速实现城市场景感知，这将成为城市环境整体评价的有效研究方法；利用卷积神经网络对图片和场景进行分类，进而实现对未来的预测，这将成为日后趋势。

关键词：国外；街景图像；城市研究；进展与热点；CiteSpace

1　引言

街景图片最初由谷歌公司于2007年5月25日推出，装置于采集车顶的摄影机获取街道图片并赋予定位信息，通过谷歌地图及谷歌地球向用户提供水平方向360°和垂直方向360°的街道全景。其特点是能从人眼视角免费收集到高分辨率的街道全景图，街景图像的时间可以根据具体城市的采集时间进行前溯。随着人工智能技术的不断突破，各学科领域纷纷借助机器学习算法将其运用到本学科内。近年来，街景图像逐渐被运用于城市环境评价中，有学者在国内核心期刊发表综述文章，也有学者归纳街景数据在城市环境评价中使用的方法和类型，也有学者概述计算机视觉应用进展与展望，还有学者探讨深度学习在城市感知应用的可能，但是目前的研究方法以描述性分析为主，缺乏从文献计量角度对街景城市研究的研究热点及发展时序进行可视化分析。

2　研究方法和数据来源

2.1　研究方法

科学计量学是信息学的分支，通过定量分析科学文献中的模式，以了解研究领域的新兴趋势和知识结构。科学制图工具通常以文献中的科学出版物为输入，生成交互式的可视化结果用于统计分析。CiteSpace是在科学计量学和数据信息可视化技术的基础上分析科学知识结构、规律与分布的文献分析软件。本文利用CiteSpace 5.6.R5，基于WOS（Web of Science）数据库对街景图像在城市领域的研究进行计量分析，依次进行合作网络（Network of Co-authors Institutions）、关键词共现（Co-occurring Author Keywords）、关键词突现（Burst Citation）等分析，探寻该新兴领域近年来演进过程中的热点与前沿。

本文的关键词共现以出现频率为标准，在特定时间单元内出现频次多的关键词代表该时间内的研究重点；突现词为特定时间单元内出现频次突增的关键词，该特征可代表某时间内的研究热点。关键词聚类后的时间线功能将相同聚类的关键词放置在同一水平线上，聚类文献越多，代表该类型越重要；也能够得到各个类的文献时间跨度及特定子领域研究的兴起和发展过程。研究使用中观的合作网络（Co-institution），合作网络依据引用构建联系，连线粗细代表联系程度，节点大小代表该机构发表论文的数量多少。通过对主要研究机构及其合作关系的分析，可从中间层次揭示基于街景图像的城市研究的实力分布。

2.2　数据来源

本文英文文献数据来源于WOS核心合集，该数据集几乎涵盖了世界最全面和权威的科学文献。英文文献的检索条件为TS＝" google street view" OR TS＝" google streetview" OR TS＝" street view picture" OR TS＝" street view image＊" OR TS＝" street view data"，其中TS为主题。文献类型为Article OR Review，语种为英语，时间跨度为2007—2020，检索时间为2020年7月6日，共检索英文文献374篇，其中最早文献出现在2010年。随后，经过总体去重筛选出两篇，经过标题及摘要阅读筛选出与城市研究无关的文献41篇，经过全文阅读再筛选出16篇，从引文中获取文献2篇，最终有317篇文献进入文献计量（图1）。

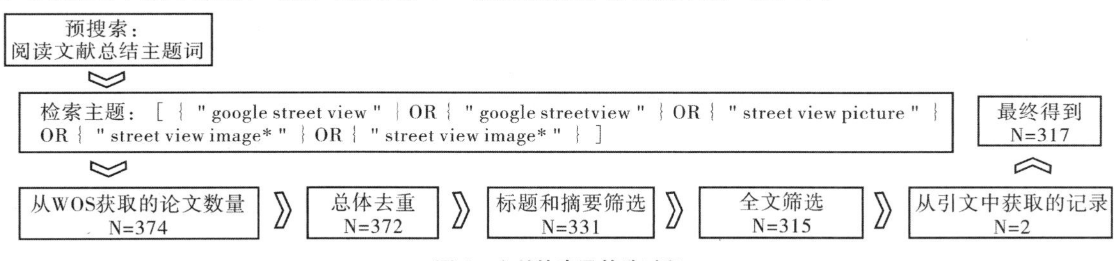

图1　文献检索及筛选过程

3　研究总体概况

3.1　产出时间

文献发布随时间变化如图2所示，运用街景数据的城市研究期刊论文最早发布于2010年，Curtis、Duval-Diop、Novak等利用流行病学中常用的分析方法，对街景数据或影像数据进行记录，确定自然灾害后被遗弃和恢复的空间模式。初期街景数据并没有广泛引起国际学者的关注，连续三年增长率为0%。直到2013年增长率达到160%，2013—2016年高速增长，文献数量增加至87篇，2016年至2020年7月进入持续发展阶段，文献总量达317篇。2020年截至7月共发表56篇文章，预计2020年发文数量将继续增长。

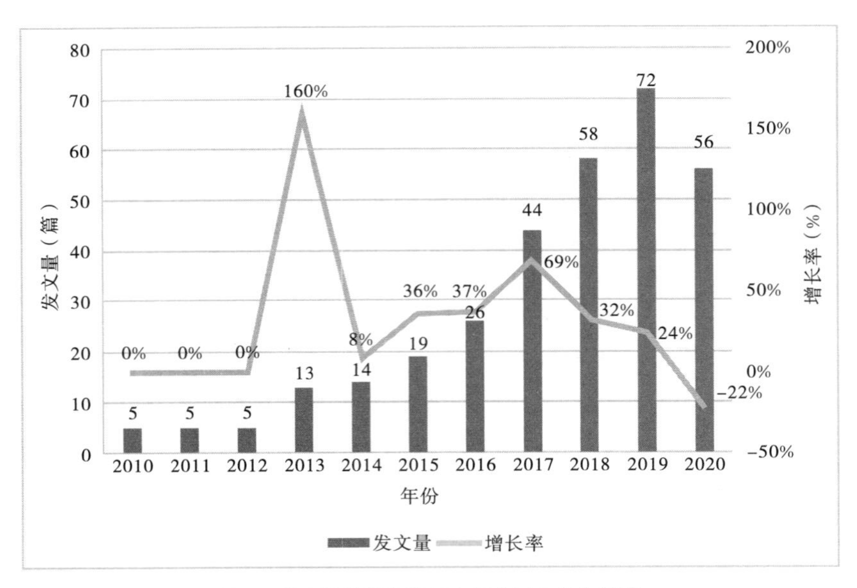

图 2　基于街景数据的城市研究逐年发表情况

3.2　研究机构

通过 CiteSpace 对运用街景数据的城市研究进行机构合作网络分析（图 3）。参数设置：时间切片为 2010—2020，Years Per Slice 为 1，节点类型为 Institution，分析数据的阈值设定为指标 g-index 的 k=25。网络裁剪选择寻径网络（Pathfinder Network），网络辅助剪裁策略选择对合并后的网络进行裁剪（Pruning the Merged Network）。

从图谱中的节点来看，发文量前十名分别是麻省理工学院、中国科学院大学、香港城市大学、哥伦比亚大学、中山大学、根特大学、中国地质大学、同济大学、康涅狄格大学、亚利桑那州立大学。这些机构为该领域的代表，地理上主要分布于以美国为主的欧美国家高校以及中国高校。观察最早发文时间可知，欧美国家开始时间早于中国，中国高校的研究集中于 2015 年后。

从联系程度上看，中心度前十分别是哈佛大学、密歇根大学、麻省理工学院、哥伦比亚大学、亚利桑那州立大学、加州理工学院、根特大学、清华大学、同济大学和香港中文大学。该合作网络的密度为 0.0122，可见合作网络虽初步形成但网络密度过低。街景数据于近年兴起，其合作受地域影响明显，各领域之间相对较为独立。但观察合作网络可知，国外名校与国内名校合作，国内名校再相互合作的路径明显。如麻省理工学院与香港中文大学合作，香港中文大学继而影响武汉大学及其他国内名校。

图 3　研究机构合作网络

3.3 高引期刊与文献

被引频次较高的节点所对应的都是具有较高学术价值的论文，而高引期刊（表1）类型主要分为城市健康与健康行为、景观和城市规划及城市绿化三种类型。健康领域的期刊突发指标较高，该领域最早关注街景图片在社区健康环境审计中的应用，突发开始时间为2010—2013年。中介中心性（Betweenness Centrality）是测度节点在网络中重要性的指标，表1显示Urban Forestry & Urban Greening期刊所发表的街道绿化及气候模拟优化的文章对后期的文献引用网络有重要意义。

高引文献的发表时间主要分布于2010—2015年（表2），文献内容有运用图像识别算法探索城市特征的，也有评估使用Google Street View对于审计社区环境的可靠性，并在此基础上使用绿色景观指数对街道绿化进行评价，对社区环境进行系统化地观察，分析环境失序与社会不平、健康问题等之间的关系，衡量可能影响健康结果的邻里街道背景特征。另外，地理网络服务及其使用所产生的实际或预期隐私危害也备受关注。

表1　被引频次前十名的期刊

期刊名	影响因子	共引频次	突发	中介中心性
American Journal of Preventive Medicine	4.42	143	3.71	0.05
Landscape and Urban Planning	5.44	130	—	0
Health & Place	3.29	122	2.75	0.04
Plos One	2.74	92	—	0.02
Urban Health	2.36	88	3.81	0.01
Urban Forestry & Urban Greening	4.02	86	—	0.16
International Journal of Health Geographics	3.24	81	4.03	0.01
Social Science & Medicine	3.62	77	—	0.09
Applied Geography	3.51	72	—	0.04
International Journal of Behavioral Nutrition and Physical Activity	6.71	70	4.88	0.01

表2　被引频次前十名的文献

被引次数	第一作者	发表年份	题目
377	RUNDLE A G	2011	Using Google Street View to Audit Neighborhood Environments
327	HWANG J	2014	Divergent Pathways of Gentrification: Racial Inequality and the Social Order of Renewal in Chicago Neighborhoods
237	ODGERS C L	2012	Systematic Social Observation of Children's Neighborhoods Using Google Street View: a Reliable and Cost-effective Method
227	CLARKE P	2010	Using Google Earth to Conduct a Neighborhood Audit: Reliability of a Virtual Audit Instrument
205	LI XJ	2015	Assessing Street-level Urban Greenery Using Google Street View and a Modified Green View Index

续表

被引次数	第一作者	发表年份	题目
212	ELWOOD S	2011	Privacy, Reconsidered: New Representations, Data Practices, and the Geoweb
187	APTE J S	2017	High-Resolution Air Pollution Mapping with Google Street View Cars: Exploiting Big Data
185	BADLAND H M	2010	Can Virtual Streetscape Audits Reliably Replace Physical Streetscape Audits?
117	DOERSCH C	2012	What Makes Paris Look like Paris?
90	KELLY C M	2013	Using Google Street View to Audit the Built Environment: Inter-rater Reliability Results

4　研究热点与研究类型

4.1　研究热点趋势与演变过程

关键词共现能解释研究的热点，突频词能解释研究趋势。经过分析，前十名的高频词依次有谷歌街景（Google Street View）、体力活动（Physical Activity）、建成环境（Built Environment）、健康（Health）、社区（Neighborhood）、可靠性（Reliability）、深度学习（Deep Learning）、步行（Walking）、审计（Audit）等（图 4）。突频词共 30 个，其中强度最大的关键词为犯罪（Crime）、视野（View）、视觉审计（Visual Audit）、深度学习（Deep Learning）、树木（Tree），强度分别为 3.86，3.38，2.97，2.84，2.71。持续时间最长的关键词为犯罪（Crime）、模式（Pattern）、环境（Environment），3 个关键词持续时间皆为 4 年。

为深入分析，本文将突频词按照发生时间分为四个时间段，并结合高频词时区分析（图 5、图 6）梳理街景应用于城市研究的时间发展顺序。第一阶段（2010—2012 年）：研究前沿为结合遥感及其他数据源对建成环境进行多水平检测，对包括社区环境的城市建成环境质量进行系统化审计，并探索土地利用及环境失序。出现的关键词为多水平（Multilevel）、谷歌地球（Google Earth）、土地利用（Land Use）和失序（Disorder）。

第二阶段（2013—2015 年）：研究热点在城市物理环境评价的基础上增加了城市社会环境评价，健康领域也逐渐将街景数据用于验证精神健康与视觉环境之间的关系。出现的主要关键词为犯罪（Crime）、背景（Context）、精神健康（Mental Health）和审计工具（Audit Tool）。

第三阶段（2016—2018 年）：健康研究中肥胖成为新话题，新算法为探讨建成环境对行为与健康的背景效应差异提供新基础，街景图像对街道空间的大规模高还原度重现为室外热环境的精细化模拟提供新的可能，天空可视度等指标计算被进一步完善。该阶段的关键词分为物质环境评价、健康环境与行为评价及物理环境评价三个方面，包括邻里环境（Neighborhood Environment）、肥胖（Obesity）、算法（Algorithm）、绿化（Greenery）和树荫供应（Shade Provision）。

第四阶段（2019—2020 年）：对于街景图像的城市研究更多开始使用基于人工智能的深度学习算法，交通领域结合街景数据对出行时空模型进行预测，公共健康领域的研究逐渐关注特殊群体，城市绿色空间和热岛效应持续为街景数据的运用重点。出现的主要关键词为深度学习（Deep Learning）、卷积神经网络（Convolutional Neural Network）、交通（Transport）、可达性（Accessibility）、公共健康（Public Health）等。

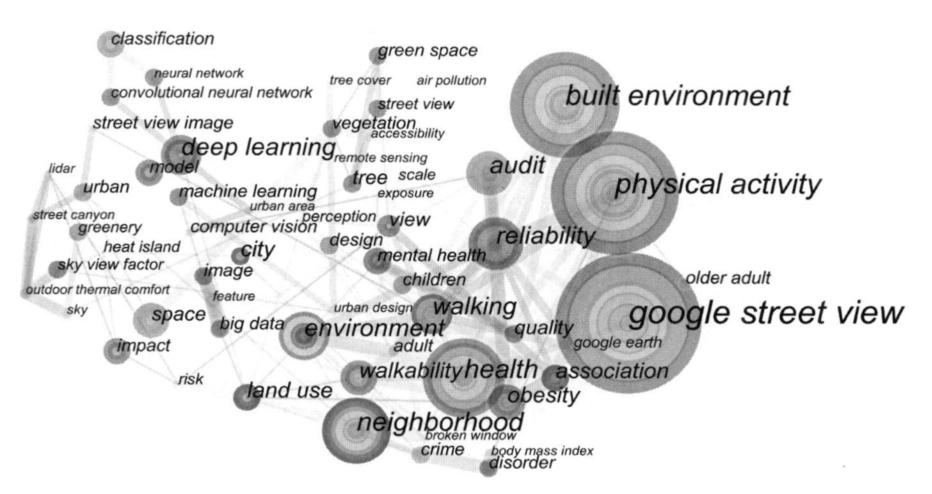

图 4　基于街景的城市研究关键词共现图

关键词	强度	开始	结束	2010-2020 年	关键词	强度	开始	结束	2010-2020 年
land use	1.8011	**2012**	2013		physical activity	1.5572	**2016**	2016	
disorder	1.6895	**2012**	2015		systematic social observation	1.9528	**2017**	2018	
crime	3.8613	**2013**	2017		validity	1.7394	**2017**	2017	
pattern	2.4479	**2013**	2017		algorithm	1.547	**2017**	2018	
imagery	1.8507	**2013**	2013		physical disorder	1.547	**2017**	2018	
city	1.7361	**2013**	2015		greenery	1.7181	**2018**	2020	
google street view	1.6321	**2013**	2015		air pollution	1.6249	**2018**	2018	
environment	2.3302	**2014**	2018		shade provision	1.5053	**2018**	2018	
context	1.772	**2014**	2015		street tree	1.5053	**2018**	2018	
mental health	1.53	**2014**	2014		climate	1.5053	**2018**	2018	
perception	1.809	**2015**	2016		deep learning	2.8401	**2019**	2020	
audit tool	1.7617	**2015**	2017		convolutional neural network	2.0473	**2019**	2020	
virtual audit	2.9662	**2016**	2017		transport	2.0473	**2019**	2020	
neighborhood environment	2.4695	**2016**	2017		accessibility	1.9382	**2019**	2020	
obesity	1.593	**2016**	2016		older adult	1.8666	**2019**	2020	

图 5　基于街景的城市研究关键词突现图

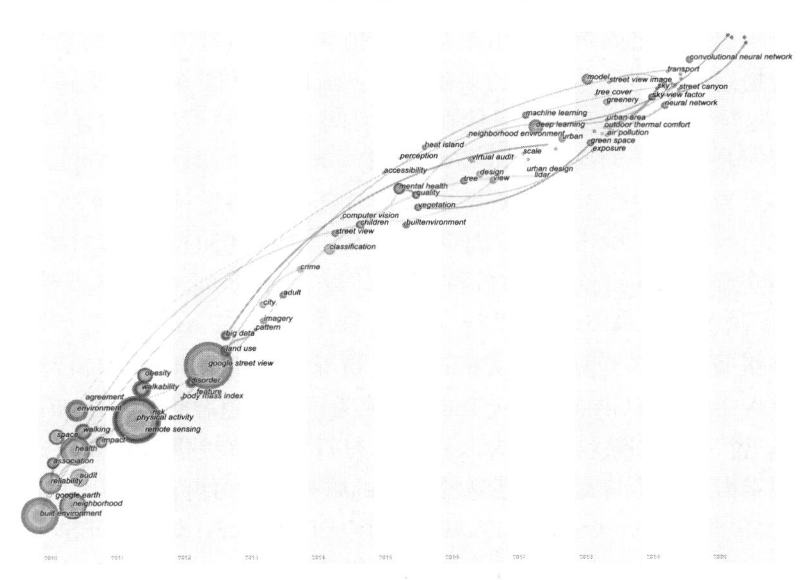

图 6　基于街景的城市研究关键词时区

4.2 研究类型

CiteSpace将共引网络划分为多规格共引参考文献的簇，使得同簇中的参考文献联系紧密，而不同簇之间松散相连。本文运用潜在语义索引（Latent Semantic Index，LSI）方法将文献聚类为七类（图7），每一组都用来自该类文章的标题，由于聚类名不一定能得到热点词所包含的具体信息，因此需要通过聚类下所包含的关键词的文章来深入剖析。本文按照聚类大小顺序进行分析，聚类大小代表内部节点的紧密和分离程度，由于小集群往往不如大集群具有代表性，因此剔除文章数量小于10的类型。

（1）聚类#0：包含健康（Health）、建成环境（Built Environment）和体力活动（Physical Activity）等多个节点。邻里环境可能会刺激或阻碍健康生活方式的发展和维持，基于远程成像源（如谷歌街景）的桌面建筑环境评分系统被验证可以标准化、大规模地获取环境的详细信息，从而实现对健康环境和体力活动环境的评价，以确定哪些客观环境因素与健康行为相关。这类研究对象包括成年人、青少年、儿童等各类群体。众包和计算机视觉方法结合街道级别的图像可用于检测城市邻里环境的变化，该变化评分被用来研究邻里物质环境改善的决定因素。

（2）聚类#1：包含分类（Classification）、深度学习（Deep Learning）、计算机视觉（Computer Vision）和卷积神经网络（Convolutional Neural Network）等节点。计算机视觉领域最近开发的场景分类算法使基于图像特征描述符和机器学习算法在语义上对不同照片进行分类成为可能，如谷歌街景图像结合机载光检测和测距（LiDAR）数据、高分辨率正射影像（HRO）可显示出对土地用途的准确区分；通过训练深度卷积神经网络，不仅能够模拟街道峡谷中行人感知的城市形态和特征组成，大规模测度人类对于城市区域的感知，也能够从街景中识别高层次的城市时空流动模式下的场景特征。

（3）聚类#2：包含绿化（Greenery）、天空可视因子（Sky View Factor）、空气质量（Air Quality）等节点。城市绿化为社会交往和体育锻炼提供了更多的机会，这些活动有利于增进公民的心理健康。深度学习和街景图像用于评估街景绿色和蓝色空间，蓝绿空间可以改善老年人的心理健康。研究街道峡谷内的太阳辐射将为提高人体的热舒适性和减少因过多暴露于阳光下而引起的潜在健康问题提供重要参考，用街景图像估算天空可视因子从而量化阴影提供量，在此基础上结合建筑物高度模型及冬夏季的太阳路径生成的半球图像可用于估算街道峡谷内太阳辐射的时空分布。这项研究还表明，有可能在特定时间、特定位置精确估计街道峡谷内的阴影。

（4）聚类#3：包含街景（Street View）、模式（Model）、差距（Disparity）等关键节点。多样的城市环境要素为居民提供健康和舒适的生活，环境公平是社会公平评价不可或缺的内容之一。街景数据被运用于测量城市绿化、居民的自然接触程度和建成环境的空间品质，计算环境指标与社会经济变量（收入房价等）之间的关联，以实现环境公平评价。

（5）聚类#4：包含城市（City）、出行（Travel）、形式（Pattern）等关键节点。街景数据的运用围绕城市道路展开，本类型分别从街道绿化情况、人行道环境、自行车道及家庭停车环境几个方面展开讨论。GVI（Green View Index）成为评价街道绿化空间分布的核心指标，自行车道和街道实际车道特征的完整性对比为以后的骑行行为评价提供基础，基于虚拟街道步行能力审核工具，使探索街道环境与行人路线选择之间的联系成为可能。

（6）聚类#5：包含邻里（Neighborhood）、失序（Disorder）等关键节点。以谷歌街景为代表的街景图像数据能为街道空间环境的系统性观察提供便利，然而其限制之一是缺乏有关图像收集日期的文档，有研究证实图像的时间戳具有时空不稳定性特征。空间地理叙述方法通过时间戳将定位数据、建成环境视频和叙述音频记录连接，被用来激发人们对该区域的精细地理特征及其发生的背景的讨论。

（7）聚类＃6：包含设计（Design）、空间（Space）、可达性（Accessibility）等关键节点。对于城市规划和城市设计师来说，了解城市街道景观的物理特性如何作用于安全、舒适的城市空间非常重要，街景数据的出现为大规模精细化研究街道空间提供可能。构建包含行道树树冠、沿着一个街区的建筑数量、建筑立面之间的横截面比例、建筑高宽比的街道空间品质的设计变量，采用机器学习的方法语义分割街景图片并结合地理信息系统（GIS）数据自动量化设计变量并联合感知数据评价街道空间设计。也有学者在街道空间品质的评价框架之上增加步行得分和人口特征，因变量使用从智能手机应用程序中获得的大量匿名行人轨迹，以此评价设计指标对步行的影响。

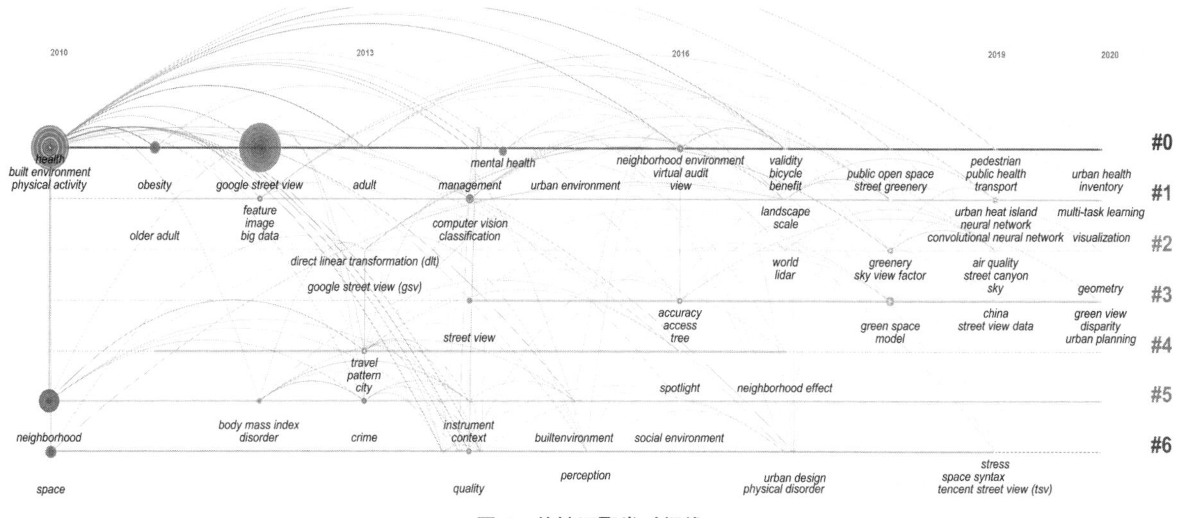

图 7　关键词聚类时间线

5　结论与启示

本文运用 CiteSpace 文献计量工具对 WOS 核心数据库中运用街景数据的城市研究进行分析和可视化。在研究机构网络方面，欧美国家早于亚洲国家，虽然合作网络受地域限制，但世界名校之间有联系；高引期刊主要分为城市健康与健康行为、景观和城市规划及城市绿化三种类型；高引论文关注审计的可靠性，以量化绿视率等绿色景观指数，关注社会公平与健康等议题；研究时序方面，前期关注以健康为出发点的建成环境的多水平审计，往后逐渐将建成环境评价运用于社会公平和城市气候环境等方面，近年结合深度学习算法拓宽研究领域。

街景数据在城市研究各方向的应用大致经历要素提取、场景感知和场景推测三个阶段。目前大部分文献都完成了要素提取阶段的研究，场景感知与场景预测成为研究趋势。要素提取即某方面建成环境要素通过街景数据提取过程，目前城市领域运用街景数据提取城市要素已经应用广泛；场景感知为基于深度学习的模型，学习个体对于场景感知的偏好，大规模样本通过计算机视觉和众包模式可以快速实现城市场景感知，这将成为城市环境整体评价的有效研究方法；场景预测则为利用卷积神经网络对图片和场景进行分类，进而实现对未来的预测，其中对出行时空模型的预测为未来发展趋势。

［参考文献］

[1] CHARREIRE H，MACKENBACH J，OUASTI M，et al. Using remote sensing to define environmental characteristics related to physical activity and dietary behaviours：a systematic review（the SPOTLIGHT project）[J]. Health & Place，2014：1-9.

[2] 张丽英，裴韬，陈宜金，等. 基于街景图像的城市环境评价研究综述 [J]. 地球信息科学学报，2019（1）：46-58.

[3] 刘伦，王辉. 城市研究中的计算机视觉应用进展与展望 [J]. 城市规划，2019（1）：117-124.

[4] 何宛余，李春，聂广洋，等. 深度学习在城市感知的应用可能：基于卷积神经网络的图像判别分析 [J]. 国际城市规划，2019（1）：8-17.

[5] CHEN C. CiteSpace II：detecting and visualizing emerging trends and transient patterns in scientific literature [J]. Journal of the American Society for Information Science and Technology，2006（3）：359-377.

[6] ZHAO R Y，XU L M. The knowledge map of the evolution and research frontiers of the Bibliometrics [J]. Journal of Library Science in China，2010（5）：60-68.

[7] ZHANG D，XU J P，ZHANG Y Z，et al. Study on sustainable urbanization literature based on Web of Science，scopus，and China national knowledge infrastructure：a scientometric analysis in CiteSpace [J]. Journal of Cleaner Production，2020：121537.

[8] CURTIS A J，DUVAL-DIOP D，NOVAK J. Identifying spatial patterns of recovery and abandonment in the Post-Katrina Holy Cross neighborhood of New Orleans [J]. Cartography and Geographic Information Science，2010（1）：45-56.

[9] DOERSCH C，SINGH S，GUPTA A，et al. What makes Paris look like Paris? [J]. Communications of the ACM，2015（12）：103-110.

[10] RUNDLE A，BADER M D M，RICHARDS C A，et al. Using Google Street View to audit neighborhood environments [J]. American Journal of Preventive Medicine，2011（1）：94-100.

[11] CLARKE P，AILSHIRE J，MELENDEZ R，et al. Using Google Earth to conduct a neighborhood audit：reliability of a virtual audit instrument [J]. Health & Place，2010（6）：1224-1229.

[12] BADLAND H M，OPIT S，WITTEN K，et al. Can virtual streetscape audits reliably replace physical streetscape audits? [J]. Journal of Urban Health：Bulletin of the New York Academy of Medicine，2010（6）：1007-1016.

[13] KELLY C M，WILSON J S，BAKER E A，et al. Using Google Street View to audit the built environment：inter-rater reliability results [J]. Annals of Behavioral Medicine，2013（suppl 1）：S108-S112.

[14] LI X J，ZHANG C R，LI W D，et al. Assessing street-level urban greenery using Google Street View and a modified green view index [J]. Urban Forestry & Urban Greening，2015（3）：675-685.

[15] HWANG J，SAMPSON R J. Divergent pathways of gentrification：racial inequality and the social order of renewal in Chicago neighborhoods [J]. American Sociological Review，2014（4）：726-751.

[16] ODGERS C L，CASPI A，BATES C J，et al. Systematic social observation of children's neighborhoods using Google Street View：a reliable and costeffective method [J]. Journal of Child Psychology and Psychiatry，2012（10）：1009-1017.

[17] ELWOOD S, LESZCZYNSKI A. Privacy, reconsidered: new representations, data practices, and the geoweb [J]. Geoforum, 2011 (1): 6-15.

[18] BETHLEHEM J R, MACKENBACH J D, BEN-REBAH M, et al. The SPOTLIGHT virtual audit tool: a valid and reliable tool to assess obesogenic characteristics of the built environment [J]. International Journal of Health Geographics, 2014 (1): 52.

[19] MERTENS L, COMPERNOLLE S, DEFORCHE B, et al. Built environmental correlates of cycling for transport across Europe [J]. Health & Place, 2017: 35-42.

[20] GRIEW P, HILLSDON M, FOSTER C, et al. Developing and testing a street audit tool using Google Street View to measure environmental supportiveness for physical activity [J]. International Journal of Behavioral Nutrition and Physical Activity, 2013 (1): 103.

[21] RODRIGUEZ D A, MERLIN L, PRATO C G, et al. Influence of the built environment on pedestrian route choices of adolescent girls [J]. Environment and Behavior, 2015 (4): 359-394.

[22] NAIK N, KOMINERS S D, RASKAR R, et al. Computer vision uncovers predictors of physical urban change [J]. Proceedings of the National Academy of Sciences, 2017 (29): 7571-7576.

[23] LI X J, ZHANG C R, LI W D. Building block level urban land-use information retrieval based on Google Street View images [J]. GIScience & Remote Sensing, 2017 (6): 819-835.

[24] ZHANG W X, LI W D, ZHANG C R, et al. Parcel-based urban land use classification in megacity using airborne LiDAR, high resolution orthoimagery, and Google Street View [J]. Computers, Environment and Urban Systems, 2017: 215-228.

[25] MIDDEL A, LUKASCZYK J, ZAKRZEWSKI S, et al. Urban form and composition of street canyons: a human-centric big data and deep learning approach [J]. Landscape and Urban Planning, 2019: 122-132.

[26] ZHANG F, ZHOU B L, LIU L, et al. Measuring human perceptions of a large-scale urban region using machine learning [J]. Landscape and Urban Planning, 2018: 148-160.

[27] ZHANG F, WU L, ZHU D, et al. Social sensing from street-level imagery: a case study in learning spatio-temporal urban mobility patterns [J]. ISPRS Journal of Photogrammetry and Remote Sensing, 2019: 48-58.

[28] HELBICH M, YAO Y, LIU Y, et al. Using deep learning to examine street view green and blue spaces and their associations with geriatric depression in Beijing, China [J]. Environment International, 2019: 107-117.

[29] LI X J, RATTI C, SEIFERLING I. Quantifying the shade provision of street trees in urban landscape: a case study in Boston, USA, using Google Street View [J]. Landscape and Urban Planning, 2018: 81-91.

[30] LI X J, RATTI C. Mapping the spatio-temporal distribution of solar radiation within street canyons of Boston using Google Street View panoramas and building height model [J]. Landscape and Urban Planning, 2019: 103387.

[31] LI X J, ZHANG C R, LI W D, et al. Environmental inequities in terms of different types of urban greenery in Hartford, Connecticut [J]. Urban Forestry & Urban Greening, 2016: 163-172.

[32] SCHOOTMAN M, PEREZ M, SCHOOTMAN J C, et al. Influence of built environment on quality of life changes in African-American patients with early-stage breast cancer [J]. Health & Place, 2020: 102333.

[33] HOCHMAIR H H，ZIELSTRA D，NEIS P. Assessing the completeness of bicycle trail and lane features in OpenStreetMap for the United States [J]. Transactions in GIS，2015 (1)：63-81.

[34] SHATU F，YIGITCANLAR T. Development and validity of a virtual street walkability audit tool for pedestrian route choice analysis—SWATCH [J]. Journal of Transport Geography，2018：148-160.

[35] CURTIS J W，CURTIS A，MAPES J，et al. Using Google Street View for systematic observation of the built environment：analysis of spatio-temporal instability of imagery dates [J]. International Journal Of Health Geographics，2013 (1)：53.

[36] CURTIS A，CURTIS J W，SHOOK E，et al. Spatial video geonarratives and health：case studies in post-disaster recovery，crime，mosquito control and tuberculosis in the homeless [J]. International Journal of Health Geographics，2015 (1)：1-15.

[37] HARVEY C，AULTMAN-HALL L，HURLEY S E，et al. Effects of skeletal streetscape design on perceived safety [J]. Landscape and Urban Planning，2015：18-28.

[38] TANG J X，LONG Y. Measuring visual quality of street space and its temporal variation：Methodology and its application in the Hutong area in Beijing [J]. Landscape and Urban Planning，2019：103436.

[39] LI X J，SANTI P，COURTNEY T K，et al. Investigating the association between streetscapes and human walking activities using Google Street View and human trajectory data [J]. Transactions in GIS，2018 (4)：1-16.

[作者简介]

司　睿，哈尔滨工业大学（深圳）建筑学院博士研究生。

林姚宇，哈尔滨工业大学（深圳）建筑学院副教授。

肖作鹏，哈尔滨工业大学（深圳）建筑学院助理教授。

基于CA模型的城镇开发边界划定技术研究

——以衡阳市衡南县为例

□游　想，李松平，周红燕

摘要：国土空间规划是生态文明体制建设的重要内容，是各类开发保护建设活动的基本依据。自党的十九大报告提出要“完成生态保护红线、永久基本农田、城镇开发边界三条控制线划定工作”以来，城镇开发边界的智能划定已成为国土空间规划领域的重要研究内容。城镇开发边界的合理划定，有利于实施生态文明理念、优化城镇空间结构和节约集约用地，且对加强生态环境的保护和建设有一定的意义，还可避免如大城市无限扩张和中小城市无序发展等一些问题的出现。本研究以衡阳市衡南县为例，基于多种大数据和地理空间条件，利用面向多源风险识别和空间适宜性的国土空间规划“双评价”方法对各地块进行用地建设适宜性评价，构建多约束和智能化的城镇建设用地边界演化CA模型，且通过调整模型参数，实现了多情景下的城镇建设用地边界演化的比较与优化。

关键词：城镇开发边界；CA模型；多源时空大数据；智能化；“三区三线”

1　研究背景与方法

1.1　研究背景

目前国内外主要有系统动力学、元胞自动机、多智能体、神经网络等方法用于土地利用动态监测、土地利用演化和城镇扩张模拟，且元胞自动机、多智能体技术作为被广泛应用的场景分析模拟技术，为城镇扩展的动态分析和模拟预测都提供了新的手段。从对城镇增长形态和规律的描述来看，元胞自动机（Cellular Automata，CA）模型作为一种复杂系统时空动态模拟工具，已经在城镇空间增长模拟中得到了较为普遍的应用。元胞自动机空间动态模拟的关键在于确定元胞转换规则，转换规则的确定方法主要有人工神经网络法、逻辑回归法、多因素评价法和多智能体模型法。最初的元胞自动机仅基于土地单元本身的相互作用，在具体应用过程中逐渐凸显不足，因此有大量改进型模型被提出，比如SLEUTH模型、CLUE－S模型、CA－Markov模型、约束性元胞自动机模型等，目前也尚未形成完善的基于元胞自动机模型的城镇开发边界智能化划定技术路线。

1.2 研究方法

本研究以“双评价”的“三区三线”技术方法为基础，对各地块进行用地建设适宜性评价，利用CA模型智能化模拟了未来建设用地演变方向，为协调国土空间资源的保护与开发提供决策支持。

整个研究工作的各部分研究方法为：

（1）通过国土空间规划“双评价”方法确定适宜性评价因子。围绕资源承载力评价和国土空间适宜性评价，通过对以往文献进行研究，选取出与用地建设适宜性评价相关的因子。

（2）通过层次分析法与定量分析法确定评价得分。层次分析法是一种经典的决策分析方法，在对复杂决策问题的本质、影响因素及其内在关系等进行深入分析的基础上，利用较少的定量信息使决策的思维过程数学化，从而将复杂的决策过程简单化。本研究使用层次分析法来分析各评价因子对综合适宜性的影响权重，接着用定量分析法对各评价因子进行量化得分，最终得到每块用地的建设适宜性综合得分。

（3）将约束性元胞自动机模型用于实地模拟。以湖南省衡阳市衡南县为例，基于衡南县多种大数据和地理空间条件，构建多约束和智能化的城镇建设用地边界演化CA模型，通过调整参数，实现了多情景下的城镇建设用地边界演化的比较与优化。

研究的技术路线见图1。

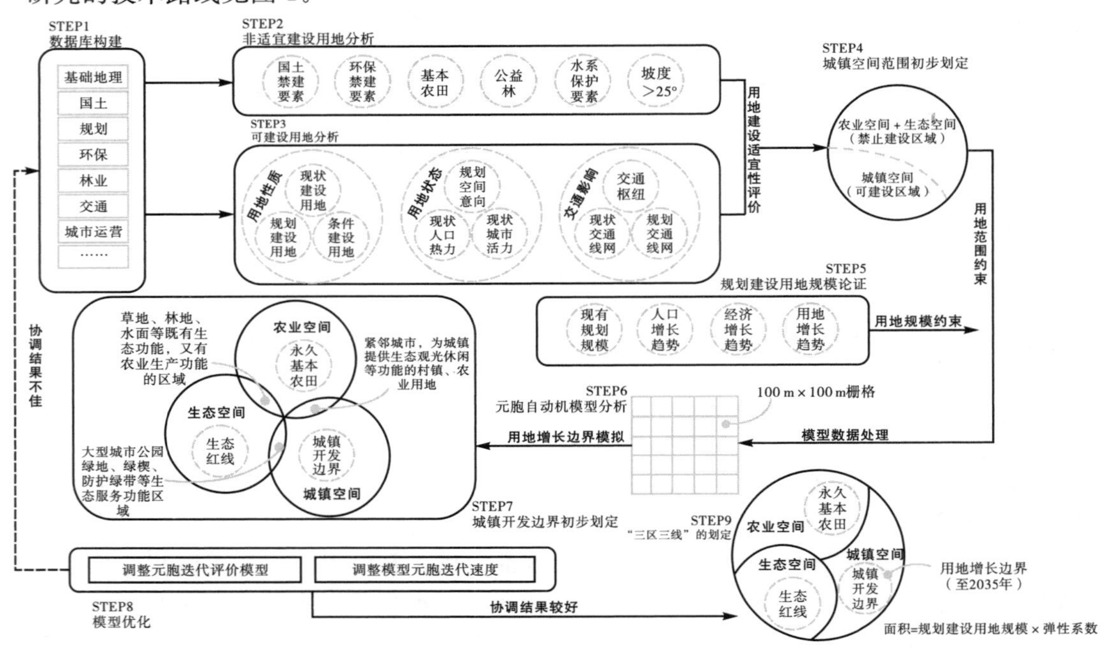

图1 研究的技术路线图

2 研究数据与模型

2.1 数据内容及类型

研究主要用到了5种数据，分别为现状基础数据、空间保护要素清单数据、法定规划数据、发展意向数据和城市运营数据（表1）。

表 1　数据说明一览表

数据类型	数据名称	主要内容	数据格式
现状基础数据	行政界线数据	县、乡镇行政界线	arcgis
	第三次全国国土调查数据	现状城镇村土地利用现状	arcgis
空间保护要素清单数据	数字高程模型（DEM）数据	GDEMV2 的 30 m 分辨率数字高程数据	Tiff
	永久基本农田保护区数据	基本农田保护区范围界线	arcgis
	生态红线数据	包含自然保护地（国家公园、自然保护区、自然公园）	arcgis
	公益林数据	包含国家级、省级公益林保护范围界线	arcgis
	水体保护数据	水域及水利设施、湿地、饮用水源保护区等	arcgis
法定规划数据	土地利用规划数据	城市、镇土地利用总体规划数据	arcgis
	城市总体规划数据	城市、镇总体规划数据	dwg
发展意向数据	重点发展区域数据	基于发展规划、区域规划、概念规划等判定未来发展的重点区域位置	arcgis
城市运营数据	兴趣点（POI）数据	2019 年高德 POI 分类数据	arcgis
	手机信令数据	2019 年湖南省联通手机信令数据	csv
	现状路网数据	2019 年高德道路网分级数据	arcgis
	交通枢纽	火车站、汽车站、高速公路收费站位置数据	arcgis

2.2　数据处理技术

2.2.1　数据处理及建库

本研究的数据处理主要包括图像纠正、坐标转换、格式转换、数据拼接与裁切、坡度和高程分级等技术工作。对调研收集到的如表 1 所示的各种数据进行处理，统一坐标系后建立数据库录入，并以 100 m×100 m 的尺度将规划范围划分为若干个栅格，以此形成数据库和工作底图。

其中手机信令数据为 2019 年 6 月连续 7 天的联通手机信令数据。该数据经过脱敏处理，形成能反映手机用户数量的网格化数据（网格大小为 250 m×250 m）。将区域内人口驻留时间进行切割，按照网格统计，如用户在网格 A 有两段驻留，驻留时间为 15:01—15:30 和 15:50—16:20，则在网格 A 该用户在 15 点被统计一次，16 点被统计一次。

本研究所指一周人口热力则是指统计区域内每个网格 7 天×24 小时段停留的全部人数总和，凌晨人口热力则是指连续 7 天的凌晨 4 点停留的全部人数总和。

2.2.2 生成栅格邻域关系表

根据行政区范围，生成 100 m×100 m 的渔网，将规划范围划分为 265151 个栅格，作为基础评价单元，确定网格编号（id）。

通过地理信息系统（GIS）生成近邻表功能，将网格 id 构建一对多关系，生成网格 id 与周边 8 个网格 id 的对应关系表，用作元胞计算判断依据。

2.2.3 栅格建设用地适宜性评价

（1）禁止开发建设用地分析：将禁止开发建设要素标识到所有的栅格中（表 2）。统计每个栅格的禁止建设面积，当禁止建设面积大于 30%的总面积时，即视该栅格为非适宜开发建设用地（禁止开发建设用地）。提取适宜开发建设用地网格。

表 2　禁止建设类用地影响要素梳理

指标类别	序号	字段	指标	数据值形式	说明
禁止建设	1	JBNT	是否基本农田	0，1	保护范围 100 m×100 m，网格阈值在 30%以上，属性值为 0，否则为 1
	2	STHX	是否生态红线	0，1	
	3	GYL	是否公益林	0，1	
	4	ST	是否保护水系	0，1	
	5	PD	是否坡度>25°	0，1	

（2）可建设用地分析：通过用地性质类要素分析、空间状态类要素分析、交通影响类要素分析、三种影响因素的分析和适宜性综合分析这 5 个步骤对适宜开发建设用地网格进行分类和建设用地适宜性赋值（表 3）。

表 3　可建设类用地影响要素梳理

指标类别	序号	字段	指标	数据值形式	说明
用地性质	6	XZJSYD	是否现状建设用地	0，1	保护范围 100 m×100 m，网格阈值在 50%以上，属性值为 0，否则为 1
	7	CSJSYD	是否城市总体规划建设用地	0，1	
	8	TDJSYD	是否土地利用总体规划建设用地	0，1	
空间状态	9	GHYX	距规划意向节点距离	浮点值	网格点至规划意向节点的最短距离，反映新区重点区域建设需求
	10	POI	POI 密度	浮点值	基于 POI 核密度分析后提取值至网格点
	11	SJRL	人群活力评价	浮点值	基于一周热力信令处理数据结果，进行核密度分析后提取值至网格点
	12	RKSB	服务人口密度	浮点值	基于凌晨人口热力信令数据结果，进行核密度分析后提取值至网格点
交通影响	13	DLJL1	距高等级路网距离	浮点值	网格点至规划意向节点的最短距离
	14	DLJL2	距低等级路网距离	浮点值	
	15	SNJL	距交通枢纽距离	浮点值	

2.3 数据处理成果

基于渔网网格，构建属性表用于下一步元胞模型的数据准备。数据处理的结果如表 4 所示，*id* 是指渔网网格的编号，*rid* 是相邻的元胞编号，*value* 是指该元胞的用地适宜性评价值，*type* 是指该元胞当前状态下是否为建设用地。

表 4　数据处理成果形式（部分）

fid	*id*	*rid*	*value*	*type*
1058	1056	1153	0.271	0
1059	1059	966，1060，965，967	0.284	0
1060	1060	1061，967，1059，968，966	0.286	0
1061	1061	1060，968，1062，969，967	0.495	1
1062	1062	1063，969，1061，968	0.300	0
1063	1063	1062，971，969	0.305	0
1064	1066	1067，974	0.326	0
1065	1067	974，1066	0.332	0
1066	1071	1170	0.340	0

2.4 CA 模型算法

本研究的主要模型为 CA 模型，将得到的数据处理成果（表 4）输入到 CA 模型（Python 脚本实现）中进行开发边界模拟，具体过程见图 2。

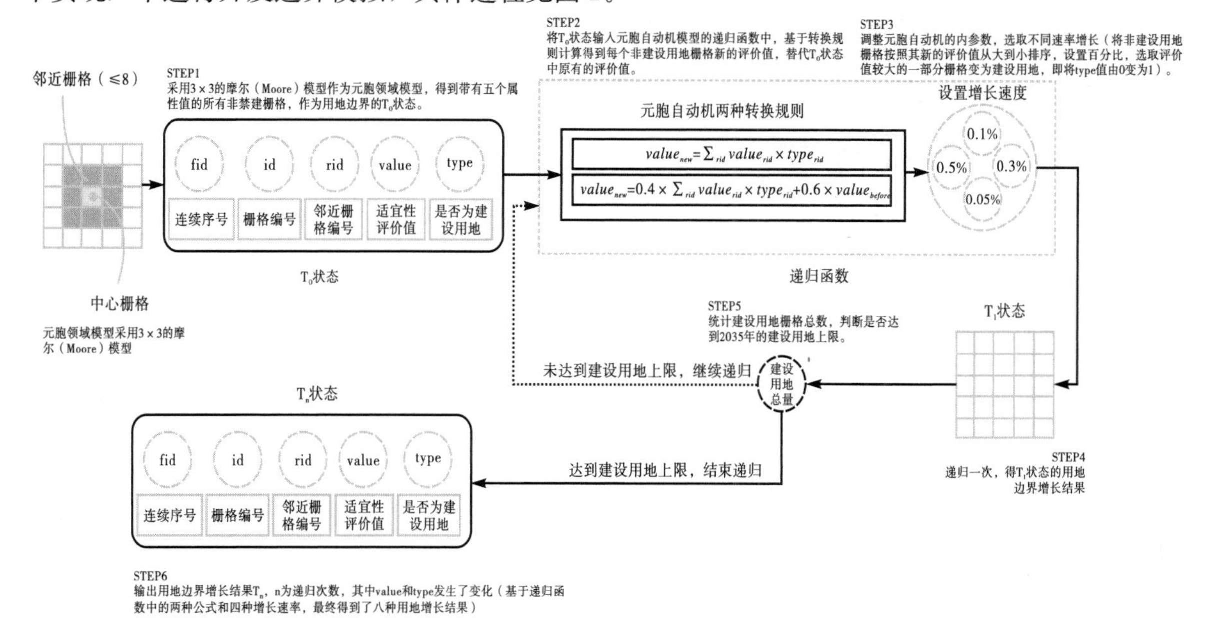

图 2　CA 模型流程

构建 CA 模型流程：

（1）采用 3×3 的摩尔（Moore）模型作为元胞领域模型，得到带有五个属性值的所有非禁止建设栅格属性表，作为用地边界的 T_0 状态。

（2）将 T_0 状态输入 CA 模型的递归函数，基于转换规则计算得到每个非建设用地栅格新的评价值（新的 *value* 值），替代 T_0 状态中原有的评价值。

本文提出了两种转换规则：

$$value_{new}=\sum_{rid}value_{rid}\times type_{rid} \tag{1}$$

$$value_{new}=0.4\times\sum_{rid}value_{rid}\times type_{rid}+0.6\times value_{before} \tag{2}$$

其中，式子 1 中的中心栅格新的适宜性评价值由其周围邻近栅格的 *value* 值与 *type* 值的乘积之和计算而得，而式子 2 中的中心栅格新的适宜性评价值由其周围邻近栅格的 *value* 值与 *type* 的乘积之和及其自身原有的适宜性评价值共同计算而得。

（3）调整 CA 模型内参数，选取不同速率增长［将非建设用地栅格按照其新的评价值从大到小排序，设置百分比（增长速率）］，选取评价值较大的一部分栅格变为建设用地，即将 T_0 状态中的 *type* 值由 0 变为 1。

（4）递归一次，得到 T_1 状态的用地边界增长结果。

（5）统计建设用地栅格总数，判断是否达到 2035 年的建设用地上限，如已达到，则继续步骤 6，否则返回步骤 2 输入 T_1 继续递归。

（6）输出用地边界增长结果 T_n，n 为递归次数，其中 *value* 值和 *type* 值都发生了变化（基于递归函数中的 2 种公式和 4 种增长速率，最终得到了 8 种用地增长结果）。

3 实践案例——衡南县的城镇开发边界划定

3.1 衡南县工作底图

将调研收集到的基础地理、国土、规划、环保、林业、交通、水系等数据，以及城市运营数据进行处理，统一坐标系后建立数据库录入，并以 100 m×100 m 的尺度将规划范围划分为若干个栅格，以此形成数据库和工作底图。

3.2 城镇空间的初步划定

3.2.1 禁止开发建设用地分析

将基本农田控制线、生态红线、公益林、水系、地形坡度（＞25°）等视为禁止开发建设要素，标识到所有的栅格中。统计每个栅格的禁止建设面积，当禁止建设面积大于总面积的 30% 时，即视该栅格为非适宜开发建设用地（禁止开发建设用地）。提取适宜开发建设用地网格，并进行初步划定。

3.2.2 可建设用地分析

（1）用地性质类要素分析。

统计每个栅格的下列指标属性——是否现状建设用地（第三次全国国土调查数据）、是否城市总体规划建设用地、是否土地利用总体规划建设用地。

（2）空间状态类要素分析。

统计每个栅格的下列指标属性——距规划意向节点距离（CBD、产业新区、新城）、POI 密度、人群活力评价和服务人口密度。

（3）交通影响类要素分析。

统计每个栅格的下列指标属性——距高等级路网最短距离（国、省道）、距低等级路网最短距离（国、省道以下）、距交通枢纽最短距离。

（4）三种影响因素的分析。

统计每个栅格的上述指标属性后，将这些指标标准化、赋权值后，利用三类影响要素对在可建设范围内的所有栅格进行用地建设适宜性评价。

（5）适宜性综合分析。

统计每个栅格的上述指标属性后，依据用地性质、空间状态、交通影响等三类影响要素的评价值，对可建设范围内的所有栅格进行用地建设适宜性综合评价。

（6）初步划定。

将用地建设适宜性评价较高的栅格视为城镇空间范围。

3.3 城镇开发边界划定

3.3.1 建设用地规模论证

通过现有规划规模、人口规模趋势、经济发展趋势、用地增长趋势等数据，确定规划期限（2035年）的建设用地规模。研究采用课题组前期项目“湖南省国土空间总体规划城镇体系专题”中的研究成果，确定衡南县2035年的用地规模指标。

3.3.2 CA模型分析

通过3.2的结论约束新增建设用地的范围，通过3.3.1的结论约束新增建设用地的总量；以衡南县现状建设用地覆盖的栅格为初始状态，进行若干轮的元胞状态变化迭代（由非建设用地到建设用地的状态变化），直至总建设用地量达到规划建设规模（为遵循弹性规划的原则，取1.2的系数与规划建设规模相乘，作为最终的城镇开发范围）。

将模拟结果融入数据库中，形成初步的城镇开发边界的矢量数据。

3.4 模型优化

调节CA模型中的参数，得到多组模型试验结果。

在不同参数的模型下，元胞由非建设用地状态转变为建设用地状态的次数与具有相同变化次数的元胞集用地适宜性评价值的平均值有着较强的正相关性关系。如图3所示，采用4组参数的实验数据的效果明显低于6组参数和8组参数的实验效果。最终，模型优化为在8组不同参数的模型中，元胞至少在4组模型中状态发生了变化才记为最终的用地边界增长范围。

根据模型优化的结论，划定规划范围内的城镇空间和城镇开发边界，并形成相应的矢量数据。

至2035年，各乡镇建设用地在现状建设用地基础上有不同程度的增长，通过对增长结果进行归纳总结，发现衡南县开发边界增长主要呈现以下三个特征：①云集镇作为县城所在地，用地增长数量最多，主要沿湘江东侧发展，新增用地主要靠近机场两侧临空经济区等重点发展区域；②三塘镇、咸塘镇、泉溪镇和茶市镇4镇临近衡阳市区，其新增用地主要沿交通主干道向衡阳市区拓展；③其他乡镇用地增长总体较少，用地扩张主要沿交通干线布局。

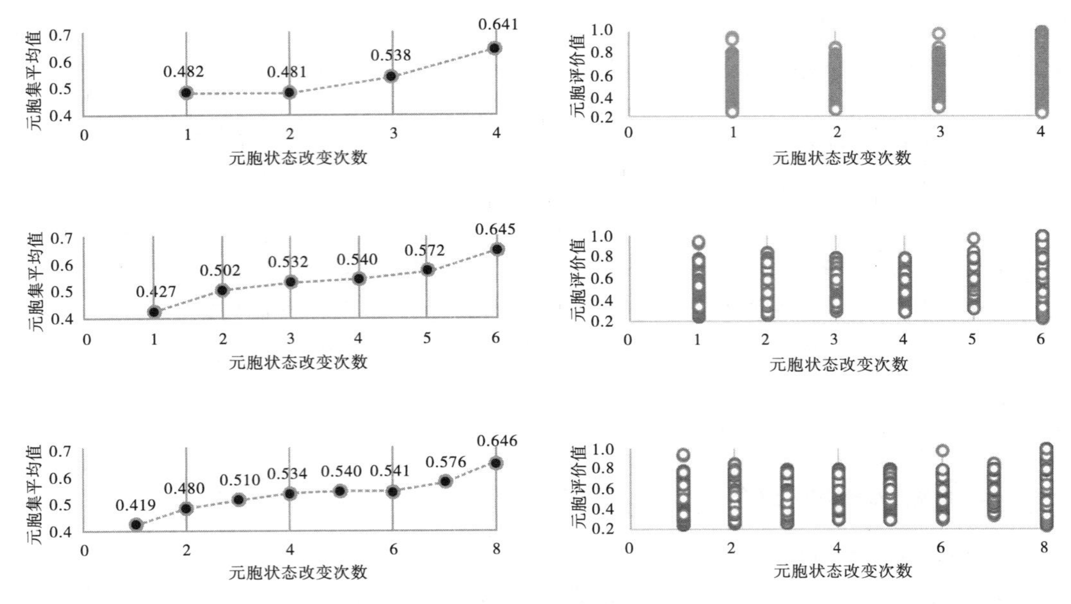

图 3　不同参数下的模型对比

4　研究总结

本研究的系统设计遵循地理空间大数据库建立、CA 模型参数设置、智能化成果应用及灵活化评价调整的思路，以“双评价”的国土空间“三区三线”技术方法为基础，利用多种数据构建了多层级国土空间要素的可靠性指标评估模式，计算出了各地块栅格（100 m×100 m）的用地建设适宜性评价值，以此作为 CA 模型输入参数之一；进一步提出了两种元胞自动机的转换规则，利用该规则实现了智能化模拟预测未来土地利用类型面积及演变方向，减少了人的主观判断偏差；且通过调整元胞自动机模型的内参数，得到了不同增长速率演变而成的建设用地增长边界结果，智能化、快速化地解决了城镇建设开发边界划定时的规模指标和禁止建设指标的双指标约束问题。与传统城镇开发边界划定方法相比，本文的方法具有更强的普适性和可操作性，划分结果更加科学，时间效率也大幅提升，在将来可用来为各层级城镇发展转型提供保障，丰富空间规划编制的实践研究。

本研究利用 CA 模型模拟预测了城镇开发边界的增长，在未来，同样可将 CA 模型应用在模拟生态区域和农业区域边界的增长上，这样将会得到更科学的、连续性的“三区三线”划定结果，且成图效果也会更好。此外，目前只有 CA 模型部分实现了全代码自动化，后续会将前期的地理空间大数据处理及适宜性评价值计算部分也实现代码自动化，减少或脱离人工操作，加快“三区三线”划定速度，提高划定精度。

[参考文献]

[1] 王颖，顾朝林，李晓江. 中外城市增长边界研究进展 [J]. 国际城市规划，2014 (4)：1-11.

[2] 龙瀛，韩昊英，毛其智. 利用约束性 CA 制定城市增长边界 [J]. 地理学报，2009 (8)：999-1008.

[3] BARREDO J I，DEMICHELI L. Urban sustainability in developing countries'megacities：modelling and predicting future urban growth in Lagos [J]. Cities，2003 (5)：297-310.

[4] 黎夏，叶嘉安. 基于神经网络的元胞自动机及模拟复杂土地利用系统 [J]. 地理研究，2005 (1)：19-27.
[5] 黄焕春，运迎霞. 基于改进 logistic-CA 的城市形态多情景模拟预测分析：以天津滨海地区为例 [J]. 地球信息科学学报，2013 (3)：380-388.
[6] 聂婷，肖荣波，王国恩，等. 基于 Logistic 回归的 CA 模型改进方法：以广州市为例 [J]. 地理研究，2010 (10)：1909-1919.
[7] 陈逸敏，李少英，黎夏，等. 基于 MCE-CA 的东莞市紧凑城市形态模拟 [J]. 中山大学学报（自然科学版），2010 (6)：110-114.
[8] 张鸿辉，曾永年，金晓斌，等. 多智能体城市土地扩张模型及其应用 [J]. 地理学报，2008 (8)：869-881.
[9] 全泉，田光进，沙默泉. 基于多智能体与元胞自动机的上海城市扩展动态模拟 [J]. 生态学报，2011 (10)：2875-2887.
[10] 刘勇，吴次芳，岳文泽，等. 基于 SLEUTH 模型的杭州市城市扩展研究 [J]. 自然资源学报，2008 (5)：797-807.
[11] 张丁轩，付梅臣，陶金，等. 基于 CLUE-S 模型的矿业城市土地利用变化情景模拟 [J]. 农业工程学报，2013 (12)：246-256.
[12] JIANG W G，CHEN Z，LEI X，et al. Simulating urban land use change by incorporating an autologistic regression model into a CLUE-S model [J]. Journal of Geographical Sciences，2015 (7)：836-850.
[13] 孟成，卢新海，彭明军，等. 基于 Markov-C5.0 的 CA 城市用地布局模拟预测方法 [J]. 中国土地科学，2015 (6)：82-88.
[14] 龙瀛，沈振江，毛其智，等. 基于约束性 CA 方法的北京城市形态情景分析 [J]. 地理学报，2010 (6)：643-655.

[作者简介]

游　想，硕士，助理规划师，任职于湖南省建筑设计院有限公司。
李松平，硕士，高级工程师、注册城乡规划师，湖南省建筑设计院有限公司规划院副院长、大数据中心主任。
周红燕，武汉大学硕士研究生。

基于 POI 与微信的达州市现状日常生活圈结构研究

□沈恩穗，李洁莲，陈星余

摘要：当前我国城市发展进入存量优化阶段，各类设施配置与空间再生产都要在尊重城市已有生活结构的前提下进行。生活圈就是城市居民活动结构在城市空间上的反映，是一个意向性的非实体空间。但当前对城市生活圈的研究，主要是对理想生活圈结构的探讨，缺乏对城市已有生活圈结构的研究。因此，本文以认识居民真实时空行为构成的城市日常生活圈为目标，对达州市现状日常生活圈结构进行研究分析。首先，基于达州市 POI 数据进行核密度分析，对达州市市区功能结构进行了识别分析；然后，使用微信打卡数据与达州市市区功能结构进行对比，解析出达州市居民日常时空活动规律，确定生活圈层级及其对应活动类型；最后，通过对人口核密度热力点与各层级生活圈包含活动 POI 设施核密度热力点的网络分析，得出各层级生活圈服务范围，最终划定出达州市市区现状三级日常生活圈结构，作为后续达州市公共设施配置、游憩休闲行为选择等方面的规划基础。

关键词：生活圈；POI；微信打卡；达州市

1 引言

当前我国已经进入新型城镇化阶段，从依赖增量开发向存量优化再提升转变，人们越发注重环境质量和生活品质。在这一时期，城市需求更偏重于高效利用资源，以达到实现城市土地效益、高效运营公共设施、适应城市居民各类不同需求的目的，最终形成步行友好、环境友好的城市结构。对于重新思考城市内部空间与各类功能的叠合关系，提出相应的空间模式，生活圈规划在一定程度上给出了答案。生活圈规划的本质即是以人为本组织生活空间的规划，通过生活圈的再凝聚，缩减时空成本，提供优质化服务设施，实现生活质量和幸福感的提升。

日常生活圈是城市居民在城市内部开展各种活动所形成的生活空间形态与结构系统，是具有具体功能的社会结构。在此意义基础上，城市居民日常时空行为的研究对于现状日常生活圈的认识显得尤其重要。

当前日常生活圈研究领域中，大多数学者以问卷及现场调研等方式对当地居民对各类设施的忍受域进行调查，以此为基础构建生活圈体系并配置相应公共服务设施。此类方法得出的结论偏向于对理想状态下生活圈结构的总结，缺乏对居民行为在城市真实空间上的映射的研究，无法在真实城市空间里对现有设施进行进一步细化和优化配置。

近年来，随着移动通信技术的发展，时空数据采集技术更加丰富，为个体行为研究获取更精确和更大尺度的时空数据成为可能。通过全球定位系统（GPS）技术，居民日常时空行为轨迹可运用地理信息系统（GIS）技术实现可视化，与城市空间相对应，反映城市与居民之间的相互作用和相互影响，为生活圈研究提供了新的视角。

本次研究正视生活圈规划对于城市结构优化、居民生活品质提高的重要基础支撑作用，针对当前生活圈研究缺乏居民日常时空活动在城市真实空间的映射的问题，利用GIS对达州市现状城市生活圈进行研究分析，划定生活圈结构，为达州市公共服务设施配置、交通系统优化、土地集约利用等提供空间组织结构模式和依据。

2　研究方法与数据

2.1　研究方法与路线

生活圈概念起源于日本。日本国土厅提出的“定住圈”，即以人的生活需求为主导，针对居民就业、上学、购物、教育、医疗和娱乐等日常生活需要，确定一天的生活所覆盖的区域范围为空间规划单元，通过构建日常生活圈的方法，引导、疏散都市区的人口与社会经济活动，实现城市与乡村地区的发展平衡。可见，生活圈本质上是人与城市相互关系的结构化概念。城市居民的日常活动行为受到城市功能区的极大影响，居民在某个时间段、某个区域活动的客观前提是城市具有相应的功能要素；而在城市功能结构的影响下，居民在日积月累中会形成当地独特的时空行为习惯。

本文以研究达州市居民日常时空行为映射的现状生活圈结构为主要目的，首先通过技术手段爬取达州市城区兴趣点（POI）数据，将其分为通勤、居住、消费、休闲四大类，通过整体POI数据的空间聚类对达州市的城市功能结构进行分析；其次，使用有时间维度的微信热力图反映达州市居民在不同时段的主要活动区域，与城市功能结构对比得出达州市居民的时空活动行为规律，以此为基础得出达州市生活圈层级及各层级包含的活动类型；最终，将各个层级生活圈对应的各类活动POI数据进行核密度分析，得到各类活动热点，然后以人口热点为生活圈出发点，通过网络分析得出可以将各层级生活圈内全部设施点包含的服务范围，即各层级生活圈范围，各层级生活圈叠加形成达州市现状日常生活圈结构。

2.2　数据的获取与处理

本文选用的数据主要包括达州市百度地图和高德地图POI数据、交通网络数据、地籍数据、人口数据及微信打卡数据。由于POI数据来源不同，其分类体系也不同，因此对POI数据进行重新分类。为了更有利于研究不同类型POI数据所代表的居民活动行为与城市空间之间的关系，本文将POI数据主要分为四个大类，即通勤、居住、消费、休闲。同时细分了14个中类及以下的小类，使得各类POI数据都能更加精确地对应四大类活动，并与城市居民日常行为相匹配，让活动分类能更直观地反映城市居民行为规律（表1）。

表1　达州市POI数据分类表

居民活动（大类）	居民活动（中类）	POI数据
通勤	上学	幼托、小学、中学、大学
	上班	公司、单位
	乘车	公交站、停车场

续表

居民活动（大类）	居民活动（中类）	POI 数据
居住	居住	小区
	住宿	酒店
	家政	洗衣店、快递点
消费	就餐	中餐厅、西餐厅、冷饮店
	购物	便利店、超市、市场
	娱乐	电影院、KTV、网吧
	就医	药店、医院、卫生站
	金融	ATM、银行、保险
休闲	游憩	公园、广场
	运动	健身馆、体育设施
	文化	文化室、图书馆、影剧院

3　达州市生活圈居民时空行为映射模拟

3.1　达州市功能结构分析

对达州市区的通勤、居住、消费、休闲四大类 POI 数据进行核密度分析，形成相应功能的热点区，并在此基础上对四大功能核密度图进行叠置分析，明确达州市区整体功能结构（图 1）。

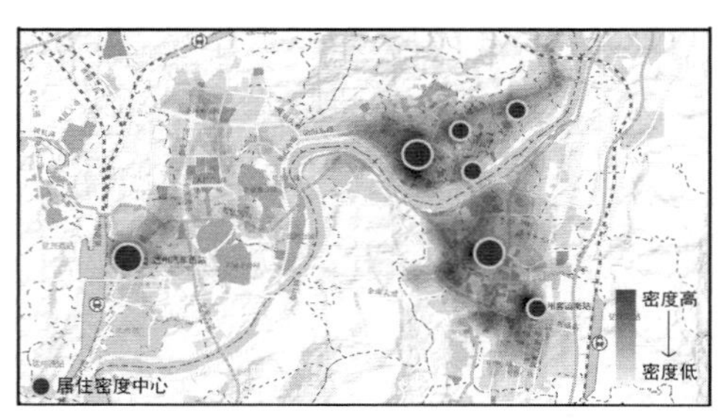

（1）居住核密度

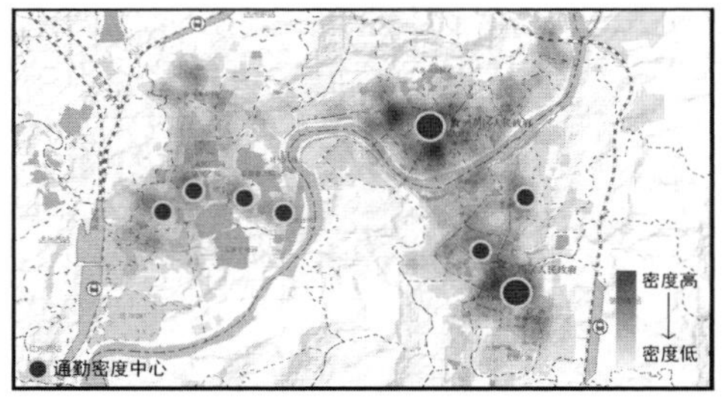

（2）通勤核密度

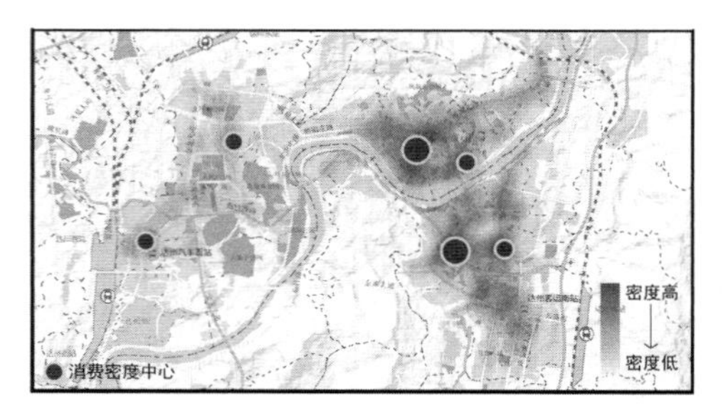

（3）消费核密度

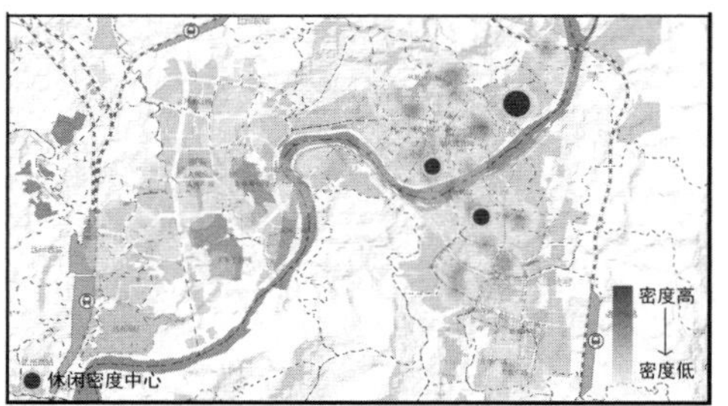

（4）休闲核密度

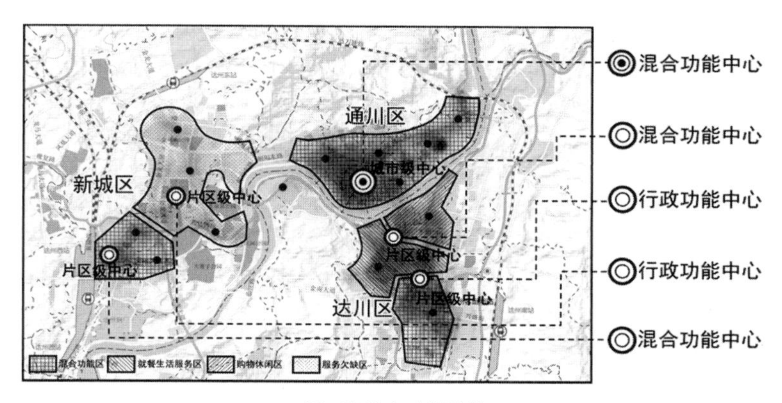

（5）达州市功能结构

图 1　达州市区中心核密度与功能结构图

从图 1（1）、（2）、（3）、（4）可以看出，达州市通川区各种功能较为混合，在通川区的城市级中心功能为混合功能中心。达川区的生活型区级中心也是功能混合型中心，但东北处以购物和休闲功能为主，西南处以就餐和生活服务类功能为主；达川区的行政型中心周边大多以行政用地为主，与居民日常生活关系薄弱。新城区的生活型片区级中心也是功能混合型中心，但相对于达川区设施数量更少；其行政型中心周边各类设施数量稀少，同样较少参与居民日常生活。整体而言，达州市三个片区各有一个功能混合型中心，有利于居民日常生活活动的进行。新城区由于建设时间较晚，功能混合区域主要在达州市火车站附近，其他区域 POI 设施数量依然相对较少。

由图 1（5）可以得出达州市的中心体系由一个城市级中心、四个片区级中心及若干三级中心组成。城市级中心位于达州市通川区，POI 设施点密集，相对应的服务范围最大；四个片区级中心分别位于达州市的达川区和新城区。

3.2　达州市居民时空行为规律分析

在了解到达州市功能结构特征后，以此为基础，将获取的达州市 2019 年 5 月 18 日至 22 日的微信打卡热力图与达州市功能分区进行对比，对达州市居民的工作日和休息日的活动规律总结如下。

3.2.1　达州市工作日居民时空活动规律

从图 2 可以看出，工作日里，在 7:00—17:00 的时间段内，居民主要进行上班、上学等受居民意愿的限制小并且一经选择在短时间内不会变化的活动，因此对居民日常生活的研究中，重点将放在 17:00 之后。17:00—21:00 是居民各类活动相对频繁的时间段，微信打卡活动热点也相对更多。将三个工作日 17:00—21:00 时间段的微信打卡数据作对比，发现一些区域在这个时间段每天都是热点区域，这些区域各类设施点的业态一般较低；而有一些区域是不重复的热点区域，此区域内的各类设施点的业态一般比每天重复出现的热点区域的设施点业态高，即业态相对较低的设施点被使用的频繁程度相对更高，而业态相对较高的设施点被使用的频繁程度相

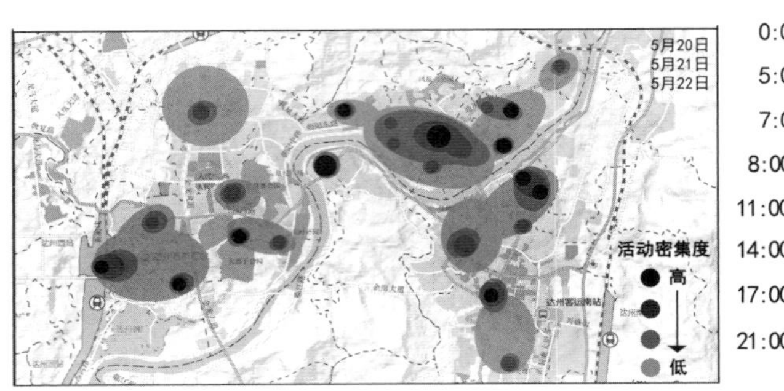

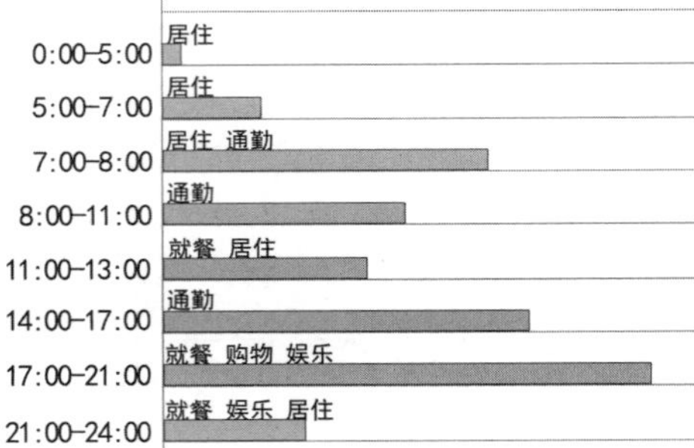

图 2　工作日达州市微信打卡热力图

对更低。因此对这两种 POI 设施点进行分类，使用频繁程度更高的设施点作为一级生活圈即基本生活圈所需设施，使用频繁程度相对更低的设施点作为二级生活圈即扩展生活圈所需设施。

3.2.2　达州市休息日居民时空活动规律

从图 3 可以看出，休息日里，虽然仍有少量活动热点位于金融区及商务区，但大多数热点都位于就餐、购物、休闲、娱乐功能区，说明达州市居民在休息日是以非通勤活动为主。17：00—22:00 是达州市居民周末活动最频繁的时间段，微信打卡热点区域大量增多，与工作日相比，虽然有一部分热点的重叠，但是有一些热点区域并不重叠，这些不重叠的区域在工作日的热点区域分散成点状，但在休息日则扩大热力面积或连接成线状或片状。在这些热点区域内的设施大部分业态较高，消费水平和建筑类别也较高，说明这些休闲娱乐设施在工作日并没有被达州市居民大量使用，直到休息日居民才会共同聚集在这里进行各种活动。这证明了这些区域是为满足居民更高级的需求而存在的，因此将这些热点区域内与日常活动不重复的设施点作为三级生活圈即共享生活圈的需要设施。

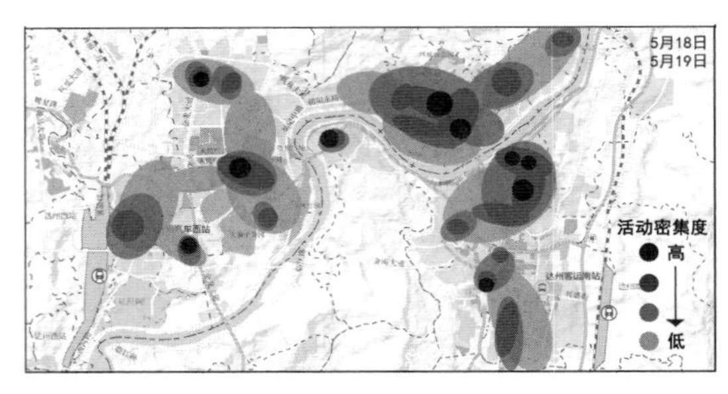

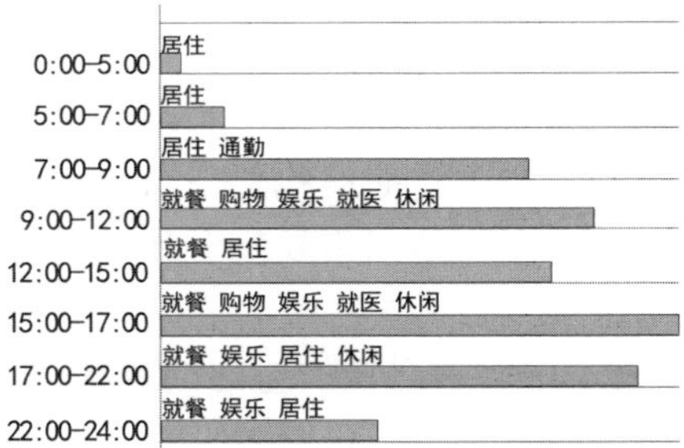

图 3　休息日达州市微信打卡热力图

3.3　生活圈层级及活动类型识别

通过对达州市居民工作日和休息日的日常行为规律的研究，得到三级不同频繁程度的活动。每个工作日都反复出现的活动是居民每天参与的最日常的行为活动；在工作日中有一定重叠的热点但不是每天都出现的活动是居民参与的相对日常的行为活动；在休息日大量参与，工作日参与较少的活动是居民参与的相对最不日常的活动。因此，将工作日最频繁的日常活动定义为一级日常生活圈的活动类型，工作日相对频繁程度较低的日常活动定义为二级日常生活圈的活动类型，将休息日才频繁出现的日常活动定义为三级日常生活圈的活动类型。这三级活动的频繁程度反映了达州市居民日常生活对各类活动的需求层次，同时也反映了达州市居民日常行为结构规律。

以此为基础，将生活圈大致分为三级：第一级是基本生活圈，满足居民在家周边进行初级购物、就餐、休闲、体育锻炼、收发快递等活动；第二级是扩展生活圈，满足居民基本购物、买菜、就餐、入托、就医、金融服务等日常生活需求；第三级是共享生活圈，满足居民更高级的个性需求，如外出办事、高等级商业行为、就学、就医、休闲娱乐等较高级的日常生活需求（表 2）。

表 2　日常生活圈活动类型划分表

<table>
<tr><th>生活圈层级</th><th>生活圈名称</th><th>空间范围</th><th>内容</th><th>活动中类</th><th>POI 数据</th></tr>
<tr><td rowspan="3">Ⅰ</td><td rowspan="3">基本生活圈</td><td rowspan="3">家周边</td><td rowspan="3">居民在家周边进行初级购物、就餐、休闲、体育锻炼、收发快递等活动</td><td>人口</td><td>人口</td></tr>
<tr><td>家政</td><td>洗衣店、快递点</td></tr>
<tr><td>就餐</td><td>糕饼店、茶艺店、低业态快餐厅、冷饮店、风味餐厅、地方菜馆</td></tr>
<tr><td rowspan="4">Ⅰ</td><td rowspan="4">基本生活圈</td><td rowspan="4">家周边</td><td rowspan="4">居民在家周边进行初级购物、就餐、休闲、体育锻炼、收发快递等活动</td><td>购物</td><td>便利店、小型超市</td></tr>
<tr><td>娱乐</td><td>美容美发</td></tr>
<tr><td>就医</td><td>药房</td></tr>
<tr><td>金融</td><td>银行</td></tr>
<tr><td rowspan="4">Ⅱ</td><td rowspan="4">拓展生活圈</td><td rowspan="4">邻里周边</td><td rowspan="4">居民基本购物、买菜、就餐、入托、就医、金融服务等日常生活需求</td><td>人口</td><td>人口</td></tr>
<tr><td>就餐</td><td>高业态快餐厅、外国餐厅、火锅店</td></tr>
<tr><td>购物</td><td>农贸市场、商场</td></tr>
<tr><td>娱乐</td><td>网吧、洗浴推拿</td></tr>
<tr><td rowspan="6">Ⅲ</td><td rowspan="6">共享生活圈</td><td rowspan="6">社区外延</td><td rowspan="6">居民更高级的个性需求，如外出办事、高等级商业行为、就学、就医、休闲娱乐等较高级的日常生活需求</td><td>人口</td><td>人口</td></tr>
<tr><td>娱乐</td><td>电影院、KTV</td></tr>
<tr><td>就医</td><td>社区卫生站、医疗卫生设施</td></tr>
<tr><td>游憩</td><td>广场、公园</td></tr>
<tr><td>运动</td><td>体育设施</td></tr>
<tr><td>文化</td><td>博物展览、群众文化设施、图书阅览、表演艺术</td></tr>
</table>

3.4　达州市现有日常生活圈圈层结构识别

确定了各级生活圈范围内应该包含的活动热点类型后，对各级生活圈所对应的活动进行相应 POI 数据的核密度分析。

3.4.1　一级日常生活圈

分别对一级生活圈包含活动类型（娱乐、就餐、购物、娱乐、就医、金融等活动）的 POI

设施点及人口数据进行核密度分析，得到对应的核密度图（图4）。

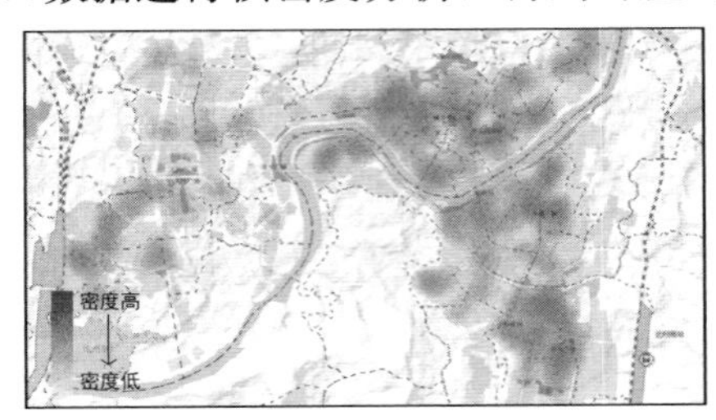

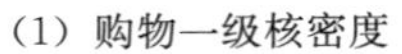

（1）购物一级核密度

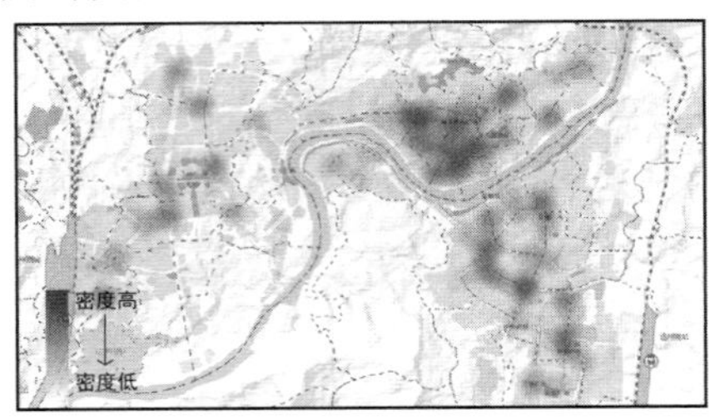

（2）金融一级核密度

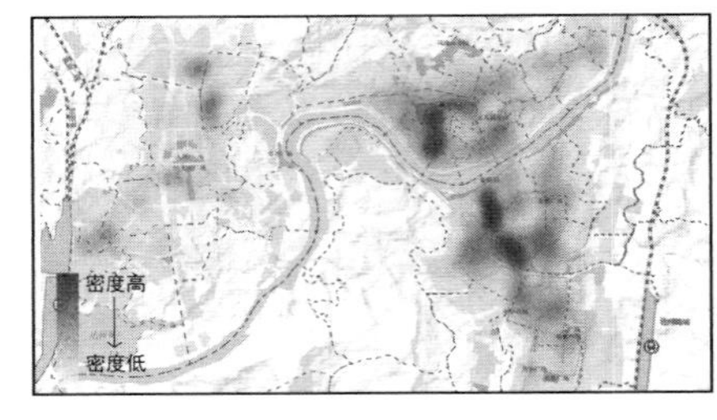

（3）就医、就餐一级核密度

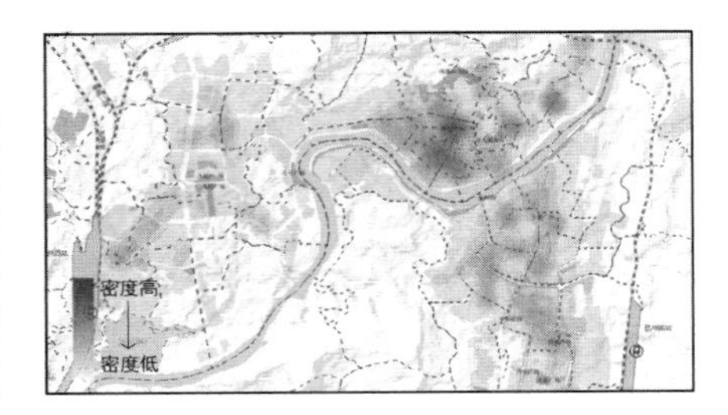

（4）文化、娱乐一级核密度

图4　一级生活圈包含POI核密度图

提取各类数据的核密度热点后，以人口核密度热点作为出发点，通过网络分析的服务范围工具，经过反复试验后得出一级生活圈范围半径大致为400 m。

从图5可以看出，通川区一级生活圈将其覆盖完全，并且由于其设施密集程度大，功能混合程度大，因此在通川区城市级中心处形成了大量生活圈重叠区域；达川区由北部和南部两片生活圈聚集区组成，两片区域的夹缝是达川区区政府所在地，周围用地以行政为主，因此造成了生活圈的空隙；同时，在新城区也因此造成了大片的生活圈空缺，但新城区的生活圈空缺还有新城区本身发展时间过短的原因。

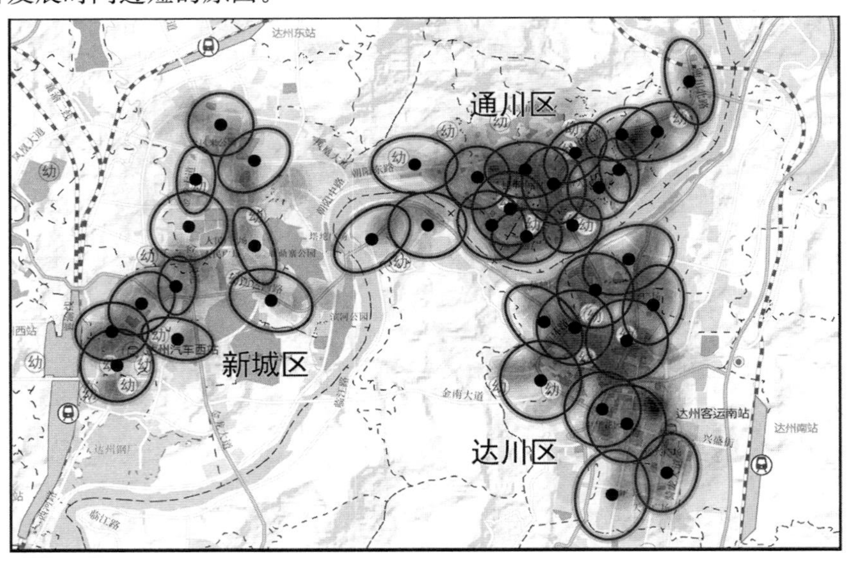

图5　达州市一级日常生活圈结构

3.4.2　二级日常生活圈

分别对二级生活圈包含活动类型（就餐、购物、娱乐等活动）的 POI 设施点及人口数据进行核密度分析，得到对应的核密度图（图 6）。

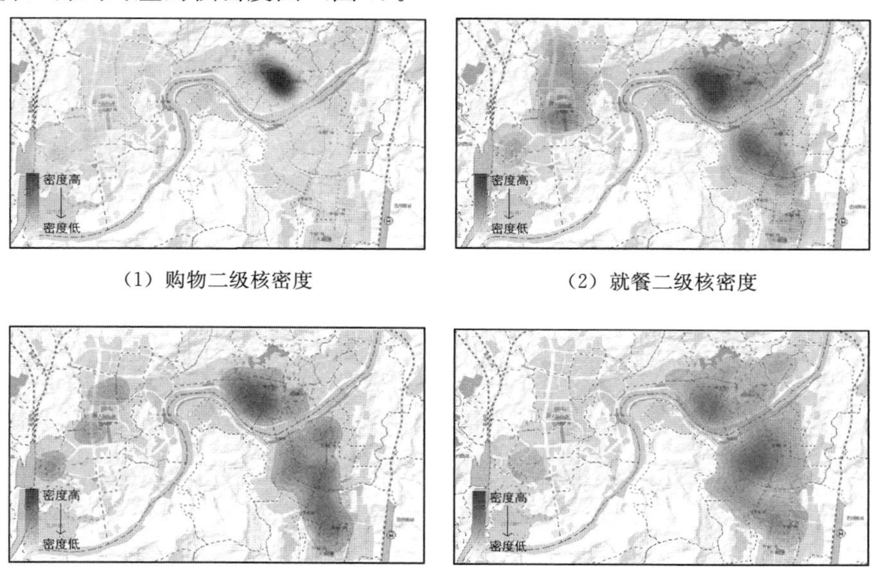

（1）购物二级核密度　　（2）就餐二级核密度

（3）娱乐二级核密度　　（4）人口二级核密度

图 6　二级生活圈包含 POI 核密度图

提取各类数据的核密度热点后，以人口核密度热点作为出发点，通过网络分析的服务范围工具，经过反复试验后得出二级生活圈范围半径大致为 700 m。

从图 7 可以看出，通川区的二级生活圈大致将其覆盖完全，生活圈重叠处同样位于通川区城市级中心，符合通川区发展时间长、功能混合、人口密集的特点；达川区的二级生活圈大致覆盖整个达川区，原来一级生活圈没有覆盖的行政区域也被二级生活圈覆盖；新城区的二级生活圈相接覆盖了一部分区域，但仍然有大部分区域没有被覆盖。

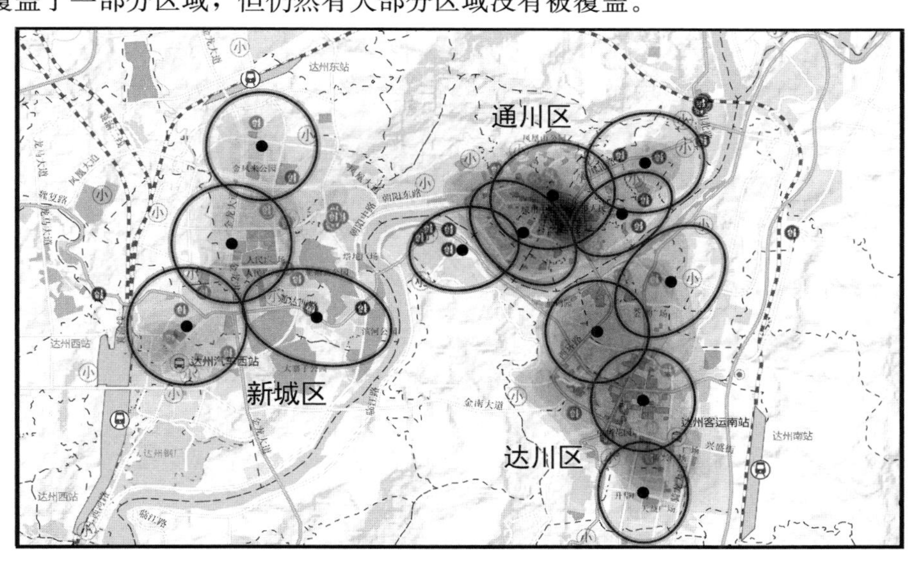

图 7　达州市二级日常生活圈结构

3.4.3 三级生活圈

分别对三级生活圈包含活动类型（娱乐、就医、游憩、运动、文化等活动）的 POI 设施点及人口数据进行核密度分析，得到对应的核密度图（图 8）。

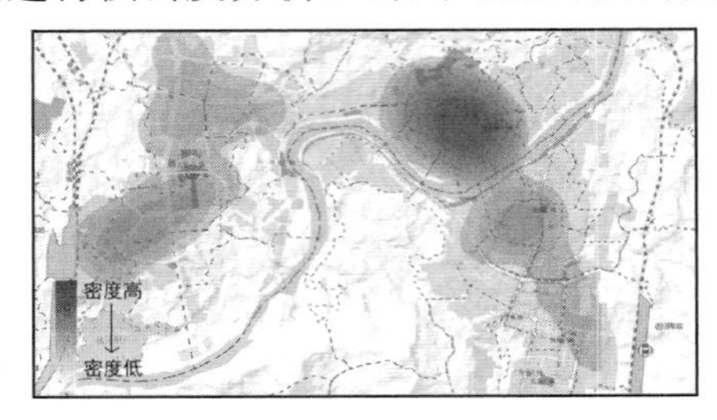

（1）购物三级核密度

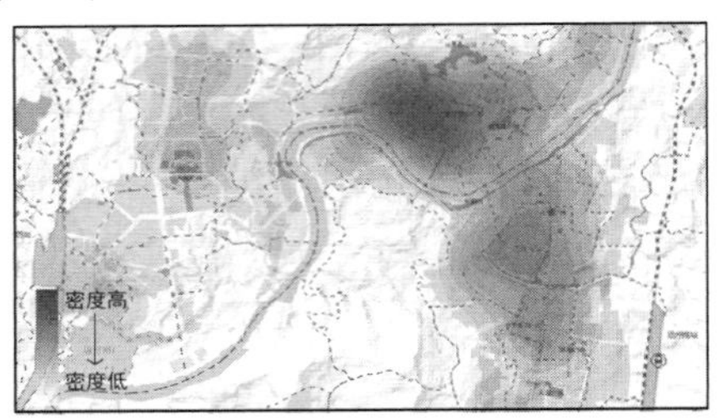

（2）就医三级核密度

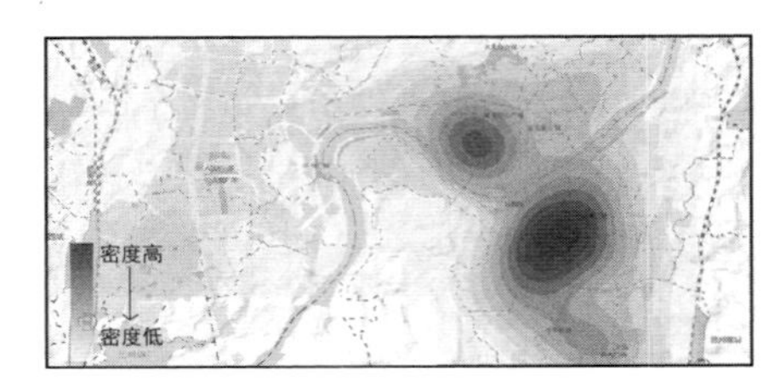

（3）人口三级核密度

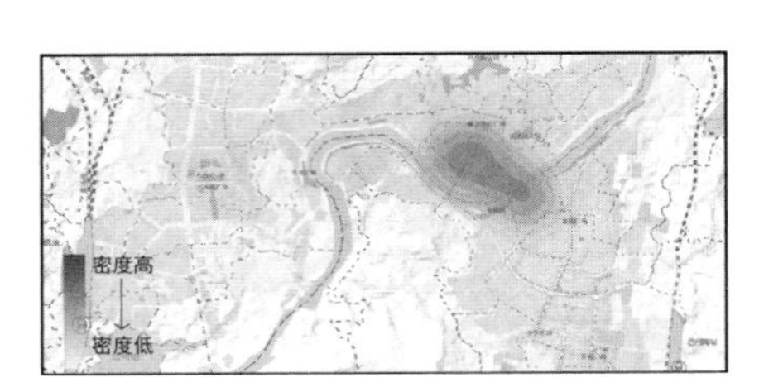

（4）娱乐三级核密度

图 8　三级生活圈包含 POI 核密度图

提取各类数据的核密度热点后，以人口核密度热点作为出发点，通过网络分析的服务范围工具，经过反复试验后得出三级生活圈范围半径大致为 1000 m。

从图 9 可以看出，通川区、达川区和新城区都各由两个三级生活圈构成。其中，通川区和达川区都被覆盖完全，由此可知两个区域的发展较为完善，人口数量较多，可以支撑起完整覆盖的两个三级生活圈；新城区由于中心行政区域的阻隔，导致中心人口数量较少，无法支撑起一个三级生活圈，因此在新城区的两个三级生活圈相隔较远，出现大面积空间间隙。

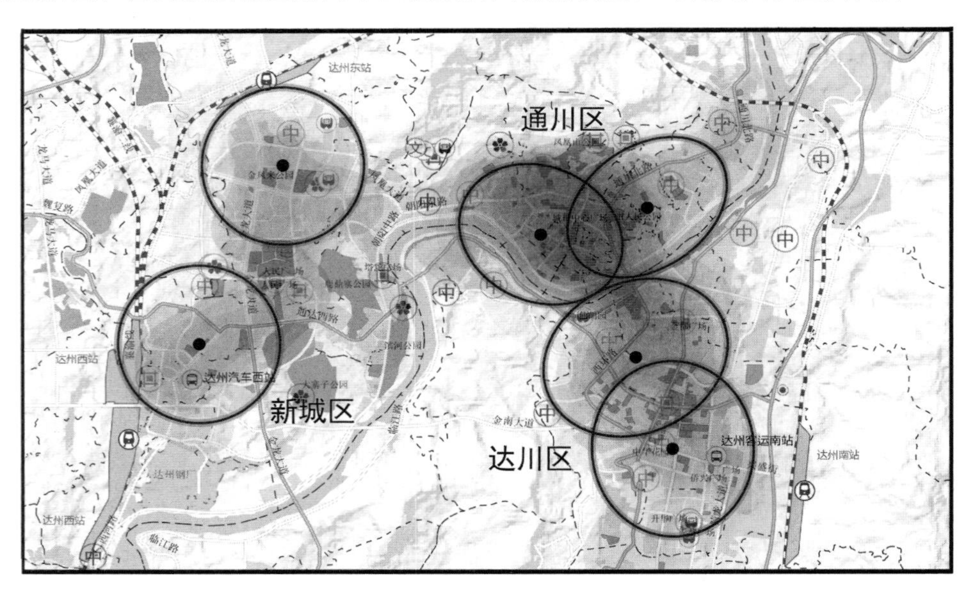

图 9　达州市三级日常生活圈结构

3.4.4　生活圈整体结构

整个达州市日常生活圈结构见图 10。通川区每个三级生活圈里面包含的二级生活圈个数最多，同时二级生活圈包含的一级生活圈个数也最多；达川区相对通川区上一级生活圈包含的下级生活圈更少，说明达川区的人口密度和功能混合度比通川区要低；新城区有两个二级生活圈补充了没有被三级生活圈覆盖的范围，说明新城区还有亟待发展的三级生活圈，生活圈结构还不完善。整体而言，生活圈结构与达州市交通结构联系较为紧密，有明显地沿着主要干道串联的分布特征。

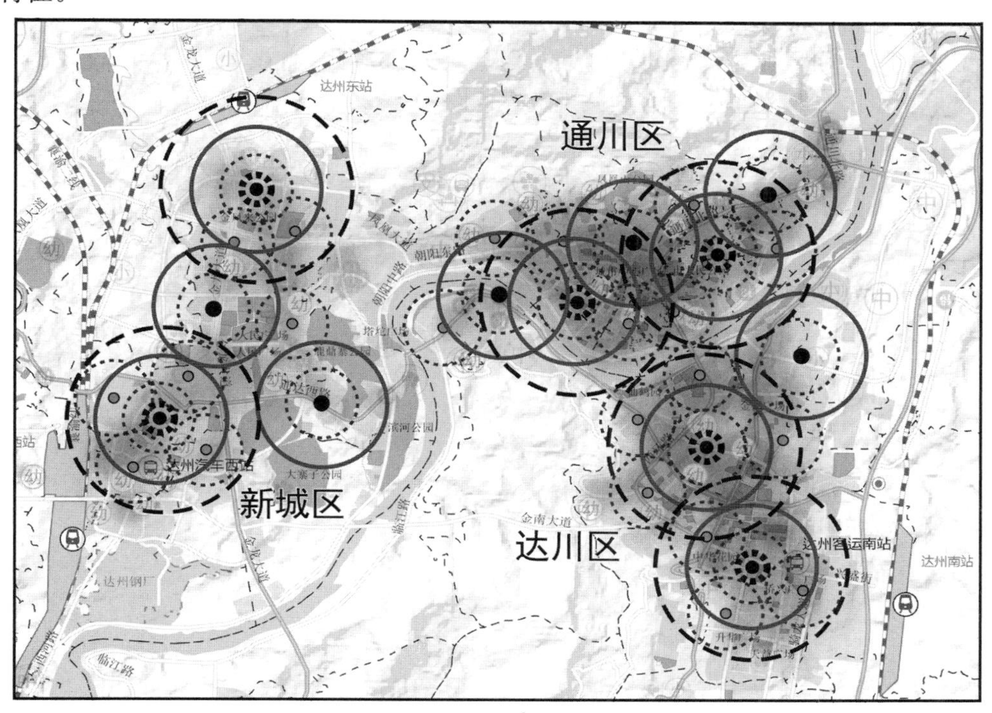

图 10　达州市日常生活圈整体结构

4　结语

本文主要利用 POI 数据与微信打卡数据对达州市市区的功能结构、居民时空行为习惯及现状日常生活圈结构进行了分析。本文的主要研究结论为达州市的功能结构深刻影响了城市的日常生活圈结构。达州市的通川区为混合功能区，由于其发展时间最长，人口密集，设施密集，拥有城市级中心，因而各级生活圈都完整覆盖本区域，并且有较多重叠区域。达川区有两个片区级中心，一个是位于生活型 POI 设施密集处的生活型中心，一个是位于达川区区政府所在区域的行政型中心。达川区的生活型中心及其周边地区也被各级生活圈完全覆盖，而达川区区政府及其周边以行政功能为主的区域没有被一级生活圈覆盖，但被二级和三级生活圈覆盖，这证明这片区域由于行政功能较多，居民对其日常生活活动需求度较低，因此不参与居民的日常一级生活圈。同理，新城区位于区政府的行政型片区级中心也没有被一级生活圈覆盖。与其他片区不同的是，新城区的三级生活圈没有将新城区覆盖完全，而其他区域都各自覆盖完全，这是因为新城区为达州市新城区，有很多新的楼盘和建设活动，居民入住率不高，人口密度还不足以支撑起覆盖整个新城区的三级生活圈。

［参考文献］

［1］肖作鹏，柴彦威，张艳．国内外生活圈规划研究与规划实践进展述评［J］．规划师，2014．（10）：89-95．

［2］袁家冬，孙振杰，张娜，等．基于“日常生活圈”的我国城市地域系统的重建［J］．地理科学，2005（1）：17-22．

［3］孙德芳，沈山，武廷海．生活圈理论视角下的县域公共服务设施配置研究：以江苏省邳州市为例［J］．规划师，2012（8）：68-72．

［4］朱查松，王德，马力．基于生活圈的城乡公共服务设施配置研究：以仙桃为例［C］//中国城市规划学会．规划创新：2010 中国城市规划年会论文集．重庆：重庆出版社，2010：10．

［5］耿虹，许金华，张艺．基于生活圈的小城镇公共服务设施优化配置：以山西省小城镇为例［C］//中国城市规划学会．城市时代，协同规划：2013 中国城市规划年会论文集．［出版地不详：出版者不详］，2013：14．

［6］申悦，柴彦威．基于 GPS 数据的北京市郊区巨型社区居民日常活动空间［J］．地理学报，2013（4）：506-516．

［7］徐磊青．城市社区生活圈规划：从体系完善到机制创新［J］．城市建筑，2018（36）：6．

［8］宋勇．回归生活之路：日常生活批判研究［D］．桂林：广西师范大学，2013：51．

［9］郭屹桐．基于微博数据的居民时空行为特征分析［D］．兰州：兰州交通大学，2018：63．

［作者简介］

沈恩穗，重庆大学硕士研究生。

李洁莲，重庆大学硕士研究生。

陈星余，重庆大学硕士研究生。

基于光学和 SAR 遥感数据的城市建成区绿地提取

——以重庆市璧山区为例

□郑永鑫，涂灵力，孙忠伟

摘要：西南地区受多云雾气候的影响，光学遥感数据难以全时间覆盖。InSAR 雷达遥感不受气候影响，具有全天时、全天候探测能力，地物穿透力强。双极化的 Sentinel-1A 来源于哥白尼计划开放数据中心，可免费获取，重访周期为 12 天。本文以重庆市璧山区为例，以 Sentinel-1A 双极化雷达遥感和 Sentinel-2A 光学遥感影像为基础数据，在数据预处理的基础上，对雷达数据进行极化分解、灰度共生矩阵生成并融合光学遥感波段以监督分类。使用 Sentinel-2A 真彩色波段合成结合璧山区 LUCC 和 Google Earth 影像，通过目视解译建立监督分类训练样本，首先对光学遥感数据采用神经网络法和支持向量机 SVM 分类，之后将 Sentinel-1A 的极化分解和灰度共生矩阵的部分波段与 Sentinel-2A 数据波段融合，进行神经网络和 SVM 分类，通过混淆矩阵对分类精度进行评价。

关键词：极化分解；灰度共生矩阵；监督分类；SAR；分类精度

1　引言

近年来，随着城镇化进程加快，重庆市璧山建成区的范围和土地利用发生了迅速的变化，土地利用类型及绿地覆盖的变化影响到城市景观的变化。作为紧邻重庆主城区的璧山区，土地成为制约其城镇化进程和生态保护的瓶颈。对于城市建成区，小尺度的城市绿地常常被识别为城市建设用地，出现与现实用地类型不一致的误分情况。因此，对城市绿地包含破碎绿地的持续监测和评估是城市环境、城市生态健康保障的重要工作内容。重庆为多云雾地区，光学遥感受到云雾气候影响，难以持续获取所需时间的合格光学影像，很难实现监测的连续性。而欧洲航天局发射的 C 波段雷达卫星 Sentinel-1A 的重访问周期短，主动传感器不受云雾等天气的影响，具有全天时、全天候探测能力，地物穿透力强。Sentinel-1A 数据可在欧洲航天局开放数据中心免费获取，获取的数据为 VV、VH 双极化雷达数据。合成孔径雷达（SAR）遥感数据的灰度图像中能够提取出代表反射波强度的灰度信息，灰度的梯度变化等纹理信息是描述雷达影像中地物回波特征空间分布的重要信息，将雷达影像纹理特征融于光学遥感影像进行地物分类是当前的研究趋势之一。Sentinel-1 在农业管理、灾害监测和城市发展等多个领域发挥重要作用。郑少兰等基于单时相 Sentinel-1 数据完成了水稻信息提取。范伟等基于 Sentinel-1 提取洪水淹没区域并计算面积，用于灾害监测。向海燕等基于 Sentinel-1A 数据研究，表明 SAR 数据在多云雾山区的阔叶林和人工建筑的识别方面优势明显。光学遥感分类方法常用于识别城市用地类型，将 SAR 数据提取的代表地物微波反射信息的波段与光学遥感波段相融合，识别并提取城市建成区的用地类型，由于增加了被识别地表地物的微波反射特征，其识别能力和识别精度会有一定程度的提高。Vikas Kumar Rana 等基于 Sentinel-2 的主成分分析等方法完成了土地利用图的绘制。Stéphane Dupuy 等基于 Sentinel-2 和 Landsat 数据区分了城市内的农业及功能区。

本研究基于光学遥感数据 Sentinel-2A 和合成孔径双极化雷达遥感数据 Sentinel-1A，选取重庆市璧山区为研究区域，通过数据融合以提高城市建设用地范围内较小尺度的绿地的识别精度，即利用雷达数据提取光谱特征、纹理特征值，结合光学遥感影像，采取不同的波段组合方式进行地物分类，并对分类结果进行精度评价。

2 研究区概况及数据来源

2.1 研究区概况

璧山区地处中国西南多云雾地区，东侧紧邻重庆主城九龙坡区和沙坪坝区，地理位置优越，与主城区融合发展，被称为“重庆西大门”。璧山区位于两山之间的峡谷地带。璧山区属于中亚热带湿润季风气候，有明显的湿度大、日照少、云雾阴雨多等特点。

2.2 数据来源

本文采用哥白尼计划（ESA）的 Sentinel-1A 雷达遥感数据和 Sentinel-2A 光学遥感数据。

2.2.1 Sentinel-1A

Sentinel-1A 卫星发射于 2014 年 4 月 3 日。位于同一轨道的双卫星Sentinel-1A 和 Sentinel-1B 将重访周期提升为 6 天。C 波段的 Sentinel-1A 携带先进的雷达设备，提供全天候、日夜的地球表面图像。卫星具体参数见表 1，本文选取其 2020 年 4 月 28 日数据。

表 1 Sentinel-1A 相关参数

轨道周期	12 天（与同轨道 Sentinel-1B 将周期提升至 6 天）
模式	IW-SLC 干涉宽幅模式的斜距单视复数产品
极化方式	双极化（dual VV+VH）
波段	C 波段

2.2.2 Sentinel-2A

Sentinel-2A 卫星发射于 2015 年 6 月 23 日。位于同一轨道的双卫星 Sentinel-2A 和 Sentinel-2B 将重访周期提升为 5 天，提供了连续性。Sentinel-2 携带了具有 13 个光谱波段的创新宽波段高分辨率多光谱成像仪（MSI）。Sentinel-2 在灾害地图绘制、植物生长监测、土地覆盖绘制等方面发挥重要作用。本文选取 Sentinel-2A 卫星 2020 年 4 月 28 日数据，云量为 0.0708，不完全覆盖研究区域。Sentinel-2A 传感器波段参数信息见表 2。

表 2　Sentinel-2A 传感器波段参数信息

波段号	波段名称	波长（nm）	空间分辨率（m）
Band 1	Coastal aerosol（海岸/气溶胶）	443.9	60
Band 2	Blue（蓝）	496.6	10
Band 3	Green（绿）	560.0	10
Band 4	Red（红）	664.5	10
Band 5	Vegetation Red Edge（植物红边）	703.9	20
Band 6	Vegetation Red Edge（植物红边）	740.2	20
Band 7	Vegetation Red Edge（植物红边）	782.5	20
Band 8	NIR（近红外）	835.1	10
Band 8a	Narrow NIR［近红外（窄）］	864.8	20
Band 9	Water Vapour（水蒸气）	945.0	60
Band 10	SWIR-Cirrus（短波红外）	1373.5	60
Band 11	SWIR（短波红外）	1613.7	20
Band 12	SWIR（短波红外）	2202.4	20

3　研究方法

3.1　数据预处理

Sentinel-1A 需要经过辐射定标、Sentinel-1 TOPSAR Deburst、多普勒地形校正和斑点滤波预处理。

辐射定标是为了将像素值转化为后向散射直接相关的图像，Sentinel-1A 辐射定标对于定量分析研究区的土地利用是必不可少的。对于 TOPSAR IW SLC，每个产品由每个偏振每个波段组成每个图像。每个子条带图像由一系列的脉冲组成，每个脉冲被处理为一个单独的 SLC 图像。Sentinel-1 TOPSAR Deburst 是将图像重采样到一个共同的像素间隔网格中，融合图像。由于场景的地形变化和卫星传感器的倾斜，距离可能会在 SAR 图像中失真。图像数据不直接在传感器的最低点位置将有一些失真。多普勒地形校正的目的是补偿这些畸变，使图像的几何表示尽可能接近真实。SAR 图像中一些固有的斑点纹理会降低图像的质量，增加特征解释困难。通过空间滤波实现散斑降噪。Refine Lee 滤波检测边缘阈值，对局部方差超过阈值的区域采用 Refine Lee 滤波器进行滤波。

3.2　极化分解（H－Alpha Dual Pol Decomposition）

极化分解是从极化散射矩阵中提取出有助于分析目标的散射机理的极化信息。在前期预处理的基础上，应用 SNAP（Sentinel-1 Toolbox）先对数据做提取 C2 协方差，然后对 C 波段双极化（VV＋VH）Sentinel-1A 进行极化分解，可以分析出两种极化组合的散射特性，获取极化熵（Entropy）、各向异性度（Anisotropy）和散射角（Alpha），具体见图 1。极化熵颜色越深，其反映的信息量越丰富，由图 1（1）可见，城市建设用地范围内的信息量丰富。各向异性度颜色越浅，其值越高，由图 1（2）可见建设用地的各向异性度较高。城市建设用地散射角灰度值较高，而耕地的值较低，因此可用于区分建设用地和耕地。对于城市建设用地目标极化熵较强，说明它去极化较强，对进一步识别并提取城市建设用地提供支撑。因此，通过 H-Alpha 双极化分解可以应用于研究区的地物分类识别。

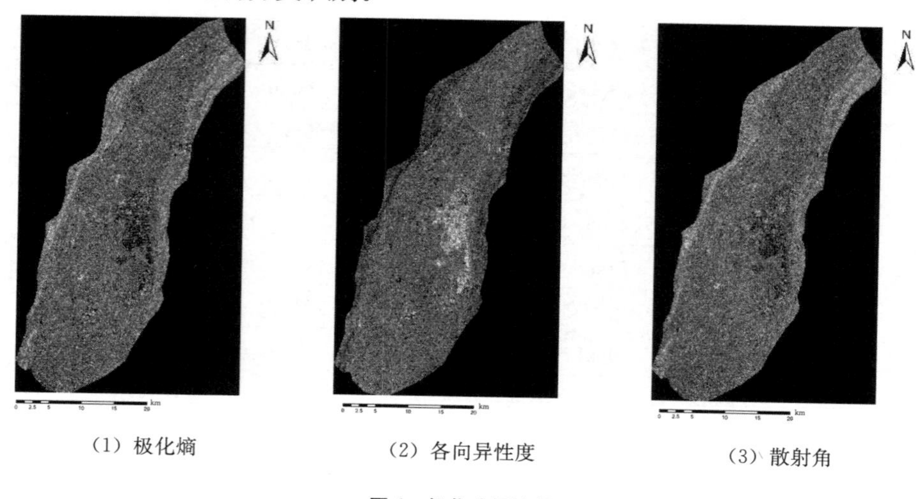

（1）极化熵　（2）各向异性度　（3）散射角

图 1　极化分解波段

3.3　灰度共生矩阵（GLCM）

Haralick 在 1973 年提出的灰度共生矩阵（Gray Level Co-occurrence Matrix，GLCM）是研究纹理区域的有效方法。灰度共生矩阵是指通过研究图像的灰度空间相关特性来描述纹理。在 SNAP 中由该方法计算出对比度、相异性、同质性、角二阶矩、能量、最大值、熵、均值、方差和相关性 10 个属性。其中，角二阶矩、对比度、熵之间纹理特征的相关性极小，分辨度高。因此，这 3 个纹理特征可以应用于研究区的地物分类识别。

3.4　分类方法

3.4.1　支持向量机分类（SVM）

由 Vapnik 提出的支持向量机（SVM）以统计学习理论为基础的学习方法，在模式识别研究领域应用广泛。其基本思想是将样本映射到特征空间中构造最优分类超平面，使其在样本中发挥最大泛化作用。SVM 分类精度较稳定，通常能得到良好的分类结果，被用于遥感影像分类。

3.4.2　神经网络法

神经网络法是一种应用类似于大脑神经突触链接结构进行信息处理的数学模型。这个方法将人工神经网络中的处理单元类比为人类大脑神经元模式，通过计算机模拟人脑的结构。用模型中小的处理单元模拟大脑的神经元，通过算法模拟人脑的认知、识别、思考的过程，最终将其应用于影响分类。李源泰曾基于 SPOT-5 的神经网络法进行土地利用分类。

3.5　分类流程

3.5.1　训练样本选取

采用目视解译的方法，结合土地利用/覆盖变化（LUCC）和 Google Earth 对研究区进行样本选取，根据需要将研究区土地利用分为建设用地、植被、耕地、水域和其他五类。采用目视解译进行分类样本选取，并计算感兴趣区域（ROI）样本可分离指数，用于判断不同地类的可识别度。基于 Jeffries-Matusita 和 Transformed Divergence 反映不同地物类别之间的差异程度，根据 ROI 样本可分离指数的大小，数值分布在 0～2 之间，大于 1.9 表明可分离性好，样本合格，小于 1.8 则需修改或重新选择样本，小于 1 时则考虑合并地物类型。样本可分离度见表 3，可知建设用地和其他的可分离性只达到 1.8640，但由于其他用地类型样本极少，因此选取该 ROI 样本作为监督分类的训练样本。

表 3　训练样本 Jeffries－Matusita 参数

	建设用地	植被	耕地	水域	其他
建设用地		1.9862	1.9129	1.9984	1.8640
植被	1.9862		1.9520	1.9953	1.9996
耕地	1.9129	1.9520		1.9999	1.9584
水域	1.9984	1.9953	1.9999		1.9999
其他	1.8640	1.9996	1.9584	1.9999	

3.5.2　波段组合

本文使用三种不同的波段组合：一是纯光学遥感波段组合，二是将 Sentinel-1A 极化分解的特征波段与光学遥感波段组合，三是将 Sentinel-1A 灰度共生矩阵提取的特征波段与光学遥感波段组合。

（1）光学遥感波段。

由于光学遥感数据 Sentinel-2A 中的海岸/气溶胶第 1 波段主要是用于研究海岸线变化和气溶胶，而且地面分辨率低，第 9 波段水蒸气波段和第 10 波段短波红外波段的地面分辨率也很低，在波段组合中舍弃，因此对其他 10 个波段组合进行图像分类、识别地物。

（2）光学遥感波段、极化分解波段。

城市建设用地目标极化熵较强，说明它去极化较强，为进一步识别并提取城市建设用地提供支撑。建设用地的各向异性度较高，林地对应的散射角更大。将极化分解后得到的极化熵、散射角和各向异性度波段与光学遥感的 10 个波段进行组合，利用神经网络法和 SVM 进行分类，应用于研究区的地物分类识别。

（3）光学遥感波段、灰度共生矩阵特征波段。

灰度共生矩阵的纹理特征中，角二阶矩、对比度、熵之间的相关性极小，分辨度高，这三个纹理特征可以应用于研究区的地物分类识别，因此考虑将光学遥感波段与这三个纹理特征波段进行组合，利用神经网络法和 SVM 进行分类，识别地物分类。

4　监督分类结果与评价

4.1　分类结果

根据神经网络法和 SVM 分类方法及原理对不同的波段组合数据进行分类，得到分类结果，并对各种地类数据进行统计，不同波段组合结果见图 2、图 3 及表 4，建设用地主要位于璧山区东部紧接主城区的区域，也是璧山区的主城区；璧山区范围内的河流、湖泊、水库等水域在不同波段组合中对应的分类结果也都比较准确。从分类结果来看，植被和建设用地占比最高，符合璧山区实际分布情况，但也不排除分类中可能存在误分，这与训练样本和分类方法的选择有关。

表 4　土地利用分类评价

地物类别	神经网络法			支持向量机		
	光学遥感波段	光学遥感＋极化分解	光学遥感＋灰度共生矩阵波段	光学遥感波段	光学遥感＋极化分解	光学遥感＋灰度共生矩阵波段
建设用地	29.77%	31.37%	30.35%	30.24%	30.38%	30.61%
植被	54.73%	53.67%	54.89%	54.80%	54.78%	54.56%
耕地	6.27%	5.77%	5.62%	5.72%	5.64%	5.63%
水域	9.08%	9.17%	9.07%	9.05%	9.08%	9.03%
其他	0.15%	0.01%	0.07%	0.18%	0.12%	0.10%

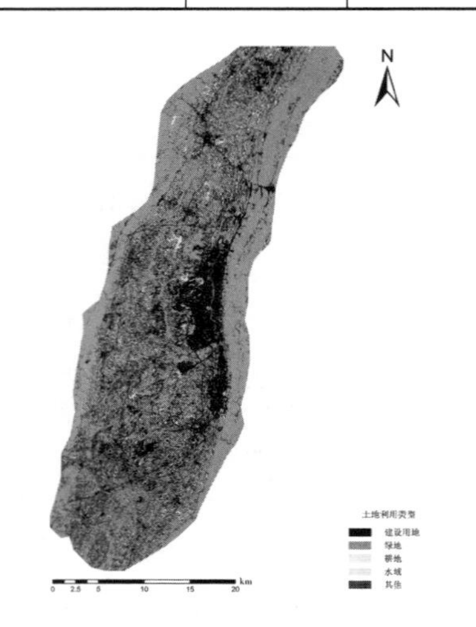

（1）光学遥感波段＋神经网络法　（2）光学遥感波段＋极化目标分解　（3）光学遥感波段＋灰度共生矩阵

图 2　不同波段组合的神经网络法分类结果

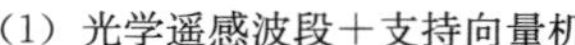

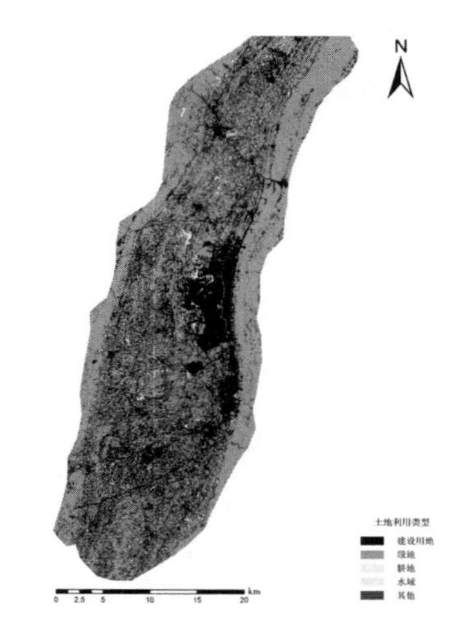

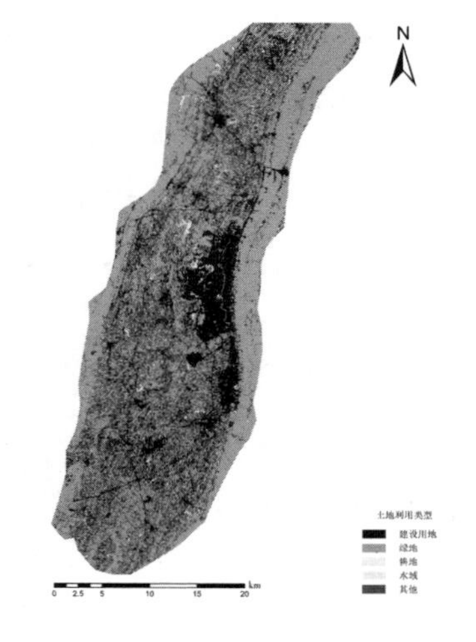

（1）光学遥感波段＋支持向量机　（2）光学遥感波段＋极化目标分解　（3）光学遥感波段＋灰度共生矩阵

图 3　不同波段组合的支持向量机分类结果

4.2　精度评价

对于土地利用分类精度常见的评价方法有两种，一是与地面真实分类图像进行比较，二是与地面真实ROI进行比较，检验监督分类结果的准确性。计算不同分类的混淆矩阵，得到常用的评价系数——总体精度系数（Overall Accuracy）和Kappa系数。在本文中，对于建设用地、植被、耕地、水域和其他五个类别分别选取训练样本，对不同波段组合方式的监督分类结果进行评价。不同波段组合的土地利用分类总体精度都在97%以上，kappa系数也都达到0.95，分类效果良好（表5）。

表5　土地利用分类评价

波段组合	Sentinel-2		Sentinel-1 极化分解＋Sentinel-2		Sentinel-1 GLCM＋Sentinel-2	
方法	神经网络法	SVM	神经网络法	SVM	神经网络法	SVM
总体精度	97.8541%	97.5581%	97.9079%	97.6509%	97.1615%	97.4659%
Kappa值	0.9625	0.9572	0.9635	0.9588	0.9502	0.9556

可以看出，对于神经网络法和SVM分类两种分类方法，Sentinel-1A的极化分解波段与Sentinel-2A的波段组合方式相比纯光学遥感波段精度都有所提高，但在光学遥感波段中加入Sentinel-1A的灰度共生矩阵特征波段后，两种分类方法的分类精度都有所降低，原因可能是由于灰度共生矩阵所选取的波段与光学遥感波段数据冗余，导致其分类精度降低。未来可以尝试更多的波段组合方式，找到更优的波段组合。

5　结语

随着遥感影像的发展，一些新的数据源被应用于土地利用分类中。综上，可以看出神经网络法和SVM两种监督分类方法可应用在该研究区的城市建设用地和植被的提取上，由于光学遥感影像的目视解译过程具有主观性，因此可将SAR微波数据提取的特征信息与光学遥感波段融合，能更方便地识别建成区的植被。

不同的波段组合方式可采用神经网络法和SVM两种监督分类方法进行城市建设用地和植被的提取，其分类精度都达到95%以上。但在地物分类中也有不足之处：城市建设用地和其他用地的可分离值为1.8640，经过多次样本选择，仍未达到1.9以上；研究中将光学遥感波段和灰度共生矩阵的部分特征波段组合后，分类精度反而有所下降，对更优的波段组合方式还需进一步研究。

［参考文献］

［1］张雪飞，王传胜，李萌．国土空间规划中生态空间和生态保护红线的划定［J］．地理研究，2019（10）：2430-2446.

［2］陈波，胡玉福，喻攀，等．基于纹理和地形辅助的山区土地利用信息提取研究［J］．地理与地理信息科学，2017（1）：1-8.

［3］郑少兰，刘龙威．单时相Sentinel-1A卫星SAR数据水稻信息提取［J］．地理空间信息，2020（4）：61-64.

［4］范伟，何彬方，姚筠，等．基于哨兵1号的洪水淹没面积监测［J］．气象科技，2018（2）：396-402.

[5] 向海燕，罗红霞，刘光鹏，等. 基于 Sentinel-1A 极化 SAR 数据与面向对象方法的山区地表覆被分类 [J]. 自然资源学报，2017 (12)：2136-2148.
[6] 张颖. 基于高分辨率遥感和极化雷达数据的大兴安岭地区森林地上生物量估测 [D]. 北京：北京林业大学，2016.
[7] 马腾，王耀强，李瑞平，等. 基于微波遥感极化分解的土地覆盖/土地利用分类 [J]. 农业工程学报，2015 (2)：259-265.
[8] 侯群群，王飞，严丽. 基于灰度共生矩阵的彩色遥感图像纹理特征提取 [J]. 国土资源遥感，2013 (4)：26-32.
[9] 李平，吴曼乔，曾联明. 支持向量机技术在土地利用监测的应用研究 [J]. 测绘通报，2010 (8)：28-30.
[10] 修丽娜，刘湘南. 人工神经网络遥感分类方法研究现状及发展趋势探析 [J]. 遥感技术与应用，2003 (5)：339-345.
[11] 刘丽雅. 基于国产 GF-1 的高寒山区土地利用/覆盖分类研究 [D]. 杭州：浙江大学，2016.
[12] 刘润红，梁士楚，赵红艳，等. 中国滨海湿地遥感研究进展 [J]. 遥感技术与应用，2017 (6)：998-1011.
[13] 李源泰. 基于人工神经网络的遥感影像分类研究 [D]. 昆明：昆明理工大学，2010.
[14] KUMAR RANA V，SURYANARAYANA T M K. Performance evaluation of MLE，RF and SVM classification algorithms for watershed scale land use/land cover mapping using sentinel 2 bands [J]. Remote Sensing Applications：Society and Environment，2020：100351.
[15] DUPUY S，DEFRISE L，LEBOURGEOIS L，et al. Analyzing Urban Agriculture's Contribution to a Southern City's Resilience through Land Cover Mapping：the case of antananarivo，capital of madagascar [J]. Remote Aensing，2020 (12)：1962.
[16] HARALICK R M. Statistical and structural approaches to texture [J]. Proceedings of the IEEE，1979 (5)：786-804.
[17] VAPNIK V N. The nature of statistical learning theory [M]. New York：Springer-verlag，1995.

[作者简介]

郑永鑫，重庆大学硕士研究生。
涂灵力，重庆大学硕士研究生。
孙忠伟，重庆大学建筑城规学院副教授。

基于文献计量学分析的中国水适应性景观研究综述

□苏梦龙，吴　焱

摘要：本文基于文献计量学理论，通过“中国学术文献网络出版总库”收集资料，通过Bibexcel的共现分析与聚类分析，并配合VOSviewer的谱聚类算法，对有关水适应性景观的510篇研究文献在影响力期刊、年度分布、高频关键词、高被引文献等方面进行了深度识别和排序。研究表明，当前国内水适应性景观的研究热点集中于“海绵城市为主的雨洪治理研究”、“可持续发展为主的生态环境建设研究”、“风景园林为主的综合景观设计”、“水生态空间为主的生态修复研究”和“城市化进展中水体综合治理”五个方面。本研究的成果能明晰水适应性景观的现状及热点，对未来有关研究的方向提供引导。

关键词：水适应性景观；水环境景观；水生态空间；生态治水

1　引言

适应性的概念源于生物学领域，主要指生物个体的生理或行为特征，经过长时间自然选择，在某个环境下能够顺利繁衍并增加数量，之后广泛应用于社会学、地学、（景观）生态学及气候学等领域。在借鉴这一生物进化概念的基础上，水适应性景观（Water Adaptive Landscape）应运而生。水适应性景观是指人类在居住环境中产生的为了更好地利用水资源并防范自然灾害而进行的景观改造。从概念范畴来看，“水适应性景观”既古老又现代，更类似于以一种“适应性”视角来重新审视和总结人与环境、人与水之间相互适应、相互改造的过程及其中蕴含的智慧，其特点是将应对气候变化和在生产生活需要下的人水互动理念策略与景观实体作为主要研究对象。

2　数据来源和分析方法

2.1　数据来源

以“中国学术文献网络出版总库”收集的资料为数据来源，以“水适应性景观”“洪涝适应性景观”“水环境景观”“水生态空间”“水生态智慧”“生态治水”为主题检索词，截至2020年2月10日，共检索出564篇文献，去除投稿须知、广告、书评等，最后得到文献题录信息510篇，作为本研究的文献研究样本。

2.2 分析方法

本文用以数量统计为基础的文献计量学分析方法，利用 Bibexcel、VOSviewer 和 Excel 分析工具，从影响力期刊、年度分布、高频关键词、高被引文献等视角，对 510 篇有关水适应性景观的文献研究样本进行数据统计与分析。

3 文献来源

3.1 文献来源

在 510 篇文献中，包括 331 篇期刊文章（64.9%）、147 篇硕博士论文（28.8%）、32 篇会议论文（6.3%）。331 篇期刊文章共刊载于 170 种杂志上，刊载文献数量最多的 10 种期刊包括《中国水利》《水利规划与设计》《生态学报》《水利发展研究》《规划师》《北京水务》《人民长江》《河北水利》《三峡生态环境监测》和《现代园艺》（图 1）。147 篇硕博论文分别来自重庆大学（13 篇）、西安建筑科技大学（10 篇）等 63 所高校和研究机构（图 2），其中博士论文 10 篇，硕士论文 137 篇。

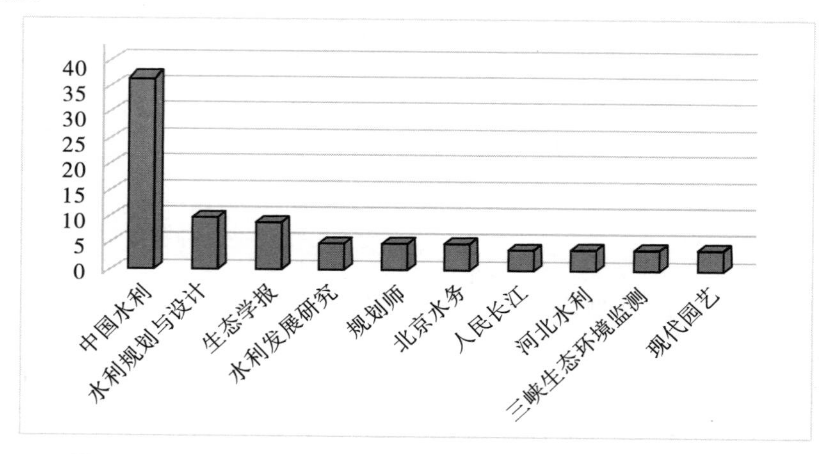

图 1 1980—2019 年中国水适应性景观研究刊载文献数量最多的 10 种期刊

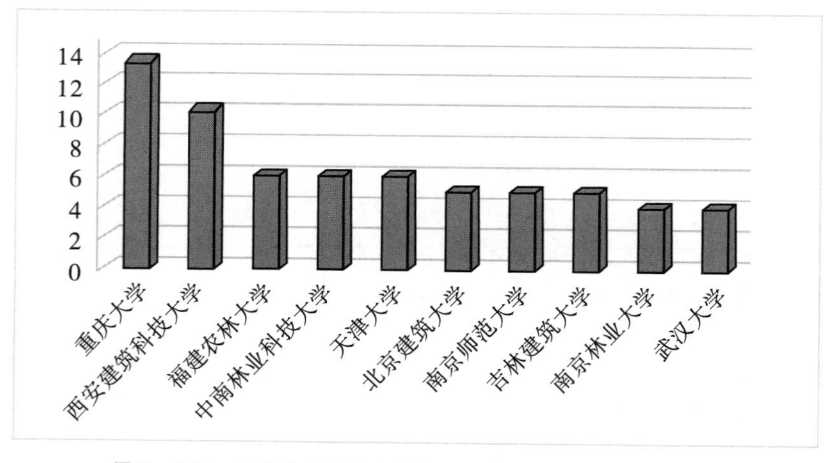

图 2 1980—2019 年中国水适应性景观研究成果最多的 10 所高校

表1所列为1980—2019年中国水适应性景观研究成果最多的20个来源。研究表明：①研究水适应性景观成果最多的20个来源中期刊论文与学术论文各占一半，其中《中国水利》是水适应性景观领域最有影响力的专业期刊，总计刊载相关文献数量达到37篇，将近占研究成果前20个来源中期刊类型总数的一半（42.5%）。②除期刊外，重庆大学、西安建筑科技大学、天津大学等“建筑老八校”也拥有众多相关学术成果，福建农林大学、中南林业大学、南京林业大学等农林院校在水适应性景观研究领域也颇具影响力。

表1 影响力来源前20位

排名	来源	文献数量/篇	类型
1	中国水利	37	期刊
2	重庆大学	13	学位论文
3	水利规划与设计	10	期刊
4	西安建筑科技大学	10	学位论文
5	生态学报	9	期刊
6	福建农林大学	6	学位论文
7	中南林业科技大学	6	学位论文
8	天津大学	6	学位论文
9	水利发展研究	5	期刊
10	规划师	5	期刊
11	北京水务	5	期刊
12	北京建筑大学	5	学位论文
13	南京师范大学	5	学位论文
14	吉林建筑大学	5	学位论文
15	人民长江	4	期刊
16	河北水利	4	期刊
17	三峡生态环境监测	4	期刊
18	现代园艺	4	期刊
19	南京林业大学	4	学位论文
20	武汉大学	4	学位论文

3.2 年度分布

针对水适应性景观文献数量的年度分析，可以了解到水适应性景观研究的时间分布特点与其受关注程度。在搜集的510篇文献中，中国学者对水适应性景观关注开始较晚。在经历长达20年的少数探索研究阶段之后，2001年左右出现了稳步发展的趋势，研究数量逐渐增多（图3）。2015年开始水适应性景观相关文献发表总量开始呈现出陡然增加趋势，并于2018年达到历史之最 88 篇。从中国知网的学术趋势统计来看，中国对水适应性景观的学术关注度呈现由缓慢增加到陡然增加的态势。需要特别说明的是，2017—2019 年共有 243 篇文献，仅三年时间发表的文献几乎达到总文献数量一半（占总文献数量的 47.6%）。

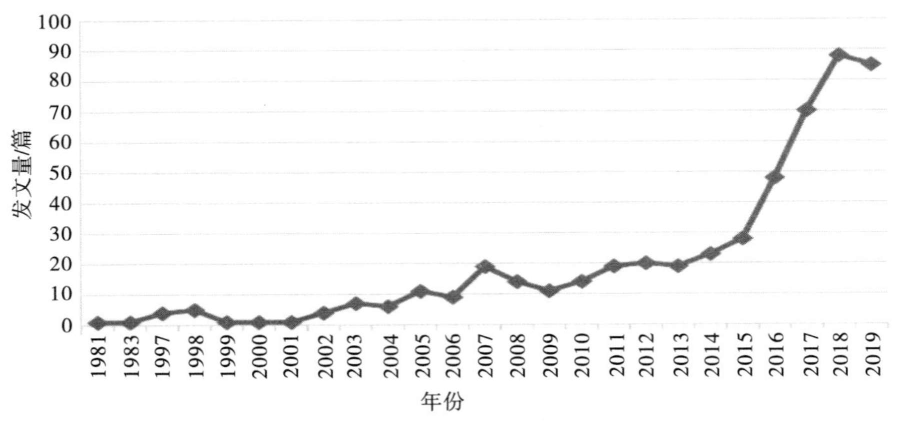

图 3　文献年度分布图

4　水适应性景观研究热点分析

高频关键词是科研文献中使用频率较高的关键词，对水适应性景观研究领域高频关键词的分析有助于对 21 世纪以来该领域研究热点及前沿的探究。

分析文献研究样本中的关键词列出排名前 20 位的高频关键词。从表 2 可以看出，“水环境”、“海绵城市”、“景观设计”和“水生态空间”等关键词使用频次最高，可见雨洪治理研究是国内目前的主要研究方向。“生态修复”“生态治水”“水环境治理”“生态智慧”等关键词频繁出现，所占比例颇高，也是当前我国关注热点。

表 2　文献高频关键词前 20 位

序号	关键词	频次	序号	关键词	频次
1	水环境	42	11	生态治水	12
2	海绵城市	28	12	水环境治理	12
3	景观设计	23	13	水生态	12
4	水生态空间	20	14	生态智慧	12
5	景观格局	16	15	生态文明	11
6	河长制	16	16	水环境景观	11
7	生态修复	14	17	风景园林	11
8	环境景观	13	18	生态	10
9	景观	13	19	水资源	9
10	水生态文明	12	20	传统村落	9

运用 VOSviewer 软件，以前 50 个高频关键词为分析内容，生成水适应性景观的关键词共现网络（图 4）。关键词共生成了五个聚类，代表着五个研究热点，分别是“海绵城市为主的雨洪

治理研究”、“可持续发展为主的生态环境建设研究”、“风景园林为主的综合景观设计”、“水生态空间为主的生态修复研究”和“城市化进展中水体综合治理”。

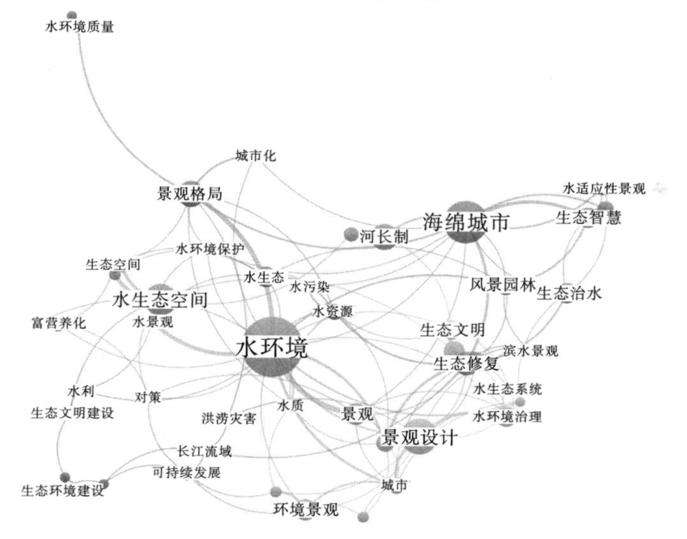

图 4　文献高频关键词共现网络

5　高被引文献及主要知识基础

5.1　高被引文献

高被引文献是本研究领域的经典文献，也是后续研究重要的知识基础。本文文献研究样本中被引频次排名前 15 位的论文（表 3）堪称自 1980 年来我国水适应性景观相关的经典文献。由表 3 可知：①俞孔坚、树全、汪霞等分别于 2007 年和 2006 年发表的论文位列高被引文献被引频次前三位。②这 15 篇高被引文献大多发布于 2004—2008 年区间段，可见该时间段为水适应性景观研究成果最突出的几年，其中又以 2007 年成果最为突出达到 4 篇，合计被引频次接近于高被引频次排名前 15 篇论文的四成（36.1%）。

表 3　高被引文献

排名	作者	文献名称	来源	时间	被引频次
1	俞孔坚	黄泛平原古城镇洪涝经验及其适应性景观	城市规划学刊	2007	84
2	树全	城市水景中的驳岸设计	南京林业大学	2007	77
3	汪霞	城市理水——基于景观系统整体发展模式的水域空间整合与优化研究	天津大学	2006	67
4	颜慧	城市滨水地段环境的亲水性研究	湖南大学	2004	59
5	岳隽	基于水环境保护的流域景观格局优化理念初探	地理科学进展	2007	56
6	黄硕	城市景观格局演变的水环境效应研究综述	生态学报	2014	43
7	陈义勇	古代“海绵城市”思想——水适应性景观经验启示	中国水利	2015	40
8	李法云	辽河流域水生态功能一级分区指标体系与技术方法	气象与环境学报	2012	38

续表

排名	作者	文献名称	来源	时间	被引频次
9	熊海珍	中国传统村镇水环境景观探析	西南交通大学	2008	36
10	马秀梅	平原河网地区的水系规划研究	河海大学	2006	35
11	傅娟	南方地区传统村落形态及景观对水环境的适应性研究	中国园林	2013	34
12	卞素萍	城市滨水区空间环境更新研究	南京工业大学	2005	33
13	郑英	城市河道水环境治理与景观设计	天津大学	2007	30
14	邓伟	流域水生态空间研究	水科学进展	2004	29
15	王斌	太湖流域水生态系统服务及其空间差异	水土保持通报	2011	26

5.2 主要知识基础

通过研究高被引文献，发现研究主题集中在“水适应性景观古代经验探索”、“城市滨水驳岸景观设计”与“流域尺度下水生态空间研究”三个方面。

（1）针对水适应性景观古代经验探索，俞孔坚、陈义勇等介绍了近几十年来国内外学术界对古代城市水适应性景观经验的探索，总结了古代城市防洪治涝的适应性景观遗产与生活经验，并探讨了当前传统城市水景观的复杂结构和复合功能。这些古代经验如今焕发活力，对现在城市的水系治理和防洪治涝及土地规划利用等依然大有裨益。

（2）针对城市滨水驳岸景观设计研究，树全、颜慧、卞素萍等以风景园林学理论为基础，并借鉴规划学、建筑学、生态伦理学、人体工程学等学科的基础理论，详尽系统地论述了城市水景中驳岸的设计方法及规律，与此同时也结合了一些典型案例来讨论目前我国相关工程现状和建设经验，并与国外的优秀案例来进行对比，进而提出了符合人们心理和情感需求的环境构建理论与方法，并在滨水区的环境设计中真正地体现对人的关怀。

（3）针对流域尺度下水生态空间研究，岳隽、李法云、邓伟、王斌等通过对国内具体流域土地利用资料、水文水质资料和统计资料，结合国内外相关研究进展，明晰各流域水文格局和水生态空间演化，系统地评述了流域尺度水生态系统服务功能与其空间差异性，建立了相关流域水生态空间分区指标体系和分区技术方法，为我国提高水质、改善水环境和完善水生态空间提供启示，也为我国生态利用规划提供了借鉴。

6 建议和展望

6.1 对我国水适应性景观的建议

古人类在长期水资源管理及与各种水灾害斗争过程中，积累了朴素的具有生态价值的经验。但当今随着快速城镇化，水问题愈发严重，内涝、洪水、污染、缺水等问题威胁着城市水安全与水生态。水适应性景观依旧存在于传统村落，但城市却完全摒弃前人的生态智慧与经验。因此在城市建设中应充分运用前人的智慧解决现在的问题，使前人的“生存的艺术”在当代继续焕发光彩。

景观的结构、功能和过程总是与一定的空间范围相联系，而流域作为由分水线所包围的、具有相对比较明确边界条件的区域逐渐受到了关注。但关于水适应性景观研究目前大多集中于具体流域，并未形成一套整体的数据库。故后续研究应当整理出一套完整的水适应性景观体系，加强宏观、中观、微观多尺度研究。

6.2　对我国水适应性景观的展望

当前国内有关水适应性景观的研究还处于初级阶段，部分理论与技术方法有待完善，将来国家对于水适应性景观的研究和实践将出现大量需求，也必将带动水适应性景观的研究，形成新热潮。

[参考文献]

[1] WILLIAMS G C. Adaptation and natural selection [M]. New Jersey：Princeton University Press，1996：1-3.

[2] 张晋. 门头沟山地乡村水适应性景观研究：以上苇甸村为例 [J]. 北方工业大学学报，2019 (2)：37-42.

[3] 吴向文，王志军. 2001—2015 年境内外教师教育研究文献计量分析及其启示 [J]. 教师教育研究，2016 (6)：105-114.

[4] 王俊帝，刘志强，邵大伟，等. 基于 CiteSpace 的国外城市绿地研究进展的知识图谱分析 [J]. 中国园林，2018 (4)：5-11.

[5] 李杰. 科学计量与知识网络分析：基于 BibExcel 等软件的实践 [M]. 北京：首都经济贸易大学出版社，2017.

[6] 刘则渊，陈锐，朱晓宇. 普赖斯对科学理论的贡献：纪念科学计量学之父普赖斯逝世 30 周年 [J]. 科学研究，2013 (12)：1761-1772.

[7] 俞孔坚，张蕾. 黄泛平原古城镇洪涝经验及其适应性景观 [J]. 城市规划学刊，2007 (5)：85-91.

[8] 陈义勇，俞孔坚. 古代"海绵城市"思想：水适应性景观经验启示 [J]. 中国水利，2015 (17)：19-22.

[9] 树全. 城市水景中的驳岸设计 [D]. 江苏：南京林业大学，2007.

[10] 颜慧. 城市滨水地段环境的亲水性研究 [D]. 长沙：湖南大学，2004.

[11] 卞素萍. 城市滨水区空间环境更新研究 [D]. 南京：南京工业大学，2005.

[12] 岳隽，王仰麟，李贵才，等. 基于水环境保护的流域景观格局优化理念初探 [J]. 地理科学进展，2007 (3)：38-46.

[13] 李法云，范志平，张博. 辽河流域水生态功能一级分区指标体系与技术方法 [J]. 气象与环境学报，2012 (5)：83-89.

[14] 王斌，张彪，王建锋，等. 太湖流域水生态系统服务及其空间差异 [J]. 水土保持通报，2011 (2)：215-221.

[15] 邓伟，严登华，何岩，等. 流域水生态空间研究 [J]. 水科学进展，2004 (3)：341-345.

[作者简介]

苏梦龙，长安大学硕士研究生。

吴　焱，副教授，长安大学风景园林系副系主任。

天津市中心城区城市活力时空特征与影响因素研究

□高子炜，曾　鹏，孙宗耀

摘要：城市活力是城市空间品质的重要表征，从城市居民实时活动出发对城市活力的变化规律与影响机制进行研究，对未来我国城市规划设计与治理走向精细化具有重要意义。本文利用百度地图热力图等多元大数据构建定量分析方法，研究天津市中心城区的城市活力的时空分布特征，并在此基础上对城市活力的影响因素进行梳理与归纳，最终选取城市建成环境中的空间开发强度、空间功能性、空间可达性与空间环境品质四大主要因素探索其对城市活力空间分异的影响机制。通过研究发现，空间开发强度和空间功能性是城市活力时空分异的主要影响因素，空间通达性与空间环境品质是次要影响因素。典型城市活力影响因素的作用强度位序在日间与夜间主要体现在空间通达性对夜间活力作用力强于空间环境品质。本文通过构建新数据的量化研究方法探究城市活力的时空特征与影响机制，以期为未来城市存量空间更新与改造提供支撑，为城市空间塑造与活力营造提供设计策略。

关键词：城市活力；影响机制；天津市

1　引言

十九大报告中指出，中国特色社会主义进入新时代，我国社会主要矛盾已经转化为人民日益增长的美好生活需要和不平衡不充分的发展之间的矛盾。随着我国走向新型城镇化，城市空间作为城市居民追求美好生活的重要场所，城市空间品质的提升成为新时代城市治理的重要命题。城市活力也日益成为人本尺度下以品质为导向的城市设计的根本需求，在城市规划与设计领域受到广泛关注。

城市活力是城市拥有生命力、城市发展具有吸引力与凝聚力的根本保证，对城市建设与发展而言至关重要。当前我国城市建设处于从增量走向以存量为主的转型期，关注城市内涵品质提升是新时代城市建设发展的新愿景。因此，探究当前建成环境下的城市活力的时空分布特征，以及建成环境中的影响因素如何对城市活力产生影响显得十分必要。

国内外有关城市活力影响机制的研究起源于解析城市活力的影响因素和形成条件。自 1961 年简·雅各布斯首次将“城市活力”概念引入城市规划领域，随后城市活力引起了城市管理者与城市规划师的广泛关注。正如雅各布斯在《美国大城市的死与生》一书中所述，城市的活力来源于内部生活的多样性，人与其日常活动的空间相互作用的过程构成了生活多样性，城市多样性本身又会带来和刺激更多多样性的产生。国外对于城市活力的影响因素主要关注点分为四大方面：一是城市物质环境与空间形态要素受到广泛重视，较多学者侧重空间形态与城市活力之间的关系；二是关注空间功能混合和空间复合，如Jane Jabos提出的功能混合、小街区、不同年代的建筑混合及人口的充分集聚是城市活力的重要形成要素。Sung扩充了雅各布斯的城市多样性理论，认为一个大城市的物理环境要保持城市活力应包含六大要素：①街区尺度小；②建筑年代、功能、尺度的适当混合；③适当的开发密度；④高公共设施可达性；⑤两个及以上用途的土地使用模式；⑥边界适当加以控制。

我国针对城市活力影响因素的相关研究自2010年以来不断涌现，且多为定量研究。宁晓平利用兴趣点（POI）数据采用Hill Numbers指数衡量土地利用混合度，并验证其对城市活力的影响；王玉琢利用手机信令、土地利用规划、城市建筑等数据，综合城市规划领域各种公认的设计要素，从区位中心性、功能多样性、交通易达性、规模集约性、形态紧凑性、景观优质性等方面进行城市空间活力特征评价及内在机制分析；高磊等利用手机信令数据研究了深圳市的城市活力，对雅各布斯理论中的四个指标进行了检验；刘彤等利用百度地图热力图数据探索了人口时空分布规律，并通过多元线性回归模型分析了人口热度与各类设施密度间的相关关系；刘云舒等基于热力图、POI数据，运用核密度和地理加权回归模型分析了北京市六环内城区的活力特征和影响因素；张程远等利用百度地图热力图和POI等数据研究了杭州中心城区局部地区的活力变化规律，并研究了活力与设施密度、设施混合度的相关关系。这类研究的总体趋势是从单一因素的衡量向多因素的复杂系统的探索进行转变，数据从粗粒度向细粒度转变。近几年利用大数据手段对城市空间活力的相关研究逐渐增多，分别从街区、交通小区、栅格等尺度研究城市活力特征及其影响因素。

综合来看，国内外基于城市活力的影响因素的研究具备一定基础，尤以城市活力影响因素分类研究较为充分，为城市活力的影响机制研究奠定了基础。城市活力受多因素影响，当前对其影响机制的研究多集中在某几类影响要素，多因素综合分析及其相互作用机制的探讨相对不足，已有研究对城市活力影响机制的研究侧重定性研究，现有的部分研究对影响机制的探究多为对单个因素内部机制的探讨，对总体机制多以定性描述为主，主要结论仍然较为模糊。因此，从城市活力影响要素的综合作用出发，讨论哪些因素影响着城市活力，这些影响因素又是如何相互作用进而对城市活力本身产生影响，成为当前城市活力相关研究中亟待解决的问题。

2　研究范围

本次研究以天津市中心城区作为研究范围展开。研究区整体呈同心圆状，由天津市内六区和新四区的部分区域共同组成，即含河西、和平、河东、河北、南开与红桥六区，与东丽、津南、西青、北辰新四区的部分行政区域，总体围合面积达371 km^2。本次研究具体空间范围参照《天津市城市总体规划（2015—2030年）》划定，以天津市外环线绿化带围作为范围边界。由于天津市外环线以内人口密集，公共资源丰富，空间吸引力强，易于产生人群大规模集聚现象，为展开城市活力的相关研究奠定了重要基础。

3　研究数据与方法

3.1　数据来源与处理

本次研究数据主要包含研究范围内的百度地图热力图、百度地图POI数据和城市空间矢量数据（表1）。

表 1　研究数据类型与来源

数据类型	指标	格式	时间	来源
基础地理数据	天津市行政边界数据	矢量	2019 年	国家基础地理信息系统 1∶400 万数据
开源网络数据	百度地图热力图	栅格	2019 年	百度地图
	百度地图 POI 数据	表格	2019 年	百度地图
	天津市道路网络数据	矢量	2019 年	Open Street Map 开源地图下载平台
	天津市建筑数据	矢量	2019 年	高德地图
	天津市绿地数据	矢量	2019 年	高德地图
	天津市水体数据	矢量	2019 年	高德地图

3.1.1　百度地图热力图

百度地图热力图是 2011 年百度公司推出的大数据可视化产品，该数据基于移动智能手机使用者访问百度公司系列产品时所携带的地理位置信息，即根据基于位置服务（Location Based Service）的平台移动手机用户地理位置数据为基础，按照位置进行聚类并最终被记录为数字轨迹。通过测算各个地区内聚类的人群密度和人流速度，并将结果以可视化的方式用不同的颜色表征人口分布的相对等级。相比众多城市大数据而言，百度地图热力图具有对城市空间中人口分布的疏密格局刻画得较为准确的优势。

本次研究通过利用百度地图热力图捕捉程序对 2019 年 12 月 14 日到 15 日的天津市中心城区范围内的百度地图热力图数据进行收集，数据收集的时间为每日 24 小时，百度地图热力图的更新频率为每 30 分钟一次，共收集 96 张，作为本次研究的重要基础数据。

3.1.2　百度地图 POI 数据

POI 数据作为城市功能与设施研究的重要数据被广泛应用于城市空间研究。本次研究基于 2020 年 2 月通过 Python 抓取的百度地图 POI 数据，含批发零售、餐饮服务、住宿服务、金融服务、科研教育、医疗服务、文化设施、体育设施、休闲娱乐设施、公共设施、风景名胜、公园绿地、停车场、港口码头等表征城市功能业态的 POI 数据，共计 9652 条记录。

3.1.3　城市空间矢量数据

本次研究主要利用的城市空间数据含城市路网（通过 Open Street Map 开源地图平台下载），城市建筑、绿地与水体矢量数据均为 2020 年 2 月基于高德地图爬取。

城市建筑矢量数据含建筑名称、建筑位置、面积和层数；城市道路矢量数据含城市道路名称、位置、道路长度；城市绿地矢量数据含城市绿地位置、面积；城市水体矢量数据含城市水体位置与水体面积。

3.2　城市活力的量化表征与时空分布特征分析

首先应用 ArcGIS 对百度地图热力图数据进行栅格化、地理坐标投影及投影坐标系转换与地理配准等预处理。研究通过采用百度地图热力图显示的“热力度”反映当时人群集聚程度和分布格局，以利用自然间断法将热力色彩区域划分为 7 类。以经栅格化与重分类处理后的热力图的栅格像元值作为热力度数值，简称为“热力值”。

从 0～7 级分别对应人口聚集程度由低到高。热力值为 0 的城市区域定义为城市非活力区，1～3的城市区域定义为城市低热区，4～5 的城市区域定义为城市次热区，6～7 的城市区域定义为城市高热区。高热区和次热区在一定程度上分别代表了城市内人群高度集中的区域和较为集中的区域。

城市活力强度通过百度地图热力图热力值表征，借鉴相关文献明确天津市中心城区的街区大小在 200 m×200 m 到 400 m×400 m 范围之内，为了更加精细地反映城市活力的空间分布，本次研究对天津市中心城区采样为 200 m×200 m 的网格单元，共计 18503 个网格单元。

结合现有城市人口分布规律，利用百度地图热力图对城市居民实时行为活动进行观察，由此确定城市居民活动特征以周为单位呈现周期性变化。一周之内尤以星期六与星期天中的城市居民活动最为集聚，最能体现城市活力在城市空间分布中的特征。本研究选取 12 月 14 日（星期六）及 12 月 15 日（星期天）的 96 张热力图作为研究样本。

本文借鉴相关研究，利用热力平均值构建城市活力强度模型，以便深入探究城市活力的空间分布特征。热力平均值即求取空间范围内全天整体热力值水平，具体计算见式 1。

$$\overline{H_i} = \sum_{j=1}^{24} H_{ij}/24 \tag{1}$$

式中，$\overline{H_i}$表示城市活力平均值，即城市活力强度；j 表示不同时刻，i 表示不同城市空间网格单元，H_{ij} 即为单元 i 在不同 j 时刻的热力值。利用本次研究收集的一周数据中的星期六、星期天数据为例，以每小时的城市活动强度分析休息日的城市活力时空分布特征。

针对休息日的城市热力值变化，对照星期六（12 月 14 日）和星期天（12 月 15 日）的数据可以看出，城市次热区和高热区在城市区域空间中的占比较周五显著增加，但各等级城市热力值比例仍然呈现出热力越高面积越小的趋势（图 1、图 2）。城市居民活动强度分别在 10:00、13:00 及 19:00—21:00 达到峰值。星期六出现三个峰值，分别反映了城市居民集聚从 6:00 以后快速增长走向峰值，又在午餐时间 11:00—13:00 之间继续缓慢增长走向最高值，持续到 17:00 迎来晚餐时间的低谷（但整体活力值仍较高），就餐时间之后继续迎来人流在商业中心集聚，后续的休闲娱乐活动与餐饮活动使热力值维持在高水平阶段。20:00 以后，城市人流活动呈现由中心城区往外环线扩散的趋势。整体而言，下午至晚上的人流活动强于上午。而在此基础上，星期天人流分布呈现出一些不同的特点：星期天城市居民因周一要工作等，上午人群活动明显强于下午和晚上，星期天次热区在 10:00 出现峰值后缓慢下降并维持在一定值，在 20:00 以后人群整体不再呈现高聚集状态，城市高热区面积急剧下降。就星期六与星期天的休息日而言，城市高热区面积与次热区面积动态变化基本一致，这在一定程度上说明了城市热力具有显著的扩散效应（图 3、图 4）。

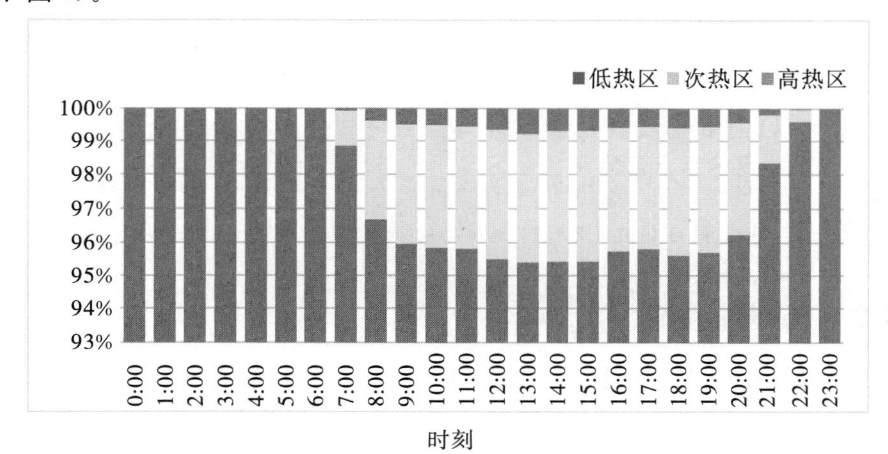

图 1　12 月 14 日（星期六）热力值分级面积百分比统计

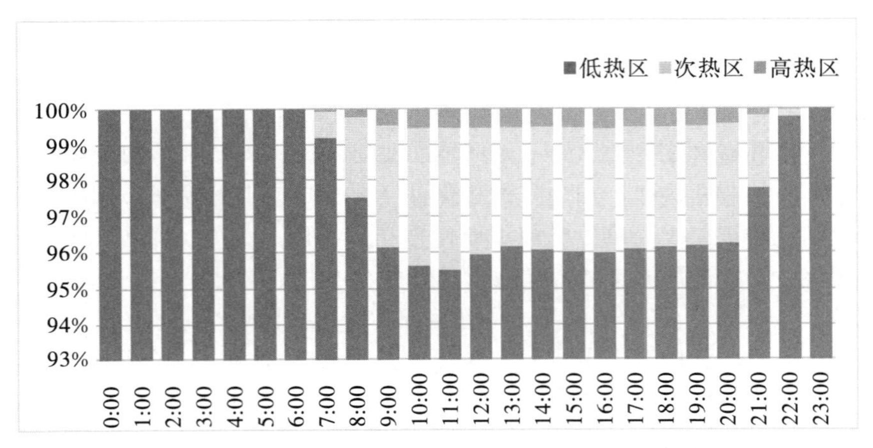

图 2　12 月 15 日（星期天）热力值分级面积百分比统计

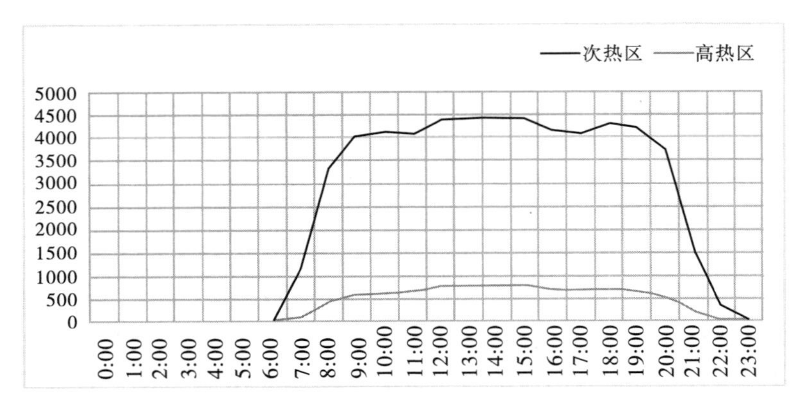

图 3　12 月 14 日（星期天）城市次热区及高热区面积随时间变化情况

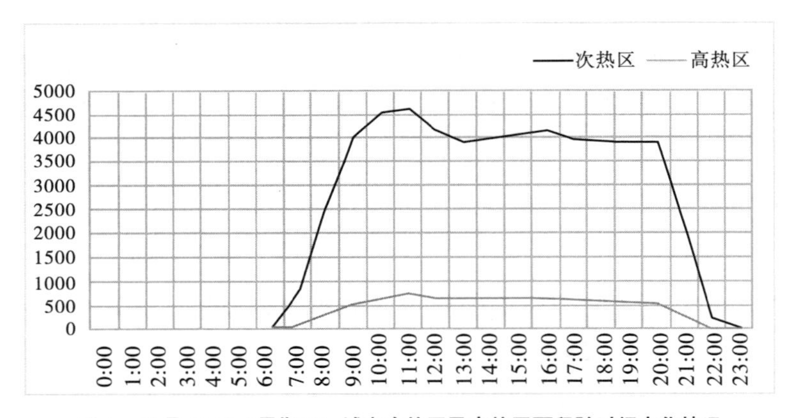

图 4　12 月 15 日（星期天）城市次热区及高热区面积随时间变化情况

3.3　研究方法与技术路线

本次研究采用定性—定量—定性的研究方法。首先对所收集的所有热力图数据进行地理配准，并通过计算星期六与星期天 24 小时内的热力平均值得出城市活力强度，应用 ArcGIS 分别生成城市活力空间分布图，得出城市活力在时间维度上的变化特征。

通过划分日间与夜间两大时段，将城市活力强度量化并通过 ArcGIS 构建城市空间网格单元，生成城市日间活力与城市夜间活力空间分布图。同时基于城市活力的空间分布特征，通过文献检索与统计分析，再针对相关因素构建相关性分析模型，选取通过显著性检验的典型城市建成环境影响因素，构建城市活力的影响因素体系，利用地理探测器模型对城市活力的影响机制进行探析。笔者使用多元网络数据研究实时居民活动视角下的城市活力的时空分布特征，并在城市活力时空分布规律的基础上进一步探究日间与夜间时段下城市活力的影响机制，以期为未来城市品质提升与城市活力营造提供基础支撑。

4　城市活力影响机制探究

4.1　城市活力影响因素体系构建及指标量化

首先，通过对现有针对城市活力的影响因素及其机制研究的文献中所使用的指标进行统计，其中功能复合、空间可达性、用地多样性及尺度适宜是使用频度最高的影响因素（图 5）。其次，将天津市的日间与夜间城市活力复制到 200 m×200 m 的城市空间网格单元中作为因变量 Y，并将自变量即各影响因素进行量化，赋值到相应的 200 m×200 m 城市空间网格单元上，对统计分析得出的所有影响因素与城市活力的相关性利用 Pearson 相关分析进行显著性检验。最终由此选取典型影响因素构建本次研究的指标体系（表 2）。

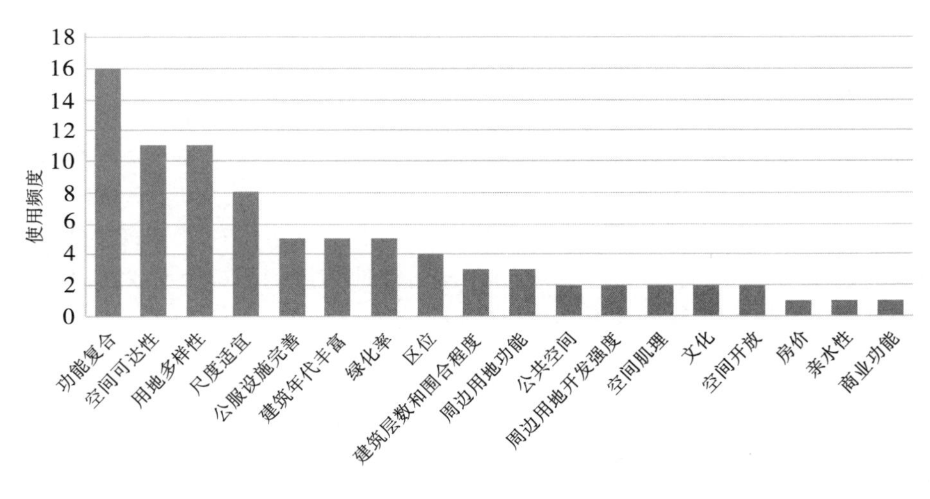

图 5　城市活力影响因素使用频度

表 2　城市活力典型影响因素指标体系

影响因素类型	指标名称	计算公式	公式内容	指标含义
空间开发强度	建筑密度	$DOB=\sum_{j=1}^{n}(M_j)/S$	网格单元内建筑足迹比例，M_j 表示建筑足迹面积，n 表示网格单元内建筑单体数量，S 表示网格面积	反映城市空间建筑密度，表征一定的空间开发密集程度

续表

影响因素类型	指标名称	计算公式	公式内容	指标含义
空间功能性	功能设施数量	$COP=\sum_{i=1}^{n}P_i$	网格单元内 POI 总数，P_i 为网格内的功能设施 POI 总数	反映城市空间各类功能的聚集程度
	功能混合度	$FDI=-\sum_{i=1}^{n}f_i\ln f_i$	网格单元内 POI 表征的功能混合度，由香农多样性指数计算。f_i 表示网格内 i 类 POI 占研究区 n 类 POI 总数的比例。	反映城市空间各类功能的多样性程度
空间可达性	路网密度	$RD=\frac{L_i}{S}$	网格单元内道路密度，L_i 表示第 i 个网格单元中的道路长度，S 代表网格面积	反映城市空间道路网格通达性
空间环境品质	绿地覆盖度	$GCI=\sum_{i=1}^{n}(G_i)/S$	网格单元内绿地覆盖率，G_i 表示第 i 块绿地斑块的面积，n 表示网格单元内绿地斑块数量	反映城市空间绿地覆盖程度
	水体覆盖率	$WCI=\sum_{i=1}^{n}(W_i)/S$	网格单元内水体覆盖率，W_i 表示第 i 块水体斑块的面积，n 表示网格单元内水体斑块数量	反映城市空间水体覆盖程度

4.2 城市活力总体影响机制探究

目前，针对某种地理现象影响机制的探究不断涌现，其中以数学模型进行定量探究最为广泛，相关性分析、线性回归、地理加权回归等分析模型最为常见，借助此类模型可以在不同条件下探究相关因子与地理现象的关系。本次研究通过既有文献中探讨地理现象影响因素时所采用的数学模型进行梳理，最终确定以王劲峰等人提出的地理探测器模型作为基本模型对城市活力的六类空间环境影响因素之间的相互作用机制进行解析。

地理探测器模型是通过类型变量探索地理空间分异性的统计学方法，并且可以对地理现象背后的影响机制进行揭示。其主要计算公式：

$$q=1-\frac{\sum_{h=1}^{L}N_h\sigma_h^2}{N\sigma^2} \tag{2}$$

式中，N 为研究区域内所有网格单元；σ^2 表示研究区内所有网格单元城市活力的离散方差；h 表示各因子的分区（h 为整数，$h=1, 2, 3, \cdots, n$），L 表示各因子分区的数目；q 表征了各影响因子对城市活力空间分异的作用力强度，其值越高则表明作用力越强。本次研究将选取的典型城市建成环境影响因素做离散化处理，并对应设定变量代号（表 3），通过地理探测器模型对构建的指标与城市活力进行计算。

表 3　城市活力影响因素变量类型

变量类型	变量内容	变量代号
因变量	日间城市活力强度	Y_1
	夜间城市活力强度	Y_2

续表

变量类型	变量内容	变量代号
自变量	建筑密度	X_1
	功能设施总量	X_2
	功能设施混合度	X_3
	路网密度	X_4
	绿地覆盖度	X_5
	水体覆盖度	X_6

为了更加全面探究实时城市活力的影响因素，本次研究将一天划分为日间和夜间两大时段，总结借鉴前人文献与前文城市活力的时空变化规律，将日间划分为6:00—17:59，夜间划分为18:00—23:59。本次研究主要针对城市建成环境的物质空间因素，含空间开发强度、空间功能性、空间可达性与空间环境品质，对城市活力的空间分异造成的影响作用强度大小进行探究。计算结果见表4和表5，由此我们可以得出空间开发强度和空间功能性是影响城市活力的主要原因，空间可达性与空间环境品质是次要原因。本文所选取的典型城市活力影响要素的作用强度位序在日间表现为功能设施总量＞建筑密度＞绿地覆盖度＞水体覆盖度＞路网密度＞功能设施混合度；在夜间表现为功能设施总量＞建筑密度＞功能设施混合度＞路网密度＞绿地覆盖度＞水体覆盖度。

表4　典型影响因素指标对日间与夜间城市活力强度分异的作用力位序

变量类型	类型	变量内容	代号	日间			夜间		
				显著性	q 值	作用强度位序	显著性	q 值	作用强度位序
因变量	—	城市活力强度	Y_1/Y_2	—	—	—	—	—	—
自变量	空间开发强度	建筑密度	X_1	0.000	0.436***	2	0.000	0.427***	2
	空间功能性	功能设施数量	X_2	0.000	0.518***	1	0.000	0.497***	1
		功能设施多样性	X_3	0.000	0.032***	6	0.000	0.353***	3
	空间可达性	路网密度	X_4	0.000	0.124***	5	0.000	0.289***	4
	空间环境品质	绿地覆盖度	X_5	0.000	0.258***	3	0.000	0.239***	5
		水体覆盖度	X_6	0.000	0.197***	4	0.000	0.174***	6

表5　城市活力的四大类型影响因素对城市活力强度分异的作用力位序

	日间 q_{max}	作用强度位序	夜间 q_{max}	作用强度位序
空间开发强度	0.43652	2	0.42746	2
空间功能性	0.51752	1	0.49735	1
空间可达性	0.12436	4	0.28927	3
空间环境品质	0.25834	3	0.23941	4

5 结语

从城市活力的时空分布特征来说，由于天津市中心城区具有我国北方地区典型的单核圈层式的空间发展模式，总体城市活力空间分布特征呈现出由中心城区几何中心向外逐层扩散的圈层式形态。同时由于城市研究区受自然生态要素和城市重大基础设施分布的影响，城市活力的空间分异性特征更加显著。

天津市的城市活力的时空分布特征主要表现在城市活力强度分异的昼夜一致性较高，多因素综合作用下的城市人口空间流动发生在城市空间 5％～10％的空间范围内。夜间聚集性高于日间的区域具有向外围扩散的势态，具有明显的交通、居住和夜间经济聚集性导向；日间集聚性高于夜间的区域则有明显的功能指向性，中心城区应尽量避免因夜间闲置性功能集聚所造成的大面积空间失活。

本研究基于城市活力的空间分布特征，通过文献检索与统计分析，再针对相关因素构建相关性分析模型，选取通过显著性检验的典型城市建成环境影响因素，构建城市活力的影响因素体系。通过对城市活力的影响机制的探析，表明空间功能性是吸引城市人群集聚的源泉，城市居民可实现的日常生活需求越多，则由此产生的空间活力强度越高；空间开发强度反映城市空间容纳力，将其控制在环境容量范围内进行适度开发，这对城市活力强度提升十分必要；空间可达性对城市活力强度分异的影响与作用力则呈现由中心向外、由日间到夜间逐渐增强的态势。总体而言，本文所探究的建成环境中的物质空间要素对城市活力强度分异的影响作用力大小位序依次为空间功能性、空间开发强度、空间可达性、空间环境品质。

本次研究从城市建成环境的物质空间要素出发，从空间开发强度、空间功能性、空间可达性与空间环境品质等四大主要方面探索其对城市活力的空间分异性的影响，更多的城市活力影响因素对城市活力的作用强度规律仍然有待进一步挖掘，未来将进一步针对其他城市物质空间影响因素以及非物质空间影响因素，例如土地使用强度、房价等社会经济因素进行探究。

[基金项目：国家自然科学基金面上项目（51678393），十三五国家重要研发计划子课题（2016YFC050290202）。]

[参考文献]

[1] 张程远，张淦，周海瑶．基于多元大数据的城市活力空间分析与影响机制研究：以杭州中心城区为例［J］．建筑与文化，2017（9）：183－187．

[2] 王建国．包容共享、显隐互鉴、宜居可期：城市活力的历史图景和当代营造［J］．城市规划，2019（12）：9-16．

[3] 雅各布斯．美国大城市的死与生［M］．金衡山，译．南京：译林出版社，2005：216-230．

[4] SUNG H G，GO D H，CHOI C G. Evidence of Jacobs's street life in the great Seoul city：identifying the association of physical environment with walking activity on streets［J］. Cities，2013：164-173.

[5] 宁晓平．土地利用结构与城市活力的影响分析［D］．深圳：深圳大学，2016．

[6] 王玉琢．基于手机信令数据的上海中心城区城市空间活力特征评价及内在机制研究［D］．南京：东南大学，2017．

[7] 高磊，黄家宽，姜晓许，等．基于个体移动数据的城市活力实证研究［J］．科技创新与生产力，

2018 (5)：64-67.
[8] 刘彤，周伟，曹银贵. 沈阳市城市功能区分布于人口活动研究 [J]. 地球信息科学学报，2018 (7)：988-995.
[9] 刘云舒，赵鹏军，梁进社. 基于位置服务数据的城市活力研究：以北京市六环内区域为例 [J]. 地域研究与开发，2018 (6)：64-69.
[10] 王劲峰，徐成东. 地理探测器：原理与展望 [J]. 地理学报，2017 (1)：116-134.

[作者简介]

高子炜，天津大学建筑学院硕士研究生。
曾　鹏，副教授，天津大学建筑学院副院长、城乡规划系系主任。
孙宗耀，天津大学建筑学院博士研究生。

信息技术在建设“美丽乡村”中的规划应用与思考

□陈 佳，熊 伟，余 磊，张 瑶

摘要：2013年，习近平总书记在中央农村工作会议上强调提出，建设美丽中国，必须建设好“美丽乡村”。2014—2015年，国务院、住房城乡建设部相继印发了《关于改善农村人居环境的指导意见》《关于改革创新、全面有效推进乡村规划工作的指导意见》，明确要求积极利用数字信息技术和互联网服务平台，提升乡镇村庄规划管理水平。为进一步落实乡村规划要求，促进规划编制的科学性，加强规划管理能力，本文应用GIS等信息技术，在全域乡村信息采集、村庄竞争力评价指标体系构建及开展综合评估、建设规划管理平台等方面进行了规划应用实践和思考。

关键词：美丽乡村；乡村规划；信息技术；综合评估；规划管理

1 引言

十九大报告指出，“实施乡村振兴战略。农业农村农民问题是关系国计民生的根本性问题，必须始终把解决好‘三农’问题作为全党工作重中之重。”实施乡村振兴战略，必须做好乡村规划，但长期以来，乡村规划没有得到应有的重视，往往没有做详细、彻底的现状调查和科学的规划分析。新时期下面对乡村发展影响因素的复杂化，既要摸清乡村的土地利用、基础设施及房屋宅基地情况，又要衔接上层级规划对乡村经济、用地、生态等系列规划控制要求，需要详细精准的数据支撑。充分利用现代化信息技术，让乡村规划更加合理科学，是乡村振兴新形势下乡村规划编制与管理工作的大势所趋。

随着计算机技术在我国规划界的普及和推广，地理信息系统（GIS）在规划界开始得到广泛的应用，越来越多的定量分析手段被引入规划工作中，实现对规划方案的定性、定量分析，从而保证规划的科学性。

为落实优化乡村空间布局、提升农村资源利用、保护和传承文化、留住乡愁等具体要求，顺利推进全市乡村规划编制与实施，提高规划编制水平，引导村庄有序建设，促进农村经济社会全面协调可持续发展，并实现乡村规划“一张蓝图”管理目标，进一步提升乡村治理能力，当前乡村规划需进一步结合信息技术以实现突破和创新。

2　乡村规划的困难点分析

2.1　乡村规划面临的主要问题

总体来看，近年来，通过推进城乡一体化和开展新农村建设活动，各级政府做了大量工作，全国各地乡村规划的实践都在不断推动，取得了一些成果，但是乡村建设规划中仍然存在诸多问题，主要表现在以下几方面。

（1）调研难度大，现状数据缺乏整理。

现状数据是否完备、准确是影响规划编制成果科学性的重要因素之一。长期以来，由于经费、技术手段等多种原因，我国农村地区人口、经济、产业、用地、设施等各方面数据的收集、整理和保存相对缺乏，导致规划编制时无法精准地掌握规划区域内的现状信息。因此，通过相应技术手段，推动乡村规划中现状基础数据的收集、整理、存储和更新，是本次乡村规划“一张图”平台建设的重要内容之一。

（2）技术力量薄弱，数据质量不一。

乡村方面的编制标准、实施制度、相关政策及规划覆盖程度相对薄弱，导致村庄现有的现状信息和规划编制的数据质量、覆盖范围参差不齐。

（3）规划之间衔接缺乏技术支撑。

首先，城市规划与土地规划的协调是两规合一最基本的要求，而实际中，广大农村地区存在着大量的城市规划与土地规划不相符的情况。其次，除用地规划外，乡村规划还涉及交通、环保、水务、文化等不同方面的专项规划，这些规划由不同的主管部门负责，相互之间缺乏协调。在集中建设区中，主要通过构建“多规合一”的技术平台，支撑多规之间的衔接，在乡村规划中值得借鉴。

（4）规划缺少反馈，公众参与不足。

无论是城市规划，还是乡村规划，规划编制过程中公众意见收集和规划实施反馈都是整个规划生命周期中非常重要的一环。而在乡村建设规划中，由于村湾量大面广，分布零散，以及村庄空心化与人口老幼化现象显著，导致在农村地区进行公众参与面临着更大的挑战，需采用相应的工具和技术手段来支撑公众参与。

（5）缺乏全域的综合评判，自身统筹缺失。

部分乡村规划，特别是村庄建设实施性规划，一方面由于项目范围小，区位过于偏远，基础资料薄弱；另一方面由于规划目标单一，项目组往往只关注项目本身的规划建设情况，对周边的规划布局情况及其他专项不关注，经常会出现乡村项目过多关注本项目的建设空间，缺乏对全域要素的整体谋划。

（6）缺少统一的衔接平台，规划落实不力。

对于规划编制与落实，基层普遍存在认识不高、重视不够的问题。在不少干部群众看来，规划只是“纸上画画，墙上挂挂”，供应付上面检查用的，没有把建设规划的编制与落实提上重要的议事日程。对于规划的落实，由于缺乏群众的认可和支持，加之一些部门受利益驱使，对一些无规划施工或违反规划施工的行为没有能够做到及时处理或处理不力，直接影响到规划的落实。本次乡村规划“一张图”平台的建立也在尝试使用一些技术手段来监督规划的落实。

2.2 信息技术助推规划创新

（1）信息技术在规划行业的应用日趋广泛。

随着经济与科技的发展，信息技术已经逐渐融入社会公众的生产生活中，并在社会各领域获得了广泛的应用与普及。城市规划工作也随着信息化时代的到来进行不断地改革与创新，从当前规划工作的现状调研、规划编制、公众参与、规划评估、规划管理、规划实施与监督等各个阶段，信息技术无不得到充分的应用，而且随着新技术新方法的出现，规划方法也在向前迈进。与传统的规划方法相比，在城市规划工作中充分利用信息技术，可以提高规划设计的科学性与可行性，从而为城市建设提供更为可靠的设计方案，为社会公众提供更为安全、舒适的生产生活条件。

（2）定量规划理念在规划中的应用凸显。

定量城市研究是在一些理论基础上，采用各种数据、各种技术方法，致力科学地理解城市，找到城市存在的一般规律，诊断城市存在的问题，通过科学模拟找到解决问题的方案。当前，GIS 技术的深入应用、大数据时代的信息爆炸、“互联网＋”方法的普及、公众参与的推广以及其他相关技术的出现，使得量化规划恰逢其时。

（3）信息技术在规划方案的实施与管理应用逐渐成熟。

在规划方案的实施操作方面，GIS 可用于项目建设方案的审查、方案评价、土地开发强度控制、协调各个建设部门的关系等。在传统的规划数据的管理中，规划数据的图形与属性数据分开保存，这对数据的更新、维护、查询等带来很大的困难，而 GIS 是利用数据库技术实现图形与属性的有机结合，进而可根据规划调整的情况自动完成图形与数据的一致性更新，实现规划数据的动态管理。

3 信息技术支撑建设“美丽乡村”规划中的解决思路

引入新技术和新方法，革新镇村体系规划思路，让规划更科学。以 GIS 技术、定量规划思路及互联网技术的应用，让规划过程通过客观的数据来说话，使规划工作更科学成为现实。

（1）构建“互联网＋”的数据采集系统，实现乡村现状的精准解读。

运用“互联网＋”思维，搭建“众调”平台，对乡村现状信息进行精细化收集和标准化处理，形成空间一致、坐标吻合、多源叠加的乡村规划“一张底图”，为乡村规划和建设发展提供数据基础。

（2）构建量化评估体系，提升规划编制科学性。

从乡村发展理念、经济产业、空间布局、人居环境、生态环境、文化传承等问题出发，建立定量评价体系，构建村庄发展的竞争力评价模型。准确梳理乡村现状情况，并为优化乡村空间布局提出规划建议。

（3）构建规划管理系统，指导乡村建设发展。

对全市现状、基础地理及公众参与等不同类型的数据进行分层梳理，形成类数据框架；按照不同层级、不同类型数据管理要求，进行数据分级显示组合，形成“一张蓝图”的空间管控图层，指导规划管理建设实施。

4 信息技术在乡村规划中的应用与实践

本文结合 GIS 等信息技术在《全域新洲乡域空间体系实施规划》中的应用，对实践过程和结论进行阐述。

4.1　现状信息采集

4.1.1　建设路线

运用“互联网+”思维，搭建“众调”平台，提供现状信息时时采集和动态更新工具。同时以传统问卷调查的方式，对采集信息进行补充完善。

4.1.2　信息采集内容

以人为本，全面实现范围内相关村庄人口、社会经济、土地利用、产业分布、历史资源等各类空间要素的信息采集。

4.1.3　信息采集情况

构建个人计算机（PC）端设施信息采集平台，实现对经济、人口、产业等数据的动态输入（图 1）。需录入的信息包括基本情况、人口情况、建设情况、公共设施情况、基础设施情况、产业情况。

同时可以添加村委会、文化室、卫生室、幼儿园、中学、小学等设施的定位，并可上传相关现状图片（图 2）。

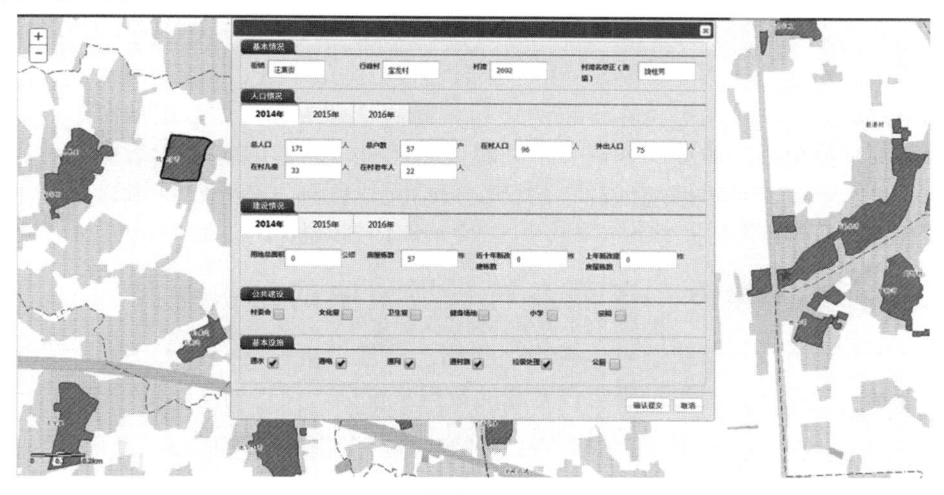

图 1　PC 端村委信息采集界面

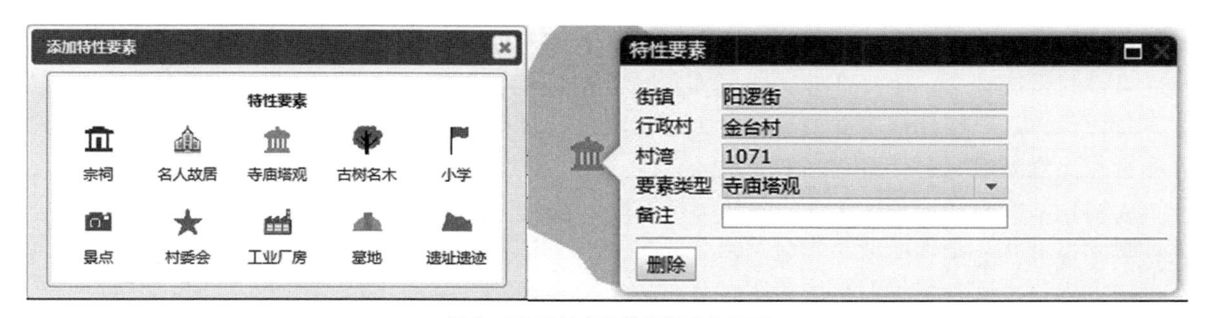

图 2　PC 端村庄设施信息采集界面

构建移动端信息采集平台，采用“互联网+”思维，适应分散数据采集、野外调研的需求，开展系统建设（图 3）。功能主要包括二维码扫描登记、野外图斑定位与导航、信息采集与图片上传等。

图 3　移动端村庄信息采集界面

4.2　现状评估模型

4.2.1　建设路线

从乡村发展理念、经济产业、空间布局、人居环境、生态环境、文化传承等问题出发，建立定量评价体系，构建村庄发展的竞争力评价模型。

4.2.2　模型构建

项目通过前期研究，综合选取区位、人、地、房、产、设施、资源等 7 类共 21 项评价指标建立评价模型，对各镇村发展的潜力进行量化、标准化分析，为镇村布局规划提供客观依据（表 1）。其中，历史资源作为刚性保留因子，生产条件作为条件不参与综合模型计算，为村庄竞争力评价修正指标。

表 1　村庄竞争力评价指标体系一览表

一级指标	二级指标
区位条件	临等级道路条数、临景观资源、临工业企业
人口规模	总人数、留守人口规模
建成规模	村湾建成面积
更新改造	5～10 年居住建筑建新比
生活条件	村委会、小学、村卫生室、村文化室、村体育活动室/场、农产品交易市场、通路、通自来水、通电、通网络
生产条件	农业大户、土地流转
历史资源	历史名村、历史遗存

在方法上，采用数学概念中的多准则多目标评价，可以通俗地理解为多因子权重叠加法。在技术实现上，采用 GIS 分析技术。GIS 具有强大的空间地理数据管理和分析功能，并能直观显示分析结果，为具有空间属性特征的用地评价提供了一种有效工具。其基本表达形式为：

$$S=\sum_{i}^{n}W_iX_i$$

式中，S 为村湾竞争力得分，W_i 为第 i 个影响因子的权重，X_i 为第 i 个竞争力影响因子的分区等级的数量化值，n 为需要考虑的竞争力影响因子的数量（表 2、表 3）。

表2　村庄竞争力评价指标评分详表

一级指标（权重 W_1）	二级指标（权重 W_2）	竞争力评价（分值 Pi）	
A：区位条件（0.25）	A1：临等级道路数（0.6）	$X_{A1} \geqslant 3$	10分
		$X_{A1}=2$	8分
		$X_{A1}=1$	5分
		$X_{A1}=0$	0分
	A2：临景观资源（0.2）	X_{A2}=有	10分
		X_{A2}=无	0分
	A3：临工业企业（0.2）	X_{A3}=有	10分
		X_{A3}=无	0分
B：人口规模（0.25）	B1：总人口规模（0.4）	$X_{B1} \geqslant 600$	10分
		$600>X_{B1} \geqslant 450$	8分
		$450>X_{B1} \geqslant 300$	5分
		$300>X_{B1} \geqslant 150$	2分
		$150>X_{B1}$	0分
	B2：留守人口规模（0.6）	$X_{B2} \geqslant 300$	10分
		$300>X_{B2} \geqslant 200$	8分
		$200>X_{B2} \geqslant 100$	5分
		$100>X_{B2} \geqslant 50$	2分
		$50>X_{B2}$	0分
C：建成规模（0.25）	C1：村庄建成面积（0.6）	$X_{C1} \geqslant 10\ hm^2$	10分
		$10>X_{C1} \geqslant 6.6\ hm^2$	8分
		$6.6>X_{C1} \geqslant 3.3\ hm^2$	5分
		$3.3>X_{C1} \geqslant 1.5\ hm^2$	2分
		$1.5>X_{C1}$	0分
D：更新改造（0.10）	C2：5—10年居住建筑建新比（0.4）	$X_{C2} \geqslant 80\%$	10分
		$80\%>X_{C2} \geqslant 70\%$	8分
		$70\%>X_{C2} \geqslant 40\%$	5分
		$40\%>X_{C2} \geqslant 10\%$	2分
		$10\%>X_{C2}$	0分
E：生活条件（0.25）	D1：村委会（0.2）	$X_{D1 \sim D9}$=有	10分
	D2：小学（0.2）	$X_{D1 \sim D9}$=无	0分
	D3：村卫生室（0.1）		
	D4：村文化室（0.1）		
	D5：村体育活动室/场（0.1）		
	D6：农产品交易市场（0.1）		
	D7：通路（0.05）		
	D8：通自来水（0.05）		
	D9：通电（0.05）		
	D10：通网络（0.05）		

表 3　村庄竞争力评价修正指标表

一级指标	二级指标	指标属性	竞争力评价
区位条件	位于不适宜建设区	刚性搬迁因子	绝对竞争劣势
	位于临城镇集中建设区	刚性搬迁因子	
人口规模	总人口规模（低于 300 人）	刚性搬迁因子	
建成规模	村庄建成面积（低于 3.33 hm^2）	刚性搬迁因子	
生活条件	小学	刚性保留因子	绝对竞争优势
	村委会	刚性保留因子	
历史资源	历史保护价值（历史名村）	刚性保留因子	
	其他历史遗存（古树、宗祠）	修正因子	相对竞争优势
生产条件	农业大户	修正因子	
	土地流转	修正因子	

4.2.3　街道（乡、镇）级村庄发展的竞争力评价实践

基于信息采集的基础数据，从地形地貌、人口规模、建成规模、生活条件等方面分别进行数据处理，形成单项的评价因子结果和统计表，按照评价模型公式，利用 GIS 的空间叠加手段，综合计算各个村湾之间的竞争力分值，形成村湾竞争力分析图，统计各个层级的村湾数量和占比情况，为后续的规划编制工作提供数据支撑和决策依据。

（1）地形地貌。

地形地貌形态特征是城市发展建设的天然制约因素之一，本文主要从高程、坡度、坡向三个方面内容研究汪集街的地形地貌形态特征，分析研究区域内土地建设适宜性刚性影响条件情况。

（2）区位条件。

区位条件决定了目前村湾的发展潜力，主要包括自然区位条件、交通区位条件、工业区位条件。研究中分别把乡镇现状道路建设情况、工业企业分布情况、特色景观资源分布情况三个重要区位条件内容纳入村湾竞争力的评价体系中（图 4 至图 6）。

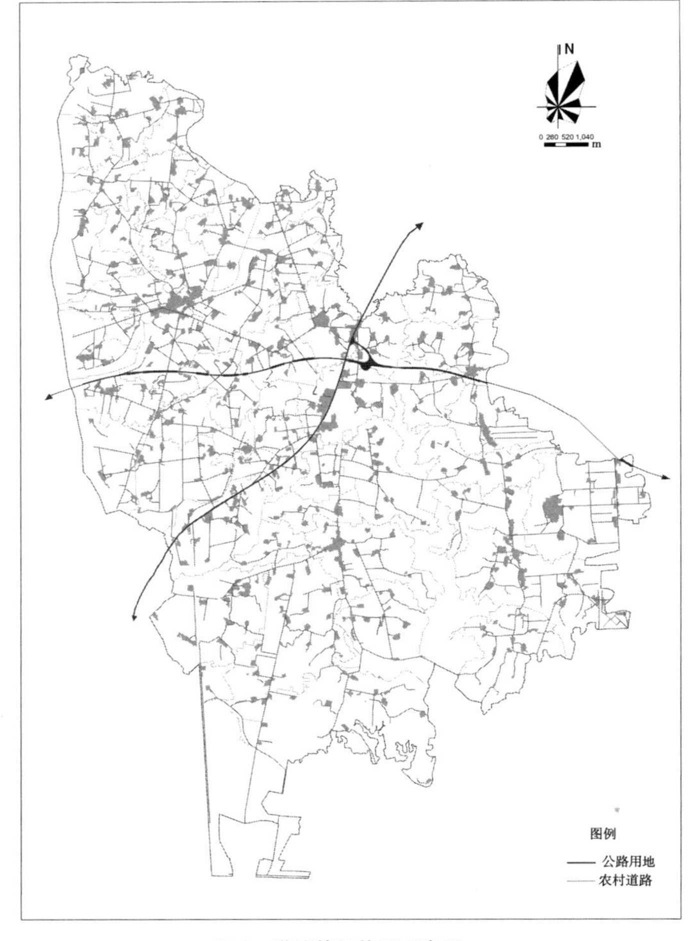

图 4　道路等级体系示意图

图5　工业企业分布示意图

图例
▲ 特色资源

图6　特色资源分布示意图

（3）人口规模。

人口是村湾存在的本质，人口规模的大小也侧面反映了村湾的级别和重要性，是村湾布局规划应考虑的不可缺少的一项内容。规划布局应综合考虑各个村湾户籍人口、外出人口、留守人口、年龄段人口等人口因素，得出合理的规划方案（图7至图10）。

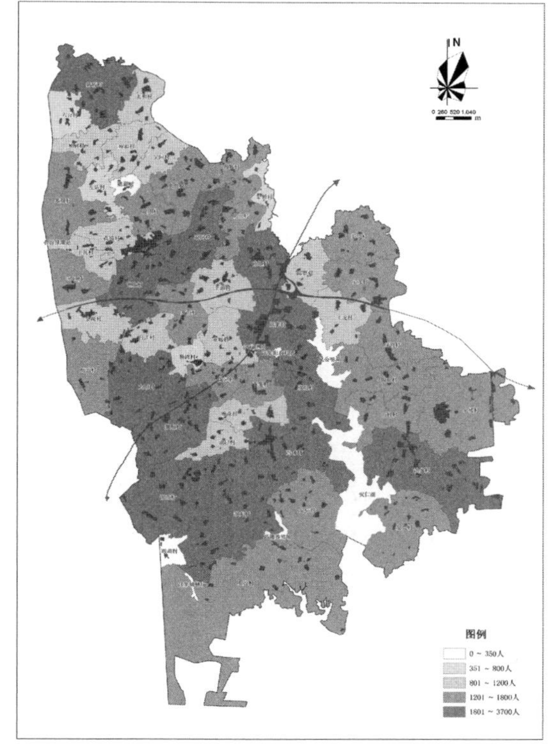

图7　行政村人口分布示意图

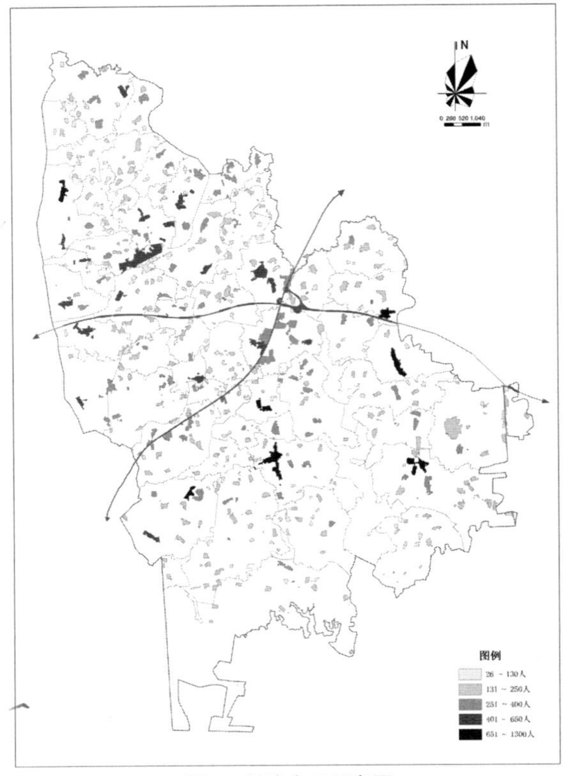

图 8　村湾人口示意图

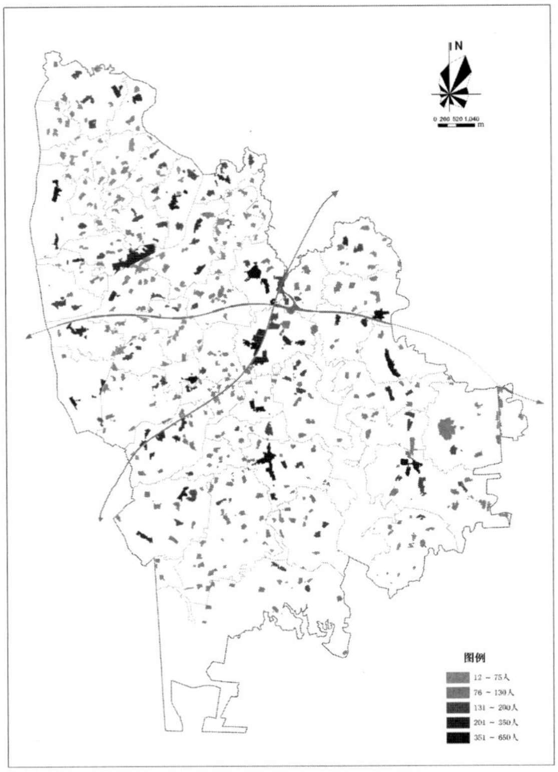

图 9　村湾留守人口示意图

图 10　150 人以下村湾分布示意图

（4）建成规模。

现状村湾面积大小、建成规模和近年来房屋的新建、翻新情况都是村湾布局规划中关注的重要内容之一，研究中通过数据采集，从村湾建设规模因素方面判定了影响级别，形成了相关图纸并提出了简要分析结论（图 11 至图 13）。

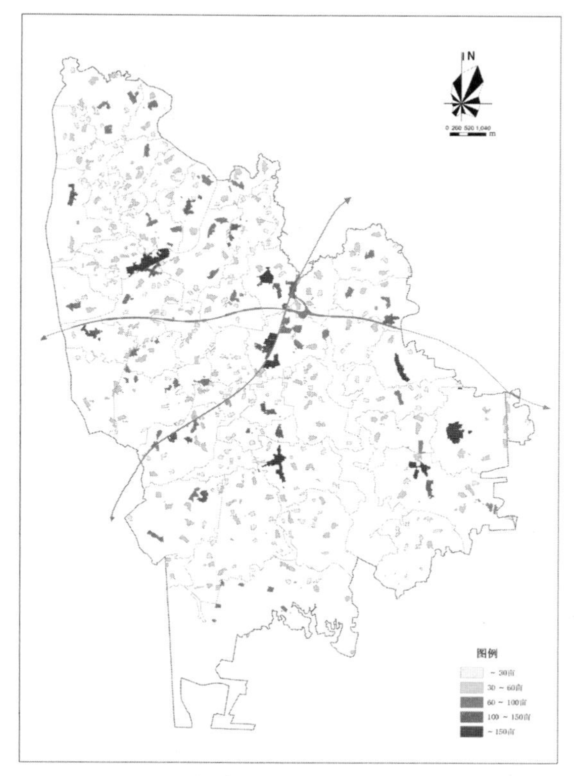

图 11　村湾建成规模分布示意图

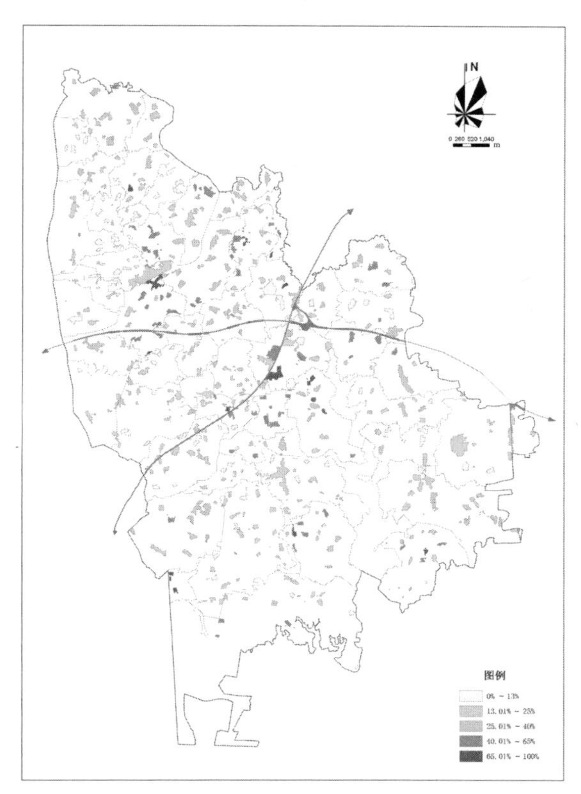

图 12　村湾建新比分布示意图

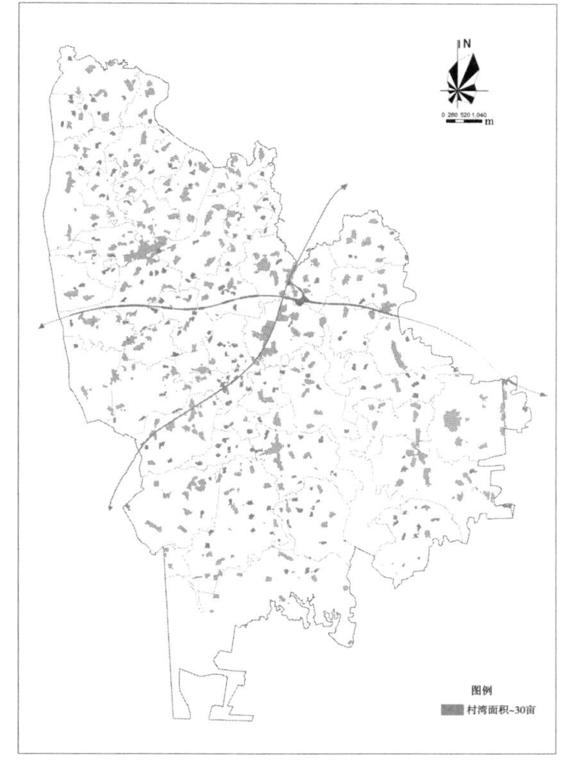

图 13　30 亩以下村湾分布示意图

（5）生活条件。

村湾的生活条件因素主要是生活保障中的基础设施、公共服务设施两类，研究中重点对村委会、小学、文化室、卫生室的分布情况，以及村湾路、水、电、网基础设施通达度进行了量化分析（图 14 至图 21）。

图 14　村委会分布示意图

图 15　小学分布示意图

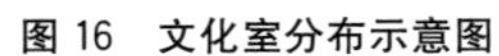
图 16　文化室分布示意图

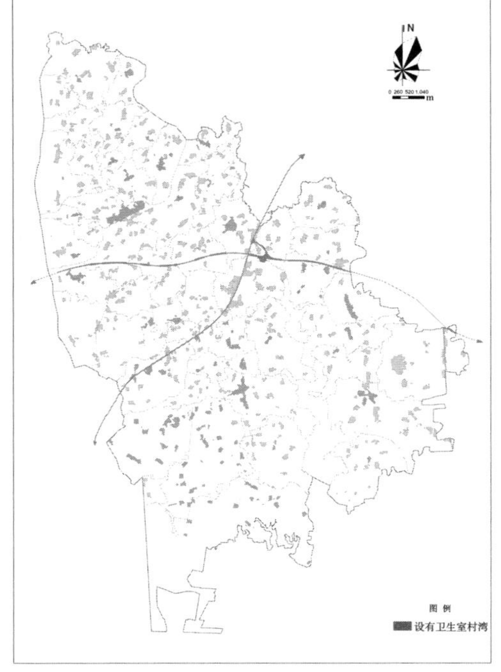

图 17　卫生室分布示意图

图 18　通路情况分布示意图

图 19　通水情况分布示意图

图 20　通网情况分布示意图

图 21　通电情况分布示意图

（6）影响因子综合模型分析。

按照评价模型公式，利用 GIS 的空间叠加手段，形成了村湾竞争力分析结果（图 22，表 4）。

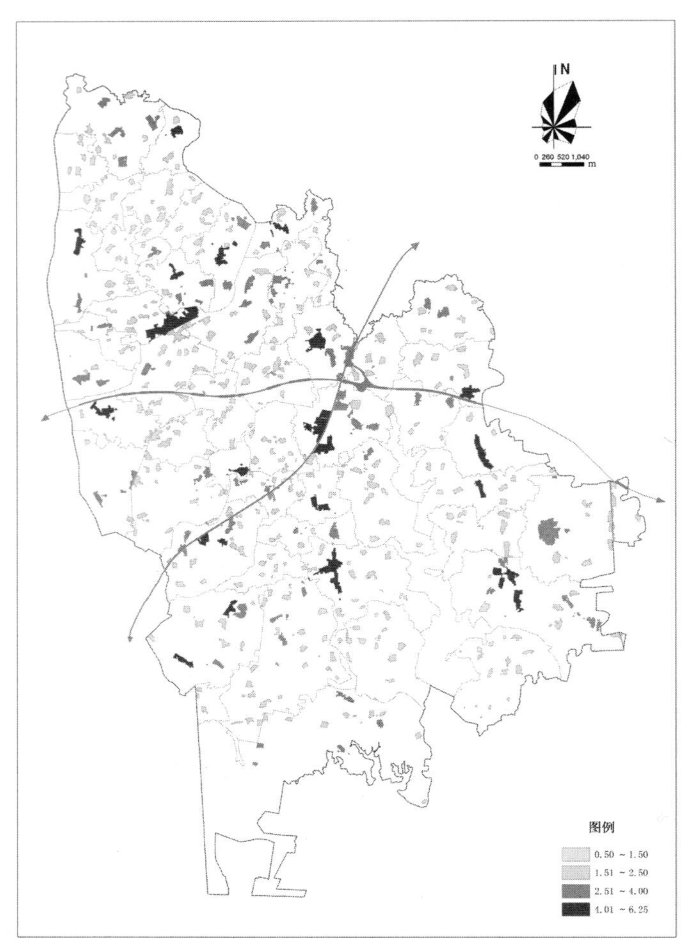

图 22　武汉市新洲区汪集街村庄发展的竞争力评价结果示意图

表 4　汪集街村湾竞争力统计表

竞争力分值	4.0～6.5	2.5～4.0	1.5～2.5	0.5～1.5	合计
村湾数量（个）	22	55	140	164	381
占比（%）	5.77	14.44	36.75	43.04	100.00

4.3　规划管理平台

对全市现状、基础地理及公众参与等不同类型的数据进行分层梳理，形成了现状、规划、审批、公众参与等四大类数据框架。按照不同层级、不同类型进行数据组织，对不同专项、专题数据进行拼接和符号化制作，完成了数据库建设。按照总规、分规、控规、详规的管理要求，进行数据分级显示组合，形成了“一张蓝图”的空间管控图层，指导规划管理建设实施。

5　结语与展望

乡村规划是对乡村未来一定时期内发展做出的综合部署与统筹安排，是乡村开发、建设与管理的主要依据。广大的乡村地区土地面积远超城市集中建设发展区域，但数据积累匮乏，建设“美丽乡村”，实现乡村振兴，做好乡村规划还存在极大的挑战。本文采用 GIS 等信息技术，搭建了“互联网＋”的数据采集系统，构建量化评估体系，建设规划管理集成系统，探索了从乡村规划编制到规划管理的实施路径。

随着科技技术的发展，结合城市发展的需求和乡村自身的建设诉求，以信息技术为基础的规划思路还可以不断创新和提升。乡村在人口流动、土地利用、自然地貌等方面变动较为频繁，要持续、动态开展信息收集，做好数据积累。结合乡村治理，建立实施监督动态化机制，实现规划实施状况的动态监测和动态评估，提升乡村建设治理能力。

［参考文献］

［1］何爱，黄悦．地理信息技术在村庄规划的应用探索［J］．山西建筑，2017（7）：8-9.
［2］张晓瑞，周国艳．GIS 在城市规划中的应用［J］．地理空间信息，2009（6）：64-66.
［3］牛强．城市规划 GIS 技术应用指南［M］．北京：中国建筑工业出版社，2012.
［4］李亚萌，于鑫．GIS 技术在城乡规划中的应用及发展［J］．智能城市，2016（3）：57.
［5］程永辉，杨海娟，李建伟，等．乡村振兴战略下乡村空间规划及建设管理信息平台研究：以富平县岔口村为例［C］//中国城市规划学会．共享与品质：2018 中国城市规划年会论文集．北京：中国建筑工业出版社，2018.

［作者简介］

陈　佳，助理工程师，任职于武汉市规划研究院。
熊　伟，高级工程师，任职于武汉市规划研究院。
余　磊，高级工程师，任职于武汉市规划研究院。
张　瑶，工程师，任职于武汉市规划研究院。

基于空间数据的不动产融合架构设计与应用

□阮怀照，郑汉宇，史青松

摘要：随着我国城市高度信息化的发展、智慧城市建设的兴起，激发了不动产登记数据和不动产权籍调查数据的空间化需求。因此，本文首先基于数据库工艺流程，具体研究了如何开展基于空间数据的不动产数据梳理、分析和融合，建立标准化、空间化、数据关联的不动产数据整合库；然后探讨了空间化的融合数据在不动产数据生态系统中的支撑作用及融合架构设计；最后叙述了融合后不动产数据成果的应用方向，以及对未来的系统建设进行了展望。

关键词：不动产；空间数据；数据融合；架构设计；应用

1 引言

2013 年 12 月，中央编办发布《关于整合不动产登记职责的通知》（中央编办发〔2013〕134 号），明确规定国土资源部指导监督全国土地登记、房屋登记、林地登记、草原登记、海域登记等不动产登记工作。2015 年 3 月 1 日，《不动产登记暂行条例》正式施行。2018 年 3 月，第十三届全国人民代表大会第一次会议表决通过了关于国务院机构改革方案的决定，批准成立中华人民共和国自然资源部。自然资源确权登记局作为机构改革后自然资源部的内设机构，承担指导监督全国自然资源和不动产确权登记工作。2019 年 7 月，修订了《不动产登记暂行条例实施细则》。

尽管目前自然资源确权职能机构已完成了初步整合，但在不动产数据方面，仅仅是将原先分散在各个不动产确权部门的数据进行简单的收集汇总，而由于此前各类不动产权籍调查和登记所依据的标准规范、技术、方法、路线都不尽相同，导致现有的各类不动产数据在数据类型、空间参考、数据精度、计量单位等方面无法统一，同名异质和同质异名的问题严重。如果多源异构的不动产登记数据难以有效地整合关联，将会对不动产登记管理信息化建设带来巨大障碍。与此同时，随着我国城市高度信息化的发展、智慧城市建设的兴起，也激发了不动产登记数据和不动产权籍调查数据的空间化需求。因此，如何基于空间数据开展不动产数据梳理、分析和融合，建立标准化、空间化、数据关联的不动产数据融合架构，空间化的不动产数据如何海量、高效、安全地支撑数据生态系统，以及研究融合后不动产数据的具体应用方向具有非常大的实际价值。

2　数据整合库建立

2.1　数据库工艺流程

整合、集成和规范不动产权流程中所包含的各类数据，进行统一的标准化和空间化处理，构建不动产数据整合库。主要是以空间数据为主，非空间数据为辅，从数据采集、数据整理、空间处理、数据入库、数据更新等各个方面，给出全面的不动产数据整合库设计思路。本文基于数据库工艺流程，根据梳理的不动产数据库中空间数据分层分类结果，以及空间化后非空间属性字段数据之间的关联关系对数据进行建库整合，建立准确、动态、高效的不动产数据生产、管理和服务体系。数据内容主要包括自然资源、房产、测绘等部门的不动产空间数据及空间化的非空间属性字段数据，为不动产数据的业务应用提供高效、准确的数据支撑（图 1）。

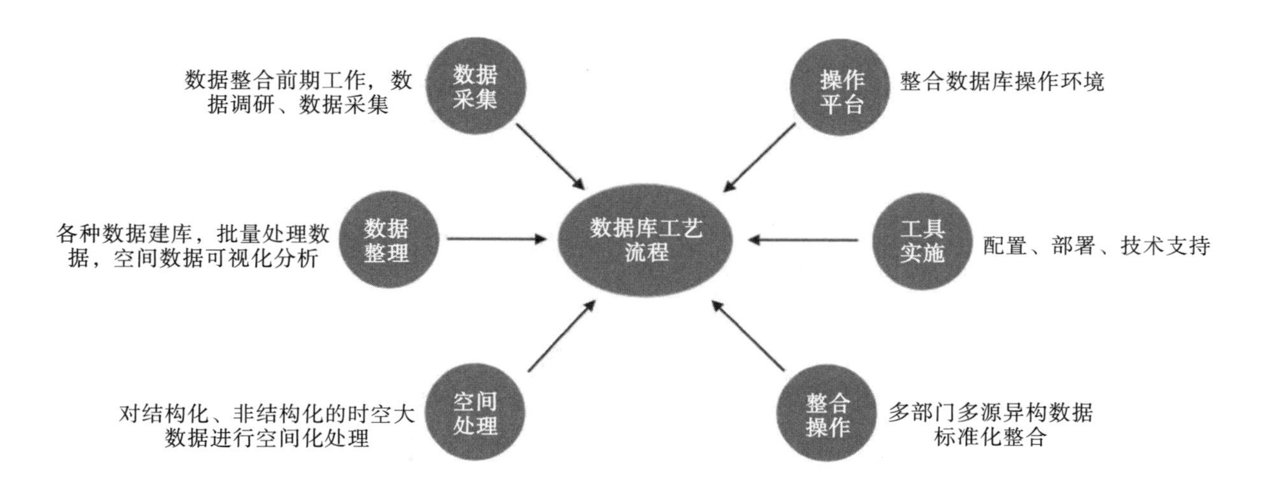

图 1　数据库工艺流程图

2.2　数据整理

本文提出“三二理论”——“二理、二分、二统一”，为基于空间数据的不动产数据整合入库提供有力支撑，主要分为以下三步。

（1）第一步：“二理”。

一理：梳理数据分类。首先根据《不动产登记数据库标准（试行）》《不动产登记数据库整合建库技术规范（试行）》《不动产登记信息管理基础平台建设总体方案》等技术规范和标准构建统一的比例尺、空间参考坐标系，根据编码规则构建唯一标识码，最重要的就是需要对所有入库前的数据进行相应的检查。然后根据不动产登记业务体系和现有标准化数据情况，进行不动产确权登记体系的梳理与描述。

二理：理清数据关系，明确数据来源。根据不动产业务流程，对每一份数据梳理其最清晰的数据流路径，避免一数多源。

（2）第二步：“二分”。

一分：不动产数据类型分为空间数据、未空间化的非空间属性数据、已空间化的非空间属性数据、纸质/电子文档数据及其他数据五大类，针对不同的数据类型进行标准化处理，建立数据整合库及入库秩序，保证数据的有序存储和便捷使用（图2）。

二分：数据库分为不动产更新数据库、数据湖和元数据库。

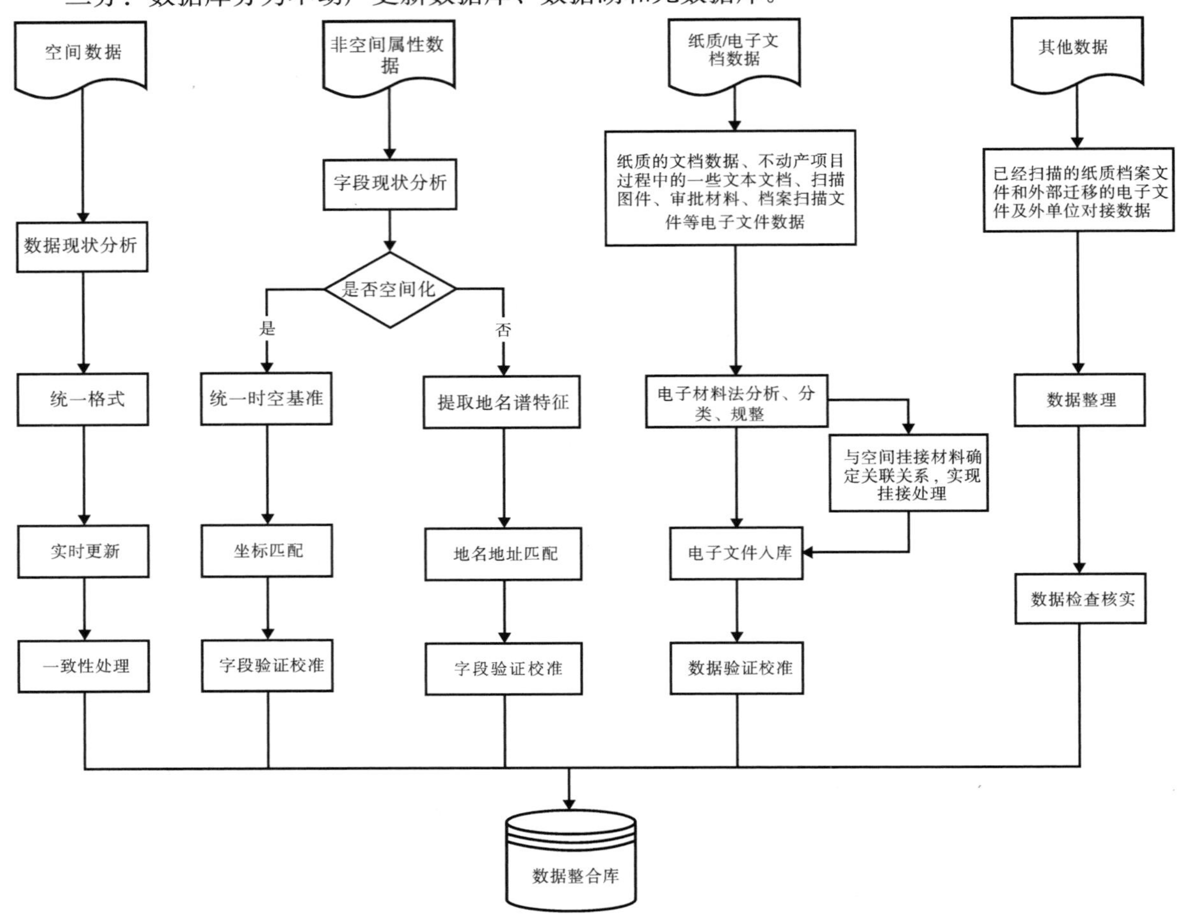

图2　数据整合入库流程

（3）第三步："二统一"。

结合地区不动产数据现状，按照标准规范体系，制定数据整合库建库工作方案，并由各责任主体完成数据资源的整合建库，最终实现基于空间数据的不动产数据资源的"统一调用"和"统一管理"，保障涉密数据的使用安全，以统一标准的版本，解决不同层次、不同部门、不同业务的应用服务需要，为各项管理功能提供准确、全面的数据参考。

2.3　数据融合共享

按照"融合共享，分类管理"原则，对各类不动产数据进行融合共享，并对不同类型的数据采用不同的数据融合技术。为了支撑基于空间数据的不动产信息共享系统的运行，须建立标准化和空间化的综合数据库，建立准确、动态、高效的基于空间数据的不动产信息共享服务体系，为业务高效管理与科学决策提供数据支撑。

2.3.1　数据逻辑架构

在不动产数据逻辑架构中，应以空间数据为主，对其进行时空标识，即将非空间属性数据融入空间数据中，使得空间数据具有时效性（时间标识）和明确性（属性标识）。

（1）空间数据。

在整合空间数据的过程中，往往将不同类别、不同级别的空间地理要素进行分层存放，每层存放一种专题或一类信息。在同一层信息中，数据一般具有相同的几何特征和相同的属性特征。对空间数据进行分层管理，能提高数据的管理效率，便于数据的二次开发与综合应用，实现资源共享。空间数据分层可以按专题、时间和垂直高度等方式来划分。按专题分层就是根据一定的目的和分类指标对地理要素进行分类；按时间序列分层则可以从不同时间或时期进行划分，时间分层便于对数据的动态管理，特别是对历史数据的管理；按垂直高度划分是以地面不同高度来分层，这种分层从二维转化为三维，便于分析空间数据的垂向变化，从立体角度去认识事物的构成。

（2）非空间属性数据。

首先对非空间属性数据进行空间化处理。将部分带有空间位置坐标信息的数据，经过统一时空基准后，实现数据的集成；而部分自身没有空间坐标信息，但在属性项中蕴含了地名地址或地名基因的数据，则要结合汉语分词和数据比对技术，通过基于语义和地理本体的统一认知，实现高效、精准、实用的地名地址匹配定位。

然后对空间化后的非空间属性数据进行关联性分析。按照不动产单元编码规则进行不动产单元编号，用宗地代码把宗地和不动产单元进行空间关联，用不动产单元编号把不动产和不动产权利关联，用业务号实现不动产权利和登记过程的关联，最终实现不动产非空间属性数据之间相互关联。

通过不动产单元编码建立不动产单元、权利及权利人之间的关联关系，通过业务号建立不动产权利和登记业务的关联关系，通过组织机构代码建立权利和法人的关联关系（图 3）。

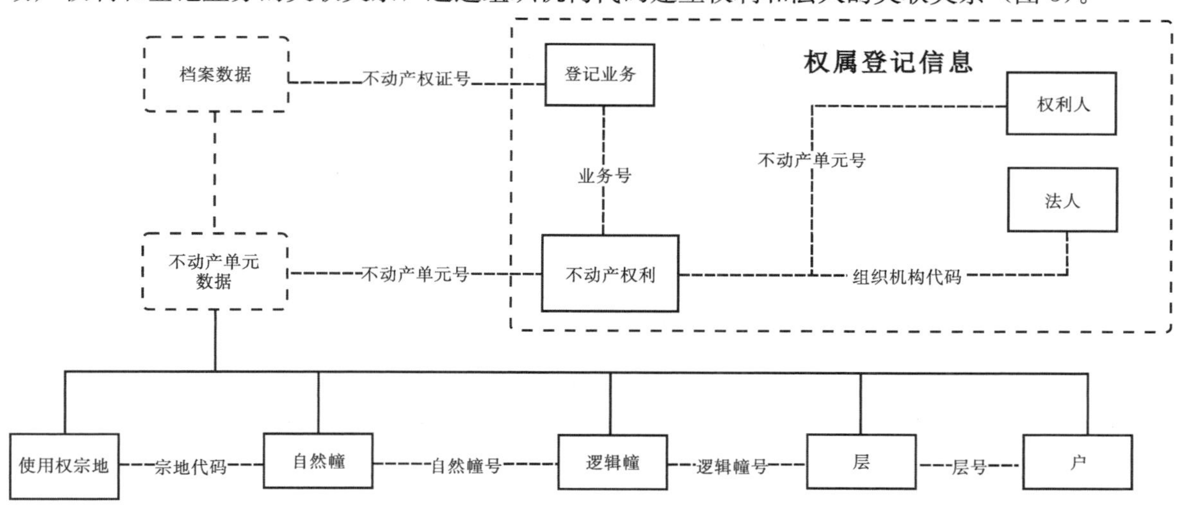

图 3　非空间属性数据关联图

2.3.2　数据分库架构

数据分库架构包括不动产更新数据库、数据湖、元数据库三部分，并基于三部分之间的关联关系建立不动产数据生态系统（图 4）。

（1）不动产更新数据库。

不动产更新数据库包含不动产业务数据、国土调查数据、宏观经济数据、物联网实时感知数据和互联网在线抓取数据等。不动产业务数据伴随着不动产业务全流程实时更新，存储在不动产更新数据库中。国土调查数据也伴随着调查程度实时汇总到库中，比如土地利用现状调查数据、不动产权籍调查数据、专项调查数据等。

（2）数据湖。

当更新完成后，所产生的数据即成为成果数据，经过标准化与空间化处理后，汇入数据湖中，提供给各类业务应用。数据湖中也存储基础时空数据（矢量数据、影像数据、高程模型数据、地理实体数据、地名地址数据、三维模型数据等）、公共专题数据（法人数据、人口数据、宏观经济数据、地理国情普查与监测数据等）及业务数据等，作为共享、查询、统计或空间可视化分析使用。数据湖中的数据经过国土空间基础信息平台共享给各类应用。

（3）元数据库。

元数据库用来记录哪些数据在不动产更新数据库中、哪些数据在数据湖中、数据的基本情况是什么等。即通过元数据来管理全部的数据，也可以是用于前两个数据库的补充说明。

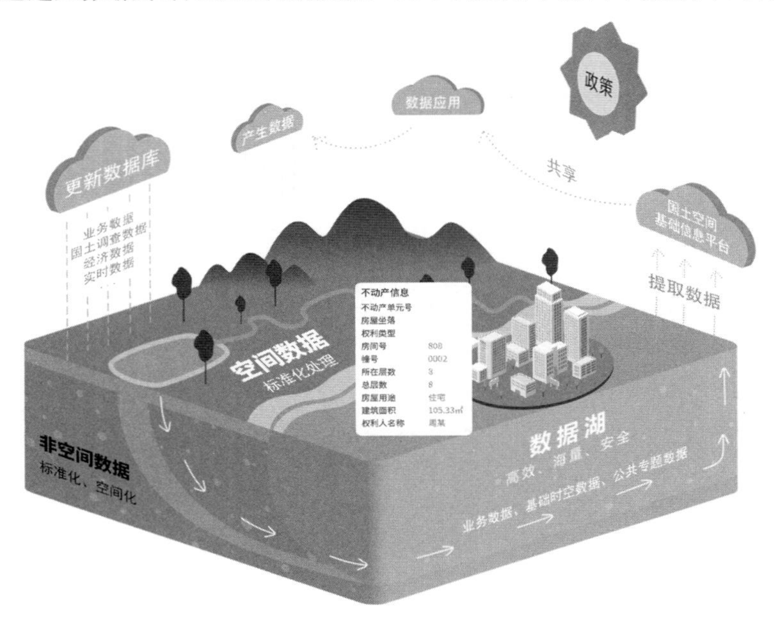

图4　不动产数据湖生态系统

2.3.3　数据存储架构

无论是不动产更新数据库、数据湖还是元数据库，它们的存储主要是三种形式：结构化非空间存储（如表格数据、属性字段数据）、结构化空间存储（如矢量空间数据）、非结构化存储（如规划文本、档案数据）。不动产更新数据库和数据湖中都包含结构化的属性数据，也包含结构化的空间数据，同时也有非结构化的一些档案等。元数据库一般存储在结构化属性数据中。

3　数据融合架构设计

基于空间数据的不动产融合架构，可通过层次化的设计模式、面向服务的架构技术（SOA），通过不同功能单元（服务）的拆分搭建，将数据与应用独立开来，利用不同服务之间定义良好的接口和协议连接，保障各应用服务的高度稳定性和可扩展性。

在统一的国家和行业标准规范体系与系统运维安全保障体系支撑下，将不动产行业相关的基础空间数据、业务数据、审批数据、税务数据、公共专题数据、档案数据等多元数据进行技术性梳理、分析、整合，形成包含不动产更新数据库、数据湖、元数据库、交互共享数据库及其他数据库的数据中心，以存储各类数据资源及各类数据间的映射关系。数据中心将数据汇入国土空间基础信息平台中，通过GIS地理信息技术、协同办公服务、数据共享服务、统计分析服务、移动支付服务等应用支撑与接口对接服务，以数据交换共享的方式，打破不动产管理部门上下级之间、与横向相关部门之间的数据信息传输壁垒，实现不动产信息横纵立体式的互联互通与联动共享，为不动产登记、企业登记、城市规划模拟、房屋买卖登记、房屋租赁登记等不动产应用提供坚实的数据支撑（图5）。

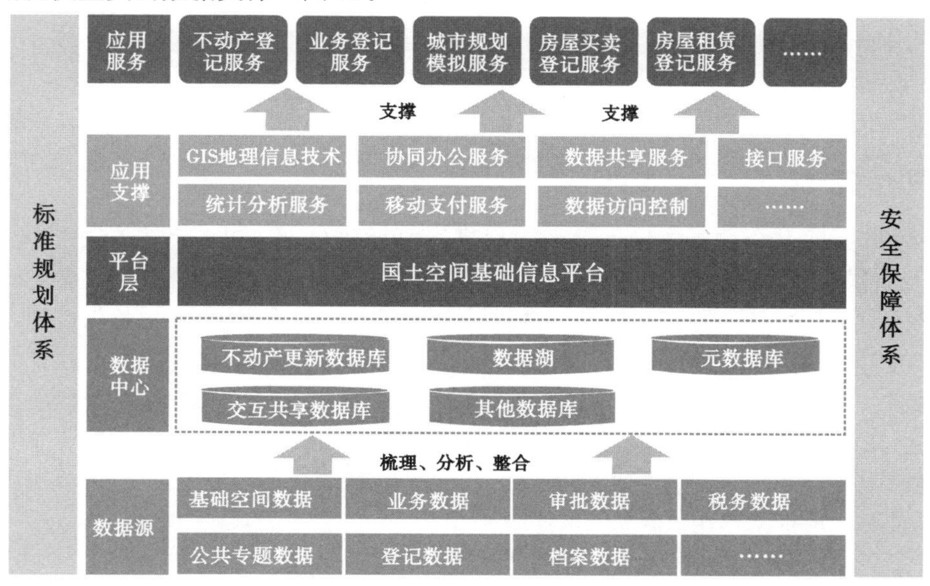

图5 数据融合架构

4 不动产融合数据应用

4.1 优化登记流程

在不动产数据未能整合前，不动产登记部门在受理申请人的登记业务时，需要通过不动产登记系统、不动产档案管理系统、户籍管理系统等信息系统，查询该不动产在各个历史时期的档案信息及相关登记业务办理情况，以确定该不动产的权籍状态，再根据登记申请事项及申请材料做进一步的审查。在不动产数据整合后，通过基于空间数据的不动产数据生态系统，不动产登记业务人员可利用统一的数据关联路径，及时有效的查询到该不动产的权籍信息。通过与公安、工商、规划、测绘、税务、民政、市场监管等部门的信息系统的对接，获取其他行业的数据信息或数据服务，进行多方信息的读取和判断，实现自动化、智能化审办不动产登记，打破现阶段实行的不动产登记流程，直接压缩不动产登记办理时限，为不动产登记业务办理提供有力的数据支撑。同时，在项目审核登记入簿后，项目相关材料数据可直接建立联系并入库存储（图6）。

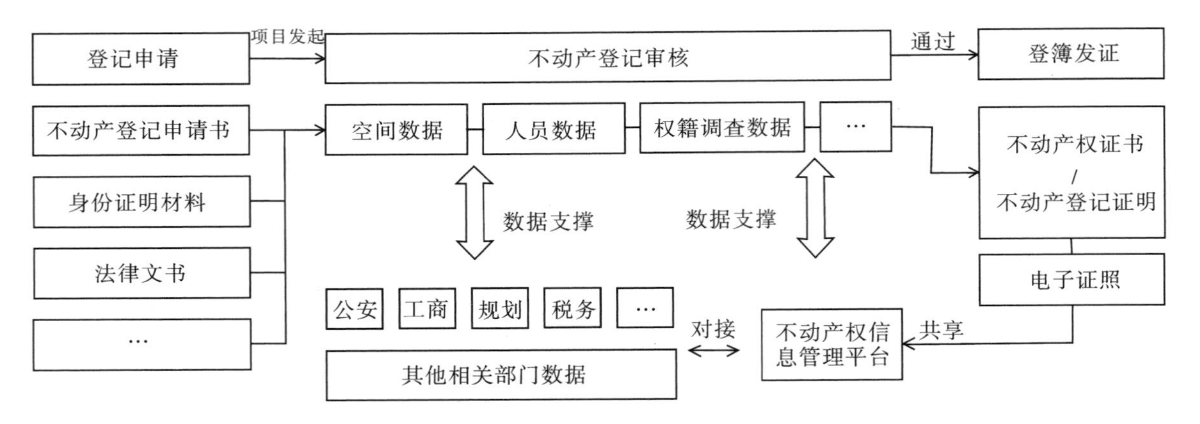

图6　不动产登记数据关联路径

4.2　可视化标识

基于不动产数据融合技术，将不动产数据进行可视化呈现，对不动产数据进行时空标识，即注入空间位置、专业属性、过程信息、时间等标识。空间位置标识注记该数据空间特性，专业属性标识注记该数据隶属的属性信息，过程信息标识注记该数据产生与变化过程，时间标识注记该数据的时效性。在不动产数据大场景中，不仅可以展示具体建筑物、土地、林场的空间属性信息，而且可以展示不动产的坐落位置、不动产性质、不动产用途、不动产面积属性等自然状况信息，展示不动产的权利登记类型、权利人/权利单位、共有情况、不动产单元号、用地类型、用地期限等权利登记信息。通过不动产及周围资源情况的可视化展示，对提高城市规划的科学性也具有一定推动作用。

4.3　关联查询

基于不动产数据融合与可视化技术，将时空标识的数据内容进行定位寻址。无论是建筑类不动产，还是林权类不动产、土地类不动产等，均可作为对象被检索，根据时间、属性和空间或其组合条件，实现不同类型、不同空间和不同时间的不动产现状及历史信息的查询，并根据查询结果进行快速定位。

4.4　分析预测

基于不动产数据的融合，构建不动产登记分析模型，能够有效实现不动产登记数据的深度挖掘和分析预测。通过对不动产登记纵向和横向、总体和局部信息的统计分析，可为房地产市场调控提供科学决策依据。例如，对不动产交易数据与不动产市场供应情况进行叠加对比分析，包括空间价值分析、人口价值分析、交易情况分析、市场供应情况分析、其他专题分析等，可直观展现不动产市场供求关系。通过不动产交易分析与不动产交易实际数据进行交易价格、区域、房型、购买人群等多方位分析，可预测未来不动产市场变化趋势。

对不动产登记数据整体与局部的分析应用，可为国家金融政策的制定提供“风向标”和“晴雨表”，便于科学有效地防范金融风险，确保金融市场的安全乃至国家的安全，为经济社会平稳发展保驾护航。

4.5　共享应用

不动产数据的融合技术实现了空间数据与不动产登记相关业务数据的交互协同，与不动产登记电子证照、证明的交叉互认，与户籍落户、人员数据、空间信息、规划信息等的整合，能够有效支撑不动产数据在智慧城市的发展规划、智慧交通、智慧社区工商等行业中的共享与应用。同时，不动产数据的融合也促进了在不动产行业的深化研究、规划管理的科学决策、自然资源的确权管理、部门信息的互联共享、社会公众的便利查询等方面的应用与探索。

5　结语

随着以大数据技术为支撑的智慧城市的高速发展，不动产大数据融合技术成果将成为自然资源信息化的核心数据源，通过数据的互联共享，还可以大幅提升不动产数据资源在城市规划、建设、管理中的可利用性。数据是应用的前提和基础，基于不动产数据融合技术，对自然资源确权、社会经济发展及不动产信息化建设都有着深层次的应用价值，也为政府提供了科学的决策依据，为社会公众提供了便捷的社会化服务。

［参考文献］

［1］任安才．不动产登记数据整合技术探讨［J］．建筑工程技术与设计，2017（18）：3509．
［2］陈秀贵．做好确权登记　夯实产权基础［J］．南方国土资源，2019（3）：18-19．
［3］胡劲松．基于GIS的不动产权籍调查信息管理体系［D］．合肥：合肥工业大学，2018．
［4］马学峰，屈利娜．湛江市地理信息综合服务平台设计与应用［J］．城市勘测，2012（6）：28-32．
［5］李俊峰，舒启林，郝博．C/S模式工艺数据库的研究与实践［J］．沈阳理工大学学报，2004（2）：11-14．
［6］苏燕腾．关于不动产存量数据整合关键流程的研究［J］．经纬天地，2018（2）：28-31．
［7］张国浩，秦征侠．做好新时期不动产统一登记的新思路［J］．建筑工程技术与设计，2017（20）：4495．
［8］黄海，祝国瑞，林孝松．基于WebGIS的港口航道管理信息系统设计［J］．地理空间信息，2006（6）：44-46．
［9］张新长，马林兵．城市规划与建设地理信息系统［M］．武汉：武汉大学出版社，2007．
［10］中国自然资源报．自然资源部印发新版智慧城市时空大数据平台建设技术大纲［J］．矿冶工程，2019（1）：99．
［11］吕悦，吕伟源．不动产登记数据整合方法探讨［J］．测绘与空间地理信息，2019（3）：221-223．
［12］成小芹．不动产登记数据共享交换技术探讨［J］．房地产导刊，2019（27）：13．
［13］赵国亮．不动产登记数据整合技术要点分析研究［J］．建筑工程技术与设计，2016（22）：2726．
［14］方云显．县级时空大数据与云平台的设计［J］．厦门理工学院学报，2019（3）：59-64．
［15］王少刚，蔡琦．不动产登记信息管理平台系统功能模块探讨［J］．西部资源，2017（6）：177-178．
［16］刘冠施．不动产登记档案的概念及特点［J］．城建档案，2017（3）：78-79．
［17］张明．不动产登记数据资源未来应用探讨［J］．西部资源，2018（4）：199-200．
［18］罗素梅，周光友．金融开放与国家金融安全：争论及启示［J］．金融教育研究，2011（3）：16-21．

［作者简介］
阮怀照，洛阳众智软件科技股份有限公司总经理。
郑汉宇，洛阳众智软件科技股份有限公司研究专员。
史青松，洛阳众智软件科技股份有限公司研究专员。

基于社交媒体数据的城市公园研究进程与展望

□文　巍，林姚宇，肖作鹏

摘要：随着互联网行业的快速发展，人们在网络中产生的交互行为与数据越来越多，社交媒体数据在研究人群出行行为、偏好上的重要性不断提高。健康中国等战略的提出使城市公园在城市健康发展中的重要性越来越突出，对公园合理布局、使用的研究成为城市规划、地理学、风景园林学等学科研究的重点。社交媒体数据作为一种新兴的研究方式，对于更好地认识城市公园发展的规律与使用情况具有重要作用。本文在系统分析社交媒体数据概念及其在城市规划不同领域的应用的基础上，从公园的布局、使用、评价三个角度，梳理了社交媒体数据在城市公园研究的相关研究成果。本文探索了社交媒体数据对城市公园研究的重要性，指出了目前基于社交媒体数据的公园研究中的不足之处，在此基础上提出了未来研究的设想。

关键词：社交媒体数据；城市公园；公园布局；大数据

1　引言

社交媒体被定义为基于网页端和基于移动端的互联网应用程序，它们允许用户创建、访问和交换无处不在的生成内容。传统上，人们仅仅把基于即时通信的社交网络媒体（如微信、微博等）定义为社交媒体，也有学者将社交媒体归纳为合作项目、博客、内容社区、社交网站、虚拟游戏世界和虚拟社会世界等六类。社交媒体数据往往会产生非结构化的文本，反映出用户对城市功能偏好、出行行为等的态度。目前，关于社交媒体数据的研究主要聚焦在商业、生物科学和社会科学三大领域。随着城市规划领域对互联网的重视程度不断提高，社交媒体数据在城市规划与地理学领域的应用也越来越丰富。由于传统的问卷数据与实地调研数据无法识别大范围的人类行为和活动的变化，社交媒体数据的出现为解决这个问题提供了新的思路。早期的社交媒体数据主要聚焦于城市形态的变化和城市功能区的识别此类简单任务，主要通过社交媒体反馈的地理定位数据和用户的个人属性来识别城市人口聚集的变化和判断不同城市功能区的功能丰富度。随着中国网民的数量不断增加、年龄构成愈加丰富，以及微博、Facebook、Twitter 等大数据平台逐渐向研究者开放出一部分的数据，学者的研究开始使用机器学习的方法来聚焦人类行为和行为偏好的变化。有学者通过研究用户 Twitter 文本和地理位置数据，使用机器学习中的自然语言分析（NLP）来提取城市不同区域的用户情绪，并依据时间的变化来绘制不同时间的情绪地图，以指导未来的规划设计。到了 2014 年，Campagna 提出了社交媒体地理信息（SMGI）的概念，提出使用时空数据及文本分析来研究人们对不同时空的感知和兴趣，这对城市建设发展具有重要作用。

数据的量级及丰富度的不断提高，使学者基于社交媒体数据的研究聚焦于大尺度的空间分析，但对于微观尺度的关注度仍有不足。我国城市的快速发展使环境发生巨大改变，越来越多学者注意到绿色空间与城市公园对城市发展的重要性。传统上，对公园的研究都聚焦在公园的合理布局和增加公园访问量等方面。在设施布局上，学者则更加关注游客对公园内部环境与设施的需求，很少考虑游客在公园内使用设施的实际感受。这些方向的研究依赖于公园内部的访问数据及大规模的调查问卷，数据的可获得性对于大多数学者来说有较大的困难。同时，这种方式也具有时间跨度小、人群样本少和评价结果较主观等不足。互联网的快速发展让社交媒体数据能够更好地反映人在城市中的行为轨迹与情绪特征，弥补了传统社会学调查方法中的不足。社交媒体数据的应用，对于更好地布局公园用地及优化公园的周边环境和内部布局具有重要的作用。因此，本文在系统分析社交媒体数据概念及其在城市规划不同领域的应用的基础上，从公园的布局、评价、使用等三个角度，梳理了社交媒体数据在城市公园研究的相关研究成果，探索社交媒体数据对城市公园的研究对于城市规划的重要性，并指出目前研究的不足及下一步的研究方向。

2 社交媒体数据下公园研究方式的变革

传统的公园研究主要关注公园的布局、人群对设施的使用偏好、人群聚集特征、公园评价等方面；与大尺度的空间分析不同的是，基于社交媒体数据的城市公园研究学者更加关注用户行为反馈出来的社交媒体数据，包括用户的定位数据、点评数据、搜索指数数据等（表 1）。

表 1 公园研究中的社交媒体数据分类

数据类型	数据源	数据形式	附加数据
定位数据	Twitter、Instagram、Flickr、微博、微信、百度地图、微信宜出行等	定位数量、热力地图	个人属性
点评数据	大众点评、去哪儿、马蜂窝、美团等	评价文本	评价分值、个人属性
搜索指数数据	百度指数、微信指数、谷歌指数等	搜索频率值	时间序列

定位数据是一种新兴的空间数据，在城市规划领域常常用来分析人群或者区域的人群活动特征，利用定位数据可以对城市中人群的活动进行高精确度的预测。早期进行公园使用率估算的数据都来源于公园购票数据及公园入口的人工统计数据，这种方法不仅需要获得公园管理者的许可，而且需要耗费大量的时间和精力进行调研。社交媒体反馈出来的定位数据主要来源于Twitter、Flickr（图片网站）、微博、微信、百度地图等应用反馈的用户手机定位，用户签到打卡获取到的位置信息及依据位置信息绘制的热力地图等。相对于传统统计数据来说，社交媒体数据具有精度高、时间特征明显等特征，适合对公园的访问量及其影响因素进行长期的纵向研究。Wood 等人利用 Flickr 的照片定位数据来估算公园的访问率，并与实际数据进行对比研究，发现两者之间比例相对一致，证明社交媒体数据可以用来估算国家公园的访问率。该研究也开创了使用定位数据研究公园访问量的先河。

点评数据则被广泛应用到公园的评价研究和人群对设施的使用偏好上，研究通常采用高频词与语义网络分析方法来衡量使用者的喜好和情绪变化情况。有研究从用户情绪满意度方面研究了居民积极情绪空间和消极情绪空间的空间分布特征，以及其与景点设施分布和景点类型的关系。也有学者对不同公园之间的点评内容进行了评价分析，分析不同公园在用户之间的差异。点评数据目前基本来源于大众点评、去哪儿、马蜂窝、美团等具有大量用户评论的应用，也有研究从微博位置反馈的评价数据研究了用户对不同公园的评价变化特征，接入用户及时评价数据成为未来研究的新方向。

搜索指数数据被广泛使用在商业研究领域中，用来评估不同区域的受欢迎程度。很早就有研究证明网络空间信息流与现实世界旅游流之间具有明显的相关性，良好的搜索指数能激发用户到一定区域的到访意愿，搜索引擎反馈的搜索指数数据对估算公园的访问量具有很好的“导引作用”。百度指数与微信指数成为学者研究的重要数据源，有学者利用百度指数反馈的景区空间关注度对不同景区的访问量进行了估算，也有学者通过检索不同类型设施搜索指数的区别来进行设施布局研究。搜索指数数据成为公园访问量研究的新方式。

3　社交媒体数据下公园研究内容与方法的变革

公园研究方式的变化对公园研究内容与方法的变革具有重要作用，公园研究主要从公园的布局、公园的使用、人群聚集特征、公园的评价四个方面进行。与传统研究相比，基于社交媒体数据的公园研究更加具有实际运用价值（表 2）。

表 2　传统公园研究与基于社交媒体数据的公园研究的对比

	传统公园研究		基于社交媒体数据的公园研究	
	方法与数据	评价	方法与数据	评价
公园布局	官方统计数据、实地调查	官方数据获取难度大，人工调查数据精度不高、耗时大	签到数据、搜索指数数据	精度高，具有时间特征，适合进行纵向研究
公园使用	调查问卷	人群年龄覆盖丰富；数据量不丰富、耗时大	点评数据、搜索指数数据	人群年龄覆盖没有调查问卷高，数据量丰富
人群聚集特征	官方统计数据、调查问卷	数据可靠性不高，取决于问卷有效性	签到数据	具有不同时间的属性，反馈的精度高
公园评价	调查问卷	数据量不丰富、耗时大	点评数据	评价内容丰富，但数据年龄较为集中

3.1　基于社交媒体数据的公园布局研究

传统上，学者往往采用公园的服务半径、人均绿地面积、城市绿地率等指标来衡量公园绿地的布局合理性。仅从指标上考虑公园在城市中的合理布局而忽视了城市居民对公园的实际使用情况，研究不同区域公园的使用率来衡量公园的布局合理性成为新的研究方向，并逐渐被学者重视起来。

有学者基于微博签到数据研究了北京市中心城区公园绿地的使用情况与官方数据之间的差异，证明微博签到数据可以反映中青年群体对绿地的实际使用情况。随着研究方法的不断进步，也有学者对微博签到数据能否真正反映实际情况进行了探究，吕非南等人利用微博签到数据反馈的公园访问量与百度热力地图数据集进行对比发现，由于微博签到数据的量级与公园的知名程度存在较大的相关关系，所以微博数据反馈的数据层级结构不明显，分布极不均衡，数据偏差较大，相反百度热力地图反馈的数据结构更加清晰。这种差异证明微博签到数据更适合使用在研究旅游景区公园上，公园的分类对数据的选取具有重要的影响。

3.2 基于社交媒体数据的公园使用研究

与公园布局研究不同的是，基于社交媒体数据的公园使用研究成果则更为丰富。研究主要使用了社交媒体数据反馈的定位数据来研究公园使用的时空行为特征、影响公园使用的因素等方面。吴志强等人使用百度热力图对上海中心城区的研究使社交媒体数据研究人群时空行为特征成为可能，这套研究范式也被引入公园使用的研究之中。根据百度热力图反馈的不同位置的热力值进行聚类计算，进而得到景区内聚类的人群密度和人流速度成为研究的主流。但也有学者认为百度热力图和微信宜出行数据是对总体人口动态分布的一种偏向抽样，对能否反映公园实际的使用情况提出了质疑。

基于上述关于公园访问量与人群时空行为的研究，影响公园使用的因素也成为学界的关注重点。大多数研究都将影响公园的使用的相关变量分成四个类型：描述公园特征的变量、量化公园可达性变量、公园周边社会经济特征与建成环境特征、公园所处的城市位置。其中，描述公园特征的变量如公园的类型等对公园的访问量产生了较大的影响，社区公园的单位面积参观率、访问强度相对较高。这也让研究者明白，合理的布局街角公园绿地对促进人群与绿色空间的交互具有重要的作用。同时，量化公园可达性变量中的公共交通可达性与公园的使用量之间也存在正向的相关关系，但这种相关系数的强度会随公共交通方式的不同而变化，公共交通对公园的使用的影响值得更加深入地研究。

3.3 基于社交媒体数据的公园评价研究

公园的评价研究着眼于文本分析和情感分析，通过人们发布在社交媒体上的大量评价内容研究人们对场所的偏好。目前主体的研究方法还是基于机器学习的自然语言处理（NLP）来判断情绪分类（积极、中性、消极），研究其与公园其他因素之间的关系。Bertrand 等利用语义分析技术绘制了纽约市域情绪地图，研究发现公园的公共情绪相较于其他区域更加积极。但最近一项新的研究对该结论提出了质疑，新的研究发现公园内积极情绪比例相对于公园外部更低。

了解人们何时以及如何与城市绿色空间互动也是公园评价研究的内容，学者依据用户在公园内的推文文本内容对推文进行分类，观察人们在公园进行的活动。也有学者通过社会网络分析方法，针对大众在社交媒体上对公园的评价，通过关键词共现网络探究了公园评价与人口统计学特征、地理区位、评价时间及公园属性之间的关系。同时，社交媒体数据反馈的点评数据也通过其时间标签让研究者可以发现不同年份人们对于公园的评价关注点发生的变化。这种变化与国家大政方针、城市建设进程之间的关系也可以成为未来研究的重点。

4 社交媒体数据在城市公园研究中的不足与展望

4.1 重中青年人群、轻老幼人群

依据中国互联网信息中心发布的第 45 次《中国互联网络发展状况统计报告》，我国网民结构仍以 20～39 岁人群为主，占到总体人群的 42.3％，50 岁以上网民群体仅占网民数量的 17.6％。而老年人和婴幼儿作为公园使用的主力人群之一，则很难通过社交媒体反馈出自身对公园的使用情况和评价。这将使社交媒体数据在人口的年龄结构上丢失头部和尾部的信息，不利于做全人群的分析。未来的研究应该对人群的年龄结构进行系统的分类，筛选不同年龄结构

人群的特征进行具体分析，研究不同年龄阶层对公园使用的不同情绪与行为。

4.2　重综合公园、轻社区公园

社交媒体数据依赖人们主观的分享行为，而人群对新奇场所的分享可能性较日常场所来说相对较高。社交媒体数据的丰富度高度依赖地点的知名度，在知名度高的综合公园，社交媒体数据反馈的结果会非常好；但普通社区公园较多的城市，社交媒体数据出来的结论偏差就会极大。如何排除公园知名度对数据丰富度的影响，也是未来研究的重点。目前已有学者通过综合考虑多种数据源来排除数据丰富度不足造成的影响，但这种方法仍然存在数据重复、数据权重选择不严格等问题。未来相关研究应该更加注意数据量上的公平，这样能更好地衡量整体公园真实的使用能力。

4.3　重横向研究、轻纵向研究

基于社交媒体数据的公园布局、使用、评价研究，目前主要是对同一时间段不同情形的研究，选取的数据多为截面数据，对历史数据的考量不足。社交媒体数据是一项综合的数据源，在不同的时期会反馈出不同的内容。研究不同时期、不同社会背景下社交媒体数据反馈出来的公园使用情况、分布情况，对研究国家、地方政策的落实度，建成环境改变对公园的影响具有重要的作用。未来的研究应该增加不同时间维度的研究，通过对比、归纳、演绎寻找城市公园发展的内在规律。

4.4　重研究方法、轻数据获取

随着国家和个人对隐私保护的重视程度不断增加，社交媒体数据的获取难度也在不断增加。2019 年，微博宣布关闭微博应用程序接口（API）中对用户定位数据获取的接口及脱敏信息获取的接口。同时，微信宜出行也将原本真实的人口分布数据替换为经过加权计算后的模拟人口分布数据。开放接口的改变，使研究数据与实际数据的偏差不断变大，这将对传统研究方法造成巨大的冲击。增加与互联网行业的合作，使用更加精准的数据为城市公园研究提供建议将成为未来研究的主导方式。

5　结语

学者使用社交媒体数据从不同的研究角度对城市公园进行了大量的研究，不仅仅涉及公园的合理布局，也涉及公园的使用者——人的时空行为及其对公园的评价。这些研究与传统基于使用调查法和观察法研究公园的研究范式相比，能够使用更小的精力得到更加精准的结果，是互联网快速发展对城市规划研究的福利。尽管目前基于社交媒体数据的公园研究方法多样、涉及领域也十分广泛，但至今仍然没有一套系统的方法能从数据的筛选、搜集、处理、分析等多个角度对城市公园进行全面研究。未来仍然需要从不同的角度考虑目前研究的不足，调整研究框架，以更加精准地研究城市公园。

[基金项目：2020 深圳市自然科学基金（基于机器学习的深圳市港区货车行为识别及自动驾驶空间支持模拟）、2020 中央高校基本业务经费（HIT. NSRIF. 2020073）、2019 国家自然科学基金（41801151）、2018 广东省自然科学基金项目（2018A030310691）。]

［参考文献］

［1］ BATRINCA B，TRELEAVEN P C. Social media analytics：a survey of techniques，tools and platforms ［J］. Ai & Society，2015（1）：89-116.

［2］ KAPLAN A M，HAENLEIN M. Users of the world，unite! The challenges and opportunities of social media ［J］. Business Horizons，2010（1）：59-68.

［3］ WIDENER M J，LI W W. Using geolocated Twitter data to monitor the prevalence of healthy and unhealthy food references across the US ［J］. Applied Geography，2014：189-197.

［4］ BOLLEN J，MAO H，ZENG X J. Twitter mood predicts the stock market ［J］. Journal of Computational Science，2011（1）：1-8.

［5］ CONTRACTOR D，FARUQUIE T A. Understanding election candidate approval ratings using social media data ［C］ // SCHWABE D，ALMEIDA V，GLASER H. Proceedings of the 22nd international conference on World Wide Web. New York：Association for Computing Machinery，2013：189-190.

［6］ CHEN Y M，LIU X P，LI X，et al. Delineating urban functional areas with building-level social media data：a dynamic time warping（DTW）distance based κ-medoids method ［J］. Landscape and Urban Planning，2017：48-60.

［7］ ULLAH H，WAN S G，HAIDERY S，et al. Analyzing the spatiotemporal patterns in green spaces for urban studies using location-based social media data ［J］. ISPRS International Journal of Geo-Information，2019（11）：506.

［8］ ILIEVA R T，MCPHEARSON T. Social-media data for urban sustainability ［J］. Nature Sustainability，2018（10）：553-565.

［9］ BERTRAND K Z，BIALIK M，VIRDEE K，et al. Sentiment in New York City：a high resolution spatial and temporal view ［J］. arXiv，2013：1308-1320.

［10］ 易峥，李继珍，冷炳荣，等. 基于微博语义分析的重庆主城区风貌感知评价 ［J］. 地理科学进展，2017（9）：1058-1066.

［11］ 王悦人. 基于微博语义分析的深圳市情绪地图构建研究 ［D］. 哈尔滨：哈尔滨工业大学，2018.

［12］ CAMPAGNA M. The geographic turn in social media：opportunities for spatial planning and geodesign ［C］ //MURGANTE B，MISRA S，ROCHA A M A C，et al. Computational Science and Its Applications-ICCSA 2014. Cham：Springer International Publishing，2014：598-610.

［13］ 史春云，陶玉国. 城市绿地空间环境公平研究进展 ［J］. 世界地理研究，2020（3）：621-630.

［14］ 王开. 健康导向下城市公园建成环境特征对使用者体力活动影响的研究进展及启示 ［J］. 体育科学，2018（1）：55-62.

［15］ 李双金，马爽，张淼，等. 基于多源新数据的城市绿地多尺度评价：针对中国主要城市的探索 ［J］. 风景园林，2018（8）：12-17.

［16］ SONG C M，QU Z H，BLUMM N，et al. Limits of predictability in human mobility ［J］. Science，2010（5968）：1018-1021.

［17］ WOOD S A，GUERRY A D，SILVER J M，et al. Using social media to quantify nature-based tourism and recreation ［J］. Scientific Reports，2013（1）：2976.

［18］ 吴林，刘耿，张鸿辉. 大数据视角下的公园绿地使用状况评估：以长沙橘子洲公园为例 ［J］. 中外建筑，2018（11）：95-98.

［19］ 王志芳，赵稼楠，彭瑶瑶，等. 广州市公园对比评价研究：基于社交媒体数据的文本分析 ［J］.

风景园林，2019（8）：89-94.
[20] 李凤仪，李方正. 大数据在绿地规划设计中多尺度应用进展综述［J］. 西部人居环境学刊，2019（5）：63-71.
[21] SKADBERG Y X，SKADBERG A N，KIMMEL J R. Flow experience and its impact on the effectiveness of a tourism website［J］. Information Technology & Tourism，2005（3）：147-156.
[22] 黄先开，张丽峰，丁于思. 百度指数与旅游景区游客量的关系及预测研究：以北京故宫为例［J］. 旅游学刊，2013（11）：93-100.
[23] 李山，邱荣旭，陈玲. 基于百度指数的旅游景区络空间关注度：时间分布及其前兆效应［J］. 地理与地理信息科学，2008（6）：102-107.
[24] 王丹阳. 上海旅游兴趣点搜索与点评热度空间格局及其耦合性研究［D］. 上海：上海师范大学，2017.
[25] 张晓梅，程绍文，刘晓蕾，等. 古城旅游地网络关注度时空特征及其影响因素：以平遥古城为例［J］. 经济地理，2016（7）：196-202.
[26] HEIKINHEIMO V，MININ E D，TENKANEN H，et al. User-generated geographic information for visitor monitoring in a national park：a comparison of social media data and visitor survey［J］. ISPRS International Journal of Geo-Information，2017（3）：85.
[27] 李方正，董莎莎，李雄，等. 北京市中心城绿地使用空间分布研究：基于大数据的实证分析［J］. 中国园林，2016（9）：122-128.
[28] 李方正，解爽，李雄. 基于多源数据分析的北京市中心城绿色空间时空演变研究（1992—2016）［J］. 风景园林，2018（8）：46-51.
[29] LYU F N，ZHANG L. Using multi-source big data to understand the factors affecting urban park use in Wuhan［J］. Urban Forestry & Urban Greening，2019：126367.
[30] 吴志强，叶锺楠. 基于百度地图热力图的城市空间结构研究：以上海中心城区为例［J］. 城市规划，2016（4）：33-40.
[31] 赵颖，张晓佳. 基于大数据分析北京朝阳区郊野公园时空使用特征［J］. 北京规划建设，2019（3）：94-97.
[32] 雷芸. 挖掘大数据价值，助力城市公园游憩利用时空研究［J］. 建筑与文化，2015（12）：141-143.
[33] 陈晓艳，张子昂，胡小海，等. 微博签到大数据中旅游景区客流波动特征分析：以南京市钟山风景名胜区为例［J］. 经济地理，2018（9）：206-214.
[34] ZHANG S，ZHOU W Q. Recreational visits to urban parks and factors affecting park visits：evidence from geotagged social media data［J］. Landscape and Urban Planning，2018：27-35.
[35] DONAHUE M L，KEELER B L，WOOD S A，et al. Using social media to understand drivers of urban park visitation in the twin cities，MN［J］. Landscape and Urban Planning，2018：1-10.
[36] ULLAH H，WAN W G，HAIDERY S A，et al. Spatiotemporal patterns of visitors in urban green parks by mining social media big data based upon WHO reports［J］. IEEE Access，2020：39197-39211.
[37] CHEN Y Y，LIU X P，GAO W X，et al. Emerging social media data on measuring urban park use［J］. Urban Forestry & Urban Greening，2018：130-141.
[38] PLUNZ R A，ZHOU Y J，CARRASCO VINTIMILLA M I，et al. Twitter sentiment in New York City parks as measure of well-being［J］. Landscape and Urban Planning，2019：235-246.

[39] ROBERTS H V. Using Twitter data in urban green space research：a case study and critical evaluation [J]. Applied Geography，2017：13-20.
[40] 中共中央网络安全和信息化委员会办公室，中华人民共和国国家互联网信息办公室，中国互联网信息中心. 第45次《中国互联网络发展状况统计报告》[EB/OL]（2020-04-28）[2020-09-01]. http：//www. cnnic. net. cn/hlwfzyj/hlwxzbg/hlwtjbg/202004/t2020 0428 _ 70974. htm.
[41] 张东旭，程洁心，邹涛，等. 基于多源数据的城市生境网络规划方法研究与实践 [J]. 风景园林，2018（8）：41-45.

[作者简介]
文　巍，哈尔滨工业大学（深圳）硕士研究生。
林姚宇，博士，哈尔滨工业大学（深圳）副教授、博士生导师。
肖作鹏，博士，注册城乡规划师，哈尔滨工业大学（深圳）助理教授。

基于移动互联网的天津新冠疫情地图系统

□于　鹏，李　刚，于　靖

摘要：自新型冠状病毒肺炎疫情发生以来，天津市各级政府开展了大量工作，逐级排查防控，实现了疫情实时通报，维护社会稳定，做到了极大化的信息公开透明。为了更好地支持天津市疫情防治工作，便于公众快速直观查询疫情在空间上的演变、了解疫情实时动态，普及复工复产后各个场所的消毒知识，天津市城市规划设计研究院整合自身规划和数字技术力量，携手天津市大数据协会，推出了基于移动互联网的天津新冠疫情地图系统。系统整合了天津政务网、天津市卫生健康委员会官网等公开发布的信息，对疫情变化、疫情地点、患者轨迹、发热门诊位置、人口动态等进行了空间化、可视化展示与统计。系统上线后受到多方关注，并在这场疫情阻击战中发挥了积极的作用。

关键词：移动互联网；新冠疫情；疫情地图；空间化；可视化

1　研究背景

2020年伊始，新型冠状病毒肺炎疫情来势凶猛、急速蔓延，全国人民众志成城、共克时艰，打响了一场没有硝烟的新冠肺炎疫情阻击战。聚焦天津疫情现状，无论是“歌诗达赛琳娜号”游客新冠肺炎疫情的应急处理事件，还是天津疾控中心在“百货大楼迷局”中破解病毒链条的“女福尔摩斯”案件，都让天津的疫情防治和管控工作屡获好评。

为贯彻落实天津市委、市政府关于应对新型冠状病毒感染的肺炎防控工作要求，充分利用移动互联网和大数据为公众或疫情防控单位提供快速直观查询本市疫情空间演变、医疗设施空间分布，保障出行，减少公众恐慌，天津市城市规划设计研究院充分发挥数字规划技术和城市模型资源平台的优势，携手天津市大数据协会及时地推出了手机端的天津新冠疫情地图系统，为天津市的疫情防御工作贡献了自己的专业力量。

天津市城市规划设计研究院拥有丰富的信息系统建设、地理信息数据库建设及城市模型研究经验，为天津新冠疫情地图系统的研发工作提供了有力的支撑和良好的保障。2020年2月6日开始组建疫情地图系统项目团队，包括策划设计组、数据建设组、系统研发组，随后立即开展工作，跟踪整合疫情信息，进行数据库建设、系统设计与开发。历经十余天时间，天津新冠疫情地图系统1.0版于2月18日正式上线使用（图1左）。随着疫情逐渐趋于稳定，为更好地服务于复工复产复学工作，分析人员流动情况，预测返程人流密度，提供优化出行方案，便于开展各类场所的防疫消毒工作，于2月28日推出天津新冠疫情地图系统2.0版，并同步上线微信小程序版本，系统实现从查询型向服务型转变（图1右）。

图1　天津新冠疫情地图系统总体介绍

2　研究内容

天津新冠疫情地图系统根据天津政务网、津云等官方媒体信息，采用地理空间、移动互联、交互式展示等技术，直观可视化展示疫情动态。通过将疫情数据进行标准化和空间化的处理，调用百度人口大数据，形成了天津市新冠疫情标准数据库，解决了信息碎片化问题，为系统的疫情地图、疫情趋势、传染关系、消毒方案、人口动态等功能模块提供数据支撑（图2）。

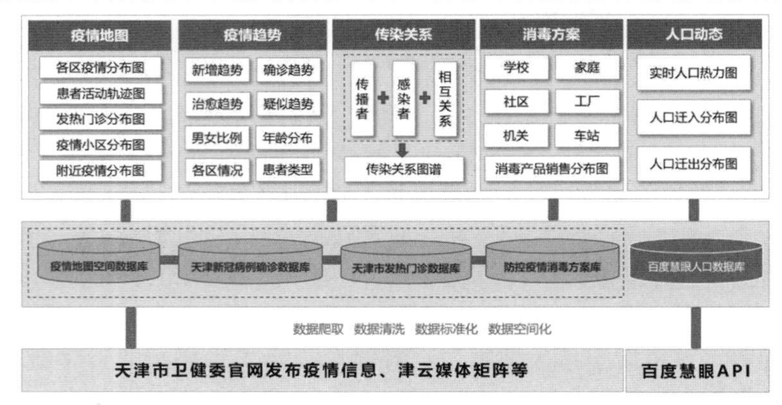

图2　总体架构

2.1　疫情地图模块

基于百度地图，利用地理信息技术，空间可视化各区疫情、患者轨迹、发热门诊和疫情小区情况；结合空间定位功能，用户可查询附近疫情分布情况。

（1）各区疫情：采用聚合图的方式，在地图上显示各区域的实时确诊人数，显示天津市新冠肺炎累计确诊、疑似、死亡、治愈及新增情况。

（2）附近疫情：用户可以快速查询周边 2 km 范围内发生过疫情的场所分布情况，便于指导用户的出行安排。

（3）患者轨迹：在地图上加载官方公布的全部患者的活动轨迹；支持按行政区划和患者编号查询，高亮显示目标区域或患者的活动轨迹，获取疫情场所位置及活动时间等信息。

（4）发热门诊：在地图上标注出天津市指定发热门诊位置，获取医院名称、地址、电话、当前候诊人数等信息。

（5）疫情小区：在地图上标注出官方公布的患者居住地，辅助用户查询疫情小区的名称、位置、患病人数等信息。

2.2　疫情趋势模块

基于天津市新冠疫情数据库，动态统计疫情数据，进行疫情趋势分析，包括疫情新增趋势、累计确诊趋势、治愈出院趋势、患者类型趋势等，从患者年龄、所在区域构建患者画像，并以可视化图表的形式进行展示，将信息直观地展示给用户（图 3）。

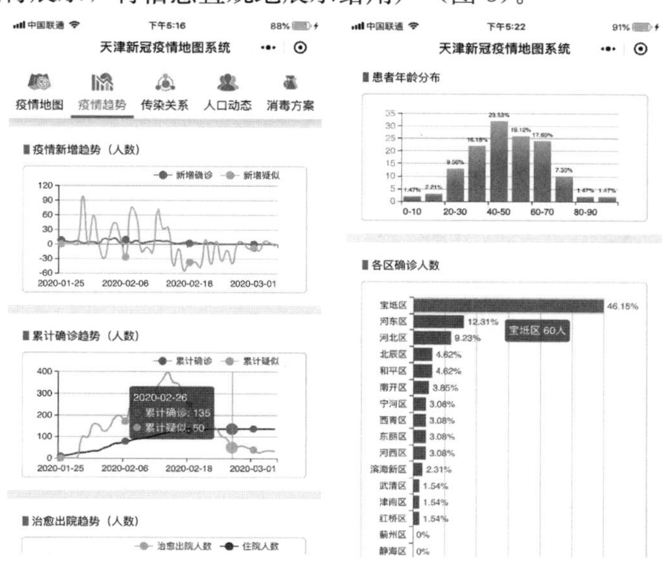

图 3　疫情趋势模块系统功能页面

2.3　传染关系模块

分析每位患者之间的密切接触关系，形成以患者为节点，以相互之间的关系为边的传染关系图谱。其中，相互关系包括亲属、同事、熟人、陌生人等。

2.4　人口动态模块

调用百度人口大数据进行人口空间分析，展示天津市人口热度和人员流动情况，便于相关部门开展疫情防治等工作。

（1）人口迁徙：统计迁入和迁出天津市的人员流动情况，采用人口迁徙地图和统计表格两种方式展示，充分挖掘人口动态信息。

（2）人口热力：以人口热力图的形式展示天津市人口分布情况，分析人口密集区变化。

2.5 消毒方案模块

结合学校、家庭等场所的消毒需求，编制并展示各类场所的疫情防控消毒解决方案，普及消毒知识；绘制消毒产品销售网点分布地图，便于居民就近购买（图 4）。

图 4 消毒方案模块系统功能页面

2.6 疫情地图数据库

疫情地图数据库由五部分组成：①患者信息库，基于患者信息，在疫情地图系统中分析并展示患者分布、疫情趋势、患者关系等信息。②活动轨迹库，包括在天津政务网和其他媒体平台发布的确诊案例，以及患者确诊后的活动轨迹信息，采用人工方式按时间轴进行条目化处理。③发热门诊库，借助疫情地图系统可以直观看到全市范围内的发热门诊位置。④人口动态库，基于与百度慧眼的合作，调用百度人口大数据，形成人口动态库。⑤消毒方案库，存储天津市大数据协会编写的特殊场所的消毒方案。

3 应用效果

天津新冠疫情地图系统将所有信息整合汇总到以地图为空间缩影的移动平台上，将居民周边的发热门诊进行数字具象化，将疫情小区进行数据空间化，有效缓解人民群众紧张惶恐的心态，强调疫情信息的准确性、时效性，保证数据及时更新。

系统于 2 月 18 日发布在天津市大数据协会官方公众号上，系统上线 24 个小时，点击量超过 7 万，周点击量近 40 万，首月点击量累计超过 100 万。随后，该系统参加了天津市大数据协会组织的线上交流活动，成为“我用大数据战疫情”中第一批汇报的疫情防控信息化大数据应用方案，得到天津市委网信办、各委办局的肯定。该系统被中国测绘协会评选为疫情防控信息化优秀案例，同时天津市城市规划设计研究院被中国地理信息产业协会授予“地理信息产业疫情防控先进企业”称号。

系统上线以来，受到津云、天津市大数据协会、天津市城市建设学院在内的多家媒体和组织的报道，对系统进行了广泛的宣传和推广，受到了社会各界的广泛关注和好评。有用户表示“找到了一个天津市自己的疫情信息获取方式，不用到处翻数据了”，“通过自我定位更加清晰了解身边的疫情情况，便于指引出行安排”。一位在社区下沉值守的干部说：“这个地图确实派上了用场，在去现场之前会提前看‘疫情小区’功能，做好重点防护。”

4　创新点

伴随着全国新冠肺炎疫情的快速蔓延，借助天津市疫情数据详细的优势，研发团队积极探索、克服困难，汇聚天津市疫情信息，进行患者轨迹和传染关系分析，绘制出展示方式多样的天津新冠疫情地图系统。

4.1　疫情信息汇聚

天津市医疗与疫情信息一直在津云、天津广播等多个不同的平台上播报，由于疫情信息详细具体且更新及时，屡获人民日报等官媒的表扬，但同时也存在疫情信息多平台分散播报、通报数据碎片化、无法提取宏观特征等问题。天津新冠疫情地图系统有效地解决了上述问题，将天津市疫情的分布和进展情况进行汇聚，保持数据及时更新，保证数据权威可信，为公众提供直观便捷的疫情信息查询途径，方便公众快速查询医疗及疫情等相关信息。

4.2　展示方式多样

天津新冠疫情地图系统为增强用户体验和交互性，采用以空间可视化展示为主，“图—表—文”相结合的设计理念，分别使用专题地图切换、地图图表切换、疫情数据动态显示、聚合图、迁徙图、活动图、热力图、关系图谱、统计图表等有特色的展示方式，实现了多维度展示疫情分布和医疗资源分布。

4.3　患者轨迹信息

在疫情人数不断上升期间，城市居民开始担心自己的出行是否会受到之前确诊人群的轨迹影响。为此，我们将患者轨迹及个人画像进行数字化和空间化处理，将确诊病人近期的移动轨迹集成到系统当中，其他人员通过系统可快速了解自己身边的疫情情况，并根据现状及时采取正确的防护措施。

4.4　传染关系图谱

在疫情防控中，危险性最大的是发生聚集性感染，正是由于百货大楼的聚集性感染，使得宝坻区成为天津市感染人数最多的区域。为此，我们分析了官方公布的每一例患者信息，挖掘患者之间的密切接触关系，创新性地绘制了传染关系图谱，帮助市民更清楚地了解疫情传播的过程。

5　社会价值

天津新冠疫情地图系统的应用和推广，让城市居民在保障自己生活安全的同时，能更好地了解身边医疗卫生等方面的情况，以多样化的形式推动了天津地区的疫情防控工作。使用天津新冠疫情地图系统，让市民对疫情现状做到心中有谱、防控有章。系统的建立充分体现了天津规划人的责任感和使命感，为整个城市的疫情防控和规划建设贡献了一分力量。此外，该系统可以在疫情查询、复工复产、政府管理、城市规划等方面发挥重要作用。

5.1 在疫情查询中的应用

系统通过整合疫情信息、绘制疫情地图、分析疫情趋势、梳理传染图谱、普及消毒方案，为公众便捷查询天津市疫情信息、掌握实时动态提供服务；让有疫情特征的人员可以就近查找就医路线；让社区人员可以查找周边社区的居民情况。

5.2 为复工复产带来保障

随着疫情趋势的逐渐稳定，工作重点由防控病毒感染转移到防疫物资购买等方面。为此，系统中加入了防疫物资销售网点查询及不同场所的消毒方案查询功能。同时，通过人口动态分析，预测返程人流密度，为复工人员提供更具体的出行指南，让居民的出行更有安全保障。

5.3 在政府管理中的应用

基于疫情防护工作中收集整理的数据和研发的系统，可以融入更多的应用场景，形成更具有指导意义的数据资料，借助大数据计算和分析等手段，可应用到卫健委、民政、街道、社区等部门的管理工作中，提升政府的精细化管理程度，让数据应用更加智慧便捷。

5.4 在城市规划中的应用

本次疫情的相关数据，可用于控制性详细规则及专项规划中的医疗卫生规划、防灾规划、韧性城市设计、社区更新规划、交通规划等领域。对于未来国土空间规划发展的设想而言，就是把数据空间的规划融入国土空间规划中，将城市规划中的静态用地、设施等数据与空间动态性、人口画像精准性、覆盖全面性、动态性等相匹配，使其在规划评估、现状分析、预测模拟中发挥更重要的作用。

[参考文献]

[1] 郑玉群，张惠力．地理信息系统在传染病疫情分析中应用［J］．医学动物防制，2015（8）：867-869.

[2] 董涵．地理信息系统在公共卫生中的应用［J］．电子技术与软件工程，2017（16）：60-61.

[3] 吴秀芸，王海江，梁寒冬．轻量级空间数据引擎的应用研究［J］．地理空间信息，2017（12）：48-50.

[作者简介]

于　鹏，硕士，工程师，任职于天津市城市规划设计研究院。

李　刚，博士，高级工程师，任职于天津市城市规划设计研究院。

于　靖，硕士，工程师，任职于天津市城市规划设计研究院。

基于大数据的长江中游城市群人口流动格局研究

□詹庆明，唐路嘉

摘要：近年来随着全球化和信息化的逐渐发展，基于“流数据”的城市网络研究逐渐成为区域与城市研究的热点。本文基于腾讯迁徙人口数据，引用复杂网络中的概念和相关方法，对长江中游城市群春节前夕城市人口流动的空间格局和网络结构特征进行分析和探讨。研究表明：①长江中游城市群人口流动网络规模特征明显，各城市之间人口流动规模差异明显，武汉市、长沙市和南昌市三大中心城市特征显著；②城市群与外部省域的人口流动网络总体呈现出向“邻”性和向“优”性的圈层分布特征；③长江中游城市群城市间受行政壁垒和地理距离限制影响较大，城市群整体相比各个子群内部网络联系不够紧密。本文对于促进区域人口资源等要素流动和城市群空间治理与发展具有一定的研究意义。

关键词：腾讯迁徙数据；长江中游城市群；复杂网络分析；人口流动；“流数据”

1　引言

在全球化、信息化和网络化的背景之下，随着新兴技术和科技的发展，各种信息流、人流、物流、资金流等摆脱地域空间的制约，将区域内城市紧密联系在一起，形成了城市网络。在城市网络中，占据主导地位的不再是地方空间而是流动空间，“流”表示空间联系，可用于识别空间格局。而城市作为网络中的关键节点不仅仅是具体的空间场所，其主要功能在于其与其他各节点间的相互联系和作用关系。

近年来，“流空间”逐渐成为研究城市与区域结构的新视角，利用不同类别的“流”来反映城市之间的相互作用及区域城市网络结构成为新的研究趋势。而大数据时代的来临，也为“流空间”和城市网络研究带来了契机，大数据采集的信息能真实刻画和反映城市间的关系，为研究分析区域城市网络的结构特征和空间分布提供了可靠的数据来源。例如，可以用货运客运班次数据代替物流，用企业关联数据代替资金流，用基于地理信息位置平台的基于位置服务（LBS）数据代替人流，用百度指数、微博签到等网络数据代替信息流等。与传统的通过要素分布刻画城市间联系的静态格局相比，基于“流数据”的城市网络研究更加直观和科学，也真实反映了城市间的流动关系。

人口流动与城市发展是一个相互促进的过程，人口流动体现出城市发展的进步和完善，同时也影响着经济社会发展进程。对人口流动现象展开研究，从而掌握人口流动的基本规律，对探讨区域发展和空间格局结构等具有重要作用。国内外有关人口流动领域的研究广泛且活跃，目前针对我国人口流动的研究通常基于两类数据进行，一类是人口普查和抽样调查等传统统计数据，另一类是以新兴的LBS大数据平台为代表的空间大数据。相较于传统数据，大数据获取信息的更新速度快、样本量大，同时也能够及时准确地反映城市居民实际的行动，为人口流动的分析提供了新的视角与方法。魏治等人基于春运期间人口流动大数据，选取对外联系度、优势流、城市位序—规模分析等方法对转型期的中国城市网络特征进行了分析；刘望保等人基于百度迁徙数据研究了中国城市间人口日常流动的特征和空间格局。

现有基于大数据进行的有关人口流动的分析，研究尺度多为国家层面，重点分析全国人口流动的时空分布特征和迁移规律，对区域或以城市群为主要研究对象的人口流动网络、时空特征和演化研究较少，并且缺乏对区域内部不同城市圈（群）之间的相互比较和研究。本文正是在此基础上基于腾讯迁徙数据，针对长江中游城市群的城市人口流动网络和空间布局进行深入探讨与分析，以期为区域城市发展和治理政策提供决策依据。

2 数据与方法

2.1 研究范围

本研究以长江中游城市群为研究对象，整个区域范围包括江西环鄱阳湖城市群10个城市（南昌、九江、景德镇、鹰潭、上饶、新余、抚州、宜春、萍乡、吉安），湖北武汉城市圈9个城市（武汉、黄石、黄冈、鄂州、孝感、咸宁、仙桃、天门、潜江）、襄荆宜城市带4个城市（襄阳、宜昌、荆州、荆门），以及湖南环长株潭城市群8个城市（长沙、岳阳、常德、益阳、株洲、湘潭、衡阳、娄底）。

2.2 研究数据

本文研究数据来源于腾讯迁徙数据，该数据记录各个城市每日实时人口流动情况，包含各城市每日排名前十位的迁入和迁出城市及对应的人口流动。本文以长江中游城市群所涵盖的31个地级及以上城市为研究对象，通过大数据爬取获得2019年春节前夕即2019年1月21日（农历十二月十六日）至2月4日（农历十二月三十日）15天的人口出行数据，经数据处理和整合得到不同城市对，总计14298条人口流动研究数据，从而构建相应的人口流动关系矩阵。

2.3 研究思路与方法

本文研究思路总体可概括为利用复杂网络分析方法和ArcGIS空间可视化技术，通过一定的数据爬取和处理，构建城市间人口流动关系矩阵，从而分析长江中游城市群人口流动空间网络。首先，以人口流动的路线与人口出行量为基础，计算在春节前夕15天内长江中游城市群各城市之间的人口流动的流向和流量；其次，将不同的人口流动路线连接形成区域范围内城市的人口流入流出网络，基于此来表征城市之间人口流动的联系强度。同时，为进一步量化表征城市间人口联系强度和各城市在空间网络中的集聚能力，借用复杂网络中的中心度概念，将两城市之间的人口流动出行量看作是两城市之间的联系强度，某一城市与区域网络内其他城市的联系强度之和即为该城市的中心度，从而进行具体分析。

主要研究方法如下：

利用复杂网络分析方法，构建表征人口流动的O—D双向矩阵，并结合常用的网络分析指标表征城市的人口流动。

（1）入度和出度：度在网络结构特征中可以反映出节点互相连接的统计特性。城市节点在人口流动网络中具有各自不同的入度与出度，入度即城市的人口流入量，出度即城市的人口流出量。

（2）联系强度：表征两个城市之间的联系程度，即两城市之间出度和入度之和。

$$S_{ab}=S_{a-b}+S_{b-a} \tag{1}$$

式 1 中，S_{a-b}为 a 城市到 b 城市在时间范围内的流动人口数，S_{b-a}为 b 城市到 a 城市在时间范围内的流动人口数，S_{ab}即两城市在时间范围内的联系强度。

（3）中心度：表征城市节点在人口流动网络中的集散能力，具体为某个城市到区域网络中其他城市的联系强度之和。

$$A_i=\sum S_{j\to i}+\sum S_{i\to j} \tag{2}$$

式 2 中，$\sum S_{j\to i}$和$\sum S_{i\to j}$分别为城市节点 i 的总入度和总出度，A_i为城市节点 i 在整个人口流动网络中的总度值，即城市节点 i 的中心度（总联系强度）。

3　长江中游城市群人口流动网络分析

3.1　人口流动网络空间格局

3.1.1　城市群内外人口流动分布

将长江中游城市群内 31 个城市作为中心城市，其他省域内城市为对象城市，整合城市相互间的人口流入、流出迁徙数据，可得到长江中游城市群整体内外人口流动的分布比例（图 1、图 2）。

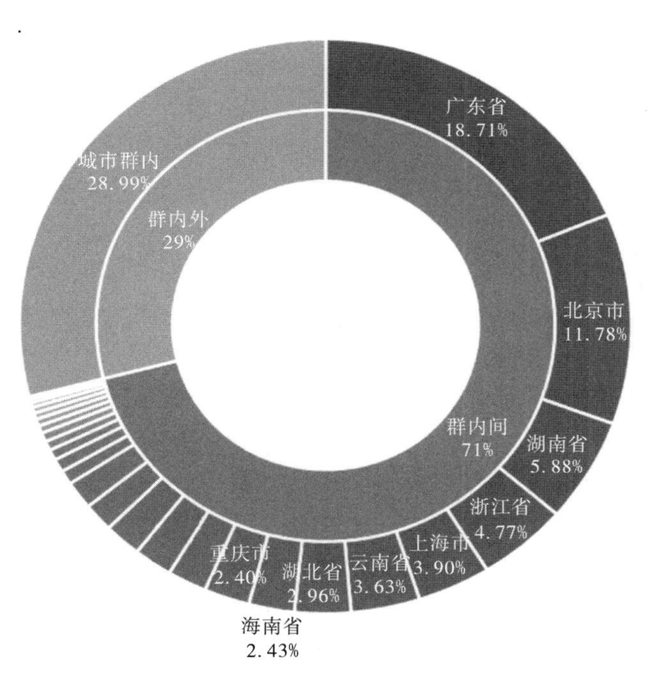

图 1　长江中游城市群内外人口流动对

整体而言，长江中游城市群人口流动网络分布区域差异显著。首先，以长江中游城市群作为整群，对比城市群内各城市之间和区域整群与其他省份的人口流动可知，城市群内部的人口流动量占比为城市人口流动总量的 28.99%。这表明城市群内部各城市之间的人口流动联系紧

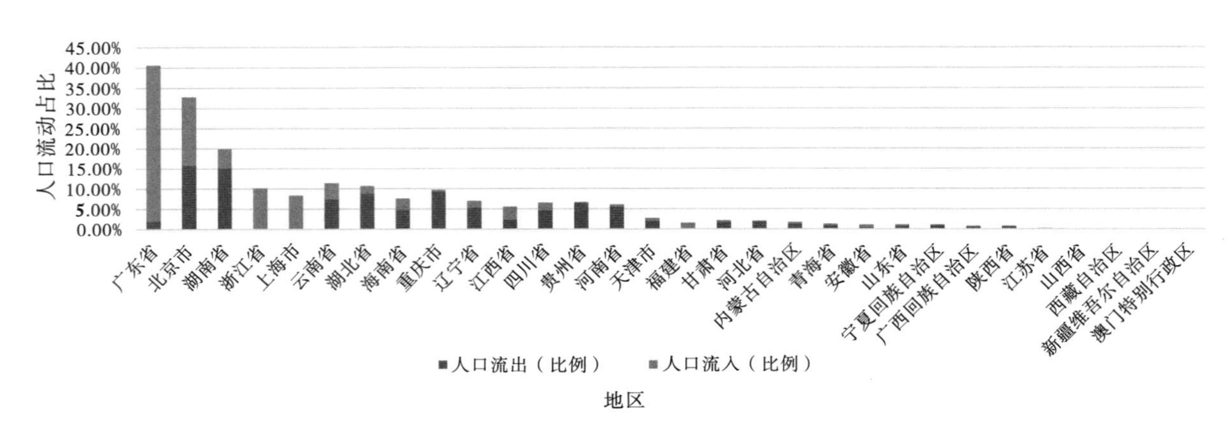

图2　城市群与省际人口流动

密，区域间城市的相互作用和内在联系较为显著。此外，对比不同省份与城市群的人口流动出行量可知，城市群与外部的人口流动网络总体呈现出向“邻”性和向“优”性的圈层分布特征。具体而言，向“邻”性表现在与地理距离较近的湖南省、云南省、湖北省、重庆市等地区人口流入和流出联系强度较大，向“优”性表现在与发达省市区域的联系极为紧密，尤其是广东省（18.71%）、北京市（11.78%）。其中，广东省与长江中游城市群间的人口流动在人口流入和流出方面有着极大的差别，绝大部分的人口流动是由广东省流入了城市群内，这一点表明研究区域有大量的人口在经济发展水平较高的广东省工作或生活，在春节前夕返乡归家。由于人口规模、资本人才要素和社会经济发展水平等优势促使发达省市区域间的人口流动现象更加显著。

3.1.2　城市群内人口流动分布

将获取的腾讯迁徙数据进行处理与汇总后，得到长江中游城市群内31个城市的人口流入量、人口流出量、人口净流入量和人口流动总量，并对数据进行排序分布整理（图3，表1）。

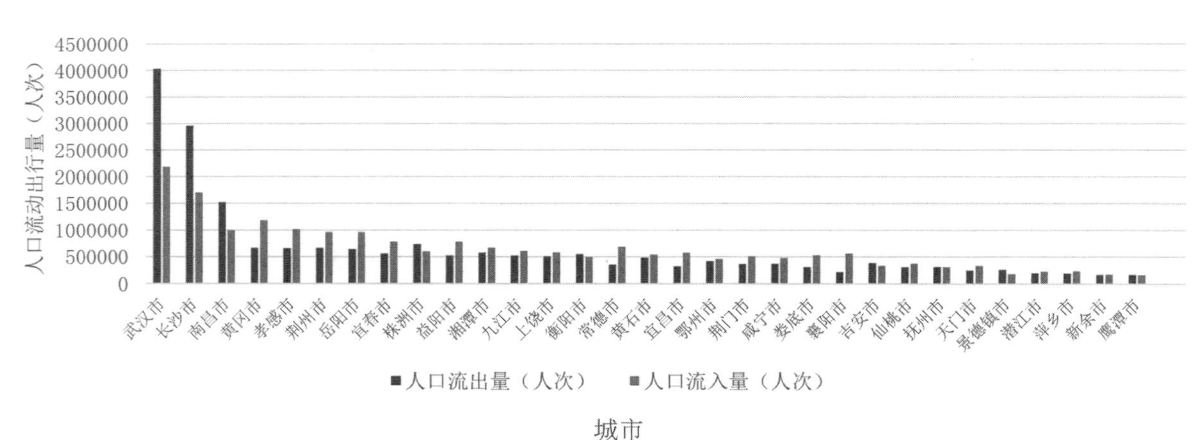

图3　长江中游城市群各城市人口流动出行量

表1　长江中游城市群人口流动总量表

序号	所属省份	城市名	人口流出量（人次）	人口流入量（人次）	净人口流出量（人次）	人口流动总量（人次）
1	湖北省	武汉市	4035785	2183740	1852045	6219525
2	湖南省	长沙市	2961077	1702910	1258167	4663987
3	江西省	南昌市	1524706	999654	525052	2524360
4	湖北省	黄冈市	662808	1189094	—526286	1851902
5	湖北省	孝感市	658931	1016098	—357167	1675029
6	湖北省	荆州市	661727	962658	—300931	1624385
7	湖南省	岳阳市	642006	964346	—322340	1606352
8	江西省	宜春市	556542	782884	—226342	1339426
9	湖南省	株洲市	737629	596886	140743	1334515
10	湖南省	益阳市	521525	780919	—259394	1302444
11	湖南省	湘潭市	574659	666379	—91720	1241038
12	江西省	九江市	520853	607307	—86454	1128160
13	江西省	上饶市	505095	578935	—73840	1084030
14	湖南省	衡阳市	546156	497318	48838	1043474
15	湖南省	常德市	348367	684927	—336560	1033294
16	湖北省	黄石市	485889	538531	—52642	1024420
17	湖北省	宜昌市	320773	577396	—256623	898169
18	湖北省	鄂州市	421278	455530	—34252	876808
19	湖北省	荆门市	364445	505014	—140569	869459
20	湖北省	咸宁市	368735	473372	—104637	842107
21	湖南省	娄底市	308485	528649	—220164	837134
22	湖北省	襄阳市	219387	561852	—342465	781239
23	江西省	吉安市	380828	332236	48592	713064
24	湖北省	仙桃市	308061	372971	—64910	681032
25	江西省	抚州市	313368	310097	3271	623465
26	湖北省	天门市	250451	331888	—81437	582339
27	江西省	景德镇市	262143	184331	77812	446474
28	湖北省	潜江市	197206	231009	—33803	428215
29	江西省	萍乡市	192377	235455	—43078	427832

续表

序号	所属省份	城市名	人口流出量（人次）	人口流入量（人次）	净人口流出量（人次）	人口流动总量（人次）
30	江西省	新余市	171189	177961	−6772	349150
31	江西省	鹰潭市	172980	165114	7866	338094

整体而言，在长江中游城市群区域内三个子群，即湖北武汉城市圈和襄荆宜城市带、湖南环长株潭城市群及江西环鄱阳湖城市群的中心城市——武汉市、长沙市和南昌市的人口流入、流出和总流动量占据前三名，且远大于其他城市群内的城市，中心城市特征显著，充分表明中心城市是其所在城市群（圈）与外部其他城市沟通的重要节点。且在春节前夕这一特殊时段，三大中心城市的人口流出量均远大于人口流入量，表明三者的经济发展水平在整个区域内最高，人口辐射对周边城市的影响最为强烈。

从各城市在区域人口网络中的出度入度对比平衡来看，可将城市群内的城市划分为三类，即出度入度基本均衡、出度大于入度及入度大于出度。具体而言，在长江中游城市群内除三大中心城市外，株洲市、景德镇市、衡阳市等城市出度大于入度，即在春节前夕客流返乡特征明显，说明这些城市的外向辐射力大于内向凝聚力，主要向外输出资源，在区域网络中影响较大。而黄冈市、孝感市、襄阳市、常德市、岳阳市等城市入度大于出度，表明这些城市中有大部分的人口在其他城市工作生活，在春节前夕返回家乡城市。这些城市多与省会中心城市接壤或距离较短，受到中心城市辐射的强度大于其自身对周围城市的影响作用。

3.2 城市群人口流动网络分析

3.2.1 人口流动网络节点等级

依据复杂网络分析的中心度指标，将长江中游城市群人口流动区域网络节点划分为三级，即核心节点、次核心节点和地方节点。核心节点是整个人口流动网络的关键节点；次核心节点是整个人口流动网络的区域性中心；地方节点则承担地方性中心功能。在区域人口流动网络中，长江中游城市群各城市节点在人口流动网络中的中心度存在较大差异。三省会城市中心度稳居前三，属于整个研究区域内的核心节点，次核心节点分别为黄冈市、孝感市、荆州市、岳阳市、宜春市、株洲市、益阳市和湘潭市等 8 个城市，而地方节点共有 20 个，人口流动网络节点呈现“金字塔”结构（表 2）。

表 2　人口流动网络节点等级

节点等级	城市	个数
核心节点	武汉市、长沙市、南昌市	3
次核心节点	黄冈市、孝感市、荆州市、岳阳市、宜春市、株洲市、益阳市、湘潭市	8
地方节点	九江市、上饶市、衡阳市、常德市、黄石市、宜昌市、鄂州市、荆门市、咸宁市、娄底市、襄阳市、吉安市、仙桃市、抚州市、天门市、景德镇市、潜江市、萍乡市、新余市、鹰潭市	20

具体而言，三大核心节点中武汉市中心度远超长沙市和南昌市，具有区域内的绝对优势，体现出国家规划发展要求中以武汉为中心引领长江中游城市群发展的态势。而南昌市作为核心

节点，其辐射与影响带动作用最弱，需要进一步提升并发挥信息、人才、资金等优势。分子群区域来看，湖南环长株潭城市群整体城市实力相对较强，且区域内城市发展较为均衡；江西环鄱阳湖城市群整体城市实力相对较弱，发展较为缓慢，区域集约型不强，有待进一步发展提升；而在以武汉为核心的武汉城市圈及襄荆宜城市带区域内，虽然武汉市对其周边孝感、黄冈等城市有一定的带动作用，但是其中心度远高于其他城市，呈现出“一城独大”的趋势，区域发展不够均衡。

3.2.2　人口流动网络流线联系

借助 ArcGIS 中的网络分析工具，对长江中游城市群各城市间的人口流动进行 O－D 分析，可对城市间联系强度进行直观分析。从各城市间的人口流动反映的城市间联系强度来看，长江中游城市群人口流动网呈现明显分离的三大子群空间发展格局，并且各自以三大中心城市武汉市、长沙市、南昌市为核心的放射状形态特征。具体而言，长江中游城市群各城市间的联系相比三个子群间城市的联系较弱，跨省的人口流动联系弱，这多发生在两省（子群）交界处，例如荆州市—岳阳市、咸宁市—岳阳市、长沙市—宜春市等，并且人口流动联系量相比省内城市群间的联系量较小。这一点体现出在整个区域内的人口流动和联系受行政壁垒影响较大，未能突破相应的行政边界。武汉市作为长江中游城市群的核心和引导城市，在湖北省内尤其是武汉城市圈内的影响作用显著，但是向外圈层的环长株潭城市群和环鄱阳湖城市群的辐射作用明显不足。

此外，地域的空间布局影响着城市的中心度，体现了城市联系具有明显的地理集中性，区域城市联系网络具有一定的距离衰减性。例如与武汉市联系最为紧密，且城市间人口流动量相对较大的孝感市和黄冈市，这两个城市本身经济发展水平较高且城市人口相对较多，最为重要的是与武汉市之间的交通便利，地理空间距离相对较近，受武汉市带动作用明显，一定程度上促进了城市间的人口流动。这也体现出了地理区位对城市网络的组成结构有显著影响，中心城市对区域空间布局网络的产生及组织具有重要意义。

由此可见，长江中游城市群需要进一步优化其区域网络资源配置，提升城市群网络的相互联系，加强各子城市圈（群）的相互流动，打破原有行政界限和地理位置的限制。

4　结论与讨论

4.1　结论

城市之间的人口流动强度是体现区域联系强度、城市等级和网络结构等的重要指标，对于研究城市发展和区域空间格局规划具有重要意义。本文引用复杂网络中的基本概念，基于 2019 年春节前夕的腾讯人口迁徙数据，对长江中游城市群区域的人口流动网络展开了深入研究，主要研究结论如下：①长江中游城市群人口流动网络规模特征显现，各城市之间人口流动规模差异明显，武汉市、长沙市和南昌市三大中心城市特征显著，其中武汉市人口流动总量最高，南昌市实力较弱；②城市群与外部省域的人口流动网络总体呈现出向“邻”性和向“优”性的圈层分布特征；③长江中游城市群城市间受行政壁垒和地理距离限制影响较大，整体相比各个子群内部网络联系不够紧密。

以上研究结果表明，随着资源和信息的不断流动，不同城市节点在区域网络中发挥着重要作用，长江中游城市群人口流动网络结构日趋完善，而未来区域资源和资本多要素在城市之间的流动有助于进一步推进区域发展和治理。

4.2 讨论

本文采用腾讯迁徙数据开展了人口流动网络的相关研究，但是仍旧存在一些不足和局限性。首先，由于所采用的人口迁徙数据是基于腾讯 LBS 数据平台，受其采集原则和计算方式的影响，不能准确表达区域内所有城市对之间的联系，存在一定程度的有偏性。此外，本研究主要针对“城市人口流”这一单一要素进行分析，这对全面衡量城市间的联系强度与网络结构存在一定的片面性。在本研究基础上，未来可在以上不足之处进行更深入地探讨和完善。

[基金项目：国家自然科学基金项目（51878515，41331175）。]

[参考文献]

[1] 叶强，张俪璇，彭鹏，等. 基于百度迁徙数据的长江中游城市群网络特征研究 [J]. 经济地理，2017 (8)：53-59.

[2] 胡晓婧. 长江中游城市群城市空间联系及网络结构研究：基于铁路客运流 [C] //中国城市规划学会. 共享与品质：2018 中国城市规划年会论文集. 北京：中国建筑工业出版社，2018：14.

[3] Castells M. The rise of the network society [M]. Oxford：Blackwell Publishing，1996.

[4] 王圣云，秦尊文，戴璐，等. 长江中游城市集群空间经济联系与网络结构：基于运输成本和网络分析方法 [J]. 经济地理，2013 (4)：64-69.

[5] 王圣云，翟晨阳，顾筱和. 长江中游城市群空间联系网络结构及其动态演化 [J]. 长江流域资源与环境，2016 (3)：353-364.

[6] 蒋小荣，汪胜兰，杨永春. 中国城市人口流动网络研究：基于百度 LBS 大数据分析 [J]. 人口与发展，2017 (1)：13-23.

[7] 刘望保，石恩名. 基于 ICT 的中国城市间人口日常流动空间格局：以百度迁徙为例 [J]. 地理学报，2016 (10)：1667-1679.

[8] 熊丽芳，甄峰，王波，等. 基于百度指数的长三角核心区城市网络特征研究 [J]. 经济地理，2013 (7)：67-73.

[9] 赖建波，潘竟虎. 基于腾讯迁徙数据的中国“春运”城市间人口流动空间格局 [J]. 人文地理，2019 (3)：108-117.

[10] 魏冶，修春亮，刘志敏，等. 春运人口流动透视的转型期中国城市网络结构 [J]. 地理科学，2016 (11)：1654-1660.

[11] 张瑜. 长春市春运期间人口迁移的时空特征研究 [D]. 长春：东北师范大学，2016.

[12] 赵梓渝. 基于大数据的中国人口迁徙空间格局及其对城镇化影响研究 [D]. 长春：吉林大学，2018.

[13] WATTS D J，STROGATZ S H. Collective dynamics of 'small-world' networks [J]. Nature，1998 (6684)：440-442.

[14] 胡亚萍. 基于腾讯位置大数据的人口流动网络特征研究：以山东省为例 [J]. 广西师范学院学报（自然科学版），2019 (2)：84-90.

[15] 朱鹏程，曹卫东，张宇，等. 人口流动视角下长三角城市空间网络测度及其腹地划分 [J]. 经济地理，2019 (11)：41-48.

[16] 花磊，彭宏杰，杨秀锋，等. 基于腾讯位置大数据的长江经济带人口流动空间分析 [J]. 华中师范大学学报（自然科学版），2019 (5)：815-820.

[作者简介]
詹庆明，博士，武汉大学城市设计学院教授、博士生导师。
唐路嘉，武汉大学城市设计学院硕士研究生。

武汉都市圈有向城市网络结构及影响因素分析

——春运人口流动视角

□文　超，詹庆明

摘要：武汉都市圈是长江中游城市群发展的重要动力源之一，对实现“一带一路”合作倡议及长江中游地区高质量发展具有重要意义。本研究采用腾讯人口迁徙数据构建该地区的有向城市网络，利用有向转变中心性、控制力及相关分析对其网络空间结构特征、影响因素进行研究。结果表明该地区已形成等级化、网络化的空间结构，以武汉为核心辐射整个都市圈的空间发展模式；城市可划分为高中心性高控制力的核心城市、具有一定控制力的人口扩散型城市及典型的人口扩散型城市三种类型，武汉市人口资源来源地覆盖整个都市圈，但对不同区域资源吸引力存有差异。究其影响因素，城市的经济规模、就业机会、收入水平及可达性对城市的网络地位、功能等产生了显著影响。本研究总结了武汉都市圈有向网络空间结构及发展特征，为实现区域战略布局提供支撑。

关键词：武汉都市圈；有向城市网络；空间结构；人口流动

1　引言

习近平总书记于中央财经委员会第五次会议为我国区域经济发展指明方向，要求加快构建我国高质量发展动力系统。武汉都市圈是长江中游城市群的核心都市圈之一，对实现“一带一路”合作倡议及长江中游地区高质量发展具有重要意义。随着“流空间”理论兴起，以城市间各类资源“流”联系数据构建区域城市网络并研究其空间结构特征，为地区经济战略布局提供了科学支撑。梳理既有研究，有学者对我国不同尺度的区域空间结构进行了研究，例如吴康、甄峰、修春亮等利用城市间企业总部—分支、新浪微博等不同类型的“流”，对中国城市网络的空间组织特征等进行了研究；唐子来、程遥、孙桂平、张艺帅等采用优势流、度中心性类指标，对不同区域城市群的网络结构、腹地等进行了研究。都市圈层面则从相关概念辨析、引介国外成熟都市圈发展经验转向国内都市圈空间范围识别、组织特征分析等方面。近年来，利用城市间信息流、客运交通流等多源数据分析都市圈空间联系特征成为新的研究方向，例如钮心毅等人利用手机信令数据对长三角的核心都市圈进行识别分析，突破了传统的基于规模属性指标及可达性视角下的研究范畴，推动了对都市圈的科学认知。

“流空间”理论在提供新的研究思路和视角的同时，在有关“流”类型的选择及对节点城市测度方面仍有待进一步探讨。不同类型的“流”构建的城市网络具有不同的意义及特征，如以信息流为代表的无向型资源流，对各城市而言，具有互利共享特征；以劳动力资源为代表的有向型资源流，在特定区域内，资源总量相对固定，城市间资源存在明显的竞争关系，一个城市的资源增加是以区域内其他城市资源的减少为前提，城市间“流”的联系存在显著不对称性，利用这种不对称性可以更好地挖掘城市间的差异特征，进而识别区域空间结构特征。

识别网络节点城市特征属性方面，度中心性类指标被广泛用于城市网络研究中。这套方法的基本逻辑是“认为在网络内，越接近网络中心的节点，对外联系度越高，也越有可能集散网络资源，因此也更具有影响力”，将城市的控制力与中心性等同，这存在一定的缺陷。Neal Zachary对二者进行深度辨析，提出进一步优化的测度方法。但其计算方法仅与度中心性有关，是基于无向城市网络的，并且未考虑城市次级联系的影响及关联城市对资源的影响力各不相同，应赋予不同权重。赵梓渝等继续研究，并针对有向网络的测度方法进行优化，通过比较计算结果差异，证明其方法对挖掘城市的属性特征等更具优势。

为此，本研究选取春运期间武汉都市圈的人口流动构建有向城市网络，基于有向转变中心性与控制力测度节点城市进而分析空间结构。人口流动是一种有向型资源流，春运时期的大规模人口流动在很大程度表征了劳动力资源在区域内的跨界流动。作为中国特有的社会现象，春运数据可以弥补既有研究侧重企业组织关联，对社会属性关注不足的缺点。另外，既有有向网络研究侧重于网络的差异化及方法技术的比较优化，缺乏对特定地区网络结构与发展特征的探索，在落实区域发展战略等方面较难提供有力支撑。本研究在前人研究的基础上，深入探讨该地区的空间结构及发展特征，可为地方经济社会发展决策提供支撑。

2　研究区域、数据及方法

2.1　研究区域

2014年2月《武汉城市圈区域发展规划（2013—2020年）》（以下简称“发展规划”）获国家发展改革委批复，自此成为武汉都市圈一体化建设的行动指南，都市圈包括武汉、黄石、鄂州、黄冈、孝感、咸宁、仙桃、天门、潜江9个城市，规划面积5.78万平方千米，是长江中游城市群的核心都市圈之一。本研究以依据发展规划确定的9个城市作为研究对象。

2.2　研究数据

研究数据来源于腾讯位置大数据，该数据是基于定位服务技术，在保护用户隐私的前提下可获取到的海量的位置数据，通过手机用户的定位信息映射人口流动轨迹，塑造出人口流动过程中产生的起止城市节点及连接路径。腾讯公司旗下的各类业务覆盖了我国最广的受众，该数据的时效性、样本量要优于一般的统计数据，并已被较多学者用于城市网络的研究中，因此借用该数据可以为研究提供支撑。

依据政府确定的2017年春运时期，获取了武汉都市圈春节40天（1月13日至2月21日）9个城市之间逐日的人口流动数据，数据为都市圈内各个城市之间逐日的来往人次，数据结构为9个有向加权矩阵。

2.3 研究方法

用净迁入人口 NI（Net Immigration）测度一个城市流动人口的净迁入（$NI>0$）、净迁出（$NI<0$）的差异特征。城市的总流动人口 TI（Total Immigration）表示经过该城市的人流总量。NIi_day 是城市 i 每日流动人口的净迁入规模，TIi_day 是城市 i 每日流动人口的总流动规模，具体计算如下：

$$TIi\_day=R^{T}+R \tag{1}$$

$$NIi\_day=R^{T}-R \tag{2}$$

春节期间的人口迁徙一般是节前流动人口由工作地返回家乡（Diffusion，D），节后则从家乡返回工作地（Aggregation，A），春节前网络中心城市普遍为人口流出地，边缘城市为人口流入地，春节后则与此相反。若将各个节点城市春运 40 天内每天流动人口的净迁入值（NIi_day）相加，可能出现正负值相抵的情况。因此，采用一个城市节后与节前流动人口净迁入值相减，用以表征城市集聚资源的能力，也可以更准确地辨识各个城市对于劳动力资源的集聚与扩散能力的差异。由此则有，城市 i 春运期间流动人口的净迁入规模（NIi）：

$$NIi=\sum NIi\_A-\sum NIi\_D \tag{3}$$

对节点城市的中心性和控制力测度方面，利用一个城市流动人口的总迁入规模 GI（Gross Immigration）来代替入度中心性，以总迁出规模 GE（Gross Emigration）代替出度中心性，GI 和 GE 既能够充分考虑所要测度城市的关联城市的加权特征，也能区别其在流动人口集聚和扩散过程中的方向性差异。

$$GIj=\sum NI^{+}_{\vec{kj}} \tag{4}$$

$$GEj=\sum NI^{-}_{\vec{kj}} \tag{5}$$

公式 4 中，k 是指都市圈内与 j 市发生人流联系且该市流入 j 市的人口净流动值为正值的所有其他城市，即人口资源被 j 市所集聚的所有城市；公式 5 中，k 是指都市圈内与 j 市发生人流联系且 j 市对该市的人口净流动值为负值的所有城市，即剥夺 j 市人口资源的所有城市。

以 GIj 作为城市 j 与其关联城市的净迁入值为正值时的加权；GEj 作为城市 j 与其关联城市的净迁入值为负值时的加权。城市 i 的有向转变中心性（Directed Alternative Centrality，DAC）计算公式：

$$DACi=\sum NI^{+}_{\vec{ji}}\times\ln(GIj)+NI^{+}_{\vec{ji}}\times\ln(|GEj|) \tag{6}$$

公式 6 中，以 $NIji$ 为正值时（标记为 $NI^{+}_{\vec{ji}}$），即流动人口由 j 流向 i，与城市 j 流动人口总迁入值的以 e 为底的对数相乘，得到城市 i 有向转变中心性的正因子。当 $NI^{+}_{\vec{ji}}$ 时，表明 j 的资源被 i 集聚，那么被 j 集聚资源的 k 也将弱于 i。当 $NIji$ 为负值时（标记为 $NI^{-}_{\vec{ji}}$），即流动人口由 i 流向 j，与城市 j 的总迁出值绝对值的以 e 为底的对数相乘，得到城市 i 有向转变中心性的负因子。

当 $NI^{-}_{\vec{ji}}$ 时，表明 i 的资源被 j 集聚，i 的中心性也低于集聚了 j 资源的 k，由此可区别各节点城市对资源集聚与扩散的差异性。

对于城市的控制力测算，仅选取城市净迁入值为正值的路径，即在这种情形下，才体现出一个城市对于以流动人口为表征的资源的控制力。由此也可以确定城市控制力的来源地，即判定其人口资源来源地的情况，进而可对区域空间结构进行研判。城市 i 的有向转变控制力（*Directed Alternative Power*，*DAP*）计算公式：

$$DAPi=\sum\frac{NI^{+}_{\vec{ji}}}{GEj}\times \ln\ (GIj) \tag{7}$$

3　结果分析

3.1　都市圈人口流动的时空特征

从逐日的人口流动情况来看（图 1、图 2），春节期间的人口流动具有明显的时间特征，人口流动网络具有显著向量特征。春节前一个星期左右，区域内人口流动性增长至高潮后逐步下降，春节当天各城市的人口流动性降至春运的最低值，各个城市的人流净迁入情况在春节后一天出现转折，春节后第一个星期五人口流动达到高潮，之后再次呈现下降趋势，随后受元宵节的影响，部分城市在元宵节前后再次出现人口净迁出（入）高潮。结合各城市逐日净流入、流出人流统计来看，武汉在春节前人口净流入值以负值为主，都市圈内其他城市节前人口净流入值为正值，春节后，各城市的人口净流动情况与节前完全相反。

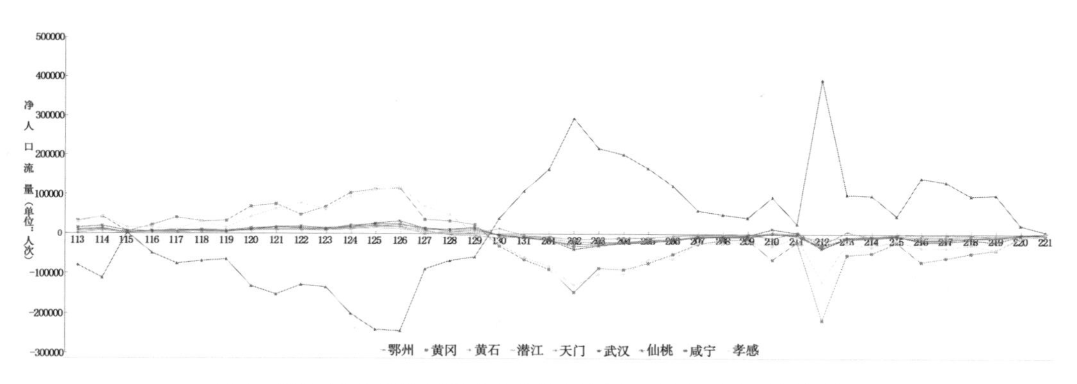

图 1　2017 年春运期间武汉都市圈各个城市逐日人口流动总流量统计

注：图 1、图 2 横坐标表示日期，如 113 表示 1 月 13 日

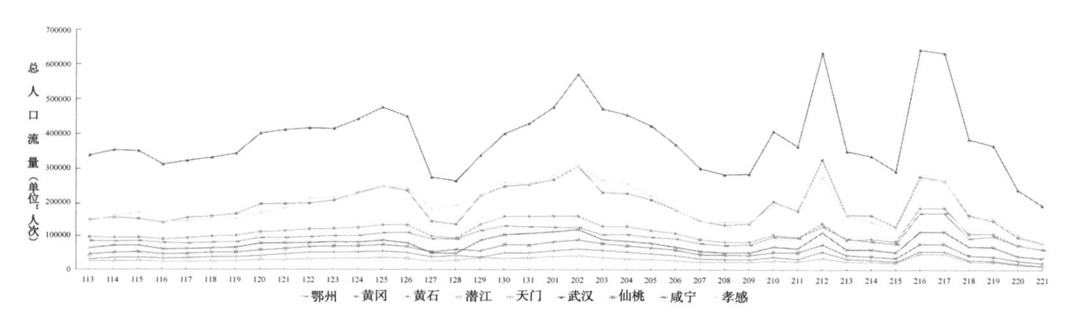

图 2　2017 年春运期间武汉都市圈城市逐日人口净流量统计

从每个城市春节期间的人口总流量及净流量排名的结果来看（表 1），再次证明人口流动网络向量特征显著。无论按照何种标准，武汉均居于首位，其他城市在不同标准下的排名差异较大：例如孝感、黄冈、黄石、潜江，按照人口流动总量排名，孝感、黄冈、黄石分别位居第二、三、四位，潜江位居末位；按照人口净流量排名，潜江位居第三，孝感、黄冈、黄石则居于末三位。统计春节前后城市间日均人流联系的前 15 位线路（表 2），并利用春运期间都市圈内各城市间的人口净迁入（出）联系，在 ArcGIS 中采用自然点断裂法对其进行展示，观察都市圈的空间联系特征（图 3）。结合图 3 及城市间日均人流联系数据可知，都市圈已形成以武汉为核心的网络化联系，武汉对外联系度高，联系范围覆盖了整个都市圈，其他 8 个城市的人口资源主要流入武汉，这也体现出了明显的“核心—边缘”发展特征，但武汉与潜江、天门的人流联系强度无法与其余 6 个城市的联系强度相比，初步判断武汉虽然是都市圈的核心城市，但并非是强核心城市。另外，其他城市间人口流动存在人口先汇集于某城市，然后对外扩散的情况，继续利用该数据进行量化研究，可以更精准地把握资源流动情况、细分城市类型，对都市圈的空间结构的认知也更全面、客观。

表 1　2017 年都市圈各城市排名（按照人口流动总量及净流量）

城市	按照人口流动总量	按照人口净流量
武汉	1	1
孝感	2	8
黄冈	3	9
黄石	4	7
鄂州	5	2
咸宁	6	4
仙桃	7	5
天门	8	6
潜江	9	3

表 2　2017 年春节各城市日均流量及前 15 位优势流统计

时间	前 15 位优势流线路（单位：万人次）	
春节前	武汉至孝感（10.15） 武汉至黄冈（9.82） 孝感至武汉（5.21） 黄冈至武汉（4.62） 武汉至咸宁（3.76） 武汉至黄石（2.84） 武汉至鄂州（2.71） 黄石至黄冈（1.20）	潜江至仙桃（2.48） 咸宁至武汉（2.40） 鄂州至武汉（1.93） 武汉至天门（1.81） 黄石至鄂州（1.68） 黄石至武汉（1.62） 鄂州至黄石（1.55）

续表

时间	前 15 位优势流线路（单位：万人次）
春节后	咸宁至武汉（10.22） 孝感至武汉（9.70） 黄冈至武汉（9.19） 天门至孝感（5.65） 武汉至黄冈（5.21） 武汉至咸宁（3.58） 鄂州至武汉（2.71） 黄冈至黄石（1.23） 黄石至武汉（2.71） 仙桃至武汉（2.29） 武汉至鄂州（2.17） 武汉至黄石（1.76） 天门至武汉（1.63） 鄂州至黄石（1.63） 黄石至鄂州（1.61）

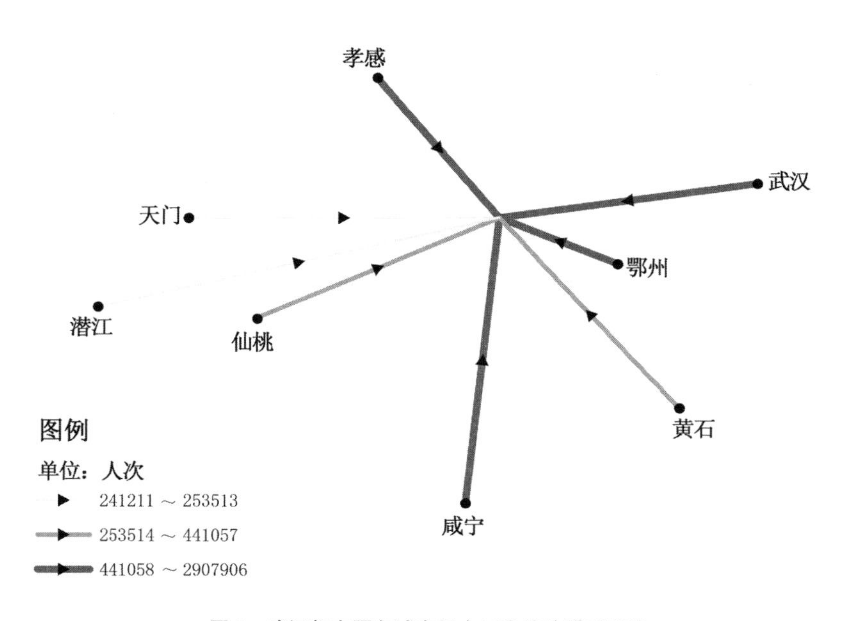

图 3　武汉都市圈各城市间人口净流动联系网络

3.2　都市圈各城市的中心性和控制力情况

利用有向转变中心性（*DAC*）和控制力（*DAP*）对都市圈各城市进行计算，并以武汉的计算结果为基准对各城市的 *DAC*、*DAP* 值进行标准化。依据计算结果及城市间的实际人流联系情况，将 *DAC* 为正值（*NI* 为正值）的城市定义为人口集聚型城市，*DAC* 小于等于 0（*NI* 为负值）的城市定义为人口扩散型城市。结合 *DAP* 及各城市对人口资源流动的影响，可将城市细分（表 3）：武汉为高中心性高控制力的人口集聚城市，不仅具有更高的集散资源的能力，而且对资源的流通具有高控制力；其他城市的 *DAC* 值均小于 0，其中孝感、黄石、仙桃是具有一定控制力的人口扩散型城市，3 个城市的人口资源在对外扩散的过程中，先集聚了至少 1 个城市的资源，再对外扩散资源，咸宁、鄂州等 5 个城市为典型的人口扩散型城市，其人口资源不断外流，并且对其他城市的人口流动几乎不产生影响。

表 3　按照 DAC、DAP 及对人口流动影响的都市圈城市类型划分

城市类型	对应城市	划分标准
高中心性高控制力的人口集聚型城市	武汉	$DAC>0$，$DAP>0.005$，对不少于 5 个城市的控制力值大于 0.1
具有一定控制力的人口扩散型城市	黄石、仙桃、孝感	$DAC\leqslant 0$，$0.003\leqslant DAP\leqslant 0.005$，对不少于 1 个城市的控制力值不低于 0.001
典型的人口扩散型城市	咸宁、鄂州、黄冈、潜江、天门	$DAC<0$，$DAP<0.003$，对其他城市的控制力值小于 0.001

对武汉、黄石、仙桃、孝感的人口资源来源地进行研究，发现武汉对黄石、孝感、咸宁、鄂州、黄冈、仙桃 6 个城市具有强控制力（对 6 市的 $DAP>0.1$），吸引了六市大量的人口资源，但对潜江（DAP 为 0.077）、天门（DAP 为 0.029）的控制力较弱，对两市人口资源的吸引力相对较小。另外，黄石对鄂州的人口流动具有一定影响力，仙桃对天门、潜江的人口流动具有一定影响力，同时孝感对天门的人口流动具有影响力。黄石、仙桃、孝感对这些城市的影响，无法与武汉对其产生的影响相比。总体而言，武汉都市圈形成了以武汉为核心的网络化、等级化空间结构，武汉对不同城市的影响力具有较大差异，尚未成为都市圈的强核心，都市圈内人流联系趋于复杂，既存在人口从边缘城市直接流入核心城市，也存在人口流动先汇集于某些城市，再流入核心城市的情况。

3.3　都市圈人口流动的影响因素分析

选取人均国内生产总值（GDP）表征城市经济发展水平，法人单位总数、新增就业岗位表征城市就业机会，在岗人员年平均工资表征收入水平，城市间铁路、公路平均时间距离表征城市的可达性水平，利用 SPSS25、QAP（Quality Assurance Program）对各城市中心性、控制力的影响因素进行分析（表 4）。研究表明：城市经济发展水平、城市就业机会及城市收入水平对城市的中心性与控制力有显著影响，城市的可达性对城市的中心性与控制力具有一定程度的影响。武汉是国家中心城市，在经济发展水平、就业机会、收入水平等方面拥有明显优势，同时武汉与黄冈、鄂州、黄石、咸宁、孝感均已开通城际铁路，与仙桃、潜江、天门之间由沪汉蓉高铁连接，可达性优势突出，这是其成为都市圈核心城市的重要原因。其余 8 个城市常住人口均低于户籍人口，收入水平差距不大，其中鄂州人均 GDP 水平仅低于武汉，但在就业机会等方面则相对落后。鄂州地处武汉黄石之间，三市均位于长江南岸，在武石城铁的支撑下，三市处于一小时通勤圈内。黄石人均 GDP 水平处于都市圈前列且就业机会高于除武汉、黄冈外的其他城市，受经济发展水平及就业机会影响，且三市交通联系便捷，鄂州流动人口流向了武汉与黄石，黄石的人口资源也不断地被武汉吸引。黄冈位于长江以北，其就业机会相对较多，但人均 GDP 水平较为落后。黄冈在都市圈内仅与武汉有城铁联系，与鄂州、黄石之间的人流联系主要依靠鄂黄长江大桥及高速公路，加之“武鄂黄黄”大都市带的政策影响，使得其与武汉、鄂州、黄冈三市联系较为紧密。天门、仙桃、潜江位于都市圈西南地区，与武汉、孝感、荆门、荆州

相邻，人均 GDP 水平方面，仙桃、潜江居于前列，天门较为落后；就业机会方面，三市处于都市圈末位水平；可达性方面，仙桃是潜江、天门人口流入武汉的重要交通枢纽，潜江、天门的人口资源集聚于仙桃，经由仙桃流入武汉，使得仙桃对两市人口资源流动具有一定的影响，但三市与都市圈其他城市距离较远且城市间铁路班次较少。进一步研究发现，潜江、天门与邻近的荆门、荆州联系更为密切。以上多重原因导致武汉对两市的资源吸引受到影响。咸宁、孝感的人均 GDP、就业机会等位于都市圈中等水平，在武咸城铁、汉十高铁的支撑下，与武汉联系便捷，但两市与都市圈其他城市的联系主要依靠武汉完成，如咸宁与邻近的仙桃、黄石之间无直达铁路车次，需经武汉转车方可到达，孝感经铁路到达都市圈内其他城市均需经过武汉，这使得武汉对两市的人口流动产生了较大影响。

表 4　武汉都市圈各城市中心性、控制力的影响因素分析

变量	中心性		控制力	
	Pearson 相关系数	显著性（双侧）	Pearson 相关系数	显著性（双侧）
人均 GDP	0.862**	0.003	0.805**	0.009
法人单位总数	0.939**	<0.001	0.975**	<0.001
新增就业岗位数	0.900**	0.001	0.946**	<0.001
非私营单位就业人员年平均工资	0.931**	<0.001	0.960**	<0.001
城市间铁路、公路交通平均时间距离	0.216*	0.041	0.232*	0.038

注：*、**分别表示因子通过 0.05、0.01 显著性水平检验。数据来自 2017 年各城市统计年鉴及统计公报。

4　结论及讨论

本文从人口流动视角对武汉都市圈的有向网络空间结构及发展特征进行研究，总结了该地区人口流动的时空特征，有效识别了各城市的特征属性，并对网络核心城市人口资源的来源地情况进行分析。研究认为，武汉都市圈已形成以武汉为核心的网络化、等级化的空间结构，结合 *DAC*、*DAP* 及人口资源来源地情况，将节点城市细分为高中心性高控制力的城市、具有一定控制力的人口扩散型城市、典型的扩散型城市三种类型。具体而言，武汉是国家中心城市，也是都市圈的核心城市，其对外联系度高，人口资源来源地覆盖整个都市圈，但目前尚未成为都市圈强核心城市。黄石、仙桃、孝感对部分城市的人口流动具有一定影响。边缘城市的人口资源向核心城市集聚的过程中，既存在资源直接流向核心城市，也存在资源汇聚于某节点城市，之后再对外扩散的情况。

研究利用武汉都市圈地区人口流动对节点城市的属性特征与区域网络结构特征进行了研究，但研究范围固定于都市圈区域内，存在一定不足，由于城市的实际人口流动非常复杂，尤其是武汉长期吸引着如信阳、南阳等其他区域的人口资源，未来可结合多尺度数据进行进一步深化研究。武汉都市圈各城市间已形成紧密的互补与支撑关系，武汉正通过网络化的联系集聚区域资源，未来可通过分析武汉根植于所在地域的发展路径，针对其核心功能的辐射需求给予政策和资源支持，将其培育为都市圈强核心城市。边缘城市的发展应聚焦于城市专业化、特色化的功能培育，并通过区域性的基础设施等各项支持措施，加强其与核心城市的联系，从而不断优化和提升网络功能，以实现更好的区域发展。

[基金项目：国家自然科学基金面上项目（51878515）。]

[参考文献]

[1] 吴康，方创琳，赵渺希. 中国城市网络的空间组织及其复杂性结构特征 [J]. 地理研究，2015（4）：711-728.
[2] 甄峰，王波，陈映雪. 基于网络社会空间的中国城市网络特征：以新浪微博为例 [J]. 地理学报，2012（8）：1031-1043.
[3] 修春亮，魏冶."流空间"视角的城市与区域结构 [M]. 北京：科学出版社，2015.
[4] 唐子来，李海雄，张泽. 长江经济带的城市关联网络识别和解析：基于相对关联度的分析方法 [J]. 城市规划学刊，2019（1）：12-19.
[5] 程遥，张艺帅，赵民. 长三角城市群的空间组织特征与规划取向探讨：基于企业联系的实证研究 [J]. 城市规划学刊，2016（4）：22-29.
[6] 孙桂平，韩东，贾梦琴. 京津冀城市群人口流动网络结构及影响因素研究 [J]. 地域研究与开发，2019（4）：166-169.
[7] 张艺帅，赵民，王启轩，等."场所空间"与"流动空间"双重视角的"大湾区"发展研究：以粤港澳大湾区为例 [J]. 城市规划学刊，2018（4）：24-33.
[8] 徐海贤，韦胜，孙中亚，等. 都市圈空间范围划定的方法体系研究 [J]. 城乡规划，2019（4）：87-93.
[9] 钮心毅，王垚，刘嘉伟，等. 基于跨城功能联系的上海大都市圈空间结构研究 [J]. 城市规划学刊，2018（5）：80-87.
[10] 冷炳荣，杨永春，李英杰，等. 中国城市经济网络结构空间特征及其复杂性分析. 地理学报，2011（2）：199-211.
[11] NEAL Z. Differentiating centrality and power in the world city network [J]. Urban Studies，2011（13）：2733-2748.
[12] 赵梓渝，魏冶，王士君，等. 有向加权城市网络的转变中心性与控制力测度：以中国春运人口流动网络为例 [J]. 地理研究，2017（4）：647-660.

[作者简介]

文　超，武汉大学城市设计学院博士研究生。
詹庆明，博士，武汉大学城市设计学院教授、博士生导师。

基于GIS技术下的旧城区公共空间活力度评价

□唐继淳

摘要：在旧城改造浪潮的推进过程中，越来越多的群体开始关注旧城区公共空间改造更新情况。旧城区公共空间不仅是反映旧城区生活气息的物质空间之一，也是旧城区居民日常交往的场所之一。因此，本文以成都市玉林片区为例，利用GIS技术对公共空间现状进行分析评价，选取了空间使用、人群聚集、交通通达、空间功能、环境质量等五个影响因子，合理确定因子权重，通过叠加分析得出玉林片区公共空间活力度评价图，以此来引导玉林片区公共空间改造设计，提升旧城区居民的公共生活品质。

关键词：GIS技术；玉林片区；旧城改造；公共空间

1 引言

目前，在新旧城区的共同发展过程中，新城区生活品质水平要明显高于旧城区。在新城区中，现代建筑不断提升新城区的形象，良好的物质和精神环境为新城区居民带来美好生活，而与之相反的是，城市的旧城区却存在着风貌混乱、结构布局不合理、公共空间品质低下等诸多问题，形成了新旧城区二元化面貌。为解决以上问题，提升旧城区的生活质量水平，旧城区公共空间的改造也是极其重要的一项任务环节。

在旧城区公共空间的改造过程中，公共空间是否需要改造及如何选择改造方式，设计工作者往往通过主观判断来进行，绿化不够补绿化，座椅不够加座椅，空间不够增空间等改造工作，缺乏一定的客观数据进行支撑。而地理信息系统（GIS）技术可以对空间信息进行分析和处理，也就是把地图这种独特的视觉化效果和地理分析功能与一般的数据库操作集成在一起，方便数据收集与分析，为旧城区公共空间的前期分析工作带来了科学性与便捷性。对旧城区公共空间的分析评价是引导旧城区公共空间更新科学化的有效手段，在此背景下，笔者结合GIS空间分析方法，对成都旧城区最具生活气息的区域之一——玉林片区的公共空间进行分析评价，为旧城区公共空间的改造提供科学依据。

2 公共空间活力研究概述

作为城市公共生活和公共服务的重要空间场所，城市公共空间的活力分析和打造，是学者及规划工作者一直都在关注的问题。从影响公共空间活力度的角度来看，主要体现在四个方面：①空间的通达。扬·盖尔指出，漫步在城市中是城市活力的基础和起点，公共空间活力取决于人的活动。社会学家洛夫兰在其著作中都有提到公共空间的可达性是公共空间的显著特征，也是引发人们活动极其重要的一环。公共空间是“所有人能合法进入的城市的区域”，是“陌生人碰面的地方”。②空间的使用。简·雅各布斯认为，人类的交往活动、生活活动与空间相互融合的过程，使生活更多样化，城市也具有活力，这是城市需具备的最基本特征。蒋涤非活力包括经济活力、社会活力、文化活力，满足多种空间的使用。③空间的功能。伊恩·本特利说过，一个具备活力特征的场所必须可以满足不同使用功能的多样化空间诉求。④空间的环境。王江认为街道等空间活力的核心在于空间的场所感，要具有生活原真性的环境，真实化的环境是无限活力的内涵。汪海等认为城市公共空间活力能在很大程度上反映出使用者所处空间的满意度和舒适度。

基于以上各位专家学者关于公共空间活力相关方向的研究，可以发现公共空间活力应包含功能多样、人群聚集、人性化、空间可达等方面的基本特点。本文在玉林片区的更新改造过程中，对其公共空间活力评价的因子选取也主要从这几大基本特点出发，选取公共空间的空间使用度、人群聚集度、空间通达度、空间功能、环境质量等五个活力因子，进而在GIS中评价分析出公共空间的活力度分布，对活力度低的区域进行公共空间改造，从公共空间点的均衡分布、公共空间功能的多样性发展到居民通达公共空间的紧密联系，形成系统的玉林片区公共空间，从而提升玉林片区的公共空间均衡服务，为打造十分钟生活圈打下基础。

3 研究分析方法

3.1 技术路线

首先对玉林片区的现状数据进行收集，数据相关资料一方面由当地规划局提供，另一方面通过现场用地和各公共空间的各种属性进行详细调研；再将各种属性因子数据输入ArcGIS软件进行分析，主要通过GIS缓冲区分析、GIS叠置分析、数据处理等三方面功能处理，对空间使用度、人群聚集度、空间通达度、空间功能、环境质量等五个因子进行加权叠加形成公共空间活力度分析图，为旧城更新改造工作提供更为科学直观的技术支撑。在GIS技术支持下，老旧城区公共空间改造分析与评价的技术路线见图1。

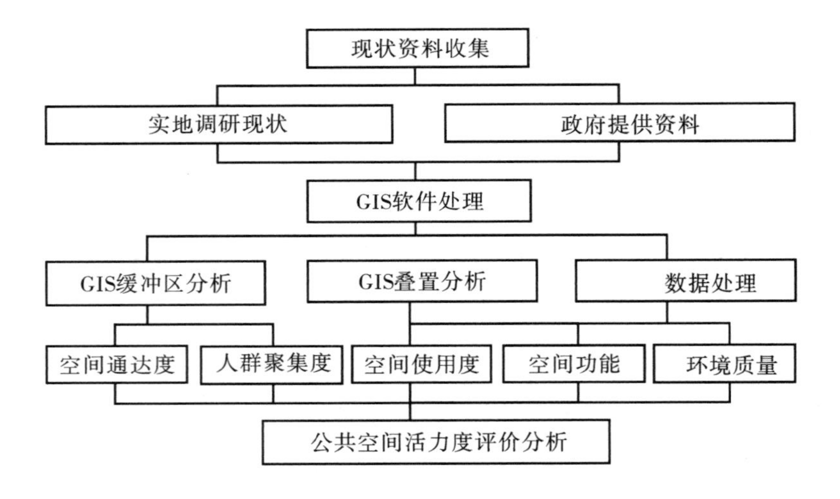

图1　公共空间改造分析与评价的技术路线示意图

3.2　评价指标体系构建

3.2.1　因子选取

通过阅读文献资料、现场调研、专家咨询等研究方法，结合影响旧城区公共空间活力的各个相关要素，本文选取了78个相关因子；再对这78个相关因子进行德尔菲法整理分析，以及专家结合实际情况进行评价打分，最终通过评估标准的因子指标为12个。根据公共空间活力度相关特征，将空间通达度、环境质量、空间使用度、空间功能、人群聚集度等5项因子作为一级因子，将公共交通、步行系统、断头路、绿化率、空间规模、设施年代、使用时间、使用次数、功能分布、功能种类、人流量、活动路线等12项因子作为二级因子进行分析。最终由这二级因子构建公共空间活力度评价指标体系（图2）。

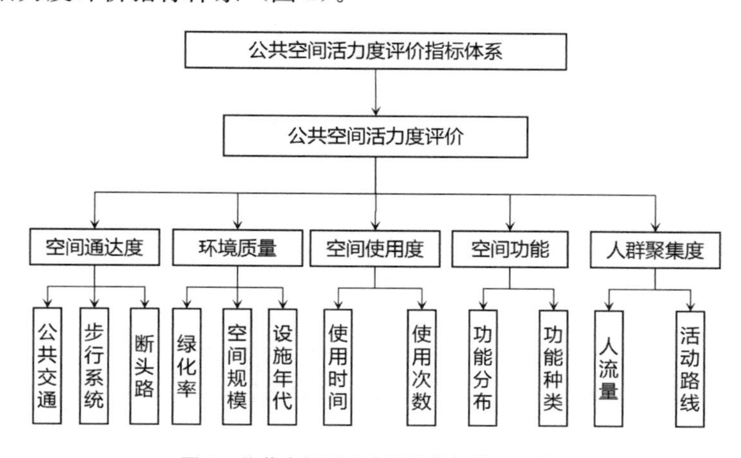

图2　公共空间活力度评价指标体系示意图

3.2.2　因子权重及检验

该评价采用了层次分析法（AHP）确定评价因子的权重。首先，为了让城区居民和规划工作者对每一个一级因子和二级因子评价打分，设计了因子评价矩阵的问卷（表1），比较各个因子的重要性，并且分别进行两两比较；然后，以1～9的分数进行重要性评价打分，对得分进行汇总和加权；最后，利用AHP初步得到各因子的权重，再利用AHP中的特征根法得到权重。

为了避免评价因素之间的逻辑矛盾，需要对AHP得到的权重值Wi进行一致性检验，即检验一级评价因子的重要程度与二级因子的协调程度。在玉林地区公共空间活力度的一致性检验中，活力度评价指标体系五个因素空间通达度、环境质量、空间使用度、空间功能和人群聚集度的CR值均为0.0689，比例一致，其权重值可以用于后续的评价体系。通过AHP的权重一致性检验，总结出公共空间活力指数各评价因子的权重值（表2），得到各评价指标重要性程度的差异，以此建立公共空间活力度指标体系。

表1　因子评价分析表

A	评价标度									B
	9	7	5	3	1	1/3	1/5	1/7	1/9	
空间通达度										人群聚集度
环境质量										空间功能

续表

A	评价标度									B
	9	7	5	3	1	1/3	1/5	1/7	1/9	
空间使用度										空间使用度
空间功能										环境质量
人群聚集度										空间通达度

表 2　因子权重计算表

一级因子	因子权重	二级因子	因子权重
空间通达度	0.421	公共交通	0.025
		步行系统	0.029
		断头路	0.187
环境质量	0.113	绿化率	0.072
		空间规模	0.014
		设施年代	0.027
空间使用度	0.085	使用时间	0.056
		使用次数	0.039
空间功能	0.283	功能分布	0.080
		功能种类	0.193
人群聚集度	0.098	人流量	0.037
		活动路线	0.061

3.3　GIS 数据处理

（1）GIS 缓冲区分析。

作为 GIS 软件重要的空间处理功能之一，GIS 缓冲区分析的分析手段是将空间实体的点、线、面等进行缓冲分析，形成相应的缓冲区多边形，用来确定分析其实体对周边的影响程度或者服务范围。其基本理论是给定一个空间实体集合，确定其邻域 Bi，邻域的大小由邻域半径 R 决定。在进行旧城区公共空间活力评价时，其空间可达分析具有典型的点、线、面要素，人口聚集度也具有点、线要素，可适用于 GIS 缓冲区分析。

（2）GIS 叠置分析。

GIS 叠置分析也是 GIS 软件里强大的空间处理功能之一。其目的是将具有空间位置联系的不同因素因子进行空间特征和专属属性之间的关系进行分析，旨在统一的空间参考体系中对多个因子数据进行一系列的集合运算，然后集合形成新的数据结果。叠置分析包括输入数据、叠加数据、叠加结果数据等，多层数据叠加不仅产生新的空间关系，而且产生新的属性特征关系。通过叠加分析，可以发现多层数据之间的差异、联系和变化特征。在评价分析过程中需要对各类数据进行叠加，才能分析出旧城区公共空间的活力度分布。

（3）数据处理。

将处理好的片区路网、规划范围、公共空间分布、居民活动路线等 Shapefile 文件导入 GIS

软件里，再结合 AHP 所计算的各个因子权重进行评价打分，叠加形成旧城区公共空间活力度分布图。

4　公共空间活力度分布分析

4.1　空间通达度分析

空间通达度分析主要是对公共空间的可达性进行分析。从道路断头路空间可视化的过程中，可以看到玉林片区断头路的位置，发现玉林片区内的断头路较多，多达 26 个断头路口，占全部交通道路的 37%。虽然片区内有很多的小街小巷，但是各个街巷的通达性还不够强，行人经常走到一条小巷中就发现是一条死胡同，极大地影响了行人到达公共空间的效率。再叠加上步行道路交通，发现虽然片区步行道路较多，但也有大量的人车混行，且总体上存在较多的围墙，难以形成完整的步行系统。

加上公共交通路线及站点信息，统计了通过玉林片区的 11 条公交车线路及公交站台，交通站点的服务半径也划分到 200 m，最后得出空间通达度分析图，颜色越多的地段表示该地区的通达方式越多，反之则表示通达度较低且通行不便。玉林东街的公共空间与玉林街的公共空间的通达性较高，东部的中间地段没有连通起来，导致东西两端的连接性不够，影响了居民的公共空间使用效率。

4.2　人群聚集度分析

人群聚集度是指在某个区域的人群活动的密集程度，同时也反映了这个区域的人流量流动程度。在评价人群聚集度的过程中选取了公共空间的人流量及人群活动路线两大因子。在公共空间的人流量数据统计时，最大聚集人流量的公共空间为玉林社区卫生服务中心旁的公共空间，最高在一天内聚集了 569 人。在人群活动路线的叠加过程，发现街巷公共空间也是人群聚集的重要一环，玉林西街是玉林片区的居民日常活动的频繁路线，空间活力度也较高，并且还影响了其周边公共空间的活力度。

从人群聚集度分析图的整体来看，聚集度形态分点状形式、带状形式及扩张形式，说明片区不仅大型块状公共空间有大量人流聚集，街巷空间也是重要人群聚集地之一，并且点状空间与带状空间人流流动会产生一定的影响。人口聚集度较高的区域，说明这个区域的公共空间是居民通常聚集的空间，是人文活动发生的地段，也是规划工作者在后期改造过程中需要着重注意的地方。

4.3　空间使用度分析

空间使用度是指一个空间被人们使用的频率。在 GIS 分析下生成的空间使用度分析图中发现，颜色越深的区域表示空间使用度越高，反之则越低。从整体上看，玉林片区的空间使用度不均衡，一些空间过度使用，另外一些空间使用度却过低。因此在玉林片区的更新改造过程中，规划工作者通过对空间使用度较低的区域进行空间改造，对该空间进行功能植入、功能置换、复合功能、提升环境等手段，增强空间的功能性，可促使更多的居民在此发生公共活动。

4.4　空间功能分析

在对玉林片区公共空间功能进行统计时，发现公共空间承担的功能主要为休憩、打麻将、散步、健身等，功能较为单一且公共复合度不高。在空间功能的分布中也可看到，一些绿地往往聚集在玉林片区的西部，而经统计东南角仅有 2 块绿地空间，规模为 200～400 m^2。功能单一、复合度低及空间分布不均，影响了玉林片区居民的公共生活质量水平。

4.5 环境质量分析

在公共空间绿化、水池要素叠加时，发现玉林片区的公共空间绿化率达到 28%，绿化环境较好，植被较多。而玉林片区是成都老城区的一部分，其公共空间建设年代大多在二十世纪七八十年代，设施较为老旧，且数量较少，没有大型的健身、娱乐设施。与此同时，公共空间规模在 300～500 m^2 的较为常见，难以支持居民们进行大型公共空间活动，这也与居民谈话反映的广场舞场地较少的问题一致。

4.6 综合评价

活力度这一要素被作为是衡量一个城市公共空间是否有活力的指标。要让一个公共空间充满活力和正能量，就必须要让这个空间充满安全感和吸引力，同时能够为行走在此空间的主体（人）提供必要的基础公共设施，让人能够停留驻足或者发生相应的活动。将各分析图进行相关要素叠加，形成公共空间活力度评价，以此来判断公共空间是否需要改造。从空间活力度分析可知，颜色越深的区域表示空间活力度越高，颜色越浅的区域则反之，从整体上看空间活力分布不均，片区空间活力主要集中在西南方向，东南角活力较低，因此在更新改造时应增强东南角的公共空间活力。导致东南角公共空间活力度较低的原因在于它与周边通达性较弱，设施老化，空间规模较小，环境多为硬质铺地，在改造设计的过程中要将此不足考虑进去。可见公共空间的活力度评价能够很好地从客观数据分析引导规划工作者进行具有数据支撑的公共空间改造。

5 结语

旧城区公共空间改造是一项内容极为复杂的规划工作，也是营造旧城区良好人居环境的必要任务之一，特别是在人们需求动态化、多元化的社会环境中，更需要提高城市规划实施管理的科学性。本文通过分析反映玉林片区公共空间活力的各类影响因子，建立了较为合理的指标体系，并通过 GIS 技术对片区的道路断头路、公共交通通达性、步行系统、人群聚集度、空间使用度等进行了一定的分析，增强了前期分析工作的客观性、科学性及效率性。在 GIS 技术支持下，对玉林片区的公共空间更新改造工作中所产生的机制有以下两个方面。

（1）增强了现状分析的直观性与客观性。可以在进行现状分析时，生成直观的图示分析图，并且是通过现软件客观地对数据进行分析，使得现状分析更具有科学技术支撑。

（2）提升了现状分析的效率性与效劳性。直接在软件上输入数据，进行因子的叠加、加权，生成关于公共空间与道路交通的分析图纸，减少了规划工作者一定的工作量，同时减少了在现状评价过程中不科学的主观臆想。

［参考文献］

［1］盖尔．交往与空间［M］．何人可，译．北京：中国建筑工业出版社，1992：83.

［2］CARMONA M，TIESDELL S，HEATH T，et al. Public places-urban spaces：the dimensions of urban design［M］. Oxford：Architectural Press，2003.

[3] 雅各布斯. 美国大城市的死与生：纪念版 [M]. 金衡山，译. 南京：译林出版社，2006.
[4] 蒋涤非. 城市形态活力论 [M]. 南京：东南大学出版社，2007：89-147.
[5] 本特利，埃尔科克，马林，等. 建筑环境共鸣设计 [M]. 纪晓海，高颖，译. 大连：大连理工大学出版社，2002：前言.
[6] 王江. 城市公共空间活力的营造 [J]. 山西建筑，2008 (7)：38-39.
[7] 汪海，蒋涤非. 城市公共空间活力评价体系研究 [J]. 铁道科学与工程学报，2012 (1)：56-60.
[8] 徐文锋，武思标，尹杰. 老旧住区基础医疗设施布局 GIS 评价研究：以宜昌西陵区为例 [J]. 华中建筑，2018 (2)：39-42.

[作者简介]

唐继淳，重庆大学硕士研究生。

基于城市聚集空间驱动的城市增长模拟

——以钦州市主城区为例

□谭俊敏，邓宝莹，谭有为

摘要：国土空间规划背景下的城市增长模拟技术愈发重要，基于CA的FLUS模型是当前土地利用变化和城市增长模拟的主要技术。基于"自下而上"的元胞转换和"自上而下"的驱动与约束规则，FLUS模型在宏观的、较大尺度的地理空间变化预测上有良好的表现。但是，城市的空间是复杂的、连续的、非离散的，常用于FLUS模型中计算的地形、区位、交通等驱动因子并不能真实反映城市增长的驱动力情况，从而影响了该模型的模拟精度。本文试图通过使用POI数据，从商业、产业、公共服务设施等方面识别城市聚集空间格局，并在此基础上将城市聚集空间作为城市发展的重要驱动因子加入FLUS模型运算，以改善上述问题。同时，以钦州市主城区的城市增长模拟案例进行实操验证。结果显示，通过大数据POI技术的引入，可以有效识别当前真实的城市聚集空间格局，而将此纳入FLUS模型运算的驱动因子集，可以提高FLUS模型的城市增长模拟精度。

关键词：城市增长模拟；CA模型；FLUS模型；POI数据；城市聚集空间

1 引言

2019年，《中共中央国务院关于建立国土空间规划体系并监督实施的若干意见》（下称《意见》）的发布标志着国土空间规划成为新时期国家空间发展的新阶段。国土空间规划体系建构是一项系统性工程，需要有一系列制度和技术创新。《意见》中也强调提高规划科学性，尊重自然规律、经济规律、社会规律和城乡发展规律，因地制宜开展规划编制工作。可以预见的是，通过大量研究自然、经济、社会和城市发展规律，利用地理信息技术、大数据等新技术建立的可以预测城市增长的空间模型在未来的国土空间规划工作中愈发重要。

城市增长模拟是指在人类活动和自然影响下对城市空间发展进行预测，其目的是在一定的时间维度下对城市的规模、结构及功能的变迁进行预测，从而为城市规划、建设、管理和经营提供决策支持甚至决策本身。

随着城市增长模拟技术的进步，基于元胞自动机（Cellular Automatea，CA）的多种土地利用模拟技术，包括未来土地利用模拟（Future Land Use Simulation，FLUS）模型为代表的城市增长模拟技术已经在国土空间规划中大量探索和应用，比如城镇开发边界的划定、建设适宜性评价的验证，以及土地利用结构与布局优化等工作。相对于传统的经验主观判定方法，CA模型运用科学的定性定量分析方法，建立符合城市发展规律的变化模型，能动态反映城市系统的发展机制，因此被广泛应用到城市增长及土地变化的模拟和预测中。

2　相关研究综述

2.1　CA 模型

CA 模型是一种时间、空间、状态都离散，空间上的相互作用和时间上的因果关系皆局部的格网动力学模型。其“自下而上”的研究思路，强大的复杂计算功能，固有的并行计算能力，具有高度动态特征及空间概念等特征，使得它在模拟空间复杂系统的思考演化方面具有很强的能力。CA 模型体现了“复杂结构来自于简单子系统的相互作用”这一复杂性科学的精髓，适用于具有复杂时空特征的地理系统模拟。

CA 模型，包括其多种改进模型，其可应用性关键在于其预测真实度与可靠性，也就是精度是否达到要求。为此，当前许多研究聚焦在如何提高 CA 模型的模拟算法，比如基于粗集获取不确定性的 CA 转换规则、基于逻辑回归及分析学习的 CA 模型、基于随机森林的 CA 模型、蚁群算法挖掘地理 CA 的转换规则，以及基于神经网络算法的 FLUS 模型研究等，这些智能算法的加入优化了 CA 模型的转换规则运算机制，从而有效提高了其模拟精度。

另一方面，CA 模型在城市增长模拟的核心内容是确定元胞的转换规则。转换规则主要指城市增长驱动因素的确定，一般是通过经验总结确定城市发展影响因素，具有一定的主观性。城市增长驱动因素包括城市增长的动力和阻碍因素，通过空间量化技术将其数据化后可纳入 CA 模型的运算。与 CA 模型算法的改善一样，转换规则的合理性对 CA 模型的模拟精度有决定性作用。目前，关于 CA 模型的转换规则也有一定的研究，如多尺度联合驱动等，但与改善模型算法相比，此类研究是偏少的。

2.2　FLUS 模型

FLUS 模型是在 CA 模型基础上进行改进的土地时空模拟模型。该模型通过引入人工神经网络（Artificial Neural Network，ANN）算法，用以学习和训练获取各类土地类型的转换概率，配合 CA 基础的领域影响机制（转换规则），并加入惯性系数与竞争机制算法，从而模拟在时间维度中的各类用地的互动和竞争机制，最终完成各类用地在时间和不同场景的转换模拟（图 1）。

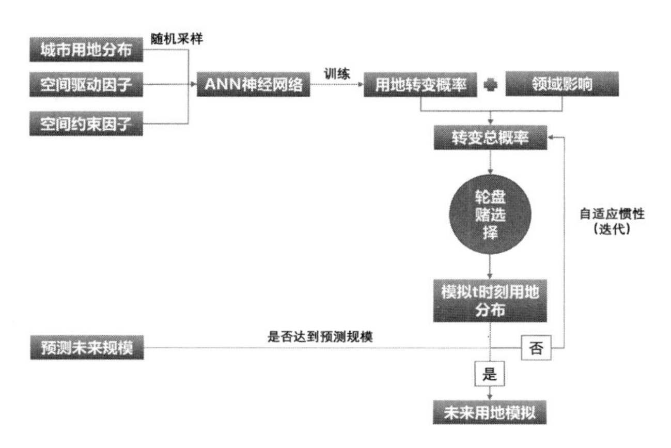

图 1　FLUS 模型的城市用地模拟流程

可以说，FLUS模型结合“自上而下”的全局规则与“自下而上”的转换规则进行耦合城市模拟，同时兼顾土地利用系统的宏观驱动因素复杂性和微观格局演化规律的特征。

除引入ANN算法提高FLUS模型的转换规则运算效率和合理性外，“自上而下”的全局规则是FLUS模型模拟中的一个重要内容。FLUS模型的全局规则表现了城市增长的驱动力或者约束力，在计算模型中体现为空间驱动因子和空间约束因子（表1）。空间约束因子一般指在任何情况都不能转化其他土地类型的要素，比如河流水面等。空间驱动因子指其他对土地类型转化有正面或负面影响的要素，比如代表自然地形影响的高程、坡度、坡向等因素，代表交通区位到市中心的距离、到城镇中心的距离、到主要道路的距离等因素……其他诸如国内生产总值（GDP）、人口分布、气候等所有对城市发展有影响的因素也应该纳入全局规则中。

表1　FLUS模型常用的运算数据

类型	数据说明	用途
土地利用数据	历史土地利用分类数据（两个年份）	训练用地转变概率
	模拟年份的土地利用分类数据	用于验证模拟精度数据
空间约束因子	河流水面等	禁止用地转换因素
空间驱动因子	高程、坡向、坡度等的距离	地形影响的适宜性概率
	到市、城镇中心等的距离	区位影响的适宜性概率
	到主干道、高速公路、铁路等的距离	交通影响的适宜性概率
	GDP、人口分布、气候等	其他影响因子的适宜性概率

FLUS模型已被证实能够有效地应用于多情景下的宏观尺度及多类土地利用模拟，而且较传统的CA模型有更高的模拟准确度。但是，由于CA模型本身的一些缺陷，导致FLUS模型也不可避免地存在一些问题，对城市模拟结果的精度产生影响。

首先，城市的空间是连续而非离散的，CA模型在表现土地分类时，细胞单元代表一种土地性质，在划分这一步必然会出现一些信息损失和错误。这种缺陷一般可以通过缩小细胞单元，提高数据的精细度来解决，但同时也会导致土地利用数据变得庞大，影响运算效率。

其次，FLUS模型算法在运行中一般依靠两个规则，一是全局规则，二是局部规则，也存在问题。第一，全局规则的正确性是存疑的，因为其设定的规则往往简单而在空间上是均一性的，这种特点导致FLUS模型不能很好地模拟复杂的城市内部发展规律，尤其是各个城市片区因城市聚集空间格局的差异而形成的增长差别；第二，局部状态变化规则，CA模型的转换规则对较远的空间影响响应较弱，导致在FLUS模型的模拟中，城市地块单元未能体现城市连续的、复杂的变化机制。这两种规则特征导致CA模型在宏观和微观上能较好地模拟城市增长变化的情况，但城市宏观和微观之间的中观尺度的情况，比如城市片区级别的用地增长差异，FLUS模型较难反映其差异性。

最后，CA模型的整个演化过程在初始状态设定之后就处于自动的迭代计算状态之中，无法及时获得现实情况反馈、及时对模型进行修正，从而影响模拟精度。

当然，技术操作过程中的数据误差传递、不确定性等层面的因素都会影响到模拟的精度，但这些问题是可以通过改善技术标准和流程来避免的，而上述三点是基于CA模型和FLUS模型原理缺陷而导致的问题，很难避免，是导致其模拟精度不足的主要原因。

2.3　聚集经济理论

根据城市经济学理论，城市的形成或者发展虽然受地理、资源、历史等因素的影响，但城市的增长主要依赖社会经济作用的力量，城市是空间经济体系格局的最高表现，它是社会经济活动空间聚集的结果。城市经济发展导致人口增长，人口的增长导致就业、居住、休憩及基础设施需要城市用地，城市用地的扩张因此而发生。城市经济学认为，城市聚集经济是城市经济增长的重要因素之一。由于聚集经济效应的存在，当聚集经济产生的效益不低于某个阈值时，同样的投入可以获得更高的产出，从而会刺激资本、人才、技术的生产要素流入，推动城市经济以更大的规模和较高的速度发展；反之，则可能会出现停滞和衰退。

在空间上衡量聚集经济，一种方法是采用城市人口规模衡量聚集经济，但人口统计的地理单元常常基于行政边界划定，那么利用传统的人口统计方法计算人口密度时，会导致同一个地理单元（行政区）内的人口密度均质分布，无法在空间上真实地表现城市聚集特征。另外一种方法，城市聚集经济空间上的表现就是经济社会活动要素在城市空间中的集中，这种经济社会活动的空间聚集现象主要是城市中的商业、产业和公共服务设施的空间聚集。在现实城市中，这种商业、产业和公共服务设施的空间聚集往往表现为城市商业区、产业区、城市服务等中心。在这些中心里，一般表现为商业营业点、公司及各种公共服务设施的扎堆聚集。

因此，基于上述的城市经济学的聚集经济理论逻辑，本文认为，在城市空间中呈现商业、产业和公共服务设施等要素聚集的城市聚集空间可以反映城市的聚集经济情况。而拥有聚集经济效应的聚集空间，也是影响城市增长的重要动力。那么，这种城市聚集空间在空间上的定量评价也应该纳入 FLUS 模型的驱动因子集中。

2.4　基于 POI 的城市聚集空间识别

随着信息技术的发展，我们现在有城市大数据这种更有效的方法去探索和描述城市状态。城市大数据是指在互联网和信息技术的应用下，通过数据和网络设备，收集到关于城市历史和现状的静态物质空间和动态人类活动的城市地理空间数据。

兴趣点（POI）数据就是城市大数据中比较易用、用途较广的一类数据，通过不同类别的 POI 空间分布，可以描述城市空间业态、区域功能，进而反映区域的空间要素差异。相比传统的统计调查和统计数据，POI 数据具有可靠性高、时效性强、数据完整、易获取等特点，将其运用到研究中可节约大量时间和成本，并且使结果更精确。

POI 数据及其技术，已经大量应用于城市空间格局分析，如商业区识别、城市功能区识别、商业中心识别等。这些研究表明，通过数据爬取获得 POI 数据，然后运用地理信息系统（GIS）技术的核密度法和热点分析（Getis－OrdGi* ）统计法识别城市聚集空间是当前可行的方法。

本文尝试获取 POI 数据，利用 GIS 技术的核密度法和 Getis－OrdGi* 统计法判定钦州市主城区的城市聚集空间格局，并以此引入基于 CA 模型的 FLUS 模型的驱动因子，对钦州主城区的城市增长情况进行模拟运算。通过结果的精度比较，对城市聚集空间是否影响 FLUS 模型的精度进行探讨。

3 研究对象、技术路线及研究数据

3.1 研究区域

本文选取广西壮族自治区钦州市的主城区作为研究区域，具体范围主要包括向阳、水东、文峰、南珠、尖山、长田、鸿亭及子材等街道办。

钦州市的主城区在钦江下游两岸发展起来，是钦州市的经济、文化、行政中心。近年来，随着经济发展，钦州市的主城区人口、城市用地增长迅速，同时也引起城市的无序扩张。为了城市的可持续发展，限定其发展区域，确定城镇开发边界是十分必要的。因此，对该地区的城市增长进行模拟，可以为我们提供一个或多个钦州市主城区在未来的发展情景，从而为我们划定其城镇开发边界提供一个重要的决策依据。相对于钦州港区域，主城区受人为政策等不可预计的影响因素较少，更适合用 FLUS 模型对其城市用地增长进行模拟。

3.2 技术路线

利用 GeoSOS—FLUS 软件，取 2000 年和 2010 年钦州主城区土地利用数据作为模型输入数据，然后加载驱动因子数据，对数据进行抽样，然后利用神经网络算法计算其土地变化概率。获取训练概率结果后，以 2010 年土地利用数据作为模拟起始年数据，设置相关的模拟参数，根据不同的驱动因子集选择三种模拟场景，对钦州市主城区 2015 年的土地利用变化进行模拟（图 2）。

最后以 2015 年土地利用数据作为验证数据，用于计算三种模拟场景总精度、Kappa 系数和 FOM 精度值，最后通过对比，验证不同场景下的模拟的精度差别。

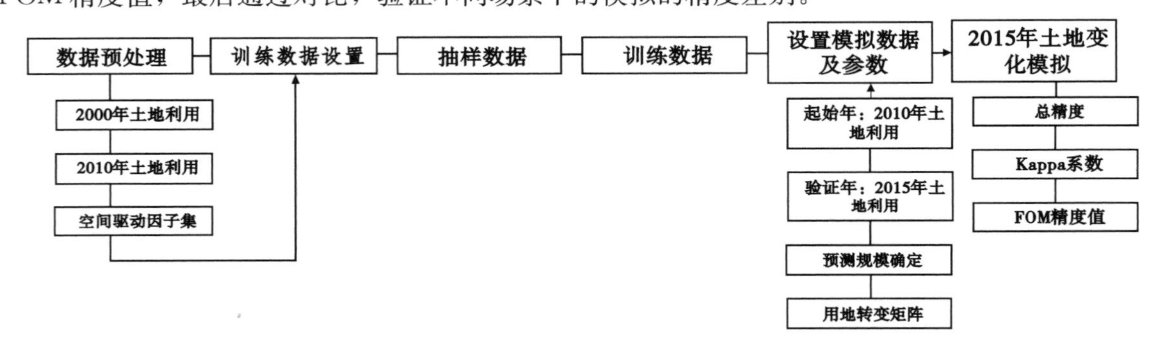

图 2 技术路线图

3.3 数据来源及预处理

FLUS 模拟所需要的数据主要为研究范围内的历年用地分类图和相关驱动因子评价数据，后者包括地形、交通、区位、POI 数据等，其来源具体如下：

（1）从地理空间数据云获取 Landsat 遥感图像和地形数字高程模型（DEM）等数据。利用 ENVI 软件对土地利用数据进行分类，获得 2000 年、2010 年、2015 年的钦州市中心城区土地利用数据作为基础分析数据，其中土地利用类型主要分为五类，即林地、水域、农田、滩涂、建设用地。

（2）通过 DEM 数据，分别按照按高程越低适宜度越高，坡度越小适宜度越高，坡向朝南最适宜、朝北最不适宜等规则对地形 DEM 进行分析，并对结果进行归一化处理，获得地形适宜性驱动因子评价。

（3）路网数据来源于开源地图（Open Street Map，OSM），并通过欧几里得距离分析及归一化处理后获得交通适宜性驱动因子评价。

（4）城镇、城市中心通过高德地图识别，通过欧几里得距离分析及归一化处理后获得区位适宜性驱动因子评价。

（5）POI数据通过高德地图获取，根据其类别主要分为三类：商业、产业、公共服务配套。通过纠偏、去重、坐标匹配等操作，最终获得研究区内POI数据（2019年），数据超过12500条。其中，商业POI主要包括餐饮服务、购物服务、住宿服务等类别，共5000余条数据；产业POI主要包括公司企业、工厂、金融保险服务等类别，共2500余条数据；公共服务配套POI主要包括生活服务、科教文化服务、体育休闲服务、医疗保健服务、政府机构及社会团体等类别，共5000余条数据。

根据上述的城市聚集空间格局分析理论，通过核密度分析及Getis－OrdGi*统计指数法分别分析钦州主城区的商业、产业及公共服务配套城市空间格局，归一化处理后获取钦州主城区的商业聚集空间格局、产业聚集空间格局及公共服务配套聚集空间格局评价。

从判定城市聚集空间格局结果可以看出，钦州主城区基本由钦江分割为比较明显的东、西两大聚集中心，这跟我们现实的认知一致，西城区是旧城区，东城区是新开发区。对于商业聚集空间而言，西城区有两个较强的聚集中心，而东城区只有三个较弱的聚集中心；对于产业聚集空间而言，西部旧城区依然有较强的产业聚集，但东部新城区已经形成一个较商业中心更明显的产业聚集中心；对于公共服务配套聚集情况，与商业聚集空间格局大致相似。

以上所有的数据属性统一设定为CGCS2000_3_Degree_GK_Zone_36坐标系，栅格像元大小均统一为50 m×50 m。

4　研究结果

4.1　用地模拟变化

首先统一所有模拟运算的相关模拟参数设置：2010—2015年城镇建设用地模拟的增长规模由现实的2010—2015年的城镇建设用地增长量确定，用地转变矩阵如表2所示，邻域窗口大小设置为7，模拟迭代次数为100次，扩散系数为1，转换阈值为0.9。

表2　用地转变矩阵

	林地	水域	农田	滩涂	建设用地
林地	1	0	0	0	1
水域	0	1	0	0	0
农田	0	0	1	0	1
滩涂	0	0	0	1	1
建设用地	0	0	0	0	1

注：1为可转换，0为不可转换。

然后根据三个不同的驱动力模拟场景，分别输入不同的驱动因子，对2015年钦州市主城区进行土地变化模拟。

4.2 结果分析

场景一：仅基于地形、交通、区位驱动的城市用地增长模拟，不考虑城市聚集空间格局因子（图 3），其结果总精度为 94.87%，Kappa 系数为 0.934，FOM 精度值为 0.246。

场景二：基于商业、产业、公共服务设施的城市聚集空间格局驱动下城市用地增长模拟，不考虑地形、交通、区位等驱动因子（图 4），其结果总精度为 94.80%，Kappa 系数为 0.933，FOM 精度值为 0.241。

场景三：基于地形、交通、区位及商业等城市聚集空间格局驱动下的城市用地增长模拟（图 5），其结果总精度为 95.29%，Kappa 系数为 0.940，FOM 精度值为 0.286。

通过三个场景的模拟精度（表 3）对比，场景三精度最高，较场景一的总精度提高约 0.5%，Kappa 指数精度提高 0.006；场景二精度最低，但基本与场景一总精度差不多，差异在 0.1%之内。

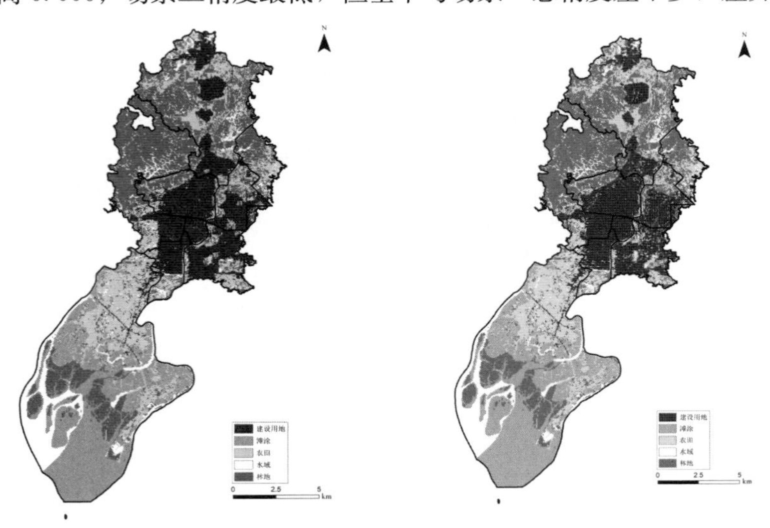

图 3　场景一模拟结果　　　图 4　场景二模拟结果

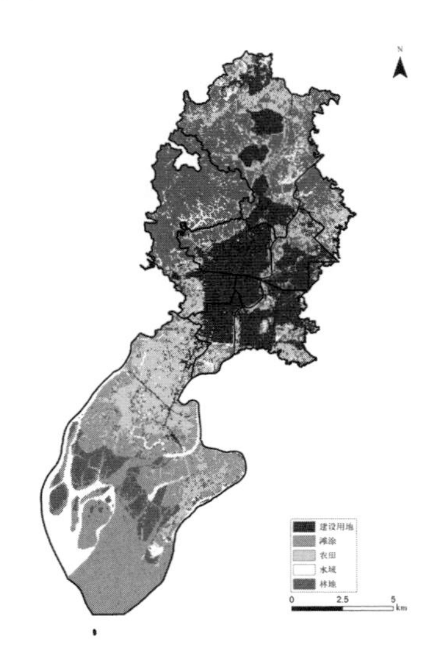

图 5　场景三模拟结果

表 3　三个场景的城市增长模拟精度对比

场景	总精度	Kappa 指数	FOM 精度值
场景一	94.87%	0.934	0.246
场景二	94.80%	0.933	0.241
场景三	95.29%	0.940	0.286

结果显示，利用 POI 数据的城市聚集空间格局识别作为驱动因子参与 FLUS 模型的模拟运算，确实可以提高 FLUS 模型对城市发展的预测精度。另一方面，仅仅运用城市聚集空间格局识别作为驱动因子的 FLUS 模型模拟精度，甚至与传统的地形、区位和交通等驱动因子的精度相差不大，证明商业、产业及公共服务设施等城市聚集空间格局确实对驱动城市发展有重要作用，甚至达到人们认为的地形、区位和交通因素的程度。

5　结论与讨论

可以认为，结合相关的城市发展理论和大数据技术等新技术的应用，可以对城市发展的驱动因素有明晰的识别，而将准确且更完善的城市驱动因子数据化后纳入 FLUS 模型的城市增长模拟中，是未来提高 FLUS 模型的模拟精度的重要方法之一。

在本次研究中，经过多次操作和不同参数尝试，发现一些不足或者需要改善的地方：

第一，数据的预处理，包括数据获取的准确性和完整性、驱动因子的分析和归一化处理、利用遥感图像的用地类型提取等，都会对 FLUS 模型的模拟结果精度造成影响。这些源数据的处理，是目前 FLUS 模型最大误差来源之一。本次研究对 2000 年、2010 年、2015 年的钦州市中心城区土地利用数据做了非常细致的划分工作，保证了最后 94%以上的模拟总精度。

第二，各种模拟参数的设置、细胞单元大小的选择等也对模拟结果的精度造成影响，但此问题可以通过多次模拟试验和修正改善。

第三，城市的建设用地分布格局也会对 FLUS 模型的适用性造成影响。如果一个城市内部有大量未用但可以转换的土地存在，那么 FLUS 模型的模拟往往优先填充这种未用空间，然后才往外增长，这种情况实际是与中国真实普遍的城市扩张情况不一致的。原因是，在中国相当多地区，政策和人为规划的因素可能对于当地的城市增长是主导性的，而非城市自己内部的自然扩张。因此，城市聚集空间格局因子下的 FLUS 模型在成熟的、人为干预较少的城市发展区域的模拟表现更好，对于郊区、新规划区等区域则表现不佳。

第四，利用 POI 数据分析城市聚集空间有诸多优点，如样本量完整、获取和分析技术成熟等，但 POI 数据有时效性，其反映的是获取时态的那个城市状态。因此，结合历史土地利用数据来模拟城市增长，只能用于靠近 POI 数据获取的那个城市时态作为模拟起始年的城市模拟。另一方面，城市的不断变化发展也会导致 POI 数据的更新，从而造成城市聚集空间的变化。当然，更新 POI 数据及其城市聚集空间分析可以对模型进行反馈，从而更新 FLUS 模型的模拟结果，提高精度。

基于 CA 模型的 FLUS 模型虽然存在一定的缺陷，但无疑它是当前城市发展模拟和土地利用变化模拟最有效的工具之一，而且随着人工智能和大数据技术的进步和运用，FLUS 模型将可以获得更强大的新技术支持。那么，通过不断地更新智能算法和转换规则的研究，FLUS 模型也可以不断地迭代更新，从而在未来的应用中获得更高的模拟精度。

［参考文献］

［1］吴欣昕，刘小平，梁迅，等．FLUS-UGB多情景模拟的珠江三角洲城市增长边界划定［J］．地理信息科学学报，2018（4）：532-542．

［2］招晖，陈昌勇．FLUS模型对佛山城镇建设适宜性评价的验证与修正分析［J］．规划师，2020（3）：86-92．

［3］曹帅，金晓斌，杨绪红，等．耦合MOP与GeoSOS-FLUS模型的县级土地利用结构与布局复合优化［J］．自然资源学报，2019（6）：1171-1185．

［4］CHEN Y M，LIU X P，LI X，et al. Mapping the fine-scale spatial pattern of housing rent in the metropolitan area by using online rental listings and ensemble learning［J］. Applied Geography，2016：200-212．

［5］杨青生，黎夏．基于粗集的知识发现与地理模拟一深圳市土地利用变化为例［J］．地理学报，2006（8）：882-894．

［6］陶嘉，黎夏，刘小平，等．分析学习智能元胞自动机及优化的城市模拟［J］．地理与地理信息科学，2007（5）：43-47．

［7］张大川，刘小平，姚尧，等．基于随机森林CA的东莞市多类土地利用变化模拟［J］．地理与地理信息科学，2016（5）：29-36．

［8］刘小平，黎夏，叶嘉安，等．利用蚁群智能挖掘地理元胞自动机的转换规则［J］．中国科学（D辑：地球科学），2007（6）：824-834．

［9］黎夏，叶嘉安．基于神经网络的单元自动机CA模拟及真实和优化的城市模拟［J］．地理学报，2002（2）：159-166．

［10］黎夏，叶嘉安．基于神经网络的单元自动机CA模拟及模拟复杂土地利用系统［J］．地理研究，2005（1）：19-27．

［11］LIU X P，LIANG X，LI X，et al. A future land use simulation model（FLUS）for simulating multiple land use scenarios by coupling human and natural effects［J］. Landscape and Urban Planning，2017：94-116．

［12］马世发，张婷，李少英．多尺度联合驱动的城市增长模拟建模［J］．地理与地理信息科学，2017（2）：19-24．

［13］Liang X，LIU X P，CHEN X，et al. Delineating multi-scenario urban growth boundaries with a CA-based FLUS model and morphological method［J］. Landscape and Urban Planning，2018（9）：47-63．

［14］吕玉印．城市发展的经济学分析［M］．上海：上海三联书店，2000：42-43．

［15］吴康敏，王洋，叶玉瑶，等．广州市零售业态空间分异影响因素识别与驱动力研究［J］．地球信息科学学报，2020（6）：1228-1239．

［16］童莹，郭庆胜，王勇．互联网兴趣点的商业区自动提取方法研究［J］．测绘科学，2018（11）：57-62．

［17］姜佳怡，戴菲，章俊华．基于POI数据的上海城市功能区识别与绿地空间评价［J］．中国园林，2019（10）：113-118．

［18］曹芳洁，邢汉发，侯东阳，等．基于POI数据的北京市商业中心识别与空间格局探究［J］．地理信息世界，2019（1）：66-71．

［19］黎夏，叶嘉安，刘涛，等．元胞自动机在城市模拟中的误差传递与不确定性的特征分析［J］．地

理研究，2007 (3)：443-451.
[20] 吴巍，周生路，魏也华，等. 中心城区城市增长的情景模拟与空间格局演化：以福建省泉州市为例 [J]. 地理研究，2013 (11)：2041-2054.
[21] 龙瀛，茅明睿，毛其智，等. 大数据时代的精细化城市模拟：方法、数据和案例 [J]. 人文地理，2014 (3)：7-13.

[作者简介]

谭俊敏，斯特拉斯堡大学（法国）硕士研究生，工程师，华阳国际设计集团规划设计研究院数据中心主任。
邓宝莹，华阳国际设计集团规划设计研究院工程师。
谭有为，硕士，于华阳国际设计集团规划设计研究院规划师。

基于多源数据的湖南省2035年城镇体系结构模拟

□王　柱，李松平，姜沛辰

摘要：城镇体系结构是一定地域范围内城镇群发展的战略构思与顶层设计。近年来，国内涌现了一系列基于手机信令、POI等多源大数据视角的城镇体系结构量化分析方法，能够更精准地判别出城镇体系结构特征，但主要侧重于现状层面的识别问题，对未来城镇发展的结构模拟探讨较少。本研究以湖南省为例，按照“识别—模拟—构建”的研究思路开展城镇体系结构系列分析，利用多源数据模拟出符合城镇发展需要的城镇体系结构方案。

关键词：多源数据；湖南省；城镇体系；结构模拟

1　引言

近年来，随着国土空间规划行业大数据应用的不断创新，国内涌现了一系列基于手机信令、兴趣点（POI）、夜间灯光等多源大数据视角的城镇体系结构量化分析方法，如钮心毅等人基于手机数据识别上海中心城的城市空间结构，王慧娟等人基于夜间灯光数据开展的长江中游城市群城镇体系空间演化研究，王奇等人基于POI数据和主成分分析法开展的城市空间结构分析等，为城镇体系结构的精准识别提供了科学的测算方法，但主要侧重于城镇体系结构特征的演变分析及特征识别，对未来城镇发展的体系结构模拟研究较少。鉴于此，本文按照“识别—模拟—构建”的研究思路，结合优势流、社会网络分析（SNA等）模型开展城镇体系结构模拟分析，以期为国土空间规划工作提供顶层设计技术支持。

2　研究对象与框架

2.1　研究对象

湖南省地处云贵高原向江南丘陵、南岭山脉向江汉平原过渡的地带，地势呈三面环山、朝北开口的马蹄形地貌，东临江西，西接重庆、贵州，南毗广东、广西，北连湖北，总面积21.18万平方千米。截至2019年底，湖南省辖14个地级市（含自治州），36个市辖区、18个县级市、68个县，合计122个县级区划。本次研究将市辖区合并为市级城区，与86个县（含县级市）共同组成市县级城镇体系分析单元，构建100 m×100 m的结构矩阵，分析城镇体系结构关系。

2.2 研究框架

本文按照“识别—模拟—构建”的思路开展城镇体系结构的模拟分析。首先，基于地图POI、城镇建设用地（遥感解译）、社会经济、手机信令四类数据，结合核密度、引力、优势流、SNA模型，从历史变化维度（选取2012、2015、2019三个年份的数据进行测算）分析单因子视角下湖南省城镇体系结构关系；同时，为消除单因子数据造成的结论偏差，采用因子加权叠加方法综合识别湖南省城镇体系结构特征。其次，在识别城镇体系结构特征的基础上进一步挖掘湖南省现状城镇体系结构对区域发展的带动作用，剖析出未来发展的需求导向，同时结合湖南省城镇发展的政策导向及各市州的未来发展规模预测，模拟出湖南省2035年的城镇体系结构关系。最后，依据模拟结果构建湖南省2035年城镇体系结构方案。研究技术框架见图1。

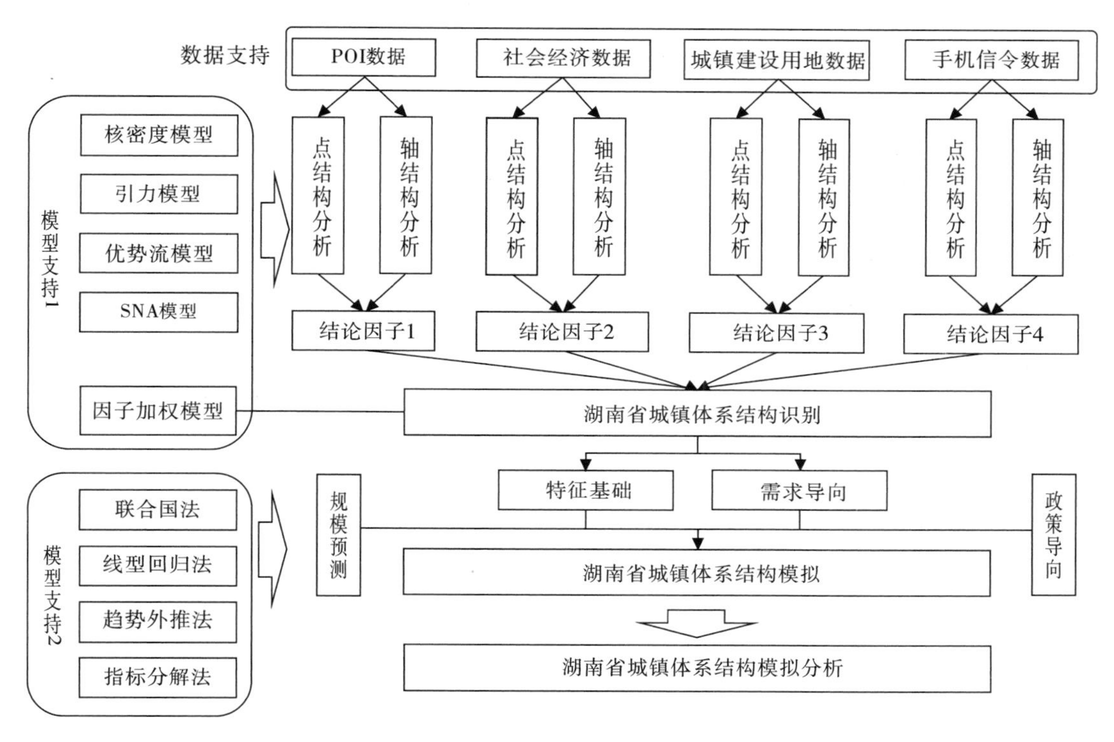

图1　研究技术框架

2.3 研究方法

2.3.1　城镇体系结构识别测算方法

从POI、城镇建设用地、社会经济、手机信令数据分别做单因子点轴结构分析，再结合因子权重叠加法进行汇总计算。

（1）将各类数据分别关联至各行政区，作为评价单元的POI总量、建设用地总量、社会经济总量及人口联系总量；

（2）依据引力模型（其中手机信令数据可直接计算联系强度）分别构建单因子OD联系矩阵，结合优势流算法提取与各评价单元密切联系的前三优势流，并按第一优势流5分、第二优势流3分、第三优势流1分的方式分别对不同数据计算的优势流进行赋值①；

（3）结合层次分析法计算 POI、城镇建设用地、社会经济、手机信令数据对应的权重值（本次采用 POI 权重 0.27②、城镇建设用地权重 0.22、社会经济权重 0.21、手机信令权重 0.30 的权重分配值进行计算）；

（4）叠加优势流综合值，以自然断点方式划分最终的优势流作为城镇间的联系强度，识别体系的轴结构；

（5）结合 SNA 模型的相对点度中心度算法，计算出各评价单元的点值，识别体系的点结构。

2.3.2 城镇体系结构模拟验证方法

对未来发展规模的预测主要是基于现状的人口、经济、用地三个指标，结合联合国法、线性回归法、趋势外推法、指标分解法综合测算未来城镇综合规模值，然后以现状问题导向和未来政策导向为修正因子对预测的城镇综合规模值进行修正，再结合引力模型与优势流模型提取 2035 年满足城镇发展要求的轴结构特征，并依据 SNA 模型测算点结构特征，从而实现未来城镇体系结构模拟。

3 研究数据与模型

3.1 研究数据

本文所用的数据主要包括全省 POI、城镇建设用地（遥感解译）、社会经济、手机信令四类数据。

3.1.1 POI 数据

在地理信息系统中，POI 可表示为房屋、商铺、地标、公交站等信息。本文使用的 POI 数据为 2012 年、2015 年、2019 年调用地图应用程序接口（API）获取的湖南省全域数据，为保证 POI 数据能较真实地反映空间结构特征，因此对获取的 POI 数据进行清洗，保留与城镇空间发展密切相关的设施点数据（主要包括购物、餐饮、住宿、公司、产业、金融类），具体示例见表 1。

表 1 POI 数据结构示意

ID	名称	地址	类型	经度（°）	纬度（°）
B2094757D565A7F8419F	武陵源风景区	张家界市武陵源区境内	公园户外	110.53	29.34
B2094757D065A0F54892	中南大学升华学生公寓	长沙中南大学升华学生公寓	教育设施	112.94	28.16
B2094757D065AAFD449A	岳麓山	岳麓山南门位于长沙市岳麓区登高路 58 号	公园户外	112.93	28.18

3.1.2 城镇建设用地数据

城镇建设用地数据是基于遥感影像数据采用非监督分类和目视矫正的方式提取的不透水面数据。不透水面是指由各种不透水建筑材料所覆盖的表面，如由沥青、混凝土等材料构成的道路和广场。随着城镇的建设与发展，不透水面逐步取代植被成为城镇的主要地貌景观，因此不透水面能够客观反映出城镇建设用地的分布情况。本研究使用的城镇建设用地数据时象跨度为 2012—2019 年，能够反映湖南省全域历年城镇发展变化情况。

3.1.3　社会经济数据

社会经济数据是根据《湖南省统计年鉴》统计的各市县人口、经济总量。截至2019年底末，全省常住人口6898.77万人，地区生产总值37623.75亿元（表2）。

表2　2012、2015、2019年各市州人口、经济统计数据

ID	名称	年末常住人口（万人）			GDP总量（亿元）		
		2012	2015	2019	2012	2015	2019
1	长沙市	714.66	743.18	815.47	6399.91	8510.13	11003.41
2	株洲市	390.66	400.05	402.08	1761.32	2335.11	2631.54
3	湘潭市	278.1	282.37	286.48	1282.39	1703.10	2161.36
4	衡阳市	719.83	733.75	724.34	1957.70	2601.58	3046.03
5	邵阳市	717.00	726.17	737.05	1028.41	1387.00	1782.65
6	岳阳市	552.31	562.92	579.71	2199.92	2886.28	3411.01
7	常德市	576.00	584.39	582.72	2038.50	2709.02	3394.20
8	张家界市	150.21	152.40	153.79	338.99	447.70	578.92
9	益阳市	434.24	441.02	441.38	1020.28	1354.41	1758.38
10	郴州市	463.27	473.02	474.45	1517.27	2012.07	2391.87
11	永州市	525.82	542.97	545.21	1059.60	1418.18	1805.65
12	怀化市	477.50	490.16	497.96	1001.07	1273.25	1513.27
13	娄底市	381.21	387.18	393.18	1002.65	1291.66	1540.41
14	湘西州	258.12	263.45	264.95	397.51	497.44	605.05
15	全　省	6638.93	6783.03	6898.77	23005.52	30426.92	37623.75

注：数据来源于《湖南省统计年鉴》。

3.1.4　手机信令数据

手机信令数据能够较真实地反映人的空间行为特征，对开展城镇空间研究具有重要意义。本研究所用的手机信令数据为联通智慧足迹匿名加密数据，数据以网格（250 m×250 m）进行初聚类，再以行政区划进行二次聚类。数据空间范围为湖南省全域，时间范围为2019年6月全目的出行OD。数据属性包括记录编码、出发网格编号、到达网格编号、出发地类型、到达地类型、手机用户数量等，具体见表3。

表3　基于250 m×250 m尺度的用户出行OD统计表样式

ID	日期	出发网格编号	到达网格编号	出发地类型	到达地类型	手机用户数量
1	20190610	46548	46668	居住地	工作地	5
2	20190610	46548	46669	居住地	工作地	4
3	20190610	46668	46548	工作地	居住地	5
4	20190611	46545	46459	工作地	居住地	2

3.2　算法模型

3.2.1　核密度模型

核密度估计是一种用于估计概率密度函数的非参数方法，因不受栅格自身限制的影响，可

以对点数据进行高质量密度估算，被广泛应用于空间结构测度中。其计算公式如下：

$$f_n(x)=\frac{1}{nh^2\pi}\sum_{i=1}^{n}K\left[\left(1-\frac{(x-x_i)^2+(y-y_i)^2}{h^2}\right)\right]^2 \quad (1)$$

式中，K 为核函数，$(x-x_i)^2+(y-y_i)^2$ 是点（x_i，y_i）和（x，y）之间的距离，h 是带宽，n 是范围内的点数。

3.2.2 引力模型

引力模型由万有引力定律演变而来，认为城市间的联系强度与两个城市的规模质量的乘积成正比，与两个城市间的距离成反比，其计算公式如下：

$$I_{ij}=K\frac{M_iM_j}{d_{ij}^b} \quad (2)$$

式中，M_i 和 M_j 分别是城市 i 和 j 的“质量”，d_{ij} 是城市 i 和 j 的距离，K 为引力常数，b 为距离摩擦系数，可根据各地区的不同实际情况来进行取值，一般取 $K=1$，$b=2$。

在引力模型基础上，Nystuen 和 Dacey 在 1961 年提出了优势流模型。优势流模型是将与每个城市联系强度较强的城市相连得到，每个城市都有与其对应的吸引力较强的城市。本次研究优势流取与城市联系较强的前三个城市进行计算。

3.2.3 SNA 模型

SNA 模型认为社会是由各种关系构成的巨大网络，各个行动者是网络中的节点，通过研究网络关系可以把握个体间的关系，从而揭示网络的整合性与层次性。本研究在优势流的基础上运用社会网络分析方法，主要以点度中心度指标定量衡量湖南省城镇群网络特征，其计算公式如下：

$$\text{绝对点度中心度 } C_{ADi}=d(i)=\sum_j X_{ij} \quad (3)$$

为了消除绝对点度中心度的偏差，本文对其进行修正，采用相对点度中心度，公式如下：

$$C_{RDi}=C_{ADi}/(n-1) \quad (4)$$

式 3、式 4 中，n 为社会网络的点数量，$d(i)$ 是与 i 点联系的边的数量。

3.2.4 因子加权模型

因子加权法是对涉及分析内容的影响要素进行单因子评价，再用叠加技术生成综合的评价结果。主要包括搭建多因子叠加评价体系、确定各因子的权重与规则、结果加权综合计算三个步骤。其计算公式如下：

$$Y=\sum_{i=1}^{m}\left(\sum_{j=1}^{n}I_j\times R_j\right)\times W_i\times 100 \quad (5)$$

式中，Y 为总得分（即综合评价值），I_j 为某单项指标的评分值，R_j 为某单项指标在该层次下的权重值，W_i 为因素的权重。

4 现状城镇体系结构识别

4.1 单中心结构特征明显并逐步强化

提取 2012、2015、2019 三个年份与城镇空间关联紧密的设施 POI 数据，依据公式 1 核密度模型对设施点进行空间集聚判断，POI 搜索带宽取值 3000 m（核密度搜索带宽取值 1000～5000 m，分别间隔 500 m 进行迭代测算，确定 3000 m 带宽效果最为显著）。从空间集聚来看，2012—2019 年长株潭城市群空间一体化融合趋势明显，单中心结构不断强化。主要表现为其融合范围由2012年的长株潭三市中心城区逐步融合并扩张至浏阳市、宁乡市及益阳市和湘阴县等地区。

依据因子加权模型，叠加城市间优势流数据，形成分年度的综合叠加优势流联系强度（表4）。从优势流联系来看，西部湘西、怀化等地区的城镇联系第一优势流为区域中心城市，但第二、三城镇联系优势流呈现向长株潭联系加强的趋势，说明长株潭城市群空间对西部的影响力逐年增强。

表4　各因子优势流综合叠加计算示意表

因子类型	O城市	安化县	安化县	安化县	安化县	安化县	安仁县	……
	D城市	芙蓉区	武陵区	娄星区	新化县	涟源市	珠晖区	……
城镇建设用地（权重0.22）	第一优势流	5	0	0	0	0	5	……
	第二优势流	0	3	0	0	0	0	……
	第三优势流	0	0	1	0	0	0	……
POI（权重0.27）	第一优势流	5	0	0	0	0	0	……
	第二优势流	0	0	0	3	0	0	……
	第三优势流	0	1	0	0	0	1	……
社会经济（权重0.21）	第一优势流	3	0	0	0	0	0	……
	第二优势流	0	0	0	1	0	0	……
	第三优势流	0	1	0	0	0	0	……
手机信令（权重0.30）	第一优势流	0	0	0	5	0	0	……
	第二优势流	3	0	0	0	0	0	……
	第三优势流	0	0	0	0	1	0	……
加权总值		3.98	1.14	0.22	2.52	0.3	1.37	……

4.2　区域性中心城镇群逐步发展

从现状城镇体系结构可以识别出以区域性中心城市为核心的10个较为明显的城镇群，全省区域性中心城镇群初成规模。主要包含邵娄城市群（以邵阳市、娄底市、冷水江—新化市、邵东县）、大衡阳（衡阳市区—衡南县—衡阳县—南岳区—衡东县）、大郴州（郴州市区—桂阳县—资兴市—永兴县）、大怀化（怀化市区—中方县—洪江市—芷江市）、大岳阳（岳阳市—临湘市）、大常德（常德市—桃源县）、大永州（永州市—祁阳县）、张家界市、吉首市。

4.3　省域城镇发展轴带培育仍需强化

从现状城镇体系结构来看，点状结构分布特征明显，但区域性发展廊道与轴带培育仍需进一步强化。目前湘东区域形成区域联系廊道，但尚未形成纵向全域贯穿的发展轴，不利于岳阳—长株潭—衡阳—郴州资源纵向集聚。横向轴带初步形成了张家界—常德—益阳—长株潭轴带和怀化—娄底—长株潭轴带，但轴带联系需要进一步强化，以带动周边市县发展。

5 规划城镇体系结构模拟

5.1 城镇体系发展需求分析

结合现状城镇体系结构发展问题，相应提出未来城镇群发展的三点需求：

（1）发挥中心带动作用，从极化聚集走向辐射引领。目前长株潭及其他区域性中心城市均处于极化聚集发展阶段，对周边城镇的虹吸作用大于辐射作用，未来长株潭城市群应思考完成极化聚集后，逐步发挥和强化对周边的辐射带动作用。

（2）培育新型增长极核，从点轴发散走向多点成网。针对单中心的城镇结构对偏远地区辐射带动能力有限的弊端，需培育新型增长极以补充强化对周边地区的带动作用，强化区域中心城市地位和城镇间关联，完成从轴带逐步向多中心网络化的城镇结构发展。

（3）强化区域发展廊道，引导空间要素合理配置。结合政策和重大基础设施推动因子，强化区域发展廊道，合理引导空间要素配置，进一步强化东西向空间联系和培育南北对外的战略高地，促进区域协同发展。

5.2 规划城镇发展规模预测

综合采用联合国法、线型回归法及趋势外推法计算湖南省各市州 2035 年人口、经济、用地规模值，然后依据各区县现状人口、经济、用地规模在全市的规模占比得出基础分配系数，再结合各市州未来发展需要进行系数修正，进一步得出湖南省 2035 年各市县的人口、经济与用地规模值（表 5）。

表 5　各市州 2035 年总人口规模与城镇化率预测

序号	城市	人口（万）	GDP 总量（亿元）	2035 年新增建设用地（km^2）
1	长沙市	1070.97	14450.96	560.35
2	株洲市	420.54	2752.36	246.26
3	湘潭市	291.18	2196.82	126.17
4	衡阳市	712.38	2995.74	225.11
5	邵阳市	758.86	1835.40	129.57
6	岳阳市	597.71	3516.92	126.41
7	常德市	584.36	3403.75	187.43
8	张家界市	156.74	590.02	38.90
9	益阳市	442.53	1762.96	105.99
10	郴州市	482.16	2430.74	188.40
11	永州市	591.89	1960.25	162.63
12	怀化市	520.21	1580.89	166.52
13	娄底市	398.92	1562.90	96.75
14	湘西州	271.54	620.10	70.50

5.3 规划城镇体系结构模拟

依据城镇发展规模预测，对人口、经济、用地规模值进行归一化，并采用主成分分析法计算城镇发展综合规模值，在此基础上结合引力模型、优势流模型及网络中心度测算，形成未来模拟城镇体系结构形态。

相比 2019 年现状城镇体系结构，2035 年城镇体系结构呈现以下特点：

（1）中心核化效应强化。长株潭城市群中心的规模等级和核心地位得到进一步加强，中心对外辐射作用凸显。环长株潭的益阳市主城区、韶山市、汨罗市等位于辐射内圈的市县，受长株潭城市群中心辐射带动作用明显。张家界市、怀化市等位于辐射外圈的市县，与长株潭中心的联系进一步强化，说明随着长株潭中心能级的提升，其辐射能有效带动湘西区域发展，圈层特征显现。

（2）区域城镇群协同强化。协同周边城市和小城镇发展，以城镇群的形式继续生长，壮大成为具有区域辐射带动力的增长极，同时强化中心城市之间的联系，实现城镇空间结构从点轴发散走向多点成网。

（3）轴带引导效应强化。依托京广、沪昆、长张、湘桂交通廊道，形成了长株潭—张家界、长株潭—怀化、长株潭—衡阳—永州、岳阳—长株潭—郴州“三横一纵”的四条主要轴带，一方面强化了东西向的要素流配置，有助于湘西与湘东城镇的协同发展，另一方面强化了长株潭中心与南北的联系，在承接粤港澳湾区经济和长江经济带国家战略中起到了重要作用。

基于上述分析，模拟方案立足湖南省以长株潭为核心的单中心结构现状，秉持尊重城镇空间发展的阶段性特征与规律、顺应城镇空间发展趋势的原则，实现了省域城镇体系结构从单中心结构向一心多点网络化结构演变，构建了“一核两圈四轴多点”的扇形放射状省域城镇空间结构，对未来湖南省城镇群发展具有科学指导意义。

6　结语

本文按照“识别—模拟—构建”的研究思路，基于多源数据的现状城镇体系结构分析，从历史发展维度剖析现状城镇体系结构问题，结合未来城镇发展的规模预测和政策导向，模拟湖南省 2035 年城镇体系结构方案，并进一步分析模拟结果对未来城镇群发展的带动作用；打破了城镇体系测算方法侧重现状层面的问题识别而缺乏方案模拟的局限，同时提出了“一核两圈四轴多点”的扇形放射状省域城镇空间结构，以期能对湖南省未来城镇群发展及相应的国土空间规划工作提供参考。

［注释］

①优势流赋值注释：优势流赋值仅用于区分边值大小，作划分区段依据。

②权重配置注释：POI 数据能够较好反映城镇的实际建设情况；城镇建设用地由遥感影像解译而来，考虑解译准确度，权重设置略低于 POI 数据；社会经济数据由统计年鉴汇总，为官方公布数据，但考虑数据统计口径偏差，权重设置略低于城镇建设用地；手机信令数据能够真实模拟城镇间的人口流动情况，因此权重设置高于 POI 数据。基于上述配置规则，利用层次分析法构建比较矩阵模型，计算相应的权重值，通过多数据计算叠加方法可修正单一数据计算的结果偏差，保障测算结果的科学性。

［参考文献］

［1］钮心毅，丁亮，宋小冬. 基于手机数据识别上海中心城的城市空间结构［J］. 城市规划学刊，2014（6）：61-67.

［2］王慧娟，兰宗敏，金浩，等. 基于夜间灯光数据的长江中游城市群城镇体系空间演化研究［J］.

经济问题探索，2017（3）：107-114.
[3] 王奇，代侦勇. 基于POI数据和主成分分析法的城市空间结构分析 [J]. 国土与自然资源研究，2018（6）：12-16.
[4] 曹仲，李付琛，杨皓斐. 基于手机信令数据的城市区域间交通流分析及可视化 [J]. 计算机与现代化，2018（3）：116-121.
[5] 叶强，张俪璇，彭鹏，等. 基于百度迁徙数据的长江中游城市群网络特征研究 [J]. 经济地理，2017（8）：53-59.
[6] 刘军. 社会网络分析导论 [M]. 北京：社会科学文献出版社，2004.
[7] 钮心毅，王垚，丁亮. 利用手机信令数据测度城镇体系的等级结构 [J]. 规划师，2017（1）：50-56.
[8] 姚凯，钮心毅. 手机信令数据分析在城镇体系规划中的应用实践：南昌大都市区的案例 [J]. 上海城市规划，2016（4）：91-97.
[9] 甄峰，王波，秦萧，等. 基于大数据的城市研究与规划方法创新 [M]. 北京：中国建筑工业出版社，2015.
[10] 唐子来，李涛. 长三角地区和长江中游地区的城市体系比较研究：基于企业关联网络的分析方法 [J]. 城市规划学刊，2014（2）：24-31.
[11] 吴健生，刘浩，彭建，等. 中国城市体系等级结构及其空间格局实证：基于DMSP/OLS夜间灯光数据的实证 [J]. 地理学报，2014（6）：759-770.
[12] 张虹鸥，叶玉瑶，陈绍愿. 珠江三角洲城市群城市规模分布变化及其空间特征 [J]. 经济地理，2006（5）：806-809.

[作者简介]

王　柱，高级规划师、注册规划师，湖南省建筑设计院有限公司HD大数据中心副主任。
李松平，高级工程师、注册城乡规划师，湖南省建筑设计院有限公司规划院副院长兼HD大数据中心主任。
姜沛辰，中级工程师，注册城乡规划师，湖南省建筑设计院有限公司大数据中心规划研究员。

基于时空大数据的宁波市房价分析

□李　宇，朱　林，蔡赞吉，王　震，卢学兵，欧阳思婷

摘要：本文基于宁波市二手房挂牌价格，分析宁波市近十年的房价变化情况和影响因素，同时研究宁波市各个小区近三年的房价变化和分布情况，分析其与限购政策、轨道开通等因素的关系。

关键词：宁波房价；涨幅变化；二手房

1　引言

中央对房地产的调控一波又一波，在“住房不炒”的主基调下，不同地方的政策方向调整为“一城一策”，“一刀切”的手段被叫停，各个地方的楼市也呈现出分化的行情。大部分一二线城市房价下探偏多，且波动趋于平稳，而宁波市的楼市在2019年的涨幅表现较为火热。在这样反常行情的背景下，本文通过大数据分析手段来探究宁波市近些年的房价变化情况。

2　数据来源

由于新房市场更容易受到相关政策、土地供应和开发商策略等影响，而二手房市场更能直观地反映市场的真实情况，因此本文的房价数据均采用国内某知名房产网站二手房挂牌价格数据，包括2016年10月至2019年10月宁波市各个小区的每月房价（共计4468条小区数据），以及2011年至2019年全国主要城市的每年房价数据。

3　宁波房价和全国其他主要城市的对比分析

3.1　宁波近十年房价在全国主要城市中排名先降后升

宁波房价在2011年就位列全国第7（15458元/米^2），之后的2012年和2013年房价平稳发展，2014年和2015年则开始下跌至12250元/米^2，2016年的房价虽然开始上涨，但是在全国的房价排名中已经降至第19位，之后三年的房价都在稳步上升，到2019年宁波房价已为22291元/米^2，在全国位列第10（图1）。

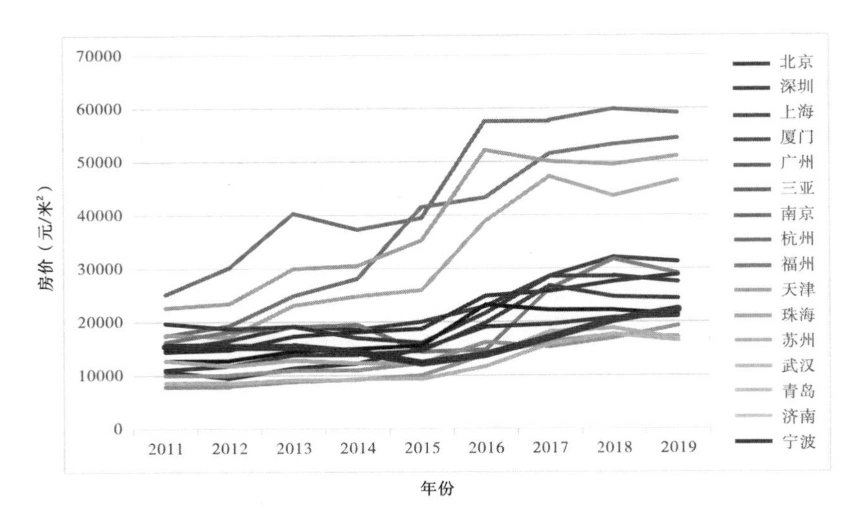

图 1　全国主要城市历年房价变化

3.2　宁波近两年房价涨幅在全国主要城市中名列前茅

从全国主要城市房价涨幅来看，因受相关政策影响，全国各个城市涨跌趋势呈周期性变化，2012 年和 2013 年全国楼市基本都在上涨，而 2014 年和 2015 年房价开始下跌放缓，2016 年又重新高涨，2017 年不同城市行情两极分化，2018 年和 2019 年大部分城市行情开始放缓（图 2）。

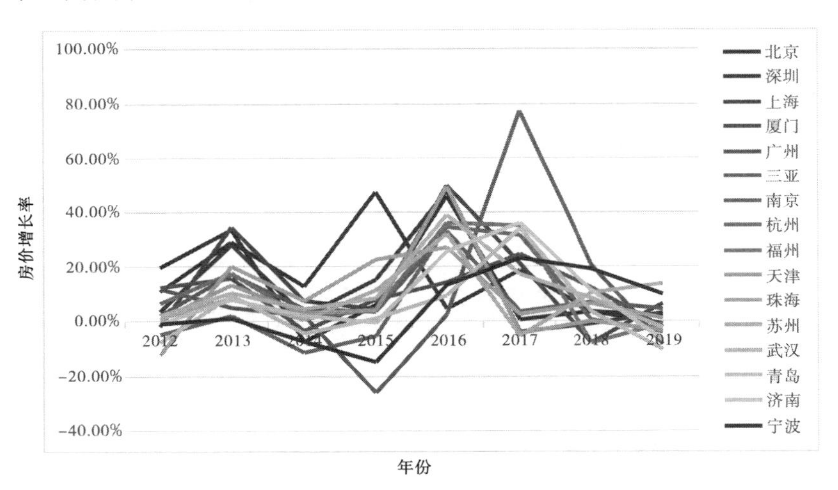

图 2　全国主要城市历年房价增长率变化

而宁波和绝大多数城市的涨幅变化则不太一样，2012—2015 年的涨幅均处于主要城市末位，2016 年之后涨幅开始拉升，而 2018 和 2019 年在全国其他主要城市涨幅放缓的情况下，宁波的房价涨幅依旧坚挺，均位于全国主要城市第 2 位。究其原因，笔者从常住人口和土地价格两个角度进行简要分析。

从人口的角度看，2015 年，宁波的房价增长率处于低位，而同年常住人口增长率也出现了断崖式的下跌，人口的变化带来了住房供需关系的变化，进而直接影响了房价。而 2016—2018 年间，宁波的常住人口增长率出现了大幅上升，从而扩大了近三年人们的购房需求（图 3）。

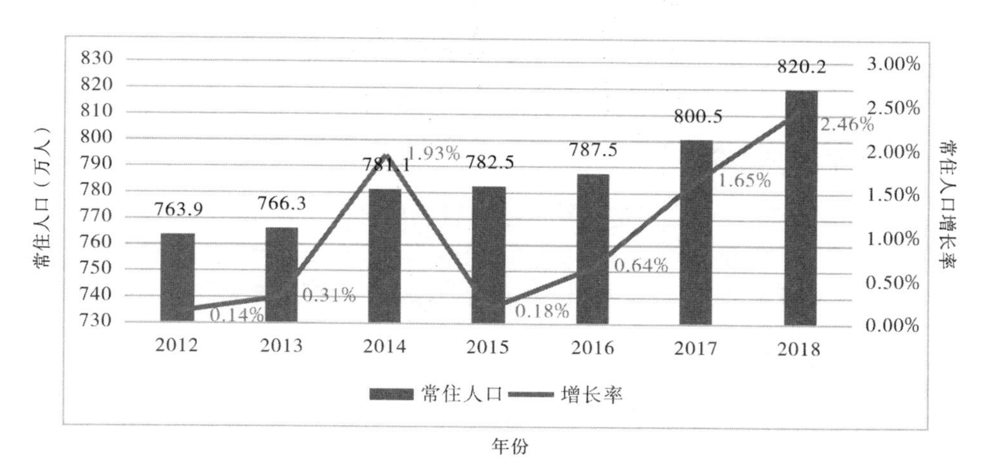

图 3　宁波市常住人口增长率变化

从近三年全国主要城市常住人口增长率的变化曲线来看，宁波近三年的常住人口增长率稳步上升，且 2017、2018 两年的增长率在统计中的 14 个主要城市中处于第 6 位，超过了大部分城市（图 4）。这也是造成宁波近两年房价增长率较高的原因之一。

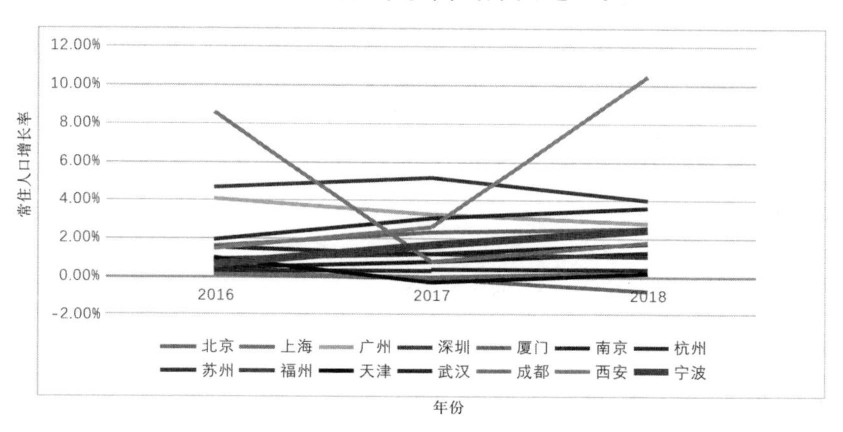

图 4　全国主要城市近三年常住人口增长率变化

从土地价格的角度看，2015 年，宁波的土地价格出现了下跌，而在 2016—2018 年土地价格大幅上升（图 5）。土地价格的变动直接影响着开发商的成本，从而影响了房价的变动。这也是造成宁波 2015 年房价下跌，2016—2019 年房价持续上升的主要原因之一。

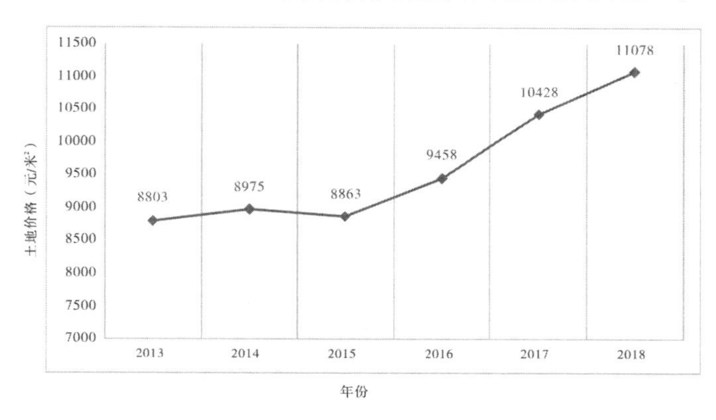

图 5　宁波市近六年平均土地价格

4 宁波房价情况分析

4.1 老三区房价最高

从各个区县 2019 年 10 月的二手房挂牌价中可以明显看出，鄞州区、江北区和海曙区房价最高，分别为 26090 元/米²、22830 元/米²和 22246 元/米²，在中心六区中，奉化区房价最低。从其他四个县市的房价相比来看，慈溪市房价最高为 10537 元/米²，余姚市房价最低。

4.2 次新小区在二手房市场占比较高

宁波的挂牌二手房建造年代主要集中在 1995—2018 年，其中 2006 年建造的小区挂牌数量最多，其次则是 2017 年建造的小区，说明市场上属于投资类型的二手房占有较大比例（图 6）。

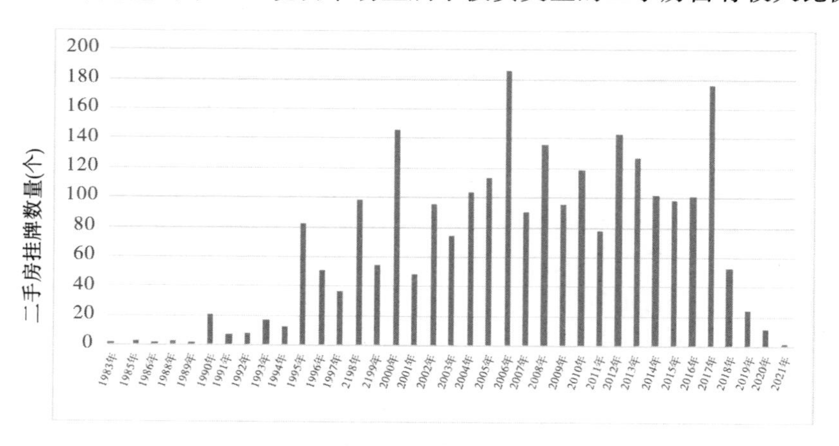

图 6 宁波不同建造年代小区二手房挂牌数量

4.3 不同价格区间的小区分布

从宁波市域角度来看，房价区间在 1 万～2 万元/米²的小区数量最多，占比达 44%；其次是 2 万～3 万元/米²区间的小区，占比为 30%；3 万～4 万元/米²区间的小区占 6%；而 4 万元/米²及以上的小区数量最少，仅占 2%（图 7）。

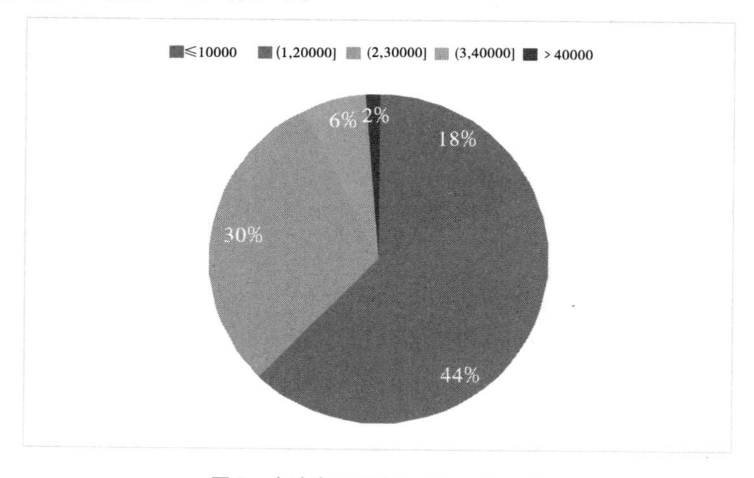

图 7 宁波市不同房价区间小区占比

从各个区县来看，鄞州区、海曙区和江北区都是2万～3万元/米²区间的小区占比最多，而其他各区县小区房价则还是以1万～2万元/米²区间为主（图8）。

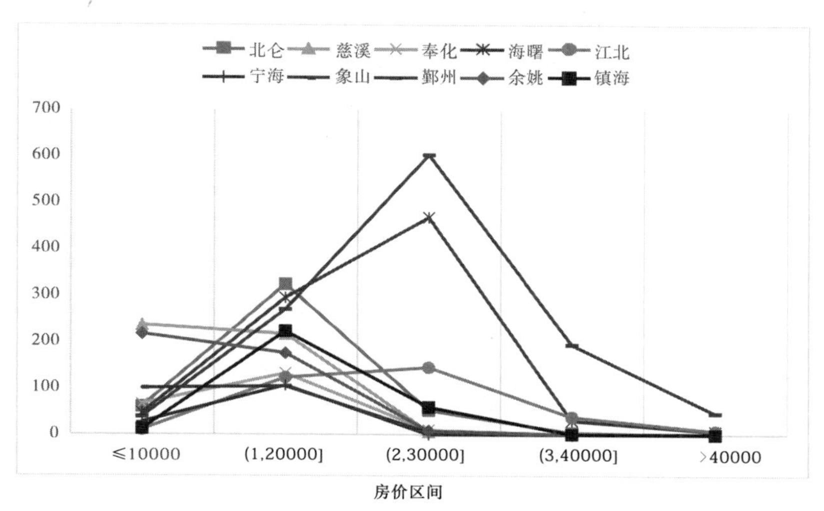

图8　宁波各区县不同房价区间小区数量

将不同房价区间的小区叠加到矢量地图上，可以明显看出宁波高房价小区主要聚集在老三区，北仑区和慈溪市也有少许高房价小区。

4.4　高房价小区集聚分析

将中心城区房价在3万元/米²以上的小区提取出来，做成热力分布图。可以看出，鄞州区的高房价小区主要聚集在东部新城、高新区、南部商务区、百丈、白鹤等，海曙区的高房价小区主要集中在月湖和望春附近，江北区的高房价小区则主要集中在万达广场和甬江周边。

4.5　低房价小区集聚分析

将宁波市域房价在1万元/米²以下的小区提取出来，做成热力分布图，发现它们多以公寓为主，大部分集聚在周边四个区县，中心城区则主要集中在大榭岛、大榭街道、小港街道、瞻岐镇、集士港镇和奉化区等地区。

5　宁波房价涨幅情况分析

5.1　宁波历月涨幅率变化不一

从宁波市每年的各个月涨幅来看，每年各月涨幅变化差异较大，并不完全符合房市中的“金三银四”“金九银十”的说法，但是12月份和1月份的涨幅基本处于全年的低位，2015年的1月份涨幅更是出现断崖式下跌（图9）。由此可见，过春节前买房是比较好的选择。

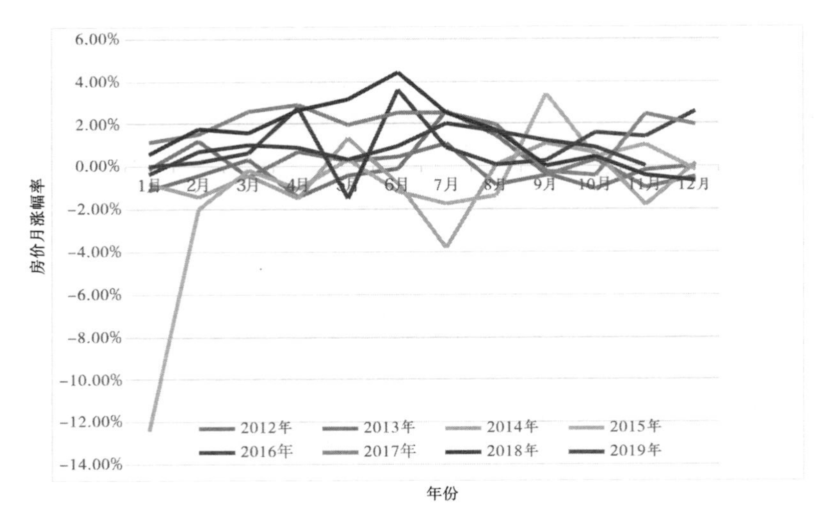

图 9　2012 至 2019 年宁波房价月涨幅情况

5.2　镇海区近三年房价涨幅最高

从宁波市各区县 2016—2019 年的房价涨幅可以看出，镇海区涨幅最高，从 2016 年的 8182 元涨到 2019 年的 18556 元，涨幅高达 126.8%；鄞州区和北仑区涨幅次之，分别为 102.6%和 98.4%；而其他四个县市中，慈溪市涨幅最高为 30.6%，余姚市和宁海县的房价涨幅和其他区县相比则相对较低。考虑到宁波市 2016 年行政区划进行重大调整，因此本文所取各区县涨幅从 2016 年开始算起。

镇海区房价之所以涨幅最高，一方面是 2016 年房价基数较小，属于价值洼地，另一方面则是距离中心城区较近（镇海新城与高新区仅有一江之隔），且本身学区较好，而且又处于限购圈外，因此一直处于房市热门板块。

5.3　不同涨幅区间的小区分布情况

从宁波市域来看，各个小区涨幅在 50%～100%区间的数量最多，达 700 个；涨幅超过 150%的小区数量和涨幅为负增长的小区数量都相对较少，分别各占全市小区数量的 4%(图 10)。

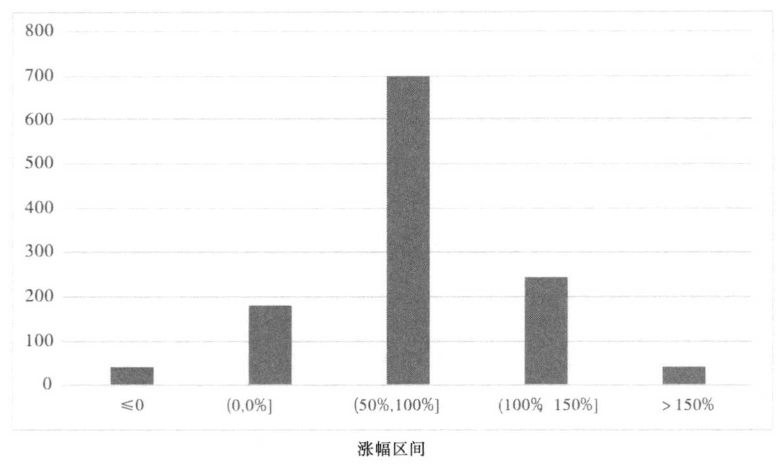

图 10　宁波市各个小区涨幅区间分布

将涨幅大于100%的小区提取出来，发现2000年以后建造的小区占大多数，而2006年建造的小区数量最多，达37个（图11）。

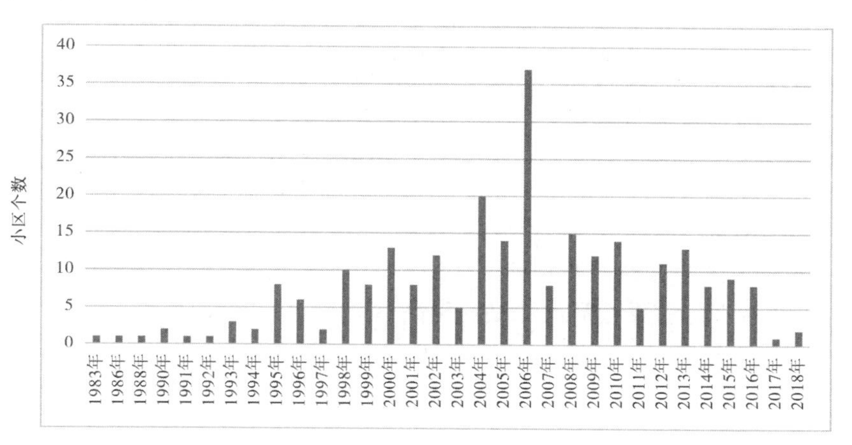

图11　涨幅大于100%的小区的建造年代分布及其数量

将近三年不同涨幅区间的小区叠加到矢量地图上，可以看出涨幅较高的小区基本还是集中在镇海区、北仑区、鄞州区、江北区和海曙区，慈溪市和余姚市也有少部分涨幅较高的小区。

5.4　老中心城区近三年涨幅较低，限购圈外城区涨幅较高

将中心城区的各个小区的近三年涨幅使用克里金插值法做成热力分布图，可以明显看出镇海区、南部商务区和小港涨幅最高，而老中心城区的房价涨幅较低，其他周边如春晓街道、咸祥镇和奉化城区等地的涨幅也相对较低。

5.5　限购圈内外涨幅差异显著

宁波市自2017年4月24日起施行区域限购限贷，限购范围为机场路—鄞州大道—福庆南路—甬台温高速—盛莫路—聚贤路—甬江—世纪大道—东昌路—望海南路—北环路所围区域，限购区域主要集中在江北区、鄞州区和海曙区。

在限购政策实施之前的4个月内，江北区限购圈内涨幅高于圈外，鄞州区限购圈内外涨幅差别不大，唯有海曙区圈内涨幅略低于圈外（图12）。

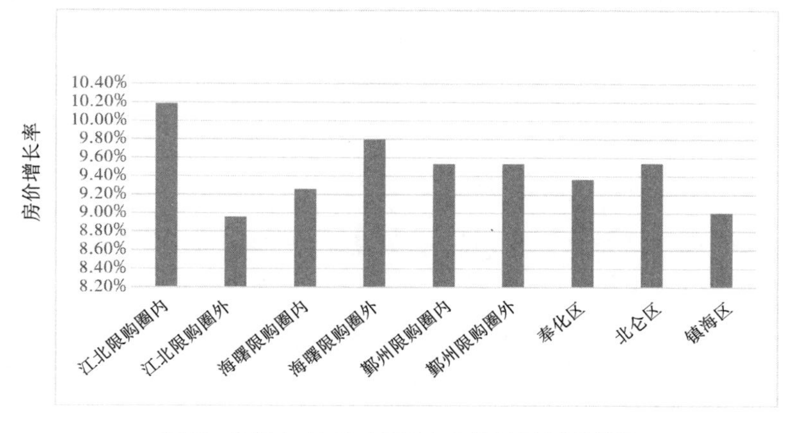

图12　2016年11月至2017年3月各区域房价涨幅

而在限购政策实施至2019年的两年多时间，限购圈内房价涨幅明显小于周边区域。江北区限购区内外涨幅差别最大，高达25.3%，而鄞州区和海曙区限购区内外涨幅相差分别是21.9%、13.2%。由此可见，政府的调控政策卓有成效。

5.6 3号线开通后，末站（高塘桥）周边房价飙升

2019年6月30日，宁波轨道交通3号线一期工程（高塘桥站至大通桥站）开通试运营。将地铁站点周边1 km范围覆盖的小区和2 km～3 km范围覆盖的小区筛选出来进行房价对比，从每个月的涨幅可以发现，3号线开通以后，站点周边1 km范围内的涨幅为2.1%，明显高于周边2 km～3 km覆盖小区的涨幅。由此可见，3号线开通后带动沿线的房价上涨，而3号线末站周边1 km覆盖的小区在地铁开通后的涨幅更是高达6.66%（图13）。

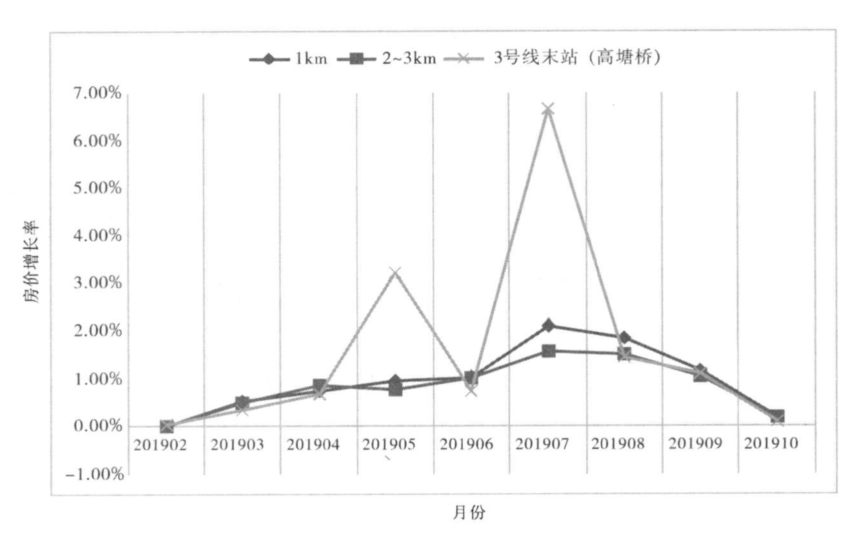

图13 3号线周边小区2019年每月房价涨幅

6 结语

从全国主要城市层面来看，宁波市房价排名从2011—2016年呈下降趋势，而近两年房价涨幅在全国名列前茅。从宁波市来看，镇海区近三年房价涨幅最高，远高于宁波市中心老城区。而2017年限购政策实施以后，中心六区的限购圈外涨幅明显高于圈内。地铁3号线开通以后，房价涨幅最高的是末站周边。从长远来看，政府坚持“房住不炒”的基调不会变，而宁波市日后也会出台针对性政策，促进房地产市场平稳健康发展。

[参考文献]

[1] 孔祥广. 楼市调控背景下中国房价决定因素与对策研究 [D]. 徐州：中国矿业大学，2014.

[作者简介]

李　宇，助理工程师，任职于宁波市规划设计研究院。

朱　林，助理工程师，任职于宁波市规划设计研究院。

蔡赞吉，高级工程师，任职于宁波市规划设计研究院。

王　震，工程师，任职于宁波市规划设计研究院。
卢学兵，助理工程师，任职于宁波市规划设计研究院。
欧阳思婷，工程师，任职于宁波市规划设计研究院。

街道脉搏

——基于 GPS 数据的街道活力时空特征测度

□苏天宇，孙茂然，范庄媛，亚历克斯·彭特兰，埃斯特班·莫罗

摘要：城市街道作为不同目的地之间的连接纽带和城市公共生活的重要载体，在塑造城市建成环境和驱动城市发展等过程中扮演着至关重要的角色。近年来，得益于城市量化研究方法的发展和机器学习、计算机视觉等计算机科学技术的进步，街道的静态空间质量（如可达性、安全性、街道形态等）得到了较为广泛的关注和研究，然而对表征街道活力的动态特征的研究仍较为基础。本文提出了一种基于匿名化的大尺度、细粒度 GPS 位置数据，通过时间和空间聚合测度街道活力的新方法，并以美国波士顿市为例，证明了这种方法在分析街道活力时空特征方面的可行性。研究发现，波士顿市的街道活力拥有清晰的时序特征，呈现随时间的规律性波动，同时街道活力的空间分布也具有明显的特征，具体表现在位于不同地理区域、毗邻不同土地利用区划的街道拥有迥异的街道活力特点。本文的研究结果对理解城市街道活力的时空特征有重要价值，并对我国未来城市管理精细化有一定借鉴意义。

关键词：大数据；建成环境；城市街道；GPS；时空特征

1　引言

城市街道作为连接城市中不同目的地之间的纽带和城市公共生活的重要载体，在城市中扮演着至关重要的角色。近年来，许多国际知名城市发布的街道设计导则也强调了街道对城市的意义。美国波士顿市的《完整街道设计导则》(*Boston Complete Streets：Design Guidelines*) 中提到街道的10条重要价值，其中包括了塑造城市空间、支撑交通功能、承载公共活动等；上海的《街道设计导则》则指出街道是“城市最基本的公共产品”，承载着城市居民关系、城市历史和城市文化。对街道空间及活动的研究一直以来也是城市规划与设计领域的重要议题，艾伦·雅各布斯（Allan Jacobs)、扬·盖尔（Jan Gehl)、威廉·怀特（William H. Whyte）等众多学者都从不同的角度提出测量街道空间品质及使用者活动的方法。但是综合来看，这些方法主要基于城市小范围空间观察的场景描述。随着“智慧城市”概念的逐渐深化和我国“精细化城市治理”策略的提出与实施，寻找对城市街道空间品质及活力的大规模量化方法和科学评估显得尤为必要。

近几年来，随着城市数据的极大丰富，机器计算能力的显著提高，机器学习、计算机视觉等计算机科学技术的快速进展，使得大规模、多维度地量化研究城市静态空间品质成为可能。2008 年美国麻省理工学院媒体实验室（Media Laboratory）开始了为期四年的“场所脉动”（Place Pulse)

项目，通过网络问卷的方式收集了人们对城市空间在美感、安全度、丰富感等六个维度的评价。利用这个场景评价数据集，Naik 等通过机器学习的方法，提出了预测街道安全性感知的算法，并被学界认可和使用。李小江等提出了基于谷歌街景图片测量街道行人视角的绿化覆盖度的方法框架，并通过美国纽约市的实证研究讨论了该方法的实践意义。在这些研究的基础上，Naik 等结合了传统计算机视觉和深度学习的方法，提出了大规模量化城市建成环境变化的方法。郝新华和龙瀛也基于百度街景图片等数据源开展了对中国城市街道空间质量的大规模测度。

尽管如此，动态街道活力作为描述街道特征的一种重要指标和反映街道实际使用情况的直观变量，却由于数据不足和方法较为欠缺仍相对难以量化。现有的城市活动计量方法，如扬·盖尔提出的“公共空间—公共生活”（PSPL）研究方法，通常是较为传统的小范围观察。这些方法往往受到观察范围和时间的限制（一条街或几条街），难以在整体城市尺度进行大规模标准化测量。近年来，城市大数据和智慧城市在全球的发展取得了长足的进步，如通过利用手机信令和公交卡刷卡记录等城市传感数据研究城市活力。但是这些项目的研究单位多为团状的城市网格集合或者城市社区，与理解街道活动所需的线性空间单位有明显区别。

少部分利用高精度城市传感数据测量线性街道空间活力的研究，也由于数据获取成本高、公开程度低等因素，仍限制在较小范围内。例如钮心毅等以上海市南京西路为案例，利用小规模全球定位系统（GPS）数据分析了街区建成环境对街道活动的影响。但近年来，随着智能手机的普及和科技公司与科研机构合作的逐渐深入，使用大规模、高精度、匿名化的 GPS 数据，利用空间和时间聚合以分析城市内细粒度的活动特征出现了更多可能。例如，利用 GPS 数据分析 2020 年新型冠状病毒肺炎（COVID－19）疫情期间波士顿地区的“保持社交距离”（social distancing）规定的实际执行情况。

建立在前述街道活力相关文献及近期 GPS 数据相关研究进展的基础上，本文利用匿名化的大规模、细粒度 GPS 位置数据，提出了一种测度街道活力时空特征的方法，并以波士顿市为例探讨了该方法的可行性，得出研究结论。

2　街道活力的定义

街道空间作为多种交通模式和城市公共生活的载体，容纳了多种多样的活动。因此，对街道活力的时间和空间维度做出清晰的定义非常必要。龙瀛和唐婧娴提出了对街道空间在实体维度上的定义，即街道本身和与之毗邻的实体空间（如建筑、公共空间等）。参考该定义及考虑到波士顿市街道所承载的更为多样化的功能（机动车交通、非机动车交通、步行交通、城市公共生活等），本文将街道空间定义为城市街道及街道两侧可达的底层商铺、公共空间、公共基础设施等共同形成的三维物质空间。

在对街道活动的空间维度进行了限定之后，我们对其时间维度也进行了定义。在本研究中，步行前往公园、在街边摊位进餐及在街道上人与人的会面交谈等可以触发交互行为的活动被定义为街道活动；而驾车驶过一个路段或长时间待在家中或办公室等不涉及城市公共空间内交互行为的活动不被视为街道活动。经过对本研究所获得数据的初步分析，我们将用户在城市某一具体地点的停留时间（Dwell Time）作为主要的依据判断该活动是否为符合要求的街道活动。最终，根据波士顿市街道的具体情况及 GPS 数据的特点，我们确定停留时间 5～120 分钟的活动为本研究所关注的街道活动，并以此为基础测度街道活力。

概括而言，本研究将发生在街道空间内且具有触发人际交互可能性的活动定义为街道活动，而街道活力是用来表征街道活动的强度和特征的具体测度指标。

3　数据与街道活力测度方法

3.1　研究范围及空间单位

为了更加精细化地测量街道活力随时间和空间变化的特征及规律，本研究选取波士顿市的19212条路段（Street Segment）作为本研究的空间范围和单位。根据前述对街道空间的定义，这些路段和他们毗邻的底层商铺、公共空间、公共基础设施等空间共同构成了街道空间。本文后续对街道活力的测量也以此为对象。

3.2　数据来源与初步处理

本研究所使用的GPS位置数据来自同意提供其匿名化位置数据的匿名用户，并由Cuebiq公司的Data for Good项目根据符合"通用数据保护条例"（General Data Protection Regulation，GDPR）的框架提供。Data for Good项目仅为学术研究机构和人道主义团体提供去识别化并增强隐私保护的数据来源，本研究团队在2017通过与Cuebiq的严格条例获得了本研究所使用的GPS位置数据样本。本数据样本覆盖了波士顿市2017年10月2日至12月24日共12周的手机GPS位置数据，数据集中的每一条数据记录包含匿名化的设备停留点位置（经纬度）、活动开始时间（精确到秒）及活动持续时间（Dwell Time，精确到秒）。为将点状分布的GPS活动数据映射到相对应的街道空间内，我们首先按照街道活动的定义筛选了符合条件的活动，然后使用R-tree空间数据索引算法将活动集聚到与之空间距离最小的街道空间内。

3.3　街道活力测度方法

利用GPS位置数据测度街道活力的关键是利用大量匿名化的原始数据，通过空间和时间集聚表征其时序特征（Spatial-temporal Patterns）。本文选取小时为时序特征测度的基本单位，选取1星期为时序特征测度的范围，并通过多星期数据的平均值来避免偶然情况带来的异常波动。为了更加全面地描述街道活力的时序特征，我们引入了 X_i 和 Y_i 两个向量以分别测量路段 i 每小时的活动数量及每地活动对数总量。具体计算方式介绍如下。

3.3.1　每小时街道活动数量

对特定的街道路段 i，X_i 表征其在1星期跨度内（星期一早0时至星期天晚23时，共168小时）每小时的活动数量。具体计算方法如式1所示，其中，X_{ij} 表示街道 i 在每周的第 j 小时中的平均街道活动数量，C_{ij} 代表街道 i 在第 k 周的第 j 小时中的原始街道活动数量。公式1中的其他参数的意义为：n 代表研究范围内街道路段的总数，本文中为19212条（$n=19212$）；T 代表向量所描述的时序特征总小时数，本文中为168小时（$T=168$）；K 代表用来构建向量的数据总星期数，本文中为12星期（$K=12$）。

$$x_{ij}=\frac{\sum_{k=1}^{K}c_{ij}}{K}\quad (i=1,\ 2,\ \cdots,\ n;\ j=1,\ 2,\ \cdots,\ T;\ k=1,\ 2,\ \cdots,\ K) \tag{1}$$

3.3.2　每周街道活动对数总量

对特定的街道路段 i，我们同时引入 Y_i 表征其在一星期内的活动对数总量，见公式2。其中，X_{ij} 表示通过公式1计算得到的街道 i 在每周的第 j 小时中的平均街道活动数量，T 代表时序特征总小时数（$T=168$）。同时，我们使用了以10为底的对数变换来应对不同街道活动总量的较大差异，并更好地关注活动总量的数量级差别。

$$Y_i = \log_{10}(\sum_{j=1}^{T} X_{ij} + 1) \quad (j=1, 2, \cdots, T) \tag{2}$$

我们通过波士顿市的实例，探讨了我们所引入的表征方法的具体使用情况。

4　研究结果

按照前文介绍的数据及方法，我们计算得到波士顿市每一条路段所对应的街道活力，包括每小时街道活动数量曲线（X_i，以下简称“曲线”）和每星期街道活动对数总量（Y_i，以下简称“总量”）。值得注意的是，由于我们所使用的数据仅代表波士顿市居民及访客中一个有代表性的样本，故Y_i所表征的不同街道之间的相对意义大于其数值的绝对意义。

图1、图2分别表示“总量”的核密度估计分布曲线与空间分布。通过图1我们可以得知，有超过3/4的路段的活动对数总量低于1.0，不足1/4的路段的活动对数总量大于1.0。但是有少量街道的活动对数总量超过2.0和3.0，表明其活动总量明显高于其他街道。而通过观察图2所示的“总量”空间分布，我们可以发现“总量”高的路段虽然在总体中所占比例较少，但分布相对集中。这些路段基本分布在城市中心城区，符合我们对城市的判断。

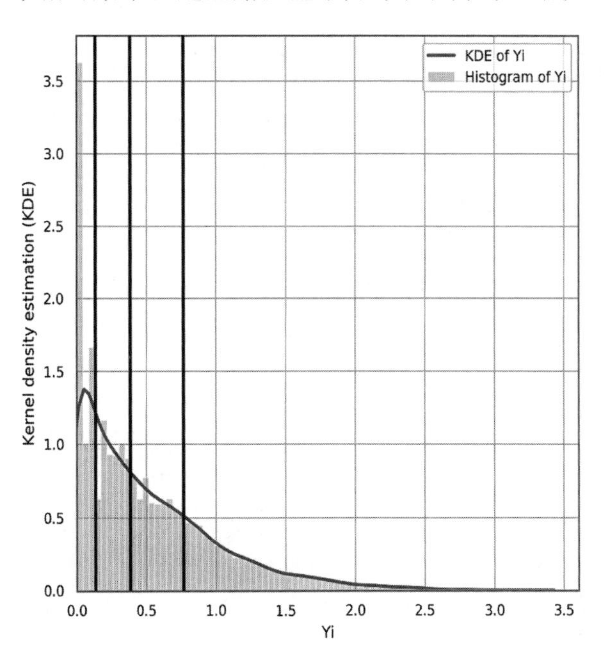

图1　Y_i的分布直方图和核密度估计分布曲线图（深色竖线分别代表1/4，1/2，3/4分位数）

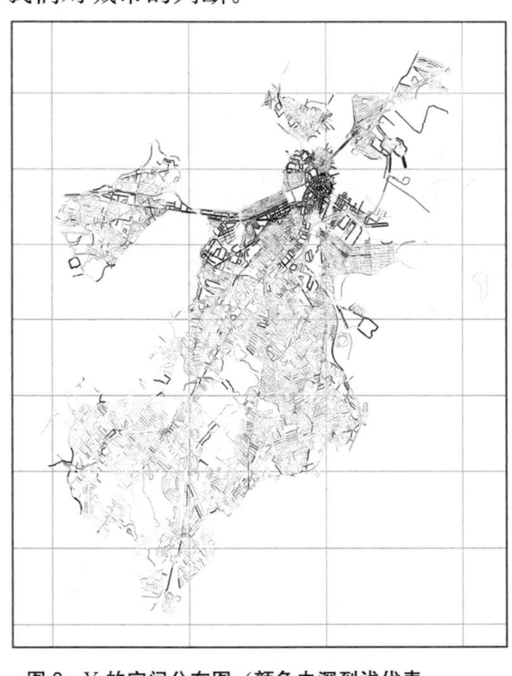

图2　Y_i的空间分布图（颜色由深到浅代表“总量”由低到高）

4.1　街道尺度活力的时序特征

随后，我们选取了每星期街道活动对数总量最高的三条路段以举例分析。路段16405、14246、15119的“曲线”如图3所示，从三条“曲线”中我们均可以发现午夜、早晨较低而白天较高的特征，但是它们的时序特征差别明显。举例而言，路段16405的“曲线”中，工作日街道活动峰值开始于凌晨3至4时，并持续相当长的时间直至傍晚（18时），且在周末仍保持着较高的活动量。相比而言，路段15119则体现出较为集中的工作日访问量峰值，开始于8—9时，结束于下午5—6时；在周末则呈现相对低的访问量。对比这两条路段的空间位置（图4），我们可以发现路段16405位于波士顿市爱德华·劳伦斯·洛根将军国际机场（General Edward Lawrence Logan International Airport），为航站楼B的内部环形道路；路段15119毗邻波士顿市儿童医院（Boston Children's Hospital）。故这两个路段分别对应体现出机场交通设施（交通类）和城市医疗设施（办公类）的访问特征。

而与这两条路段呈现完全不同"曲线"的路段14246，在每天傍晚至午夜期间有一个较为短促但数量极高的峰值。该路段的城市位置解释了其街道活动时序特征的原因：其毗邻波士顿凯尔特人队（美国职业篮球联赛球队）和波士顿棕熊队（美国冰球联赛球队）的比赛主场多伦多道明银行花园球场（TD Garden Arena）。这两个球队的比赛和其他的演出活动多安排在工作日和周末的晚上，为这个路段带来大量的短时间内的活动集聚。

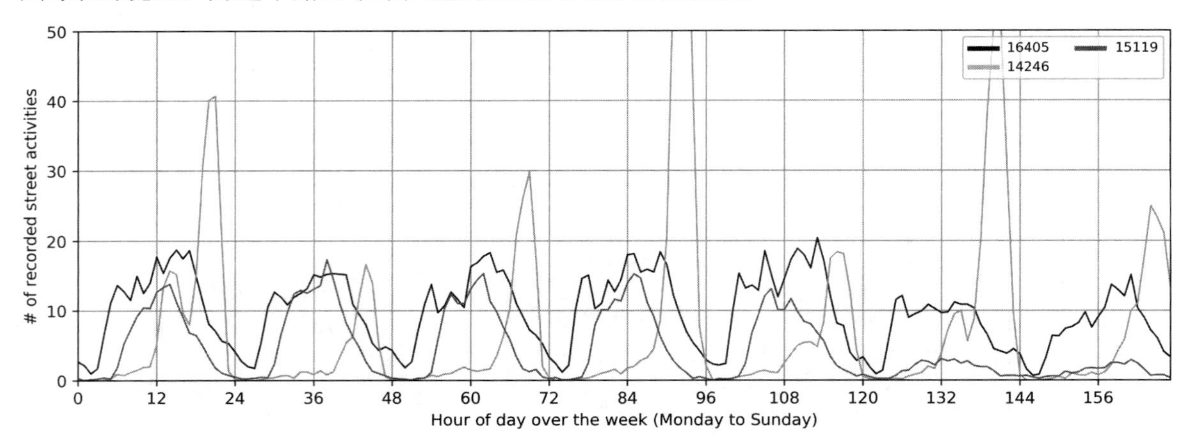

图3　路段16405、14246、15119的每小时街道活动数量曲线

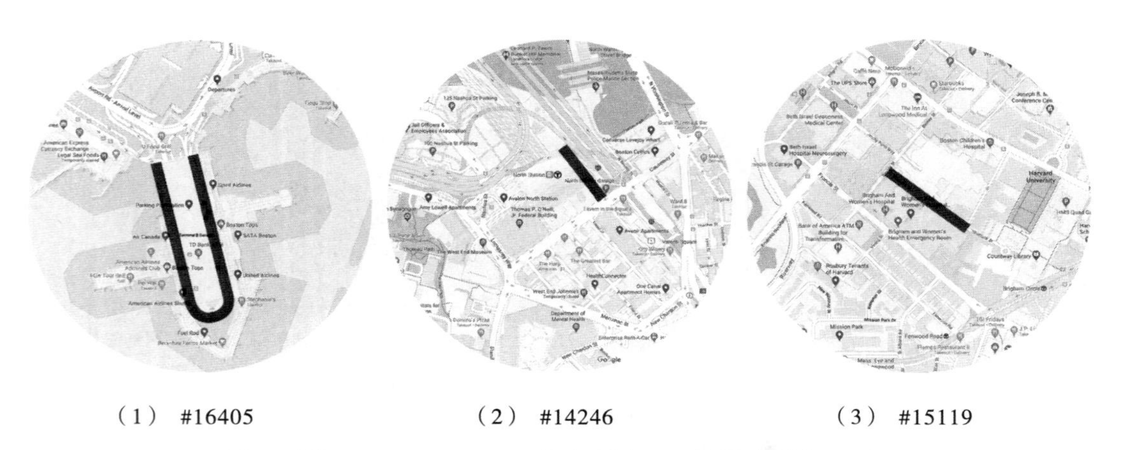

（1）　#16405　　（2）　#14246　　（3）　#15119

图4　路段16405、14246、15119的地理位置（深色线段标注路段位置）

4.2　城市尺度街道活力及其与土地利用区划的关系

经过对这三条路段活力时序特征的初步探讨，我们可以发现街道活力及其特征与所处环境紧密相关。街道位置、毗邻建筑等要素对街道空间所体现出的活力特征有着显著的影响；反之，街道活力的特征也能够提供其所处环境的相关信息（土地利用、规模等）。为了进一步探讨这一

关系，我们选取了波士顿中心城区来分析街道活力时空特征在城市尺度上地体现。

图 5 表示本文所选区域在典型工作日（本文中选取周三）内 8 个特定时间（3 时、6 时、9 时、12 时、15 时、18 时、21 时、24 时）的街道活力，图中每个路段的线宽代表其在该小时内的街道活动数量。从凌晨 3 时到清晨 6 时，波士顿市中心街道活动稀少，只有少量街道有较为明显的活动出现。从 9 时开始至 18 时左右，波士顿市中心呈现明显的工作日特征，街道空间有大量活动出现。而在对比图 6 所示土地利用区划后，我们可以发现这一时间段街道活动密集的地区清晰对应土地区划中商业用地（包括办公用地）及混合用地的区域，这些区域也正是波士顿市中心商业和办公活动聚集的场所。在傍晚之后，波士顿市中心重新恢复平静，大部分街道活力明显降低，但个别街道空间中仍有相当数量的街道活动。其中最值得注意的便是图中方框标注的街道片段，其在工作日白天相对“沉寂”，而在晚间至午夜承载了大量的街道活动。在与街道所处环境进行比对之后，我们发现这条街道路段即为前文提到的毗邻多伦多道明银行花园球场的路段 14246。

与工作日类似，本文分析了波士顿中心城区在典型周末（本文中选取星期六）的街道活动

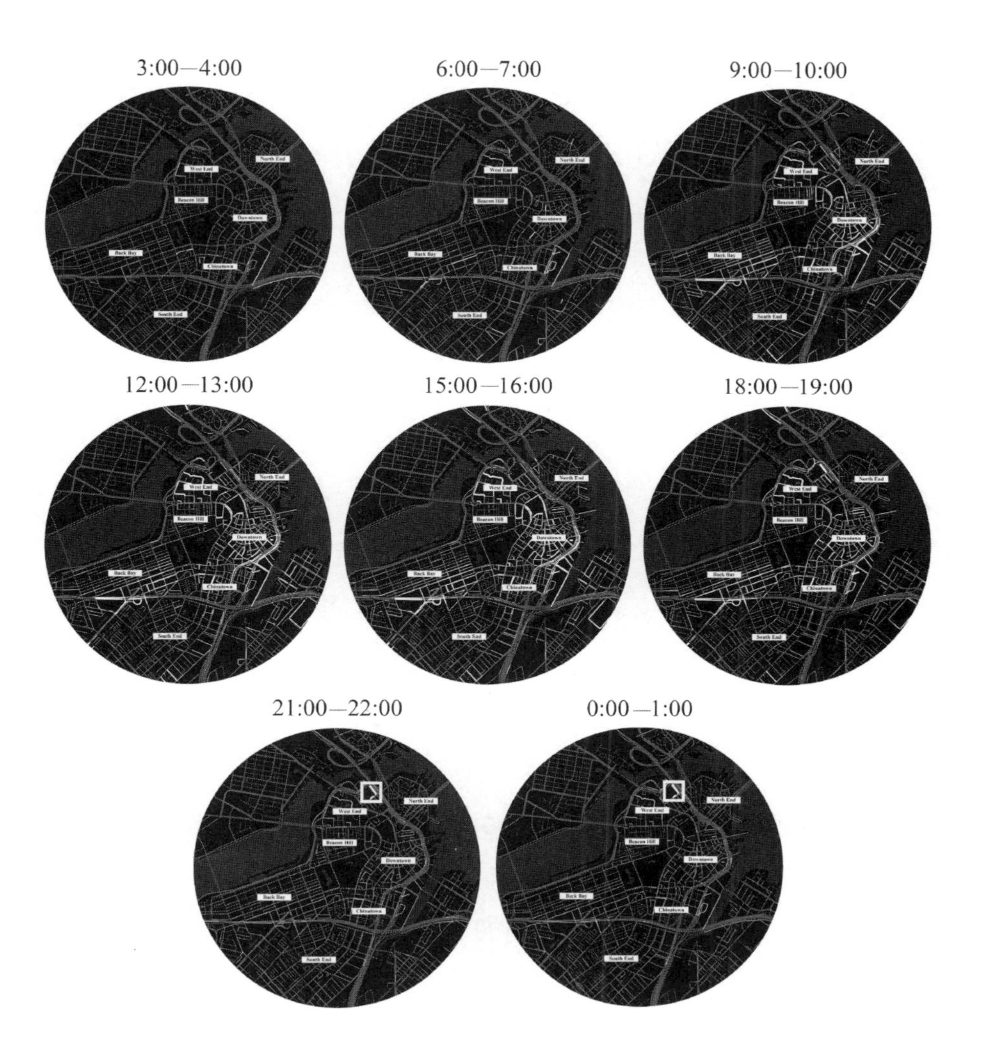

图 5　波士顿中心城区街道活力可视化地图（典型工作日）

图6　波士顿中心城区土地利用区划示意图（图片来源：波士顿规划和发展局）

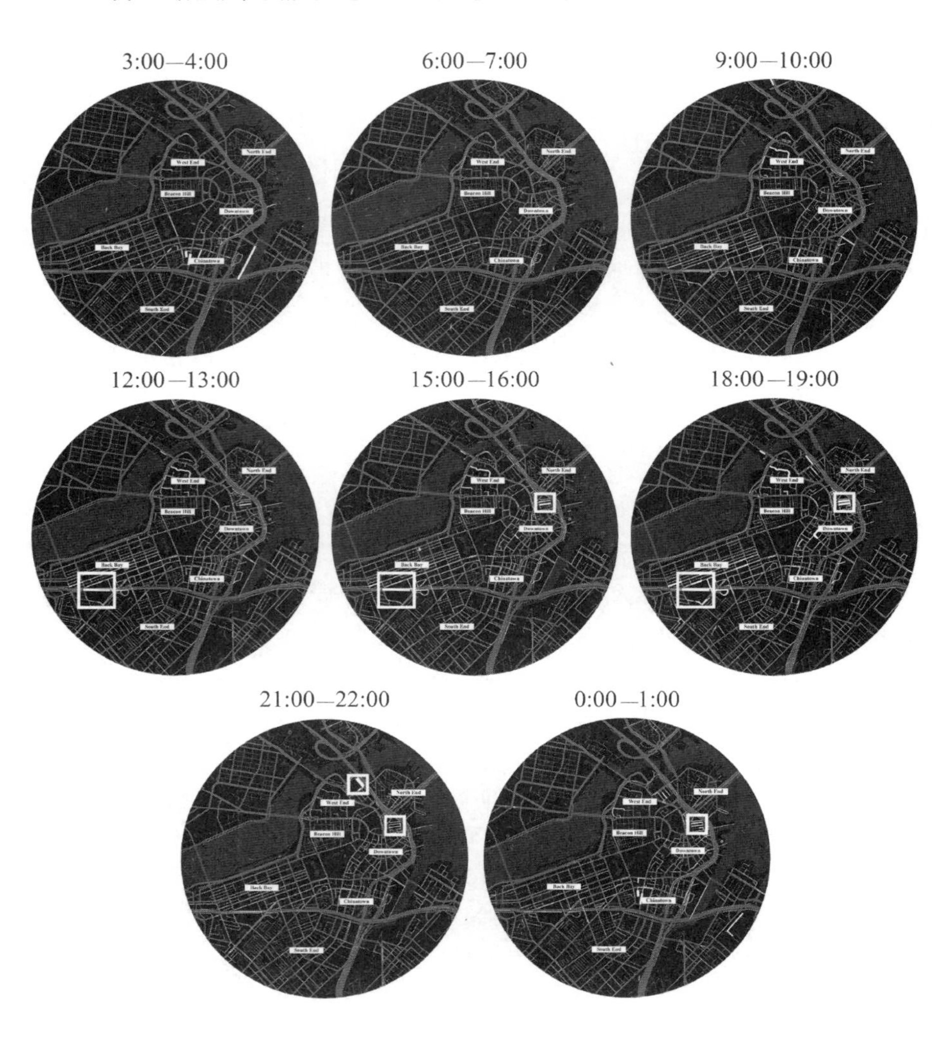

图7　波士顿中心城区街道活力可视化地图（典型周末）

时空特征（图 7）。经过对比图 5、图 7，我们可以注意到周末与工作日街道活力的明显不同。首先，周末上午的波士顿市中心区街道相比于工作日更加“安静”，直到 10 时街道活动仍然比较有限。其次，从周末中午开始出现的大量街道活动聚集在几个焦点区域内，图 7 中方框标注了其中较为突出的两处。较大方框标注的为波士顿著名的购物中心保德信大厦（Prudential Center）及相邻的两条主要商业街纽伯里街（Newbury Street）和博伊尔斯顿街（Boylston Street）。从图 7 中我们可以观察到，这一区域在周末的中午至傍晚时分吸引了大量的街道活动。而另一个街道活动数量突出的地点为图 7 中较小方框标注的昆西市场（Quincy Market），作为波士顿市的著名旅游景点及公共生活空间，该区域内的路段从下午至晚间时分承载了大量的街道活动，成为街道活力最高的区域之一。类似地，经过对比图 6 所示的土地利用区划图，我们可以发现周末街道活力较高的区域同样主要位于商业用地和混合用地区域内。

5　结论与讨论

利用匿名化、集聚性的细粒度 GPS 位置数据，通过本研究所提出的集聚及表征方法，我们可以有效测度街道活动的时空特征，并根据该特征的规律有效量化街道活力。根据波士顿市的分析结果，我们可以得出以下结论：①街道活力呈现明显的时序特征，即每天内和每周不同天之间呈现显著规律。②街道活力体现明显的空间特征，位于不同区位、毗邻不同功能设施的街道，其街道空间内的街道活力呈现明显的异质性，体现在“总量”及时序特征两方面。③街道活力的时空特征同时体现在单体路段和城市尺度。

与目前已有的街道活力相关文献相比，本研究的贡献主要表现在数据、方法和实例三个方面上：①利用空间高精度、时间细粒度的匿名化 GPS 位置数据，在大尺度（城市）内测度了街道活力。②通过时间与空间的集聚，提出了一种有效测定街道活力时空特征的方法。③通过波士顿市的实证研究，确认了方法的可行性并探讨了波士顿市街道活力的特征。本研究的方法和结果对城市存量规划中街道现状使用情况的精确调研和精细化的城市治理都有着一定的借鉴意义。

与此同时，由于本文是针对新数据、新方法的探索性工作，故仍存在一些未来的潜在研究和探讨方向。首先，虽然本文所使用的 GPS 位置数据随机取样并拥有较好的人群代表性，但是由于高精度 GPS 数据的获取难度仍较大，其样本量占全部手机用户的比例较低。在本研究中，我们通过聚合多周数据以缓和因样本量问题带来的偶然误差，也将在后续研究中通过增加数据样本量的方式尝试予以提高。其次，众多城市规划和设计、公共卫生、行为学等领域的文献探讨过城市及街道建成环境对人类活动量及活动方式的影响，但本文限于篇幅，无法深入探讨街道空间环境与街道活力的相关关系，我们也将在后续研究中予以讨论。

致谢：非常感谢 Cuebiq 公司的 Data for Good 项目给予本研究的数据支持。

［参考文献］

［1］BOSTON TRANSPORTATION DEPARTMENT. Boston complete streets design guidelines［EB/OL］（2013）［2020-09-01］. https：//tooledesign. com/project/boston-complete-streets-manual/.

［2］上海市规划和国土资源管理局. 上海市街道设计导则［EB/OL］（2016）. https：//www. efchina. org/Attachments/Report/report-20170714-2/report-20170714-2.

［3］JACOBS A B. Great streets：monument avenue，richmond，virginia［J］. Access，1993（3）：

23-27.
[4] GEHL J. Life between buildings：using public space [M]. London：Island Press，2011.
[5] GEHL J，SVARRE B. How to study public life [M]. London：Island Press，2013.
[6] WHYTE W H. City：rediscovering the center [M]. Philadelphia：University of Pennsylvania Press，2012.
[7] NAIK N，PHILIPOOM J，RASKAR R，et al. Streetscore-predicting the perceived safety of one million streetscapes [C] // Institute of Electrical and Electronics Engineers. 2014 IEEE Conference on Computer Vision and Pattern Recognition Workshops. [S. l.]：Curran Associates，2014：793-799.
[8] LI X J，ZHANG C R，LI W D，et al. Assessing street－level urban greenery using Google Street View and a modified green view index [J]. Urban Forestry & Urban Greening，2015 (3)：675-685.
[9] NAIK N，KOMINERS S D，RASKAR R，et al. Computer vision uncovers predictors of physical urban change [J]. Proceedings of the National Academy of Sciences，2017 (29)：7571-7576.
[10] 郝新华，龙瀛. 街道绿化：一个新的可步行性评价指标 [J]. 上海城市规划，2017 (1)：32-36.
[11] RATTI C，FRENCHMAN D，PULSELLI R M，et al. Mobile landscapes：using location data from cell phones for urban analysis [J]. Environment and Planning B：Planning and Design，2006 (5)：727-748.
[12] SEVTSUK A，RATTI C. Does urban mobility have a daily routine? learning from the aggregate data of mobile networks [J]. Journal of Urban Technology，2010 (1)：41-60.
[13] NOYMAN A，DOORLEY R，XIONG Z，et al. Reversed urbanism：inferring urban performance through behavioral patterns in temporal telecom data [J]. Environment and Planning B：Urban Analytics and City Science，2019 (8)：1480-1498.
[14] ZHU D，WANG N，WU L，et al. Street as a big geo-data assembly and analysis unit in urban studies：a case study using Beijing taxi data [J]. Applied Geography，2017：152-164.
[15] 钮心毅，吴莞姝，李萌. 基于LBS定位数据的建成环境对街道活力的影响及其时空特征研究 [J]. 国际城市规划，2019 (1)：28-37.
[16] 龙瀛，周垠. 街道活力的量化评价及影响因素分析：以成都为例 [J]. 新建筑，2016 (1)：52-57.
[17] MARTÍN-CALVO D，ALETA A，PENTLAND A，et al. Effectiveness of Social Distancing Strategies for Protecting a Community from a Pandemic with a Data-Driven Contact Network Based on Census and Real-World Mobility Data [J]. 2020.
[18] 龙瀛，唐婧娴. 城市街道空间品质大规模量化测度研究进展 [J]. 城市规划，2019 (6)：107-114.
[19] D' SILVA K，NOULAS A，MUSOLESI M，et al. Predicting the temporal activity patterns of new venues [J]. EPJ Data Science，2018 (1)：1-17.

[作者简介]

苏天宇，麻省理工学院城市研究与规划系硕士研究生。
孙茂然，哈佛大学设计学院硕士研究生。

范庄媛，麻省理工学院城市研究与规划系硕士研究生。
亚历克斯·彭特兰，麻省理工学院媒体实验室 Toshiba 讲席教授、人类动力学实验室（MIT Human Dynancss Labora torg）主任。
埃斯特班·莫罗，麻省理工学院媒体实验室访问教授，马德里卡洛斯三世大学教授。

手机信令数据分析在职住通勤特征研究中的应用实践

——以长沙市为例

□陈垚霖，李松平，毛　磊，王　柱

摘要：职住通勤一直是城市研究的重点。传统的职住通勤研究依赖问卷调查，近年来手机的普及和移动通信技术发展为利用手机数据挖掘城市职住通勤特征提供了新方法。本文以手机信令数据为基础数据，识别了长沙市就业空间格局，并通过职住平衡测度、通勤距离测度分析长沙市职住空间格局和通勤行为特征，由此反映“职”与“住”的空间关系。研究发现：①长沙市呈现以五一广场商圈为强中心的多层级就业中心体系；②长沙市属于“混合互动型”职住空间格局，总体呈现“中心工作、周围居住”的职住趋势；③长沙市存在职住不平衡问题，各区职住平衡关系表现出明显差异。本研究是大数据在城市职住通勤研究中的创新实践，为完善城市规划与管理的技术支撑手段提供了新视角。

关键词：手机信令数据；职住空间；通勤行为；城市空间结构

1　引言

随着城镇化进程的推进，城市职住分离现象越来越普遍。职住通勤是市民出行的重要组成部分，平衡合理的职住空间关系是增强生活品质、促进交通协调、加强城市宜居性的重要基础。剖析职住空间格局、认识其背后的通勤行为模式及其反映的城市空间结构，能够为交通规划、城市规划与管理提供参考，这已经成为经济学、地理学与社会学的热点研究内容。

国内外关于职住空间与通勤行为的研究伴随着城镇化和工业化背景下对城市空间结构的研究展开，早期霍华德的田园城市思想中提出了“职住同地”；20世纪出现的“有机疏散理论”，认为对于郊区的卫星城应当尽可能创造职住平衡，个人日常生活应以步行为主，以减轻通勤造成的交通负担；1945年，哈里斯和乌尔曼提出多核心理论，塞维罗和兰蒂斯等学者对多中心空间结构与出行时间和距离的关系展开了研究；阿兰·柏图、罗伯特·塞维罗等对单中心—多次中心城市空间格局下的通勤流呈放射状和随机分布格局兼有的模式进行了研究。

近年来学者们对职住空间、通勤行为开展大量研究，研究多聚焦于通勤满意度评价、职住平衡测度、通勤效率测度等方面。此外，周素红等对城市总体空间结构与通勤行为模式的关系进行研究，还有学者探讨土地利用与职住分离的关系、个体属性与职住模式的关系等方面。以上研究虽然都在一定程度上反映城市的职住关系，但对城市职住空间格局与通勤联系的全面测度较少。上述研究的方法涉及回归模型、空间引力模型、Logit模型等各种统计学模型和经济学模型，基础数据包括问卷调研数据、人口普查数据、公交卡数据等，但这些数据难以避免空间精度不高、样本不确定性较大等缺点。鉴于手机信令数据通过基站记录下手机用户的时空行为轨迹，具有客观性强、样本量大、时空精度高等优势，因此可弥补传统方法获取数据的缺陷，为人类活动行为模式研究提供新视角，如应用于城市职住通勤行为、城镇体系结构、交通流特征等研究中。

本文以长沙市六个市辖区为研究区域，以联通手机信令数据为基础数据，通过就业中心及腹地范围识别反映就业中心格局，从职住平衡水平、居民通勤联系等方面反映职住关系，从而分析长沙市职住通勤特征，弥补了传统研究方法的不足，是应用大数据进行城市职住研究的实践案例。

2　研究数据与方法

2.1　数据来源

本文的基础数据为 2019 年 6 月连续 3 个普通工作日的联通手机信令数据。该数据经过脱敏处理，形成反映职住通勤联系的网格化数据（网格大小为 250 m×250 m），将个体实际通勤行为统计为网格间通勤记录（图 1）。经脱敏后的数据统计表样式如表 1 所示，属性包括日期、出发网格编号、到达网格编号、出发地类型、到达地类型、手机用户数量等，其中 ID 为 1 的记录则表示从网格 46548 到网格 46668 的上班路线用户数量为 5。

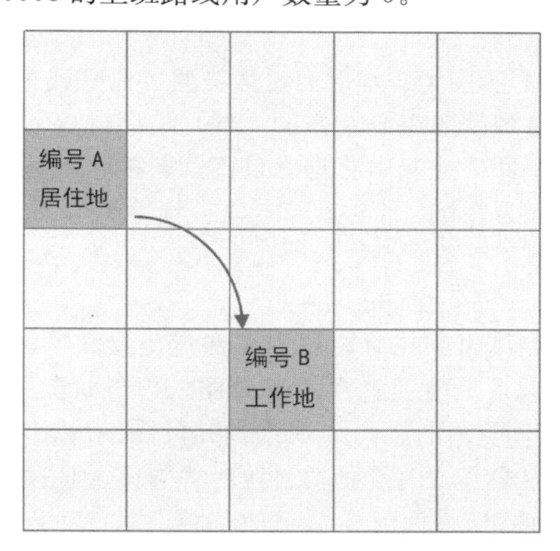

图 1　网格化通勤联系示意图

表 1　基于 250 m×250 m 尺度的用户通勤统计表样式

ID	日期	出发网格编号	到达网格编号	出发网格坐标	到达网格坐标	出发地类型	到达地类型	手机用户数量
1	20190610	46548	46668	112.892，28.168	112.833，28.154	居住地	工作地	5
2	20190610	46548	46680	112.892，28.168	113.035，28.341	居住地	工作地	4
3	20190610	46668	46548	112.833，28.154	112.892，28.168	工作地	居住地	5
4	20190611	46514	46459	112.891，28.296	112.825，28.356	工作地	居住地	2

2.2 数据处理

为方便展开后续研究，对数据进行预处理，处理步骤如下：①选取研究范围内上班路线（即从居住地出发到达工作地）的所有记录，将 3 个普通工作日的数据处理成为日均通勤数据，得到各网格间的平均日上班路线记录表。②根据坐标，对每条记录中出发网格、到达网格的所属市辖区信息进行属性标识。

3 方法体系构建

3.1 就业中心及势力范围的识别

首先进行就业中心识别，然后进行就业中心势力范围划分。

（1）就业中心识别。

就业中心是指就业密度显著高于周边区域、对区域总体的就业密度函数构成显著影响的地区。本文以就业密度识别就业中心，步骤如下：①采用核密度分析方法[①]，以各网格的就业人口数量作为输入，选取合适的搜索半径，通过几何间隔法[②]将核密度分析结果分为九级，并筛选分级结果位于前三级的作为高就业密度图斑。②使用局部 Moran’s I 指数，以各网格的就业人口数量作为输入，取合适的距离阈值，在 1%显著水平下选出就业密度的高值聚类区。③将位于高值聚类区的、面积大于 0.4 km^2的高就业密度图斑识别为就业中心。

（2）就业中心势力范围划分。

“势力范围”是指就业中心吸引力、辐射力占优势的居住区域。就业中心的势力范围划分思路为：统计各网格居住者去往各就业中心工作的人数，按照排序方法得到吸引某网格最多居住者的就业中心，则该网格属于这一就业中心势力范围。若多个就业中心对同一网格吸引的居住者数量一致，则识别为势力争夺区域。

3.2 职住平衡的测度

名义职住比是职住平衡测度常用指标，用以从数量上反映区域内就业和居住的强弱关系，但这是在假设居民都在附近就业、就业者在附近居住的理想状况下的区域职住平衡测度指标，因此名义职住比与现实情况可能存在差异。本文增加居住者就业平衡指数和就业者居住平衡指数进行职住平衡测度，强调在本区域内就业的就业者中有多大比例在本区域内居住、在本区域内居住的就业者中有多大比例在区域内就业。

（1）名义职住比。

$$R_i = W_i / H_i \tag{1}$$

其中，R_i为区域 i 的职住比，W_i为区域 i 的就业岗位数，H_i为区域 i 的居住人口数。在本研究中，将工作人口数视为就业岗位数。

（2）职住平衡指数。

分为居住者就业平衡指数和就业者居住平衡指数。

$$Q_{h,i} = M_i / H_i \tag{2}$$

$$Q_{w,i} = W_i / H_i \tag{3}$$

其中，$Q_{h,i}$为区域 i 的居住者就业平衡指数，M_i为同时在该区域就业和居住的人数，H_i则表示在区域 i 居住的总人数。当居住者就业平衡指数为 1 时，表示居住在该区的人全部在区域内就业。同理，$Q_{w,i}$为区域 i 的就业者居住平衡指数，W_i为在区域 i 就业的总人数。

3.3　通勤距离与通勤联系量的测度

（1）平均通勤距离。

通勤距离是职住平衡研究的基础性指标，较短的通勤距离能够缓解城市交通压力，代表着较高的人居环境水平。居民平均通勤距离是指某一区域的居民通勤距离的平均值，其计算方法如下：

$$D_{h,i}=\sum_{n=1}^{N_i}D_{h,n}/N_i \tag{4}$$

式中，$D_{h,i}$是区域 i 居民的平均通勤距离，$D_{h,n}$是居民 n 的通勤距离，N_i是在区域 i 内居住的总人数。

（2）通勤联系量。

对外通勤量是指某一区域的居民中去往其他各区域工作的总人数，双向通勤量是指两个区域之间的通勤交换量。计算方法如下：

$$F_i=\sum_{j=1}^{n}A_{ij}-A_{jI} \tag{5}$$

$$W_{ij}=W_{ji}=A_{ij}+A_{jI} \tag{6}$$

式中，A_{ij}是区域 i 的居民中到区域 j 工作的总人数，F_i是区域 i 的对外通勤量，W_{ij}是区域 i 和区域 j 之间的双向通勤量。

4　结果与分析

4.1　就业中心体系分析

按照 3.1 中的方法识别出就业中心（图 2），势力范围分布见图 3，将各就业中心进行命名，其面积、工作人数、就业密度、势力范围面积等统计如表 2 所示。

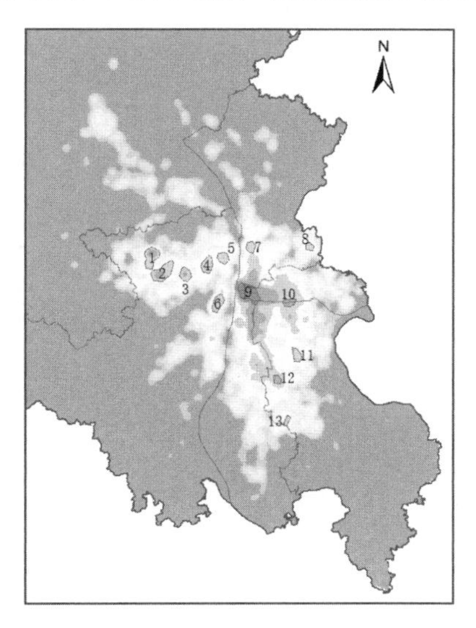

图 2　识别出的就业中心

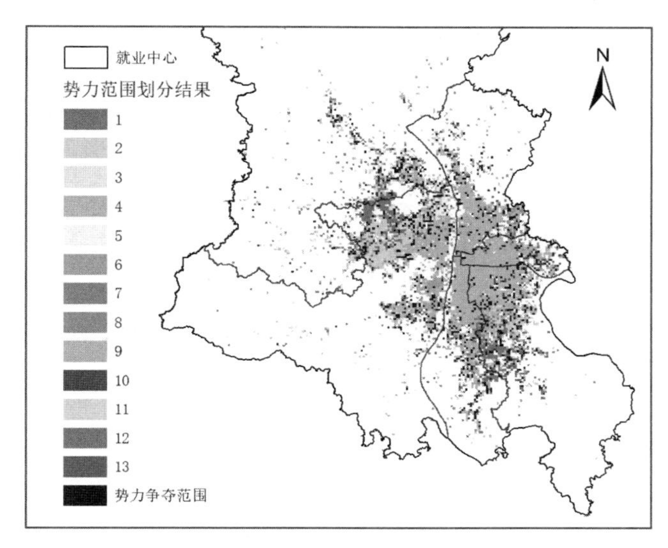

图 3　就业中心势力范围划分结果

表2 就业中心就业密度和势力范围面积统计

编码	名称	面积（km²）	就业人口（万人）	就业密度（万人/千米²）	势力范围面积（km²）
1	麓谷工业园区 A	2.36	1.36	0.58	32.50
2	麓谷工业园区 B	2.88	1.45	0.50	37.69
3	汽车西站（望城坡地铁站）	1.34	0.60	0.45	13.38
4	咸嘉湖北（湖南省肿瘤医院、湘雅三医院）	1.55	0.55	0.36	10.00
5	奥克斯广场	1.12	0.54	0.48	10.13
6	大学城（湖大—师大）	1.57	0.77	0.49	8.44
7	北辰三角洲	0.85	0.39	0.46	5.00
8	湖南广电	0.55	0.28	0.50	6.38
9	五一广场商圈	3.11	5.48	1.76	165.06
10	芙蓉区政府	0.91	0.46	0.50	8.06
11	雨花区政府	1.02	0.39	0.38	10.94
12	德思勤商圈	0.57	0.62	1.09	20.00
13	汇金大厦	0.40	0.10	0.26	4.19

从图2可见，麓谷工业园区形成了两个距离相近、规模较大的就业中心，随着产业集聚效应的增加，未来将有可能合并形成一个更大规模的就业中心。

从表2可知，识别出的各就业中心的就业人口、面积、就业密度差距较大。从就业人口来看，五一广场商圈工作人数高达5.48万人，其次为麓谷工业园区，工作人数2.81万人；从就业中心面积来看，麓谷工业园区和五一广场商圈面积远大于其他就业中心；从就业密度来看，五一广场商圈、德思勤商圈就业密度较大，其次为麓谷工业园、芙蓉区政府、湖南广电等就业中心。

图3反映出就业中心在空间上的吸引力和辐射能力。用自然断点法③按吸引势力范围面积将就业中心分为三级，结果为：五一广场商圈为一级，麓谷工业园区为二级，其他就业中心为三级。河东大部分片区都属五一广场商圈的势力范围，其在河西的势力范围主要是岳麓山—大学城区域、含浦部分片区。在河西地区，麓谷工业园区的势力范围面积最大。望城区缺少就业密度较高的就业中心，出现较大面积的势力范围交替现象。从空间分布上来看，大部分职业中心的势力范围都在其周边区域，但也存在势力范围“飞地”的情况，且就业中心本身不一定属于其自己的势力范围，比如大学城（湖大—师大）的势力范围主要集中在后湖—天马小区—麓枫和苑片区，而其属于五一广场商圈势力范围。

综合上述分析发现，通勤数据反映出长沙市的主中心强大的多层级中心体系（图4）。五一广场商圈是长沙市就业主中心，最具规模和影响力；麓谷工业园形成了具有影响力的就业次中心；随着城市规模的扩张和各片区经济产业的集聚，德思勤商圈、湖南广电、芙蓉区政府、汽车西站等地也形成了区域性的就业中心。

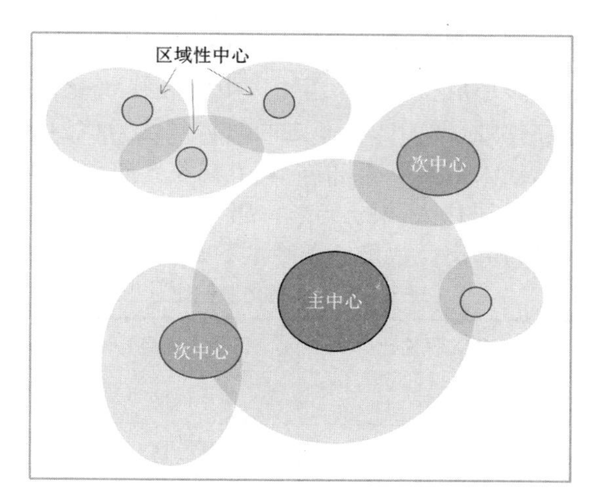

图4　多层级就业中心格局

4.2　职住平衡分析

对每个格网分别统计其作为居住地点、就业地点的承载人口数量，并将其可视化，得到居住密度空间分布和就业密度空间分布状况，具体见图5、图6。

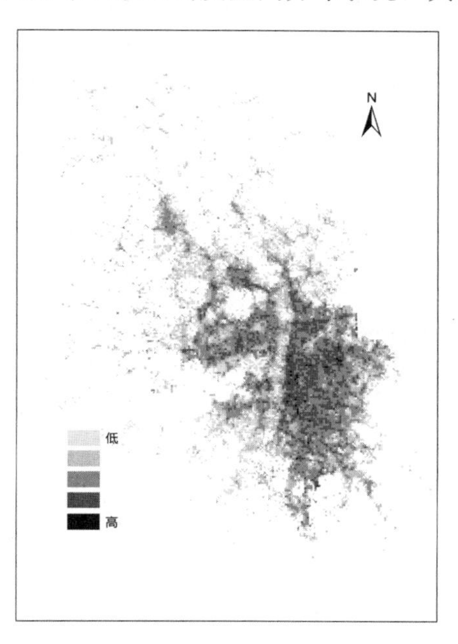

图5　居住密度分布

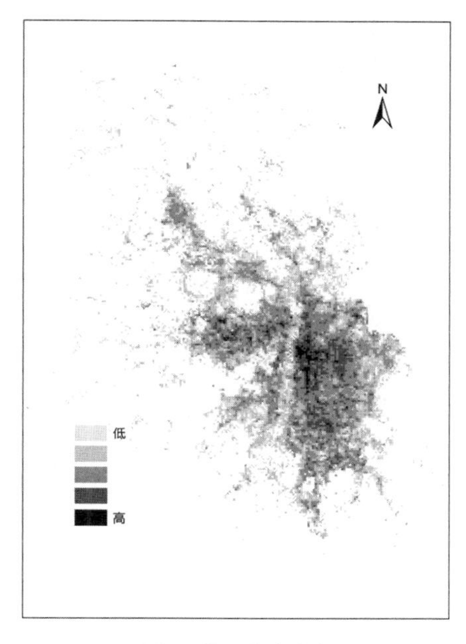

图6　就业密度分布

结果表明，居住密度和就业密度的空间分布格局较为一致，说明就业和居住空间呈混合发展趋势，体现长沙市“混合互动型”的职住空间格局。

居住密度和就业密度都呈现以主城区为中心，由内向外的圈层递减趋势。就业岗位的集聚程度比居住集聚程度更高，如五一广场片区形成了连片的就业高密度区。与居住密度相比，就业密度随着距中心距离的增加衰减的程度更大，体现通勤者“中心工作、周围居住”的职住规律。

从湘江两岸来看，河东的居住密度和就业密度都明显高于河西。河西岳麓片区、坪浦片区、高星片区分别形成了集中连片的居住组团。而在就业格局上，岳麓片区已形成明显的岗位集中形态，高星片区和坪浦片区初步形成就业集聚组团。由此可见，湘江新区已初具职住格局形态。

根据已有研究，名义职住比处于 0.8～1.2 之间时，可认为该地域职住关系基本平衡。表 3 表明芙蓉区提供的岗位数是居住人数的 1.45 倍，属于就业导向型区域，居住功能较弱；望城区和天心区提供的岗位数不足本区居住人数的 80%，属于居住导向型区域，就业功能较弱；开福区、岳麓区、雨花区的居民数量和岗位数量处于基本平衡状态。

表 3　各区县名义职住比

区县名称	名义职住比	区县名称	名义职住比
芙蓉区	1.45	开福区	0.96
岳麓区	1.15	开心区	0.76
雨花区	1.02	望城区	0.63

以居住者职住平衡指数为横轴、就业者职住平衡指数为纵轴构建二维坐标系，并以 0.5 为分界线将其分为四个象限类型组合，各区在象限坐标中的分布如图 7 所示。可以看出，岳麓区和雨花区的居住者就业平衡指数和就业者居住平衡指数都大于 50%，说明其总体职住平衡状况较好，“职住同区”比例较高；望城区和天心区的就业者居住平衡指数大于 50%，而居住者就业平衡指数较低，说明在本区范围内就业者大部分都住在本区，但其也为大量的区外就业者提供居住功能；开福区和芙蓉区的就业者居住平衡指数和居住者就业平衡指数都低于 50%，说明其总体职住状况较不平衡。

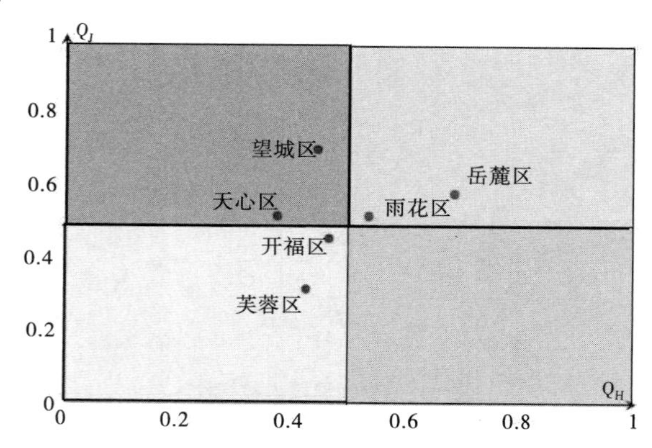

图 7　各区居住和就业平衡指数分布

4.3　通勤分析

根据公式 5、公式 6 计算得到的跨区通勤联系见表 4、表 5；根据公式 4 计算结果，居住者的平均通勤距离空间分布及统计结果见图 8。

表 4　各区县间双向通勤联系量

级别	双向通勤量	县区
一级	＞40142	天心区—雨花区
二级	27011～40142	芙蓉区—雨花区
三级	16940～27011	雨花区—开福区、芙蓉区—开福区、开福区—天心区、岳麓区—天心区、芙蓉区—天心区、岳麓区—望城区、岳麓区—开福区
四级	7318～16940	岳麓区—芙蓉区、岳麓区—天心区
五级	＜7318	望城区—开福区、望城区—芙蓉区、望城区—雨花区、望城区—天心区

表 5　各区县对外通勤量

一级	＞60000	天心区、雨花区
二级	30000～60000	岳麓区、芙蓉区、开福区
三级	＜30000	望城区

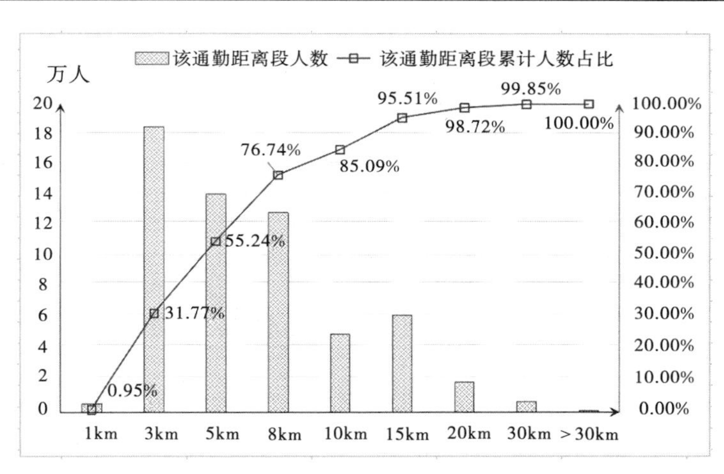

图 8　通勤距离段人数统计

由图可见，居民通勤距离长短具有较强的空间分布规律，居民平均通勤距离以河东五一广场和河西麓谷工业园为中心，分别向外呈圈层式增加，说明居住在该范围之外的居民职住分离问题较严重。同时显示 55.24％的居民单程通勤距离在 5 km 范围内、76.74％的在 8 km 范围内，但也有近 5％的居民通勤距离大于等于 30 km。

此外，天心区和雨花区的居民对外通勤人数最多，望城区跨区通勤发生量最少。在区际通勤规模方面，形成了以东南部雨花区和天心区为核心的跨区通勤联系网络。经计算，跨江通勤量仅占全部通勤量的 14.6％，其中主要是岳麓区与河东各区之间的通勤联系较强。

5　讨论与展望

本文有效地揭示了长沙市辖区的职住空间格局和就业者的通勤行为模式。本研究是手机信令数据在职住通勤研究中的有益探索，结果可为长沙市政府部门优化城市空间结构、引导产业功能布局、指导交通体系建设提供参考，为大数据量化分析支撑城市研究、辅助城市规划管理提供新视角。主要结论及建议如下：

（1）长沙市区的就业中心呈主中心强大的多层级中心体系。在没有形成就业中心的区域，出现较大面积的势力范围混乱、无序交替现象。建议加强多就业中心空间格局体系构建，培育次中心和区域性中心，疏散就业主中心压力。

（2）长沙市区属于“混合互动型”职住空间格局，总体呈现“中心工作、周围居住”的职住趋势。76.74%居民实现了 8 km 以内的中短距离通勤，需要避免随着居住分散和就业的向心集聚趋势加大导致的职住分离加剧，及其引发的居民通勤成本升高、交通拥堵等城市问题。

（3）长沙市各区职住平衡状况不一。岳麓区和雨花区总体职住平衡状况较好，“职住同区”比例相对较高；望城区和天心区属于居住导向型区域，区内居民外出就业的占比较大；开福区和芙蓉区属于就业导向型区域，且过半人口没有实现“职住同区”，总体职住状况不平衡。建议发挥城市规划的调控作用，引导形成合理的分区功能布局，从数量和结构上促进职住平衡。

本文采用的数据样本量大、时空精度强，但相比问卷调研方法，在解释不同通勤行为特征背后的原因上较为薄弱。此外，本文仅从较大范围研究职住空间和通勤行为，是否存在更为合理的空间尺度是可以进一步考虑的。下一步的工作可尝试结合其他类型数据和定量研究模型，在更微观层面深入剖析职住空间下的通勤行为模式。

［注释］

①核密度分析工具用于计算要素在其周围邻域中的密度，见 ArcGIS 10.6 帮助文件“核密度分析”。

②ArcGIS 的一种数据分类方法，见 ArcGIS 10.6 帮助文件“数据分类”。此算法在突出显示中间值变化和极值变化之间达成一种平衡，生成的结果内容详尽，避免了自然间断点分级法不适用于组间差距极大的缺点。

③ArcGIS 的一种数据分类方法，见 ArcGIS 10.6 帮助文件“数据分类”。

［参考文献］

[1] 刘望保，侯长营. 转型期广州市城市居民职住空间与通勤行为研究［J］. 地理科学，2014（3）：272-279.

[2] 霍华德. 明日的田园城市［M］. 金经元，译. 北京：商务印书馆，2009.

[3] 利维，孙景秋，杨吾扬.《现代城市规划（第五版）》［J］. 上海城市规划，2011（5）：123.

[4] GIULIANO G，SMALL K A. Subcenters in the Los Angeles region［J］. Regional Science and Urban Economics，1991（2）：163-182.

[5] GORDON P，WONGH L. The cost of urban sprawl：some new evidence［J］. Environment and Planning，1985（5）：661-666.

[6] CERVERO R，LANDIS J. Suburbanization of jobs and the journey to work：a submarket analysis of commuting in the San Francisco bay area［J］. Journal of Advanced Transportation，1992（3）：275-297.

[7] BERRAUD A. The spatial organization of cities：deliberate outcome or unforeseen consequence?［EB/OL］（2004）［2020-09-01］. http：//citeseerx. ist. psu. edu/viewdoc/download；jsessioni d=4CE8-FEF243B1030294D66A2E63C8C155？doi=10. 1. 1. 18. 8430&rep=rep1&type=pdf.

[8] CERVERO R，WU K L . Sub-centring and commuting：evidence from the San Francisco bay area，

1980-90 [J]. Urban Studies，1998 (7)：1059-1076.
[9] 孟斌，湛东升，郝丽荣. 基于社会属性的北京市居民通勤满意度空间差异分析 [J]. 地理科学，2013 (4)：410-417.
[10] 周江评，陈晓键，黄伟，等. 中国中西部大城市的职住平衡与通勤效率：以西安为例 [C] // 佚名. 2013 年国外城市规划学术委员会及《国际城市规划》杂志编委会年会论文集. [出版地不详：出版者不详]，2013.
[11] 周素红，闫小培. 基于居民通勤行为分析的城市空间解读：以广州市典型街区为案例 [J]. 地理学报，2006 (2)：179-189.
[12] 党云晓，董冠鹏，余建辉，等. 北京土地利用混合度对居民职住分离的影响 [J]. 地理学报，2015 (6)：919-930.
[13] 周滔，余倩. 居民个体属性对职住关系的影响：以重庆市为例 [J]. 城市问题，2018 (1)：89-94.
[14] 王德起，许菲菲. 基于问卷调查的北京市居民通勤状况分析 [J]. 城市发展研究，2010 (12)：98-105.
[15] 张纯，易成栋，宋彦. 北京市职住空间关系特征及变化研究：基于第五、六次人口普查和 2001、2008 年经济普查数据的实证分析 [J]. 城市规划，2016 (10)：59-64.
[16] 刘耀林，陈龙，安子豪，等. 基于公交刷卡数据的武汉市职住通勤特征研究 [J]. 经济地理，2019 (2)：93-102.
[17] 钮心毅，王垚，丁亮. 利用手机信令数据测度城镇体系的等级结构 [J]. 规划师，2017 (1)：50-56.
[18] 杨彬彬. 基于手机信令数据的城市轨道交通客流特征研究 [D]. 南京：东南大学，2015.
[19] 丁亮，钮心毅，宋小冬. 上海中心城就业中心体系测度：基于手机信令数据的研究 [J]. 地理学报，2016 (3)：484-499.
[20] CERVERO R. Jobs-housing balance revisited：trends and impacts in the San Francisco bay area [J]. Journal of the American Planning Association，1996 (4)：492-511.

[作者简介]

陈垚霖，硕士，助理规划师，任职于湖南省建筑设计院有限公司大数据中心。
李松平，副高级工程师，湖南省建筑设计院有限公司规划院副院长。
毛　磊，中级工程师，湖南省建筑设计院有限公司副主任规划师。
王　柱，高级工程师，湖南省建筑设计院有限公司大数据中心副主任。

乡村振兴背景下土地全生命周期信息化管理的实践与拓展研究

□李古月，王子宁

摘要：2018 年 1 月 2 日，中共中央、国务院发布的《关于实施乡村振兴战略的意见》中明确提出深化农村土地制度改革，完善农村土地利用管理政策体系；在 2019 年新修订的土地管理法中，也提出了农村集体经营性建设用地可以进入土地市场进行流转，这为实施乡村振兴战略指明了新的发展方向。但各地区在进行农村集体经营性建设用地入市的实践探索中，普遍存在乡村土地资源浪费、村民土地收益分配不合理、土地监管机制不健全等问题。本文依托宁波市土地全生命周期管理平台，基于乡村振兴背景，对农村集体建设用地开展信息化管理进行分析，从总体技术架构和数据库建设两方面对土地全生命周期管理平台进行介绍，并在管理系统完善、协调机制构建及辅助决策功能创新三个方面进行探索。

关键字：乡村振兴；土地全生命周期；集体建设用地；土地管理；宁波市

1 引言

土地是实施乡村振兴战略的重要载体，目前乡村地区大量土地闲置，集体建设用地使用效率极低，如何盘活现状农村存量用地，赋予农村更大的发展权，是实施乡村振兴的关键问题。在 2019 年新修订的《中华人民共和国土地管理法》中，破除了集体经营性建设用地入市的法律障碍，向建立城乡统一的建设用地市场迈出了关键的一步。集体经营性建设用地入市能够促进生产要素在城乡间的优化配置，可以释放农村闲置的土地资源和资产潜力，对乡村振兴战略的实施有巨大的推动作用。然而，乡村土地粗放化利用及土地收益分配机制、供后监管机制不健全等问题严重影响了乡村土地资源的流转利用。本文依托宁波市土地全生命周期管理平台，探索农村集体建设用地纳入土地全生命周期管理，对乡村土地资源进行统筹监管，激活乡村土地资源资产，保障乡村土地资源的高效利用，落实村民的土地收益的合理分配，促进乡村振兴战略有效开展，积极推进城乡统一的建设用地市场建设。

2 土地全生命周期管理

2.1 土地全生命周期概念

全生命周期（Whole Life Cycle）的概念最早是由美国经济学家雷蒙德·弗农于 1966 年提出的，是指产品的全生命周期分为创新期、成长期、成熟期、标准化期和衰亡期五个阶段，此后全生命周期理论逐步得到推广和运用。目前，全生命周期在企业管理、工程建设和环境治理等领域都有广泛地应用。

土地的全生命周期作为一个循环过程，分为国土空间规划、土地储备、土地供应、土地利用、土地管理五个阶段，并且每个阶段的每个环节都有各自的全生命周期（图 1）。土地在经历了规划、储备、供应、利用和管理后，因城市进行旧区改造、城市更新、重大工程项目建设等，土地管理部门对规划进行适当地调整和修改后，将再次进入土地全生命周期的各个阶段。土地全生命周期管理是对土地的权属、空间区位、出让年限、土地使用绩效等信息的演绎过程进行全要素、全周期管理，以实现对土地各环节状态和属性实时记录、查询和统计，便于加强建设用地全程综合监管。

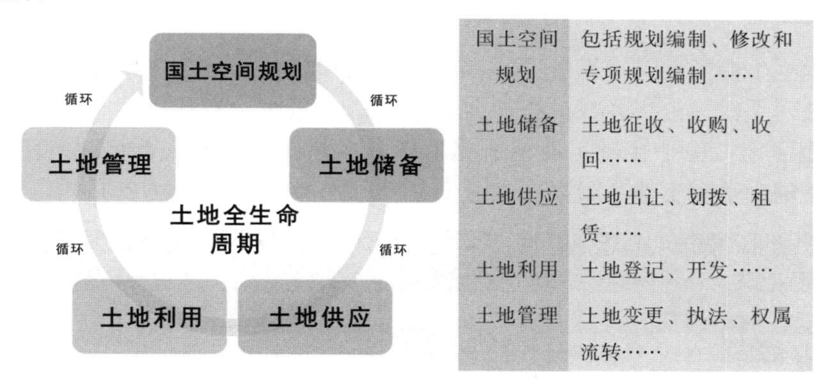

图 1　土地全生命周期理论示意

2.2　土地全生命周期的实践探索

2.2.1　上海：探索土地全生命周期管理的实践创新

上海市在 2014 年就全面实行工业用地全生命周期管理，并在 2015 年发布《关于加强本市经营性用地出让管理的若干规定（试行）》，提出将全生命周期范围扩大到经营性用地。上海一直以来积极探索土地全生命周期在城市更新、乡村振兴等领域的实践创新，大力向全国推广可复制、易操作的经验。

2017 年 11 月发布的《上海市城市更新规划土地实施细则》中，对土地全生命周期和土地管理政策给予指导。如该细则中强调市区规划和土地管理部门要将更新中确定的公共要素建设、实施运营要求，依据控制性详细规划和城市更新实施计划，落实到土地、建管、房产登记环节，并在规划土地综合验收、综合执法环节进行监管。在农村集体土地入市的背景下，新出台的《上海市土地交易市场管理方法》也对相关条例进行了修改，将集体经营性建设用地的出让出租纳入了上海土地入市交易范围内。如上海松江区建立了农村集体产权规范管理和监督制度，并积极探索土地全生命周期管理和农村集体土地入市融合机制。

2.2.2　武汉：搭建“规土融合”的土地智慧监管平台

武汉市早在 1999 年就开始信息化支撑国土规划管理的探索工作，2015 年在政务平台技术转型升级的基础上，深度融合了国土和规划业务，实现政务效率的提质增效。武汉在“规土合一”行政体制的优势背景下，建立了“规土融合”下土地全生命周期智慧监管平台，通过“统分结合、数据共享、平台共用、分业务、分权限”的应用机制，实现了土地全生命周期智慧监管的全面推广和应用。

武汉对于土地的使用经历可行性研究立项、土地管理、规划管理、建筑工程管理、竣工验收等几个环节，并通过土地全生命周期管理系统保证土地使用过程中数据和资料的完整和精确，从而达到精细化监管的目的。该系统以影像地图、交通流等传统大数据和手机信令、全球定位系统（GPS）、开放地图等新媒体大数据为核心，建立了“1+N”数据库和信息管理平台，消除了各部门间的数据壁垒，实现数据共享、共建和共用。武汉市土地全生命周期智慧监管平台主要有三方面的功能创新：一是形成全市土地储备供应总览及专项的统计分析模型；二是集成计划、收储、供应、规划、建筑管理等各个环节信息的关联和协同；三是采用以指标量化、精确管理、定向指导为管理目标的项目预警技术，方便管理人员进行快速决策。

3　土地全生命周期管理系统的构建

宁波市土地全生命周期管理系统是在信息化顶层设计的指导下，利用云计算、大数据分析等现代化信息技术手段，汇集各部门资源要素和多源大数据，构建满足土地储备统筹管理和智能辅助决策的数字化工作平台，实现土地储备业务的精细化管理、数字化转型和科学化决策，提升土地储备管理水平和土地利用水平（图 2）。

图 2　土地全生命周期管理系统展示

3.1　总体技术架构

管理平台依托宁波政务云和智慧宁波时空信息云平台，并衔接国土空间规划数据，按照土地储备五年专项计划、三年滚动计划、可行性方案论证及年度土地储备计划展开建设。土地全生命周期管理系统主要包括四个功能平台，即谋划平台、管理平台、智能决策平台、移动办公平台，基于政务云的基础支撑环境、土地储备数据中心、土地储备应用支撑子系统、土地储备业务统筹子系统、土地储备决策分析子系统、土地推介应用子系统、移动土储应用子系统等进行开发。管理平台汇集各级关键部门的资源要素，实现自动化评估和智能化分析，为土地储备的科学谋划和高效管理提供信息化支撑（图 3）。

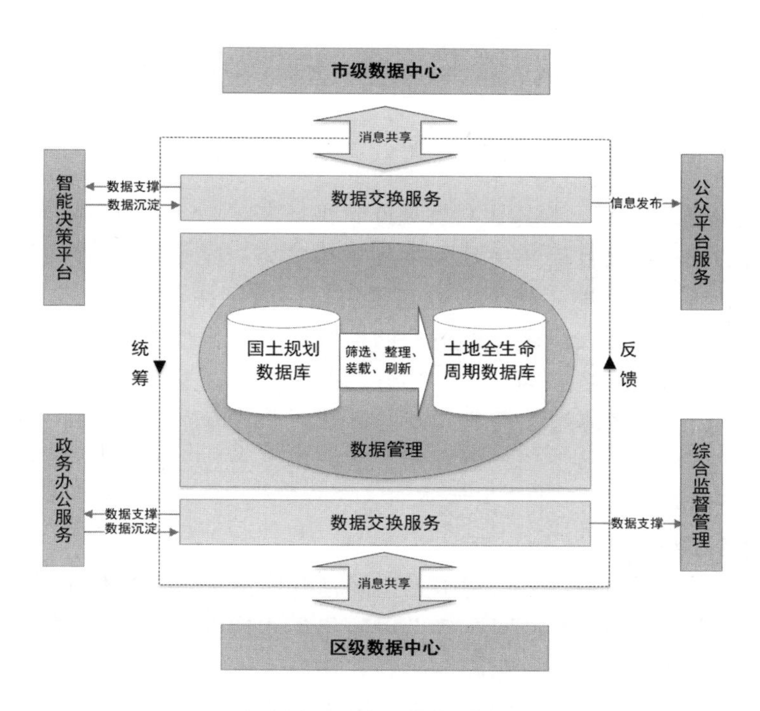

图 3　土地全生命周期管理系统构架示意

3.2　基本数据库建设

数据库建设结合土地自身属性特点，对应空间、业务、时态三个属性，体现出土地创建、变化和消亡的全生命周期过程。在数据库中，储备计划中的每个地块项目对应一个具体的全生命周期项目，包括现状地理、空间规划信息、土地管理及辅助决策分析等数据。通过消除各部门间的业务壁垒，实现数据共享、共建和共用，建立市区统分结合、共数据、共平台、分业务、分权限的数据库和信息管理平台（图 4）。

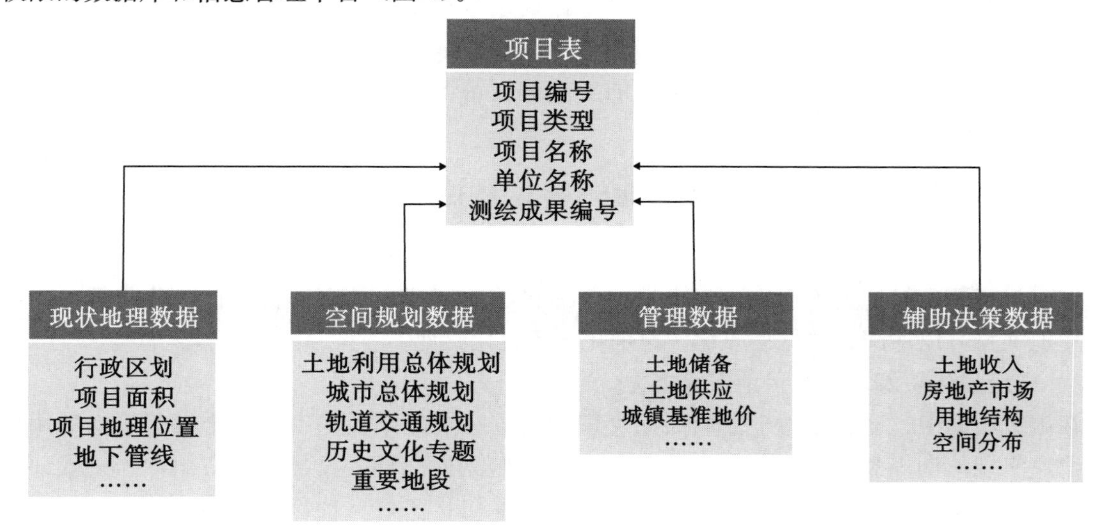

图 4　乡村土地项目数据库示意

4 乡村振兴中土地全生命周期管理的实践与拓展

4.1 探索农村集体土地入市政策制度，助力乡村振兴战略实施

4.1.1 落实集体土地入市政策，探索乡村发展新契机

宁波各县（市、区）积极开展集体建设用地入市实践，全面落实国家乡村振兴战略精神。如慈溪市提出实施乡村振兴战略，稳妥推进空闲农房回收利用，有效促进土地节约集约利用，增加农民财产收入，加快发展农民民宿经济，助推城乡协调、整体、全面发展；余姚市也规定集体经营性建设用地入市的项目原则上为整体经营的工业、商服、旅游、民宿等项目，可整体转让，但不可分割转让。在集体建设用地入市的背景下，政府应积极推进乡村集体建设用地进入土地市场流转，促进乡村土地资源高效利用，结合集体土地入市的政策，活化乡村资源，利用乡村闲置的土地开展乡村旅游、特色民宿等业态。

4.1.2 促进多规多计融合，实施土地资源统一管理

借助国土空间规划编制的契机，构建国土空间基础信息平台，强化土地管理工作与规划编制、规划管理实际工作的联动，促进国有建设用地与集体建设用地多规多计融合，实现土地资源统筹谋划。首先，强调规划引领，明确乡村规划作为国土空间规划的详细规划，确定乡村的发展目标，加强其与国民经济和社会发展规划、国土空间规划、土地供应计划等纲领性规划文件的衔接，综合协调各类规划的管控要求、控制指标与建设方案，着力打造储备地块内在价值，储备计划编制需结合特色小镇等建设重点；其次，加强土地储备计划与征地拆迁、棚户区改造、“三改一拆”、基础配套设施、社会公建等计划及治水治危等工作的有机结合、深度交融，促进同步编制、同步调整、同步实施，提高计划的前瞻性、协同性与落地性。

4.1.3 完善土地全生命周期的管理系统，实现土地资源统一监管

以土地全生命周期业务流程为主线，将农村集体建设用地纳入全市土地储备管理平台，完善土地资源管理范围，以时间维度变化作为基准，对土地的空间位置、权属、状态等信息的演绎过程进行全要素、全周期管理。在土地全生命周期管理系统中，采用状态监控、信息动态联动等技术，搭建智慧监管平台，实现计划、收储、供应、规划、建筑、管理等环节各项信息的有机关联与协同，实时掌握乡村振兴项目的实施进度情况，破解乡村土地利用监管难题，实现“一张蓝图”管到底。

4.2 搭建“市—区—镇”三级协调机制，确保乡村项目稳步推进

依托土地全生命周期管理系统，搭建“市级统筹、区级协调、乡镇配合”的协调机制，实现关键部门资源要素的集中汇集，为土地储备的科学谋划和高效管理提供信息化支撑，确保乡村的用地项目可以适配，并能品质化、精细化、特色化落地。

4.2.1 市级强化统筹，提高用地保障能力

在市级层面上，通过土地全生命周期管理系统进行统筹，强化市级对全市范围内的用地保障能力，实现前期谋划、年度计划、品质做地、优地入库、调控市场、供应出库、成效评价等全周期管理，实现关键部门资源要素的集中汇集，并初步实现自动化评估和智能化分析，为土地储备的科学谋划和高效管理提供信息化支撑。针对乡村振兴战略，市级层面要根据乡村发展需求提出指导性建议，尤其是提出土地指标方向的建议。

4.2.2　区级充分协调，促进乡村项目落地

在区级层面上，首先要做好自上而下的协调工作，明确上级土地指标的实施，对下要妥善处理乡村农民土地资源的利益分配、基础设施建设的协调工作；其次，开展或配合土地开发公司对农村集体建设用地的整理开发，包括土地平整和市政基础设施建设；最后，协助村集体开展集体土地入市，实现统一开发、统一招商、统一开发。

4.2.3　乡镇积极配合，保障资源高效利用

在乡村层面上，首先要配合区级土地储备机构进行产业规划、土地整理及土地前期开发等工作；其次，根据乡村特点选择土地入市方式，如对接土地储备机构，采用集体经营性建设用地托管方式上市或多个村组建镇级土地联营公司进行联合上市；最后，明确土地收益的分配方式，建立集体土地收益专用账户。

4.3　构建指标反馈和评估预警功能，建设城乡统一的土地市场

在充分收集汇总土地现状、房地产市场调控和用地结构调整等指标信息的基础上建立数据库，将相关指标数据纳入统一的工作平台，构建土地储备计划的“事前预判—事中评估—事后评价”调控链条，为乡村土地工作提供辅助决策支撑（图5）。

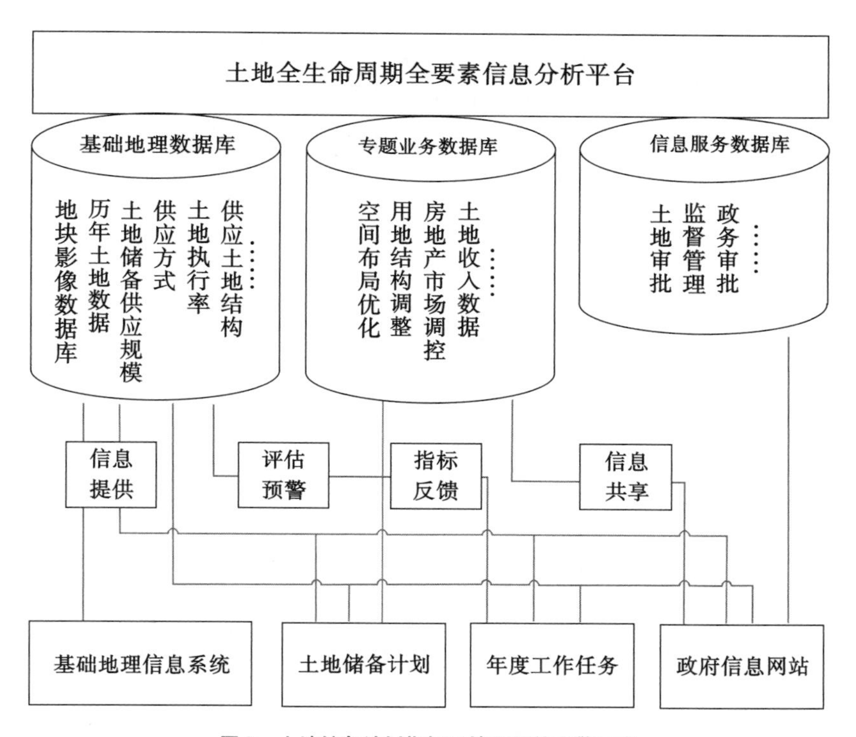

图5　土地储备计划指标反馈和评估预警示意

4.3.1　实现乡村振兴土地资源需求的规模预测

在充分收集土地相关数据和规划条件等资料的基础上，结合区位价值、开发条件、经济收益等因素，进行土地储备潜力评价，综合市场需求和数据库中的农村集体建设用地入市情况，确定乡村土地储备规模需求。根据用地需求预测和市场调控方向，结合乡村实际情况，实行“入库量”与“供应量”双向调控机制，引导乡镇政府合理确定土地储备入库、出库与库存的数

量规模、空间分布、用地结构，把握土地进出节奏。

4.3.2 构建指标反馈的城乡土地市场调控机制

综合城乡土地市场当前形势，通过指标统计分析结果对乡村土地计划进行指引性的调整。通过核心指标反馈的市场情况信息，在编制土地供应计划时，可以灵活调整供应规模、结构与方式，提高供应项目的针对性、有效性和衔接性。如在集体经营性建设用地供给来源上，新增的集体经营性建设用地将来源于指标转换后新增用地与存量用地两个渠道。应保障乡村振兴项目用地供给规模，并实时监测用地情况，及时做出调整。

4.3.3 建立存量低效用地的预警机制

对土地市场的风险进行跟踪和预警，依据一定时期内的调控目标，通盘考虑土地经济波动的幅度、政策工具的时滞性、预期调控效应的大小及调控环境的特殊性。充分利用以指标量化、精确管理、定向指导为管理目标的项目预警技术，提供乡村供而未用、闲置土地预警等多种功能，自动测算、模拟与监测地块的空间分布位置、范围和规模，并与新增储备项目的规模挂钩，辅助管理者进行快速决策。

5 结语

土地全生命周期管理系统是构建城乡统一的建设用地市场的信息化技术手段，在我国实施乡村振兴战略背景下，利用具有信息化管理、大数据分析和辅助决策功能的土地全生命周期管理平台，可以有效解决乡村土地资源粗放化使用、乡村土地管理机制不明确、乡村振兴项目缺乏土地监管等问题，完善农村集体建设用地入市的管理制度，挖掘乡村潜在的土地资源活力，保障农村集体土地的可持续发展，积极推进城乡统一的建设用地市场建立，推动乡村振兴战略的实施。

[参考文献]

[1] 林坚，周琳，杜长育. 乡村振兴视角下集体建设用地利用策略思考 [J]. 农业经济与管理，2018 (5)：5-10.

[2] 胡媛媛，黄虎，王思维. 基于物联网的城市消防栓管理系统研究 [J]. 信息通信，2014 (8)：81-82.

[3] 于团叶，陈翩翩，宋小满. 基于生命周期的中小企业股权结构对绩效的影响 [J]. 同济大学学报 (自然科学版)，2012 (6)：955-959.

[4] 刘毅，何小赛. 基于生命周期分析的中国城镇住宅物化环境影响评价 [J]. 清华大学学报 (自然科学版)，2015 (1)：74-79.

[5] 苏醒，张旭，孙永强. 钢结构住宅建筑部品生命周期详单分析 [J]. 同济大学学报 (自然科学版)，2011 (12)：1784-1788.

[6] 张思露. 城市更新中土地全生命周期管理的思考和建议：以闵行区土地出让管理工作为例 [J]. 上海房地，2018 (8)：26-27.

[7] 崔霁. 上海试行土地"全生命周期管理" [J]. 上海房地，2015 (5)：41.

[8] 关烨，葛岩. 新一轮总规背景下上海城市更新规划工作方法借鉴与探索 [J]. 上海城市规划，2015 (3)：33-38.

[9] 付雄武，王长珍，沈平. 以土地全生命周期管理破解"规土融合"难题：基于武汉市的实践 [J]. 中国土地，2017 (11)：41-42.

[10] 邓雯婷. GIS技术在土地全生命周期管理中的应用研究 [J]. 科技经济导刊，2018 (18)：20-21.

[作者简介]

李古月，硕士，助理工程师，任职于宁波市自然资源和规划研究中心。
王子宁，华侨大学工商管理硕士研究生。

自然资源大数据中心模式及应用探讨

□黄　宇，钟远军，鲁　越，王国峰

摘要：面对突如其来的新型冠状病毒肺炎疫情，我国疫情防控和公共卫生应急管理能力面临严峻考验，同时也对国土空间规划和城市治理工作敲响警钟。如何贯彻十九届四中全会精神，全面推进国家治理体系和治理能力现代化？如何发挥大数据价值，提升国家治理现代化水平？如何从危机引发的新需求中做出调整，自然资源信息化如何应对？将是当下亟待思考的问题。为进一步推动自然资源行业高质量发展，本文从自然资源大数据中心模式及应用角度展开探讨，并展望了大数据中心服务自然资源治理的发展方向。

关键词：自然资源；大数据中心；空间治理；应用探索

1　引言

十九届四中全会审议通过《中共中央关于坚持和完善中国特色社会主义制度、推进国家治理体系和治理能力现代化若干重大问题的决定》，要求全面推进国家治理体系和治理能力现代化。“建设全国一体化的国家大数据中心”“运用大数据提升国家治理现代化水平”，已成为国家治理体系建设的重要举措。构建自然资源大数据中心，服务自然资源机构改革和治理体系现代化，逐步成为自然资源行业发展的共识。

笔者认为新时期的自然资源大数据中心应该是融汇“山水林田湖草”的自然资源“生命共同体”，在空间上能够统筹涵盖地上、地表、地下，时间上可贯通过去、现在、未来的大数据中心。作为新型信息化基础设施的重要组成部分，自然资源大数据中心将承载资源中心、能力中心和应用中心的重任，夯实自然资源数字化生态体系的数据基石，提升国土空间治理能力现代化水平，最大限度地挖掘和释放国土空间数据资源的潜力和潜能。通过层层递进、协同共治、互为补充，最终实现自然资源大数据中心资源一体化、能力一体化和服务一体化（图1）。

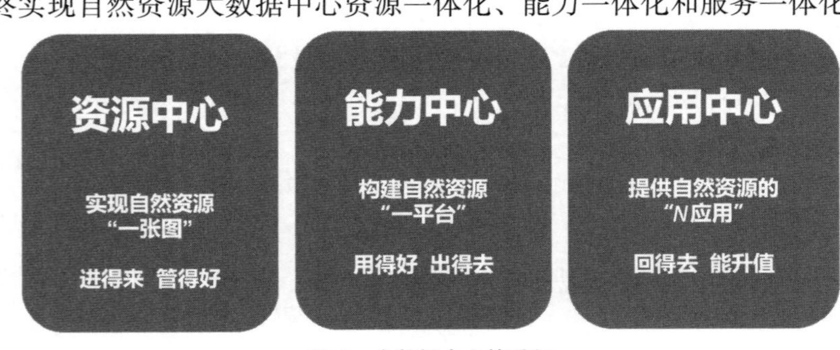

图1　大数据中心的重任

2　汇聚资源，建设三维立体的自然资源“一张图”

按照统一数据标准、空间参考和分类体系，在充分掌握自然资源实体空间、位置、形态、关系等特征的基础上，快速获取山、水、林、田、湖、草等自然资源要素及居民点、交通线、建筑工程等社会经济要素，形成一整套规范化、标准化、精细化的工作“底图”；同时，有效整合已有的基础地理信息、第三次全国国土调查、土地矿产资源、国土空间规划、自然资源确权登记及相关行业专题数据，形成多库合一、三维立体、时空一致、业务贯通的自然资源“一张图”（图 2）。

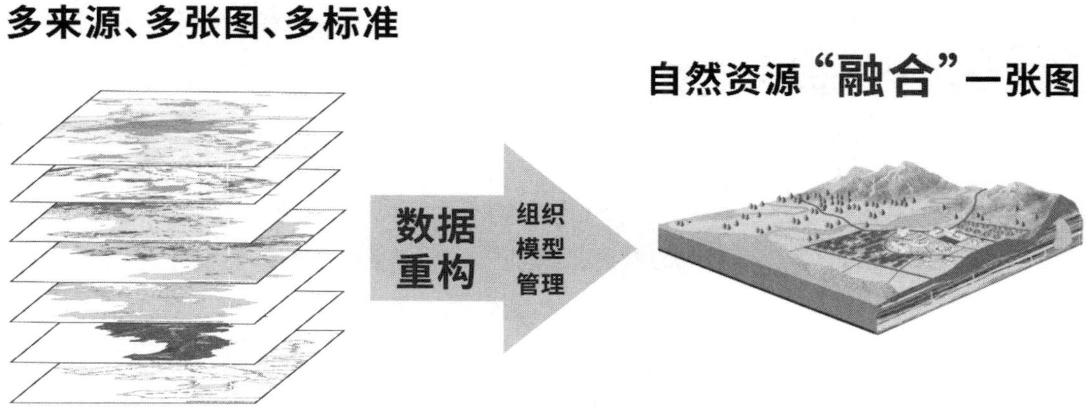

图 2　“一张图”形成

在自然资源实体对象统一的标准和语义下，以现状地理实体为基础，建立融合管理类、规划类和其他类数据的一体化自然资源数据模型，及时更新自然资源各类数据，强化数据资源统一管理，不断提高数据的准确性和时效性，打造“测绘为基、地上地下、陆海相连”的数据体系，实现时空数据全面化、数据聚合化和信息实体化。

同时，利用新一代时空大数据技术，实现“一张图”中各类数据（调查、监测、评估、规划、业务管理等）的实时接入、有效管理和动态更新；通过平台汇聚信息，形成相互关联的知识图谱、数据关系和各类指标库、知识库，确保数据进得来、管得好。

3　统筹能力，打造共建共享的自然资源“一平台”

当前，面对政府机构改革带来的多平台、多业务融合局面，笔者认为要将国土空间基础信息平台打造成自然资源管理的“能力中心”，为自然资源统筹管理、共享服务、高效融合、科学运行提供统一的工作“底板”。

一是统筹云计算、大数据、区块链、人工智能、搜索引擎等技术方法，为自然资源各类应用和服务提供技术能力支撑；二是基于自然资源“一张图”，采取分布式的应用与服务架构，统筹业务数据、空间分析、统计分析、业务规则及决策模型，利用统一的基础设施和身份认证，升级统一的数据和应用服务资源管理、大数据空间计算等数据服务、基础服务、专题服务、大数据与人工智能（AI）服务等功能，为自然资源调查监测评价、国土空间规划编制及实施、生态修复、综合执法、政务服务等应用提供业务能力支撑。平台界面见图 3。

图 3　国土空间基础信息平台页面

同时，平台还肩负着信息交换中心的职责。纵向上，各级自然资源管理部门实现数据汇交与回流；横向上，与大数据局和发改、环保、住建、交通、水利、农业等部门实现信息交换与共享。构建数据间的关系，实现数据关联，逐步形成以自然资源管理为对象的“块数据”，为自然资源治理体系提供智能化基础。通过统一的平台门户，向自然资源管理部门和其他政府部门、企事业单位、科研单位、社会公众提供丰富、可靠、全面的信息和应用服务，推进政府部门之间的数据共享及政府与社会之间的信息交互，形成自然资源“一张图”的应用和共享服务机制。

国土空间基础信息平台的优势见图 4。

图 4　国土空间基础信息平台的优势

4　构建应用，全面促进自然资源数字化转型升级

建设自然资源大数据中心是实现自然资源部门转变职能、统一管理、深化应用的现实之举。通过大数据中心的共享交换能力，为各类应用提供资源服务、能力服务和基础技术服务；同时，基于地理信息系统（GIS）、界面搭建等基础空间服务和框架，快速构建自然资源管理应用体系，服务自然资源监管决策、“互联网＋”政务服务、调查监测评价等功能，全面提升自然资源治理体系和治理能力现代化水平（图 5）。

“应用中心”是大数据中心的落地点，同时也是大数据中心的起始点。一方面，通过搭建各类应用体系发挥大数据中心的应用效能，提升自然资源治理能力；另一方面，应用产生的各类数据，经过“资源中心”和“能力中心”的存储、清洗、重组、汇集和更新，再提供给“应用中心”使用，最终形成一个“可感知、能溯源、会回流、善利用”的数据闭环，最大程度释放数据的聚合价值。

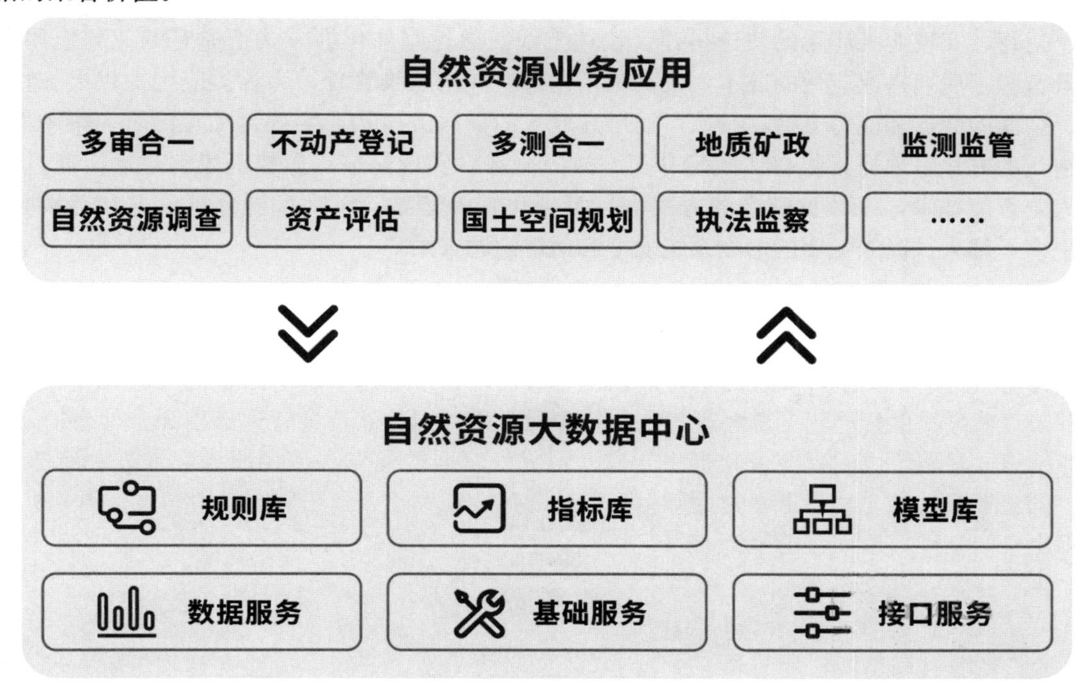

图 5　服务自然资源业务融合示意

以广东省为例。广东省基于各项改革要点和现实需求，提出了“数据驱动、以图管地”的治理理念，充分运用大数据技术构建“山水林田湖草海”自然资源一体化数据库，建设统一底板数据、统一业务规则、统一分析能力、统一业务流程的集中式自然资源大数据中心和政务管理与决策支撑系统。

为全面提升自然资源政务治理能力，广东省以“数据同数同源，联动更新”“服务随需而变，按需提供”“业务以图驱动，关联协同”为改革目标，通过数据汇聚、数据治理等技术手段，建设结构合理、质量可靠的自然资源大数据体系，建立和完善数据采集、提供、维护、管理长效机制，支撑跨业务、跨层级的业务协同，促进自然资源决策科学化、监管精细化、服务便利化。

4.1 一个资源体系统全局

在统一的自然资源大数据基础框架下，广东省梳理形成一套符合国家标准、适应于广东现状的实用性标准规范，通过基础数据及各类主题数据，推进自然资源一体化数据库的建设与管理，夯实全省自然资源数据基础。截至目前，在统一的数据资源体系中，已完成全省 60 多个大类 1000 多个图层 3 亿级多要素数据整合与集成建库。

同时，满足各类数据高效存储、高性能计算及深度挖掘分析和空间可视化需求，为全省自然资源政务管理和省政务大数据中心提供可靠的共享数据。

4.2 一套服务模型促整合

首先，通过统一的数据模型和业务模型，为各类应用提供灵活便捷的构建能力。运用“数据+模型”的组装模式，搭建容器云、微服务架构，以组件化、服务化的方式支撑业务软件的开发、运行，实现业务应用的快速搭建、快速上线。通过组件化的方式把原有的业务应用资产化，既节约了后期搭建应用的成本，又有利于进行统一的运维管理，为各类应用提供更加快捷、准确、全面的数据和能力支持。其次，运用开放式的微服务架构，实现自动化部署、集中部署，以可视化的方式呈现异常报警、故障分析、故障画像，实现全节点监控运维。最后，通过大数据和人工智能技术，以数据资产的方式进行可视化智能运维，实现智能分析日志和运维数据，发掘更多运维人员尚未觉察的潜在系统安全和运维问题（图 6）。

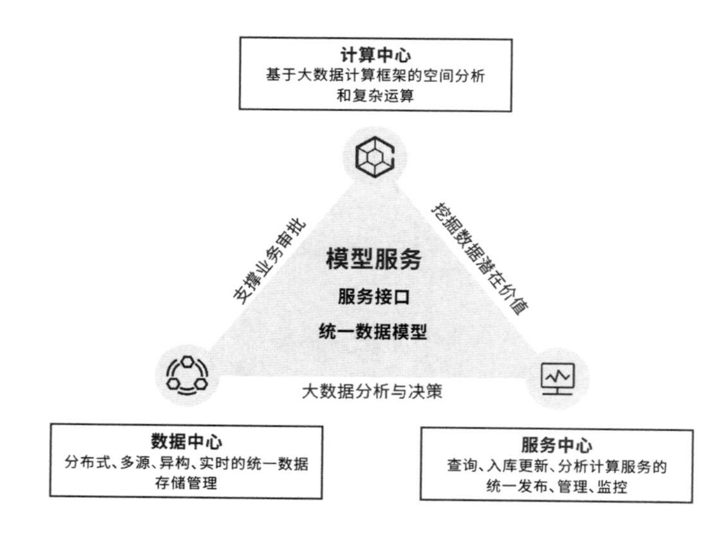

图 6　服务示意

具体服务内容如下：

查询浏览服务。基于矢量瓦片技术，提供数据浏览和查询一体化服务，目前已发布包含规划、现状、耕地保护、建设用地等数据共计 137 个瓦片服务。

入库更新服务。通过业务信息沉淀实现数据的联动更新，提供建设用地审批、计划指标、综合办文等共计 40 个入库更新服务。

业务规则服务。基于相关政策要求、业务审核要点等，结合自然资源管理模式，制定统一的业务规则服务。目前已发布包括建设用地报批、拆旧复垦、矿业权管理在内的 12 项业务，具有近 200 余项规则服务。

能力分析服务。基于大数据计算框架的空间分析和复杂运算，提供分析计算服务，目前已发布包含规划分析、现状分析、耕地保护分析、综合分析等共计 30 个分析服务。

大数据计算服务。基于高性能的分布式计算架构，提供各类算子共计 34 个，通过灵活的分布式计算任务调度算法，实现分析模型高效、实时计算，可快速获取分析结果。

4.3　一套更新机制促时效

通过构建各类数据资源的同步更新机制，实现了规划调整和现状变更成果一天内更新、审批类成果实时更新的建设成效。横向上，实现跨部门的自然资源数据更新，保障数据变化的流畅性、权威性与一致性；纵向上，以一体化数据体系为出入口，实现省、市、县三级业务数据的关联、同步与更新。

4.4　N 类政务应用提效能

目前，广东省所有的自然资源政务系统都是在全省共用的“一张图”上建立的，所有的业务分析都源于一体化数据库，通过统一代码实现各项政务服务精细化和可追溯管理。

（1）建设用地审批系统。

通过构建省、市、县一体化的建设用地审批系统，实现了以图驱动、同数同源、业务协同和联动更新，全面提升了广东省用地报批一次通过率和审批效率。一方面，通过统一建设用地审批规则和业务表单规则，使各级审批部门对业务理解透彻；另一方面，市县部门在组卷上报之前，先行根据审批规则，基于统一的数据服务进行预审核，发现问题及时调整。据统计，业务审批通过率大幅提高，大大提升了审批效率。

（2）拆旧复垦监管系统。

拆旧复垦监管系统按规则模型进行自动化合规性审查，动态掌握广东省拆旧复垦项目立项、设计、施工、验收等环节的情况。上线以来，实现 1400 多个项目的监管，形成复垦指标千余亩。

（3）重大项目监管系统。

重大项目监管系统实现了对广东省重大项目选址、用地用海预审、立项批复、初步设计、用地审批、征地拆迁等进度的及时准确掌握，辅助领导决策。

（4）其他应用。

构建面向省、市、县三级的自然资源其他业务应用，如“三旧改造”、临时用地、征地公开等涉及土地类系统，形成统一、联动、立体的应用体系。

5　结语

首先，自然资源大数据中心的建设工作是一个循序渐进、持续更新的过程。在建设初期需要充分厘清数据生产、管理和应用各环节之间的需求和痛点，明确阶段性目标，做好实施计划。

其次，数据中心建设需要将自然资源现状、规划、管理和社会经济数据进行关联融合，而构建自然资源的数据实体对象，是解决从“多张图”到“一张图”的有效途径。

最后，数据中心建设要以服务业务治理和监督监管为切入点。当前可结合“互联网＋”政务审批应用升级改造、国土空间规划“一张图”实施监督信息系统建设并行实施、以用促建，助推自然资源数字化转型。

[参考文献]
[1] 李清泉，李德仁. 大数据 GIS [J]. 武汉大学学报（信息科学版），2014（6）：641-644.
[2] 韩青，孙中原，孙成苗，等. 基于自然资源本底的国土空间规划现状一张图构建及应用：以青岛市为例 [J]. 自然资源学报，2019（10）：2150-2162.
[3] 林芳. 探索自然资源大数据“聚、管、用”体系的构建 [J]. 国土资源情报，2019（11）：13-18.
[4] 周傲英. 感悟大数据：从数据管理和分析说起 [J]. 大数据，2017（2）：3-18.

[作者简介]
黄　宇，硕士，高级工程师，任职于武大吉奥信息技术有限公司。
钟远军，硕士，正高级工程师，任职于广东省国土资源测绘院。
鲁　越，硕士，工程师，任职于武大吉奥信息技术有限公司。
王国峰，工程师，任职于武大吉奥信息技术有限公司。

徽州村落数字保护与管理研究
——“数字敦煌”的经验

□孟庆贺，顾大治，李　阳

摘要：徽州地区遗存的传统村落数量众多，对其建立数字化保护管理具有重要的现实意义。当前徽州村落数字保护与管理工作仍处于初期，需要借鉴相关遗产数字化保护的先进经验，而敦煌遗产数字化保护管理水平处于世界前列，其经验借鉴意义大。因此，本文通过对文献资料、新闻报道、专著等的梳理研究，总结了“数字敦煌”在数字技术合作开发、数字资源管理共享、数字人才培养等方面的经验做法。针对当前徽州村落数字保护工作面临的管理机构零散、技术体系落后、人才缺乏等问题，提出了相关策略和建议，包括建立“省级—地方县市”模式的管理部门框架、加强国际国内合作交流等，以探索徽州村落数字保护技术体系、培养徽州村落数字化专业人才、实现徽州村落数字化成果管理与共享等。

关键词：徽州村落；数字保护管理；“数字敦煌”；经验启示

1　引言

乡村振兴背景下传统村落保护与发展成为特色地区乡村振兴的重要抓手，传统村落是地域文化复兴与“记住乡愁”的重要载体，也是实现乡村振兴的重要推动力。徽州传统村落作为我国优秀古村落典型代表，其历史文化价值巨大。然而，现实中徽州村落保护面临着种种问题，如建筑物虫蚀、壁画木雕风化、自然灾害频发（水灾、山体滑坡等），严重影响着传统村落的原真性保护。传统村落数字保护管理为遗产修复与遗产管理等方面提供了抢救性恢复和预防性保护管理的技术支撑，而当前徽州村落数字保护与管理工作仍处于初期，相关研究数量有限，研究内容多聚焦于徽州文书资料、古建保护、非物质文化遗产保护等，从村落层面研究数字保护与管理的文章不多。徽州地区遗存的传统村落数量众多，对其建立数字化保护管理的现实意义巨大。敦煌遗产数字化保护经验走在国际前列，其在数字技术、数字资源管理、数字共享等方面积累了丰富经验。因此，本文通过对文献资料、新闻报道、专著等资料的梳理与研究，总结“数字敦煌”保护和管理的经验做法，并结合当前徽州村落数字化工作面临的管理机构零散、技术体系落后、人才缺乏等问题，有针对性地提出当前以及未来徽州村落数字保护与管理的策略和建议，同时也为探索数字技术在其他历史文化遗产保护发展中的作用与实践提供一些启示。

2 “数字敦煌”保护与管理的经验启示

敦煌位于甘肃省西北部，是古丝绸之路西段的重要门户，繁荣的商贸活动与东西方文化融合促成了敦煌艺术的历史成就，辖区内以壁画和石窟为最。20世纪90年代初，敦煌研究院工作者（樊锦诗等）提出了“数字敦煌”的保护想法，开启了数字技术在文化遗产保护中的探索与应用。“数字敦煌”自90年代开展至今，其遗产保护技术日臻健全与成熟，保护效果突出，受到党中央、国务院及国内外专家学者的高度评价[①]。本文通过对文献资料、新闻报道、专著等资料的梳理与研究，总结了数字技术在敦煌莫高窟保护和管理中的经验做法。

2.1 国际合作与“数字供养人”计划

1987年莫高窟列入《世界文化遗产名录》，其国际地位进一步加强，得到了更多国际组织的关注。20世纪80年代以后，敦煌研究院利用自身文化优势，借助国际舞台提升莫高窟全球知名度，积极争取与国际组织合作（表1），促进了莫高窟数字化保护工作的推进。90年代樊锦诗提出“数字敦煌”保护想法。1998年，在安德鲁·W.梅隆基金会的支持下，敦煌研究院与美国西北大学合作开展敦煌壁画数字化研究。2002年，敦煌研究院与梅隆基金会再次合作开展敦煌艺术电子档案项目。通过开展国际之间的交流与合作，敦煌保护工作者们学习到国外先进保护经验，且不遗余力地以世界遗产保护的先进理论和方法去保护莫高窟。

表1　20世纪80年代以后敦煌研究所与国际组织合作一览

时间	合作组织	合作内容
1989年	盖蒂基金会	签订合作研究保护莫高窟协议
1990年	东京国立文化财研究所	商谈中日合作保护敦煌莫高窟协议
1991年	盖蒂基金会	签订保护莫高窟第二阶段合作协议
1998年	安德鲁·W.梅隆基金会	合作研究敦煌壁画数字化档案
2002年	盖蒂保护研究所&澳大利亚遗产委员会； 安德鲁·W.梅隆基金会	合作开展莫高窟游客承载量及开放对策研究； 合作开展敦煌艺术电子档案项目

进入21世纪，互联网的普及使得全球网民数量连年攀升。据统计，截至2020年3月，我国网民规模达到9.04亿，互联网普及率高达64.5%[②]。庞大的网民数量为数字经济发展打下了坚实的用户基础，也为文化遗产保护提供了新的机遇。2018年，腾讯与敦煌研究院联袂推出“数字供养人”计划，旨在通过互联网平台呼唤全民对敦煌莫高窟的关注与参与，以供养方式推进敦煌数字化保护。目前，“数字供养人”计划推出了公益文化募捐、敦煌音乐会、王者荣耀“飞天”皮肤、敦煌传统游戏探索之旅、“敦煌诗巾”小程序、敦煌智慧景区地图等多元化的数字应用，敦煌莫高窟数字化保护开始了面向全民的转型探索（图1）。

（1）飞天皮肤

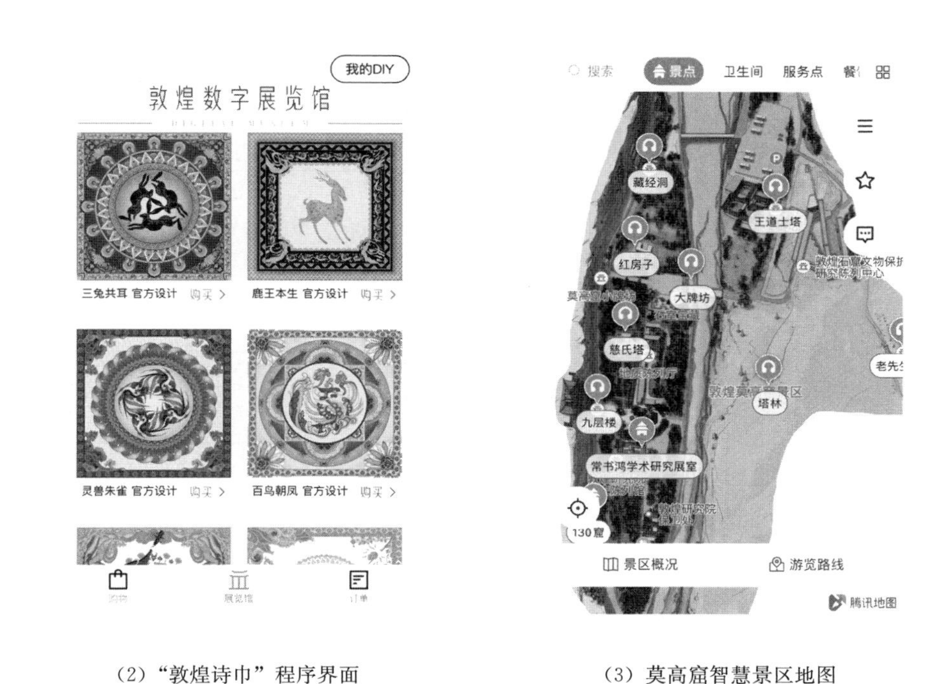

（2）“敦煌诗巾”程序界面　　　　（3）莫高窟智慧景区地图

图 1　敦煌莫高窟数字化保护

2.2　“数字敦煌”资源库建设与人才培养

敦煌数字资源库建设是一项复杂的长期工作。2002 年，敦煌研究院与美国西北大学合作，采用先进的数码相机拍摄石窟内的壁画和雕塑，先后完成了 22 个典型洞窟的数字化工作和 5 个虚拟漫游洞窟。2006 年，敦煌研究院成立文物数字中心，研发了 10 亿像素级相机与三维数字化技术，极大提高了数字图像采集的精度，至今完成了 200 多个石窟图像采集与虚拟现实（VR）制作、45000 张底片数字化，形成了敦煌艺术数字图像档案，同时探索了一套图像数字化架构技术与“数字敦煌”数字资产管理系统与资源库设计。在“数字敦煌”资源库建设过程中，人才是工作开展的坚实基础。樊锦诗院长认为：“敦煌石窟保护与研究涉及多学科多专业，要想做好石窟保护，人才是关键。”从敦煌数字中心成立至今，工作人员从20多人增加至80多人，足以证明敦煌数字化建设的人才需求。人才培养是敦煌研究院的工作特色之一，研究院借助与国际国内机构（如微软亚洲研究院、上海颢汉数字技术有限公司等）、高校（如兰州大学、东华大学等）等的交流学习和科研合作，加强中青年骨干的教育和培训。

2.3 敦煌文物数据资源共享与文化传播

随着国内文化旅游事业蓬勃发展，为更好宣传敦煌文化，敦煌研究院整合敦煌文物数字化资源，倾情打造敦煌学信息资源库和“数字敦煌”网站，实现敦煌数字资源共享，方便国内外专家学者及敦煌爱好者更快更深入地了解敦煌文化。此外，通过云游敦煌、敦煌智慧旅游、数字敦煌等小程序和公众号营销，带给体验者更多关于敦煌历史文化知识传播与体验的互动。

为配合莫高窟旅游发展，敦煌研究院利用已有文物数字资源，建设了可以满足单日游客量6000人次的莫高窟数字展示中心。数字展示中心以影院为核心，通过4K高清主题电影《千年莫高》和8K超高清实景球幕电影《梦幻佛宫》的沉浸式观赏，能够让游客提前了解莫高窟的历史演变，在享受科技与文化融合体验之余，感悟莫高窟的文化底蕴。

3 徽州村落数字保护与管理现状

互联网时代，数字技术对传统村落保护发展的影响逐渐显现，也引起了研究者的关注，其中最突出的内容是对传统村落数字化档案与数字博物馆的相关研究（图2）。徽州村落广泛分布在皖南地区，村落数量多且保护价值高。由于地处山水之间，大气、日照、自然灾害等不断侵蚀着徽州村落，其保护与发展面临严峻形势。数字化技术为徽州村落的保护与发展提供了新的思路，然而对徽州村落数字化保护发展的探讨成果较缺乏，实际工作中也面临许多问题。因此，通过梳理当前徽州村落数字化保护发展的现状问题，为后文借鉴“数字敦煌”的经验提供现实基础。

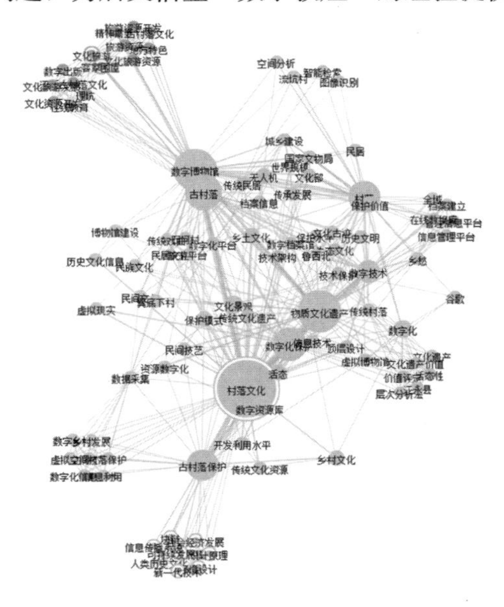

图2 传统村落保护发展数字化研究关键词共现图

3.1　徽州村落数字应用技术落后

2013年，住房和城乡建设部提出建立传统村落档案，主要以图片、文字、测绘等方式记载传统村落的基本信息，由此开启了徽州村落数字档案采集工作。相较于敦煌数字采集技术，徽州村落采集方式较为传统，以实景照片拍摄、文字描述为主记录徽州村落信息。新技术的发展给传统村落保护管理带来新的思路，三维激光扫描技术、无人机技术、地理信息系统（GIS）、建筑信息模型（BIM）等数字技术的发展方兴未艾，在传统村落的数字化采集与管理中大放异彩。而新技术在徽州村落上的应用研究数量少，实际工作中由于资金投入、技术学习等原因，导致新技术在徽州村落数字化过程中难以推广。可见，对新技术的认可与学习是实现徽州村落数字化保护与管理的重要起步。

3.2　徽州村落数字管理平台零散

目前全国传统村落数字管理平台数量不多，但都具有明显的地域化特征，即针对同地域的传统村落进行统一的数字资源管理，平台主要有中国传统村落数字博物馆、黔东南传统村落数字博物馆、山西省传统村落数字信息平台、甘肃历史城市与传统村落数字化平台等。敦煌数字管理拥有专业的管理团队（即敦煌研究院）和管理平台（即敦煌学信息资源库），相比之下，徽州村落数字资料管理过程中缺乏统一的管理机构与平台。现存的管理平台以零散的县级为主，这样会导致两个问题：一是难以推进徽州村落数字化资源整合与管理，徽州村落的分布区域涉及黄山市、宣城市和江西省婺源县等地，行政壁垒会阻碍数字资源的共享与整合；二是无法形成统一的数字徽州村落对外交流与合作。因此，为了发挥“1＋1＞2”的作用，徽州村落数字管理应秉持“命运共同体”理念，建立统一的徽州村落数字化平台，共同提升徽州传统村落的数字化保护与管理水平。

3.3　徽州村落数字保护人才缺乏

徽州村落作为我国重要的乡村历史文化遗产，2000年以后受到高校关注，并由此开展了一系列教学工作和人才培养。根据知网学位论文统计，2000年以后国内持续研究徽州村落的高校有合肥工业大学（论文数79篇，占比34.5%）、安徽农业大学（论文数20篇，占比8.73%）、西安建筑科技大学（论文数14篇，占比6.11%）、安徽大学（论文数13篇，占比5.68%）等，主要以安徽省内高校为主，研究内容多关注徽州村落的文化特质、空间变化、保护与旅游等（图3），缺乏数字技术方面的研究人才。相比于敦煌的数字人才培养，徽州村落缺乏数字保护人才的培养，培养机构和人才培养体系尚有不足。技术人才是数字保护研发、实践、管理的核心行动者，缺乏人才往往导致工作目标不明确、实施过程艰难、成本消耗高等，因此建立数字人才培养体系对徽州村落数字保护而言不可或缺。

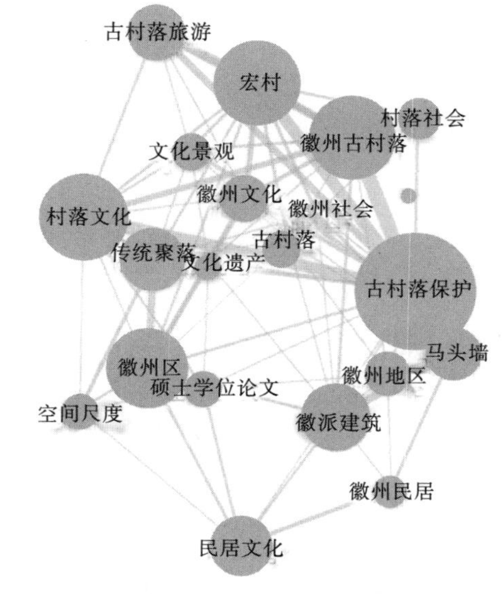

图3　研究徽州村落的学位论文关键词共现图

4　主要研究结论

本文分析了“数字敦煌”保护计划的经验和措施，同时对徽州村落数字化保护管理的现状进行了总结，得到如下结论。

（1）“数字敦煌”的经验可以为徽州村落数字化保护管理提供发展启示。从技术层面来看，国际国内之间的组织合作是数字技术开发的重要保障，遗产数字化保护涉及多学科知识，因此也需要不同类型人才的加入，而合作交流一方面能够学习到先进理念与技术，另一方面能吸纳更多人才。从管理层面来看，专门机构是敦煌数字化实现的基础保障，敦煌研究院作为敦煌莫高窟唯一的管理机构，以专业水准推动着“数字敦煌”计划的实施。在数据管理上，敦煌研究院投入巨大资源加强数字资源库建设，同时培养专业人才，为遗产数字化工作提供新鲜血液。从数字共享层面来看，敦煌研究院充分整合利用数字资源，通过网站、小程序、公众号等网络宣传方式向敦煌爱好者提供线上资源，起到了敦煌文化共享与传播的作用，也提升了敦煌文化的知名度（图 4）。

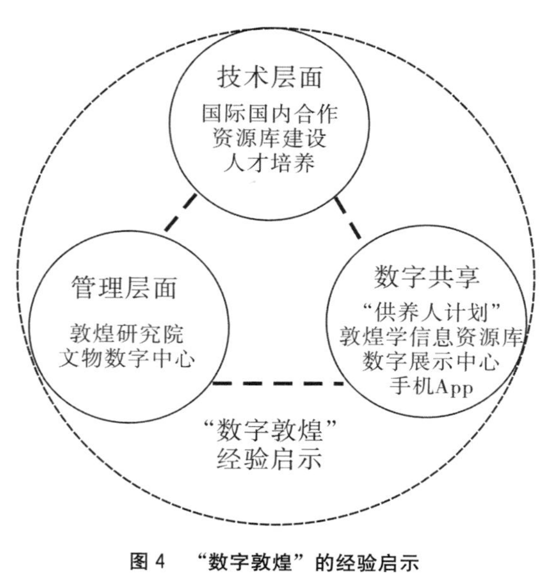

图 4　“数字敦煌”的经验启示

（2）与“数字敦煌”工作相比，徽州村落数字化保护与管理工作尚处于初级阶段，存在 3 个问题：一是数字技术落后，对新技术的应用还不成熟，导致数字工作模式较为传统；二是缺乏统一的管理机构和平台，使得徽州村落数字资源难以整合发展；三是缺乏数字技术人才，导致工作目标不明确、实施过程艰难、成本消耗高等问题。

5　基于“数字敦煌”经验的徽州村落数字保护管理策略和建议

针对当前徽州村落数字保护工作存在的问题，结合“数字敦煌”的经验启示，提出今后徽州村落数字保护管理的策略和建议。

5.1　建立“省级—地方县市”模式的管理部门

当前徽州村落管理部门有两种存在形式，一是地方住房和城乡建设部门或文物部门下辖单位，如歙县古建研究所、黄山区文化管理股；二是以专门对象保护管理为主的相关部门，如黟县世界文化遗产管理委员会。但是从“大徽州[3]”层面来看，缺少更高一级的管理实体部门，“各自为政”的保护管理局面阻碍了徽州村落的整体管理与保护，同时也切断了徽州村落数字化保护管理工作资源的共享共建。省级徽州村落管理部门可以有效解决行政壁垒问题，摒弃行政区划工作模式，以徽州村落保护为原则制定部门工作计划。省级徽州村落管理部门是“大徽州”传统村落主管单位，一方面加强与地方县市相关部门的职能联系，整合徽州村落数字资源；另一方面负责与徽州村落有关的对外合作事务，合作开展数字保护技术研究。借鉴敦煌研究院的工作部门与职能经验，完善省级徽州村落管理部门职能框架。整合地方县市相关部门，建立“省级—地方县市”多级管理部门，有利于徽州村落数字资源的整合与共享，同时构建统一的徽州村落数字信息平台。

5.2 加强国际国内合作交流，探索徽州村落数字保护技术体系

2015年安徽省住房和城乡建设厅与联合国教育、科学和文化组织亚太地区世界遗产中心签订合作，推动皖南传统村落保护与可持续发展。西递宏村作为世界文化遗产，有更多与国际合作交流的机会，可率先开展西递宏村数字化保护管理研究，积极学习和借鉴国外先进的数字保护技术，合作开展研究徽州村落数字保护技术体系，以便于在其他徽州村落推广使用。积极学习借鉴国内遗产保护先进经验，争取与敦煌研究院等国内遗产保护机构形成长期合作，学习其遗产数字保护管理经验，共同研发徽州村落数字化保护工作中的关键技术。学习敦煌研究院等机构遗产管理组织经验，并总结应用到徽州村落管理中。重视新技术（3S技术、BIM等）在徽州村落数字保护中的应用，保证徽州村落数字保护体系的技术研发与技术应用之间联通。

5.3 培养徽州村落数字化专业人才

当前徽州村落研究的人才培养以安徽省内高校研究生培养为主，如安徽大学开设徽学专门史研究方向、合肥工业大学和安徽建筑大学开设徽州传统村落保护研究方向，但在专业培养方案中数字技术学习仅作为一门课程，缺乏系统学习。因此，可依托高校学科优势，开设数字徽州村落保护研究方向专业，完善多学科（建筑学、城乡规划学、计算机学、管理学等）交叉学习体系，培养徽州村落数字化保护管理人才。充分利用与国际国内合作的机会，举办徽州村落数字化保护培训班，加强在岗人员的技能水平培训。此外，还可通过高校进修、国外交流学习等方式提升在岗人员的保护理念先进性与数字技术工作能力。

5.4 徽州村落数字化成果管理与共享

徽州村落数字资源整合程度不高，统一数字管理平台尚未成熟。目前网络上可检索到的徽州村落数字资源主要有安徽省传统村落管理信息平台、中国传统村落数字博物馆等，但仅包含部分徽州村落。徽州村落遗存数量之多，未来村落数字化资料数据也更丰富，因此可借鉴敦煌信息资源库经验，建立徽州村落数字管理平台，为后续管理工作与资源共享提供官方平台。此外，为提高徽州村落知名度，可整合数字资源打造徽州村落宣传片、旅游App、徽州知识与体验小程序等，充分将徽州村落数字资源共享于公众。

［基金项目：安徽省高等学校人文社会科学研究重点项目（SK2017A005）。］

［注释］

①全国人大授予敦煌研究院荣誉院长樊锦诗“文物保护杰出贡献者”国家荣誉称号，http://www.npc.gov.cn/npc/c30834/201909/55e0dd663aef494cb215a9ded0aaee6d.shtml，2019 年 9 月 17 日。

②CNNIC 发布第 45 次《中国互联网络发展状况统计报告》，http：//www. gov. cn/xinwen/2020－04/28/content _ 5506903. htm，2020 年 4 月 28 日。

③本文所指“大徽州”是以徽州文化区界定，特指古徽州地区的“一府六县”，即徽州府所辖的歙县、黟县、绩溪、婺源、祁门、休宁。

［参考文献］

［1］韩宇，王蕾，叶湄. 徽州文书数据库建设的现状与发展趋势［J］. 高校图书馆工作，2019（6）：54-60.

［2］佘醒，于梦凡. 三维数字技术在皖南古民居装饰艺术传承中的应用［J］. 安徽工业大学学报（社会科学版），2019（1）：14-16.

［3］高建. 基于 BIM 平台下徽州传统民居保护研究：以西溪南村吴息之宅为例［D］. 合肥：安徽建筑大学，2018.

［4］耿文浩. 文化传播视角下胡氏宗祠数字化展示设计研究［D］. 马鞍山：安徽工业大学，2018.

［5］张阳. 徽州穿斗式木构架营造技艺数字化传承保护研究［J］. 美术教育研究，2016（8）：30-31.

［6］王安娜. 徽州木雕技艺数字保护与展示研究［D］. 合肥：安徽建筑大学，2018.

［7］秦枫. 非物质文化遗产数字化生存与发展研究：以徽州区域为例［D］. 合肥：中国科学技术大学，2017.

［8］樊锦诗. 为了敦煌久远长存：敦煌石窟保护的探索［J］. 装饰，2008（6）：16-21.

［9］BOWEN W G，樊锦诗. 中美合作研制敦煌数字图像档案［J］. 敦煌研究，2002（4）：9-10.

［10］吴健，俞天秀，张若识. 敦煌艺术图像数据库的建设［J］. 敦煌研究，2008（6）：68-71.

［11］俞天秀，吴健，赵良，等. “数字敦煌”资源库架构设计与实现［J］. 敦煌研究，2020（2）：120-130.

［12］樊锦诗，顾春芳. 我心归处是敦煌：樊锦诗自述［M］. 南京：译林出版社，2019.

［13］李萍. 莫高窟旅游开放新模式的构建与实践［J］. 敦煌研究，2018（2）：47-50.

［14］段亚鹏，赖子凌. 临川文化区传统村落数据库建设思考［J］. 安徽建筑，2020（6）：119-121.

［15］于明洋，张子民，史同广. 基于 Supermap 的中国传统村镇 WEBGIS 管理平台构建研究［J］. 安徽农业科学，2011（7）：4249-4251.

［作者简介］

孟庆贺，合肥工业大学建筑与艺术学院硕士研究生。

顾大治，副教授，合肥工业大学建筑与艺术学院规划系主任。

李　阳，合肥工业大学建筑与艺术学院硕士研究生。

基于 POI 的城市活力空间分布研究

——以昆明中心城区为例

□向帆，朱可欣，廖俊凯，杨子江

摘要：随着城市的快速发展，城镇化与活力两者之间存在脱节现象，因此对城市活力的关注亟待增加。本研究基于网络开放接口导出路网及 19 万余条 POI 数据，利用核密度分析方法将影响活力的四大因素（人口密度、路网密度、公共服务设施、用地混合度）量化后进行叠加分析，得出昆明中心城区不同活力等级区域的空间分布及其特征。结果表明：活力在城市空间大致沿“西北—东南”方向分布，并逐层递减；活力高的区域都呈现密路网、公共服务设施完善、用地混合度较高的特征，如以东风广场为中心的一级活力区域，反之活力低的区域都呈现疏路网、公共服务设施较为稀疏、用地混合度单一的特征，如呈贡新区。

关键词：空间结构；城市形态；活力分布；城市用地；活力

1　引言

《当代汉语新词词典》对“活力”一词的释义为：第一指旺盛的生命力；第二指事物生存发展的能力，即生命体维持生存、发展的能力。Lynch 在 *Good City Form*（《城市形态》）一书中将活力定义为一个聚落形态对于生命机能、生态要求和人类能力的支持程度，而重要的是如何保护物种的延续；Jacobs 在 *The Death and Life of Great Amrican Cities*（《美国大城市的生死》）中提出了城市活力是通过人与人之间的活动及在生活场所相互交织这一过程而获得的；伊恩·本特利将“活力”一词表述为“影响着一个既定场所，容纳不同功能的多样化程度之特性”；一些学者将活力划分为经济活力、社会活力、文化活力；也有学者对活力的关注聚焦于城市空间形态影响下的城市生活与活动。虽然不同领域的学者们对城市活力的阐述都有各自的见解，但是功能多样性及空间形态作为影响活力必不可少的因素被众多学者所接受。

对城市活力的研究可以分为定性与定量分析研究。定性分析多为小尺度、低精度，学者在关于城市公共空间活力测度的研究中总结了传统的公共空间活力定性评估方法，有间接描述评估法和直接描述评估法两种，即“以空间来解释空间活力”和“以人的活动来解释空间活力”。以空间来解释空间活力最常用的方法为空间句法，学者们运用空间句法对街区进行分析，得出特定指标下适宜的参考数值，可阐述街区的空间形态对街区活力的影响机制，为老街区的改造和规划提出建议。以人的活动来解释空间活力的常用方法是语义分析法（Semantic Differential，简称 SD 法）和社会网络分析法（Social Network Analysis，简称 SNA 法），SD 法被广泛运用于公共环境活力评价中，而 SNA 法则经常用于公共空间布局特征的评价。而在城市活力的定性研究中，存在不能客观地将活力在空间中的分布特征进行可视化这一问题，因此近年来城市活力的定量研究也慢慢增多。活力量化研究经常用到的方法为核密度分析及熵值理论与模糊物元理论，并建立模型。随着信息时代大数据的发展，对城市活力问题的研究逐渐延伸到大尺度、高精度的方向，例如着眼于产生活力的单一或综合影响因素及对产生活力依托的公共空间的研究，我们从大数据及开放数据共同构成的新数据环境及新技术环境中能更加清晰地量化城市活力在公共空间分布的问题。有学者基于手机信令数据、百度热力地图、业态兴趣点（POI）及热力地图与 POI 的耦合关联程度对城市街道活力、人群聚集程度及其关联因素影响机制展开研究。

从诸多学者对城市活力展开的研究来看，城市活力的定义在不断变化且愈加完善，给当代学者越来越多不同的思考角度。但是，我们可以发现活力定义中相似的因素：人、多样性及人群活动方式。多样性主要指用地类型多样性及公共服务设施多样性，人群活动方式可以理解为出行方式。对城市活力在城市空间中分布情况的研究，可以了解不同区域活力的分布及其差异，可以为城市规划提供参考，从而进一步提升居民的生活质量，提高市民幸福感。

2　研究区域

研究区域为昆明中心城区，由主城区（五华区、盘龙区、官渡区、西山区）和呈贡新区组成。近年来，关于城市发展的研究多集中于沿海及经济快速发展的地区，而昆明作为西南地区的门户，有典型山地城市特征，作为研究山地城市发展是非常典型的案例，能够为西南山地城市发展提供思路和经验。昆明在发展中迎来了新一轮扩大开放、深化改革和促进经济高质量发展的重要“交会期”，城市发展也会迎来新的变革。在发展的同时，昆明居民幸福感在中国最具幸福感城市排行榜中位居中下，幸福感明显跟不上经济发展速度，市民对城市的认同感、归属感、满足感及外界人群的向往度、称赞度都较低，还有很大的改进空间。

3　数据与方法

3.1　数据来源与预处理

对于人群活动方式这一因素，本研究将从交通入手，参考研究指标量化形式。

本研究数据主要由人口密度、路网密度、用地类型混合度及公共服务设施（POI）组成，其中公共服务设施分为生活性设施（购物、餐饮、健身、金融等）、配套设施（科研教育、医疗、地铁站点等）及休闲游憩设施（广场、公园、名胜古迹、文创园等）。

人口密度数据通过查阅 2017 年昆明统计年鉴获得，路网密度由开放地图（Open Stree Map，OSM）获得，用地类型分布通过对《昆明市城市总体规划（2008—2020）》地理校准获得，公共服务设施 POI 由在线地图提供的 2018 年 12 月主城区与呈贡新区共 196840 条信息获得。具体指标如表 1 所示。

表 1　活力构成及其评价指标

活力构成	评价指标	二级指标
人	人口密度	各行政区范围内人口密度（单位）
交通	路网密度	道路交叉口个数分布密度

续表

活力构成	评价指标	二级指标
公共服务设施	配套设施	配套设施 POI 密度分布（科研教育、医疗、宾馆住宿等）
	生活性设施	生活性设施 POI 密度分布（购物、餐饮、健身、金融等）
	休闲游憩设施	休闲游憩设施 POI 密度分布（广场、公园、名胜古迹、文创园等）
用地	用地类型分布	用地类型数量混合度

3.2　研究方法

核密度分析：使用核函数，根据点要素计算获得能够近似表示数据的分布情况。本研究中对交叉路口及各类设施的分布研究利用了 ArcGIS 中的二维核密度分析，通过确定合适的像元大小及搜索半径（带宽）得出点要素的可视化密度分析图。

核函数为：

$$K_0(t)=\frac{3}{\pi}\left(1-t^2\right)^2 \tag{1}$$

搜索半径（带宽）为：

$$SearchRadius=0.9\times\min\left(SD_W,\sqrt{\frac{1}{\ln(2)}}\times D_m\right)\times n^{-0.2} \tag{2}$$

若未使用 population 字段，则 D_m 为到平均中心距离的中值，n 是二维点数，SD 是标准距离；如果提供了 population 字段，则 D_m 为到加权平均中心距离的中值，n 是 population 字段值的总和，SD_W 是加权标准距离。

4　活力分布特征与各因素空间分布分析

4.1　活力等级分布与各因素关联分析

从宏观角度上看，在空间上城市活力整体呈现出北强南弱、中心强四周弱的特点，受空间功能影响较大，活力分布随着远离城市、地区或路网中心，活力等级逐渐下降，大致呈同心圆状分布。同时，受政策、社会因素影响明显，如呈贡新区在政府扶持下建立了高新技术产业开发区与大学城，吸引了大量人口的聚集，也对空间活力的分布产生了影响。

从图 1 中可知，一级活力区有两个比较明显的区域，一个以东风广场为中心（主要核心区），往东延伸 5.5 km 左右至西山区与五华区交界处，往北延伸 6 km 至五华区与盘龙区交界处，往东延伸 3.3 km 至盘龙区与官渡区交界处，往南延伸 3.5 km 至官渡区与西山区交界处；另一个（次级核心区）位于官渡区以地铁一号线晓东村地铁站为中心半径 1.7 km 范围内。两个区域成为一级活力区的因素有所差异，以东风广场为中心的一级活力区，路网丰富，公共服务设施中配套类与生活类最为密集，用地混合度高，而位于官渡区的一级活力区路网密度与人口密度都不是最高，但此处多为居住用地，配套设施与生活设施配置程度与东风广场不相上下，从而带动了该区域的空间活力产生。二级活力区沿着西北—东南走向从五华区相连延伸至官渡区与呈贡区交界处。西山五华盘龙区域内除东风广场辐射的高等级活力区域外，不存在孤立的一二级活力区域。西山区休闲游憩设施聚集的西山风景区与民族村没有明显的高等级活力区域。官渡区板桥村附近存在一个孤立的三级活力区，此处为昆明长水国际机场，其位于空港经济区，有部分配套与生活设施，路网也较为丰富。在呈贡区三台山公园和雨花毓秀有两个二级活力区组团，三台山公园处路网稀疏，用地多为居住用地，有明显公共设施聚集，因此对活力的产生造成了一定影响，雨花毓秀区域附近多为教育科研用地和商业金融用地，路网分布较为丰富，配套设施组团在三种设施中最为明显，呈贡区其余地区多为四级活力区。

从以上分析中验证了四大因素（人口密度、路网密度、公共服务设施密度、用地混合度）对活力的影响，识别出昆明中心城区的不同活力等级区域，主城区中心符合密路网、公共服务设施完善的特征，呈现出高度的繁荣与较高的活力；而呈贡新区则表现出疏路网、公共服务设施较为稀疏的特征，虽然呈贡新区存在二级活力组团，区域大小却不尽如人意。

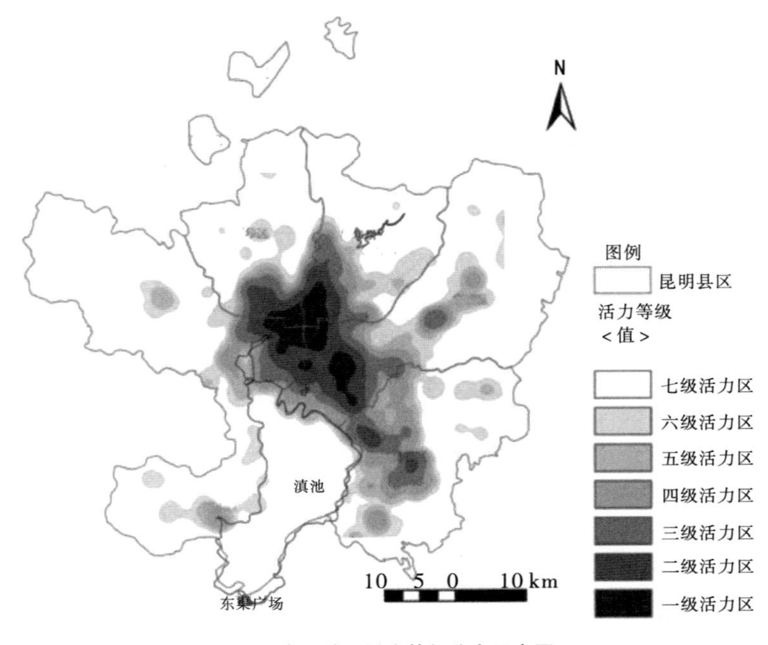

图 1　中心城区活力等级分布示意图

4.2　各因素空间分布特征

4.2.1　人口密度

活力源于人的行为活动，接着在各种客观条件的影响下扩大，即人是一切活力产生的根本。本研究通过对昆明中心城区人口密度分布进行研究，利用 GIS 图层属性中的符号分类，将昆明各行政区人口密度可视化，如图 2（1）人口密度分析图所示，盘龙区面积最小为343.71 km^2，西山区面积最大为881.32 km^2，常住人口最多的区域为官渡区，最少为呈贡新区，人口最密集区域为盘龙区，最稀疏区域为呈贡新区。

4.2.2　路网密度

低碳出行方式更能让市民产生活力聚集行为。本研究提取昆明中心城区所有道路信息，利用 GIS 拓扑错误分析打断相交线，再对提取出的点进行核密度分析，得到交叉路口核密度分析图。从图 2（2）可知，五华区、盘龙区、官渡区、西山区四区交会处（东风广场附近区域）交叉路口最密集。

4.2.3　公共服务设施

完善健全且分布合理的公共服务设施能够为城市营造出有特色且极具活力的公共空间，公共服务设施多样化会对居民产生吸引力，是开放空间的活力所在。本研究将地图抓取的196840条信息分为配套设施、生活性设施及休闲游憩设施三类，并分别进行核密度分析。从图2（3）、（4）、（5）可知，主城区中心东风广场与行政区交界处都为各类设施集聚中心或副中心，配套设施和生活性设施在此占据主导地位，配套设施及生活性设施空间分布大致相同（大致呈现“西北—东南”走向）且覆盖完整，聚集程度较休闲游憩设施分布更高，而休闲游憩设施离散程度更高、聚集范围也较大。综合来说，各类设施都呈现明显的“多中心、多组团”。

生活性设施主要承担居民的部分购物、就餐、金融等日常活动，这些居民的日常活动最容易产生活力。从生活性设施分析图2（3）来看，东风广场区域依然处于中心主导地位，副中心组团位于官渡区一号地铁线路昌宏西路站与晓东村站之间，附近住宅区较密集，导致生活性设施集聚。五华区无明显生活性设施组团存在，由中心东风广场辐射；盘龙区存在次级组团，位于白云路与北京路交叉口昆明同德广场处，附近各类设施完整，周边路网丰富。西山区次级组团位于南亚风情第壹城，附近商业广场与购物中心较多，引起生活性设施聚集。呈贡新区仕林街附近范围内也有明显生活性设施的聚集。配套设施主要承担科研教育、医疗卫生服务和提供人员住宿服务，在配套设施分析图2（4）中可以看出，主要有四个配套设施组团中心，分别为东风西路连接的一二一大街至人民中路范围、青年路连接的五一路与金碧路范围、官渡古镇及大学城附近范围，并且组团一和组团二有融合的趋势，官渡古镇组团与大学城组团相对孤立。许多城市把“休闲文化”作为城市发展一个新的推动力，市民日常生活中的休闲游憩行为能营造出多种活力，从休闲游憩类设施分析图2（5）中可知，此类设施空间分布与配套及生活设施分布不同，在中心城区聚集程度并不如其他设施紧密，在西山风景区、云南民族村及海埂大坝有明显聚集，在官渡区官渡古镇、呈贡新区春融公园附近也有不同程度地聚集。

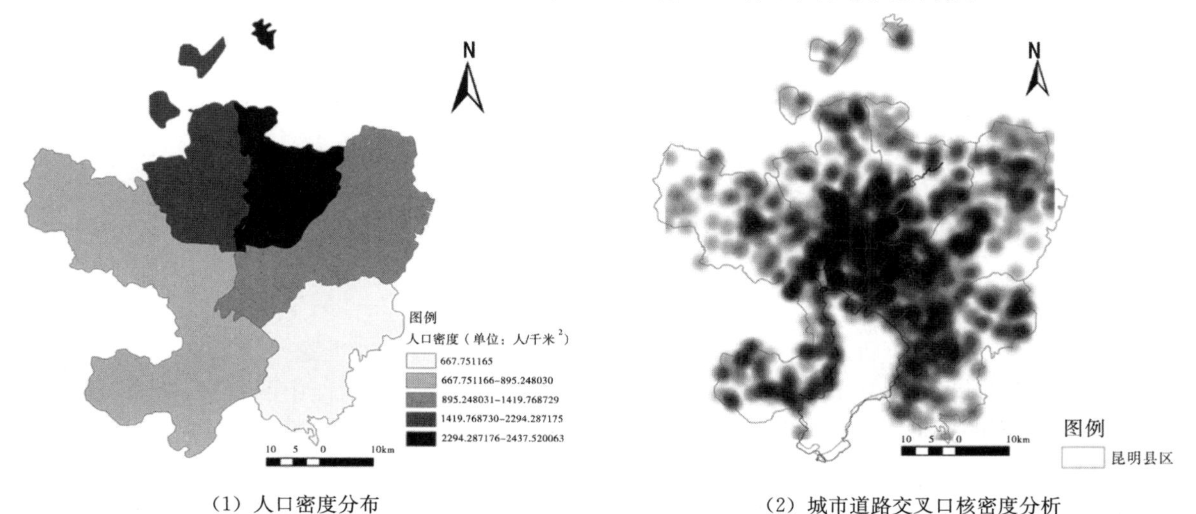

（1）人口密度分布　　（2）城市道路交叉口核密度分析

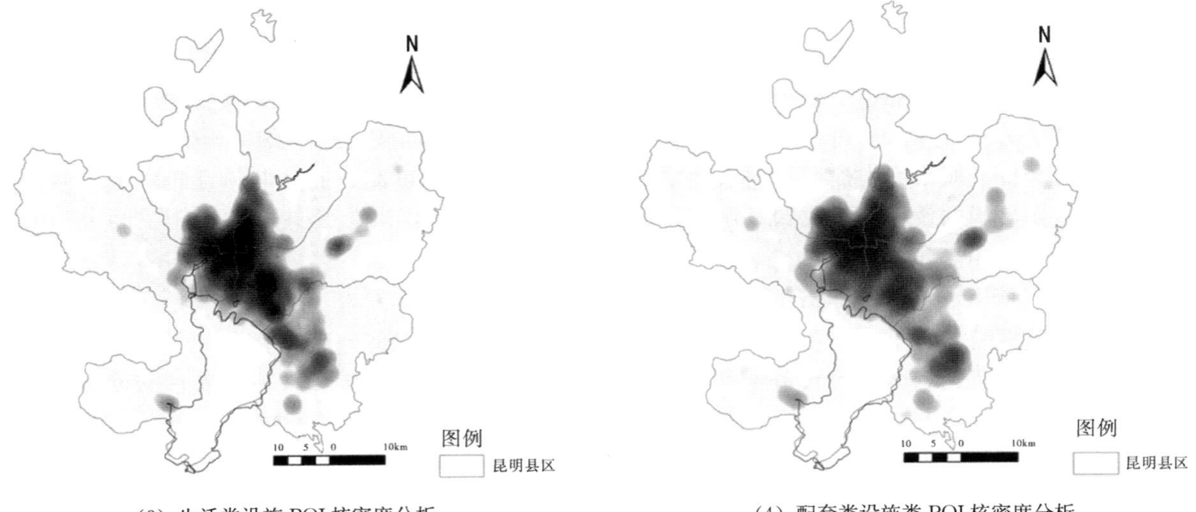

（3）生活类设施 POI 核密度分析

（4）配套类设施类 POI 核密度分析

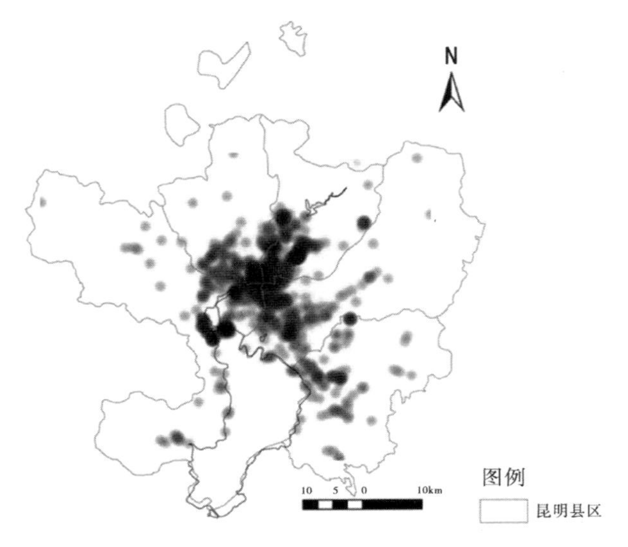

（5）休闲游憩设施类 POI 核密度分析

图 2　各因素空间分布分析示意图

4.2.4　用地混合度

一个区域内的用地类型混合度越高，越容易产生不同类型的活力。本研究参考《昆明城市总体规划（2008—2020）》中心城区用地布局，经过 GIS 地理校准之后作为用地混合度指标的参考：城区中心东风广场为用地混合度最高的地区，有五种类型以上的用地属性；五华区以居住、教育科研以及工业用地为主，且工业工地分布在建成区西北方向；盘龙区居住用地和工业用地占地范围较大，居住用地周围商业金融用地分布较均匀，能够为居民提供日常生活服务；西山区则居住用地及绿地居多；呈贡新区用地混合度也较高，主要有居住、行政办公、教育科研、仓储、绿地以及工业用地，其中绿地占地范围较广。

4.3　城市活力在空间中的分布

昆明中心城区处于高速发展的多中心形态且以东风广场为城市发展极核，同时存在南亚风情城、官渡古镇、呈贡大学城等城市组团，部分组团之间存在相连发展的趋势，空间联系性较强，其余组团存在一个孤立状态。相较于城区活力等级区域分布情况，二者存在明显的相似：都以东风广场为极核中心，由东风广场向四周辐射，逐层递减，同时在不同区域存在副活力组团。就城市活力而言，人口过密地区也可能存在社会活力较低问题，这是因为POI密度和路网密度的提升会促进城市活力提升，而城市活力在物质形态方面的表征主要由两方面因素共同决定：一是由城市规划设计所形成的基于路网特征的街道可达性，二是公共服务设施空间分布的聚集程度。

5 结论

本研究通过对影响活力的人口密度、路网密度、公共服务设施密度及用地混合度进行综合分析，得出城市空间不同活力等级区域的分布情况，对活力分布区域进行了分析并对其分布特征进行了总结，结果表明：

（1）除人口密度的空间分布，其余影响因素在空间上大致呈“西北—东南”方向分布，在空间分布上，都以东风广场为密度聚集中心，并且都以此中心往外密度逐渐下降，其余因素的副中心组团分布在空间上有所差异。最终空间活力等级分布也以“西北—东南”方向呈现。

（2）每一因素在主城区中心东风广场处都为高密度分布，总体来说符合密路网、公共服务设施建设完善的特征，这也是此处为高等级活力区域的原因；呈贡新区则呈现出明显的疏路网、公共服务设施相对较稀疏的特征，区域活力等级普遍较低。

（3）城市空间形态与活力区域分布大致相同，以东风广场为发展极核向外辐射，逐层递减，在其他区域有不同规模的副中心组团，部分组团有连片发展的趋势，部分组团孤立存在。

总而言之，活力在城市空间上大致沿“西北—东南”方向分布，并逐层递减，与空间形态大致相同；活力高的区域都呈现密路网、公共服务设施完善、用地混合度较高的特征，如以东风广场为中心的一级活力区域，反之活力低的区域都呈现疏路网、公共服务设施较为稀疏、用地混合度单一的特征，如呈贡新区。

6 讨论

本研究从影响城市空间活力的各个因素出发，在地理空间上利用核密度分析、空间叠加分析等得出了昆明中心城区不同活力等级区域的分布情况，从一个全面的视角使城市空间活力的探讨更加完整。通过对路网密度的识别可以发现，路网密度较高的地区交通可达性较好，相比疏路网地区，该区域的活力等级较高；通过对城市用地混合度的识别，可以发现相比单一用地类型的区域，城市空间存在多种用地类型的区域活力等级较高，这些区域的共同特点是城市空间没有明显的功能分隔区，在这片区域中有承担居住、金融购物、科研教育、工作、休闲娱乐等活动的场所，可以为不同类型的活力产生营造一个良好的环境。

由于获取数据有限，本研究在数据方面及处理方面存在一些不足。首先是数据方面，人口密度不够具体，没有充分发挥其最大权重的作用，并且人群流动也会对活力产生影响，本研究只考虑了静态的人口密度分布，没有考虑人群流动的时空特征；其次是公共服务设施POI数据虽然可以较好地表达各类要素的空间分布和空间集聚情况，但其不具备地理实体的属性信息，对于POI空间实体的表达与城市空间结构的占比关系有待进一步探讨；最后是数据处理方面，对路网密度、用地混合度、公共服务设施（三类）的权重分配没有考虑其数量大小的影响，在下一步的工作中尚值得深入探讨。

［参考文献］

［1］林奇. 城市形态［M］. 林庆怡，陈朝晖，邓华，等，译. 北京：华夏出版社，2001.
［2］JACOBS J. The leath and dife of American cities［M］. New York：Randorn House，1961.
［3］本特利，埃尔科克，马林，等. 建筑环境共鸣设计［M］. 纪晓海，高颖，译. 大连：大连理工大学出版社，2002.
［4］塔娜，曾屿恬，朱秋宇，等. 基于大数据的上海中心城区建成环境与城市活力关系分析［J］. 地理科学，2020（1）：60-68.
［5］卢济威，王一. 特色活力区建设：城市更新的一个重要策略［J］. 城市规划学刊，2016（6）：101-108.
［6］叶宇，庄宇. 新区空间形态与活力的演化假说：基于街道可达性、建筑密度和形态以及功能混合度的整合分析［J］. 国际城市规划，2017（2）：43-49.
［7］刘颂，赖思琪. 大数据支持下的城市公共空间活力测度研究［J］. 风景园林，2019（5）：24-28.
［8］姜璐. 基于空间句法的居住街区开放度研究：以四川地区为例［D］. 成都：西南交通大学，2017.
［9］付帅军，陈金泉，刘忠骏，等. 基于空间句法的赣州历史街区形态与活力特征分析［J］江西理工大学学报，2016（5）：20-27.
［10］荀爱萍，王江波. 基于 SD 法的街道空间活力评价研究［J］. 规划师，2011（10）：102-106.
［11］何正强，何镜堂，陈晓虹. 网络思维下的社区公共空间：广州市越秀区解放中路社区公共空间有效性分析［J］. 新建筑，2014（4）：102-106.
［12］XU Y，SHAW S L，ZHAO Z L，et al. Another tale of two cities：understanding human activity space using actively tracked cellphone location data［J］. Annals of the American Association of Geographers，2016（2）：489-502.
［13］YUAN Y H，RAUBAL M. Analyzing the distribution of human activity space from mobile phone usage：an individual and urban－oriented study［J］. International Journal of Geographical Information Science，2016（8）：1594-1621.
［14］DIAO M，ZHU Y，FERREIRA J J，et al. Inferring individual daily activities from mobile phone traces：A Boston example［J］. Environment and Planning B：Planning and Design，2016（5）：920-940.
［15］罗桑扎西，甄峰. 基于手机数据的城市公共空间活力评价方法研究：以南京市公园为例［J］. 地理研究，2019（7）：1594-1608.
［16］吴志强，叶锺楠. 基于百度地图热力图的城市空间结构研究：以上海中心城区为例［J］. 城市规划，2016（4）：33-40.
［17］王录仓. 基于百度热力图的武汉市主城区城市人群聚集时空特征［J］. 西部人居环境学刊，2018（2）：52-56.
［18］杨子江，何雄，隋心，等. 基于 POI 的城市中心空间演变分析：以昆明市主城区为例［J］. 城市发展研究，2019（2）：31-35.
［19］杨子江，何雄，张堃，等. POI 视角下的外卖与城市空间关联性分析研究：以昆明主城区为例［J］. 城市发展研究，2020（2）：13-17.
［20］ZHU J Y，LU H T，ZHENG T C，et al. Vitality of Urban parks and lts lnfluencing factors from the perspective of recreational service supply，demand，and spatial links［J］. International Jour-

nal of Environmental Research and Public Health，2020（5）：1615.
[21] LU S W，SHI C Y，YANG X P. Impacts of built environment on urban vitality：regression analyses of Beijing and Chengdu，China [J]. International Journal of Environmental Research and Public Health，2019（23）：4592.
[22] LIU S J，LING Z，YI L. Urban vitality area identification and pattern analysis from the perspective of time and space fusion [J]. Sustainability 2019（15）：4032.
[23] 张程远，张淦，周海瑶. 基于多元大数据的城市活力空间分析与影响机制研究：以杭州中心城区为例 [J]. 建筑与文化，2017（9）：183-187.
[24] 刘云舒，赵鹏军，梁进社. 基于位置服务数据的城市活力研究：以北京市六环内区域为例 [J]. 地域研究与开发，2018（6）：64-69.

[作者简介]

向　帆，云南大学硕士研究生。
朱可欣，云南大学硕士研究生。
廖俊凯，云南大学硕士研究生。
杨子江，博士，云南大学教授。

基于多源数据的街区适老性评价

——以上海市为例

□王军力，江　晨，张相双，伍　静，张　月

摘要：上海作为我国最早进入人口老龄化阶段的城市，老龄化问题更为突出和具有代表性。本研究根据老年人的切实需求（包括自然宜居性、出行友好性、生活便利性、养老服务水平、医疗保障水平、经济支持状况），基于POI数据、遥感影像数据、GDP和人口统计数据等多源数据，通过层次分析法构建街区适老评价指标体系，得出上海市各街道的适老性状况；针对不同的老龄人口规模和老龄化率带来的差异化的老龄化特征，基于街区差异化的老龄化特征划定不同的养老政策分区并提出相应建议，以期达到改善城市街区适老性环境以适应老龄化需求的目的。研究表明，浦西七区（传统中心城区）及外围郊区适老性水平相对较低且具有不同的街区指标特征，老龄化率、老年人口数双高区作为建设适老街区的先行示范区，应尝试新的建设路径、创新融资渠道，高老龄化率、低老年人口数地区应加大专项资金投入，低老龄化率、高老年人口数地区应充分重视未来可能会有的持续增长，老龄化率、老年人口数双低区适老性建设应考虑周边地区老龄化特征。

关键词：适老性；层次分析法；多源数据；评价体系；老龄化特征分区

1　引言

1.1　研究背景

1.1.1　老龄化加剧的宏观社会背景

上海市是我国最早进入老龄化社会的城市，同时也是老龄化程度最高的城市。根据户籍常住人口统计数据和2018年上海市户籍人口数据显示，上海市60岁及以上年龄人口占比达34.4%，已进入深度老龄化社会。除常住户籍人口外，受长期在沪工作的外来常住人口定居和为常住上海的年轻夫妇照料孩子等因素影响，外来老年人口也逐渐呈现增加的态势。综合来看，上海市面临着户籍人口的深度老龄化和外来人口的初步老龄化双重压力，如何实现“老有所养”的社会目标已经成为亟待解决的问题。

1.1.2　老年人居住环境的微观空间背景

主流的养老方式包括居家养老、社区养老、机构养老三种模式。相关调查显示，社区养老已经取代居家养老成为多数人选择的养老方式，而在国务院发布的《中国老龄事业发展“十二

五”规划》中也明确了“以居家养老为基础，社区养老为依托，机构养老为支撑”的发展目标，要求将80%以上退休人员纳入社区管理服务对象。社区养老是兼顾了养老服务的社会化趋势和传统居家养老心理的一种方式，这种方式也对社区环境的适老性提出了要求。而我国大部分地区对于老年人居住社区空间环境的适老性重视程度不足，无法为社区养老提供良好的物质环境，这种不足表现为城乡养老设施配置不均衡、街道社区级文化教育服务设施可达性差、公园绿地等开放空间配置不足及社区养老设施类型单一且质量较差等几个方面。

1.2　城市街区适老性的研究现状

1.2.1　城市养老服务的研究现状

我国各地区人口老龄化过程在时间起始上不同步，老龄化水平与适老性建设在空间分布上不协调。上海自1979年进入老龄化社会以来，根据陈钟翰的研究，发现上海不同类型区域（核心区、边缘区、近郊区、远郊区）的人口年龄结构与公共资源配置存在不协调现象。近年，王新贤、高向东、陶树果运用探索性空间数据分析方法具体考查了1990—2010年上海各区县人口老龄化的时空演变特征，认为存在显著的正向自相关关系，但空间集聚趋势有所减弱且总体空间差异趋于缓和。

1.2.2　城市街区适老性评价的研究现状

在现有社区居家养老服务测评的相关研究中，不少学者针对不同地区提出了居家养老服务指标体系构建的设想。陆歆弘运用主成分分析方法，选取了9个指标，测度了上海18个区（县）人口老龄化的空间分布及空间居住环境与老龄化特征相协调的问题，但其指标选取不是十分全面，缺乏软性指标和环境的精细化设计类型指标。章晓懿、梅强以上海市社区居家养老服务的发展过程和服务供给方式为研究对象，依据绩效评估的公平性、经济性、效率性和效果性“4E”逻辑框架，运用了三层指标，并采用专家意见法构建了社区居家养老服务绩效评估的指标体系，得出最为重要的是效果性。徐倩、白春玲从五个层面构建社区居家养老评价指标体系，并运用层次分析法和模糊综合评价法对青岛市社区居家养老进行评价分析。总体来说，现有研究对于社区居家养老服务的评价体系理论支撑不足，对养老服务的概念理解不同，对于城市社区的养老服务工作缺乏针对性的指导，各地区对居家养老服务指标体系的构建没有统一的评价标准，无法对我国城市社区居家养老服务的开展状况进行统一评价。

因此，适老性评价应当将老年人的切实需求（包括自然宜居性、出行友好性、生活便利性等）置于发展的核心位置。同时，街道作为基本公共服务设施供给的最小行政单元，对适老性的评价具有较大的支撑作用。

1.3　研究方法

1.3.1　数据来源及预处理

研究使用的数据源包括上海市街道数据、上海市第六次全国人口普查数据、《上海市养老设施布局专项规划（2013—2020年）》、上海谷歌地图影像数据、上海2018年区县人均国内生产总值（GDP）和与适老性分析相关的兴趣点（POI）数据。

数据预处理主要分为两部分：一是街道数据与人口数据的匹配与校核、处理由于统计误差产生的异常数据；二是兴趣点（POI）数据的分类汇总及矢量化。

1.3.2　技术路线

本文选择用多源数据与层次分析法和德尔菲法结合的研究方法，构建了从宏观到微观的适老性评价指标体系，并结合老年人口分布特征得到设施与老龄人口的协调度分析，并提出上海

适老性分区优化策略（图 1）。在研究尺度的选取上，街道作为现有各类统计的最小行政单元，可以针对分析结果给出更快速、更公平的反馈与调整。

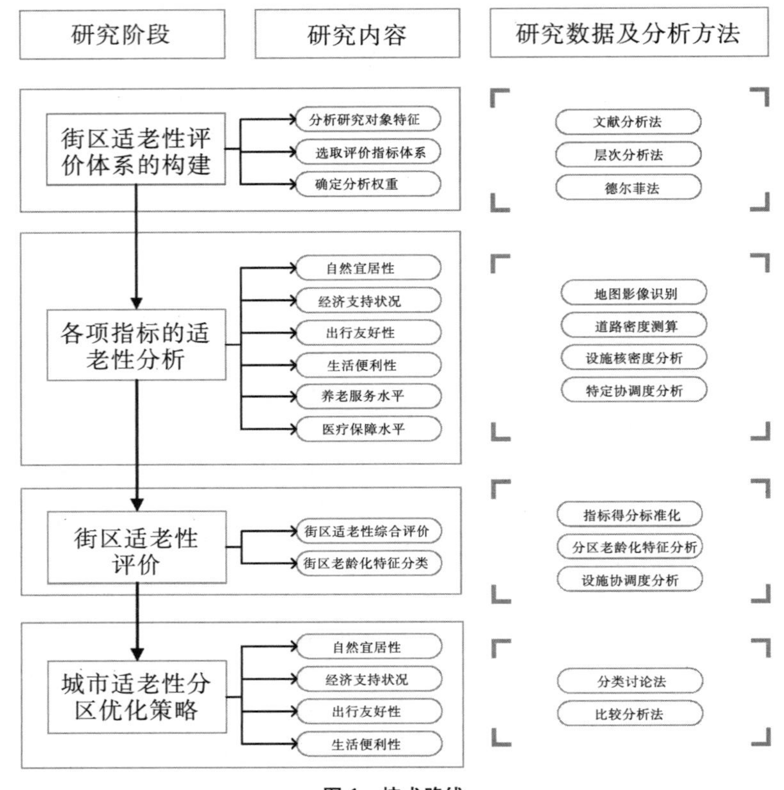

图 1　技术路线

2　街区适老性评价体系的构建

2.1　研究对象概况

本文使用 ArcGIS 对上海市第六次全国人口普查数据进行了空间可视化处理，上海市的老龄化呈现出区域分布不均衡的特征，中心区及偏远郊区老龄化程度较高，中心城区从内缘到外缘老龄化程度逐渐降低，比较显著的是崇明区，大部分街道老龄化率都高于 17%。造成老龄化严重的主要原因有两个方面：①建设时间较长，居民入住时间较早，医疗技术的提高使得自然死亡率降低，这一原因适用于上海中心区；②经济水平较为落后导致年轻劳动力外出工作，老年人因交通不便也无法迁出，崇明区老龄化程度高即为这一原因导致。

2.2　基于 AHP 法的街区适老性评价体系构建

2.2.1　层次分析法简介及评价指标的选取

层次分析法（AHD）是一种适用于多层次、多要素和复杂问题的系统性研究方法，从目标层、准则层、方案层三个层次来构建数学模型以解决问题。基于适老性评价的已有相关研究，将老龄化街道环境适老性评价指标体系的评价等级共分为三层：最高层为目标层，即老龄化街道环境适老性评价指标体系是层次分析要达到的最终目标；第二层为准则层，包含了自然宜居性、经济支持状况、出行友好性等 6 个对环境适老性影响较大的因素；第三层为指标层，包含了之前提到的 12 个三级指标。最终确定的老龄化街道环境适老性评价指标体系见表 1。

表 1　老龄化街道环境适老性评价指标体系

目标层（一级指标）	准则层（二级指标）	要素层（三级指标）
街道环境适老性评价指标体系 A	自然宜居性 B1	绿化覆盖率 C1—2
		公园广场 C1—1
	经济支持状况 B2	街道经济发展状况 C2
	出行友好性 B3	交通站点 C3—2
		生活性街巷 C3—1
	生活便利性 B4	商场超市 C4—1
		服务营业厅 C4—2
		公共厕所 C4—3
	养老服务水平 B5	养老配套设施 C5—1
		休闲活动设施 C5—2
	医疗保障水平 B6	医疗机构 C4—1
		便民药房 C4—2

2.2.2　评价指标权重的确定

通过德尔菲法对准则层和指标层的影响因子构造判断矩阵，依次进行两两比较，最终得出相对重要性权重。经矩阵一致性检验后，可知本次的判断结果是有效的。在计算出准则层和指标层的单层指标权重之后，再计算指标层对准则层的合成权重，计算结果如表 2 所示。从各指标的合成权重来看，医疗机构被一致认为是对街道环境适老性影响最大的因素，除此之外，生活性街巷和养老配套设施也对环境适老性有重要影响，而绿化覆盖率、休闲活动设施和服务营业厅对环境适老性的影响相对而言较轻。将指标的权重与其对应 POI 数据结合分析，进一步得到上海老龄化街道的适老性情况。

表 2　老龄化街道环境适老性评价指标体系的权重

指标	合成权重
绿化覆盖率	0.02
公园广场	0.05
街道经济发展状况	0.06
交通站点	0.06
生活性街巷	0.14
商场超市	0.08
服务营业厅	0.04
公共厕所	0.03
养老配套设施	0.11
休闲活动设施	0.04
医疗机构	0.30
便民药房	0.08

3 基于多源数据的上海市街区适老性分析

3.1 上海市街区自然环境适老性分析

3.1.1 绿化覆盖率分布

城市绿地作为建成环境的重要组成部分，已被证实具有降低心血管及呼吸疾病的发病率和死亡率、改善压力等作用，较高的绿地率可以为老年人提供更好的空气环境，有利于身体健康。本文基于上海市遥感卫星影像，用最大似然法分类工具识别绿地图斑，统计各街区的绿化垂直投影面积与绿化覆盖率。

上海市绿地空间分布整体呈现主城区覆盖率低、城市外围覆盖率高的特点。主城区绿化相对较少，而老年人口占比较高。在城市外围地区，浦东部分街道绿化覆盖率较高；由于宝山区、崇明区、金山区分布有大面积农田生态种植园等，绿化覆盖率明显高于其他地区，自然环境相对较好。

3.1.2 公园广场密度分布

公园广场作为老年人休闲娱乐活动的主要场所、接近自然空间的重要媒介，可以为老年人提供生态、健康的活动空间。

虽然主城区绿化覆盖率较低，但公园广场的可达性较高，多以点状小规模的形式广泛分布。同时，公园广场在嘉定区嘉定镇、青浦区夏阳街道、松江区岳阳街道这几个城市副中心地区也有较高的分布密度。

3.2 上海市街区经济支持状况分析

各区（县）GDP 能直观反映区（县）发展状况，一方面，良好的经济发展状况是提供良好老年性社会服务的基础，另一方面，也更加有利于营造关爱与服务老年群体的社会氛围。

上海区（县）按照经济发展状况和空间地理位置主要分为三个区块：①中心城区位于浦西的七个区（县），其中黄浦区、静安区、徐汇区、长宁区经济发展状况较好，杨浦区、虹口区、普陀区发展次之；②浦东新区被内环分为两个区域，内环以内是新兴发展区域，经济发展状况良好，但城市基础设施建设等不如浦西七区，内环以外发展状况较差；③内环线以外的其他郊区经济发展状况一般。

3.3 上海市街区出行适老性分析

3.3.1 街区公共交通站点配置适老性分析

老龄人群的远距离出行更加依赖公共交通。上海市公共交通站点在空间分布上整体覆盖度高，在外环以内和外围新城存在明显高值区。外环内街道和金山石化街道、青浦夏阳街道、嘉定镇街道等站点的配置集聚性更为明显，而松江区方松街道和奉贤区四团镇、南桥镇则存在与周边密度过渡趋势不太相符的低值表现。

3.3.2 街区步行道路体系适老性分析

城市支路等机动车较少的道路更加符合老年人对步行出行速度慢、安全度高、游憩交往的要求。主城区外环以内部分高度城镇化区域也存在明显低值区，中心城以外的部分低值区则是因为其城镇化程度较低或为工业园区，路网密度和体系完善度都不如城区。

3.4　上海市街区生活服务适老性分析

3.4.1　商场超市密度分布

老年人群网购比例较低，对实体商业设施依赖度高。

上海市商场超市分布呈现内部密集、外部稀疏的整体特征，且高值区与地铁站点在空间上存在叠合。川沙等地区中心都呈现明显的商业聚集现象。中心城区商业设施密集，生活便利；城郊虽商业设施较少，但与乡村居民点空间匹配，可以满足人们的日常需求。

3.4.2　公共厕所密度分布

基于老年人生理特征，其对公共厕所有较大的需求。中心城区公共厕所密度更高，老年人可以在更短时间内抵达公共厕所；城市外围公共厕所密度较低，可能会存在短时间内无法到达公共厕所的情况。

3.4.3　服务营业厅密度分布

服务营业厅具体包括了电信营业厅、邮局营业厅、银行营业厅等。老年人对智能手机功能使用不熟悉，仍然很依赖实体服务营业厅。城市中心的老年人可以比城市外围的老年人更短距离地抵达营业厅。

3.5　上海市街区养老服务适老性分析

3.5.1　上海市街区养老设施配套适老性分析

选取度假疗养场所、市区级及以下的机构养老设施和各类为老服务机构等针对老年人生理需求的设施为指标。从机构等级和密度分布来看，养老设施区域分布不均，高等级养老机构主要分布在浦西七区，度假疗养场所则主要集中于浦西中心城区、浦东中心城区边缘及崇明岛。从机构规模来看，外环和内环相比虽然机构数目较少，但床位数规模上更占优势。

从机构质量来看，《上海养老机构评价报告（2018）》中提到典型的养老机构主要有两种类型的优势：①有良好的自然环境基础，如靠近上海野生动物园及依托远郊原有的自然环境基础开辟生态种植园。②有良好的基础设施和高等级的服务水平，在此基础上为养老提供多样性的设施功能和更加专业的服务。

3.5.2　上海市街区休闲活动设施适老性分析

选取老年大学、老年活动中心等指标来分析针对老年人其他专项需求的街区休闲活动设施的适老性。由分析可知，老年大学主要分布于浦西城区，向浦东有一定的延伸分布；老年活动中心分布相对广泛，在浦西城区、闵行区等有较多分布，且沿着轨道线在浦东区、青浦区有少量分布；社区活动中心则在浦西七区、青浦区、浦东城区有一定分布；棋牌室等休闲娱乐设施分布较为广泛，受轨道交通影响较大。

3.6　上海市街区医疗保障适老性分析

3.6.1　街区医疗设施配置适老性分析

老年人身体机能的逐渐衰退意味着其对医疗机构的依赖程度也会不断变大。医疗设施在上海市的空间分布不均衡，医疗机构在外环以内的聚集性尤其明显，并且没有像其他类型设施一样在外围新城副中心形成明显的高值区域。

3.6.2 街区便民药房分布适老性分析

药房为老年人购药提供便利，且相比医院、诊所等医疗设施而言商业化程度更高，其布局的市场需求导向也更加明显。药房整体呈现沿轨道交通站点的放射状分布，分布平衡度要优于医院、诊所等医疗设施。

4 上海市街区适老性综合评价及建议

4.1 上海市街区适老性综合得分评价

从上海市各指标适老性评价中可以知道：①适老性比较好的街道主要分布在浦西七区、嘉定区、闵行区、浦东新区和南汇镇北部，这些区域经济发展和城市建设程度高，生活医疗设施和公园配置较完善，步行道路密度合理，环境更加适合老年人养老。②出现部分异常散点状低值区，是因其性质为特殊功能区，如高新技术园区、保税区、经济开发区、工业园区等，其对生活性设施和专业养老设施的需求度不如功能混合城区的高。③存在一些低值区，如杨浦区的新江湾城街道、闵行区的新虹街道，这些区域建设了比较多的大型住宅区，路网尺度较大，设施配置不充分。

从上海市综合适老性评价中可以知道浦西七区（传统中心城区）及外围郊区适老性水平相对较低，由于不同区位环境的街区指标特征不同，因此要针对具体街道特征进行适老性分析：①中心城区存在巨大的养老需求但土地资源紧张，可结合其良好的基础设施建设如医疗卫生资源、文化资源、社区服务资源，形成功能复合型养老环境；依托其较好的经济环境、建设环境和较高的老年人收入水平，提供更高等级的养老服务，并重视护理型养老机构的建设。②外围区域有利于结合其良好的自然环境和生态园区等形成特色养老环境。

4.2 上海市街区适老性分区优化策略

适老性不是城市建设布局的决定性因素，但是是老龄人口聚集地区重要的优化建设导向。对不同地区老龄化属性、适老性现状进行定性定量的分类，有助于街区适老性建设工作的开展。本文根据老龄化率及老龄人口规模特征的空间分布，将上海市街区分为四类，并对不同类型街区提出针对性适老优化策略。

4.2.1 老龄化率、老年人口数双高区

具体包括外环线以内的长宁区、静安区、黄浦区、杨浦区等，这些区域建设时间较早，各类设施配备完整度较高，整体适老性得分较高，但具体指标仍有待于优化提升，可作为建设适老街区的先行示范区。

在适老建设的试点区域，可以尝试新的建设路径，如创新融资渠道，引入社会力量，鼓励社会资本投入城乡适老性建设。城乡养老资金如果仅来源于政府的财政支撑，不仅会导致社会养老服务资源浪费，而且不利于我国社会养老服务体系建设。通过试点地区的适老性建设，可以为其他地区的适老性建设提供借鉴。

4.2.2 高老龄化率、低老年人口数地区

这类街区以郊环线附近的农村地区为代表，包括奉贤区、金山区及崇明区的大部分街道，这些地区由于经济水平较为落后，导致大量年轻劳动力外出务工或迁出，老龄化问题较为严重。而决定适老性高低的各项设施配备其相对中心城区也落后很多，因此此类区域应重点增加各类适老设施。

鉴于该类地区财政收入相对较低，提高适老设施能力有限，因此政府可以加大对其专项资金的投入，以提高整体适老性服务成效，优化街区适老设施布局，同时扩大对郊区及乡村老年人的财政补贴范围，加大补贴力度。目前部分经济基础较好的老年人已经转变养老认知，不再过度依赖子女，开始独立养老，而郊区具有优美的自然景观环境，在交通、医疗和其他老龄设施便捷度进一步提高的情况下，将吸引城区老年人口异地养老。因此，除服务本地老年人口外，郊区农村还可以通过发展城郊及乡村异地养老和集中养老产业，扩大财政收入，进而正反馈于郊区地区的适老设施建设。

4.2.3　低老龄化率、高老年人口数地区

虽然浦东新区和闵行区的近郊地区人口基数大，老年人口规模较大，但外来务工年轻人多，常住人口基数大，因此老龄化率较低。这类地区的老年人口可能会有持续地增长。

这些地区适老性综合得分表现一般，各指标得分较为均衡。因此，应将街区适老性建设提上日程，可结合 15 分钟生活圈建设提高社区空间环境的适老性，解决好大型居住区批量开发后的遗留问题，逐步全面提升适老性程度，增加适老设施密度，优化道路交通设施适老性，提升生态自然环境，让在这里工作多年的人们老有所依、老有所游，是城市适老性优化建设的重点地区。

4.2.4　老龄化率、老年人口数双低区

双低区主要位于城市外环线外的东、西、北三个方向的近郊区，以及崇明农业园区、松江工业区、保税区等一些产业园区，这些地区外来人口数量规模大，年龄结构比较年轻，故该地区老龄化增长趋势较慢。

这类地区适老性综合得分较低，虽然短时间内不会出现明显的老龄化现象，但也应该在城市建设中逐步提高城市适老性。产业园区、高科技园区这类地区为方便大量在此工作的人群通勤，往往公共交通十分发达，周边地区老年人会在此处中转或搭乘公共交通，因此该地区应注重公共环境的精细化设计，如无障碍设施的设置和使用等。例如，公交停靠站作为道路和公交车的衔接十分重要，同时也要注重对公交司机的培训，让司机停车时尽量靠近无障碍等待区，提升老年人在城市中生活的安全性与便利性。

［参考文献］

［1］陈钟翰. 上海区域人口变动与社会公共资源配置［D］. 上海：华东师范大学，2010.

［2］王新贤，高向东，陶树果. 上海市人口老龄化的空间分布及演化特征研究［J］. 上海经济研究，2016（8）：120-129.

［3］梁文静，陈龙乾，周天建，等. 城市老年住宅需求调查分析：以徐州市为例［J］. 资源与人居环境，2008（6）：69-72.

［4］周春发，付予光. 居家养老：住房与社区照顾的联结［J］. 城市问题，2008（1）：68-72.

［5］CANNUSCIO C，BLOCK J，KAWACHI I. Social capital and successful aging：the role of senior housing［J］. Annals of Internal Medicine，2003（5 Pt 2）：395-399.

［6］HILLCOAT－NALLETAMBY S，OGG J，RENAUT S，et al. Ageing populations and housing needs：comparing strategic policy discourses in France and England［J］. Social Policy & Administration，2010（7）：808-826.

［7］郭玉坤，裘丽岚. 国外住房保障制度的共同特征及发展趋势［J］. 城市问题，2007（8）：85-89.

[8] 陆歆弘．上海人口老龄化的空间分布及其与居住环境的协调度研究［J］．现代城市研究，2013（10）：94-98.
[9] 徐倩，白春玲．城镇化进程中社区居家养老评价指标体系研究：基于青岛市的实证分析［J］．青岛科技大学学报（社会科学版），2016（3）：17-21.
[10] 司马蕾．上海市养老设施与养老床位的空间分布特征研究［J］．建筑学报，2018（2）：90-94.
[11] 梅大伟，张洪波．基于层次分析法的养老社区适老环境评价［J］．建筑节能，2017（6）：90-94.
[12] 谢波，魏伟，周婕．城市老龄化社区的居住空间环境评价及养老规划策略［J］．规划师，2015（11）：5-11.
[13] 许轲，涂平．福州市养老服务设施的空间可达性评价［J］．华侨大学学报（自然科学版），2020（3）：340-347.
[14] 北京晚报．北京晚报联合搜狐网调查：未来中国人如何养老［EB/OL］．(2009—06—19)［2020-09-01］．http：//news. sohu. com/20090619/n264630000. shtml.
[15] 新华．国务院印发《“十三五”推进基本公共服务均等化规划》［J］．工程建设标准化，2017（3）：22.
[16] 顾娟，马文军．上海市养老设施布局的评价与优化研究［J］．城市建筑，2020（4）：62-64.
[17] 李健．特大城市养老设施发展短板与应对策略：以上海市为例［J］．上海城市管理，2015（6）：19-23.
[18] 许海燕．上海市老龄化高峰期机构养老设施需求预测与分析［D］．上海：复旦大学，2014.
[19] 张德英，周云云，冷燮，等．基于精细化人口格网的城市机构养老设施供需分析：以上海市浦东新区为例［J］．华东师范大学学报（自然科学版），2019（2）：174-183.
[20] 金桥．上海经济社会发展与养老服务事业：挑战与对策［J］．科学发展，2014（11）：71 -79.
[21] 邱迪．城市社区养老服务设施评价体系研究：以昆明市主城区为例［D］．昆明：昆明理工大学，2015.
[22] 桑春，吴光超，孙亮，等．适老性城市建设的评价体系研究［J］．上海城市规划，2018（5）：83-86.
[23] 李程，张海涛，赵宇豪，等．基于地面调查与遥感调查协同的城市绿地规模和分布研究：以青岛市为例［J］．风景园林，2019（8）：48-53.
[24] 余为益，胡红．城市休闲绿地适老性评价指标体系研究：以上饶中心城老城区为例［J］．林业资源管理，2018（4）：69-75.
[25] 张祎，魏皓严．城市街道适老性评价研究：以重庆大坪区域为例［J］．建筑与文化，2016（3）：231-233.
[26] 邓毅，胡彬．基于空间句法的城市公共空间适老性规划设计框架［J］．城市问题，2016（6）：53-60.
[27] 舒波，陈阳．我国城市养老设施的布局规划研究进展及展望［J］．南方建筑，2019（2）：43-49.

［作者简介］

王军力，同济大学硕士研究生。
江　晨，同济大学硕士研究生。
张相双，同济大学硕士研究生。
伍　静，同济大学硕士研究生。
张　月，同济大学硕士研究生。

基于迁徙数据的上海都市圈跨城联系特征研究

□田　琳

摘要：全球化背景下，区域城市网络嵌入到原本的地理空间结构中，关于城市间功能联系的研究也越来越受到关注，其中人口流动是各类流动要素在空间上的具体体现。本文基于高德人口迁徙大数据，以上海都市圈 9 个城市为研究对象，借助社会网络分析方法，构建上海都市圈人口跨城迁徙网络，分析不同特征时段区域内部和对外跨城联系的网络结构特征与联系强度的变化，以期为上海都市圈的空间规划和数字治理提供参考。研究表明：①上海都市圈城市间人口迁徙联系紧密，城市网络显现出扁平化特征；②各城市对外联系主要集中在长三角地区内，且联系强度随地理距离的增加而递减，其中上海承担了对外联系的中心职能；③无论是区域内部联系还是对外联系，周末的联系强度略高于工作日，节假日联系强度显著高于前二者；④人口的跨城流动是不对称的，节假日和春运期间这种不对称性更为明显，其中上海、苏州、宁波在人口迁徙的城市网络中控制力更强，无锡、常州、嘉兴、湖州则偏向处于被支配的地位。

关键词：迁徙数据；城市网络；上海都市圈；跨城联系；人口流动

1　引言

在全球化、区域一体化的影响下，城市不再被视为孤立的个体，城市间的网络联系嵌入到原本的地理空间结构中，单纯依靠传统“中心地”理论很难解释区域空间关系性。近年来，随着“流动空间”理论、城市网络理论的兴起，城市间被认为存在着功能互补的水平关系网络，城市间功能联系的研究也越来越受到关注，国内外众多学者也从经济流、人流、物流、信息流等不同视角开展了城市网络的实证分析。其中，人口流动是生产要素在空间上重新配置的一种活动，是各类流动要素在空间上的具体体现，在一定程度上推动了社会、经济要素的重新集聚与扩散，并将重塑城市区域空间格局。城市可以视为城市网络中的节点，人口迁移相当于流要素载体，对网络视角下的跨城人口流动进行研究，有助于识别城市区域的空间结构。

在我国快速城镇化带来的人口集聚和区域空间结构重组的同时，随着科学技术引领的信息化、网络化时代的到来，迁徙数据、POI 数据、微博签到数据、手机信令数据等各类人类时空行为大数据也为城市间关系和城市区域结构的研究提供了支持。迁徙数据突破以往人口统计数据的小样本、静态性和时间滞后性等特征，为研究基于人口流动的城市间联系提供了新的视角。刘望保等通过百度迁徙数据，分析各时间段中国城市间人口日常流动的特征与空间格局；魏冶等利用春运期间百度迁徙数据，从对外联系度、优势流、城市位序—规模等方面探索转型期中国城市网络特征；刘海洋等基于腾讯人口迁徙大数据，采用复杂网络分析方法研究黄河流域城市网络联系的区域差异性和空间指向性。

长三角地区是我国城镇化程度最高、最发达的城市区域之一，高度的经济发展水平、良好的城市间的功能联系和不断完善的交通体系带来了大规模、高频率的人口流动，上海与其周边城市也形成了紧密联系圈层。《上海市城市总体规划（2017—2035 年）》提出上海主动融入长三角区域协同发展，构建上海大都市圈；《长江三角洲城市群发展规划（2015—2030）》提出构建“一核五圈四带”的网络化空间格局，发挥上海核心带动作用和区域中心城市的辐射作用，由此上海都市圈一体化发展受到广泛关注。

在此背景下，本文基于人口迁徙大数据，借助社会网络分析方法，试图辨析上海都市圈不同特征时段区域内部和对外跨城联系的网络结构特征和联系强度的变化，以期为上海都市圈的空间规划和数字治理提供参考。

2 研究对象和分析方法

2.1 数据来源和处理

基于定位服务（Location Based Service，LBS）的高德迁徙数据来源于高德地图和第三方用户，可以显示人口跨地级市的迁徙轨迹。本文研究对象为《上海市城市总体规划（2017—2035）》提出的上海大都市圈的 9 个城市，包括上海、苏州、无锡、常州、南通、湖州、嘉兴、宁波、舟山。考虑到上海都市圈影响范围远超区域外，研究范围扩大至与该 9 个城市存在迁徙联系的中国其他地级市。研究数据来源于高德大数据平台的实际迁徙指数，由于平台预处理的原因，迁徙指数是与用户迁徙量成正比的相对值。利用网络爬虫获取 2019 年全年（2019 年 1 月 1 日至 2019 年 12 月 31 日）上海都市圈各城市每日排名前 30 位的迁入、迁出城市的实际迁徙指数，作为城市间的关系数据。为了探究不同时段下人口迁徙的特征，将全年 365 天划分为三类特征时段，即工作日、周末、节假日（节假日选取最具代表性的国庆节假期），并采用各时段的迁徙指数日均值进行计算。

2.2 研究思路和方法

本研究借助社会网络的分析方法，首先建立 9 个城市之间不对称的关系型矩阵（表 1、表 2、表 3），若两城间的联系未出现在前 30 位联系榜单中，则将该迁徙指数值设为 0，其中分为出发地城市 O 和目的地城市 D，得到两两城市之间的人口迁徙联系度，公式如下：

$$l_{ij}=K_{ij}+K_{ji} \tag{1}$$

其中，K_{ij} 为人口从城市 i 出发至城市 j 的迁徙指数，K_{ji} 为人口从城市 j 出发至城市 i 的迁徙指数，l_{ij} 为城市 i 和城市 j 之间的总迁徙联系度。联系度可以表征城市之间人口迁徙联系的紧密程度。由此构建基于迁徙指数的城市关联网络，并通过 ArcGIS 平台进行可视化。

汇总每一城市节点与网络中其他城市的迁徙联系度，得到该城市的中心度。由于联系是有方向的，点度中心度 D_i（简称“点度”）分为出度中心度 O_i（简称“出度”）、入度中心度 l_i（简称“入度”），公式如下：

$$O_i=\sum_j K_{ij} \tag{2}$$

$$l_i=\sum_j K_{ji} \tag{3}$$

$$D_i=O_i+l_i \tag{4}$$

与其他城市联系度总值越高的城市中心度越高，中心度可以表征城市在人口迁徙网络中的职能地位。

最后将各指标分别除其中的最大值，并进行标准化处理。

表 1　工作日城市间日均迁徙指数矩阵

		目的地城市 D								
		上海市	苏州市	无锡市	常州市	湖州市	嘉兴市	南通市	宁波市	舟山市
出发地城市 O	上海市		14.47	1.75	0.63	0.77	3.59	2.37	1.02	0.30
	苏州市	15.34		10.03	1.93	1.35	2.71	2.90	0.65	0.11
	无锡市	2.12	10.24		6.03	0.67	0.51	0.78	0.24	0.04
	常州市	0.83	2.10	5.96		0.33	0.19	0.35	0.10	0.02
	湖州市	0.85	1.38	0.72	0.35		1.62	0.09	0.34	0.04
	嘉兴市	4.45	2.93	0.55	0.18	1.55		0.32	1.17	0.15
	南通市	2.36	2.20	0.68	0.29	0.07	0.20		0.12	0.02
	宁波市	0.97	0.45	0.15	0.07	0.23	0.72	0.10		0.87
	舟山市	0.22	0.13	0.07	0.00	0.02	0.06	0.02	0.51	

表 2　周末城市间日均迁徙指数矩阵

		目的地城市 D								
		上海市	苏州市	无锡市	常州市	湖州市	嘉兴市	南通市	宁波市	舟山市
出发地城市 O	上海市		14.35	1.64	0.59	0.81	3.68	2.29	0.92	0.36
	苏州市	16.15		10.08	1.90	1.44	2.66	2.82	0.59	0.12
	无锡市	2.34	10.74		6.37	0.71	0.50	0.80	0.23	0.04
	常州市	0.93	2.25	6.46		0.35	0.19	0.37	0.10	0.02
	湖州市	1.17	1.57	0.80	0.39		1.74	0.10	0.36	0.04
	嘉兴市	5.03	2.93	0.53	0.18	1.62		0.30	1.15	0.17
	南通市	2.82	2.49	0.74	0.32	0.07	0.20		0.11	0.02
	宁波市	1.08	0.44	0.15	0.07	0.22	0.73	0.09		1.07
	舟山市	0.36	0.18	0.09	0.07	0.03	0.08	0.03	0.69	

表 3　国庆节假期城市间日均迁徙指数矩阵

		目的地城市 D								
		上海市	苏州市	无锡市	常州市	湖州市	嘉兴市	南通市	宁波市	舟山市
出发地城市 O	上海市		16.51	2.41	0.98	1.61	5.25	4.79	2.14	1.01
	苏州市	20.86		13.02	2.93	2.36	3.95	5.44	1.19	0.30
	无锡市	4.96	16.81		8.48	1.30	0.96	1.52	0.63	0.11
	常州市	2.84	5.32	9.59		0.62	0.39	0.68	0.27	0.05
	湖州市	2.87	2.93	1.41	0.77		3.00	0.16	0.95	0.11
	嘉兴市	8.46	4.68	0.87	0.32	2.60		0.49	2.83	0.46

续表

		目的地城市 D								
		上海市	苏州市	无锡市	常州市	湖州市	嘉兴市	南通市	宁波市	舟山市
出发地城市 O	南通市	7.61	6.08	1.45	0.64	0.13	0.39		0.27	0.06
	宁波市	2.52	0.92	0.28	0.14	0.47	1.76	0.16		3.03
	舟山市	1.05	0.00	0.00	0.00	0.06	0.20	0.05	1.67	

3 上海都市圈跨城联系特征分析

3.1 区域内网络联系紧密，扁平化特征突出

对于基于人口迁徙联系的上海都市圈城市网络，内部人口迁徙跨城联系较为紧密，城市网络发育程度较好，整体呈现较为扁平化的特征（图 1）。根据钮心毅等基于手机数据对上海都市圈跨城功能联系的研究，可知上海与周边城市之间已经形成了紧密的“居住—工作”功能联系，不仅包括上海与邻近边界地区的高频联系，还包括上海与苏州之间明显的“中心至中心”通勤联系，这也就不难解释上海都市圈日常跨城人口流动现象。

分时段来看，周末城市间联系稍强于工作日，国庆节假期的联系紧密程度明显强于前二者，这与人的日常出行习惯相符。上海—苏州—常州—嘉兴 4 个城市之间的联系在任何时段都形成紧密联系的“廊道”，这与《长江三角洲城市群发展规划（2015—2030）》中的“沪宁合杭甬发展带”较为契合；另外，上海—杭州、上海—南通的联系也分别对应了规划中的“沿海发展带”和“沪杭金发展带”。

对于各城市在区域内的中心度，上海、苏州远超其他城市，为第一层级，其次是嘉兴、无锡，接着是南通、常州、湖州、宁波，最后是舟山，大体呈现由上海向内陆腹地扇形分布的格局。由于长三角地区城市网络在市场经济推动下已经发育到一定程度，打破了原本的“省会—地级市—县市”行政等级结构，形成了空间秩序的再组织，因此各城市中心度规模层级分布较为均衡，与我国中、西部的都市圈相比，属于发育较为完善、比较具有韧性的空间结构。

值得注意的是，与通常上海是绝对中心城市的认知不同，苏州在区域内的中心度与上海相当，甚至略高于后者。这主要是因为苏州与上海联系紧密的同时，与无锡、常州形成极强的日常联系，说明近年来“苏锡常”都市圈同城化程度在加深；另一方面也因为上海作为国家中心城市，其更多的联系产生在与区域外其他城市之间，因此内部联系占比较小。

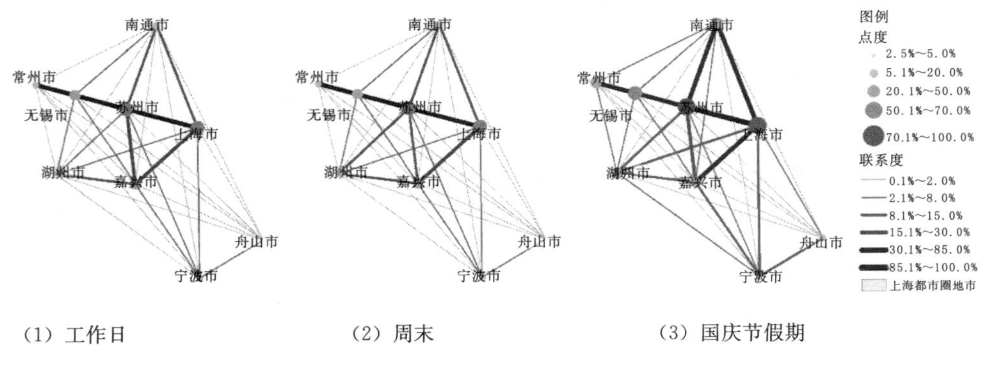

（1）工作日　（2）周末　（3）国庆节假期

图 1　基于迁徙指数的上海都市圈内部关联网络

3.2　对外联系强度随地理距离增大而递减

为了分析上海都市圈内各城市与我国其他城市的联系，进一步考察上海都市圈 9 市与区域外的各地级市的联系（为消除前 30 位限制对不同级别城市的不同影响，将小于 0. 05 的日均迁入或迁出指数的联系排除）。上海都市圈城市的对外联系强度整体呈现随地理距离增大而减弱的特征，且向内陆腹地逐级扩散式分布，可见地理空间距离是人口跨城流动联系的主要决定因素。最强联系城市产生在与都市圈相邻的江苏省、浙江省，其中联系最强的城市是杭州、南京，其次是长三角城市群的泰州、绍兴、盐城、台州、镇江等城市，再次是河南省、山东省和江西省的部分城市，最后还有跨越地理临近性的国家其他重要城市群的中心城市，例如北京、天津、武汉、重庆和广州。分时段来看，工作日和周末对外联系的强度、广度差别不大，国庆节假期期间虽然联系广度仍差别不大，但联系强度大大增加，尤其体现在与江苏省、浙江省其他城市之间的联系。

提取其中点度大小相当的苏州、上海 2 个城市的对外联系进行对比，虽然苏州的对外联系总规模与上海相近，但前者的日常辐射范围主要是在长三角内，属于区域级别的城市；而后者辐射范围更大，并承担了与北京、重庆、广州等国家中心城市之间的联系（本研究的数据限于前 30 位城市，实际应该联系范围更大），可见上海具有国家级别的地位和职能。

3.3　节假日人口流动不对称特征明显

上文分析了区域内外无向的联系，而实际上由于城市职能、地位、人口规模等方面的差异，人口在城市之间的流动往往是不对称的。对比上海都市圈各城市在全国范围内不同时段的人口迁徙出度、入度可以看出，上海、宁波、舟山总体呈现人口净流入的状态，而无锡、常州、嘉兴、湖州则相反（图 2）。各城市在工作日、周末时段出度、入度差距不大，而在国庆节假期出度、入度明显不对称，其中上海、苏州、宁波、舟山入度显著大于出度，原因之一是这 4 个城市都属于旅游目的地城市，其他城市则相反，假期人口流出更多。

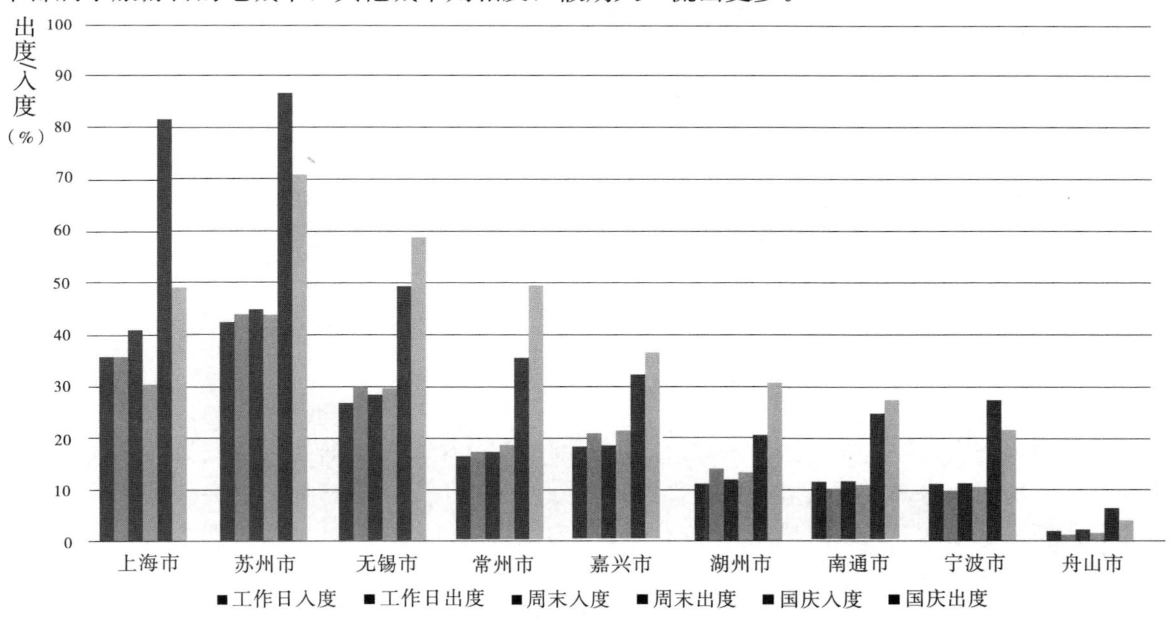

图 2　上海都市圈各城市全国范围各时段人口迁徙入度和出度对比

此外，春运是我国人口流动的特殊时期，春节前后大规模的“回乡潮”和“返工潮”是人口跨城流动高度不对称的体现。参照刘望保、赵梓渝等的方法，进一步提取2019年春运期间（1月21日至3月1日，共计40天，节前15天、节后25天）的迁徙数据，绘制各城市每日的净迁入指数的时间序列分布图①（图3），同样能够反映人口跨城流动的不对称特征。总体来看，节前人口单向流动现象不明显，春节假期结束时的2月9—10日各城市人口净迁入或迁出达到峰值，元宵节后再次呈现小高潮。同时，可以清晰地看出各城市人口净迁入的分异情况，上海、苏州人口净迁入指数从节前的负值转化为节后的正值，因其为外地人口提供大量工作岗位，节后“返工潮”带来的人口净迁入尤为突出；南通、常州、无锡、湖州情况则相反，这些是典型的劳务输出型城市，节后大量人口外流，为都市圈经济发展提供劳动力。

这种不对称性主要是因为上海、苏州、宁波由于较高的经济发展水平和工资报酬、较多的工作机会和完善的公共服务设施等拉力因素，吸引了大量外来人口；而无锡、常州、嘉兴、湖州则因相对较低的经济发展水平、较大的人口规模、较低的工作报酬和较少的工作岗位等推力因素，导致人口大量流出到经济更发达的城市，这也是这些城市与上海、苏州联系紧密的原因。人口的跨城流动本质上是资源在区域空间中重新分配的过程，因此人口净迁入的城市可视为在区域内拥有更高的控制力，而人口净迁出的城市则是处在城市网络博弈中资源被扩散的地位。

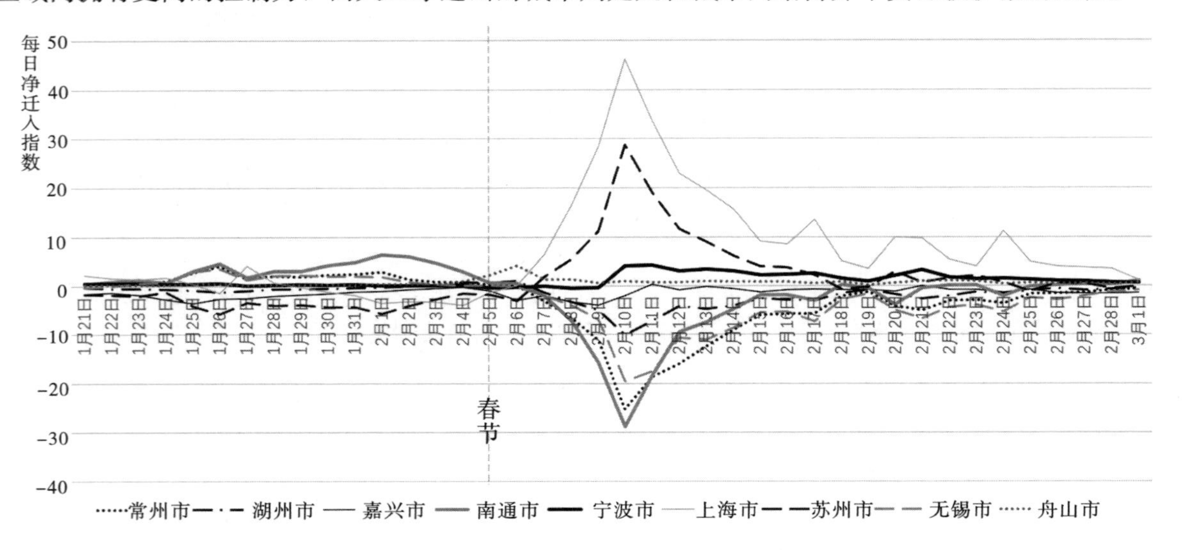

图3　上海都市圈各城市每日的净迁入指数的时间序列分布图

4　结论与讨论

4.1　结论

本文以高德人口迁徙大数据为基础，以上海都市圈9个城市为研究对象，借助社会网络的分析方法，构建上海都市圈人口跨城迁徙网络，分析区域内部关联格局，并突破城市网络研究通常只停留在区域内部联系的局限，分析了区域内城市对外联系特征，得到四个研究结论：①在上海都市圈区域内部，基于人口迁徙的城市网络显现出扁平化特征，表明城市体系发展较为完善，城市间已形成紧密的功能联系；②上海都市圈各城市对外人口迁徙联系主要集中在长三角地区内，且联系强度随地理距离的增大而递减，其中上海承担了对外联系的中心职能；③不同时间段联系的特征也不同，一般周末城市间联系强度略高于工作日，节假日联系强度显著高于前二者；④人口的跨城流动是不对称的，节假日和春运期间这种不对称性更为明显，这也显示出不同城市的职能差异，其中上海、苏州、宁波在人口迁徙的区域网络中控制力更强，无锡、常州、嘉兴、湖州则偏向处于被支配的地位。

4.2　讨论

本文的研究旨在引发一些对于上海都市圈空间治理的思考。从跨城人口迁徙联系上看，上海在区域中不再“一市独大”，目前上海都市圈和整个长三角地区都在向功能多中心的趋势发展，围绕各个中心城市的周边地区也逐步融入所在都市圈中，围绕上海形成的跨省级行政区的上海都市圈作为我国城市区域参与全球竞争的典型代表，未来更应该加强城市间协同合作，打破行政壁垒和体制障碍，充分发挥“沪宁合杭甬发展带”东西联动、带动内陆发展的作用。“苏锡常”都市圈一方面正在融入上海都市圈，成为上海都市圈中的次一级结构，另一方面与区域外的南京等城市的联系也尤为紧密，承担内外联系的枢纽作用，尤其是近年来苏州的地位能级有显著提升，作为区域节点城市，可以起到“承上启下”的连接作用。宁波和舟山虽然规模不大，但可以凭借其港口区位优势承担上海都市圈的部分对外联系的“门户”职能，未来应该重视培育宁波都市圈的发展，并强化其与上海的功能联系。

以往的都市圈空间规划较为重视圈层式、“点—轴”等形态上的结构，对城市网络联系研究较少，而未来城市区域的社会经济联系将会更紧密，都市圈治理应该更关注城市间的相互作用关系。在信息化时代，城市规划也朝着“数据驱动”“数据治理”方向转型，且随着多源大数据在城市网络、流动空间体系等研究上的广泛应用，实现城市区域全程化、精准化、动态化测度也将成为空间治理的新趋势。将大数据与传统的地理空间数据结合，利用数据资源和现代技术建立区域一体化智能数据共享平台，也能够弥补原本都市圈治理模式的不足，合理运用大数据掌控区域演变动态，有利于引导区域空间的韧性发展。

本文提供了城市区域研究的新视角，也存在一定不足。一方面由于迁徙大数据本身的限制，无法明确实际的流动人数和人口流动的目的，且只能获取地级市层面的数据，无法深入到更微观的尺度；另一方面，城市间的网络联系是同时受到多种要素影响的，本文对于城市网络的构建仅考虑了人流单一要素；此外，若能结合人口数量、GDP等城市属性数据，研究将会更加完善。以上各点有待未来在改进数据源和研究方法的前提下进行更深入地探索。

[注释]

①城市人口净迁入量＝区域内总迁入指数－区域内总迁出指数，若迁入大于迁出，该值为正；迁入小于迁出，该值为负。

[参考文献]

[1] CASTELLS M. Globalisation，networking，urbanisation：reflections on the spatial dynamics of the information age [J]. Urban Studies，2010 (13)：2737-2745.

[2] 赖建波，潘竟虎. 基于腾讯迁徙数据的中国“春运”城市间人口流动空间格局 [J]. 人文地理，2019 (3)：108-117.

[3] 刘望保，石恩名. 基于ICT的中国城市间人口日常流动空间格局：以百度迁徙为例 [J]. 地理学报，2016 (10)：1667-1679.

[4] 魏冶，修春亮，刘志敏，等. 春运人口流动透视的转型期中国城市网络结构 [J]. 地理科学，2016 (11)：1654-1660.
[5] 刘海洋，王录仓，李骞国，等. 基于腾讯人口迁徙大数据的黄河流域城市联系网络格局 [J]. 经济地理，2020 (4)：28-37.
[6] 钮心毅，王垚，刘嘉伟，等. 基于跨城功能联系的上海都市圈空间结构研究 [J]. 城市规划学刊，2018，(5)：80-87.
[7] 程遥，张艺帅，赵民. 长三角城市群的空间组织特征与规划取向探讨：基于企业联系的实证研究 [J]. 城市规划学刊，2016，(4)：22-29.
[8] 赵梓渝，魏冶，王士君，等. 有向加权城市网络的转变中心性与控制力测度：以中国春运人口流动网络为例 [J]. 地理研究，2017 (4)：647-660.

[作者简介]
田　琳，同济大学硕士研究生。